“十二五”普通高等教育本科国家级规划教材

山东省精品课程教材

电 机 学

第 4 版

主　编　王秀和

副主编　杨玉波

参　编　徐衍亮　王建民　刘志珍　李光友

　　　　孙雨萍　王兴华　魏　蓓　赵文良

主　审　张凤阁

机械工业出版社

本书为"十二五"普通高等教育本科国家级规划教材、山东省精品课程教材，是高等学校电气工程类专业"电机学"课程的教学用书。全书共11章，前8章为电机的稳态分析，包括：电机的基本原理、变压器、直流电机、交流电机的共同问题、感应电机、同步电机、特殊电机、电机的发热与冷却；后3章为电机的动态分析与控制，包括：直流电机的动态分析与运动控制、感应电机的动态分析与矢量控制、同步电机的动态分析与矢量控制。书中配有二维码，读者可使用移动设备App中的"扫一扫"功能查看相关资源。

本书可作为高等学校电气工程及相关专业的教材，还可供有关科技人员参考。

本书配有电子课件等教学资源，向采用本书的授课教师免费提供，需要者可登录机械工业出版社教育服务网（www.cmpedu.com）注册后下载。

图书在版编目（CIP）数据

电机学 / 王秀和主编. -- 4版. -- 北京：机械工业出版社，2025. 2. --（"十二五"普通高等教育本科国家级规划教材）. -- ISBN 978-7-111-77886-8

Ⅰ. TM3

中国国家版本馆CIP数据核字第2025MH4330号

机械工业出版社（北京市百万庄大街22号　邮政编码100037）
策划编辑：聂文君　　　　　　责任编辑：聂文君
责任校对：韩佳欣　陈　越　　封面设计：王　旭
责任印制：任维东
河北京平诚乾印刷有限公司印刷
2025年5月第4版第1次印刷
184mm×260mm·27印张·632千字
标准书号：ISBN 978-7-111-77886-8
定价：79.80元

电话服务　　　　　　　　　　网络服务
客服电话：010-88361066　　　机 工 官 网：www.cmpbook.com
　　　　　010-88379833　　　机 工 官 博：weibo.com/cmp1952
　　　　　010-68326294　　　金 书 网：www.golden-book.com
封底无防伪标均为盗版　　　机工教育服务网：www.cmpedu.com

前　言

　　本书为"十二五"普通高等教育本科国家级规划教材、山东省精品课程教材，是高等学校电气工程类专业"电机学"课程的教学用书。本书第1、2、3版分别于2009年、2013年、2018年出版，第4版是在第3版基础上修订而成。全书共11章，前8章为电机的稳态分析，包括：电机的基本原理、变压器、直流电机、交流电机的共同问题、感应电机、同步电机、特殊电机、电机的发热与冷却；后3章为电机的动态分析与控制，包括：直流电机的动态分析与运动控制、感应电机的动态分析与矢量控制、同步电机的动态分析与矢量控制。本书可作为高等学校电气工程及相关专业的教材，还可供有关科技人员参考。

　　本书由山东大学王秀和、杨玉波、徐衍亮、王建民、刘志珍、李光友、孙雨萍、王兴华、魏蓓和赵文良共同编写。王秀和任主编，杨玉波任副主编。王秀和编写了第1、7、8章，徐衍亮编写了第2章，刘志珍编写了第3章，王兴华、魏蓓和孙雨萍编写了第4、5章，杨玉波和李光友编写了第6章，赵文良和王建民编写了第9章，王建民还编写了第10、11章。

　　本书由沈阳工业大学张凤阁教授主审。张凤阁教授对本书提出了许多宝贵意见，编者对此表示衷心的感谢。

　　在本书的编写过程中，得到了山东大学电机与电器研究所各位老师的大力支持和帮助，在此一并致谢。

　　由于编者水平有限，书中疏漏和不妥之处在所难免，敬请读者批评指正。

编　者

于山东大学

目 录

第2篇 电机的动态分析与控制

第 1 篇

电机的稳态分析

第 1 章　电机的基本原理

电机是根据电磁感应原理实现机电能量转换的电磁装置。作为能量转换媒介的磁场，其大小和分布直接关系到电机的性能、参数和经济性，磁场的分析和计算是电机性能分析的基础。由于电机内磁场分布复杂且存在铁磁材料，为便于分析，通常将磁场问题简化为磁路问题。

本章首先介绍电机的分类及其在国民经济中的作用，然后介绍磁路的概念和铁磁材料的特性，研究电感和磁场储能，最后介绍机电能量转换的基本原理。

知识图谱

1.1　概述

1. 电机在国民经济中的重要作用

在现代社会中，电能的应用非常广泛。与其他形式的能量相比，电能具有大量生产、来源广泛、集中管理、便于输送、使用方便等优点。电机是一种与电能密切相关的能量转换装置，可以实现电能和机械能、电能和电能之间的转换，在电力工业、工农业生产、交通运输、国防和日常生活中得到了广泛应用。

自然界里存在各种形式的能量，可以通过一定的方式释放出来，通过特定装置转换为机械能并驱动发电机运动，产生电能。在水电站，水流驱动水轮机，带动发电机旋转，产生电能；在火电厂，通过燃料的燃烧将水加热，产生高温高压蒸汽，驱动汽轮机旋转，将热能转换为机械能，带动发电机旋转，将机械能转换为电能。

大多数发电厂通常设在资源丰富的地区，往往地处偏僻，发出的电能需要远距离输送到电能大量使用的地区。为降低传输过程中的电能损失，通常采用高压输电，用变压器将发电机产生的电压升高，经过高压电力网传输到用户端，再用变压器将高电压降低到适于用户使用的电压等级。

在用户端，利用电能驱动电动机工作，带动生产机械，实现电能向机械能的转换。工业企业需要大量的电动机用作风机、泵、压缩机、纺织机、轧钢机、机床等的动力源；在农业生产中，随着农业生产技术的不断发展，电机的应用也日益广泛，农田灌溉、农产品加工、农业机械等都离不开电机；在国防工业中，电机用作武器装备的动力和电源，如装甲车辆上的电动机和发电机；在交通运输中，汽车、牵引机车、飞机、电动车辆等，都离不开电机，一台高级轿车上的电机就有几十台；电机在日常生活中的应用也非常广泛，如空调、电风扇、冰箱、录音机、洗衣机、食品加工机、吸尘器等。

随着自动化程度的不断提高，需要众多的精密控制电机作为自动控制系统的重要元件，在系统中起调节、放大和控制作用。

2. 电机的基本构成和分类

电机是基于电磁感应定律实现能量转换的装置。要实现能量转换，必须在一个闭合磁路中产生磁场，磁场与两个或两个以上的电路耦合。电机中的能量转换，就是通过有关电路中磁链的变化来实现的。最常见的电机是旋转电机，它产生旋转运动，有一静止部分（称为定子）和一旋转部分（称为转子），两者之间有一空气隙。

电机的种类多种多样，下面介绍其分类情况。

1）按照能量转换方式的不同，电机可分为

电动机——将电能转换为机械能；

发电机——将机械能转换为电能；

电能转换装置——将一种形式的电能转换为另一种形式的电能，包括**变压器**（输入和输出的电压不同）、**变频机**（输入和输出的频率不同）、**变流机**（输入和输出的波形不同，将直流变为交流）和**移相器**（输入和输出的相位不同）；

控制电机——不以功率转换为主要职能，在电气、机械系统中起调节、放大和控制作用。

2）根据运动方式的不同，可将电机分为

旋转电机——产生旋转运动；

静止电机——不产生运动；

直线电机——产生直线运动。

3）根据供电电源的不同，电机可分为

直流电机——使用或产生直流电；

交流电机——使用或产生交流电。

在交流电机中，根据供电电源相数的不同，又可将电机分为单相电机和三相电机等。

4）根据同步速度的不同，电机可分为

没有固定同步速度的电机——直流电机；

静止设备——变压器；

转速等于同步速度的电机——同步电机；

作为电动机运行时，速度总低于同步速度，作为发电机运行时，速度大于同步速度——感应电机；

速度可以从同步速度以下调至同步速度以上——交流换向器电机。

1.2　磁场与磁路

1.2.1　与磁场有关的基本概念

1. 磁感应强度、磁场强度和磁导率

磁场是由电流（运动电荷）或永磁体在其周围空间产生的一种特殊形态的物质，可用

磁感应强度和**磁场强度**来表征其大小和方向。

磁感应强度定义为通以单位电流的单位长度导体在磁场中所受的力，是一个矢量，用 **B** 表示，单位为特斯拉（T），也称为磁通密度，或简称磁密。磁场强度也是一个矢量，用 **H** 表示，单位为安每米（A/m），与磁感应强度之间满足

$$B = \mu H \tag{1-1}$$

式中，μ 为**磁导率**，决定于磁场所在点的材料特性，单位为亨每米（H/m）。

根据材料的导磁性能，可将其分为铁磁材料和非铁磁材料。铁磁材料包括铁、镍、钴以及它们的合金，除铁磁材料之外的材料为非铁磁材料。非铁磁材料的磁导率可认为与真空的磁导率 μ_0 相同，为 $4\pi \times 10^{-7}$ H/m。铁磁材料的磁导率是非铁磁材料磁导率的几十倍至数千倍，其随着材料的种类和其所处位置的磁场强度的变化而变化，不是常数。由于磁导率变化范围很大，常采用**相对磁导率** μ_r 来表征材料的导磁性能，μ_r 为材料的磁导率与真空磁导率的比值，即

$$\mu_r = \frac{\mu}{\mu_0} \tag{1-2}$$

2. 磁通与磁通连续性定理

磁通是通过磁场中某一面积 A 的磁力线数，用 Φ 表示，单位为韦伯（Wb）。定义为

$$\Phi = \int_A B \mathrm{d}A \tag{1-3}$$

在图 1-1 所示的均匀磁场中，穿过面积 A 的磁通为

$$\Phi = BA\cos\theta \tag{1-4}$$

式中，θ 为面积 A 的法线方向与 **B** 之间的夹角。

由于磁力线是闭合的，对于任何一个闭合曲面，进入该闭合曲面的磁力线数应等于穿出该闭合曲面的磁力线数。若规定磁力线从曲面穿出为正、进入为负，则通过闭合曲面的磁通恒为零，称为**磁通连续性定理**。

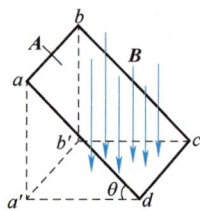

图 1-1 磁通

3. 磁动势和安培环路定律

磁场强度沿一路径 l 的线积分定义为该路径上的**磁压降**，也称为**磁压**，用符号 U 表示，单位为安（A），即

$$U = \int_l H \mathrm{d}l \tag{1-5}$$

磁场强度沿任一闭合路径的线积分等于该路径所包围的电流的代数和，即

$$\oint_l H \mathrm{d}l = \sum_{i=1}^{k} I_i \tag{1-6}$$

称为**安培环路定律**，如图 1-2 所示，电流的正方向与积分路径的方向之间符合右手螺旋关系。

由于磁场为电流所激发，式（1-6）中闭合路径所包围的电流数称为**磁动势**，用 F 表示，单位为安（A）。通常称磁路的磁压为该磁路所需的磁动势，隐去了磁压这一概念。

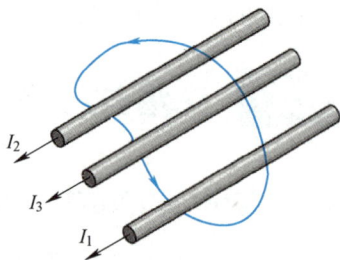

图 1-2 安培环路定律

4. 磁链与电磁感应定律

处于磁场中的一个 N 匝线圈，若其各匝通过的磁通 Φ 都相同，则经过该线圈的磁链 Ψ 为

$$\Psi = N\Phi \tag{1-7}$$

当线圈中的磁链发生变化时，线圈中将产生电动势，称为感应电动势。感应电动势的大小与磁链的变化率成正比；感应电动势的方向倾向于产生一电流，若该电流能流通，所产生的磁场将阻止线圈磁链的变化。若电动势、电流和磁通的正方向如图 1-3 所示，即电流正方向与磁通正方向符合右手螺旋关系，正电动势产生正电流，则感应电动势可表示为

$$e = -\frac{\mathrm{d}\Psi}{\mathrm{d}t} \tag{1-8}$$

式中，e 为感应电动势，单位为伏（V）。

式（1-8）称为电磁感应定律。

若磁场由交流电流产生，则磁通随时间变化，所产生的电动势称为变压器电动势。若磁场是恒定的，但线圈与磁场之间有相对运动，也会引起线圈磁链的变化，所产生的电动势称为运动电动势。运动电动势的大小可用另一种形式表示，即

图 1-3　电动势、电流和磁通的正方向

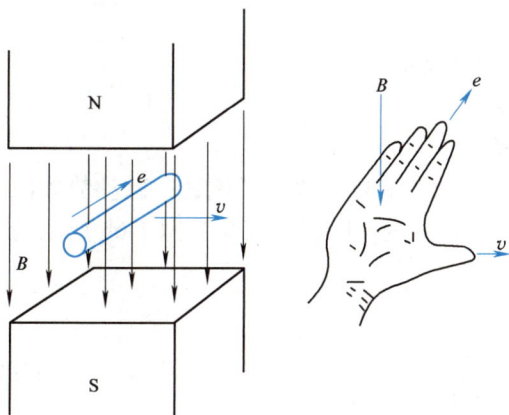

$$e = Blv \tag{1-9}$$

式中，l 为导体在磁场中的长度，单位为米（m）；v 为导体与磁场之间的相对运动速度，单位为米每秒（m/s）。e、B、v 这三者之间互相垂直，电动势的方向用右手定则确定，如图 1-4 所示。

5. 电磁力与电磁转矩

若将一导体置于磁场中，导体中通以电流 i，则其将受到电磁力作用，电磁力 F 的单位为牛（N），大小可表示为

$$F = Bil \tag{1-10}$$

电磁力的方向可用左手定则确定，即将左手伸开，使磁力线指向手心，拇指在手掌平面中与其他四指成 90°角，其他四指指向电流的方向，则拇指所指方向就是电磁力的方向，如图 1-5 所示。

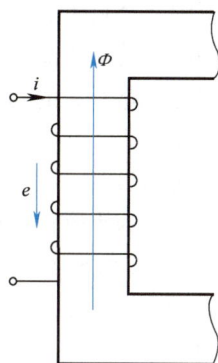

图 1-4　右手定则

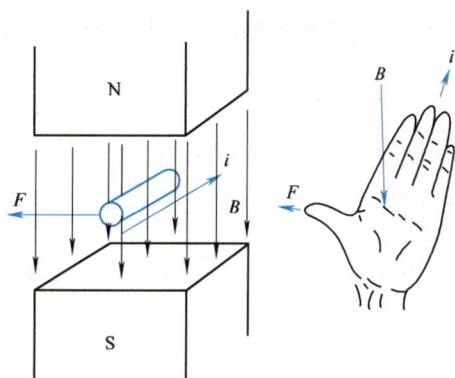

图 1-5　左手定则

在旋转电机中，假设载流导体位于转子上，则其所受的电磁力乘以导体与旋转轴中心线之间的距离 r（通常为转子半径），就是**电磁转矩** T，单位为牛·米（N·m）。即

$$T = Bilr \tag{1-11}$$

1.2.2 磁路及其基本定理

麦克斯韦方程是描述电磁现象的普遍适用方程，但由于电机结构复杂且包含多种导磁性能不同的材料，难以直接利用麦克斯韦方程得到磁场的分布。在电机中，通常把复杂的三维磁场问题的求解简化为相应磁路的计算，在绝大多数情况下可以满足工程精度的要求。下面介绍与磁路有关的基本概念和基本定理。

1. 磁路

所谓**磁路**，就是磁通流过的路径。磁路的基本组成部分是磁动势源和磁通流过的物体，磁动势源为永磁体或通电线圈。图 1-6a 所示为带铁心的电抗器，由铁心和环绕其上的通电线圈组成，线圈匝数为 N，电流为 i，铁心的截面积均匀（为 A），铁心内磁力线的平均长度为 L，假设磁通经过该铁心的所有截面且在截面上均匀分布，该磁路上的磁通和磁动势分别为

$$\left.\begin{array}{l} \varPhi = BA \\ F = Ni = HL \end{array}\right\} \tag{1-12}$$

a) 电抗器　　　　　b) 等效磁路

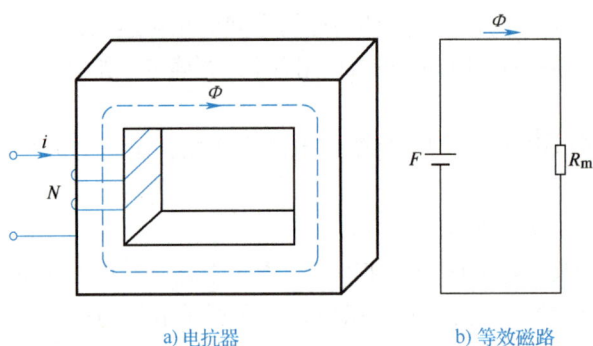

图 1-6　带铁心的电抗器及其等效磁路　　　　带铁心的电抗器磁场分布

将磁通和磁动势的关系与电路中电流和电压的关系类比，定义

$$R_{\mathrm{m}} = \frac{F}{\varPhi} \tag{1-13}$$

为该段磁路的**磁阻**，单位为安培每韦伯（A/Wb）。式（1-13）表征了磁通、磁动势和磁阻之间的关系，称为**磁路的欧姆定律**。因此，可将图 1-6a 的实际磁路简化为图 1-6b 所示的等效磁路。

将式（1-12）代入式（1-13），可得

$$R_{\mathrm{m}} = \frac{HL}{BA} = \frac{L}{\mu A} \tag{1-14}$$

可以看出，磁阻与磁路长度成正比，与材料的磁导率和磁路截面积成反比。

磁阻的倒数称为**磁导**，用符号 $\varLambda$ 表示，单位为韦伯每安培（Wb/A），即

$$\Lambda = \frac{\mu A}{L} \tag{1-15}$$

可以看出，磁路方程与电路方程在形式上非常相似，其类比关系见表1-1。需要指出的是，**电路和磁路虽然形式上相同，但在物理上有如下本质的区别：**

1）电路中的电流是运动电荷产生的，是实际存在的，而磁路中的磁通仅仅是描述磁现象的一种手段。

2）电路中通过电流要产生损耗，但当铁心中的磁通不变时不产生损耗。

3）在温度一定的前提下，导体的电阻率是恒定的，而导磁材料的磁导率随其中磁场的变化而变化。

4）导体和非导体的电导率之比可达 10^{16}，电流沿导体流动；而常用铁磁材料的相对磁导率通常为 $10^3 \sim 10^5$，磁场不只在铁磁材料中存在，在非铁磁材料中也存在。

表 1-1　磁路方程与电路方程的类比关系

磁　　　路	单　　位	电　　路	单　　位
磁动势 F	A	电压 U	V
磁通 Φ	Wb	电流 I	A
磁阻 $R_{\mathrm{m}} = \dfrac{L}{\mu A}$	A/Wb	电阻 $R = \rho \dfrac{L}{A}$	Ω
磁导 $\Lambda = \dfrac{1}{R_{\mathrm{m}}}$	Wb/A	电导 $G = \dfrac{1}{R}$	S
磁路方程 $F = \Phi R_{\mathrm{m}}$	A	电路方程 $U = IR$	V
磁通密度 $B = \dfrac{\Phi}{A}$	T	电流密度 $J = \dfrac{I}{A}$	A/m²

2. 磁路的基本定理

在进行磁路的分析与计算时，除了上面提到的磁路的欧姆定律、安培环路定律和磁通连续性定理外，还要用到以下定理。

（1）磁路的基尔霍夫第一定律

图 1-7 所示为一相通电的三相变压器及其等效磁路。对于图 1-7b 中的节点 a，在其周围取一闭合面，根据磁通连续性定理，流入该闭合面的磁通的代数和恒等于零，即

$$\sum \Phi = \Phi_1 - \Phi_2 - \Phi_3 = 0 \tag{1-16}$$

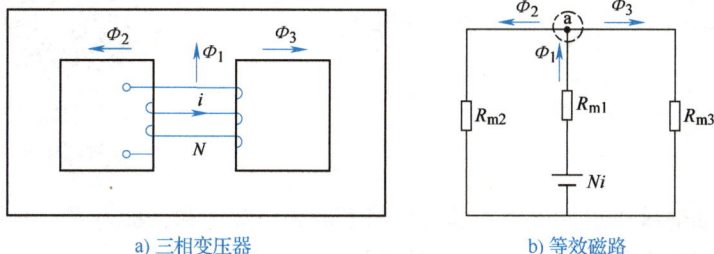

a) 三相变压器　　　　　　b) 等效磁路

图 1-7　一相通电的三相变压器及其等效磁路

一相通电的三相
变压器磁场

式（1-16）称为**磁路的基尔霍夫第一定律**，是磁通连续性定理在等效磁路中的具体

体现。

从图 1-7b 可以看出，磁阻 R_{m2}、R_{m3} 上的磁压降相同，流过的不是同一磁通，二者之间的连接方式为**并联**。

若磁路中有 n 个磁阻 R_{m1}，R_{m2}，$\cdots$，R_{mn} 并联，如图 1-8a 所示，则可将该磁路等效为图 1-8b 所示的简单磁路。等效的前提是：两个磁路流过相同的磁通 Φ，且磁压降 F 保持不变。根据磁路的基尔霍夫第一定律，有

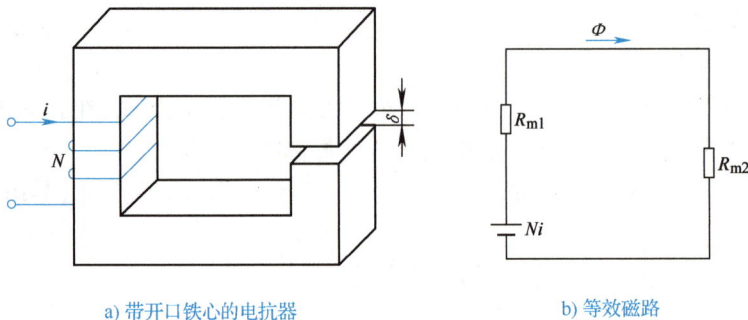

a) 并联磁阻   b) 等效磁路

图 1-8 并联磁阻的等效

$$\Phi = \frac{F}{R_{m1}} + \frac{F}{R_{m2}} + \cdots + \frac{F}{R_{mn}} = \frac{F}{R_{eq}} \tag{1-17}$$

则等效磁阻为

$$R_{eq} = \frac{1}{\dfrac{1}{R_{m1}} + \dfrac{1}{R_{m2}} + \cdots + \dfrac{1}{R_{mn}}} \tag{1-18}$$

（2）磁路的基尔霍夫第二定律

图 1-9a 所示为一带开口铁心的电抗器，磁路中含有通电线圈、铁心和气隙。线圈匝数为 N，流过的电流为 i，取一条通过电抗器铁心和气隙中心线的闭合路径，根据安培环路定律，有

$$Ni = H_1 l_1 + H_\delta \delta \tag{1-19}$$

式中，H_1 和 H_δ 分别为铁心和气隙中的磁场强度；l_1 为铁心部分的磁路长度；δ 为气隙长度。铁心和气隙分别用等效磁阻 R_{m1} 和 R_{m2} 等效，F 为励磁线圈的磁动势，$F = Ni$，则其等效磁路如图 1-9b 所示。整理式（1-19），有

$$F = \Phi R_{m1} + \Phi R_{m2} \tag{1-20}$$

a) 带开口铁心的电抗器   b) 等效磁路

图 1-9 带开口铁心的电抗器及其等效磁路

带开口铁心的
电抗器磁场

任何闭合磁路上的总磁动势等于组成该磁路的各磁阻上的磁压降之和，称为**磁路的基尔霍夫第二定律**，是安培环路定律在等效磁路中的具体体现。

从图 1-9b 可以看出，磁阻 R_{m1}、R_{m2} 上流过的磁通相同，且顺序连接，二者之间的连接方式为**串联**。

若磁路中有 n 个磁阻 R_{m1}，R_{m2}，$\cdots$，R_{mn} 串联，如图 1-10a 所示，则可将该磁路等效为

图 1-10b 所示的简单磁路。等效的前提与并联磁路的等效相同。根据磁路的基尔霍夫第二定律，有

$$F = \Phi(R_{m1} + R_{m2} + \cdots + R_{mn}) = \Phi R_{eq} \tag{1-21}$$

则等效磁阻为

$$R_{eq} = R_{m1} + R_{m2} + \cdots + R_{mn} \tag{1-22}$$

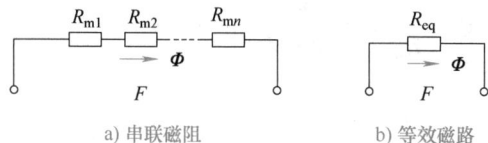

a) 串联磁阻　　　　　　　　　b) 等效磁路

图 1-10　串联磁阻的等效

[例 1-1]　有一铁心，其尺寸如图 1-11 所示，铁心的厚度为 0.1m，相对磁导率为 2000，上面绕有 1000 匝的线圈。当线圈内通以 0.8A 的电流时，能产生多大磁通？

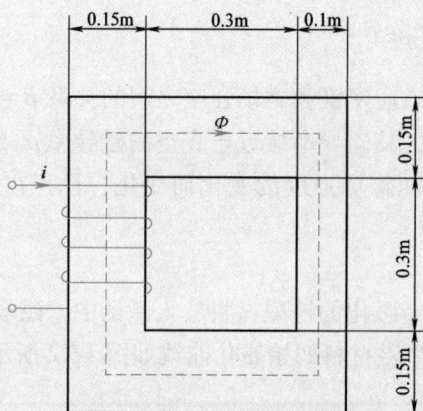

图 1-11　例 1-1 的铁心

解：用磁路的欧姆定律求解。

取通过铁心中心线的路径为平均磁路。铁心的上、下、左 3 边宽度相同，可取为磁路 1，右边取为磁路 2。

磁路 1 的平均长度 $l_1 = 1.3$m，截面积 $A_1 = 0.15$m×0.1m = 0.015m^2，则磁路 1 的磁阻为

$$R_{m1} = \frac{l_1}{\mu A_1} = \frac{1.3}{2000 \times 4\pi \times 10^{-7} \times 0.015} \text{A/Wb}$$
$$= 34483.6 \text{A/Wb}$$

磁路 2 的平均长度 $l_2 = 0.45$m，截面积 $A_2 = 0.1$m×0.1m = 0.01m^2，则磁路 2 的磁阻为

$$R_{m2} = \frac{l_2}{\mu A_2} = \frac{0.45}{2000 \times 4\pi \times 10^{-7} \times 0.01} \text{A/Wb}$$
$$= 17904.9 \text{A/Wb}$$

磁路的总磁阻为
$$R_m = R_{m1} + R_{m2} = (34483.6 + 17904.9)\text{A/Wb} = 52388.5\text{A/Wb}$$
线圈的磁动势为
$$F = Ni = 1000 \times 0.8\text{A} = 800\text{A}$$
则产生的磁通为
$$\Phi = \frac{F}{R_m} = \frac{800}{52388.5}\text{Wb} = 1.53 \times 10^{-2}\text{Wb}$$

1.3 铁磁材料的特性

铁磁材料包括：铁、镍、钴及它们的合金，某些稀土元素的合金和化合物，铬和锰的一些合金等。其特点是：将其放入磁场后，磁场会显著增强。下面介绍铁磁材料的特性。

1.3.1 铁磁材料的磁化曲线

铁磁材料的**磁化曲线**是磁通密度和磁场强度之间的关系 $B=f(H)$，是铁磁材料最基本的特性曲线。对于非铁磁材料，其磁导率接近于真空的磁导率 μ_0，磁化曲线为一直线 $B=\mu_0 H$。对于铁磁材料，由于磁导率随磁场强度的变化而变化，且存在磁滞现象，磁化曲线比较复杂。下面详细讨论。

1. 初始磁化曲线

初始磁化曲线是指将未经磁化的铁磁材料放入磁场中，磁场强度从零开始逐渐增大而得到的 $B=f(H)$ 曲线。典型的铁磁材料初始磁化曲线如图 1-12 所示。

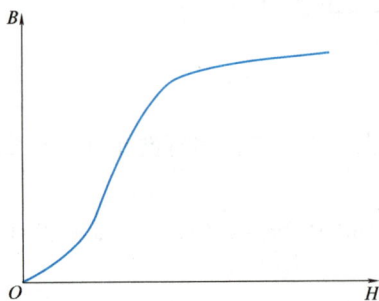

图 1-12 典型的铁磁材料的初始磁化曲线

铁心材料的磁化过程及初始磁化曲线

在无外加磁场时，铁磁材料就已经达到一定程度的磁化，称为自发磁化。自发磁化是分成许多小区域进行的，这些小区域称为磁畴。一个磁畴的体积大约为 10^{-15}m^3，每个磁畴内大约有 10^{15} 个原子，磁畴可用永磁体表示。未经磁化的铁磁材料中，各磁畴自发磁化的取向是杂乱的，磁效应相互抵消，如图 1-13a 所示，整个材料不显示磁性。当施加外磁场时，磁畴的轴线方向将向外磁场方向转动，当外加磁场足够强时，磁畴的轴线方向与外磁场方向一致，如图 1-13b 所示，材料显示出很强的磁性。

a) 未经磁化的材料　　　　　　b) 完全磁化后的材料

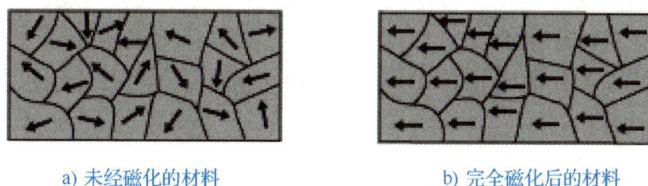

图 1-13　铁磁材料的磁化

将未磁化的铁磁材料置于外磁场中，当磁场强度很小时，外磁场只能使少量磁畴转向，磁通密度增加不快，此时磁导率 μ 较小；随着外磁场的增强，大量磁畴开始转向，磁通密度增加很快，磁导率很大；当外磁场增大到一定程度时，大部分磁畴已经转向，未转向的磁畴较少；继续增大外磁场时，磁通密度增加缓慢，磁导率逐渐减小，这种现象称为**饱和**。磁化曲线开始弯曲的点，称为"膝点"。

可以看出，不但不同的材料有不同的磁导率，即使是同一种铁磁材料，其磁导率也随磁场强度的变化而变化。

2. 磁滞回线

将铁磁材料置于外磁场中进行周期性磁化，得到的 $B=f(H)$ 曲线非常复杂，最突出的特点是 B 的变化落后于 H 的变化，这种现象称为磁滞。

如图 1-14 所示，将未磁化的铁磁材料置于外磁场中，当 H 从零开始增加到 H_m 时，B 相应地增加到 B_m，然后逐渐减小 H，B 将沿曲线 ab 下降，H 下降到零后，反方向增加 H 到 $-H_m$，B 沿 bcd 变化到 $-B_m$，再逐渐减小 H 的绝对值，B 沿着曲线 de 变化，当 H 为零后，再增加 H 到 H_m，则 B 沿 efa 增加到 B_m。如此反复磁化，就得到图中的 $B=f(H)$ 闭合曲线，称为磁滞回线。

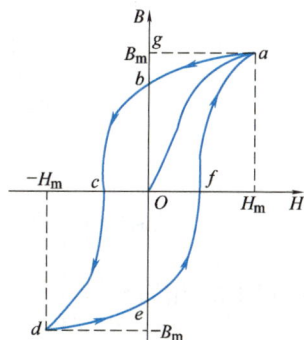

图 1-14　磁滞回线　　　　　　铁磁材料磁滞回线

当磁场强度 H 为零时，磁通密度不为零，而是一个较大的值，称为剩余磁感应强度或剩磁密度，简称剩磁，用 B_r 表示，单位为特斯拉（T）。当磁通密度为零时，H 不为零，而是 H_c，H_c 称为磁感应矫顽力，简称矫顽力，单位为安每米（A/m）。剩磁和矫顽力是铁磁材料的重要参数。

3. 基本磁化曲线

由于铁磁材料磁滞回线的形状比较复杂，在工程实际中使用不便。对于铁磁材料，在不同磁场强度的外磁场中反复磁化，可得到一系列大小不同的磁滞回线，将这些磁滞回线的顶点连接起来，就得到基本磁化曲线，如图 1-15 中虚线所示。各种手册中给出的磁化曲线都是基本磁化曲线。基本磁化曲线虽然不是初始磁化曲线，但两者差别不大。图 1-16 所示为 50TW800 型冷轧硅钢片的基本磁化曲线。

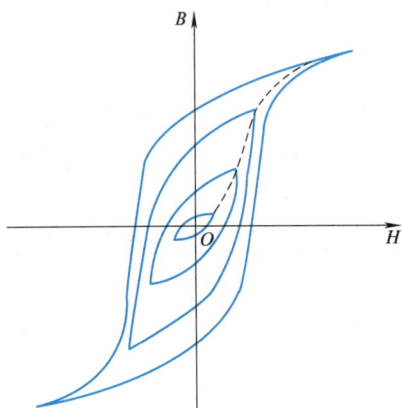

图 1-15　基本磁化曲线

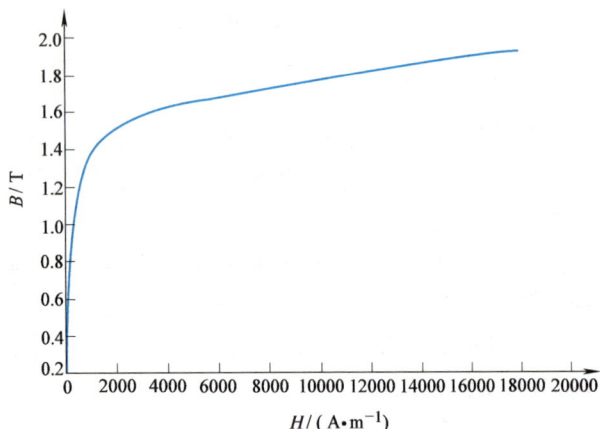

图 1-16　50TW800 型冷轧硅钢片的基本磁化曲线

4. 铁磁材料的分类

根据磁滞回线形状的不同，可将铁磁材料分为软磁材料和永磁材料。

软磁材料的磁滞回线如图 1-17a 所示。软磁材料磁滞回线窄，矫顽力小，容易磁化，在较弱的外磁场作用下可得到较高的磁通密度，一旦去掉外磁场，其磁性基本消失，主要用作导磁材料。电机中常用的导磁材料，如硅钢片、铸钢、铸铁等，都属于软磁材料。

永磁材料的磁滞回线如图 1-17b 所示。永磁材料磁滞回线宽，矫顽力大，其特点是不容易被磁化、也不容易退磁，当外磁场消失后，仍具有相当强而稳定的磁性，可以向外部磁路提供恒定磁场。永磁材料也称为硬磁材料，包括铝镍钴、铁氧体、稀土钴和钕铁硼等，在永磁电机中应用广泛。

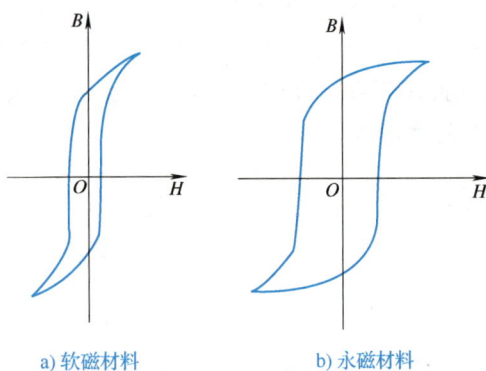

a) 软磁材料　　b) 永磁材料

图 1-17　软磁材料和永磁材料的磁滞回线

1.3.2　铁耗

将铁磁材料置于变化的磁场中，将产生铁心损耗，简称铁耗。铁耗包括磁滞损耗和涡流损耗两种。磁场不变时不产生铁耗。

1. 磁滞损耗

磁滞损耗是磁畴之间相互摩擦而产生的损耗。在图 1-18 所示的磁滞回线中，当 H 从零（e 点）增大到最大值 H_m（a 点）时，单位体积铁心消耗的能量

$$W_1 = \int_{-B_r}^{B_m} H\mathrm{d}B \tag{1-23}$$

为区域 *efage* 所包围的面积，如图 1-18a 中阴影部分所示。当 H 从 H_m 减小到零时，单位体积铁心消耗的能量

$$W_2 = \int_{B_m}^{B_r} H\mathrm{d}B \tag{1-24}$$

为区域 *abga* 所包围的面积，如图 1-18b 中阴影部分所示。由于 H 为正、$\mathrm{d}B$ 为负，故消耗的能量为负，向电源释放能量。

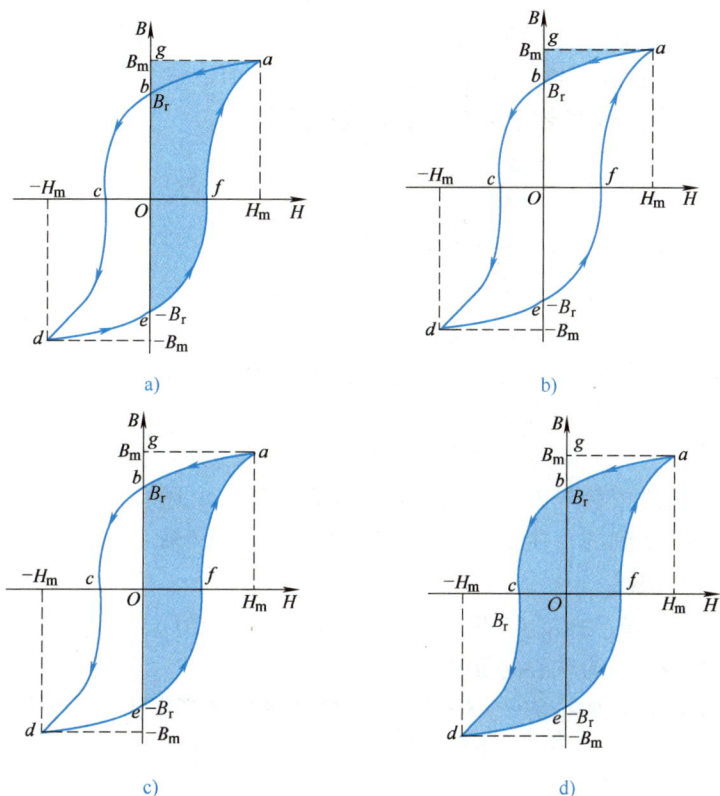

图 1-18　磁滞损耗

可以看出，在磁场变化的半个周期内，单位体积的铁心消耗的能量为图 1-18a、b 所示两部分能量之和，可用区域 *efabe* 所包围的面积表示，如图 1-18c 中阴影部分所示。同理，在后半个周期内，将消耗同样多的能量。**在磁场变化的一个周期内，单位体积铁心消耗的能量等于磁滞回线的面积**，如图1-18d中阴影部分所示，即

$$W = \oint H\mathrm{d}B \tag{1-25}$$

磁滞回线的面积通常可用经验公式表示：

$$\oint H\mathrm{d}B = C_h B_m^k \tag{1-26}$$

式中，C_h 为磁滞损耗系数，C_h 和 k 的值取决于铁心的特性，对于一般电工钢片，$k = 1.6 \sim 2.3$。

磁场每秒钟交变 f 次，则单位体积铁心所消耗的功率为

$$p_h = fW = f \oint H dB = f C_h B_m^k \qquad (1-27)$$

体积为 V 的铁心所消耗的功率为

$$P_h = p_h V = V f C_h B_m^k \qquad (1-28)$$

可以看出，磁滞损耗与磁场交变的频率、铁心的体积和磁滞回线的面积成正比。

2. 涡流损耗

根据电磁感应定律，铁心内的磁场交变时，在铁心内产生感应电动势，由于铁心为导电体，感应电动势在铁心中产生电流。这些电流在铁心内围绕磁通做旋涡状流动，故称为涡流，如图 1-19 所示。涡流在铁心中引起的损耗，称为涡流损耗。经推导，可得体积为 V 的铁心内产生的涡流损耗为

$$P_e = V \frac{\pi^2 \Delta^2 f^2 B_m^2}{6\rho} \qquad (1-29)$$

式中，Δ 为铁心钢片的厚度；ρ 为铁心的电阻率。

可以看出，涡流损耗与钢片厚度的二次方、频率的二次方以及磁通密度幅值的二次方成正比，与电阻率成反比。为减小涡流损耗，变压器和电机的铁心通常用厚度为 0.35mm 或 0.5mm 的硅钢片制成。

3. 铁耗

铁心中产生的涡流损耗与磁滞损耗之和，称为铁耗。上述公式是在理想情况下得到的，在工程计算中误差较大，通常采用以下经验公式计算铁耗

$$p_{Fe} = C_{Fe} f^{1.3} B_m^2 G \qquad (1-30)$$

式中，C_{Fe} 为铁耗系数；G 为铁心的重量。

图 1-19 涡流

可以看出，铁耗与磁通密度幅值的二次方、铁心重量和频率的 1.3 次方成正比。

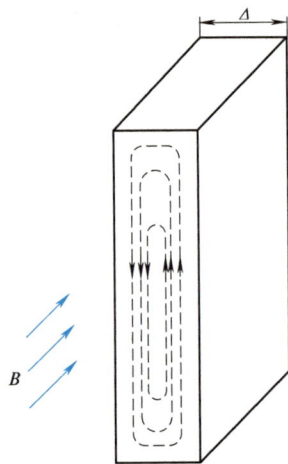

1.3.3 常用的软磁材料

软磁材料种类很多，常用的有以下几类：

1）纯铁和低碳钢。含碳量低于 0.04%，包括电磁纯铁、电解铁等。其特点是饱和磁化强度高、价格低廉、加工性能好，但电阻率低，在交变磁场下涡流损耗大，只适于静态磁场中使用。

2）铁硅合金。含硅量为 0.5%~4.8%，一般制成薄板使用，俗称硅钢片。在纯铁中加入硅后，可消除磁性材料的磁性能随时间变化的现象。随着含硅量的增加，脆性增强，饱和磁化强度下降，但电阻率和磁导率提高，矫顽力和涡流损耗减小。硅钢片在交流领域应用广泛，如制造电机、变压器、继电器、互感器等的铁心。

3）软磁铁氧体。软磁铁氧体为非金属亚铁磁性软磁材料，其电阻率非常高（10^{-2} ~ $10^{10} \Omega \cdot m$），但饱和磁化强度低，价格低廉，广泛用于高频电感和高频变压器。

4）非晶态软磁合金。又称非晶合金，其磁导率和电阻率高，矫顽力小，不存在由晶体结构引起的磁晶各向异性，具有耐腐蚀和强度高等特点。此外，其居里温度比晶态软磁材料低得多，损耗大为降低，是一种正在开发利用的新型软磁材料。

[例 1-2]　对于例 1-1 中的铁心，其磁化曲线如图 1-20 所示（图 1-16 的一部分），若铁心内产生 1.53×10^{-2} Wb 的磁通，需多大的电流？

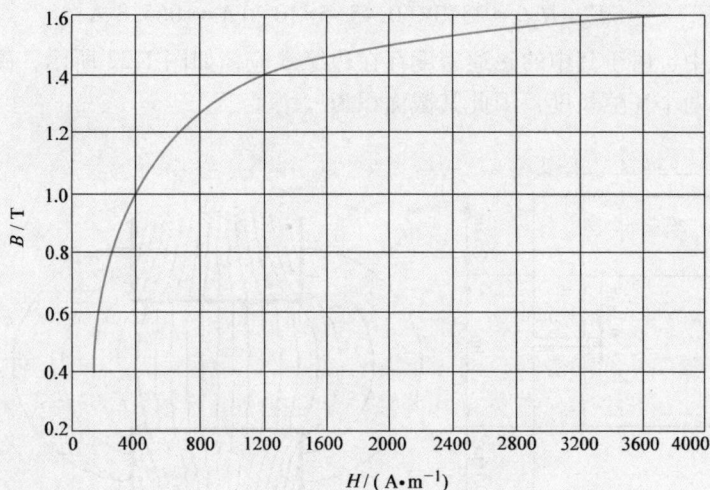

图 1-20　磁化曲线

解：对于磁路 1，流过 $\Phi = 1.53 \times 10^{-2}$ Wb 的磁通时，磁通密度为

$$B_1 = \frac{\Phi}{A_1} = \frac{1.53 \times 10^{-2}}{0.015} \text{T}$$

$$= 1.02 \text{T}$$

由图 1-20 所示的磁化曲线，得到磁场强度 $H_1 = 400$ A/m，该磁路上的磁位差为

$$F_1 = H_1 l_1 = 400 \times 1.3 \text{A} = 520 \text{A}$$

对于磁路 2，流过 $\Phi = 1.53 \times 10^{-2}$ Wb 的磁通时，磁通密度为

$$B_2 = \frac{\Phi}{A_2} = \frac{1.53 \times 10^{-2}}{0.01} \text{T}$$

$$= 1.53 \text{T}$$

由图 1-20 所示的磁化曲线，得到磁场强度 $H_2 = 2370$ A/m，该磁路上的磁位差为

$$F_2 = H_2 l_2 = 2370 \times 0.45 \text{A} = 1066.5 \text{A}$$

磁路所需磁动势为

$$F = F_1 + F_2 = (520 + 1066.5) \text{A} = 1586.5 \text{A}$$

所需励磁电流为

$$i = \frac{F}{N} = \frac{1586.5}{1000} \text{A} = 1.59 \text{A}$$

[例 1-3]　对于例 1-2 中的铁心，若在右边心柱上有一气隙，气隙长度为 0.5mm，如图 1-21 所示。若铁心内产生 1.53×10^{-2} Wb 的磁通，需多大的电流？

解：磁路分为 3 段，上、下、左 3 边为磁路 1，右边（不包括空气隙）为磁路 2，空气隙为磁路 3。

磁路 1 的计算同例 1-2，磁压为 520A。磁路 2 的计算长度比例 1-2 中减少了 0.5mm，其磁位差为

$$F_2 = H_2 l_2 = 2370 \times (0.45 - 5 \times 10^{-4})\,\text{A} = 1065.3\,\text{A}$$

在磁路 3 中，由于其中的磁通密度存在边缘效应，如图 1-22 所示，磁路的宽度可近似认为扩大了两个气隙长度，因此其截面积为

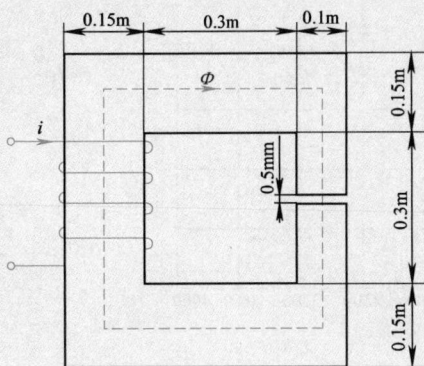

图 1-21 例 1-3 的铁心   图 1-22 磁场的边缘效应

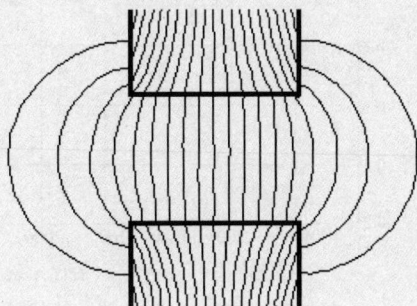

开口铁心电抗器
的磁场分布图

$$A_3 = (0.1 + 2 \times 5 \times 10^{-4}) \times (0.1 + 2 \times 5 \times 10^{-4})\,\text{m}^2 = 1.02 \times 10^{-2}\,\text{m}^2$$

磁通密度为

$$B_3 = \frac{\Phi}{A_3} = \frac{1.53 \times 10^{-2}}{0.0102}\,\text{T} = 1.5\,\text{T}$$

磁位差为

$$F_3 = H_3 l_3 = B_3 l_3 / \mu_0 = 1.5 \times 5 \times 10^{-4} / (4\pi \times 10^{-7})\,\text{A} = 596.8\,\text{A}$$

磁路所需的总磁动势为

$$F = F_1 + F_2 + F_3 = (520 + 1065.3 + 596.8)\,\text{A} = 2182.1\,\text{A}$$

所需励磁电流为

$$i = \frac{F}{N} = \frac{2182.1}{1000}\,\text{A} = 2.18\,\text{A}$$

对比例 1-1、例 1-2、例 1-3 的计算结果可以看出：对于铁心形状尺寸基本相同的电抗器，若要产生相同磁通 Φ，所需的励磁电流各不相同，见表 1-2。通过励磁电流对比分析可见，铁心饱和和气隙对于磁路磁阻影响很大，是电机磁路分析过程中的重要影响因素。

表 1-2 电抗器不同铁心参数下的磁通与励磁电流的关系

例题	磁化曲线	铁心	磁通 Φ	励磁电流	结果分析
例 1-1	$\mu_r = 2000$	如图 1-11 所示	$1.53 \times 10^{-2}\,\text{Wb}$	0.8A	线性铁心，所需励磁电流小

（续）

例题	磁 化 曲 线	铁心	磁通 Φ	励磁电流	结 果 分 析
例 1-2	磁化曲线如图 1-20 所示	如图 1-11 所示	1.53×10^{-2} Wb	1.59A	与例 1-1 相比，铁心饱和导致励磁电流增大
例 1-3	磁化曲线如图 1-20 所示	如图 1-21 所示	1.53×10^{-2} Wb	2.18A	与例 1-2 相比，气隙磁阻导致励磁电流增大

1.4 电感和磁场储能

1.4.1 电感

在电机中，导体通常绕成线圈。当线圈中流过电流时，将产生磁场。当线圈所在磁路由磁导率恒定的材料制成或磁路的主要组成部分为空气，即磁路不饱和时，电感定义为线圈中流过单位电流所产生的磁链，可表示为

$$L = \frac{\Psi}{i} = \frac{NBA}{i} = \frac{N\mu HA}{i}\frac{l}{l} = \frac{N\mu AF}{il} = \frac{N^2\mu A}{l} = \frac{N^2}{R_{\mathrm{m}}} = N^2\Lambda \qquad (1\text{-}31)$$

式中，L 为电感，单位为亨（H）；A、l 分别为磁路截面积和磁路长度；N 为线圈匝数。

从式（1-31）可以看出，线圈的电感与匝数的二次方及磁路的磁导成正比。

1. 自感和互感

图 1-23 所示电感为绕有两个线圈的磁路，线圈内电流的方向使两者产生的磁通方向相同，则磁路上的总磁动势为

$$F = N_1 i_1 + N_2 i_2 \qquad (1\text{-}32)$$

为便于分析，认为所产生的磁通全部在铁心内，则磁通为

$$\Phi = F\Lambda = (N_1 i_1 + N_2 i_2)\frac{\mu A}{l} \qquad (1\text{-}33)$$

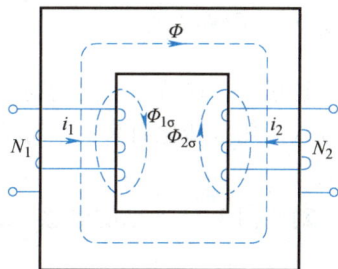

图 1-23 电感

线圈 1 交链的磁链为

$$\Psi_1 = N_1\Phi = N_1^2\frac{\mu A}{l}i_1 + N_1 N_2\frac{\mu A}{l}i_2 = L_{11}i_1 + L_{12}i_2 \qquad (1\text{-}34)$$

式中，L_{11} 为线圈 1 的**自感**，$L_{11} = N_1^2\frac{\mu A}{l}$；$L_{11}i_1$ 是线圈 1 自身电流产生的磁链；L_{12} 为线圈 1 和线圈 2 之间的**互感**，$L_{12} = N_1 N_2\frac{\mu A}{l}$；$L_{12}i_2$ 为线圈 2 中电流在线圈 1 中产生的磁链。

同理，线圈 2 中的磁链可表示为

$$\Psi_2 = N_2\Phi = N_1 N_2\frac{\mu A}{l}i_1 + N_2^2\frac{\mu A}{l}i_2 = L_{12}i_1 + L_{22}i_2 \qquad (1\text{-}35)$$

式中，L_{22} 为线圈 2 的自感，$L_{22} = N_2^2\frac{\mu A}{l}$。

由式（1-8）可得

$$e = -\frac{\mathrm{d}\Psi}{\mathrm{d}t} = -\frac{\mathrm{d}(Li)}{\mathrm{d}t} = -L\frac{\mathrm{d}i}{\mathrm{d}t} - i\frac{\mathrm{d}L}{\mathrm{d}t} \tag{1-36}$$

当电感不随时间发生变化时，有

$$e = -L\frac{\mathrm{d}i}{\mathrm{d}t} \tag{1-37}$$

在电机旋转过程中，定转子之间的互感往往随时间发生变化，此时线圈中的感应电动势应包括式（1-36）中的两项。

2. 漏电感

上面的分析忽略了漏磁通。在图 1-23 中，线圈 1 中的电流实际上产生的磁通 Φ_1 分成两部分：一部分是在铁心内同时交链线圈 1 和线圈 2 的磁通 Φ，称为**主磁通**；另一部分是只交链线圈 1 的磁通 $\Phi_{1\sigma}$，称为线圈 1 的**漏磁通**。线圈 1 中的总磁通为

$$\Phi_1 = \Phi + \Phi_{1\sigma} \tag{1-38}$$

假设漏磁通经过了线圈 1 的所有匝数，则对应的磁链关系为

$$\Psi_1' = \Psi_1 + \Psi_{1\sigma} \tag{1-39}$$

式中，Ψ_1' 和 $\Psi_{1\sigma}$ 分别为线圈 1 所交链的总磁链和漏磁链。

与漏磁链对应的电感称为**漏电感**，用 $L_{1\sigma}$ 表示

$$L_{1\sigma} = \frac{\Psi_{1\sigma}}{i_1} \tag{1-40}$$

1.4.2 磁场储能

磁场是一种特殊形式的物质，能够储存能量，这部分能量是在磁场建立过程中由外部电源输入的能量转化而来的，称为**磁场储能**或**磁场能量**。电机就是通过磁场储能实现能量转换的。

对于图 1-23 所示的电感，线圈两端的输入功率为

$$p = ui = i(Ri - e) = i\left(Ri + \frac{\mathrm{d}\Psi}{\mathrm{d}t}\right) = i\left(Ri + \frac{N\mathrm{d}\Phi}{\mathrm{d}t}\right) = i^2R + \frac{Ni\mathrm{d}\Phi}{\mathrm{d}t} \tag{1-41}$$

$\mathrm{d}t$ 时间内输入的能量为

$$\mathrm{d}W = p\mathrm{d}t = i^2R\mathrm{d}t + Ni\mathrm{d}\Phi = i^2R\mathrm{d}t + \mathrm{d}W_\phi \tag{1-42}$$

式中，$i^2R\mathrm{d}t$ 为绕组电阻消耗的能量；$\mathrm{d}W_\phi$ 为磁场储能，$\mathrm{d}W_\phi = Ni\mathrm{d}\Phi = i\mathrm{d}\Psi = -ei\mathrm{d}t$。

若 $t=0$ 时电流和磁链的初始值为 0，则时间 t 时磁场储存的能量为

$$W_\phi = \int_0^t -ei\mathrm{d}t = L\int_0^i i\mathrm{d}i = \frac{Li^2}{2} \tag{1-43}$$

下面讨论磁场储能的另一种表达形式。如果绕组所交链的磁路长度为 l，截面积为 A，且磁通密度 B 在磁路上分布均匀，有

$$\left.\begin{array}{l} \Phi = BA \\ H = \dfrac{Ni}{l} \end{array}\right\} \tag{1-44}$$

则

$$dW_\phi = id\Psi = Nid\Phi = HlAdB = VHdB \tag{1-45}$$

当磁通密度为零时，没有磁场储能。当磁通密度由零变化到 B 时，所存储的磁场储能为

$$W_\phi = V\int_0^B HdB \tag{1-46}$$

单位体积内的磁场储能就是磁场储能密度，为

$$w_\phi = \frac{W_\phi}{V} = \int_0^B HdB \tag{1-47}$$

若磁路不饱和，则磁场储能密度为

$$w_\phi = \int_0^B HdB = \frac{1}{\mu}\int_0^B BdB = \frac{B^2}{2\mu} = \frac{\mu H^2}{2} = \frac{BH}{2} \tag{1-48}$$

从式（1-48）可以看出，在电机内，磁通密度相同的前提下，由于空气的磁导率远低于铁心的磁导率，空气隙中的能量密度远高于铁心中的能量密度，因此电机中的磁场储能主要存储在空气隙中。

从上面分析可知，磁场能量还可以表示为如下形式：

$$W_\phi = \int_0^\Psi id\Psi \tag{1-49}$$

若磁路的 $\Psi\text{-}i$ 曲线如图 1-24 所示，则面积 $OabO$ 就表示磁场能量。对于面积 $ObcO$，可表示为

$$W_\phi' = \int_0^i \Psi di \tag{1-50}$$

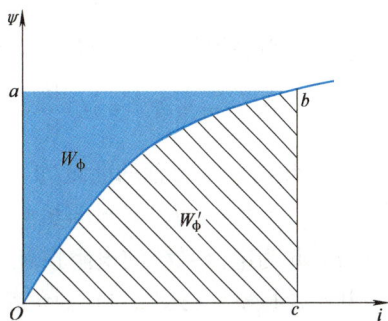

图 1-24　磁路的 $\Psi\text{-}i$ 曲线
及磁场能量与磁共能

称为磁共能。可以看出，在一般情况下，磁场能量与磁共能不相等。若磁路的 $\Psi\text{-}i$ 曲线为直线，则磁场能量等于磁共能。

1.5　机电能量转换的基本原理

1.5.1　机电能量转换装置的基本构成与能量关系

机电能量转换装置的大小和构造差别很大，但其基本原理是相同的。机电能量转换装置都有载流导体和磁场，都有一个固定部分和一个可动部分。当可动部分发生运动时，装置内部的磁场储能发生变化，并在输入（或输出）电能的电路系统发生一定反应，实现电能和机械能之间的转换。

根据能量守恒定理，在机电能量转换装置中，恒满足以下能量关系：

　　　　输入电能 ＝ 电磁场储能的增加 ＋ 装置内部能量的损耗 ＋ 输出机械能　　　（1-51）

对于机械能向电能转换的装置，电能和机械能为负；对于电能向机械能转换的装置，电能和机械能为正。

装置内部的能量损耗包括 3 部分：装置内部电路中流过电流而产生的电阻损耗、磁路系统产生的铁耗和可动部分运动产生的机械损耗。

　　严格来讲，机电能量转换装置中电磁场的储能，应当包括电场储能和磁场储能两部分。由于本书研究的是低速、低频系统，可以认为电场和磁场相互独立，通常的机电能量转换装置中大多用磁场作为耦合场，电磁场的储能仅为磁场储能。下面以磁场式机电能量转换装置作为研究对象，讨论机电能量转换的基本原理。

1.5.2　单边励磁系统中的能量转换

　　图 1-25 所示为一单边励磁的机电能量转换装置，由固定铁心、可动铁心和一个绕组组成，固定铁心和可动铁心之间的气隙 δ 是可变的。由于绕组电感随可动部分的运动而发生变化，因此电路系统满足

$$u = Ri - e = Ri + \frac{\mathrm{d}(Li)}{\mathrm{d}t} = Ri + L\frac{\mathrm{d}i}{\mathrm{d}t} + i\frac{\mathrm{d}L}{\mathrm{d}t} \tag{1-52}$$

　　忽略铁心的损耗，装置的输入功率为

$$P_1 = ui = Ri^2 + iL\frac{\mathrm{d}i}{\mathrm{d}t} + i^2\frac{\mathrm{d}L}{\mathrm{d}t} \tag{1-53}$$

　　时间 $\mathrm{d}t$ 内输入装置的能量为

$$\mathrm{d}W_{em} = Ri^2\mathrm{d}t + iL\mathrm{d}i + i^2\mathrm{d}L \tag{1-54}$$

式中，$Ri^2\mathrm{d}t$ 为电路系统的电阻损耗。

　　由式（1-43）得到，与磁场储能 $W_\phi = Li^2/2$ 对应的磁场储能增量为

图 1-25　单边励磁的机电能量转换装置

$$\mathrm{d}W_\phi = Li\mathrm{d}i + \frac{i^2}{2}\mathrm{d}L \tag{1-55}$$

　　将式（1-55）代入式（1-54），得

$$\mathrm{d}W_{em} = Ri^2\mathrm{d}t + \mathrm{d}W_\phi + \frac{i^2}{2}\mathrm{d}L \tag{1-56}$$

式中，$\dfrac{i^2}{2}\mathrm{d}L$ 为装置产生的机械能。若该机械能对应的是力 F 和位移 $\mathrm{d}x$，则

$$F\mathrm{d}x = \frac{i^2}{2}\mathrm{d}L \tag{1-57}$$

所产生的力为

$$F = \frac{i^2}{2}\frac{\mathrm{d}L}{\mathrm{d}x} \tag{1-58}$$

　　若机电能量转换装置产生旋转运动，则产生的电磁转矩为

$$T_e = Fr = \frac{i^2}{2}\frac{\mathrm{d}L}{\mathrm{d}x}r = \frac{i^2}{2}\frac{\mathrm{d}L}{r\mathrm{d}\theta}r = \frac{i^2}{2}\frac{\mathrm{d}L}{\mathrm{d}\theta} \tag{1-59}$$

式中，r 为力臂；$\mathrm{d}\theta$ 为位移 $\mathrm{d}x$ 所对应的角度，单位为弧度（rad）。

　　在单边励磁系统中，若绕组电感随位移的增大而增大，所产生的机械能为正，为电动效应；若绕组电感随位移的增大而减小，机械能为负，从系统外吸收机械能，为发电效应。

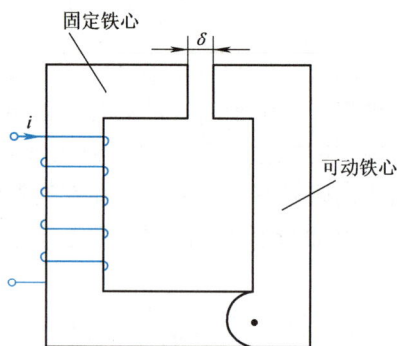

1.5.3   双边励磁系统中的能量转换

前述单边励磁系统中，只有固定部分一侧有励磁电流。若可动部分上也有电流流过，则固定部分和可动部分都有励磁电流，称为**双边励磁系统**。通常电机的定转子都有绕组，是典型的双边励磁系统。

图 1-26 所示为一双边励磁的机电能量转换装置，定转子上各有一个绕组。忽略铁心损耗，输入装置的功率为

$$p = u_1 i_1 + u_2 i_2 = i_1(R_1 i_1 - e_1) + i_2(R_2 i_2 - e_2)$$

$$= i_1 \left(R_1 i_1 + \frac{\mathrm{d}\Psi_1}{\mathrm{d}t} \right) + i_2 \left(R_2 i_2 + \frac{\mathrm{d}\Psi_2}{\mathrm{d}t} \right)$$

$$= i_1^2 R_1 + i_2^2 R_2 + i_1 \frac{\mathrm{d}\Psi_1}{\mathrm{d}t} + i_2 \frac{\mathrm{d}\Psi_2}{\mathrm{d}t} \qquad (1\text{-}60)$$

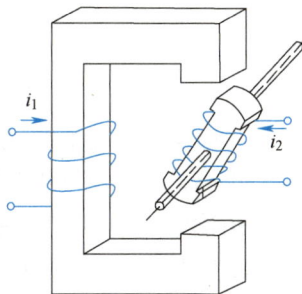

图 1-26   双边励磁的机电能量转换装置

扣除绕组消耗的能量，则时间 $\mathrm{d}t$ 内输入装置的能量为

$$\mathrm{d}W_{em} = i_1 \mathrm{d}\Psi_1 + i_2 \mathrm{d}\Psi_2 \qquad (1\text{-}61)$$

因 $\Psi_1 = L_{11} i_1 + L_{12} i_2$，$\Psi_2 = L_{12} i_1 + L_{22} i_2$，有

$$\mathrm{d}W_{em} = i_1 \mathrm{d}(L_{11} i_1 + L_{12} i_2) + i_2 \mathrm{d}(L_{12} i_1 + L_{22} i_2)$$

$$= [L_{11} i_1 \mathrm{d}i_1 + L_{22} i_2 \mathrm{d}i_2 + L_{12} \mathrm{d}(i_1 i_2)] + (i_1^2 \mathrm{d}L_{11} + i_2^2 \mathrm{d}L_{22} + 2 i_1 i_2 \mathrm{d}L_{12}) \qquad (1\text{-}62)$$

其中包括磁路中存储的能量和转换为机械能的能量。若磁路的磁导率恒定且磁路结构不发生变化，则电感也不发生变化，不产生机械能，有

$$\mathrm{d}W_\phi = \mathrm{d}W_{em} \Big|_{\text{电感为常数}} = L_{11} i_1 \mathrm{d}i_1 + L_{22} i_2 \mathrm{d}i_2 + L_{12} \mathrm{d}(i_1 i_2) \qquad (1\text{-}63)$$

此时存储的磁场储能为

$$W_\phi = L_{11} \int_0^{i_1} i_1 \mathrm{d}i_1 + L_{22} \int_0^{i_2} i_2 \mathrm{d}i_2 + L_{12} \int_0^{i_1 i_2} \mathrm{d}(i_1 i_2) = \frac{1}{2}(L_{11} i_1^2 + L_{22} i_2^2 + 2 L_{12} i_1 i_2) \qquad (1\text{-}64)$$

当装置中有 n 个电路时，磁场储能可表示为

$$W_\phi = \frac{1}{2} \sum_{i=1}^{n} \sum_{k=1}^{n} L_{ik} i_i i_k \qquad (1\text{-}65)$$

当可动部分运动时，电感随时间发生变化，产生机械能，此时有

$$\mathrm{d}W_{em} = \mathrm{d}W_\phi + \mathrm{d}W_{mech} \qquad (1\text{-}66)$$

式中，$\mathrm{d}W_{mech}$ 为转换为机械能的能量。

对式（1-64）求导得磁场储能的增量为

$$\mathrm{d}W_\phi = L_{11} i_1 \mathrm{d}i_1 + L_{22} i_2 \mathrm{d}i_2 + L_{12} \mathrm{d}(i_1 i_2) + \frac{1}{2} i_1^2 \mathrm{d}L_{11} + i_1 i_2 \mathrm{d}L_{12} + \frac{1}{2} i_2^2 \mathrm{d}L_{22} \qquad (1\text{-}67)$$

将式（1-62）和式（1-67）代入式（1-66）可得

$$\mathrm{d}W_{mech} = \frac{1}{2} i_1^2 \mathrm{d}L_{11} + \frac{1}{2} i_2^2 \mathrm{d}L_{22} + i_1 i_2 \mathrm{d}L_{12} \qquad (1\text{-}68)$$

若该机械能对应的是力 F 和位移 $\mathrm{d}x$，则所产生的力为

$$F = \frac{i_1^2}{2} \frac{\mathrm{d}L_{11}}{\mathrm{d}x} + \frac{i_2^2}{2} \frac{\mathrm{d}L_{22}}{\mathrm{d}x} + i_1 i_2 \frac{\mathrm{d}L_{12}}{\mathrm{d}x} \qquad (1\text{-}69)$$

若机电能量转换装置产生旋转运动，则产生的电磁转矩为

$$T_e = \frac{i_1^2}{2} \frac{\mathrm{d}L_{11}}{\mathrm{d}\theta} + \frac{i_2^2}{2} \frac{\mathrm{d}L_{22}}{\mathrm{d}\theta} + i_1 i_2 \frac{\mathrm{d}L_{12}}{\mathrm{d}\theta} \tag{1-70}$$

对于有 n 个电路的系统，所产生的力和电磁转矩分别为

$$F = \frac{1}{2} \sum_{i=1}^{n} \sum_{k=1}^{n} i_i i_k \frac{\mathrm{d}L_{ik}}{\mathrm{d}x} \tag{1-71}$$

$$T_e = \frac{1}{2} \sum_{i=1}^{n} \sum_{k=1}^{n} i_i i_k \frac{\mathrm{d}L_{ik}}{\mathrm{d}\theta} \tag{1-72}$$

[例 1-4] 图 1-27 为一旋转电磁铁，两个定子磁极上各有线圈 2000 匝，转子半径 $R_1 = 20\mathrm{mm}$，铁心厚度 $W = 25\mathrm{mm}$，气隙长度 $\delta = 2\mathrm{mm}$，θ 为定子极尖与相邻转子极尖的夹角，忽略铁心的磁阻和磁通的边缘效应，求：（1）线圈电感与 θ 的关系；（2）电流为 1A 时的最大转矩；（3）磁路的磁阻与 θ 的关系；（4）电流为 1A 时磁场储能与 θ 的关系。

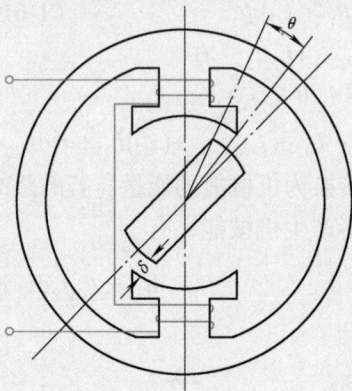

图 1-27 例 1-4 的旋转电磁铁

解：（1）线圈电感

$$L = \frac{N^2 \mu_0 A}{l}$$

$$= \frac{4000^2 \times 4\pi \times 10^{-7} \times 5.25 \times 10^{-4} \theta}{4 \times 10^{-3}} \mathrm{H} = 2.64\theta \ \mathrm{H}$$

式中

$$A = W(R_1 + \delta/2)\theta = 25(20 + 2/2) \times 10^{-6} \theta \ \mathrm{m}^2$$

$$= 5.25 \times 10^{-4} \theta \ \mathrm{m}^2$$

$$l = 2\delta = 4 \times 10^{-3} \mathrm{m}$$

$$N = 4000 \text{ 匝}$$

（2）$T = \dfrac{i^2}{2} \dfrac{\mathrm{d}L}{\mathrm{d}\theta} = \dfrac{1^2}{2} \times 2.64 \mathrm{N} \cdot \mathrm{m} = 1.32 \mathrm{N} \cdot \mathrm{m}$

$$(3)\ R_{\mathrm{m}} = \frac{l}{\mu A} = \frac{4 \times 10^{-3}}{4\pi \times 10^{-7} \times 5.25 \times 10^{-4}\theta}\mathrm{A/Wb}$$

$$= \frac{6.05 \times 10^{6}}{\theta}\mathrm{A/Wb}$$

$$(4)\ W_{\mathrm{m}} = \frac{Li^2}{2} = \frac{2.64\theta \times 1^2}{2}\mathrm{J} = 1.32\theta\ \mathrm{J}$$

1.5.4　非线性磁路中的能量与电磁力

非线性磁路中的能量与电磁力可用图 1-28 解释。图 1-28a 所示为电磁铁，当电磁铁绕组通电时，衔铁运动。对应不同的衔铁位置，磁路的磁化曲线 Ψ-i 不同。假设当衔铁位于 x 位置和 $x+\Delta x$ 位置时的磁化曲线分别如图 1-28b 中的曲线 Ob、Od 所示。衔铁从 x 位置移动到 $x+\Delta x$ 位置时，系统内的能量平衡关系为

$$\Delta W_{\mathrm{em}} = \Delta W_{\phi} + \Delta W_{\mathrm{mech}} \tag{1-73}$$

式中，ΔW_{ϕ} 为磁场能量的增量；ΔW_{mech} 为输出的机械能；ΔW_{em} 为系统的输入能量。

若 $W_{\phi 1}$ 和 $W_{\phi 2}$ 分别为位移 Δx 发生前后储存的磁场能量，则

$$\Delta W_{\phi} = W_{\phi 2} - W_{\phi 1} \tag{1-74}$$

输出的机械能为

$$\Delta W_{\mathrm{mech}} = \Delta W_{\mathrm{em}} + W_{\phi 1} - W_{\phi 2} \tag{1-75}$$

若电磁铁绕组内的电流保持不变，为 Oa，如图 1-28b 所示，则输入系统的能量

$$\Delta W_{\mathrm{em}} = i\Delta\Psi \tag{1-76}$$

用图 1-28c 中的矩形面积 $bced$ 表示，而 $\Delta W_{\mathrm{em}}+W_{\phi 1}$ 用面积 $ObdecO$ 表示，图 1-28d 中的面积 Ode 表示能量 $W_{\phi 2}$。根据式（1-75），ΔW_{mech} 用图 1-28e 中的面积 $ObdO$ 表示，这就是电流保持在 Oa 一段时输出的机械能。可以看出，当电流保持恒定时，输出的机械能等于磁场能的增加量 $\Delta W_{\phi}'$，即

$$\Delta W_{\mathrm{mech}} = W_{\phi 2}' - W_{\phi 1}' \tag{1-77}$$

采用同样的分析过程，假设位移过程中磁链保持不变，则输出的机械能用图 1-28b 中的面积 $ObfO$ 表示。因此，当磁链保持不变时，输出的机械能等于磁场能量的减少量 ΔW_{ϕ}。

在上述两种情况下，衔铁上的平均电磁力为

$$f_{\mathrm{av}} = \frac{\Delta W_{\mathrm{mech}}}{\Delta x} \tag{1-78}$$

当电流保持恒定时，衔铁上的平均电磁力为

$$f_{\mathrm{av}} = \frac{\Delta W_{\phi}'}{\Delta x}\bigg|_{i=常数} \tag{1-79}$$

当磁链保持恒定时，衔铁上的平均电磁力为

$$f_{\mathrm{av}} = -\frac{\Delta W_{\phi}}{\Delta x}\bigg|_{\Psi=常数} \tag{1-80}$$

若产生的为旋转运动，则平均转矩为

a)

b)   c)

d)   e)

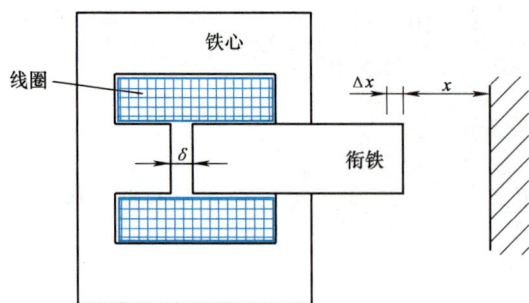

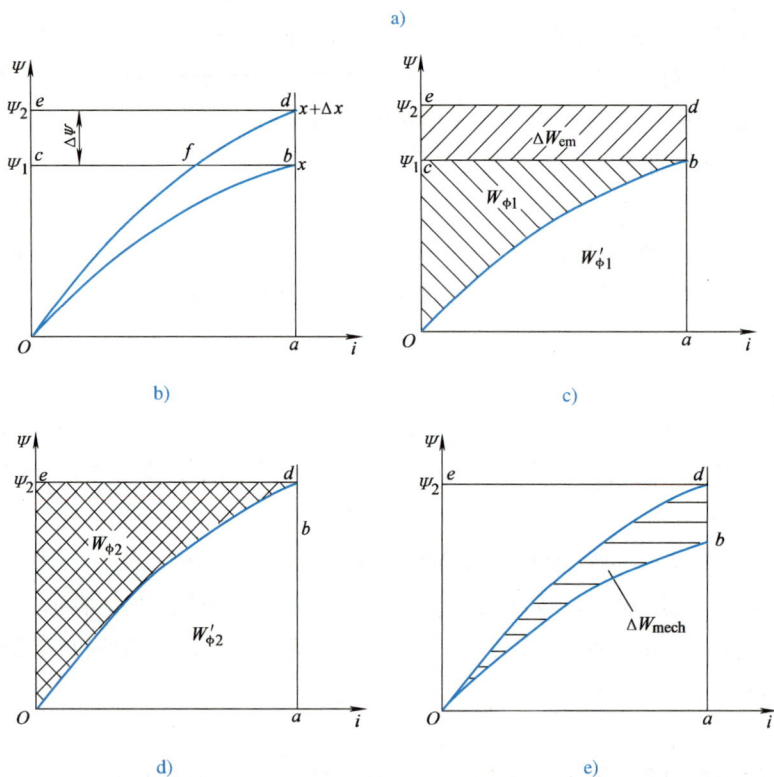

图 1-28　非线性磁路中的能量与电磁力

$$
\left.
\begin{aligned}
T_{\text{av}} &= -\left.\frac{\Delta W_\phi}{\Delta\theta}\right|_{\varPsi=\text{常数}} \\
T_{\text{av}} &= \left.\frac{\Delta W'_\phi}{\Delta\theta}\right|_{i=\text{常数}}
\end{aligned}
\right\}
\tag{1-81}
$$

当 Δx 和 $\Delta\theta$ 趋近于 0 时，平均电磁力和平均转矩趋近于瞬时值，瞬时电磁力和瞬时转矩为

$$
\left.
\begin{aligned}
f &= \frac{\partial W'_\phi(i,x)}{\partial x} = -\frac{\partial W_\phi(\varPsi,x)}{\partial x} \\
T &= \frac{\partial W'_\phi(i,\theta)}{\partial\theta} = -\frac{\partial W_\phi(\varPsi,\theta)}{\partial\theta}
\end{aligned}
\right\}
\tag{1-82}
$$

习　题

思考题

1-1　电机和变压器的磁路常采用什么材料制成？这种材料有哪些主要特性？

1-2　什么是相对磁导率？

1-3　公式 $e=-\dfrac{\mathrm{d}\varPsi}{\mathrm{d}t}$，$e=-N\dfrac{\mathrm{d}\varPhi}{\mathrm{d}t}$，$e=-L\dfrac{\mathrm{d}i}{\mathrm{d}t}$ 都是电磁感应定律的不同写法，它们之间有什么差别？哪一种写法最有普遍性？从一种写法改为另一种写法需要什么附加条件？

1-4　磁路的磁阻如何计算？

1-5　线圈的电抗与对应磁路的磁阻有什么关系？

1-6　列举常用的磁路的基本定律。

1-7　什么是磁路的基尔霍夫定律？什么是磁路的欧姆定律？磁阻和磁导与哪些因素有关？

1-8　说明恒定直流磁路和交流磁路的不同点。

1-9　当铁心磁路上有几个磁动势同时作用时，磁路计算能否用叠加定理？

1-10　叙述磁路与电路的类比关系。

1-11　为什么希望磁路中的空气隙部分尽可能小？

1-12　什么是铁磁材料？为什么铁磁材料的磁导率高？

1-13　什么是铁磁材料的饱和现象和磁滞现象？

1-14　什么是铁磁材料的剩磁和矫顽力？

1-15　基本磁化曲线和初始磁化曲线是如何得到的？磁路计算用哪一种？

1-16　什么是软磁材料？什么是硬磁材料？

1-17　铁心中的磁滞损耗和涡流损耗是如何产生的？为何电机铁心通常采用硅钢片？

1-18　叙述电感、自感、互感和漏电感的意义。

1-19　什么是磁共能？

1-20　磁场储能和磁共能有何区别？

1-21　叙述机电能量转换装置内的能量关系。

计算题

1-1　图 1-29 所示为一电抗器铁心，深度为 0.05m，铁心的相对磁导率为 1000。问：要产生 0.003Wb 的磁通，需要多大电流？在此电流下，铁心各部分的磁通密度为多少？

1-2　图 1-30 所示为一铁心，深度为 0.07m，铁心的相对磁导率为 2000，左右两边的气隙长度分别为 0.0005m 和 0.0007m，由于边缘效应，气隙的有效面积增加 5%，线圈匝数为 300，电流为 1A。试求磁路各部分的磁通密度为多少？

1-3　有一闭合铁心磁路，铁心的截面积 $A=9\times10^{-4}\ \mathrm{m}^2$，磁路的平均长度 $l=0.3\mathrm{m}$，铁心的磁导率 $\mu_{\mathrm{Fe}}=5000\mu_0$，套装在铁心上的励磁绕组为 500 匝。试求在铁心中产生 1T 的磁通密度时，所需要的励磁磁动势和励磁电流。

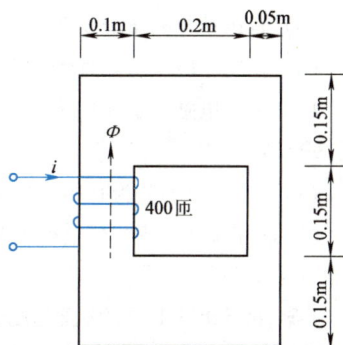

图 1-29　计算题 1-1 图

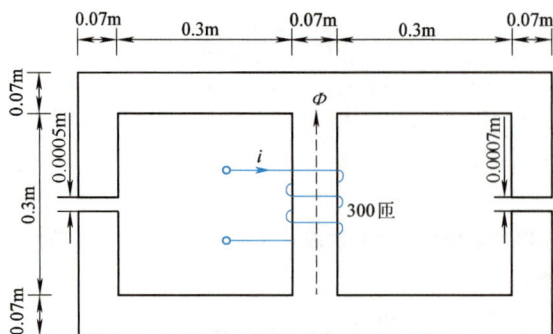

图 1-30 计算题 1-2 图

1-4 图 1-31 中的铁心，深度为 0.15m，其左边的绕组匝数为 600 匝，右边的绕组匝数为 200 匝，线圈绕向和铁心尺寸如图所示。当 $i_1 = 1A$、$i_2 = 2A$ 时，铁心内将产生多大磁通？假设铁心的相对磁导率为 2500。

1-5 图 1-31 中的铁心，若其磁导率不是常数，磁化曲线如图 1-20 所示，i_1、i_2 电流不变，铁心内将产生多大磁通？

1-6 在图 1-32 所示的磁路中，线圈 N_1 和 N_2 中通入直流电流 I_1 和 I_2。试问：

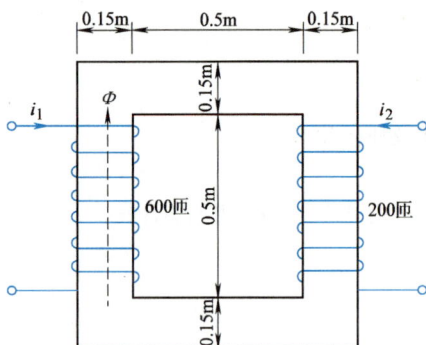

图 1-31 计算题 1-4 和计算题 1-5 图

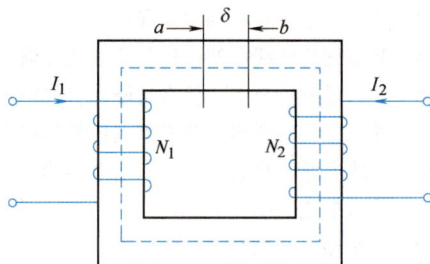

图 1-32 计算题 1-6 图

(1) 电流方向如图所示时，该磁路上的总磁动势为多少？

(2) N_2 中电流方向 I_2 反向，总磁动势又为多少？

(3) 若在图中 a、b 处切开，形成一空气隙 δ，总磁动势又为多少？

(4) 比较 (1)、(3) 两种情况下铁心中 B、H 的大小，及 (3) 中铁心和气隙中 H 的相对大小。

1-7 有一电磁铁如图 1-33 所示，线圈为 1000 匝，通入 3A 电流，不计漏磁，假设铁心磁导率为无穷大。求：

(1) 主气隙 δ 分别为 0.01m 和 0.002m 时的磁能；

(2) 衔铁缓慢上升，使主气隙从 0.01m 缩小到 0.002m 时，衔铁所做的机械功以及线圈从电源吸收的能量。

1-8 试导出图 1-34 所示双边励磁系统的电磁转矩，已知：$L_{11} = L_{22} = L_0 + L_2\cos2\theta$，$L_{12} = L_{21} = M\cos2\theta$，电源电压 $u_1 = u_2 = U_m\sin\omega t$，绕组电阻忽略不计。

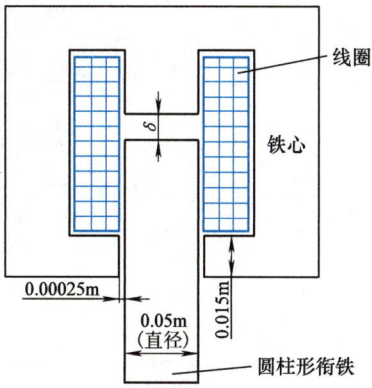

图 1-33 计算题 1-7 图

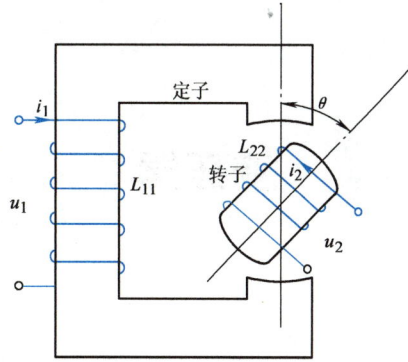

图 1-34 计算题 1-8 图

第2章 变压器

变压器是一种静止的电气设备。它通过电磁感应作用，将一种电压等级的交流电能转换成同一频率的另一种电压等级的交流电能。

变压器在电力系统中应用广泛，对电能的经济传输、灵活分配和安全利用具有重要意义。在电力系统中，需要把发电厂生产的电能输送到用电区域，为减少传输过程中的电能损失，通常采用高压输电，需要变压器升高电压；当电能输送到用电区域后，为保证用电安全，需要用变压器降低电压。此外，变压器在测试、控制等方面的应用也很广泛，在低功率、小电流的电子及控制电路中用于阻抗匹配、电路隔离和隔断直流等。

知识图谱

本章首先介绍了变压器的结构和工作原理，然后分析了其等效电路、运行特性、并联运行和三相变压器联结组，最后介绍了几种特殊变压器和变压器的不对称运行方式。

2.1 变压器的基本工作原理和结构

2.1.1 变压器的基本工作原理

两个相互绝缘的绕组套在一个共同的闭合导磁铁心上，就组成了一个简单变压器，如图 2-1 所示。这两个绕组之间只有磁场的相互交链，没有电的联系。通常这两个绕组中一个接交流电源，另一个接负载，接交流电源的绕组称为一次绕组，简称为一次侧，接负载的绕组称为二次绕组，简称为二次侧。

一次侧接到具有一定频率和电压的交流电源后，在一次绕组中就有交流电流流过，并在铁心中产生与电源频率相同的交变磁通，这一磁通同时交链一、二次绕组。根据电磁感应定

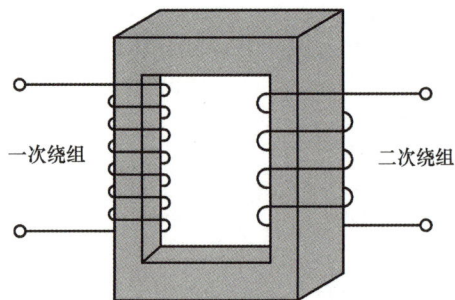

图 2-1　简单变压器

律，在一、二次绕组内感应出电动势，二次侧有了电动势，就可以向负载供电。一、二次绕组的感应电动势之比就是它们的匝数之比。对于电力变压器，一次侧电动势的大小接近于一次侧外加电压，二次侧感应电动势的大小接近于二次侧端电压，因此只要改变一、二次绕组的匝数之比，就可以改变输出电压，这就是变压器的基本工作原理。

2.1.2 变压器的结构

电力变压器以油浸式结构为主。图 2-2 所示为典型的油浸式电力变压器，主要由铁心、绕组、油箱、绝缘套管等部件组成。铁心和绕组是变压器进行电磁感应、实现能量传递的基本部分，构成了变压器的器身。油箱起机械支撑、冷却散热和保护作用；变压器油起冷却和绝缘作用；绝缘套管起绝缘作用。下面主要介绍变压器的铁心和绕组。

变压器的铁心既是磁路，又是绕组的支撑。它由铁心柱和铁轭两部分组成，铁心柱用来套装绕组，铁轭用以连接铁心柱，构成闭合磁路。为减少铁心损耗，铁心一般用 0.30 ~ 0.35mm 厚的冷轧硅钢片叠压而成，片上涂以绝缘漆，以避免片间短路产生大的涡流损耗。

图 2-2 典型的油浸式电力变压器

按照铁心的结构，变压器可以分为心式和壳式两种。心式变压器的铁心柱被绕组所包围，如图 2-3a 所示，绕组装配和绝缘比较容易，所以电力变压器一般采用该种结构；壳式结构则是铁心包围绕组的顶面、底面和侧面，如图 2-3b 所示，这种结构具有较好的机械强度，常用于低压、大电流的变压器或小容量的电信变压器中。

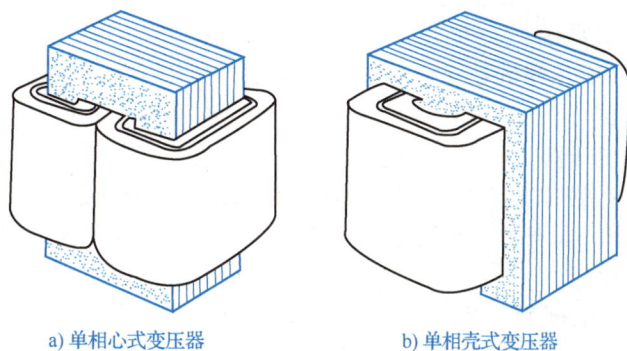

a) 单相心式变压器   b) 单相壳式变压器

图 2-3 心式变压器和壳式变压器

绕组是变压器的电路部分，用绝缘扁铜线或圆铜线绕成，对应相的一次绕组和二次绕组通常套装在同一个铁心柱上。一、二次绕组中，电压高的绕组称为高压绕组，电压低的绕组称为低压绕组。对升压变压器，一次绕组为低压绕组，二次绕组为高压绕组；对降压变压器，情况正好相反。变压器高、低压绕组容量相同，因此高压绕组承受的电压高、电流小、绕组匝数多、导线细，而低压绕组承受的电压低、电流大，因而绕组匝数少、导线粗。

根据高、低压绕组的相对位置，变压器的绕组可分为同心式和交叠式两类。同心式绕组的高、低压绕组同心地套在铁心柱上，为提高绕组对铁心柱的绝缘能力，低压绕组在内，高压绕组在外；交叠式绕组的高、低压绕组沿铁心柱高度方向互相交叠地放置。同心式绕组结构简单、制作方便，国产电力变压器均采用这种结构。

变压器的铁心和绕组装配完成后，放置于盛有变压器油的油箱中，变压器产生的热量通过变压器油散发到外部。变压器各绕组通过绝缘套管穿出变压器，与电源和负载相连。

除油浸式变压器外，还有一种干式变压器。它是一种采用空气冷却的新型变压器，变压器没有箱体，将经过环氧树脂浇铸的绕组同变压器铁心套装在一起，直接暴露在空气中，如图2-4所示。干式变压器

图 2-4　干式变压器

与油浸式变压器相比具有以下性能特点：① 安全、防火、无污染；② 免维护、安装简单、综合运行成本低；③ 防潮性能好；④ 体积小、重量轻、损耗低、局部放电量低、噪声低、散热能力强；⑤ 可靠性高。干式变压器的工作原理与油浸式变压器完全相同，不同之处在于线圈结构和绝缘结构。

2.1.3　变压器的额定值

在变压器铭牌上标有其额定值，亦称铭牌值。额定值是制造厂对变压器在指定工作条件下运行时所规定的一些量值。满足这一指定工作条件，称变压器工作于额定工作状态，可以保证变压器长期可靠的工作，并具有优良的性能。额定值亦是变压器厂进行产品设计和试验的依据。

变压器的额定值主要有：

1）额定容量 S_N：额定容量是变压器在额定状态下输出视在功率的保证值。额定容量的单位为伏安（V·A）或千伏安（kV·A）。由于变压器效率高，通常一、二次侧的额定容量设计的相等。对三相变压器，额定容量是指三相容量之和。

2）额定电压 U_N：铭牌规定的一、二次绕组在空载、指定分接位置下的端电压，称为额定电压，分别用 U_{1N} 和 U_{2N} 表示。额定电压的单位为伏（V）或千伏（kV）。对于三相变压器，额定电压是指线电压。

3）额定电流 I_N：根据额定容量和额定电压计算出的电流称为额定电流，其单位为安（A）或千安（kA）。对三相变压器，额定电流是指线电流。

对单相变压器，一、二次额定电流分别为

$$I_{1N} = \frac{S_N}{U_{1N}}, \qquad I_{2N} = \frac{S_N}{U_{2N}}$$

对三相变压器，一、二次额定电流分别为

$$I_{1N} = \frac{S_N}{\sqrt{3}\,U_{1N}}, \qquad I_{2N} = \frac{S_N}{\sqrt{3}\,U_{2N}}$$

4）额定频率 f_N：我国的标准工频为 50Hz。

此外，额定工作状态下变压器的性能，如效率、温升等数据也属于额定值。

2.2 变压器的空载运行

变压器的一次绕组接交流电源、二次绕组开路（负载电流为零），称为**空载运行**。下面首先分析空载运行时一、二次绕组的感应电动势和电压比，然后介绍主磁通、励磁电流和励磁电抗。

2.2.1 基本方程

图 2-5 为单相变压器空载运行的示意图，图中 N_1 和 N_2 分别表示一、二次绕组的匝数。当一次绕组外施交流电压 u_1、二次绕组开路时，一次绕组内将流过电流 i_{10}，称为**变压器的空载电流**，由后面的分析可知，该电流很小。空载电流 i_{10} 产生交变磁动势 $N_1 i_{10}$，并在铁心中建立同时交链一、二次绕组的磁通 ϕ，该磁通在一、二次绕组中分别产生交变电动势 e_1 和 e_2。

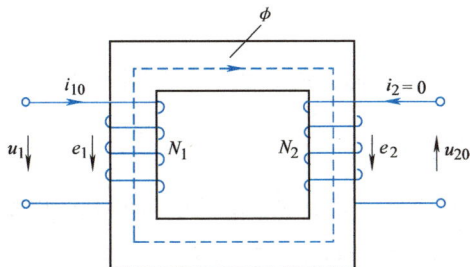

图 2-5 单相变压器的空载运行

单相心式变压器
空载磁场

单相壳式变压器
空载磁场

为便于分析，规定变压器空载时各量的正方向之间满足如图 2-5 所示的关系，即：

1）一次绕组内电流的正方向与电源电压的正方向一致。

2）一、二次绕组电流的正方向和磁通正方向之间满足右手螺旋关系。

3）一次绕组感应电动势的正方向与产生该电动势的磁通的正方向之间满足右手螺旋关系，所以一次绕组中感应电动势的正方向与电流的正方向一致。

4）二次绕组感应电动势的正方向与产生该电动势的磁通的正方向之间满足右手螺旋关系。

二次电压和二次电流的正方向规定方法见本章 2.3 节。

根据上述正方向规定，感应电动势 e_1、e_2 分别为

$$e_1 = -N_1 \frac{\mathrm{d}\phi}{\mathrm{d}t}, \qquad e_2 = -N_2 \frac{\mathrm{d}\phi}{\mathrm{d}t} \tag{2-1}$$

根据基尔霍夫第二定律，一、二次绕组的电压方程式分别为

$$\left.\begin{aligned} u_1 &= i_{10}R_1 - e_1 = i_{10}R_1 + N_1 \frac{\mathrm{d}\phi}{\mathrm{d}t} \\ u_{20} &= e_2 = -N_2 \frac{\mathrm{d}\phi}{\mathrm{d}t} \end{aligned}\right\} \tag{2-2}$$

式中，R_1 为一次绕组的电阻；u_{20} 为二次绕组的空载电压（即开路电压）。

实际上，在空载运行时，一次绕组电流不但产生同时交链一、二次绕组的磁通，而且还产生只交链一次绕组的磁通，这部分磁通也会在一次绕组中产生感应电动势，式（2-2）没有考虑这部分电动势的作用。

2.2.2 电压比

在变压器中，一、二次绕组的电动势之比称为**变压器的电压比**，用 k 表示。在变压器空载运行时，空载电流所产生的电压降 $i_{10}R_1$ 很小，可以忽略不计，于是

$$\left| \frac{u_1}{u_{20}} \right| \approx \frac{e_1}{e_2} = \frac{N_1}{N_2} = k \tag{2-3}$$

可以看出，空载运行时，变压器的电压比近似等于一、二次电压之比。因此，要使一、二次绕组具有不同的电压，只要使它们具有不同的匝数即可。这就是变压器能够"变压"的原理。

2.2.3 主磁通和励磁电流

通过铁心并与一、二次绕组同时交链的磁通称为**主磁通**，用 ϕ 表示。根据式（2-1）得

$$\phi = -\frac{1}{N_1} \int e_1 \mathrm{d}t \tag{2-4}$$

空载时，由于 $-e_1 \approx u_1$，因此主磁通的大小和波形主要决定于电源电压的大小和波形。通常电源电压为正弦波，故电动势 e_1 也可认为是正弦波，即 $e_1 = \sqrt{2}E_1\sin\omega t$，于是式（2-4）变为

$$\phi = -\frac{1}{N_1} \int \sqrt{2}\, E_1\sin\omega t \mathrm{d}t = \frac{\sqrt{2}E_1}{\omega N_1}\cos\omega t = \Phi_{\mathrm{m}}\cos\omega t \tag{2-5}$$

式中，Φ_{m} 为主磁通的幅值，且

$$\Phi_{\mathrm{m}} = \frac{\sqrt{2}E_1}{2\pi f N_1} = \frac{E_1}{4.44 f N_1} \approx \frac{U_1}{4.44 f N_1}$$

即

$$U_1 \approx E_1 = 4.44 f N_1 \Phi_{\mathrm{m}} \tag{2-6}$$

式中，U_1 和 E_1 分别为电压 u_1 和电动势 e_1 的有效值。

主磁通可以用相量 $\dot{\Phi}_{\mathrm{m}}$ 表示，其相位超前于感应电动势 $\dot{E}_1$ 90°相角，变压器的空载相量图如图 2-6 所示。

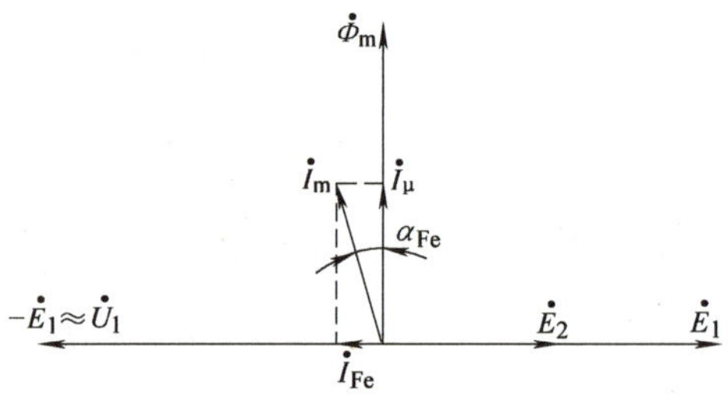

产生主磁通所需要的电流称为**励磁电流**，用 i_{m} 来表示。空载运行时，一次电流全部用来产生主磁通，因此空载电流就是励磁电流，即 $i_{10} = i_{\mathrm{m}}$。

对一确定的变压器，若不计绕组电阻压降，

图 2-6 变压器的空载相量图

当外加正弦电压一定时，主磁通正弦分布且幅值也一定，那么产生这一主磁通的励磁电流又怎样呢？

励磁电流产生主磁通的过程可通过磁化曲线说明。当不计铁心损耗时，励磁电流为纯无功电流。铁心的磁化曲线如图 2-7a 所示，此时的电流只用来产生主磁通，称为磁化电流 i_μ。假定正弦波主磁通的变化范围处于磁化曲线的线性段，即 ϕ 与 i_μ 之间的关系是线性的，则磁化电流与主磁通波形一致，也是正弦波，且两者同相位，都与感应电动势 $\dot{E}_1$ 相差 90°电角度；若铁心饱和，则 i_μ 需由图解法来确定，如图 2-7b 所示。当时间 $t=t_1$、磁通量 $\phi=\phi_{(1)}$ 时，由磁化曲线的点 1 查出对应的磁化电流为 $i_{\mu(1)}$；同理可以确定其他瞬间的磁化电流，从而得到 $i_\mu=f(t)$。

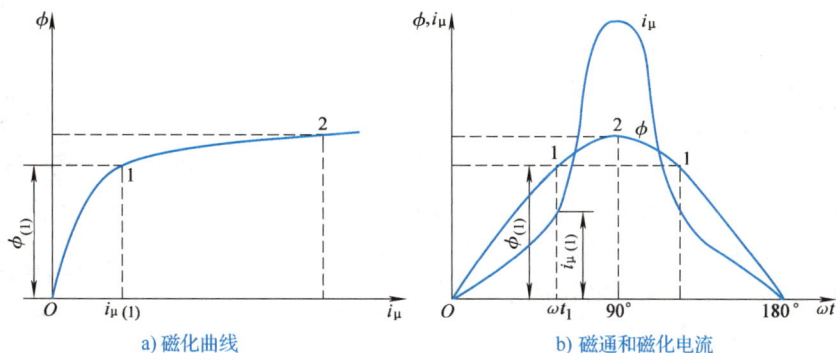

a) 磁化曲线　　　　b) 磁通和磁化电流

图 2-7　不计铁耗时磁化电流的确定

磁通为正弦波时的励磁电流　　　　电流为正弦波时的磁通

可以看出，当磁通随时间正弦变化时，由磁路饱和而引起的非线性将导致磁化电流成为尖顶波；磁路越饱和，磁化电流的波形越尖，即畸变越严重。尽管磁化电流波形发生畸变，但其始终与磁通同相位，即超前感应电动势 90°电角度。为便于计算，通常用一个有效值与之相等的等效正弦波电流来代替非正弦的磁化电流。

实际上，励磁电流在产生主磁通的同时，也会产生铁耗，因此励磁电流 i_m 不但包括产生主磁通的磁化电流 i_μ，还应包括对应于铁耗的有功电流 i_{Fe}（称为铁耗电流），i_{Fe} 与 $-e_1$ 同相位。考虑铁耗时，磁化曲线表现为动态磁滞回线。根据动态磁滞回线和正弦波交变磁通，利用作图法得到励磁电流 $i_m=f(t)$ 的过程如图 2-8 所示。可以看出，此时励磁电流 i_m 不再与主磁通 ϕ 同相位，而是超前 ϕ 一个相角 α_{Fe}，α_{Fe} 称为铁耗角。因此，用等效正弦电流相量表示励磁电流 i_m 时有

$$\dot{I}_m = \dot{I}_\mu + \dot{I}_{Fe} \qquad (2\text{-}7)$$

相应的相量关系如图 2-6 所示。此时电源将输入一定的有功功率到变压器，并全部转换为铁心损耗。

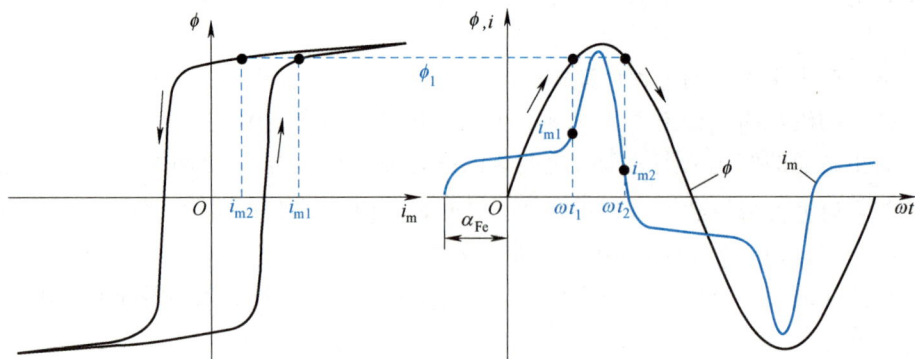

图 2-8　考虑铁耗时励磁电流的确定

2.2.4　励磁阻抗

励磁电流 i_m 产生主磁通 ϕ，主磁通在一次绕组中感应电动势 e_1。为便于分析，总希望用等效电路代替磁路，即由励磁电流直接过渡到电动势，省去主磁通这一中间环节，这需要引进励磁阻抗的概念。

主磁通、感应电动势和磁化电流之间的关系可由下式表示：

$$\left.\begin{aligned}\phi &= N_1 i_\mu \Lambda_m \\ e_1 &= -N_1\frac{d\phi}{dt} = -N_1{}^2 \Lambda_m \frac{di_\mu}{dt} = -L_{1\mu}\frac{di_\mu}{dt}\end{aligned}\right\} \quad (2\text{-}8)$$

式中，Λ_m 为主磁路的磁导；$L_{1\mu}$ 为对应的铁心绕组的磁化电感，$L_{1\mu} = N_1^2 \Lambda_m$。

用相量表示，式（2-8）为

$$\dot{E}_1 = -j\omega L_{1\mu}\dot{I}_\mu = -j\dot{I}_\mu X_\mu \quad 或 \quad \dot{I}_\mu = -\frac{\dot{E}_1}{jX_\mu} \qquad (2\text{-}9)$$

式中，X_μ 称为变压器的磁化电抗，它是表征铁心磁化性能的一个参数，$X_\mu = \omega L_{1\mu}$。

另外，由前面的分析可知，铁耗电流 $\dot{I}_{Fe}$ 与电动势 $-\dot{E}_1$ 同相位，是有功电流，故 $\dot{I}_{Fe}$ 与 $-\dot{E}_1$ 之间的关系可写成

$$\dot{E}_1 = -\dot{I}_{Fe}R_{Fe} \quad 或 \quad \dot{I}_{Fe} = -\frac{\dot{E}_1}{R_{Fe}} \qquad (2\text{-}10)$$

式中，R_{Fe} 称为铁耗电阻，它是表征铁心损耗 p_{Fe} 的一个参数，$p_{Fe} = I_{Fe}^2 R_{Fe}$。

于是，励磁电流 $\dot{I}_m$ 与感应电动势 $\dot{E}_1$ 之间有下列关系：

$$\dot{I}_m = \dot{I}_\mu + \dot{I}_{Fe} = -\dot{E}_1\left(\frac{1}{R_{Fe}} + \frac{1}{jX_\mu}\right) \qquad (2\text{-}11)$$

图 2-9a 表示与式（2-11）对应的铁心绕组的等效电路，此电路由两个并联支路构成，一个是磁化电抗 X_μ，一个是铁耗电阻 R_{Fe}。

图 2-9a 所示的并联等效电路可以用串联等效电路代替，如图 2-9b 所示，其中，X_m 称为励磁电抗，它是表征铁心磁化性能的一个等效参数，$X_m = X_\mu[R_{Fe}^2/(R_{Fe}^2 + X_\mu^2)]$；$R_m$ 称为励

考虑铁耗时励磁电流确定

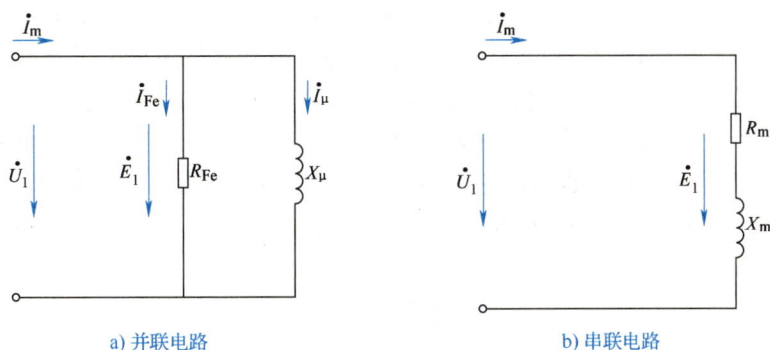

a) 并联电路　　　　　　　　b) 串联电路

图 2-9　铁心绕组的等效电路

磁电阻，它是表征铁心损耗的一个等效参数，励磁电流在该电阻上的损耗就是铁心损耗，$R_m = R_{Fe}[X_\mu^2/(R_{Fe}^2 + X_\mu^2)]$；$Z_m = R_m + jX_m$ 称为变压器的励磁阻抗，是表征铁心磁化性能和铁心损耗的一个综合参数。由图 2-9b 可得

$$\dot{I}_m = -\frac{\dot{E}_1}{Z_m} \quad 或 \quad \dot{E}_1 = -\dot{I}_m Z_m = -\dot{I}_m(R_m + jX_m) \tag{2-12}$$

由于铁心磁路存在饱和，所以 E_1 和 I_m 之间的关系是非线性的，即励磁阻抗及其各分量不是常值，而是随铁心饱和程度的变化而变化。但是，考虑到实际运行时主磁通 Φ_m 变化很小，可近似认为 Z_m 是常值。

2.3　变压器的负载运行

变压器一次绕组接到交流电源、二次绕组接负载阻抗 Z_L 时，二次绕组就有电流流过，称为变压器的负载运行，如图 2-10 所示。此时作用在变压器铁心上的磁动势为一、二次绕组的合成磁动势，合成磁动势产生同时交链一、二次绕组的主磁通幅值 Φ_m。为分析方便，需规定变压器负载时各量的正方向。这里只规定二次电流 i_2 及二次电压 u_2 的正方向，其他各量正方向的规定与空载时相同。二次电流的正方向与二次绕组电动势的正方向一致；二次电压的正方向与电流正方向一致，如图 2-10 所示。

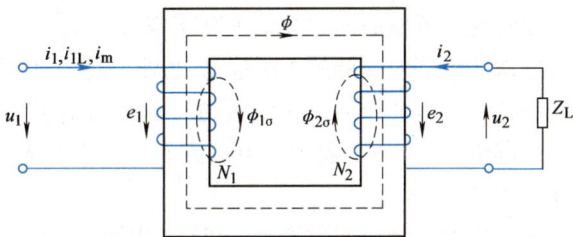

图 2-10　变压器的负载运行

2.3.1　负载时的磁动势平衡和能量传递

变压器空载运行时，一次绕组中的空载电流 i_{10} 产生磁动势 $N_1 i_{10}$ 并建立主磁通 ϕ，主磁通在一、二次绕组内分别感应电动势 e_1、e_2，满足式（2-2），变压器处于电磁平衡状态，各物理量的大小均有一确定的数值。如果在变压器二次侧接上负载阻抗 Z_L，则二次绕组内就

有电流 i_2 流过，将产生磁动势 $N_2 i_2$，由于磁动势 $N_2 i_2$ 也作用在铁心磁路上，因此铁心内的主磁通 ϕ 趋于改变，导致一次绕组内的电动势 e_1 趋于改变，从而打破了原有的平衡。根据式（2-2），在电源电压 u_1 和电阻 R_1 不变的情况下，e_1 的改变将导致一次绕组电流的变化，由空载时的 $i_{10}(=i_m)$ 变化为 i_1。但考虑到电源电压 u_1 等于常值，且一次绕组电阻很小，所引起的电阻压降在负载运行时也可以忽略不计，因此负载时主磁通与空载时相同，即 Φ_m 基本不变，所以产生这一主磁通的负载磁动势 $N_1 i_1 + N_2 i_2$（一、二次绕组磁动势之和）和空载时一次绕组的磁动势 $N_1 i_m$ 相等，即

$$N_1 i_1 + N_2 i_2 = N_1 i_m \tag{2-13}$$

由式（2-13）得

$$i_1 = i_m - \frac{N_2}{N_1} i_2 = i_m + i_{1L} \tag{2-14}$$

式中，$i_{1L} = -\dfrac{N_2}{N_1} i_2$，也可表示为

$$N_1 i_{1L} + N_2 i_2 = 0 \quad 或 \quad N_1 i_{1L} = -N_2 i_2 \tag{2-15}$$

可以看出，变压器负载时的电流 i_1 中除了用以产生主磁通的励磁电流 i_m 外，还将增加一个负载分量 i_{1L}，以抵消二次电流 i_2 的作用。式（2-15）表示了变压器负载时的磁动势平衡关系。

考虑到一、二次绕组的电动势之比为 $e_1/e_2 = N_1/N_2$，有

$$-e_1 i_{1L} = e_2 i_2 \tag{2-16}$$

式中，$-e_1 i_{1L}$ 表示变压器一次侧输入功率；$e_2 i_2$ 表示变压器二次侧的输出功率。

因此，通过一、二次绕组的磁动势平衡和电磁感应关系，一次绕组从电源吸收的电功率就传递到二次绕组，并输出给负载，这就是变压器进行能量传递的原理。

2.3.2 漏磁通和漏电抗

尽管变压器铁心的磁导率远高于空气，但一、二次绕组电流产生的磁通除通过铁心并与一、二次绕组同时交链的主磁通 ϕ 之外，还产生只与本绕组交链且主要通过空气或油路闭合的磁通，这部分磁通称为漏磁通。由电流 i_1 产生且仅与一次绕组交链的磁通，称为一次绕组的漏磁通，用 $\phi_{1\sigma}$ 表示；由电流 i_2 产生且仅与二次绕组交链的磁通，称为二次绕组的漏磁通，用 $\phi_{2\sigma}$ 表示。

同主磁通一样，漏磁通 $\phi_{1\sigma}$ 和 $\phi_{2\sigma}$ 也随时间交变，在一、二次绕组中产生电动势 $e_{1\sigma}$ 和 $e_{2\sigma}$，分别称为一、二次绕组的漏磁电动势，简称漏电动势。漏磁通和漏电动势的正方向规定同主磁通和主电动势的正方向规定。

同主磁通引出励磁电抗一样，通过漏磁通引出漏电抗，直接从电流过渡到漏电动势。电流、漏磁通、漏电动势三者之间的关系可表示为

对一次绕组

$$\left.\begin{array}{l} \phi_{1\sigma} = N_1 i_1 \Lambda_{1\sigma} \\ e_{1\sigma} = -N_1 \dfrac{\mathrm{d}\phi_{1\sigma}}{\mathrm{d}t} = -N_1{}^2 \Lambda_{1\sigma} \dfrac{\mathrm{d}i_1}{\mathrm{d}t} = -L_{1\sigma} \dfrac{\mathrm{d}i_1}{\mathrm{d}t} \end{array}\right\} \tag{2-17}$$

对二次绕组

$$\left.\begin{array}{l}\phi_{2\sigma} = N_2 i_2 \Lambda_{2\sigma} \\ e_{2\sigma} = -N_2 \dfrac{\mathrm{d}\phi_{2\sigma}}{\mathrm{d}t} = -N_2^{\,2} \Lambda_{2\sigma} \dfrac{\mathrm{d}i_2}{\mathrm{d}t} = -L_{2\sigma} \dfrac{\mathrm{d}i_2}{\mathrm{d}t}\end{array}\right\} \tag{2-18}$$

式中，$L_{1\sigma}$ 和 $L_{2\sigma}$ 分别为一、二次绕组的漏磁电感，简称漏感，分别表示为

$$L_{1\sigma} = N_1^2 \Lambda_{1\sigma}, \qquad L_{2\sigma} = N_2^2 \Lambda_{2\sigma} \tag{2-19}$$

其中，$\Lambda_{1\sigma}$ 和 $\Lambda_{2\sigma}$ 分别为一、二次漏磁路的磁导。由于漏磁路的主要部分是空气或油，故漏磁导是常值，相应地，漏感也是常值。

当绕组电流正弦变化时，漏磁电动势可用相量表示，即

$$\left.\begin{array}{l}\dot{E}_{1\sigma} = -\mathrm{j}\omega L_{1\sigma} \dot{I}_1 = -\mathrm{j}X_{1\sigma} \dot{I}_1 \\ \dot{E}_{2\sigma} = -\mathrm{j}\omega L_{2\sigma} \dot{I}_2 = -\mathrm{j}X_{2\sigma} \dot{I}_2\end{array}\right\} \tag{2-20}$$

式中，$X_{1\sigma}$ 和 $X_{2\sigma}$ 分别称为一、二次绕组的漏电抗，简称漏抗，$X_{1\sigma} = \omega L_{1\sigma}$，$X_{2\sigma} = \omega L_{2\sigma}$。漏抗是表征绕组漏磁效应的参数，它们都是常值。

显然，漏磁通比主磁通小得多，漏电动势也比主电动势小得多，因此在分析变压器的主磁通、磁动势平衡和能量传递时，漏电动势与绕组电阻压降一样可以忽略不计。

2.3.3 变压器的基本方程

1. 磁动势方程

式（2-13）反映了变压器负载运行时各磁动势之间的关系，称为变压器的**磁动势方程**。负载时作用在铁心上用以建立主磁通的励磁磁动势是一、二次绕组的合成磁动势。正常负载时，i_1、i_2 都随时间正弦变化，所以磁动势方程可用相量表示为

$$N_1 \dot{I}_1 + N_2 \dot{I}_2 = N_1 \dot{I}_{\mathrm{m}} \tag{2-21}$$

2. 电压方程

负载运行时，变压器内部的磁动势、磁通、感应电动势之间的关系可归纳如下：

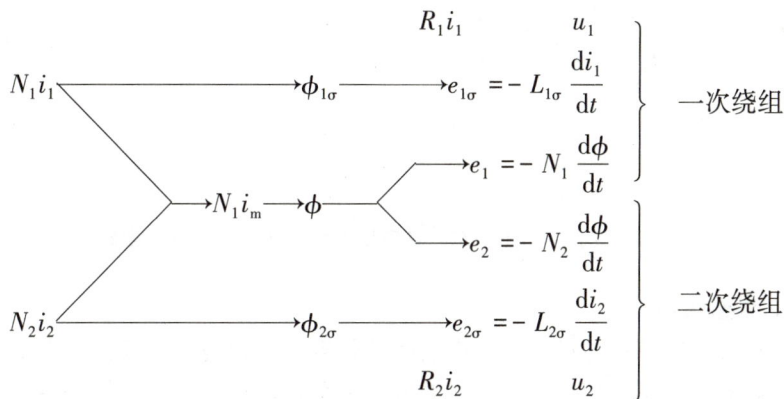

根据基尔霍夫第二定律和图 2-10 所示的正方向规定，可写出一、二次绕组的电压方程式

$$\left.\begin{array}{l}u_1 = i_1 R_1 + L_{1\sigma} \dfrac{\mathrm{d}i_1}{\mathrm{d}t} - e_1 \\ e_2 = i_2 R_2 + L_{2\sigma} \dfrac{\mathrm{d}i_2}{\mathrm{d}t} + u_2\end{array}\right\} \tag{2-22}$$

式（2-22）的相量形式为

$$\left.\begin{aligned}\dot{U}_1 &= \dot{I}_1(R_1 + \mathrm{j}X_{1\sigma}) - \dot{E}_1 = \dot{I}_1 Z_{1\sigma} - \dot{E}_1 \\ \dot{E}_2 &= \dot{I}_2(R_2 + \mathrm{j}X_{2\sigma}) + \dot{U}_2 = \dot{I}_2 Z_{2\sigma} + \dot{U}_2\end{aligned}\right\} \quad (2\text{-}23)$$

式中，$Z_{1\sigma}$ 和 $Z_{2\sigma}$ 分别为一、二次绕组的漏阻抗，$Z_{1\sigma} = R_1 + \mathrm{j}X_{1\sigma}$，$Z_{2\sigma} = R_2 + \mathrm{j}X_{2\sigma}$。

由于绕组的电阻和漏抗是常数，因此漏阻抗也是常数。

归纳起来，变压器的基本方程为

$$\left.\begin{aligned}\dot{U}_1 &= \dot{I}_1 Z_{1\sigma} - \dot{E}_1, \quad \dot{E}_2 = \dot{I}_2 Z_{2\sigma} + \dot{U}_2, \quad \frac{\dot{E}_1}{\dot{E}_2} = k \\ N_1\dot{I}_1 &+ N_2\dot{I}_2 = N_1\dot{I}_\mathrm{m}, \qquad \dot{E}_1 = -\dot{I}_\mathrm{m} Z_\mathrm{m}\end{aligned}\right\} \quad (2\text{-}24)$$

按照磁路性质的不同，把磁通分成主磁通和漏磁通两部分，把不受铁心饱和影响的漏磁通分离出来，用常值参数 $X_{1\sigma}$ 和 $X_{2\sigma}$ 来表征，而把受铁心饱和影响的主磁路及其参数 Z_m 作为局部的非线性问题，加以线性化处理，这是分析变压器和旋转电机的重要方法之一。这样处理，一方面可以简化分析，另一方面可以提高测试和计算的精度。

2.3.4 变压器的等效电路

所谓等效电路是指能够反映变压器内部电磁关系且只由阻抗串并联组成的一个独立电路。由变压器基本方程可以得到如图 2-11 所示的 3 个具有一定联系的电路。经过一定的变换，将这 3 个电路组成为一个电路，便是变压器的等效电路。显然，如果将变压器二次绕组的电动势 $\dot{E}_2$ 经过一定的变换使其与一次绕组的电动势 $\dot{E}_1$ 相等，就可以得到变压器的等效电路。这可以通过绕组归算来实现。

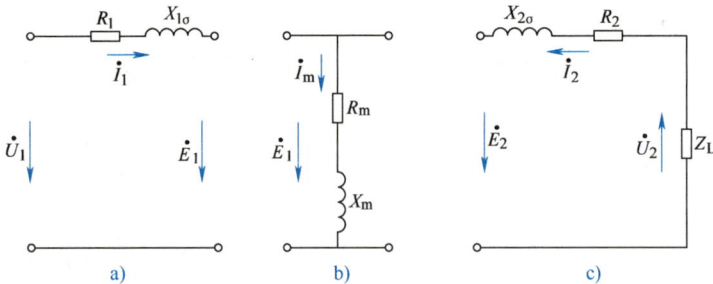

图 2-11 各电压方程式所表示的独立电路

1. 绕组归算

所谓绕组归算就是把二次绕组的匝数归算到一次绕组，即把二次绕组的匝数变换成一次绕组的匝数，但不改变一、二次侧的电磁关系。归算后，二次绕组各物理量的数值称为**归算值**，用原物理量的符号加 "′" 表示。

由磁动势平衡关系可知，二次电流对一次侧电路的影响是通过二次侧磁动势 $N_2\dot{I}_2$ 起作用的，只要归算前后二次绕组的磁动势保持不变，则对一次绕组来说，变换前后就是等效的，一次绕组内的所有物理量均保持不变，一次绕组将从电网吸收同样大小的功率和电流，并有同样大小的功率传递给二次绕组。

根据归算前、后二次绕组磁动势不变的原则，可得

$$N_1 \dot{I}'_2 = N_2 \dot{I}_2 \tag{2-25}$$

由此可得二次绕组电流的归算值 $\dot{I}'_2$ 为

$$\dot{I}'_2 = \frac{N_2}{N_1} \dot{I}_2 = \frac{1}{k} \dot{I}_2 \tag{2-26}$$

绕组归算后二次绕组的电流变为归算前的 $1/k$，匝数变为归算前的 k 倍（即由 N_2 变为 N_1），归算前后二次绕组的磁动势不会发生变化，因此铁心中的主磁通将保持不变。根据感应电动势与匝数成正比的关系，归算前后二次绕组的电动势满足以下关系：

$$\frac{\dot{E}'_2}{\dot{E}_2} = \frac{N_1}{N_2} = k \tag{2-27}$$

即二次绕组感应电动势的归算值 $\dot{E}'_2$ 为

$$\dot{E}'_2 = k \dot{E}_2 \tag{2-28}$$

将二次绕组的电压方程式两边同时乘以电压比 k，得

$$k \dot{E}_2 = k \dot{I}_2 (R_2 + \mathrm{j} X_{2\sigma}) + k \dot{U}_2 = \frac{\dot{I}_2}{k} (k^2 R_2 + \mathrm{j} k^2 X_{2\sigma}) + k \dot{U}_2 \tag{2-29}$$

即

$$\dot{E}'_2 = \dot{I}'_2 (k^2 R_2 + \mathrm{j} k^2 X_{2\sigma}) + k \dot{U}_2 = \dot{I}'_2 (R'_2 + \mathrm{j} X'_{2\sigma}) + \dot{U}'_2 \tag{2-30}$$

式中，R'_2、$X'_{2\sigma}$ 分别为二次绕组电阻和漏抗的归算值；$\dot{U}'_2$ 是二次电压的归算值

$$R'_2 = k^2 R_2, \qquad X'_{2\sigma} = k^2 X_{2\sigma}, \qquad \dot{U}'_2 = k \dot{U}_2 \tag{2-31}$$

综上所述，二次绕组归算到一次绕组时，电动势和电压应乘以 k，电流乘以 $1/k$，阻抗乘以 k^2。

绕组归算后，磁动势方程变为

$$\dot{I}_1 + \dot{I}'_2 = \dot{I}_m \tag{2-32}$$

通过绕组归算，尽管二次侧的电流、电压、电动势及阻抗参数都相应发生了变化，但由于二次绕组的磁动势没有发生变化，变压器中的磁通没有发生变化，归算前后二次绕组内的功率和损耗将保持不变。例如，传递到二次侧的复功率为

$$\dot{E}'_2 \dot{I}'^{*}_2 = (k \dot{E}_2) \left(\frac{\dot{I}^{*}_2}{k} \right) = \dot{E}_2 \dot{I}^{*}_2 \tag{2-33}$$

式中，加 "$*$" 的值表示共轭值。

二次绕组的电阻损耗和漏磁场内的无功功率为

$$\left. \begin{array}{l} I'^2_2 R'_2 = \left(\dfrac{1}{k} I_2 \right)^2 (k^2 R_2) = I^2_2 R_2 \\[3mm] I'^2_2 X'_{2\sigma} = \left(\dfrac{1}{k} I_2 \right)^2 (k^2 X_{\sigma 2}) = I^2_2 X_{2\sigma} \end{array} \right\} \tag{2-34}$$

负载的复功率为

$$\dot{U}_2' \dot{I}_2'^* = (k\dot{U}_2)\left(\frac{1}{k}\dot{I}_2^*\right) = \dot{U}_2 \dot{I}_2^* \tag{2-35}$$

即用归算前、后的量算出的值均为相同。因此，绕组归算实质上是在功率和磁动势保持不变的前提下，对绕组的电压、电流和阻抗进行的一种线性变换。

归算后，变压器的基本方程式变为

$$\dot{U}_1 = \dot{I}_1 Z_{1\sigma} - \dot{E}_1, \quad \dot{E}_2' = \dot{I}_2' Z_{2\sigma}' + \dot{U}_2', \quad \dot{I}_1 + \dot{I}_2' = \dot{I}_m, \quad \dot{E}_1 = \dot{E}_2' = -\dot{I}_m Z_m \tag{2-36}$$

2. T形等效电路

根据归算后的变压器基本方程，图2-11变为图2-12。由图2-12，再考虑变压器归算后的磁动势方程，便得到变压器的T形等效电路，如图2-13所示。

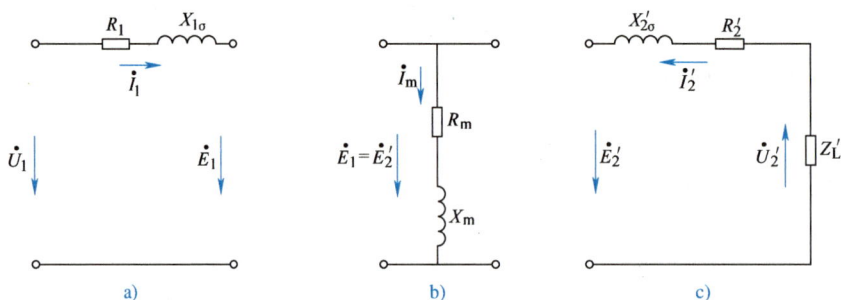

图 2-12 绕组归算后各电压方程式所表示的独立电路

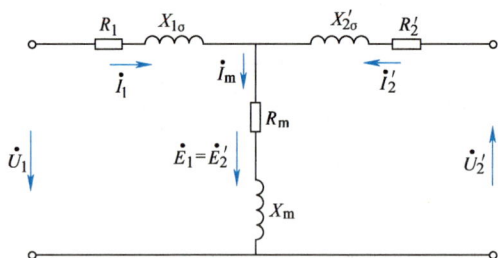

图 2-13 变压器的 T 形等效电路

参考方向定义

电阻和漏电抗等效

绕组归算

工程上常用等效电路来分析计算各种实际运行问题。值得注意的是，利用归算到一次侧的等效电路算出的一次绕组各量，均为变压器的实际量，算出的二次绕组各量则为归算值，欲得到其实际值，对电流应乘以 k（即 $\dot{I}_2 = k\dot{I}_2'$），对电动势、电压应除以 k（即 $\dot{E}_2 = \dot{E}_2'/k$，$\dot{U}_2 = \dot{U}_2'/k$），而对阻抗应除以 k^2（即 $Z_L = Z_L'/k^2$，$Z_{2\sigma} = Z_{2\sigma}'/k^2$）。

也可以把一次侧各量归算到二次侧，得到归算到二次侧时变压器的 T 形等效电路，如

图 2-14 所示。一次侧归算到二次侧时，一次侧的量右上方加 "″"，电流量应乘以 k，电压、电动势应除以 k，阻抗应除以 k^2。

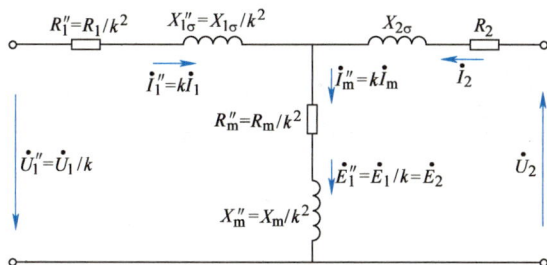

图 2-14　归算到二次侧时变压器的 T 形等效电路

3. 近似和简化等效电路

T 形等效电路比较准确地反映了变压器内部的电磁关系，但它是串并联电路，计算起来比较繁琐。对于一般的电力变压器，额定负载时一次绕组的漏阻抗压降 $I_{1N}Z_{1\sigma}$ 仅占额定电压的百分之几，加上励磁电流 I_m 又远小于额定电流 I_{1N}，因此可以把 T 形等效电路中的励磁分支从电路的中间移到电源端，得到如图 2-15 所示的变压器近似等效电路。用近似等效电路对变压器进行分析不会带来明显误差。

考虑到励磁电流 I_m 远小于一次电流 I_1，可以将励磁支路断开，等效电路简化成一条串联电路，如图 2-16 所示，此电路称为简化等效电路。在简化等效电路中，变压器表现为一阻抗 Z_k，Z_k 称为等效漏阻抗

$$\left.\begin{array}{l} Z_k = Z_{1\sigma} + Z'_{2\sigma} = R_k + jX_k \\ R_k = R_1 + R'_2, X_k = X_{1\sigma} + X'_{2\sigma} \end{array}\right\} \tag{2-37}$$

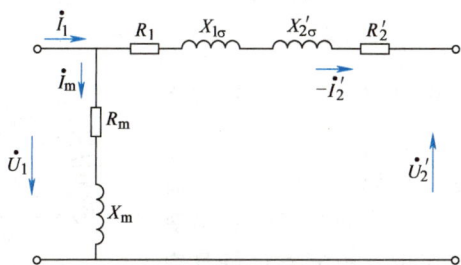

图 2-15　变压器的近似等效电路　　　　**图 2-16　变压器的简化等效电路**

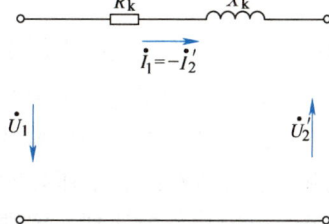

由图 2-16 可以看出，如果变压器的负载侧短路，从电源侧看变压器时，变压器为一等效漏阻抗 Z_k，因此 Z_k 又称为变压器的短路阻抗，R_k、X_k 分别称为短路电阻和短路电抗，它们可以通过变压器的短路试验测出。

使用简化等效电路计算实际问题十分方便，在多数情况下其精度能满足工程要求。

2.3.5　相量图

根据变压器的基本方程式可很容易地画出相量图，如图 2-17 所示。画变压器相量图时，假定参数 R_1、R'_2、$X_{1\sigma}$、$X'_{2\sigma}$、R_m、X_m 均为已知，二次侧的负载电压 $\dot{U}'_2$ 和负载电流 $\dot{I}'_2$ 也已给定。

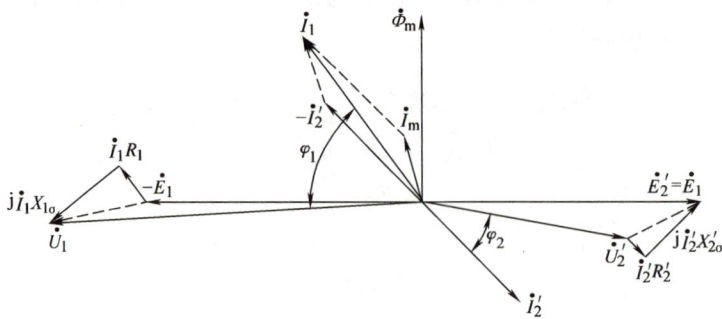

图 2-17 变压器的相量图

阻感性负载　　　　　　纯电阻负载　　　　　　阻容性负载

1）以二次侧负载的负载电压 $\dot{U}_2'$ 为参考相量，画出二次侧的负载电流 $\dot{I}_2'$，$\dot{U}_2'$ 与 $\dot{I}_2'$ 之间的夹角 φ_2 是负载的功率因数角（以感性负载为例）。

2）在 $\dot{U}_2'$ 上加上二次绕组的漏阻抗压降 $\dot{I}_2'R_2' + j\dot{I}_2'X_{2\sigma}'$，得到二次绕组的感应电动势 $\dot{E}_2'$，由于 $\dot{E}_1 = \dot{E}_2'$，因此一次绕组的电动势随之确定。

3）在超前于 $\dot{E}_2'$ 90°的方向上画主磁通 $\dot{\Phi}_m$，由 $\dot{I}_m = -\dot{E}_1/Z_m$ 确定 $\dot{I}_m$，把 $\dot{I}_m$ 和 $-\dot{I}_2'$ 相量相加得到一次电流 $\dot{I}_1$。

4）在 $-\dot{E}_1$ 上加上一次绕组漏阻抗压降 $\dot{I}_1R_1 + j\dot{I}_1X_{1\sigma}$，可得一次电压 $\dot{U}_1$，$\dot{U}_1$ 与 $\dot{I}_1$ 的夹角 φ_1 为一次侧的功率因数角。

计算程序

相量图可以清晰地表示变压器的电磁关系。可以看出，当变压器带电阻性和电感性负载时，变压器对电源来说是一个感性负载；当变压器二次侧带电容性负载达到一定数值时，变压器对电源来说就是容性负载。

[例 2-1]　　一台单相变压器，$S_N = 10kV \cdot A$，$U_{1N}/U_{2N} = 380V/220V$，$R_1 = 0.14\Omega$，$R_2 = 0.035\Omega$，$X_{1\sigma} = 0.22\Omega$，$X_{2\sigma} = 0.055\Omega$，$R_m = 30\Omega$，$X_m = 310\Omega$。一次侧外加电源电压为额定电压并保持不变，二次侧负载阻抗 $Z_L = (4+j3)\Omega$。试分别用 T 形、近似和简化等效电路计算下列各项：

（1）一、二次电流及二次电压；

（2）一、二次侧功率因数及输入功率、输出功率和效率；

（3）励磁电流、铁耗和铜耗。

解：先计算额定电流及电压比

$$I_{1N} = \frac{S_N}{U_{1N}} = \frac{10 \times 10^3}{380}A = 26.32A$$

$$I_{2N} = \frac{S_N}{U_{2N}} = \frac{10 \times 10^3}{220}A = 45.45A$$

$$k = \frac{U_{1N}}{U_{2N}} = \frac{380}{220} = 1.727$$

用 T 形等效电路计算如下：

（1）电流、电压

$$R_2' = k^2 R_2 = 1.727^2 \times 0.035\Omega = 0.1044\Omega$$

$$X_{2\sigma}' = k^2 X_{2\sigma} = 1.727^2 \times 0.055\Omega = 0.164\Omega$$

$$Z_L' = k^2 Z_L = 1.727^2 \times (4 + j3)\Omega = (11.93 + j8.95)\Omega$$

$$Z_d = Z_{1\sigma} + \frac{1}{\frac{1}{Z_m} + \frac{1}{Z_{2\sigma}' + Z_L'}} = Z_{1\sigma} + \frac{Z_m(Z_{2\sigma}' + Z_L')}{Z_m + Z_{2\sigma}' + Z_L'}$$

$$= (0.14 + j0.22)\Omega + \frac{(30 + j310)(0.1044 + j0.164 + 11.93 + j8.95)}{30 + j310 + 0.1044 + j0.164 + 11.93 + j8.95}\Omega$$

$$= (11.47 + j9.43)\Omega = 14.85 \underline{/39.43°}\ \Omega$$

选 $\dot{U}_1 = U_1 \underline{/0°}$，则

$$\dot{I}_1 = \frac{\dot{U}_1}{Z_d} = \frac{380 \underline{/0°}}{14.85 \underline{/39.43°}}A = 25.59 \underline{/-39.43°}\ A$$

$$= (19.77 - j16.25)A$$

$$Z_{1\sigma} = (0.14 + j0.22)\Omega = 0.26 \underline{/57.53°}\ \Omega$$

$$-\dot{E}_1 = \dot{U}_1 - \dot{I}_1 Z_{1\sigma} = (380 \underline{/0°} - 25.59 \underline{/-39.43°} \times 0.26 \underline{/57.53°})V$$

$$= (373.68 - j2.067)V = 373.7 \underline{/-0.317°}\ V$$

$$-\dot{I}_2' = \frac{-\dot{E}_1}{Z_{2\sigma}' + Z_L'} = \frac{373.7 \underline{/-0.317°}}{12.03 + j9.114}A$$

$$= 24.76 \underline{/-37.47°}\ A$$

$$\dot{I}_2' = -(-\dot{I}_2') = 24.76 \underline{/142.53°}\ A$$

$$I_2 = kI_2' = 1.727 \times 24.76A = 42.76A$$

$$\dot{U}_2' = \dot{I}_2' Z_L' = 24.76 \underline{/142.53°} \times 1.727^2 \times 5 \underline{/36.87°}\ V = 369.24 \underline{/179.4°}\ V$$

$$U_2 = \frac{U_2'}{k} = \frac{369.24}{1.727}V = 213.8V$$

（2）功率因数、功率及效率

$$\varphi_1 = 39.4°$$

$$\cos\varphi_1 = \cos39.4° = 0.772$$

$$\varphi_2 = \arctan\frac{X_L}{R_L} = 36.87°$$

$$\cos\varphi_2 = \cos36.87° = 0.8(滞后)$$

$$P_1 = U_1 I_1 \cos\varphi_1 = 380 \times 25.59 \times 0.772W = 7507.1W$$

$$P_2 = U_2 I_2 \cos\varphi_2 = 213.8 \times 42.76 \times 0.8W = 7313.7W$$

$$\eta = \frac{P_2}{P_1} = \frac{7313.7}{7507.1} = 0.9742$$

（3）损耗

$$\dot{I}_m = \frac{-\dot{E}_1}{Z_m} = \frac{373.7\angle-0.317°}{30+j310}A = 1.2\angle-84.79°A$$

铁耗：$p_{Fe} = I_m^2 R_m = 1.2^2 \times 30W = 43.2W$

一次绕组铜耗：$p_{Cu1} = I_1^2 R_1 = 25.59^2 \times 0.14W = 91.7W$

二次绕组铜耗：$p_{Cu2} = I_2^2 R_2 = 42.76^2 \times 0.035A = 64W$

同样可以采用近似和简化等效电路进行计算，3种等效电路计算的结果见表2-1。可以看出，3种等效电路的计算结果相差很小。

表2-1　3种等效电路的计算结果

计算结果	I_1/A	I_2/A	U_2/V	$\cos\varphi_1$	$\cos\varphi_2$	P_1/W
T形电路	25.59	42.76	213.8	0.772	0.8	7507.1
近似电路	25.62	42.78	213.9	0.772	0.8	7515.9
简化电路	24.77	42.78	213.9	0.794	0.8	7473.6

计算结果	P_2/W	p_{Fe}/W	p_{Cu1}/W	p_{Cu2}/W	I_m/W	$\eta/\%$
T形电路	7313.7	43.2	91.7	64	1.2	97.42
近似电路	7320.5	44.65	85.9	64.05	1.22	97.40
简化电路	7320.5	0	84.93	64.05	0	97.95

2.4　变压器等效电路参数的测定

变压器等效电路中包括励磁参数 Z_m 和漏阻抗参数 Z_k（即短路参数），这些参数对变压器的运行性能有直接影响。如果已知变压器的参数，就可运用等效电路进行分析计算。Z_m 和 Z_k 可分别通过空载试验和短路试验确定，这两个试验是变压器的基本试验项目。

2.4.1 空载试验测励磁参数

变压器空载试验的接线如图 2-18 所示。试验时，二次绕组开路，一次绕组加额定电压，测量此时的输入功率 p_0（即空载损耗）、电压 U_1 和电流 I_0，通过这些数据，即可算出等效电路中的励磁阻抗。

由 T 形等效电路可知，变压器空载时的总阻抗 Z_0 为

$$Z_0 = Z_{1\sigma} + Z_m = R_1 + jX_{1\sigma} + R_m + jX_m$$

对于电力变压器，通常 R_m 远大于 R_1，X_m 远大于 $X_{1\sigma}$，因此可近似地认为

$$Z_0 = Z_m = R_m + jX_m$$

图 2-18 变压器空载试验的接线

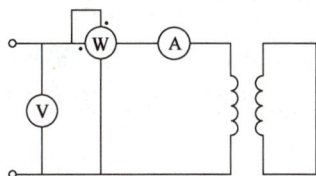

此时的损耗包括铁耗和一次绕组的电阻损耗。由于空载电流很小，一次绕组的电阻损耗远小于铁耗，因此可认为空载损耗就是铁耗。

根据空载试验所得的 U_1、I_0、p_0，可算出励磁参数为

$$\left.\begin{aligned} |Z_m| &= \frac{U_1}{I_0} \\[2mm] R_m &= \frac{p_0}{I_0^2} \\[2mm] X_m &= \sqrt{|Z_m|^2 - R_m^2} \end{aligned}\right\} \tag{2-38}$$

应当指出，X_m 与磁路的饱和程度有关，不同电压下测出的 X_m 并不相同。电压不同，变压器的主磁通也就不同，因此代表铁耗的电阻 R_m 也会有所变化。为了使测出的参数符合变压器的实际运行情况，应保证变压器空载试验的外加电压为额定电压。另外，在进行空载试验时，既可以在高压侧进行，也可在低压侧进行，但为了安全起见，空载试验通常在低压侧进行，即将电源电压加在低压侧，将高压侧开路，显然此时得到的励磁参数是归算到低压侧的参数，如想得到归算到高压侧的励磁参数值，还必须乘以 k^2，这里 k 是高压侧对低压侧的电压比。

额定电压时，电力变压器的空载电流约为额定电流的 2%～10%，空载损耗约为额定容量的 0.2%～1.0%，随着变压器容量的增大，I_0 和 p_0 所占的百分比降低。

2.4.2 短路试验测短路参数

变压器短路试验的接线如图 2-19 所示，二次绕组短路，一次绕组上加一可调电压。由变压器的简化等效电路可知，在变压器二次侧短路时，外加电压仅用来克服变压器中的漏阻抗压降，由于电力变压器的短路阻抗 Z_k 一般很小，因此施加很小的电压，就会产生较高的短路电流。为了避免过大的短路电流损坏变压器的绕组，外加电压应较低。从很低电压开始，调节外加电压，使短路电流达到额定电流，根据此时的一次绕组电压 U_k、输入功率 p_k、输入电流 I_k，就可确定变压器的等效漏阻抗。

图 2-19 变压器短路试验的接线

由于在额定短路电流时外加的电压很低，只有额定电压的 5%～10%，因此短路时变压

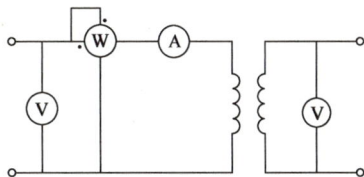

器内的主磁通很小，励磁电流和铁耗都很小，采用简化等效电路可以较准确地表征变压器的短路运行。变压器的等效漏阻抗即为短路时所表现出的阻抗 Z_k，可以认为此时的损耗就是绕组铜耗，因此有

$$\left. \begin{array}{l} |Z_k| \approx \dfrac{U_k}{I_k} \\[2mm] R_k = \dfrac{P_k}{I_k^2} \\[2mm] X_k = \sqrt{|Z_k|^2 - R_k^2} \end{array} \right\} \qquad (2\text{-}39)$$

短路试验时，绕组的温度与实际运行时不一定相同，因此测出的电阻应换算到75℃时的数值。若绕组为铜线绕组，电阻可用下式换算：

$$R_{k(75℃)} = R_k \frac{234.5 + 75}{234.5 + \theta} \qquad (2\text{-}40)$$

式中，θ 为试验时的室温。

由于等效漏电抗与温度无关，75℃时的等效漏阻抗为

$$|Z_{k(75℃)}| = \sqrt{R_{k(75℃)}^2 + X_k^2} \qquad (2\text{-}41)$$

同空载试验一样，短路试验既可在高压侧进行，也可在低压侧进行。但实际上短路试验一般在高压侧进行，这是因为高压侧的额定短路电流比低压侧低，测量小电流更容易更安全。因此短路试验时得到的等效漏阻抗是归算到高压侧时的值。

短路试验时，使短路电流达到额定电流时所加的电压 U_{1k} 称为阻抗电压或短路电压。阻抗电压一般用额定电压的百分数表示，即

$$u_k = \frac{U_{1k}}{U_{1N}} \times 100\% = \frac{I_{1N}|Z_k|}{U_{1N}} \times 100\% \qquad (2\text{-}42)$$

阻抗电压是铭牌数据之一，它反映变压器在额定负载运行时漏阻抗压降的大小。从运行角度来看，希望阻抗压降小一些，以使变压器输出电压随负载变化小一些。但阻抗电压太小时，变压器短路时的电流太大，可能损坏变压器。

变压器的漏磁场分布十分复杂，所以要从测出的 X_k 中分离出 $X_{1\sigma}$ 和 $X'_{2\sigma}$ 很困难。由于工程上大多采用近似或简化等效电路来计算变压器的运行问题，因此通常没有必要把 $X_{1\sigma}$ 和 $X'_{2\sigma}$ 分开。有时可以假定 $X_{1\sigma} = X'_{2\sigma} = X_k/2$。

[例 2-2]　一台单相变压器，$S_N = 1000\text{kV} \cdot \text{A}$，$U_{1N}/U_{2N} = 60\text{kV}/6.3\text{kV}$，$f = 50\text{Hz}$，空载及短路试验的结果见表 2-2。

表 2-2　空载及短路试验的结果

试验名称	电压/V	电流/A	功率/W	备　注
空载试验	6300	19.1	5000	电源加在低压侧
短路试验	3240	15.15	14000	电源加在高压侧

试计算归算到高压侧及低压侧的励磁参数和等效漏阻抗参数。

解：一次侧及二次侧的额定电流为

$$I_{1N} = \frac{S_N}{U_{1N}} = \frac{1000 \times 10^3}{60 \times 10^3} A = 16.7A$$

$$I_{2N} = \frac{S_N}{U_{2N}} = \frac{1000 \times 10^3}{6.3 \times 10^3} A = 158.7A$$

电压比

$$k = \frac{U_{1N}}{U_{2N}} = \frac{60}{6.3} = 9.52$$

（1）由空载试验可以得到归算到低压侧的励磁阻抗参数

$$|Z''_m| = \frac{U_2}{I_{20}} = \frac{6300}{19.1} \Omega = 329.8\Omega$$

$$R''_m = \frac{P_{20}}{I_{20}^2} = \frac{5000}{19.1^2} \Omega = 13.7\Omega$$

$$X''_m = \sqrt{|Z''_m|^2 - R''^2_m} = \sqrt{329.8^2 - 13.7^2} \Omega = 329.5\Omega$$

归算到高压侧的励磁阻抗参数为

$$|Z_m| = k^2 |Z''_m| = 9.52^2 \times 329.8\Omega = 29889.9\Omega$$

$$R_m = k^2 R''_m = 9.52^2 \times 13.7\Omega = 1241.6\Omega$$

$$X_m = k^2 X''_m = 9.52^2 \times 329.5\Omega = 29862.7\Omega$$

（2）由短路试验可以得到归算到高压侧的等效漏阻抗参数

$$|Z_k| = \frac{U_{1k}}{I_{1k}} = \frac{3240}{15.15} \Omega = 213.86\Omega$$

$$R_k = \frac{P_{1k}}{I_{1k}^2} = \frac{14000}{15.15^2} \Omega = 61\Omega$$

$$X_k = \sqrt{|Z_k|^2 - R_k^2} = \sqrt{213.86^2 - 61^2} \Omega = 205\Omega$$

归算到低压侧的等效漏阻抗参数

$$|Z''_k| = |Z_k|/k^2 = 213.86/9.52^2 \Omega = 2.36\Omega$$

$$R''_k = R_k/k^2 = 61/9.52^2 \Omega = 0.67\Omega$$

$$X''_k = X_k/k^2 = 205/9.52^2 \Omega = 2.26\Omega$$

注意，在短路试验时，如果告知试验时的工作温度，应将等效漏电阻和漏阻抗的值换算到75℃时的数值。

标幺值

2.5.1 标幺值的定义

在工程计算中，往往不用各种物理量（如电压、电流、功率等）的实际值进行计算，而是采用标幺值。所谓标幺值就是某一物理量的实际值与所选定的同单位的物理量基值之比，即

$$标幺值 = \frac{实际值}{基值} \tag{2-43}$$

为了区别标幺值和实际值，在各物理量原来符号的右上角加"＊"号来表示该物理量的标幺值，如电流 I 的标幺值用 I^* 来表示。标幺值是两个相同单位的物理量之比，因此，标幺值没有量纲。标幺值乘以100，便是百分值。

2.5.2 基值的选取

应用标幺值，首先要选定基值。基值用该物理量符号加下标"b"表示，如电流 I 的基值用 I_b 表示。对于电路系统中的4个基本物理量电压 U、电流 I、阻抗 Z、视在功率 S，只要选定其中两个量的基值，其他两个量的基值可以由已选定的两个量的基值表示。例如，对单相系统，若电压和电流的基值分别为 U_b 和 I_b，则功率和阻抗的基值 S_b 和 Z_b 分别为

$$S_b = U_b I_b \qquad Z_b = \frac{U_b}{I_b} \tag{2-44}$$

实际上，电压的基值也是电动势的基值，功率的基值既是有功功率、无功功率的基值，又是视在功率的基值，而阻抗的基值也是电阻和电抗的基值。

在电机和变压器的稳态分析时，通常以额定相电压和额定相电流作为电压和电流的基值，这样在单相变压器系统中，一、二次侧各量的基值分别为

$$U_{1b} = U_{1N}, \quad I_{1b} = I_{1N}, \quad Z_{1b} = \frac{U_{1b}}{I_{1b}} = \frac{U_{1N}}{I_{1N}}, \quad S_{1b} = U_{1b}I_{1b} = U_{1N}I_{1N} \tag{2-45}$$

$$U_{2b} = U_{2N}, \quad I_{2b} = I_{2N}, \quad Z_{2b} = \frac{U_{2b}}{I_{2b}} = \frac{U_{2N}}{I_{2N}}, \quad S_{2b} = U_{2b}I_{2b} = U_{2N}I_{2N} = S_{1b} = S_b \tag{2-46}$$

在三相变压器系统中，一、二次侧各量的基值分别为

$$U_{1b} = U_{1N\phi}, \quad I_{1b} = I_{1N\phi}, \quad Z_{1b} = \frac{U_{1b}}{I_{1b}} = \frac{U_{1N\phi}}{I_{1N\phi}}, \quad S_{1b} = 3U_{1b}I_{1b} = 3U_{1N\phi}I_{1N\phi} \tag{2-47}$$

$$U_{2b} = U_{2N\phi}, \quad I_{2b} = I_{2N\phi}, \quad Z_{2b} = \frac{U_{2b}}{I_{2b}} = \frac{U_{2N\phi}}{I_{2N\phi}}, \quad S_{2b} = 3U_{2b}I_{2b} = 3U_{2N\phi}I_{2N\phi} = S_{1b} = S_b \tag{2-48}$$

式中，下标 ϕ 表示每相值。

可以看出，变压器一、二次侧具有相同的功率基值。

当系统中有多台电机和变压器并联运行时，各电机和变压器都有各自根据额定值定义的基值。为了计算分析方便，可以选定某一特定的功率 S_b 作为整个系统的功率基值，而将各个装置的标幺值换算到以 S_b 作为功率基值的标幺值。由于功率的标幺值与对应的功率基值

成反比，在同一电压基值下（并联运行的各变压器和电机具有相同的额定电压），阻抗的标幺值与对应的功率基值成正比，所以换算的方法为

$$S^* = S_i^* \frac{S_{bi}}{S_b} \qquad Z^* = Z_i^* \frac{S_b}{S_{bi}} \tag{2-49}$$

式中，S_i^* 和 Z_i^* 为对应于功率基值为 S_{bi} 时功率和阻抗的标幺值；S^* 和 Z^* 为对应于功率基值为 S_b 时功率和阻抗的标幺值。

2.5.3 标幺值的优点

标幺值具有以下优点：

1）用标幺值表示时，不论变压器（或电机）容量大小，各参数和典型的性能数据都在一定范围内，便于比较和分析。例如，对于电力变压器，漏阻抗的标幺值 $Z_k^* = 3\% \sim 10\%$；空载电流的标幺值 $I_0^* = 2\% \sim 5\%$。

2）用标幺值表示时，归算到高压侧或低压侧的参数相等，故用标幺值计算时不必进行归算。例如

$$R_2^* = \frac{I_{2N}R_2}{U_{2N}} = \frac{I_{2N}U_{2N}R_2}{U_{2N}^2} = \frac{U_{1N}I_{1N}R_2}{U_{1N}^2/k^2} = \frac{I_{1N}k^2R_2}{U_{1N}} = \frac{I_{1N}R_2'}{U_{1N}} = R_2'^* \tag{2-50}$$

3）采用标幺值后，各物理量的数值简化了，例如各物理量的额定值等于 1，计算很方便。同时，采用标幺值后，某些物理量还具有相同的数值，例如短路阻抗 Z_k 的标幺值等于阻抗电压 U_k 的标幺值。即

$$|Z_k^*| = \frac{|Z_k|}{Z_b} = \frac{I_{N\phi}|Z_k|}{U_{N\phi}} = \frac{U_k}{U_{N\phi}} = U_k^*$$

[例2-3] 对于例2-2的单相变压器，计算用标幺值表示的励磁阻抗和漏阻抗。

解：高压侧阻抗基值 $\quad Z_b' = \dfrac{U_{1N}}{I_{1N}} = \dfrac{60000}{16.7}\Omega = 3592.8\Omega$

因此

励磁阻抗的标幺值 $\quad Z_m^* = \dfrac{Z_m'}{Z_b'} = \dfrac{29889.9}{3592.8} = 8.32$

励磁电阻的标幺值 $\quad R_m^* = \dfrac{R_m'}{Z_b'} = \dfrac{1241.6}{3592.8} = 0.346$

励磁电抗的标幺值 $\quad X_m^* = \dfrac{X_m'}{Z_b'} = \dfrac{29862.7}{3592.8} = 8.31$

等效漏阻抗的标幺值 $\quad Z_k^* = \dfrac{Z_k'}{Z_b'} = \dfrac{213.86}{3592.8} = 0.0595$

等效漏电阻的标幺值 $\quad R_k^* = \dfrac{R_k'}{Z_b'} = \dfrac{61}{3592.8} = 0.017$

等效漏电抗的标幺值 $\quad X_k^* = \dfrac{X_k'}{Z_b'} = \dfrac{205}{3592.8} = 0.057$

2.6　三相变压器的磁路系统与联结组

由于电力系统普遍采用三相制，因而要实现三相电压的变换，必须采用三相变压器。三相变压器的构成方式有两种，一是由 3 台独立的单相变压器组成，二是三相绕组共用同一铁心。

当三相变压器对称负载运行时，各相的电压、电流对称，即幅值相等、相位上彼此相差 120°。可取一相进行分析，通过相位关系可得到其他两相的各物理量。因此前面所述的分析方法如电压方程、等效电路、相量图和分析结论完全适合于三相变压器对称运行的情况。本节主要介绍三相变压器和单相变压器的不同之处，包括磁路系统、三相绕组的连接方法以及感应电动势波形。

2.6.1　三相变压器的磁路系统

三相变压器的磁路系统有彼此无关和彼此相关两种。

1. 各相磁路彼此无关

图 2-20 所示的三相变压器由 3 台单相变压器组成，这种三相变压器称为三相变压器组或三相组式变压器。在三相变压器组中，尽管三相电压、电流彼此相联系，但三相磁路各自独立。

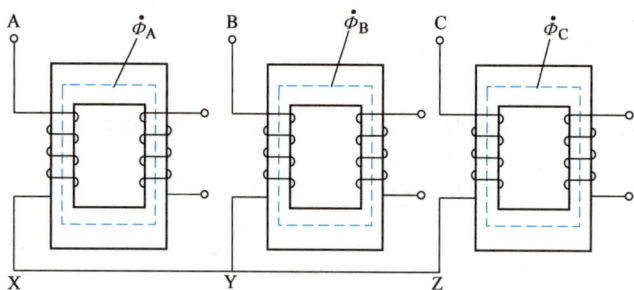

图 2-20　三相变压器组及其磁路系统

三相变压器组空载磁场

2. 各相磁路彼此相关

如果把图 2-20 所示的 3 台单相变压器的高、低压绕组都放置于一个铁心柱上，而把不放置绕组的另外 3 个铁心柱合成一个铁心柱，则图 2-20 所示的三相组式磁路就拼成如图 2-21a 所示的三相星形磁路。当三相绕组外施三相对称电压时，由于三相磁通对称，如图 2-22 所示，三相磁通之和将等于零，即

$$\dot{\Phi}_A + \dot{\Phi}_B + \dot{\Phi}_C = 0 \tag{2-51}$$

因此，中间铁心柱的磁通为零，可以去掉中间柱，考虑到制造和安装等因素，把其他 3 个铁心柱安排在同一平面内，就可以得到三相心式变压器的磁路，如图 2-21b 所示，这样的变压器称为三相心式变压器。显然，三相心式变压器三相磁路彼此相关，任何一相的磁路都以其他两相的磁路作为自己的磁路。由图 2-21b 可以看出，由于磁轭的影响，中间相的磁路比两侧相的稍短，因此中间相的励磁电流也比两侧相的稍小，但由于励磁电流本身很小，所以这一轻微的不对称对负载运行影响极小。

a) 三相星形磁路   b) 实际心式变压器的磁路

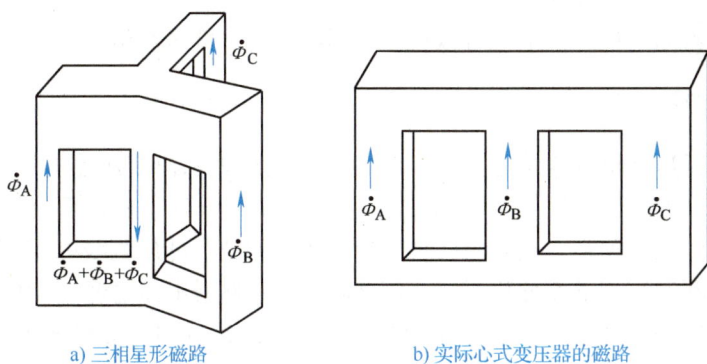

图 2-21 三相心式变压器

三相心式变压器
空载磁场

与三相变压器组相比，三相心式变压器的材料消耗较少，价格便宜，占地面积小，维护比较简单。但对大型或超大型变压器，为了便于制造和运输，并减少备用容量，往往采用三相变压器组。

2.6.2 三相绕组的联结

三相变压器有三相绕组的高、低压绕组，共 6 个绕组，

图 2-22 三相变压器的磁通相量图

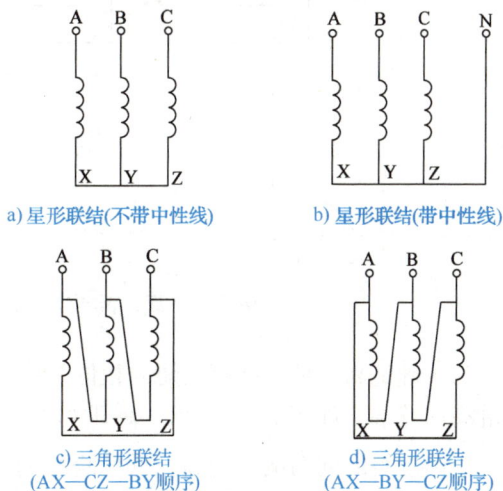

其中三相高压绕组分别用 AX、BY、CZ 表示，A、B、C 为三相高压绕组的首端，X、Y、Z 为三相高压绕组的末端；三相低压绕组分别用 ax、by、cz 来表示，其中 a、b、c 表示三相低压绕组的首端，x、y、z 表示三相低压绕组的末端。对电力变压器，不论高压绕组还是低压绕组，我国标准规定只采用星形联结和三角形联结。把三相绕组的 3 个末端连在一起，而将它们的首端引出，便是星形联结，或简称 Y 联结（或 y 联结），如图 2-23a 所示。把一相绕组的末端和另一相绕组的首端顺序连接起来构成一闭合电路，并将 3 个首端引出，便是三角形联结，简称 D 联结（或 d 联结）。三角形联结有两种连接顺序，一种是如图 2-23c 所示的 AX—CZ—BY 顺序，另一种是如图 2-23d 所示的 AX—BY—CZ 顺序。

三相星形联结可以引出中性线，高压中性线用 N 表示，低压中性线用 n 表示，如图 2-23b 所示。三相变压器高压绕组可能的联结方式有 Y、YN、D，低压绕组可能的联结方式有 y、yn、d 3 种。将三相变压器高、

a) 星形联结(不带中性线)   b) 星形联结(带中性线)

c) 三角形联结
(AX—CZ—BY顺序)

d) 三角形联结
(AX—BY—CZ顺序)

图 2-23 三相绕组的联结

低压绕组的联结形式同时表达出来就得到三相变压器的联结。从理论上讲，三相变压器的联结种类很多，但国产电力变压器通常只有 Yyn、Yd 和 YNd 这 3 种联结，即三相高压绕组采

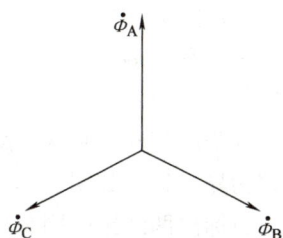

51

用 Y 或 YN 联结，低压绕组采用 yn 或 d 联结。

理论上讲，三相心式变压器同一铁心柱上也可以放置不同相的高、低压绕组。

2.6.3 三相变压器的联结组

仅仅给出三相变压器高、低压绕组的联结方式并不能完全准确地表示出变压器的联结，这是因为在变压器并联运行时，变压器高、低压绕组的联结方式并不十分重要，重要的是高、低压绕组对应线电压之间的相位关系。只有当两台三相变压器的高、低压侧线电压之间的相位关系相同时，才可以并联运行。下面分析三相变压器高、低压侧线电压之间的相位关系，并由此引出表征三相变压器绕组联结的另一个重要概念——**联结组标号**。为分析方便，先分析三相变压器同一铁心柱上高、低压绕组相电压之间的相位关系。

1. 同一铁心柱上高、低压绕组相电压之间的相位关系

同一铁心柱上的高压和低压绕组被同一磁通 ϕ 交链，因此高压绕组和低压绕组相电压之间有一定的极性关系。在同一瞬间，高压绕组的某一端点相对于另一端点的电位为正时，低压绕组必有一端点，其电位也是相对于其另一端点为正，这两个对应的端点称为同名端。在对应的端点旁用标注"·"来表示同名端。显然两绕组的同名端取决于绕组的绕向，如两绕组的绕向相同，则两个绕组的对应端是同名端；若绕向相反，则高压绕组和低压绕组的对应端为异名端，如图 2-24 所示。两绕组的同名端标注与绕向一一对应，因此在后面的分析中，只标出两绕组的同名端，而不再画出绕组的绕向。

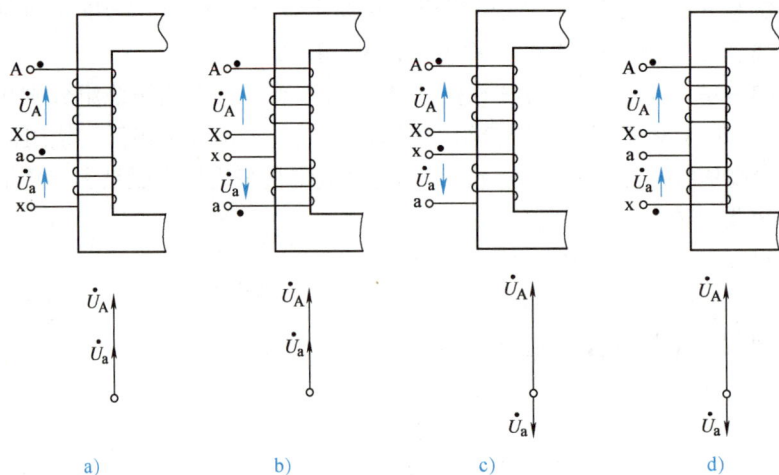

图 2-24 高、低压绕组的同名端和相电压的相位关系

为了确定高、低压绕组之间的相位关系，定义高、低压绕组相电压的正方向为从绕组的末端指向首端，如图 2-24 所示。高压和低压绕组的相电压既可能同相位，也可能反相位，取决于两绕组的同名端。若高、低压绕组的首端为同名端，则高、低压绕组的相电压 $\dot{U}_A$、$\dot{U}_a$ 同相位，如图 2-24a 和 b 所示；若高、低压绕组的首端为非同名端，则 $\dot{U}_A$、$\dot{U}_a$ 反相，如图 2-24c 和 d 所示。

2. 三相高、低压绕组对应线电压之间的相位关系

三相变压器高、低压绕组对应线电压之间的相位关系更为关键。由于变压器同一铁心柱

上的高压绕组和低压绕组不但同名端可以不同，而且这两个绕组可能不是同一相的高、低压绕组，因此高压侧的线电压和对应低压侧的线电压之间（如 $\dot{U}_{AB}$ 和 $\dot{U}_{ab}$）可以形成不同的相位。通常采用"时钟法"表示高、低压侧对应线电压之间的相位关系。

如果把三相变压器高、低压侧两个线电压三角形的重心重合，则这两个三角形对应中线之间的相位差就代表两个三角形对应边之间的相位差，即高、低压绕组对应线电压之间的相位关系。将高压侧线电压三角形的一条中线（如 OA）作为时钟的长针，指向钟面的 12 点，把低压侧线电压三角形中对应的中线（oa）作为短针，它所指的钟点就是变压器高、低压绕组的联结组标号。例如，Yd11 表示高压绕组为星形联结，低压绕组为三角形联结，高压绕组线电压滞后于低压绕组对应的线电压 30°。这样从 0~11 共计 12 个组号，每个组号相差 30°，即三相变压器高、低压绕组对应线电压之间的相位差是 30°的整数倍。

高、低压绕组的联结方式及其联结组标号构成了描述三相变压器绕组形式的联结组。

3. Yy 联结

当同一铁心柱上的两个绕组为同一相的高、低压绕组时，根据同名端的不同，Yy 联结有两种不同接法，分别如图 2-25a 和 2-26a 所示。其中，图 2-25a 表示变压器高、低压绕组的同名端为首端，高、低压绕组对应的相电压相量为同相位，即 $\dot{U}_A$ 与 $\dot{U}_a$ 同相位，$\dot{U}_B$ 与 $\dot{U}_b$ 同相位，$\dot{U}_C$ 与 $\dot{U}_c$ 同相位，相量图如图 2-25b 所示。相应地，高、低压侧对应的线电压也为同相位，即 $\dot{U}_{AB}$ 与 $\dot{U}_{ab}$ 同相位，$\dot{U}_{BC}$ 与 $\dot{U}_{bc}$ 同相位，$\dot{U}_{CA}$ 与 $\dot{U}_{ca}$ 同相位。若将高压和低压侧两个线电压三角形的重心 O 和 o 重合，并使高压侧三角形的中线 OA 指向钟面的 12 点，则低压侧对应的中线 oa 也指向 12 点，从时间上看为 0 点，故该联结组的联结组标号为 0，联结组记为 Yy0。与图2-25a相比，图 2-26a 所示绕组将首端由同名端变为异名端，此时高、低压绕组对应的相电压相量将为反相，高、低压对应的线电压相量也为反相，此时若将高、低压两个线电压三角形的重心重合，则从钟面上看，联结组变成 Yy6，相量图如图 2-26b 所示。

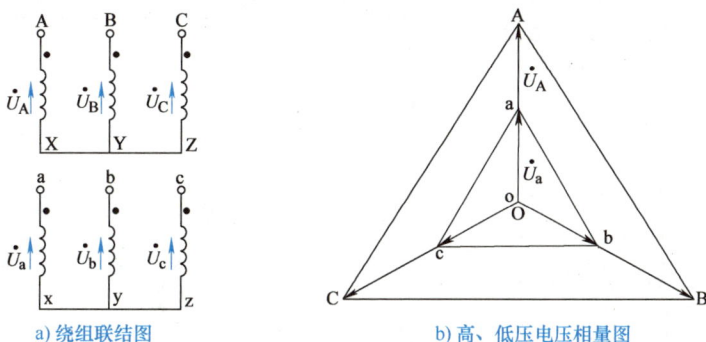

a) 绕组联结图   b) 高、低压电压相量图

图 2-25　Yy0 联结组

实际上，同一铁心柱上的两个高、低压绕组可以不是同一相的高、低压绕组，因此 Yy 联结经过变换可以得到其他联结组标号的联结组。如图 2-25 所示，当高压侧的三相标号 A、B、C 保持不变，把低压侧的三相 a、b、c 顺序改变为 c、a、b，则低压侧的各相、线电压相量将分别转过 120°，相当于指针转过 4 个钟点；若改为 b、c、a，则相当于指针转过 8 个钟点，同样对图 2-26，也可通过变化得到两个联结组标号 10 和 2。因而对 Yy 联结而言，可

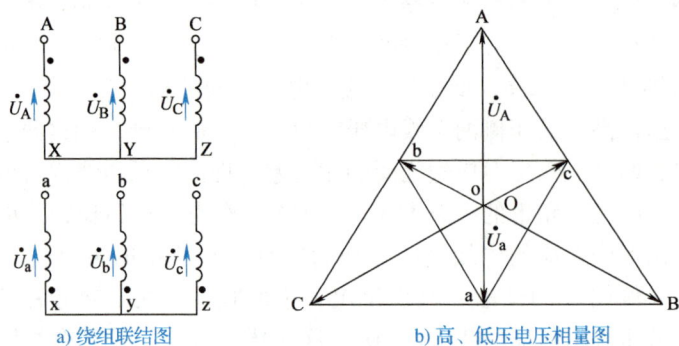

a) 绕组联结图   b) 高、低压电压相量图

图 2-26   Yy6 联结组

得 0、2、4、6、8、10 这 6 个偶数联结组标号。

4. Yd 联结

在 Yd 联结中，当同一铁心柱上的两绕组为同一相的高、低压绕组，且同名端为首端时，根据低压侧三角绕组连接顺序（正接和反接）的不同，得到两种不同的联结组 Yd11 和 Yd1，分别如图 2-27 和图 2-28 所示。

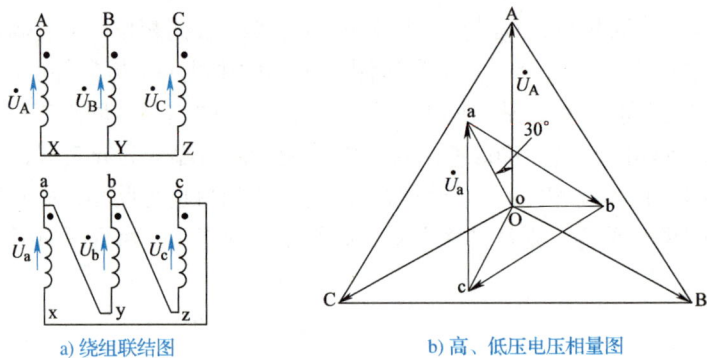

a) 绕组联结图   b) 高、低压电压相量图

图 2-27   Yd11 联结组

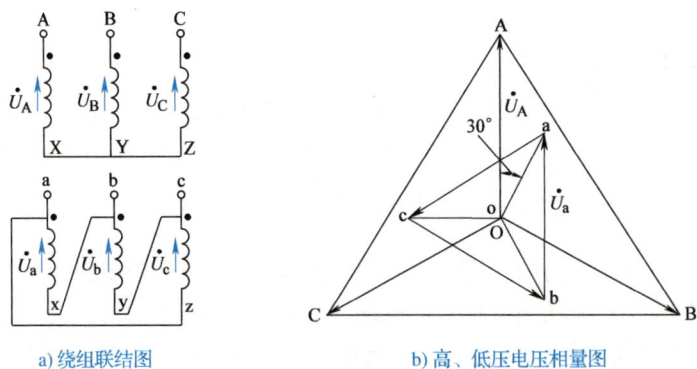

a) 绕组联结图   b) 高、低压电压相量图

图 2-28   Yd1 联结组

如果高压侧不变化，而只调整低压侧的同名端，则低压侧的相电压和线电压都反相，相当于指针转过 6 个钟点，即如果把图 2-27 改为首端为异名端，则联结组变为 Yd5，把图 2-28 改为首端为异名端，则联结组变为 Yd7。

与 Yy 联结类似，对 Yd 联结也可以在高压侧的三相标号 A、B、C 保持不变时，逐步改变低压侧的三相标号，而得到 Yd 联结的其他联结组标号。例如，图 2-27 的高压侧三相标号 A、B、C 保持不变，低压侧的三相标号 a、b、c 顺序改为 c、a、b，则变压器联结组变为 Yd3。因此对 Yd 联结而言，可得 1、3、5、7、9、11 这 6 个奇数联结组标号，而且每个 Yd 联结组有正接和反接两种联结方式。

5. 标准联结组

从上述分析可以看出，变压器有 12 种不同的联结组。为便于制造和使用，我国国家标准规定只生产 5 种标准联结组，即 Yyn0、Yd11、YNd11、YNy0、Yy0，其中最常用的是前 3 种。Yyn0 联结组的二次侧可引出中性线，成为三相四线制，可兼供动力和照明负载。Yd11 联结组用于二次侧电压超过 400V 的线路中，此时变压器有一侧接成三角形，对运行有利。YNd11 联结组主要用于高压输电线路中，使电力系统的高压侧中性点可以接地。

2.6.4 绕组接法和磁路结构对三相变压器二次电压波形的影响

在分析单相变压器空载运行时曾经指出，铁心磁路饱和时，若主磁通为正弦波，则励磁电流为尖顶波，此时励磁电流中除有基波分量 i_{m1} 以外，还包括各奇次谐波，其中以 3 次谐波 i_{m3} 影响最大。在三相系统中，三相 3 次谐波电流在时间上同相位，即

$$\left.\begin{aligned} i_{m3A} &= I_{m3}\sin3\omega t \\ i_{m3B} &= I_{m3}\sin3(\omega t - 120°) = I_{m3}\sin3\omega t \\ i_{m3C} &= I_{m3}\sin3(\omega t - 240°) = I_{m3}\sin3\omega t \end{aligned}\right\} \tag{2-52}$$

因此，励磁电流中的 3 次谐波电流影响主磁通波形，进而影响到相电动势和线电动势波形。下面对 Yy 和 Yd 两种联结组和不同磁路结构分别进行分析。

1. Yy 联结组

Yy 联结组的一、二次绕组都是星形联结且无中性线，励磁电流中的 3 次谐波分量不能流通，因此励磁电流接近正弦波。当磁路饱和时，主磁通波形将成为平顶波，如图 2-29 所示。此时主磁通中除基波分量 ϕ_1 外，还会出现 3 次谐波分量 ϕ_3。

对于三相变压器组，由于各相磁路是独立的，3 次谐波磁通 ϕ_3 可以在各自的铁心内形成闭合回路，由于铁心的磁阻很小，3 次谐波磁通较大。3 次谐波磁通 ϕ_3 将在绕组内感应出较大的 3 次谐波电动势 $e_{3\phi}$，严重时 $e_{3\phi}$ 可达到基波电动势 $e_{1\phi}$ 的 50% 以上，使相电动势 e_ϕ（$= e_{1\phi} + e_{3\phi}$）波形发生畸变，成为尖顶波，如图 2-29 所示。虽然在三相线电动势中，3 次谐波电动势互相抵消，使线电动势仍为正弦波，但相电动势峰值的升高将危害到各相绕组的绝缘。因此三相变压器组不能接成 Yy 联结。

对于三相心式变压器，尽管由于 3 次谐波电流不能流通而导致主磁通中有 3 次谐波磁通，但由于三相心式变压器的三相磁路彼此相关，各相的 3 次谐波磁通在时间上同相位，不能像基波磁通那样以其他相铁心为磁路，而只能以铁心周围的油、油箱壁等形成回路，如图 2-30 所示，3 次谐波磁通路径磁阻大，故 3 次谐波磁通很小，因此 3 次谐波电动势也很小，相电动势接近于正弦波。因此三相心式变压器可以接成 Yy 联结，但此时 3 次谐波磁通

经过油箱壁等钢制实心构件时，将在其中产生杂散损耗，因此心式变压器采用 Yy 联结时容量不宜过大。

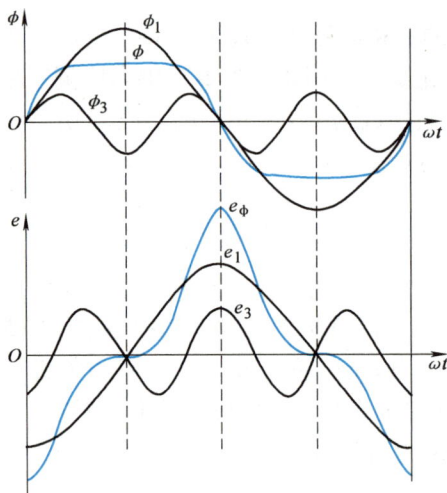

图 2-29　三相变压器组连接成 Yy 联结组时主磁通和感应电动势波形

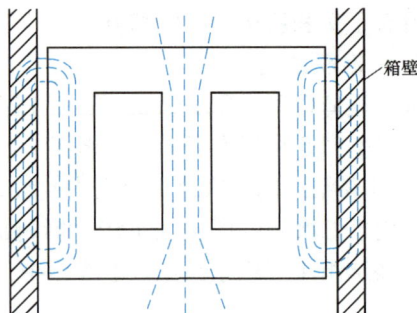

图 2-30　三相心式变压器中3次谐波磁通的路径

三相变压器组 Yy 联结时的主磁通和相电动势

三相变压器组 3 次谐波磁场

三相心式变压器3 次谐波磁场

2. Yd 联结组

Yd 联结组的高压侧为星形联结，低压侧为三角形联结。当变压器为升压变压器时，由于一次侧为三角形联结，励磁电流中的 3 次谐波分量可在三角形联结的三相绕组中流通，即三相电流为尖顶波，因此主磁通 ϕ 和由它感应的一、二次绕组相电动势只有基波分量，都是正弦波。当变压器为降压变压器时，一次侧为星形联结，3 次谐波电流不能流通，因而主磁通和一、二次侧的相电动势中将出现 3 次谐波；但因二次侧为三角形联结，故二次侧三相绕组的 3 次谐波电动势（同相位、同大小）将在闭合的三角形联结的二次绕组内产生 3 次谐波环流，如图 2-31 所示。由于主磁通是由作用于铁心上的合成磁动势（即励磁磁动势）所激励，所以一次侧正弦电流和二次侧 3 次谐波电流共同激励时，其效果与一次侧尖顶波励磁电流的效果完全一致，此时主磁通和相电动势的波形也将接近正弦波。

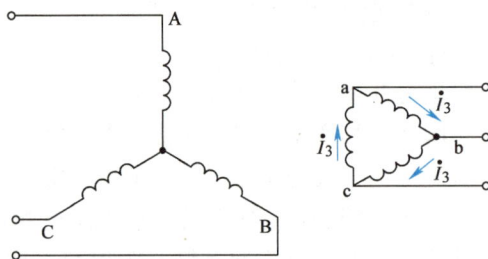

图 2-31　Yd 联结组中三角形联结绕组内部的 3 次谐波环流

上述分析表明，为使相电动势波形接近于正弦，希望三相变压器（尤其是大容量变压器）的一次或二次侧中有一侧为三角形联结。在大容量高压变压器中，当需要一、二次绕组都是星形联结时，可另加一个接成三角形的小容量的第三绕组，专门用于 3 次谐波电流流通，以改善相电动势波形。

前面已指出，三相变压器可以用单相变压器的分析方法进行分析。需要强调的是，在分析三相变压器时，等效电路中的各量都是相值，即要把给定的额定电压、额定电流值改为额定相值来计算。在用标幺值计算时，也用相的基值。

[例 2-4]　一台三相变压器，Yd 联结，$S_N = 1000\text{kV} \cdot \text{A}$，$U_{1N}/U_{2N} = 10\text{kV}/6.3\text{kV}$。在低压侧进行空载试验，数据为 $U_{20} = 6.3\text{kV}$，$I_{20} = 4.6\text{A}$，$p_0 = 4.9\text{kW}$。在高压侧进行短路试验，数据为 $U_{1k} = 0.55\text{kV}$，$I_{1k} = 57.7\text{A}$，$p_k = 15\text{kW}$。试求归算到一次侧的励磁阻抗和漏阻抗的实际值和标幺值。

解：变压器为 Yd 联结，即高压侧为星形联结，低压侧为三角形联结。根据额定电压判断，一次侧为高压侧，二次侧为低压侧，因此一次侧采用星形联结，二次侧采用三角形联结。

一次侧和二次侧的额定电流为

$$I_{1N} = \frac{S_N}{\sqrt{3}\, U_{1N}} = \frac{1000}{\sqrt{3} \times 10}\text{A} = 57.7\text{A}$$

$$I_{2N} = \frac{S_N}{\sqrt{3}\, U_{2N}} = \frac{1000}{\sqrt{3} \times 6.3}\text{A} = 91.6\text{A}$$

电压比为

$$k = \frac{U_{1N\phi}}{U_{2N\phi}} = \frac{U_{1N}/\sqrt{3}}{U_{2N}} = \frac{10/\sqrt{3}}{6.3} = 0.916$$

一次侧阻抗基值为

$$Z_{1b} = \frac{U_{1N\phi}}{I_{1N\phi}} = \frac{U_{1N}/\sqrt{3}}{I_{1N}} = \frac{10 \times 10^3/\sqrt{3}}{57.7}\Omega = 100.1\Omega$$

（1）计算励磁阻抗

由空载试验可以得到归算到低压侧的励磁阻抗参数

$$R''_m = \frac{p_0/3}{I_{20\phi}^2} = \frac{p_0/3}{\left(I_{20}/\sqrt{3}\right)^2} = \frac{4.9 \times 10^3/3}{\left(4.6/\sqrt{3}\right)^2}\Omega = 231.6\Omega$$

$$|Z''_m| = \frac{U_{20\phi}}{I_{20\phi}} = \frac{U_{20}}{I_{20}/\sqrt{3}} = \frac{6.3 \times 10^3}{4.6/\sqrt{3}}\Omega = 2372.2\Omega$$

$$X''_m = \sqrt{|Z''_m|^2 - R''^2_m} = \sqrt{2372.2^2 - 231.6^2}\,\Omega = 2360.9\Omega$$

归算到高压侧

$$R_m = k^2 R''_m = 0.916^2 \times 231.6\Omega = 194.3\Omega$$

$$X_m = k^2 X''_m = 0.916^2 \times 2360.9\Omega = 1980.9\Omega$$

$$|Z_{\mathrm{m}}| = k^2 |Z_{\mathrm{m}}''| = 0.916^2 \times 2372.2\Omega = 1990.4\Omega$$

励磁阻抗的标幺值为

$$R_{\mathrm{m}}^* = \frac{R_{\mathrm{m}}}{Z_{1b}} = \frac{194.3}{100.1} = 1.94$$

$$X_{\mathrm{m}}^* = \frac{X_{\mathrm{m}}}{Z_{1b}} = \frac{1980.9}{100.1} = 19.8$$

$$|Z_{\mathrm{m}}^*| = \frac{|Z_{\mathrm{m}}|}{Z_{1b}} = \frac{1990.4}{100.1} = 19.9$$

（2）计算漏阻抗

由短路试验可以得到归算到高压侧的短路阻抗参数

$$R_{\mathrm{k}} = \frac{p_{\mathrm{k}}/3}{I_{1k\phi}^2} = \frac{p_{\mathrm{k}}/3}{I_{1k}^2} = \frac{15 \times 10^3/3}{57.7^2}\Omega = 1.5\Omega$$

$$|Z_{\mathrm{k}}| = \frac{U_{1k\phi}}{I_{1k\phi}} = \frac{U_{1k}/\sqrt{3}}{I_{1k}} = \frac{0.55 \times 10^3/\sqrt{3}}{57.7}\Omega = 5.5\Omega$$

$$X_{\mathrm{k}} = \sqrt{|Z_{\mathrm{k}}|^2 - R_{\mathrm{k}}^2} = \sqrt{5.5^2 - 1.5^2}\Omega = 5.3\Omega$$

短路阻抗的标幺值为

$$R_{\mathrm{k}}^* = \frac{R_{\mathrm{k}}}{Z_{1b}} = \frac{1.5}{100.1} = 0.015$$

$$X_{\mathrm{k}}^* = \frac{X_{\mathrm{k}}}{Z_{1b}} = \frac{5.3}{100.1} = 0.053$$

$$|Z_{\mathrm{k}}^*| = \frac{|Z_{\mathrm{k}}|}{Z_{1b}} = \frac{5.5}{100.1} = 0.055$$

2.7　变压器的运行特性

变压器的运行特性主要包括外特性和效率特性。外特性是指电源电压和负载功率因数保持不变时，二次电压与负载电流的关系曲线 $U_2 = f(I_2)$。效率特性是指上述条件下效率与负载电流的关系曲线 $\eta = f(I_2)$。

变压器的电压调整率和效率体现了这两个特性，是变压器的主要性能，都可以通过变压器的等效电路得到。

2.7.1　外特性和电压调整率

由变压器的等效电路可以看出，变压器本身是一个电阻和电抗的串并联电路，电流在这一阻抗网络中产生电压降，即变压器的阻抗压降。显然，变压器负载的性质决定着这一阻抗压降的性质，而变压器负载的大小决定了这一阻抗压降的大小，从而决定了输出电压变化的程度。当变压器的负载为感性时，阻抗压降使输出电压降低，随负载的增大，阻抗压降增大，输出电压降低更多。但如果变压器带容性负载，则变压器阻抗压降可能使变压器的输出电压升高，随负载的增大，二次电压升高。

当一次侧外加额定电压、二次侧的负载性质不变时，二次侧输出电压 U_2 与负载电流 I_2 之间的关系，即为变压器的外特性。显然，在 $I_2 = 0$ 时，$U_2 = U_{2N}$，外特性可以用标幺值表示，即 $U_2^* = f(I_2^*)$。不同负载性质时变压器的外特性如图 2-32 所示。

为了表征变压器输出电压随负载变化的程度，引入了电压调整率的概念。所谓电压调整率，就是保持一次电压为额定值、负载功率因数为常数、从空载到负载时二次电压变化的百分数，即

$$\Delta u = \frac{U_{20} - U_2}{U_{2N}} \times 100\% = \frac{U_{2N} - U_2}{U_{2N}} \times 100\%$$

$$= \frac{U_{1N} - U_2'}{U_{1N}} \times 100\% \qquad (2\text{-}53)$$

式（2-53）中的各电压可以认为是线电压，也可以认为是相电压。

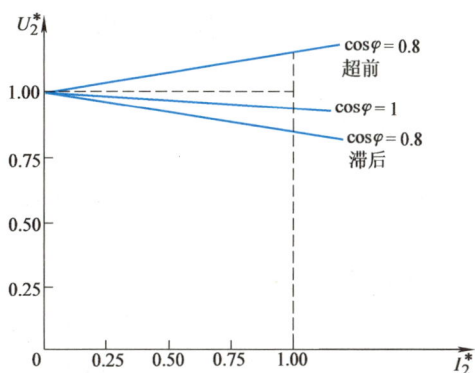

图 2-32 不同负载性质时变压器的
外特性 $U_2^* = f(I_2^*)$

显然，根据变压器的等效电路，只要知道变压器的参数和负载的性质，就可以知道任意负载大小时二次侧输出电压，从而计算出电压变化率。下面忽略励磁电流的影响，用简化等效电路求出电压调整率的数学表达式。

图 2-33 所示为用变压器的简化等效电路和感性负载时的简化相量图求 Δu。为计算方便，把 $\dot{I}_2'$ 和 $\dot{U}_2'$ 的正方向规定为如图 2-33a 所示。

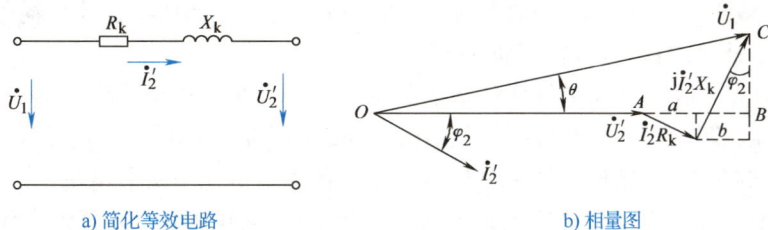

a) 简化等效电路

b) 相量图

图 2-33 简化等效电路和感性负载时的简化相量图

在 $\dot{U}_2'$ 的延长线上作线段 AB 及其垂线 CB，如图 2-33b 所示。当漏阻抗较小时，$\dot{U}_1$ 与 $\dot{U}_2'$ 之间的夹角 θ 很小，此时 $U_1 \approx OB$，因此

$$U_1 - U_2' \approx OB - OA = AB = a + b$$

其中

$$a = I_2' R_k \cos\varphi_2 \qquad b = I_2' X_k \sin\varphi_2$$

由于 $U_1 = U_{1N}$，所以

$$\Delta u = \frac{U_{1N} - U_2'}{U_{1N}} \times 100\% \approx \frac{I_2' R_k \cos\varphi_2 + I_2' X_k \sin\varphi_2}{U_{1N}} \times 100\%$$
$$= I_2^* (R_k^* \cos\varphi_2 + X_k^* \sin\varphi_2) \times 100\% \tag{2-54}$$

式中，I_2^* 为负载电流的标幺值，在不计励磁电流时，$I_1^* = I_2^*$。

负载为额定负载（$I_2^* = 1$）、功率因数为额定值（通常为 0.8 滞后）时的电压调整率，称为 额定电压调整率，用 Δu_N 表示。额定电压调整率是变压器的主要性能指标之一，通常为 5% 左右，所以一般电力变压器的高压绕组均有 ±5% 的抽头，以便进行电压调节。

2.7.2 效率特性与效率

变压器是将一种电压等级的电能变成另一种电压等级电能的电气设备。在能量转换过程中，必然会产生损耗，致使输出功率小于输入功率。

1. 变压器的能量传递关系

变压器中的能量传递过程可以从 T 形等效电路得出。变压器的一次侧从电网吸收有功功率 $P_1 = mU_1 I_1 \cos\varphi_1$，其中很小一部分消耗于一次绕组电阻 R_1 和铁心上，其余部分通过电磁感应关系传递给二次绕组，称为电磁功率 P_{em}。二次绕组获得的电磁功率 $P_{em} = mE_2' I_2' \cos\psi_2$（$\psi_2$ 为 $\dot{E}_2$ 与 $\dot{I}_2$ 间的相位差）中，又有很小部分（$mI_2'^2 R_2'$）消耗于二次绕组的电阻上，其余的传递给负载，输出功率为 $P_2 = mU_2' I_2' \cos\varphi_2$。这就是变压器中的功率传递关系。

2. 变压器的损耗

由变压器的能量传递关系可以看出，变压器的损耗包括铁耗和铜耗，每一种又包括基本损耗和杂散损耗两种。基本铁耗是变压器铁心中的磁滞损耗和涡流损耗，杂散铁耗包括铁心叠片间由于绝缘损伤引起的局部涡流损耗、主磁通在结构部件中引起的涡流损耗等。铁耗可近似认为与 U_1^2 成正比。由于变压器的一次电压保持不变（$U_1 = U_{1N}$），故铁耗可视为不变损耗，即变压器空载时的铁耗就是负载时的铁耗。

铜耗也包括基本铜耗和杂散铜耗。基本铜耗是绕组的直流电阻引起的损耗，它等于电流的二次方和直流电阻的乘积，杂散铜耗包括由于漏磁场引起的趋肤效应使导线有效电阻变大而增加的铜耗和漏磁场在结构部件中引起的涡流损耗等。铜耗与负载电流的二次方成正比，因而也称为可变损耗。铜耗与绕组的温度有关，计算时绕组电阻应换算到工作温度（通常为 75℃）下的数值。

3. 变压器的效率

变压器输出功率与输入功率之比即为效率 η，即

$$\eta = \frac{P_2}{P_1} = \frac{P_2}{P_2 + \sum p} \tag{2-55}$$

式中，$\sum p$ 为变压器内部的总损耗。

考虑到

$$\left. \begin{array}{l} P_2 = mU_2 I_2 \cos\varphi_2 \\ \sum p = p_{Fe} + p_{Cu} = p_{Fe} + mI_2^2 R_k'' \end{array} \right\} \tag{2-56}$$

略去二次绕组的电压变化对效率的影响，式（2-55）可写为

$$\eta = \frac{mU_{20}I_2\cos\varphi_2}{mU_{20}I_2\cos\varphi_2 + p_{\text{Fe}} + mI_2^2R_k''} \tag{2-57}$$

式中，R_k'' 为归算到二次侧时的短路电阻。

可以看出，效率 η 是负载电流 I_2 的函数。图 2-34 所示为负载变化时变压器的效率曲线，即效率特性 $\eta = f(I_2)$。

额定负载时变压器的效率称为额定效率，用 η_N 表示，额定效率是变压器的一个主要性能指标，电力变压器的额定效率通常为 95%~99%。

从效率特性可以看出，当负载达到一定值时，效率达到其最大值 $\eta_{\max}$。将式（2-57）对负载电流 I_2 求导，并使 $d\eta/dI_2 = 0$，可得

$$mI_2^2R_k'' = p_{\text{Fe}} \tag{2-58}$$

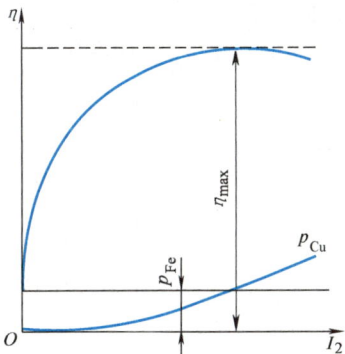

图 2-34 负载变化时
变压器的效率曲线

式（2-58）说明，发生最大效率时，变压器的铜耗恰好等于铁耗。

空载试验测得的损耗包括铁耗和一次绕组的电阻损耗，由于空载电流很小，一次绕组的电阻损耗可以忽略，认为变压器的空载损耗基本上等于铁耗，即 $p_0 \approx p_{\text{Fe}}$。在短路试验时，一般测得短路电流为额定电流时的短路损耗值 p_{kN}，包括铁耗和一、二次绕组的电阻损耗，由于此时外加电压很低，可以忽略铁耗，认为额定电流时的短路损耗就是一、二次绕组的电阻损耗，因此有

$$mI_2^2R_k'' = m\left(\frac{I_2}{I_{2N}}\right)^2 I_{2N}^2R_k'' = I_2^{*2}p_{kN}$$

由此可知，效率最高时，满足

$$I_2^{*2}p_{kN} = p_0 \tag{2-59}$$

此时负载电流的标幺值为

$$I_2^* = \sqrt{\frac{p_0}{p_{kN}}} \tag{2-60}$$

变压器的负载随季节、昼夜而变化，铜耗随之变化，而铁耗总是存在，为提高变压器的总体运行效率，一般都将铁耗设计得较小，通常 $p_0/p_{kN} = 1/4 \sim 1/3$，因此最大效率发生在 $I_2^* = 0.5 \sim 0.6$ 左右，而不是 $I_2^* = 1$。

效率可以用直接负载法测定，但由于一般电力变压器的效率很高，采用负载法测量 P_1 和 P_2 再算出效率，很难得到准确结果，且难以找到与其相适应的大负载进行试验。因此，工程上常用间接法计算效率，即测出铁耗 p_{Fe} 和铜耗 p_{Cu}，再计算效率。若不计负载时二次电压的变化，效率为

$$\eta = 1 - \frac{\sum p}{P_1} = 1 - \frac{p_{\text{Fe}} + p_{\text{Cu}}}{mU_{20}I_2\cos\varphi_2 + p_{\text{Fe}} + p_{\text{Cu}}} = 1 - \frac{p_0 + I_2^{*2}p_{kN}}{S_N I_2^*\cos\varphi_2 + p_0 + I_2^{*2}p_{kN}} \tag{2-61}$$

[例 2-5] 一台 50Hz 变压器，$S_N = 20000\text{kV·A}$，$R_k^* = 0.008$，$X_k^* = 0.0725$，额定电压时的空载损耗 $p_0 = 47\text{kW}$，额定短路电流时的短路损耗 $p_{kN} = 160\text{kW}$，试求变压器带上额定负载、$\cos\varphi_2 = 0.8$（滞后）时的额定电压调整率和额定效率，并确定最大效率和达到最大效率时的负载电流。

解：（1）额定电压调整率和额定效率

$$\Delta u_N = I_2^*(R_k^* \cos\varphi_2 + X_k^* \sin\varphi_2) \times 100\%$$
$$= 1 \times (0.008 \times 0.8 + 0.0725 \times 0.6) \times 100\% = 4.99\%$$

$$\eta = 1 - \frac{p_0 + p_{kN}}{S_N\cos\varphi_2 + p_0 + p_{kN}} = 1 - \frac{47 + 160}{20000 \times 0.8 + 47 + 160} = 98.7\%$$

（2）最大效率和达到最大效率时的负载

$$I_2^* = \sqrt{\frac{p_0}{p_{kN}}} = \sqrt{\frac{47}{160}} = 0.542$$

$$\eta_{max} = 1 - \frac{2p_0}{S_N I_2^* \cos\varphi_2 + 2p_0} = 1 - \frac{2 \times 47}{0.542 \times 20000 \times 0.8 + 2 \times 47} = 98.92\%$$

2.8 变压器的并联运行

变压器的并联运行是将两台或多台变压器的一次侧和二次侧分别接到公共母线上，共同对负载供电。并联运行可以提高供电的可靠性、减少总备用容量，并可根据负载的大小调整投入运行的变压器台数，以提高运行效率，在现代发电厂和变电所中应用很广泛。

图 2-35 所示是两台变压器并联运行时的接线。变压器有不同的容量和不同的绕组联结形式，显然并不是任意两台变压器都可以并联运行，并联运行变压器有一个最理想的运行状态，要达到这一理想运行状态，两台变压器必须满足一定的条件。

2.8.1 并联运行变压器的理想运行状态

当变压器并联运行时，它们的一、二次绕组都分别连在一起，具有相同的一、二次电压。因此并联运行变压器的理想运行状态应该满足以下条件：

1）空载时各变压器之间没有环流。

图 2-35 两台变压器并联运行时的接线

2）负载时各变压器能够按照容量合理分担负载。希望各变压器按它们的容量大小分担负载，以使全部装置容量获得最大程度的应用，不至于一台变压器过载，而另一台变压器轻载。

3）各变压器的负载电流应同相位。这样，总的负载电流便是各负载电流的代数和。当总的负载电流为一定值时，每台变压器所分担的负载电流均为最小，因而每台变压器的铜耗最小，运行经济。

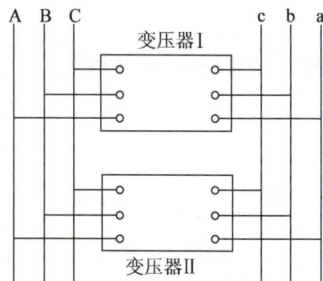

2.8.2　理想并联运行时各变压器应满足的条件

为了达到上述并联运行的理想状态，各变压器必须具备下列 3 个条件：

1）各变压器一次侧额定电压和二次侧额定电压应分别相等，此时各变压器的一次侧与二次侧线电压之比相等。

2）各变压器二次侧线电压与一次侧线电压的相位差应相等，即各变压器应具有相同联结组标号。

3）各变压器用标幺值表示的短路阻抗应相等，阻抗角要相等。

显然，并联运行变压器的一次侧额定电压必须相等，这样才能一起并接到与绕组额定电压相同电压等级的一次母线上。

并联运行变压器联结组标号相等这一条件必须严格保证。因为如果联结组标号不同，当各变压器的一次侧接到同一电网上时，尽管由于线电压变比相等而保证它们的二次侧线电压有效值相等，但二次侧线电压相位不同。从前面关于联结组的分析可知，在三相变压器中，如果两台变压器的联结组标号不同，则它们二次侧线电压的相位差至少是 30°（Yy0 和 Yd11 并联时，二次侧线电压的相位差就是 30°）。Yy0 与 Yd11 两台变压器并联时二次侧开路线电压相量图如图 2-36 所示，$U_{2\mathrm{I}} = U_{2\mathrm{II}} = U_2$ 是两台变压器二次侧的开路电压，二次侧有电压差 $\Delta U_2 = |\dot{U}_{2\mathrm{II}} - \dot{U}_{2\mathrm{I}}| = 2U_2\sin15° = 0.518U_2$ 作用在两变压器二次绕组构成的闭合回路中。由于变压器本身的漏阻抗很小，这样大的电压差将在两变压器间产生很大的环流，这一环流不但在变压器的二次侧存在，而且在一次侧也存在，这样可能使绕组烧坏，故联结组标号不同的变压器绝对不允许并联运行。

顺便指出，这里只要求联结组标号相同，而没有强调变压器的联结方式，实际上，联结组标号相同而联结方式不同的变压器只要满足其他并联运行条件是可以并联运行的。

至于变压器并联运行的其他两个条件，即电压比相同、短路阻抗及阻抗角相等，在下面的并联运行变压器负载分配中分析。

图 2-36　Yy0 与 Yd11 两台变压器并联时二次侧开路线电压相量图

2.8.3　并联运行变压器的负载分配

设两台并联运行变压器 Ⅰ、Ⅱ 的联结组标号相同，一次侧额定电压相同，但电压比不同，分别为 k_I 和 k_II，且 $k_\mathrm{I} < k_\mathrm{II}$。在对称运行时，可取两台变压器中对应的任一相来分析。为便于计算，采用归算到二次侧的简化等效电路，如图 2-37 所示。图中 $Z''_{k\mathrm{I}}$ 和 $Z''_{k\mathrm{II}}$ 分别表示归算到二次侧的两台变压器等效漏阻抗。另外，二次电流 $\dot{I}_{2\mathrm{I}}$、$\dot{I}_{2\mathrm{II}}$、$\dot{I}_2$ 和电压 $\dot{U}_2$ 的正方向与图 2-33a 相同。

归算到二次侧时，两台变压器的电压方程和负载方程应为

$$\left.\begin{aligned}\frac{\dot{U}_1}{k_\mathrm{I}} &= \dot{U}_2 + \dot{I}_{2\mathrm{I}} Z''_{k\mathrm{I}} \\ \frac{\dot{U}_1}{k_\mathrm{II}} &= \dot{U}_2 + \dot{I}_{2\mathrm{II}} Z''_{k\mathrm{II}} \\ \dot{I}_2 &= \dot{I}_{2\mathrm{I}} + \dot{I}_{2\mathrm{II}}\end{aligned}\right\} \quad (2\text{-}62)$$

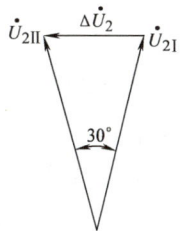

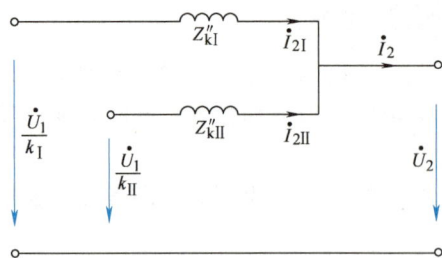

图 2-37 并联运行变压器的负载分配

二次侧环流

求解式（2-62）可得两台变压器的二次电流 $\dot{I}_{2\mathrm{I}}$ 和 $\dot{I}_{2\mathrm{II}}$ 分别为

$$\left.\begin{aligned}\dot{I}_{2\mathrm{I}} &= \dot{I}_2\frac{Z''_{k\mathrm{II}}}{Z''_{k\mathrm{I}}+Z''_{k\mathrm{II}}}+\frac{\dot{U}_1\left(\dfrac{1}{k_\mathrm{I}}-\dfrac{1}{k_\mathrm{II}}\right)}{Z''_{k\mathrm{I}}+Z''_{k\mathrm{II}}}=\dot{I}_{\mathrm{L}\mathrm{I}}+\dot{I}_c\\[2mm]\dot{I}_{2\mathrm{II}} &= \dot{I}_2\frac{Z''_{k\mathrm{I}}}{Z''_{k\mathrm{I}}+Z''_{k\mathrm{II}}}-\frac{\dot{U}_1\left(\dfrac{1}{k_\mathrm{I}}-\dfrac{1}{k_\mathrm{II}}\right)}{Z''_{k\mathrm{I}}+Z''_{k\mathrm{II}}}=\dot{I}_{\mathrm{L}\mathrm{II}}-\dot{I}_c\end{aligned}\right\}\tag{2-63}$$

由式（2-63）可见，每台变压器内的电流均包括两个分量：第一个分量为所分担的负载电流 $\dot{I}_{\mathrm{L}\mathrm{I}}$ 和 $\dot{I}_{\mathrm{L}\mathrm{II}}$；第二个分量为由两台变压器的电压比不同所引起的环流 $\dot{I}_c$。

1. 电压比不同引起的环流

从式（2-63）可以看出，环流 $\dot{I}_c$ 为

$$\dot{I}_c=\frac{\dot{U}_1\left(\dfrac{1}{k_\mathrm{I}}-\dfrac{1}{k_\mathrm{II}}\right)}{Z''_{k\mathrm{I}}+Z''_{k\mathrm{II}}}\tag{2-64}$$

环流在两台变压器内流动（一、二次侧都有），其值与因两台变压器的电压比不等而在二次侧所引起的开路电压差 $\dot{U}_1(1/k_\mathrm{I}-1/k_\mathrm{II})$ 成正比，与两台变压器的等效漏阻抗之和 $Z''_{k\mathrm{I}}+Z''_{k\mathrm{II}}$ 成反比，而与负载的大小无关。只要 $k_\mathrm{I}\neq k_\mathrm{II}$，即使在空载时，两台变压器内部也会出现环流。由于变压器的漏阻抗很小，即使电压比相差很小，也会引起较大的环流，因此在制造变压器时，应对电压比的误差严格控制。

从上面的分析可见，为达到理想并联运行的第一个条件，并联运行变压器的电压比应当相等。

2. 电压比相同、漏阻抗不同时的负载分配

若并联的两台变压器电压比相等、联结组标号相同，则两台变压器中的环流为零，只剩下负载分量。此时两台变压器所负担的负载电流 $\dot{I}_{\mathrm{L}\mathrm{I}}$ 和 $\dot{I}_{\mathrm{L}\mathrm{II}}$ 应为

$$\left.\begin{aligned}\dot{I}_{\mathrm{L}\mathrm{I}} &= \dot{I}_2\frac{Z''_{k\mathrm{II}}}{Z''_{k\mathrm{I}}+Z''_{k\mathrm{II}}}\\[2mm]\dot{I}_{\mathrm{L}\mathrm{II}} &= \dot{I}_2\frac{Z''_{k\mathrm{I}}}{Z''_{k\mathrm{I}}+Z''_{k\mathrm{II}}}\end{aligned}\right\}\tag{2-65}$$

或

$$\frac{\dot{I}_{\text{L I}}}{\dot{I}_{\text{L II}}} = \frac{Z''_{k\text{II}}}{Z''_{k\text{I}}} \quad (2\text{-}66)$$

式（2-66）说明，在并联变压器之间，负载电流按其漏阻抗成反比例分配。

将式（2-66）的两边乘以 $I_{\text{NII}}/I_{\text{NI}}$，考虑到两台变压器具有相同的额定电压，即可导出用标幺值表示的负载电流的分配为

$$\frac{\dot{I}^*_{\text{L I}}}{\dot{I}^*_{\text{L II}}} = \frac{Z^*_{k\text{II}}}{Z^*_{k\text{I}}} = \frac{|Z^*_{k\text{II}}|}{|Z^*_{k\text{I}}|} \diagup \psi_{k\text{II}} - \psi_{k\text{I}} \quad (2\text{-}67)$$

式中，$|Z^*_{k\text{I}}|$、$|Z^*_{k\text{II}}|$ 分别为 $Z^*_{k\text{I}}$、$Z^*_{k\text{II}}$ 的模；$\psi_{k\text{I}}$、$\psi_{k\text{II}}$ 分别为 $Z^*_{k\text{I}}$、$Z^*_{k\text{II}}$ 的相角。

由式（2-67）可以看出：

1）各并联运行变压器负载电流的标幺值与各自的短路阻抗的标幺值成反比。如果短路阻抗的标幺值相等，则各变压器同时达到满载。如果不相等，则短路阻抗标幺值小的变压器首先达到满载。

2）各并联运行变压器二次电流的相位差取决于短路阻抗角之差 $\psi_{k\text{II}} - \psi_{k\text{I}}$。当 $\psi_{k\text{II}} = \psi_{k\text{I}}$ 时，各变压器二次侧同相位，则总负载电流是各变压器二次电流的代数和（直接相加）。如果 $\psi_{k\text{II}} \neq \psi_{k\text{I}}$，则各变压器二次电流不同相位，它们的相量相加才是总负载电流，对于相同的总负载电流，各变压器电流要增大。

综上所述，变压器并联运行时，联结组标号必须相同，电压比偏差要严格控制在 ±5% 之内，漏阻抗的标幺值不要相差太大（不大于 10%），漏阻抗的相角可以有一定的差别。

[例 2-6]　某变电所有两台联结组标号为 Yyn0 的三相变压器，其数据为

第一台：$S_{\text{I N}} = 180\text{kV}\cdot\text{A}$，$U_{1\text{N}}/U_{2\text{N}} = 6.3\text{kV}/0.4\text{kV}$，$Z^*_{k\text{I}} = 0.07$；

第二台：$S_{\text{II N}} = 320\text{kV}\cdot\text{A}$，$U_{1\text{N}}/U_{2\text{N}} = 6.3\text{kV}/0.4\text{kV}$，$Z^*_{k\text{II}} = 0.065$。

试计算：

（1）当负载为 400kV·A 时，每台变压器应分担多少负载？

（2）在每台变压器均不过载的情况下，并联组的最大输出是多少？

解：（1）每台变压器分担的负载分别为 S_{I}、S_{II}，满足下式：

$$\left.\begin{array}{l} \dfrac{S_{\text{I}}/S_{\text{I N}}}{S_{\text{II}}/S_{\text{II N}}} = \dfrac{I^*_{\text{I}}}{I^*_{\text{II}}} = \dfrac{Z^*_{k\text{II}}}{Z^*_{k\text{I}}} = \dfrac{0.065}{0.07} \\[2mm] S_{\text{I}} + S_{\text{II}} = 400\text{kV}\cdot\text{A} \end{array}\right\}$$

经计算得：$S_{\text{I}} = 137\text{kV}\cdot\text{A}$　$S_{\text{II}} = 263\text{kV}\cdot\text{A}$。

（2）第二台变压器阻抗标幺值小，因此首先达到满载，即 $I^*_{\text{II}} = 1$，因此

$$I^*_{\text{I}} = 0.9286 I^*_{\text{II}} = 0.9286$$

并联组的最大输出

$$S_{\text{MAX}} = I^*_{\text{II}} S_{\text{II N}} + I^*_{\text{I}} S_{\text{I N}} = (320 + 0.9286 \times 180)\text{kV}\cdot\text{A} = 487.1\text{kV}\cdot\text{A}$$

2.9 特殊变压器

前面分析了普通的两绕组变压器，本节将讨论三绕组变压器和自耦变压器，并对其他用途的变压器进行简单介绍。

2.9.1 三绕组变压器

1. 三绕组变压器的结构

三绕组变压器有高压、中压和低压 3 套绕组，大多用于二次侧需要两种不同电压的电力系统。对于比较重要的负载，为安全可靠和经济供电，也可以由两条不同电压等级的线路通过三绕组变压器共同供电。

三绕组变压器的第三绕组常常接成三角形联结，供电给附近较低电压的配电线路。有时仅仅接有同步补偿机或静电电容器，以改善电网的功率因数。有时第三绕组并不引出，专供 3 次谐波电流形成通路，以改善电动势波形和减少不对称运行时的中性点偏移。

三绕组变压器的铁心一般为心式结构，每个铁心柱上都套有 3 个绕组。3 个绕组的容量可以相等，也可以不相等，其中容量最大的规定为三绕组变压器的额定容量。三相三绕组变压器的标准联结组有 YNyn0d11 和 YNyn0y0 两种。

2. 三绕组变压器的基本方程

设一次绕组的匝数为 N_1，二次绕组和第三绕组的匝数分别为 N_2 和 N_3，则一次绕组和二次绕组、一次绕组和第三绕组的电压比 k_{12}、k_{13} 分别为

$$k_{12} = \frac{N_1}{N_2}, \qquad k_{13} = \frac{N_1}{N_3} \tag{2-68}$$

三绕组变压器的磁通也可以分为主磁通和漏磁通两部分。主磁通是指与 3 个绕组同时交链的磁通。主磁通由 3 个绕组的合成磁动势所建立，经铁心磁路而闭合，相应的励磁阻抗随铁心的饱和程度而变化。漏磁通是指只链过一个或两个绕组的磁通，前者称为自漏磁通，后者称为互漏磁通。自漏磁通由一个绕组本身的磁动势所产生，互漏磁通由它所链过的两个绕组的合成磁动势所产生。自漏磁通和互漏磁通主要通过空气或油而闭合，相应的漏抗为常值。图 2-38 所示为三绕组变压器中磁通的示意图，其中 ϕ 为主磁通，$\phi_{11\sigma}$、$\phi_{22\sigma}$ 和 $\phi_{33\sigma}$ 为自漏磁通，$\phi_{12\sigma}$、$\phi_{23\sigma}$、$\phi_{31\sigma}$ 为互漏磁通。

按照图 2-38 所示正方向，并将二次绕组和第三绕组都归算到一次绕组，可写出三绕组变压器的磁动势方程为

$$\dot{I}_1 + \dot{I}_2' + \dot{I}_3' = \dot{I}_m \tag{2-69}$$

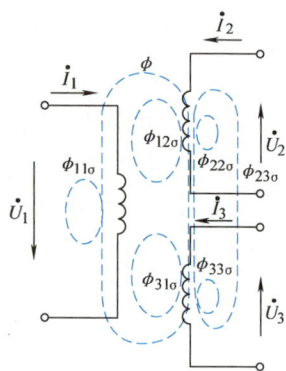

图 2-38 三绕组变压器中磁通的示意图

式中，$\dot{I}_2'$ 和 $\dot{I}_3'$ 为二次绕组和第三绕组电流归算到一次绕组的值。

3 个绕组的电压方程则为

$$\left.\begin{array}{l}\dot{U}_1 = \dot{I}_1(R_1 + jX_{11\sigma}) + j\dot{I}'_2X'_{12\sigma} + j\dot{I}'_3X'_{13\sigma} - \dot{E}_1 \\ -\dot{U}'_2 = \dot{I}'_2(R'_2 + jX'_{22\sigma}) + j\dot{I}_1X'_{21\sigma} + j\dot{I}'_3X'_{23\sigma} - \dot{E}'_2 \\ -\dot{U}'_3 = \dot{I}'_3(R'_3 + jX'_{33\sigma}) + j\dot{I}_1X'_{31\sigma} + j\dot{I}'_2X'_{32\sigma} - \dot{E}'_3 \end{array}\right\} \quad (2\text{-}70)$$

式中，R_1、R'_2 和 R'_3 为各绕组的电阻，加 "'" 的量表示归算值；$X_{11\sigma}$、$X'_{22\sigma}$ 和 $X'_{33\sigma}$ 为各绕组的自漏抗；$X'_{12\sigma}$、$X'_{23\sigma}$ 和 $X'_{31\sigma}$ 为各绕组间的互漏抗，$X'_{12\sigma} = X'_{21\sigma}$，$X'_{23\sigma} = X'_{32\sigma}$，$X'_{13\sigma} = X'_{31\sigma}$；$\dot{E}_1$、$\dot{E}_2$ 和 $\dot{E}_3$ 为主磁通在各个绕组内所感应的电动势，归算到一次侧后

$$\dot{E}_1 = \dot{E}'_2 = \dot{E}'_3 = -\dot{I}_m Z_m \quad (2\text{-}71)$$

式中，Z_m 为励磁阻抗。

3. 三绕组变压器的等效电路

根据式（2-70）的 3 个电压方程，可画出三绕组变压器的 T 形等效电路，如图 2-39a 所示。若忽略励磁电流，则

$$\dot{I}_1 + \dot{I}'_2 + \dot{I}'_3 = 0 \quad (2\text{-}72)$$

将式（2-70）中的第一式减去第二式，并以 $\dot{I}'_3 = -(\dot{I}_1 + \dot{I}'_2)$ 代入，再将第一式减去第三式，并以 $\dot{I}'_2 = -(\dot{I}_1 + \dot{I}'_3)$ 代入，可得

$$\left.\begin{array}{l}\dot{U}_1 - (-\dot{U}'_2) = [\dot{I}_1R_1 + j\dot{I}_1(X_{11\sigma} - X'_{12\sigma} - X'_{13\sigma} + X'_{23\sigma})] - [\dot{I}'_2R'_2 + j\dot{I}'_2(X'_{22\sigma} - X'_{12\sigma} - X'_{23\sigma} + X'_{13\sigma})] = \dot{I}_1(R_1 + jX_1) - \dot{I}'_2(R'_2 + jX'_2) \\ \dot{U}_1 - (-\dot{U}'_3) = [\dot{I}_1R_1 + j\dot{I}_1(X_{11\sigma} - X'_{12\sigma} - X'_{13\sigma} + X'_{23\sigma})] - [\dot{I}'_3R'_3 + j\dot{I}'_3(X'_{33\sigma} - X'_{13\sigma} - X'_{23\sigma} + X'_{12\sigma})] = \dot{I}_1(R_1 + jX_1) - \dot{I}'_3(R'_3 + jX'_3) \end{array}\right\} \quad (2\text{-}73)$$

式中，X_1、X'_2、X'_3 分别称为一、二次绕组和第三绕组的等效漏抗

$$\left.\begin{array}{l}X_1 = X_{11\sigma} - X'_{12\sigma} - X'_{13\sigma} + X'_{23\sigma} \\ X'_2 = X'_{22\sigma} - X'_{12\sigma} - X'_{23\sigma} + X'_{13\sigma} \\ X'_3 = X'_{33\sigma} - X'_{13\sigma} - X'_{23\sigma} + X'_{12\sigma} \end{array}\right\} \quad (2\text{-}74)$$

式（2-73）可进一步写成

$$\left.\begin{array}{l}\dot{U}_1 - (-\dot{U}'_2) = \dot{I}_1Z_1 - \dot{I}'_2Z'_2 \\ \dot{U}_1 - (-\dot{U}'_3) = \dot{I}_1Z_1 - \dot{I}'_3Z'_3 \end{array}\right\} \quad (2\text{-}75)$$

式中，Z_1、Z'_2、Z'_3 分别称为一、二次绕组和第三绕组的等效漏阻抗，$Z_1 = R_1 + jX_1$，$Z'_2 = R'_2 + jX'_2$，$Z'_3 = R'_3 + jX'_3$。

根据式（2-72）和式（2-75），即可画出三绕组变压器的简化等效电路，如图 2-39b 所示。三绕组变压器的各种运行问题，如电压调整率、效率、短路电流、并联运行时各绕组间的负载分配等，都可以用简化等效电路来计算。

2.9.2 自耦变压器

变压器的一、二次绕组中有一部分绕组是公共绕组的变压器称为 **自耦变压器**。如图 2-40 所示，把一台两绕组变压器的一、二次绕组串联起来，原来的二次绕组作为公共绕组，原来的一次绕组作为串联绕组，公共绕组加上串联绕组作为新的一次绕组，公共绕组兼

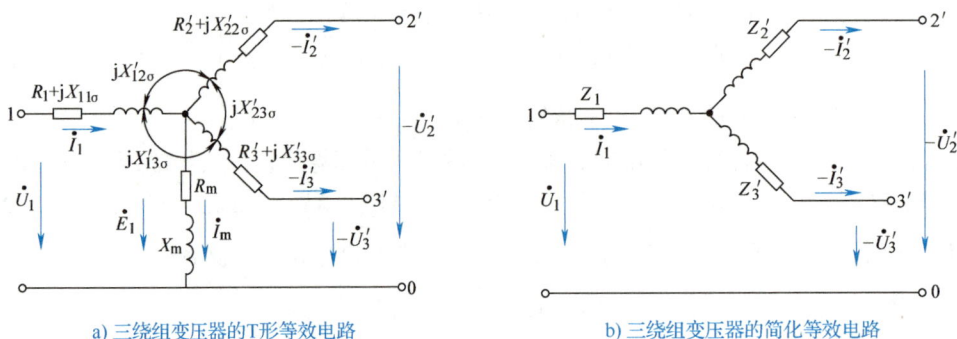

a) 三绕组变压器的T形等效电路　　　　　　b) 三绕组变压器的简化等效电路

图 2-39　三绕组变压器的等效电路

作新的二次绕组，这就构成了一台降压自耦变压器。

自耦变压器可以看作普通两绕组变压器的一种特殊联结方式。自耦变压器的特点是：一、二次绕组间不仅有磁的耦合，而且还有电的直接联系。下面分析把普通的两绕组变压器改接成自耦变压器后电压比和额定容量的变化。

设两绕组变压器一、二次绕组的匝数分别为 N_1 和 N_2，额定电压为 U_{1N} 和 U_{2N}，额定电流为 I_{1N} 和 I_{2N}，则电压比为 $k = N_1/N_2$，额定容量 S_N 为

$$S_N = U_{1N}I_{1N} = U_{2N}I_{2N}$$

若改为如图 2-40 所示的自耦变压器，其电压比 k_a 将成为

$$k_a = \frac{N_1 + N_2}{N_2} = 1 + k \qquad (2\text{-}76)$$

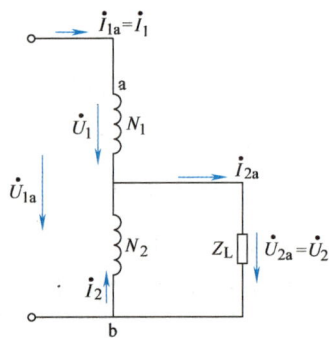

图 2-40　把两绕组变压器
连接成自耦变压器

其额定容量 S_{aN} 则为

$$S_{aN} = (U_{1N} + U_{2N})I_{1N} = S_N + \frac{S_N}{k} = S_N + \frac{S_N}{k_a - 1} \qquad (2\text{-}77)$$

可见，自耦变压器的视在功率由两部分组成：一部分功率 S_N 与普通两绕组变压器一样，通过电磁感应传递到二次侧，称为感应功率；另一部分功率 $S_N/(k_a - 1)$ 则是通过直接传导作用，由一次侧传递到二次侧，称为传导功率，传送这部分功率时不需要耗费变压器的有效材料。所以自耦变压器具有重量轻、价格低、效率高的优点。电压比 k_a 越接近于 1，传导功率所占的比例就越大，经济效益越显著。

自耦变压器常用于高、低电压较接近的场合，如用以连接两个电压相近的电力系统。在工厂和实验室中，自耦变压器常用作调压器和起动补偿器。

由于自耦变压器高、低压绕组间具有电的直接联系，所以要求低压侧具有与高压侧相同的绝缘水平。此外，将自耦变压器低压侧短路，从高压侧看，它的短路阻抗与普通的两绕组变压器相同，但是由于自耦变压器的电压基值较高，故短路阻抗的标幺值将比作为普通两绕组变压器时要小。因此，自耦变压器发生短路时，短路电流较大。

2.9.3 仪用互感器

在高电压、大电流的测量中，经常用到电压互感器和电流互感器，它们可使测量回路与高压线路隔离，以保证工作人员的安全，还可直接驱动继电器线圈，为继电保护系统提供控制信号。电压互感器和电流互感器的工作原理与变压器基本相同，但为了保证测量精度，结构上有特殊要求。

1. 电压互感器

图 2-41 所示为电压互感器的接线，它的高压绕组接到被测的高压线路，低压绕组接到测量仪表的电压线圈。电压互感器的一次绕组匝数很多，二次绕组匝数很少，而且二次侧的额定电压一般为 100V。

当电压互感器空载时，若忽略励磁电流和漏阻抗压降，则高、低压侧电压之比等于绕组匝数之比，即 $U_1/U_2 = N_1/N_2$，通过选择合适的绕组匝数比，可以把高电压降为低电压来测量。然而在实际应用中，电压互感器低压侧通常接有测量仪表，相当于负载运行，且存在励磁电流和漏阻抗压降，此时 $U_1/U_2 \neq N_1/N_2$，产生变比误差；高、低压侧电压相位不同，产生相位误差。

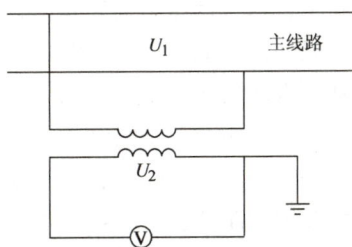

图 2-41 电压互感器的接线

为减少误差，在使用过程中，要求所接测量仪表具有高阻抗；在设计电压互感器时尽量减小励磁电流和漏阻抗。根据变比误差的大小，电压互感器的精度可分为 0.1、0.2、0.5、1.0 和 3.0 五个标准等级。

在使用电压互感器时，二次侧不能短路，否则将产生很大的短路电流。另外，为安全起见，电压互感器的二次绕组连同铁心一起必须可靠接地。

2. 电流互感器

图 2-42 所示为电流互感器的接线，它的一次绕组串联在被测线路中，二次绕组接到电流表。其主要结构与变压器相同，只是其一次绕组匝数很少，有时只有一匝或几匝，二次绕组匝数很多，二次侧的额定电流一般为 5A 或 1A。

由于电流表的阻抗很小，电流互感器工作时相当于变压器短路运行。如果忽略励磁电流，则有 $I_1/I_2 = N_2/N_1$。通过选择合适的绕组匝数比，就可以把大电流转变为小电流来测量。但实际的电流互感器总存在励磁电流和漏阻抗压降，且测量仪表的阻抗不为零，因此 $I_1/I_2 \neq N_2/N_1$，出现变比误差和相位误差。为减少误

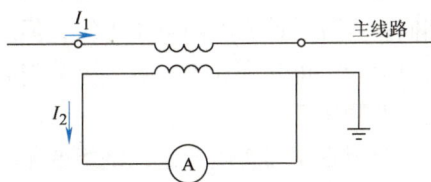

图 2-42 电流互感器的接线

差，设计时应尽量减小励磁电流和漏阻抗值。使用时，所接仪表的总阻抗不得大于规定值。按照变比误差的大小，电流互感器的精度可分为 0.2、0.5、1.0、3.0 和 10.0 五个标准等级。

在使用电流互感器时，二次侧不允许开路。如果二次侧开路，一次侧的线路电流将全部变成励磁电流，使铁心的磁通密度急剧增加，二次侧将出现危险的过电压，可能击穿绝缘。

为防止绝缘被击穿带来的危险，二次侧以及铁心都必须可靠接地。

2.9.4 分裂变压器

随着科学技术的进步和材料性能的改进，变压器和发电机的单台容量不断提高，且单台变压器的容量比单台发电机的容量可做得更大些。为此，把两台发电机分别接到三绕组变压器的两个低压绕组，电能经高压绕组传到电网，实现了两台发电机共用一台变压器输电。但两个低压绕组之间有磁的联系，运行时互相影响。在正常运行时，影响并不很大，但在发生短路故障时，在输电方式下，当一台发电机发生短路时，另一台发电机也通过磁场耦合向短路点供给电流，为限制短路电流，要求连接发电机的两个低压绕组之间有较大的短路阻抗，这是一般结构的三绕组变压器所不能做到的，必须采用特殊的分裂绕组结构；在厂用电供电方式下，当一低压母线发生短路时，要求另一未发生短路的低压母线仍能维持有较高的电压，以保证该低压母线上的用电设备能继续运行，并保证该母线上的电动机能紧急起动，这同样要求两低压绕组之间有较大的短路阻抗，这也是一般结构的三绕组变压器所不能胜任的，必须采用分裂绕组结构。

分裂绕组变压器（简称分裂变压器）的结构种类很多。这里主要介绍大型发电厂中使用的分裂变压器，它有一个高压绕组和两个低压绕组。低压绕组的电压等级可以相同，也可以不同，但应接近。可作为升压变压器，也可作为降压变压器。

图 2-43 所示为单相和三相双分裂变压器的绕组布置和原理。将高压绕组标以 1，两个低压绕组分别标以 2 和 3。由变压器理论可知，从功率传递角度来看，绕组之间距离越接近，磁场耦合越紧密，阻抗越小。反之，绕组之间距离远些，磁场耦合松散，阻抗将大些。根据分裂变压器的性能要求，绕组 1、2 间要传递功率，应靠近些，使之有较小的阻抗 Z_{k12}；同理，绕组 1、3 间也要传递功率，应靠近些，使之有较小的阻抗 Z_{k13}；绕组 2、3 间不传递功率，为了限制短路电流，两者应距离远些，使之有较大的阻抗 Z_{k23}。绕组 1 称为不分裂绕组，绕组 2、3 称为分裂绕组。发电厂中应用的分裂变压器，其低压分裂为二，称为双分裂。在某些特殊场合，还可分裂为三或四，分别称为三分裂或四分裂等，如图 2-43 所示，高压绕组 1 采用并联，其容量按额定容量设计，分裂绕组 2 和 3 都是低压绕组，其容量分别按 50% 额定容量设计，即 $S_{1N}/S_{2N}/S_{3N}$ 的分配关系为 100%/50%/50%。两个分裂绕组的电压可以相同，也可设计成不同电压等级，但应较接近。各绕组间没有电的联系，两个分裂绕组允许同时运行，也允许其中任意一个分裂绕组单独运行。如果两个分裂绕组的电压相同，还允许它们并联运行。

双分裂变压器实质上是三绕组变压器，其等效电路与普通的三绕组变压器相同，只是对其参数有特殊要求。由于分裂变压器阻抗较大，因此 Z_2'、Z_3' 比一般用途三绕组变压器的阻抗大，给运行带来如下好处：

1）可降低短路电流，从而减小短路电流对母线和断路器的冲击，减小了母线和断路器的一次投资费用。

2）当一个分裂绕组发生短路故障时，在任一未出故障的绕组中有较高的残余电压，从而提高了供电可靠性。

分裂变压器的缺点是价格较高。

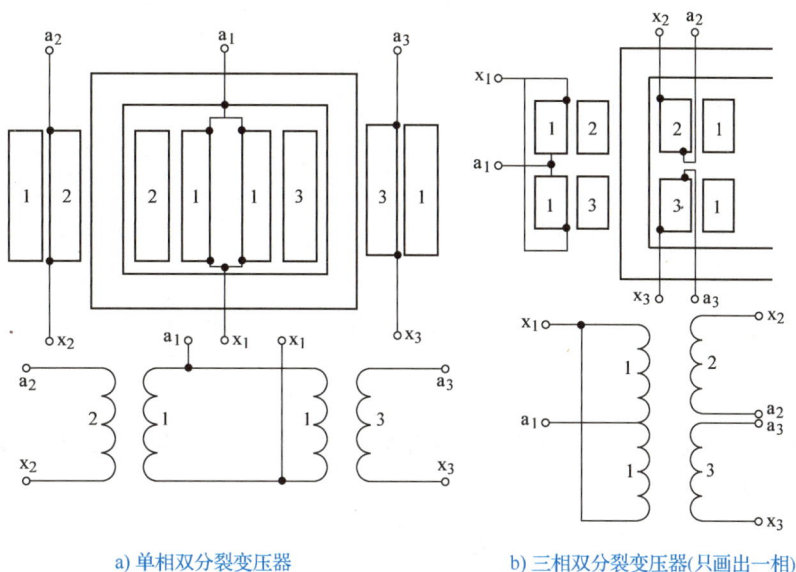

a) 单相双分裂变压器   b) 三相双分裂变压器(只画出一相)

图 2-43 单相和三相双分裂变压器的绕组布置和原理

2.10 三相变压器的不对称运行

前面讲了三相变压器的对称运行，对称运行时，可采用单相变压器的分析方法。但在实际运行过程中，常出现不对称运行的情况，如外施电压不对称、负载阻抗不对称等。本节主要讲解三相变压器不对称运行的分析方法——对称分量法，然后采用对称分量法分析 Yyn 联结三相变压器的单相运行。

2.10.1 对称分量法

对任意一组三相不对称的量（电压或电流，下同），总可以将其分解为三组三相对称的正序、负序和零序分量，后者就称为原来不对称量的对称分量。如三相不对称电压 $\dot{U}_A$、$\dot{U}_B$、$\dot{U}_C$ 可以分解成三相正序对称电压（$\dot{U}_{A+}$、$\dot{U}_{B+}$、$\dot{U}_{C+}$）、三相负序对称电压（$\dot{U}_{A-}$、$\dot{U}_{B-}$、$\dot{U}_{C-}$）和三相零序电压（$\dot{U}_{A0}$、$\dot{U}_{B0}$、$\dot{U}_{C0}$）之和。各不对称量与其对称分量之间的关系为

$$\left.\begin{array}{l}\dot{U}_A = \dot{U}_{A+} + \dot{U}_{A-} + \dot{U}_{A0} \\ \dot{U}_B = \dot{U}_{B+} + \dot{U}_{B-} + \dot{U}_{B0} \\ \dot{U}_C = \dot{U}_{C+} + \dot{U}_{C-} + \dot{U}_{C0}\end{array}\right\} \tag{2-78}$$

可用图 2-44 所示的图形表示。

三相正序对称系统的性质是三相量大小相等，相序为 A、B、C，彼此相差 120°电角度，因此各相量之间满足

$$\left.\begin{array}{l}\dot{U}_{B+} = a^2\dot{U}_{A+} \\ \dot{U}_{C+} = a\dot{U}_{A+}\end{array}\right\} \tag{2-79}$$

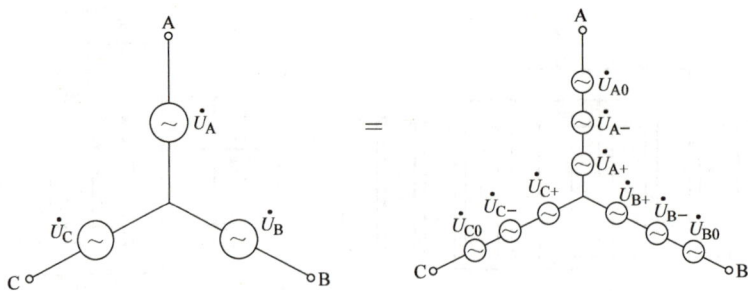

图 2-44　把三相不对称电压分解成三相对称电压

式中，$a = e^{j120°}$。

三相负序对称系统的性质是三相量大小相等，相序为 A、C、B，彼此相差 120°电角度，因此各量之间满足

$$\left.\begin{array}{l} \dot{U}_{B-} = a\dot{U}_{A-} \\[2mm] \dot{U}_{C-} = a^2\dot{U}_{A-} \end{array}\right\} \tag{2-80}$$

三相零序系统的性质为三相量大小相同、相位相同，因此各量之间满足

$$\dot{U}_{A0} = \dot{U}_{B0} = \dot{U}_{C0} \tag{2-81}$$

将式（2-79）~式（2-81）代入式（2-78），得

$$\left.\begin{array}{l} \dot{U}_A = \dot{U}_{A+} + \dot{U}_{A-} + \dot{U}_{A0} \\[2mm] \dot{U}_B = a^2\dot{U}_{A+} + a\dot{U}_{A-} + \dot{U}_{A0} \\[2mm] \dot{U}_C = a\dot{U}_{A+} + a^2\dot{U}_{A-} + \dot{U}_{A0} \end{array}\right\} \tag{2-82}$$

根据式（2-82），对称量可用其不对称量表示为

$$\left.\begin{array}{l} \dot{U}_{A+} = \dfrac{1}{3}(\dot{U}_A + a\dot{U}_B + a^2\dot{U}_C) \\[3mm] \dot{U}_{A-} = \dfrac{1}{3}(\dot{U}_A + a^2\dot{U}_B + a\dot{U}_C) \\[3mm] \dot{U}_{A0} = \dfrac{1}{3}(\dot{U}_A + \dot{U}_B + \dot{U}_C) \end{array}\right\} \tag{2-83}$$

应用对称分量法时要用到叠加原理，因此对称分量法只适用于线性系统或近似的线性系统。

2.10.2　三相变压器的各相序阻抗及其等效电路

1. 正序阻抗 Z_+ 和正序等效电路

三相变压器对称运行（即电源对称、负载对称）且一次侧外施三相正序电压时变压器所表现出的阻抗称为**正序阻抗**。这实际就是前面研究的三相对称运行。因此正序阻抗就是前面讲的变压器的短路阻抗，其正序等效电路如图 2-45 所示，这里只画出了 A 相的正序等效电路，并且省略了归算符号"′"。正序阻抗表示为

$$Z_+ = Z_k = R_k + jX_k \tag{2-84}$$

2. 负序阻抗 Z_- 和负序等效电路

三相变压器对称运行（即电源对称、负载对称）且一次侧外施三相负序电压时所表现出的阻抗称为**负序阻抗**。负序和正序是相对的，仅相序不同而已。因此与正序系统有相同的物理性质和等效电路，如图 2-46 所示。负序阻抗为

$$Z_- = Z_k = R_k + jX_k \tag{2-85}$$

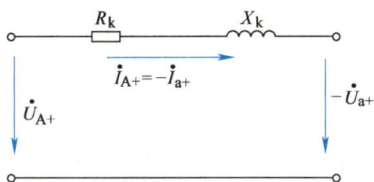

| 图 2-45 正序等效电路 | 图 2-46 负序等效电路 |

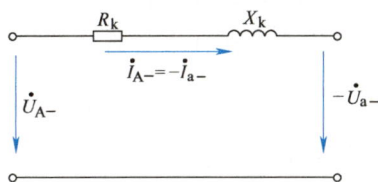

也就是说，变压器的负序阻抗与正序阻抗相同。

3. 零序阻抗 Z_0 和零序等效电路

零序电流所遇到的阻抗称为**零序阻抗**。由于三相零序电流大小相同、相位相同，因此零序电流能否在变压器中流通与三相绕组的联结方式有关。三相星形联结无中性线时，零序电流无法流通；三相星形联结有中性线时，零序电流可以流通；在三角形联结中，线电流中没有零序电流，但三角形联结是闭合回路，可以为零序电流提供通路，如果另一侧有零序电流，通过感应也会在三角形联结的绕组中产生零序电流。

下面只分析 Yyn 联结的零序等效电路和零序阻抗。这种联结的零序电流是由于低压侧有中性线电流引起的，一次侧仅感应零序电动势而无零序电流，因而有较大的零序阻抗。Yyn 联结的零序电流及等效电路如图 2-47 所示，有如下电磁关系：

$$\left.\begin{array}{l} Z_0 = Z_2 + Z_{m0} \\ \dot{U}_{a0} = \dot{I}_{a0}Z_0 = \dot{I}_{a0}(Z_2 + Z_{m0}) \\ \dot{I}_{A0} = 0 \\ \dot{U}_{A0} = -\dot{E}_0 = \dot{I}_{a0}Z_{m0} \end{array}\right\} \tag{2-86}$$

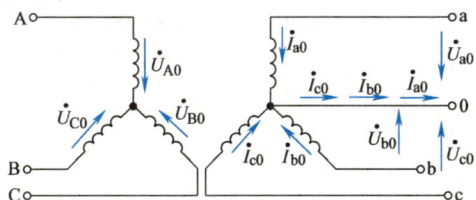

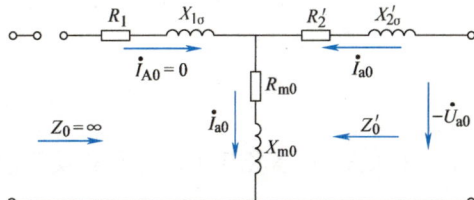

a) 零序电流　　　　　　　　　　b) 零序等效电路

图 2-47　Yyn 联结的零序电流及等效电路

由于 Z_0 较大，在这种情况下，即使有较小的中性线电流，也会造成相电压的不对称。

2.10.3 三相变压器 Yyn 联结单相运行

下面以 Yyn 联结的三相变压器单相运行为例来说明如何运用对称分量法分析不对称问题。

Yyn 联结三相变压器带单相负载运行如图 2-48 所示，a 相接有单相负载 Z_L，其他两相开路，并已知变压器参数，设一次侧外施三相对称线电压，求负载电流 $\dot{I}$，一次电流 $\dot{I}_A$、$\dot{I}_B$、$\dot{I}_C$ 以及一、二次相电压 $\dot{U}_A$、$\dot{U}_B$、$\dot{U}_C$ 和 $\dot{U}_a$、$\dot{U}_b$、$\dot{U}_c$。

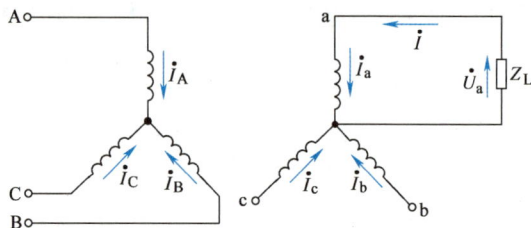

图 2-48 Yyn 联结三相变压器带单相负载运行

分析步骤 1：列端点方程式

$$\left.\begin{aligned} \dot{I}_a &= \dot{I} \\ \dot{I}_b &= \dot{I}_c = 0 \\ \dot{U}_a &= \dot{I}Z_L \end{aligned}\right\} \tag{2-87}$$

分析步骤 2：根据二次电流求一次电流

将式（2-87）所示的二次侧不对称电流分量分解为对称分量

$$\left.\begin{aligned} \dot{I}_{a+} &= \frac{1}{3}(\dot{I}_a + a\dot{I}_b + a^2\dot{I}_c) = \frac{1}{3}\dot{I} \\ \dot{I}_{a-} &= \frac{1}{3}(\dot{I}_a + a^2\dot{I}_b + a\dot{I}_c) = \frac{1}{3}\dot{I} \\ \dot{I}_{a0} &= \frac{1}{3}(\dot{I}_a + \dot{I}_b + \dot{I}_c) = \frac{1}{3}\dot{I} \end{aligned}\right\} \tag{2-88}$$

一次侧星形联结，无零序电流通路，相电流只有正序和负序分量，即

$$\left.\begin{aligned} \dot{I}_A &= \dot{I}_{A+} + \dot{I}_{A-} = -(\dot{I}_{a+} + \dot{I}_{a-}) = -\frac{2}{3}\dot{I} \\ \dot{I}_B &= \dot{I}_{B+} + \dot{I}_{B-} = -(a^2\dot{I}_{a+} + a\dot{I}_{a-}) = \frac{1}{3}\dot{I} \\ \dot{I}_C &= \dot{I}_{C+} + \dot{I}_{C-} = -(a\dot{I}_{a+} + a^2\dot{I}_{a-}) = \frac{1}{3}\dot{I} \end{aligned}\right\} \tag{2-89}$$

分析步骤 3：列各相序电压方程式及等效电路

由于外施线电压对称，没有负序分量和零序分量电压，各绕组上的正序电压 $\dot{U}_{A+}$、$\dot{U}_{B+}$、$\dot{U}_{C+}$ 即为电源相电压。

外施电压中虽没有负序分量和零序分量，但二次侧中的负序分量电流和零序分量电流会在变压器中产生相应的负序磁通和零序磁通，负序磁通和零序磁通会分别在一、二次绕组中感应负序分量电压和零序分量电压。

一次侧中感应的负序电压产生一次负序电流 $\dot{I}_{A-}$、$\dot{I}_{B-}$、$\dot{I}_{C-}$，以电源为回路。对于负序电流，由于一、二次侧的磁动势平衡，负序磁通很低，实际上负序电压即为负序阻抗压降（漏电抗压降），其值不大。

零序则不相同，在 Yyn 联结中，零序电流只能在二次侧流通，在一次侧电路中虽感应出零序电动势，但零序电流无法流通。二次侧中的电流 $\dot{I}_{a0}$、$\dot{I}_{b0}$、$\dot{I}_{c0}$ 全部用以励磁，建立很高的零序磁通，因此零序电压很高。以 A 相为例写出各分量系统电压平衡式（相应的相序等效电路如图 2-49 所示）如下：

$$\left.\begin{aligned} -\dot{U}_{a+} &= \dot{U}_{A+} + \dot{I}_{a+}Z_k \\ -\dot{U}_{a-} &= \dot{I}_{a-}Z_k \\ -\dot{U}_{a0} &= \dot{I}_{a0}Z_2 - \dot{E}_0 \\ \dot{U}_{A0} &= -\dot{E}_0 \end{aligned}\right\} \tag{2-90}$$

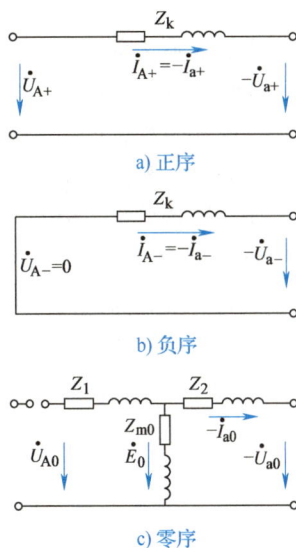

图 2-49 Yyn 联结的各相序等效电路

由式（2-90）可写出电压表达式

$$\left.\begin{aligned} -\dot{U}_a &= -(\dot{U}_{a+} + \dot{U}_{a-} + \dot{U}_{a0}) = \dot{U}_{A+} + \dot{I}_{a+}Z_k + \dot{I}_{a-}Z_k + \dot{I}_{a0}Z_2 - \dot{E}_0 \\ -\dot{U}_b &= -(\dot{U}_{b+} + \dot{U}_{b-} + \dot{U}_{b0}) = \dot{U}_{B+} + \dot{I}_{b+}Z_k + \dot{I}_{b-}Z_k + \dot{I}_{b0}Z_2 - \dot{E}_0 \\ -\dot{U}_c &= -(\dot{U}_{c+} + \dot{U}_{c-} + \dot{U}_{c0}) = \dot{U}_{C+} + \dot{I}_{c+}Z_k + \dot{I}_{c-}Z_k + \dot{I}_{c0}Z_2 - \dot{E}_0 \end{aligned}\right\} \tag{2-91}$$

已知 $\dot{U}_a = \dot{I}_a Z_L$，即

$$\dot{U}_{a+} + \dot{U}_{a-} + \dot{U}_{a0} = (\dot{I}_{a+} + \dot{I}_{a-} + \dot{I}_{a0})Z_L \tag{2-92}$$

把它们代入到式（2-91）第一式，并考虑到 $\dot{I}_{a+} = \dot{I}_{a-} = \dot{I}_{a0} = \dot{I}/3$，经整理得到

$$-\dot{I}_{a+} = -\dot{I}_{a-} = -\dot{I}_{a0} = \frac{\dot{U}_{A+}}{2Z_k + Z_2 + Z_{m0} + 3Z_L} \tag{2-93}$$

相应的等效电路如图 2-50 所示。式（2-93）中参数 Z_k、Z_2、Z_{m0} 为已知，$\dot{U}_{A+}$ 为电源的相电压，且负载阻抗 Z_L 为已知，可求出 $\dot{I}_{a+}$、$\dot{I}_{a-}$、$\dot{I}_{a0}$，从而求出负载电流

$$-\dot{I} = -(\dot{I}_{a+} + \dot{I}_{a-} + \dot{I}_{a0}) = \frac{3\dot{U}_{A+}}{2Z_k + Z_2 + Z_{m0} + 3Z_L} \tag{2-94}$$

由于 $Z_k \ll Z_{m0}$，$Z_2 \ll Z_{m0}$，如略去 Z_k 和 Z_2，式（2-94）简化成

$$-\dot{I} = \frac{3\dot{U}_{A+}}{Z_{m0} + 3Z_L} \tag{2-95}$$

且式（2-91）中一、二次相电压相等，即

$$\left.\begin{aligned} -\dot{U}_a &= \dot{U}_{A+} - \dot{E}_0 = \dot{U}_A \\ -\dot{U}_b &= \dot{U}_{B+} - \dot{E}_0 = \dot{U}_B \\ -\dot{U}_c &= \dot{U}_{C+} - \dot{E}_0 = \dot{U}_C \end{aligned}\right\} \tag{2-96}$$

式中，$\dot{U}_A$、$\dot{U}_B$、$\dot{U}_C$ 为接有单相负载后的一次相电压。

由式（2-96）可画出如图 2-51 所示的相量图。可以看出，图中的相电压中性点偏离了线电压三角形的几何中心，这种现象称为"中性点偏移"。可以这样解释：二次侧带单相负载时，负载不对称，产生零序电流，通过中性线构成回路，产生了零序磁通，在各绕组中产生零序电动势，与高压侧各相电压叠加，相量合成的结果使各相电压的大小、方向都发生了变化，使中性点发生了偏移。对于三相心式变压器，零序磁通难以沿铁心流通，只要适当限制中性线电流，E_0 不大，所引起的相电压偏移不大。但零序磁通经过油箱，在油箱中产生损耗，导致油箱壁局部过热。对于三相变压器组，零序磁通沿各相铁心闭合，较小的零序电流将产生较大的零序感应电动势，使中性点产生较大偏移，造成相电压严重不对称，导致用电设备不能正常工作，因此三相变压器组不能为 Yyn 联结运行。

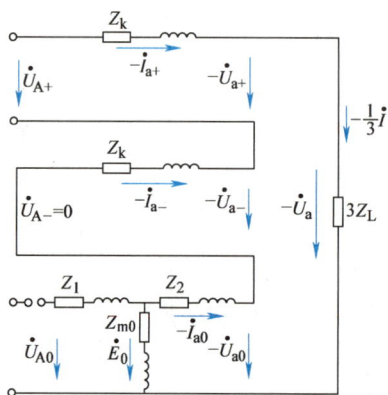

图 2-50　Yyn 联结单相负载时的等效电路

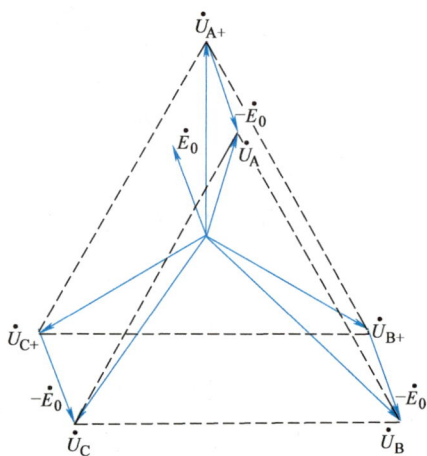

图 2-51　中性点偏移的相量图

习　题

思考题

2-1　什么是主磁通？什么是漏磁通？

2-2　变压器的主要额定值有哪些？一台单相变压器的额定电压为 220V/110V，额定频率为 50Hz，试说明其意义。若这台变压器的额定电流为 4.55A/9.1A，问在什么情况下称其运行在额定状态？

2-3　一台一次侧额定电压和额定频率为 220V 和 50Hz 的变压器空载接到 440V 和 50Hz 的电源上会造成什么后果？

2-4　变压器一次侧、二次侧绕组之间没有电路的连接，为什么负载运行时二次侧电流增大或减小时，一次侧电流会跟随同时发生增大或减小？

2-5　为什么变压器励磁电流中需有一个 3 次谐波分量，如果没有，对绕组感应相电动势波形有何影响？

2-6　当负载电流保持不变，变压器的电压调整率将如何随着负载电流功率因数而变化？

2-7 变压器的电抗参数 X_m、$X_{1\sigma}$ 和 $X_{2\sigma}$ 各与什么磁通相对应？说明这些参数的物理意义以及它们的区别，分析它们的数值在空载试验、短路试验和正常负载运行时是否相等。

2-8 与 T 形等效电路相比，变压器的简化等效电路忽略了什么量？这两种等效电路各适用于什么场合？

2-9 变压器短路电流大小与短路阻抗大小有何关系？为什么大容量变压器把短路阻抗 Z_k^* 设计得较大？

2-10 进行变压器空载和短路试验时，从电源输入的有功功率主要消耗在什么地方？在一、二次侧分别进行同一试验，测得的输入功率相同吗？为什么？

2-11 为什么变压器使用标幺值时，二次侧的各量不再需要归算到一次侧？

2-12 根据图 2-52 所示的绕组连接图确定出联结组号。

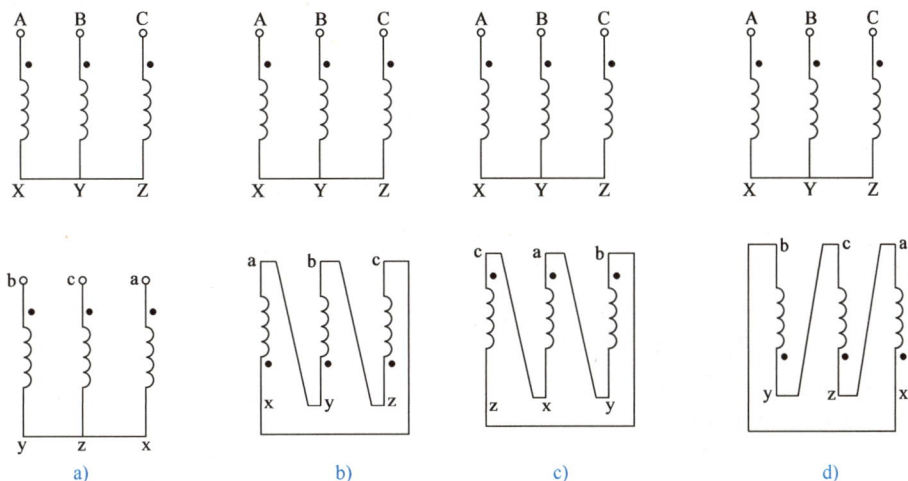

图 2-52 思考题 2-12 图

2-13 两台电压比相同的三相变压器，一次侧额定电压也相同、联结组号分别为 Yyn0 和 Yyn8，如何使它们并联运行？

2-14 一台三相变压器，Yy0 联结，但一次绕组的 B 和 Y 接反，二次绕组联结无误。如果这是三台单相变压器联结而成，它会出现什么现象？能否在二次绕组予以改正？

2-15 试比较三相心式变压器与三相组式变压器的优缺点。在测取三相心式变压器空载电流时，为什么中间相电流小于两边相电流？

2-16 试说明三相组式变压器为什么不能采用 Yy 联结，但三相心式变压器却可采用。

2-17 变压器负载性质一定时，其效率是否为定值？与负载大小有关系吗？

2-18 变压器并联运行时，希望满足哪些理想条件？如何达到理想并联运行？

2-19 三绕组变压器一次绕组的额定容量与二、三次绕组的额定总容量总是相同的吗？为什么？

2-20 自耦变压器变比 k_a 通常在什么范围内？k_a 太大或者太小各有什么优缺点？

2-21 一台 2300V/230V、10kV·A 的单相双绕组变压器，若将其一次和二次绕组串联改成一台自耦变压器，可以有几种接法？各种接法的一、二次额定电压分别是多大？哪种接法得到的自耦变压器的额定容量为最大？

计算题

2-1 一台单相变压器，额定容量为 6000kV·A，额定频率为 50Hz，额定电压为 35kV/6.6kV，高压绕组匝数为 1320 匝，试求：

（1）电压比；

（2）高低压绕组的额定电流；

（3）低压绕组匝数；

（4）每匝电动势。

2-2　一台单相变压器的额定容量为 $S_N = 3200kV \cdot A$，额定电压为 35kV/10.5kV，一、二次绕组分别为星形、三角形联结，求：

（1）这台变压器一、二次侧的额定线电压、相电压及额定线电流、相电流；

（2）若负载的功率因数为 0.85（滞后），则这台变压器额定运行时能带多少有功负载？输出的无功功率又是多少？

2-3　一台单相变压器，$U_{1N} = 220V$，频率为 50Hz，一次侧绕组匝数 $N_1 = 200$，铁心有效截面积 $A = 35 \times 10^{-4} mm^2$，不计漏磁，试求：

（1）铁心内主磁通和磁通密度；

（2）二次侧要得到 100V 电压时，二次侧绕组匝数应是多少？

2-4　某台单相变压器的 $S_N = 100kV \cdot A$，$U_{1N}/U_{2N} = 3200V/220V$，$R_1 = 0.45\Omega$，$X_{1\sigma} = 2.96\Omega$，$R_2 = 0.0019\Omega$，$X_{2\sigma} = 0.0137\Omega$。求向一、二次侧归算时的短路阻抗 Z_k 和 Z_k' 的数值各为多少？

2-5　如图 2-53 所示，单相变压器 $U_{1N}/U_{2N} = 220V/110V$，高压绕组出线端为 A、X，低压绕组出线端为 a、x，A 和 a 为同极性端。今在 A 和 X 两端加 220V 交流电压，ax 开路时的励磁电流为 I_0，主磁通为 Φ_m，励磁磁动势为 F_0，励磁阻抗为 Z_m。求下列 3 种情况下的主磁通、励磁磁动势、励磁电流和励磁阻抗：

（1）AX 边开路，ax 端加 110V 电压；

（2）X 和 a 相连，Ax 端加 330V 电压；

（3）X 和 x 相连，Aa 端加 110V 电压。

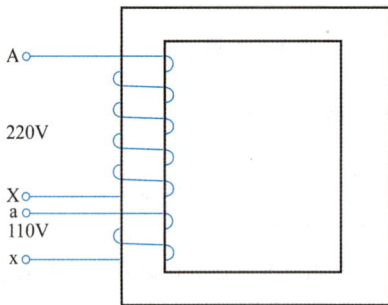

图 2-53　计算题 2-5 图

2-6　一台单相变压器额定容量为 10kV·A，额定电压为 6kV/0.4kV，空载电流为额定电流的 10%，空载损耗为 120W，额定频率为 50Hz。试求：

（1）当额定电压不变，频率为 60Hz 时的空载电流和铁心损耗（不计磁饱和）？

（2）当铁心截面积增加一倍，空载电流和铁心损耗又会如何变化？

（3）当一次侧绕组匝数增加 10%，空载电流和铁心损耗又会如何变化？

（4）当一次侧电压升高 5%，空载电流和铁心损耗又会如何变化？

2-7　设有一 2kV·A、50Hz、1100V/110V 的单相变压器，在一次侧测得如下数据：短路阻抗 $Z_k = 30\Omega$，短路电阻 $R_k = 8\Omega$，在额定电压下空载电流的无功分量为 0.09A，有功分量为 0.01A。二次电压保持在额定值，负载阻抗为 $10\Omega + j5\Omega$。试求：

（1）做出该变压器的近似等效电路，各种参数使用标幺值表示；

（2）一次侧电压 U_1 和电流 I_1，使用标幺值表示。

2-8 单相变压器容量为 2kV·A，400V/100V，将高压绕组短路，低压绕组加 20V 电压，其输入电流为 20A，输入功率为 40W；如将低压绕组短路，高压绕组加电压，试求输入电流为 4A 时的外加电压和输入功率。

2-9 一台单相变压器，额定容量为 1000kV·A，额定电压为 66kV/6.3kV，试验数据如下：

短路试验（高压测）：$U_k = 3240$V，$I_k = 15.15$A，$p_k = 14000$W

空载试验（低压侧）：$U_0 = 6300$V，$I_0 = 19.1$A，$p_0 = 5000$W

试求：该变压器近似等效电路参数。

2-10 已知变压器数据如题 2-9，试计算：

（1）当该变压器供给额定负载且 $\cos\varphi_2 = 0.8$（滞后）时的效率；

（2）当负载 $\cos\varphi_2 = 0.8$（滞后）时的最高效率；

（3）设该变压器在一昼夜 24h 内，空载运行 8h，0.8 倍额定负载且 $\cos\varphi_2 = 1$ 运行 8h，满载且 $\cos\varphi_2 = 0.9$（滞后）运行 8h，求该变压器全日效率。

2-11 一台单相变压器，$S_N = 20000$kV·A，$U_{1N}/U_{2N} = \dfrac{220}{\sqrt{3}}$kV/11kV，变压器参数为 $R_1 = R_2' = 3.22\Omega$，$X_{1\sigma} = X_{2\sigma}' = 29.15\Omega$，$R_m = 3040\Omega$，$|Z_m| = 32200\Omega$，$Z_L = 4.6\Omega + \text{j}3.45\Omega$。试求：当一次侧施加额定电压时，二次侧的电流、电压和负载的功率因数？

2-12 一台单相变压器，$S_N = 20000$kV·A，$U_{1N}/U_{2N} = \dfrac{220}{\sqrt{3}}$kV/11kV，$f_N = 50$Hz。空载试验（低压侧）：$U_0 = 11$kV，$I_0 = 45.4$A，$p_0 = 47$kW；短路试验（高压测）：$U_k = 9.24$kV，$I_k = 157.5$A，$p_k = 129$kW。试验时温度为 15℃，试求：

（1）折算到高压侧的 T 形等效电路各参数的实际值及标幺值；

（2）在额定负载，负载功率因数分别为 $\cos\varphi_2 = 1$、$\cos\varphi_2 = 0.8$（滞后）、$\cos\varphi_2 = 0.8$（超前）时的电压变化率及二次端电压，并对结果进行讨论；

（3）在额定负载下，$\cos\varphi_2 = 0.8$（滞后）时的效率；

（4）$\cos\varphi_2 = 0.8$（滞后）时的最大效率。

2-13 一台三相变压器，$S_N = 5600$kV·A，$U_{1N}/U_{2N} = 35$kV/6kV，Yd 联结，$f_N = 50$Hz，从短路试验（高压侧）得：$U_k = 2610$V，$I_k = 92.3$A，$p_k = 53$kW。当 $U_1 = U_{1N}$ 时，$I_2 = I_{2N}$，测得二次电压恰为额定值 $U_2 = U_{2N}$，求此时负载的功率因数角，并说明负载的性质。

2-14 一台三相变压器，$S_N = 750$kV·A，$U_{1N}/U_{2N} = 10000$V/400V，一、二次绕组分别为星形、三角形联结。在低压侧进行空载试验，数据为 $U_{20} = 400$V，$I_{20} = 65$A，$p_0 = 3.7$kW。在高压侧进行短路试验，数据为 $U_{1k} = 450$V，$I_{1k} = 35$A，$p_k = 7.5$kW。$R_1 = R_2'$，$X_{1\sigma} = X_{2\sigma}'$，求变压器参数（实际值和标幺值）。

2-15 一台三相电力变压器，$S_N = 1000$kV·A，$U_{1N}/U_{2N} = 10000$V/3300V，Yd11 联结，短路阻抗标幺值 $Z_k^* = 0.015 + \text{j}0.052$，带三相三角形联结对称负载，每相负载阻抗 $Z_L = (54 + \text{j}86)\Omega$，试求：一次电流 I_1、二次电流 I_2、二次电压 U_2。

2-16 一台三相电力变压器，一次侧绕组为三角形联结，二次侧绕组为星形联结，$S_N = 1000$kV·A，$U_{1N}/U_{2N} = 10000$V/400V，试求：

（1）变压器电压、电流和阻抗的基值；

（2）当一次电流（线电流）为 30A 时的标幺值；

（3）若该变压器短路阻抗标幺值 $Z_k^* = 0.016 + \text{j}0.045$，求其实际值。

2-17 一台三相变压器，$S_N = 1000$kV·A，$U_{1N}/U_{2N} = 10$kV/6.3kV，Yd 联结。当外施额定电压时，变压器的空载损耗 $p_0 = 4.9$kW，空载电流为额定电流的 5%。当短路电流为额定值时，短路损耗 $p_k = 15$kW（已换算到 75℃时的值），短路电压为额定电压的 5.5%。试求归算到高压侧的励磁阻抗和漏阻抗的实际值和标幺值。

2-18 一台三相电力变压器，$S_N = 750 kV \cdot A$，$U_{1N}/U_{2N} = 10000V/400V$，一、二次绕组均为星形联结。在二次侧进行空载试验，测出数据为 $U_{20} = 400V$，$I_2 = I_{20} = 60A$，$p_0 = 3800W$。在一次侧进行短路试验，测出数据为 $U_{1k} = 440V$，$I_{1k} = I_{1N} = 43.3A$，$p_k = 10900W$，室温20℃。求该变压器每一相的参数值（用标幺值表示）。

2-19 三相变压器容量为 $750 kV \cdot A$，$U_{1N}/U_{2N} = 10000V/400V$，一、二次绕组均为星形联结，短路阻抗 $Z_k = 1.40\Omega + j6.48\Omega$，负载阻抗 $Z_L = 0.20\Omega + j0.07\Omega$。试求：

（1）一次侧输入额定电压时，一、二次电流，二次电压；

（2）变压器输入、输出功率以及效率。

2-20 一台三相变压器，$S_N = 5600 kV \cdot A$，$U_{1N}/U_{2N} = 10kV/6.3kV$，Yd11联结组，在低压侧进行空载试验：$U_0 = 6.3kV$，$I_0 = 7.4A$，$p_0 = 6.8kW$。在高压侧进行短路试验：$U_k = 550V$，$I_k = 32.33A$，$p_k = 18kW$，试求：

（1）励磁参数和短路参数的标幺值以及折算到高、低压侧的实际值；

（2）满载以及 $\cos\varphi_2 = 0.8$（滞后）时二次电压及效率；

（3）$\cos\varphi_2 = 0.8$（滞后）时的最大效率。

2-21 一台三相变压器额定数据如下：$S_N = 1000 kV \cdot A$，$U_{1N}/U_{2N} = 10000V/6300V$，一、二次绕组分别为星形、三角形联结。已知空载损耗 $p_0 = 4.9kW$，短路损耗 $p_{kN} = 15kW$。求：

（1）当该变压器供给额定负载且 $\cos\varphi_2 = 0.8$（滞后）时的效率；

（2）当负载 $\cos\varphi_2 = 0.8$（滞后）时的最高效率；

（3）当负载 $\cos\varphi_2 = 1.0$ 时的最高效率。

2-22 一台 $60000 kV \cdot A$，220kV/11kV，Yd联结的三相变压器，$R_k^* = 0.08$，$X_k^* = 0.072$，试求高压侧稳态短路电流大小。

2-23 两台 Yyn0 联结的三相变压器并联运行，已知数据如下：第一台：$800 kV \cdot A$，6000V/400V，$|Z_k^*| = 0.045$；第二台：$500 kV \cdot A$，6000V/398V，$|Z_k^*| = 0.06$。求并联运行时二次侧的空载环流。

2-24 某变电所有两台 Yyn0 联结的三相变压器并联运行，其数据为：第一台：$S_N = 200 kV \cdot A$，$U_{1N}/U_{2N} = 6.3kV/0.4kV$，$|Z_k^*| = 0.05$；第二台：$S_N = 320 kV \cdot A$，$U_{1N}/U_{2N} = 6.3kV/0.4kV$，$|Z_k^*| = 0.055$。试计算：

（1）当总负载为 $450 kV \cdot A$ 时，每台变压器应分担的负载是多少？

（2）在各台变压器均不过载的情况下，并联组的最大输出功率是多少？

2-25 具有相同联结组号的3台三相变压器 α、β 和 γ，它们的数据为：$S_{N\alpha} = 1000 kV \cdot A$，$|Z_{k\alpha}^*| = 0.0625$；$S_{N\beta} = 1800 kV \cdot A$，$|Z_{k\beta}^*| = 0.066$；$S_{N\gamma} = 3200 kV \cdot A$，$|Z_{k\gamma}^*| = 0.07$，把它们并联后接上共同的负载为 $5500 kV \cdot A$。试计算：

（1）每台变压器的负载是多少？

（2）在不允许任何一台过载的情况下，3台变压器所能担负的最大总负载是多少？这时变压器总设备容量的利用率是多少？

2-26 某变电所有3台联结组标号为 Yyn0 的三相变压器并联运行，变压器各自数据如下：$S_{NI} = 3200 kV \cdot A$，$U_{1N}/U_{2N} = 35kV/6.3kV$，$|Z_{kI}^*| = 0.069$；$S_{NII} = 5600 kV \cdot A$，$U_{1N}/U_{2N} = 35kV/6.3kV$，$|Z_{kII}^*| = 0.073$；$S_{NIII} = 3200 kV \cdot A$，$U_{1N}/U_{2N} = 35kV/6.3kV$，$|Z_{kIII}^*| = 0.076$。试计算：

（1）总输出容量为 $10000 kV \cdot A$ 时，各台变压器分担的负载容量是多少？

（2）不允许任何一台变压器过载时的最大输出容量是多少？

2-27 有4台组别相同的单相变压器，数据如下：1：$100 kV \cdot A$，3000V/230V，$U_{k1} = 155V$，$I_{k1} = 34.5A$，$p_{k1} = 1000W$；2：$100 kV \cdot A$，3000V/230V，$U_{k1} = 201V$，$I_{k1} = 30.5A$，$p_{k1} = 1300W$；3：$200 kV \cdot A$，3000V/230V，$U_{k1} = 138V$，$I_{k1} = 61.2A$，$p_{k1} = 1580W$；4：$300 kV \cdot A$，3000V/230V，$U_{k1} = 172V$，$I_{k1} = 96.2A$，

$p_{k1} = 3100W$。问：哪两台变压器并联运行最理想？

2-28　一台单相双绕组变压器的额定数据为 $S_N = 20kV \cdot A$，$U_{1N}/U_{2N} = 220V/110V$，$\left| Z_k^* \right| = 0.05$。现把它改接为 330V/220V 的自耦变压器，求：

（1）自耦变压器的高、低压侧额定电流是多少？

（2）自耦变压器的额定容量是多少？

2-29　有一台单相双绕组变压器，额定容量为 10kV·A，额定电压为 230V/2300V。现将高压绕组和低压绕组串联起来组成一个自耦变压器，使电压比 k_a 尽量接近 1，并将自耦变压器高压侧接到 2300V 交流电源。试求：

（1）自耦变压器开路时低压侧电压 U_{20}；

（2）自耦变压器的额定容量、传导容量和电磁容量。

2-30　试将三相不对称电压 $\dot{U}_A = 440 \underline{/0°}$ V，$\dot{U}_B = 440 \underline{/-150°}$ V，$\dot{U}_C = 360 \underline{/-240°}$ V 分解为对称分量。

第 3 章　直流电机

直流电机是实现机械能与直流电能相互转换的电磁装置。直流发电机把机械能转换为直流电能，直流电动机把直流电能转换为机械能。

直流电动机的调速性能和起动性能优异，被广泛应用于电力机车、轧钢机、无轨电车等对调速性能要求高的场合。随着交流驱动技术的发展，直流电动机由于存在换向困难、容量有限、价格高等缺点，在一些场合逐步被交流驱动系统所代替，但由于其性能的多样化以及驱动系统的简单化，直流电动机仍有较广泛的应用。

直流发电机主要用作直流电源，供电质量好，一般用于电镀、电解及交流发电机的励磁机等。

本章首先介绍了直流电机的结构和工作原理，然后讲述了电枢绕组和气隙磁场，导出电机的电动势和电磁转矩表达式，进而给出了直流电机的运行特性，最后介绍了直流电机的起动、调速、换向问题及特殊直流电机。

知识图谱

3.1　直流电机的工作原理、结构和额定值

3.1.1　直流电机的工作原理

1. 直流发电机的工作原理

图 3-1 所示为直流发电机的原理模型，它有两个弧形铜制换向片，换向片之间用绝缘材料隔开，线圈 abcd 由原动机拖动旋转，其两出线端分别与两个换向片相连，电刷 A、B 与换向片相接触且固定不动，这就是最简单的换向器。气隙磁通密度的分布如图 3-2a 所示，线圈 abcd 切割磁力线产生感应电动势。在图 3-1 所示瞬间，感应电动势方向如图所示，这时电刷 A 呈正极性，电刷 B 呈负极性。当线圈逆时针方向旋转180°时，导体 cd 位于 N 极下，导体 ab 位于 S 极下，两导体中的电动势都改变了方向。但由于换向片随着线圈一同旋转，本来与电刷 B 相接触的换向片，现在与电刷 A 接触，原来与电刷 A 相接触的换向片与电刷 B 接触，电刷 A 仍呈正极性，电刷 B 仍呈负极性。可以看出，与电刷 A 接触的导体永远位于 N 极下，与电刷 B 接触的导体永远位于 S 极下。因此，电刷 A 始终为正极性，电刷 B 始终为负极性，电刷两端引出方向不变的电压。图 3-2b、c 分别为线圈的感应电动势和两

电刷之间的电压波形。可以看出，换向器使线圈内的交变感应电动势转变为电刷两端的直流电压，该直流电压有较大的脉动。在实际直流发电机中，电枢上线圈数很多，并按照一定的规律连接起来，可使电压脉动较小以获得波形较好的直流电压。这就是直流发电机的工作原理。

直流电机气隙
磁通密度

电刷间的
电压波形

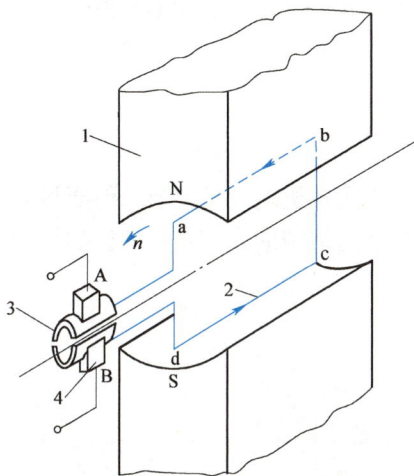

a) 气隙磁通密度

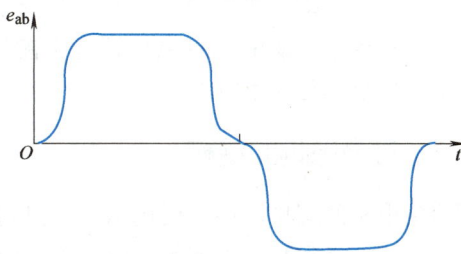

b) 线圈内的感应电动势

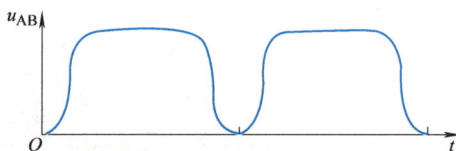

c) 电刷之间的电压

图 3-1　直流发电机的原理模型
1—磁极　2—电枢　3—换向器　4—电刷

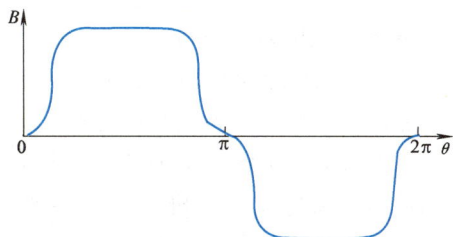

**图 3-2　气隙磁通密度、线圈内感应电动势
和电刷之间的电压波形**

2. 直流电动机的工作原理

图 3-3 所示为直流电动机的原理模型。与图 3-1 不同的是，线圈没有原动机拖动，电刷 A、B 接至直流电源，线圈 abcd 中有电流流过，电流的方向如图 3-3 所示。载流导体受到的电磁力为

$$f = Bli$$

式中，f 为电磁力（N）；B 为导体所在处的气隙磁通密度（T）；l 为导体的长度（m）；i 为导体中的电流（A）。

直流电动机
的原理模型

导体受力的方向用左手定则确定。在图 3-3 所示瞬间，导体 ab 的受力方向是从右向左，导体 cd 的受力方向是从左向右，都产生逆时针方向的转矩，使电枢逆时针方向转动。当电枢转过 180°时，导体 cd 在 N 极下，导体 ab 在 S 极下，由于直流电源供给的电流方向不变，仍从电刷 A 流入，经导体 cd、ab 后，从电刷 B 流出，但线圈内电流方向发生了变化，导体 cd 受力方向变为从右向左，导体 ab 受力方向变为从左向右，产生的电磁转矩的方向仍为逆时针方向，使线圈继续沿逆时针方向旋转。因此，由于换向器的作用，直流电流交替地由

导体 ab 和 cd 流入，使处于 N 极下的线圈边中电流的方向总是由电刷 A 流入，而处于 S 极下的线圈边中电流的方向总是从电刷 B 流出，从而产生方向不变的转矩，使电动机连续旋转，这就是直流电动机的工作原理。

3. 直流电机的可逆运行

从上述电磁现象可以看出，直流电机既可以作为发电机运行，也可以作为电动机运行。如用原动机拖动直流电机的电枢旋转，机械能从电机轴上输入，从电刷端输出直流电压，将机械能转换成电能；反之，如在电刷端加直流电压，将电能输入电机，从电机轴上输出机械能，拖动机械负载工作，将电能转换成机械能。**同一台电机既能作发电机运行又能作电动机运行，称为电机的可逆运行。**

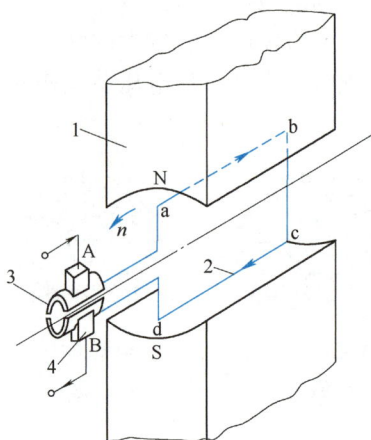

图 3-3 直流电动机的原理模型
1—磁极 2—电枢 3—换向器 4—电刷

3.1.2 直流电机的结构

直流电机的工作原理仅仅揭示了如何利用电磁感应定律实现机电能量转换，但要将其付诸实际应用，必须具有能满足电磁和机械两方面要求的合理的结构形式。直流电机的结构形式多种多样，图 3-4 所示为一台小型直流电机的结构图。

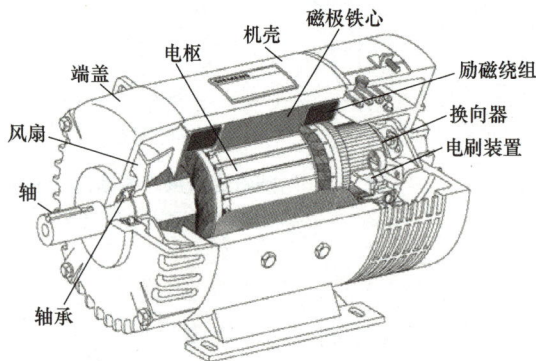

图 3-4 直流电机的结构图

直流电机 3D 结构

直流电机由静止的定子和转动的转子构成，定、转子之间有一间隙，称为**气隙**。下面介绍各主要部件的结构及其用途。

1. 定子

直流电机的定子主要由主磁极、换向极、机座和电刷装置等组成。

(1) 主磁极

在直流电机中，主磁极由磁极铁心和励磁绕组组成，其作用是在气隙内产生气隙磁场。图 3-5 所示为直流电机的主磁极，其铁心用 1~1.5mm 厚的低碳钢板冲片叠压紧固而成。把事先绕制好的励磁绕组套在主磁极铁心上，再把整个主磁极用螺钉固定在机座的内表面。各主磁极上励磁绕组的连接必须使励磁电流产生的磁极呈 N、S 极交替排列。为了使气隙磁通密度沿电枢圆周方向分布得更加合理，磁极铁心下部（称为极靴）要比套绕组的部分（称为极身）宽，这样也便于励磁绕组的固定。

（2）换向极

功率在 1kW 以上的直流电机，通常要在相邻两主磁极之间装设换向极，又称附加极或间极，其作用是改善换向。至于如何改善换向将在本章 3.8 节中介绍。

直流电机的换向极也由铁心和绕组构成，如图 3-6 所示。铁心一般用整块钢或薄钢板加工而成，换向极绕组与电枢绕组串联。

（3）机座

直流电机的机座有两方面的作用：一是导磁；二是用于机械支撑。由于机座要起导磁作用，一般用导磁性能较好的铸钢制成。小型直流电机也有用厚钢板制造机座的。

图 3-5 直流电机的主磁极

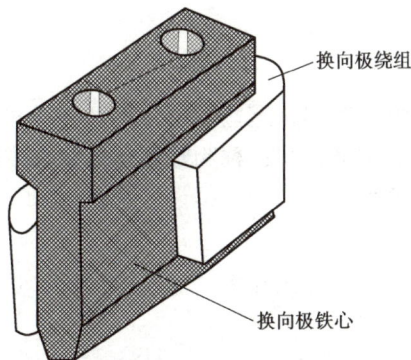

（4）电刷装置

电刷装置是将直流电流引入或引出的装置，如图 3-7 所示。电刷放在刷握里，用弹簧压紧在换向器上，电刷上有铜丝辫，可以引出、引入电流。直流电机里，常常把若干个电刷盒装在同一刷杆上，同一刷杆上的电刷并联起来，成为一组电刷。电刷组的数目可以用电刷杆数表示，电刷杆数与电机的主磁极数相等。各刷杆沿圆周方向均匀分布。正常运行时，电刷杆相对于换向器表面有一个正确的位置，如果电刷杆的位置不合理，将直接影响电机的性能。

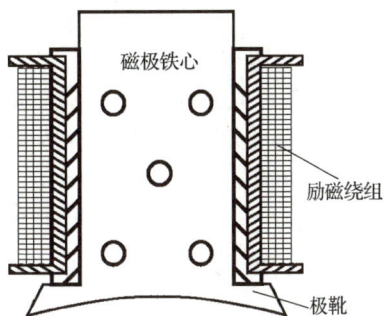

图 3-6 直流电机的换向极

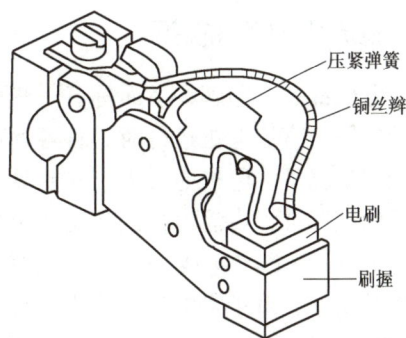

图 3-7 电刷装置

2. 转子

图 3-8 所示为直流电机的转子，主要由电枢铁心、电枢绕组、换向器和转轴等组成。

（1）电枢铁心

电枢铁心有两方面作用：一是作为主磁路的一部分；二是用于嵌放电枢绕组。由于电枢铁心和主磁场之间有相对运动，会在铁心中引起铁耗。为减小铁耗，电枢铁心通常用 0.5mm 厚的涂有绝缘漆的硅钢片叠压而成，固定在轴上。电枢铁心表面有均匀分布的槽，用以嵌放电枢绕组。

（2）电枢绕组

电枢绕组由许多线圈按一定规律排列和连接而成，是产生感应电动势和电磁转矩以实现机电能量转换的关键部件。线圈用绝缘圆形线或扁铜线绕制而成，也称为元件。电枢线圈嵌放在电枢铁心的槽中，每个元件有两个出线端。所有元件按一定规律连接，就构成电枢绕组。

（3）换向器

换向器也是直流电机的重要部件。在直流发电机中，换向器将绕组内的交变电动势转换为电刷两端的直流电动势；在直流电动机中，换向器将电刷上所通过的直流电流转换为绕组内的交变电流。

换向器安装在转轴上，如图3-9所示，由许多换向片组成，换向片之间用云母片进行绝缘，换向片数与元件数相等。

图 3-8　直流电机的转子

图 3-9　换向器

3.1.3　直流电机的额定值

直流电机都装有铭牌，上面标着一些称为额定值的数据，这些数据是正确选择和合理使用电机的依据。直流电机运行时，若各物理量都与额定值相同，称为**额定运行状态或额定工况**。在额定工况下，电机能可靠工作并具有良好的性能。

根据国家标准，直流电机的额定值包括：

1）额定功率 P_N（W 或 kW）：指电机在额定状态时的输出功率。对于电动机，是指轴上输出的机械功率；对于发电机，是指线端输出的电功率。

2）额定电压 U_N（V）：指额定状态下电枢两端的电压。

3）额定电流 I_N（A）：指电机在额定电压下输出额定功率时的电流。

4）额定转速 n_N（r/min）：指电机在额定状态下的转速。

5）额定励磁电压 U_{fN}（V）（仅对他励电机）：指额定状态下的励磁电压。

有些物理量虽然不标在铭牌上，但它们也是额定数据，如额定转矩、额定效率等。

直流发电机的额定功率为

$$P_N = U_N I_N \tag{3-1}$$

直流电动机的额定功率为

$$P_N = U_N I_N \eta_N \tag{3-2}$$

式中，η_N 为直流电动机的额定效率。

电动机轴上输出的额定转矩用 T_N 表示，为

$$T_N = 9.55 \frac{P_N}{n_N} \tag{3-3}$$

式中，T_N 为额定转矩（N·m）。

式（3-3）不仅适用于直流电动机，也适用于交流电动机。

3.2 　直流电机的电枢绕组

3.2.1 　电枢绕组的基本概念

电枢绕组由许多形状完全相同的元件（也称为线圈）按一定规律排列和连接而成。元件既可以是单匝，也可以是多匝。每个元件有两个出线端，一个称为首端，另一个称为末端。同一个元件的首端和末端分别接到两个不同的换向片上。同一个换向片上，连有一个元件的首端和另一个元件的末端。因此，电枢绕组的元件数等于换向片数，即 $S = K$，其中 K 为换向片数，S 为元件数。

每个元件有两个元件边，一个元件边放在某一个槽的上层，称为上层边，另一个元件边放在另一个槽的下层，称为下层边，所以直流电机的绕组一般都是双层绕组。元件嵌放在槽内的部分能切割磁场，产生感应电动势，称为有效部分，而元件在槽外的部分不切割磁场，不会产生感应电动势，仅作连接线，称为端接。

为了改善电机性能，往往需要采用较多的元件构成电枢绕组。由于工艺和其他方面的原因，槽数不能太多，因此，在直流电机中，常在每个槽的上、下层各放置若干个元件边。为了确切地说明每个元件边所处的具体位置，引入了"虚槽"的概念。设槽内每层有 u 个元件边，则每个实际槽包含 u 个"虚槽"，每个虚槽的上、下层各有一个元件边。若用 Q 代表槽数，Q_u 代表虚槽数，则

$$Q_u = uQ = S = K \tag{3-4}$$

直流电机的电枢绕组有叠绕组、波绕组和混合绕组 3 种。叠绕组又分为单叠绕组和复叠绕组，波绕组也有单波绕组和复波绕组之分，其中单叠绕组和单波绕组是电枢绕组的基本形式。下面首先介绍电枢绕组的节距，然后分别说明单叠绕组和单波绕组的连接规律。

3.2.2 　电枢绕组的节距

绕组的连接规律是靠节距保证的，下面介绍几个关于节距的概念。

（1）第一节距 y_1

一个元件的两个元件边在电枢表面所跨的距离（即跨距）称为第一节距，如图 3-10 所示。用所跨虚槽数表示。选择 y_1 时尽量让元件中感应电动势最大，即 y_1 应等于或接近于一个极距 τ。极距 τ 定义为

$$\tau = \frac{Q_u}{2p} \tag{3-5}$$

由于 Q_u 不一定能被极数 $2p$ 整除，而 y_1 又必须为整数，可使

$$y_1 = \frac{Q_u}{2p} \pm \varepsilon = 整数 \tag{3-6}$$

式中，ε 为小于 1 的分数。

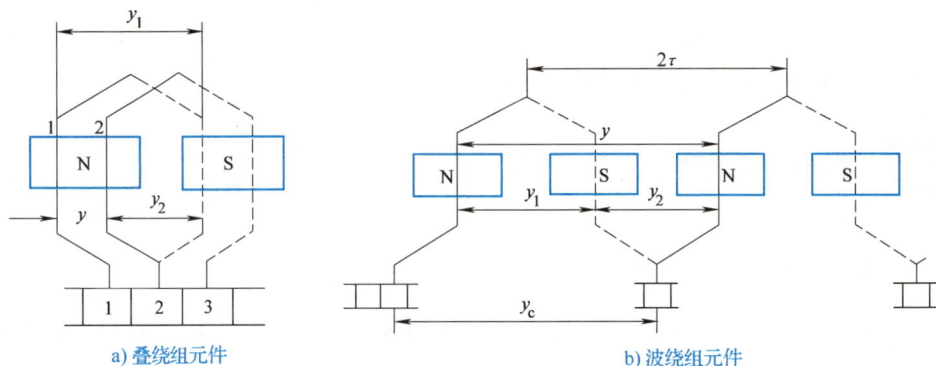

图 3-10　绕组的节距

$y_1 = \tau$ 称为**整距绕组**，$y_1 > \tau$ 称为**长距绕组**，$y_1 < \tau$ 称为**短距绕组**。因短距绕组有利于换向，对于叠绕组还可节约端部用铜，故常被采用。

（2）第二节距 y_2

第二节距是连至同一个换向片的两个元件边之间的距离，如图 3-10 所示。用所跨虚槽数表示。

（3）合成节距 y

紧接着串联的两个元件的对应边之间在电枢表面所跨的距离，称为**合成节距**，用虚槽数表示。不同类型绕组的差别主要表现在合成节距上。在叠绕组中，各磁极下的元件依次相连，紧接着串联的元件总是后一个叠在前一个元件上，如图3-10a所示。在波绕组中，相隔约一对极距的同极性磁场下的元件串联起来，像波浪一样向前延伸，如图3-10b所示。可以看出：

对于叠绕组，有
$$y = y_1 - y_2 \tag{3-7}$$
对于波绕组，有
$$y = y_1 + y_2 \tag{3-8}$$

（4）换向器节距 y_c

同一元件首、末端所连两个换向片之间所跨的距离称为**换向器节距**，用换向片数表示。换向器节距等于合成节距。

3.2.3　单叠绕组

单叠绕组的连接规律是，所有相邻元件依次串联，后一个元件的首端与前一个元件的末端连在一起并接到同一个换向片上，最后一个元件的末端与第一个元件的首端连在一起，构成一个闭合回路。单叠绕组的合成节距等于一个虚槽，换向器节距等于一个换向片，即
$$y = y_c = \pm 1 \tag{3-9}$$
式中，"+1" 或 "−1" 表示每串联一个元件就 "向右" 或 "向左" 移动一个虚槽或一个换向片，分别称为**右行绕组**和**左行绕组**。

左行绕组中，元件接到换向片的连接线互相交错，用铜较多，故很少采用。通常采用右行绕组。

下面以 $2p = 4$，$S = K = Q_u = 16$，$u = 1$ 为例，说明单叠绕组的连接规律和特点。

1. 绕组展开图

（1）计算各节距

第一节距 y_1 为

$$y_1 = \frac{Q_u}{2p} \pm \varepsilon = \frac{16}{4} \pm 0 = 4$$

合成节距 y 和换向器节距 y_c 为

$$y = y_c = 1$$

第二节距 y_2 为

$$y_2 = y_1 - y = 3$$

（2）绘制绕组展开图

所谓绕组展开图就是假想将电枢及换向器沿某一齿（图 3-11 中为第 16 槽与第 1 槽间的齿）的中间切开，并展开成平面的连接图，如图 3-11 所示。作图步骤如下：

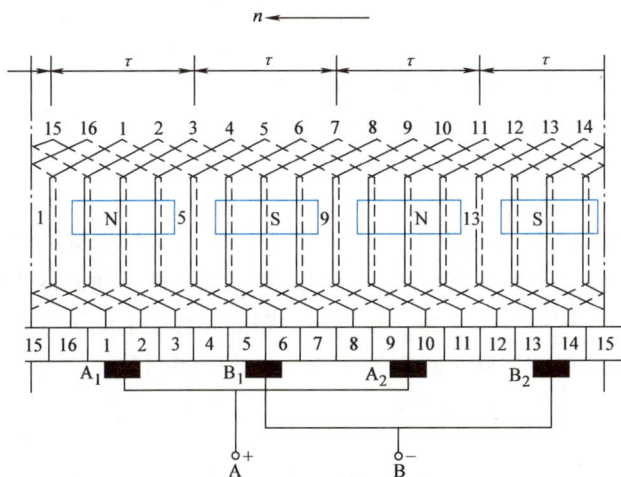

单叠绕组展开图 2D

单叠绕组 3D

图 3-11　单叠绕组展开图

第一步，先画 16 根等长等距的实线，代表各槽上层元件边；再画 16 根等长等距的虚线，代表各槽下层元件边，虚线与实线靠近。画 16 个小方块代表换向片，并编号。为了绘图方便，使换向片宽度等于槽与槽之间的距离。为了便于连接，将元件、槽和换向片按顺序编号，编号时令元件号、元件上层边所在槽的编号以及元件上层边相连接的换向片号相同，即 1 号元件的上层边放在 1 号槽内并与 1 号换向片相连接。

第二步，放置主磁极。让每个磁极的宽度大约等于 0.7τ，4 个磁极均匀放置在电枢槽之上，并标上 N、S 极。假定 N 极的磁力线进入纸面，S 极的磁力线从纸面穿出。

第三步，将 1 号元件的上层边放在 1 号槽（实线）并与 1 号换向片相连，其下层边放在 5 号槽（$1 + y_1 = 5$）的下层（虚线）；因 $y = y_c = 1$，所以 1 号元件的末端应连接在 2 号换向片上（$1 + y = 2$）。然后将 2 号元件的上层边放入 2 号槽的上层（$1 + y = 2$），下层边放在 6 号槽的下层（$2 + y_1 = 6$），2 号元件的上层边连在 2 号换向片上，下层边连在 3 号换向片上。

按此规律连接，一直把 16 个元件都连起来为止，组成一条闭合回路。

第四步，放置电刷。假设电刷的宽度等于换向片的宽度，将 4 组电刷 A_1、B_1、A_2、B_2 均匀地布置在换向器表面。放置电刷的原则是，要求正、负电刷之间得到最大的感应电动势，同时被电刷所短路的元件中感应电动势最小，这两个要求实际上是一致的。由于每个元件的几何形状对称，如果把电刷的中心线对准主磁极的中心线，就能满足上述要求。图 3-11 中，被电刷所短路的元件正好是 1、5、9、13，这几个元件中的电动势恰为零。实际运行时，电刷静止不动、电枢旋转，但被电刷所短路的元件总是处于两个主磁极之间的地方，其感应电动势为零。

2. 绕组元件连接顺序图

绕组元件连接顺序图用来表示电枢上所有元件边的串联次序。根据图 3-11 可以画出单叠绕组元件连接顺序图，如图 3-12 所示。每根实线所连接的两个元件边构成一个元件，两元件之间的虚线则表示通过换向片把两元件串联起来。可以看出，从第 1 元件出发，连接完 16 个元件后又回到第 1 元件，整个绕组是闭合的。

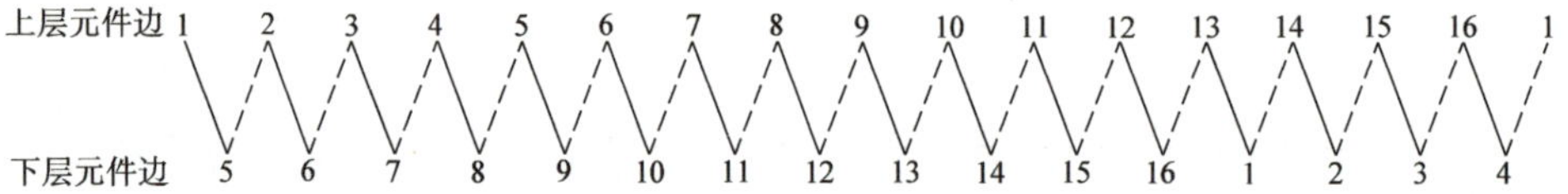

图 3-12 单叠绕组元件连接顺序图

3. 绕组电路图

在图 3-11 所示的瞬间，根据电刷之间元件连接顺序，可以得到如图 3-13 所示的电枢绕组电路图。可以看出，电枢绕组由 4 条并联支路组成。上层边处在同一极下的元件中的感应电动势方向相同，串联起来通过电刷构成一条支路；被电刷短路的元件中电动势等于零，此时这些元件不参加组成支路。单叠绕组的并联支路对数 a 等于电机的极对数 p，即

$$a = p \tag{3-10}$$

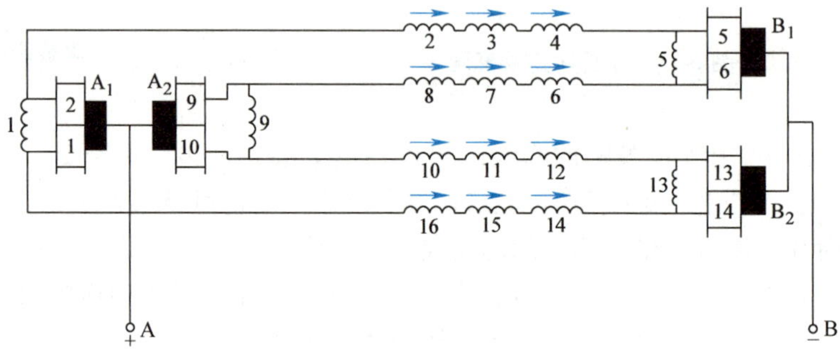

图 3-13 单叠绕组电路图

由于组成各支路的元件在电枢上处于对称位置，各支路电动势大小相等，故从闭合电路内部来看，各支路电动势恰巧互相抵消，不会产生环流。此外，单叠绕组的支路电动势由电刷引出，所以电刷组数必须等于支路数，也就是等于磁极数。

4. 单叠绕组的特点

综上所述，单叠绕组具有以下特点：

1）位于同一个极下的各元件串联起来组成了一条支路，即并联支路对数等于极对数。

2）当元件几何形状对称时，电刷应放在主磁极中心线上，此时正、负电刷间感应电动势最大，被电刷所短路的元件内感应电动势为零。

3）电刷组数等于磁极数。

3.2.4 单波绕组

单波绕组的连接规律是，从某一换向片出发，把相隔约为一对极距的同极性磁极下对应位置的所有元件串联起来，沿电枢和换向器绕一周之后，恰好回到出发换向片的相邻一片上，然后从该换向片出发，继续绕连，直到全部元件串联完，最后回到开始的换向片，构成一个闭合回路。其特点是，元件两出线端所连换向片相隔较远，相串联的两元件也相隔较远，形状如波浪一样向前延伸，所以称为**波绕组**。

选择 y_c 时，应使相串联的元件感应电动势同方向。为此，需把两个相串联的元件放在同极性磁极的下面，空间位置上相距约两个极距。其次，如果有 p 对极，当沿圆周方向绕过一周，就有 p 个元件串联起来。从换向器上看，每连一个元件前进 y_c 片，连接 p 个元件后所跨的总换向片数为 py_c。单波绕组在换向器上绕一周后，回到出发换向片的相邻一片上，总共跨过 $K \pm 1$，即

$$py_c = K \pm 1 \tag{3-11}$$

或

$$y_c = \frac{K \pm 1}{p} \tag{3-12}$$

式中，"−1"表示绕连完一周后后退一片，称为左行绕组；"+1"表示绕连完一周后前进一片，称为右行绕组。

右行绕组因端部交叉，较少采用。

下面以 $2p = 4$，$S = K = Q_u = 15$，$u = 1$ 的直流电机的绕组为例，说明单波绕组的连接规律和特点。

计算绕组各节距得

$$y_1 = \frac{Q_u}{2p} \pm \varepsilon = \frac{15}{4} - \frac{3}{4} = 3, \quad y = y_c = \frac{K-1}{p} = \frac{15-1}{2} = 7, \quad y_2 = y - y_1 = 7 - 3 = 4$$

采用与单叠绕组相同的步骤，画出绕组展开图和元件连接顺序图，分别如图 3-14 和图 3-15 所示。与图 3-14 所示瞬间各元件连接情况对应的绕组电路图如图 3-16 所示。

可以看出，单波绕组把所有上层边在 N 极下的元件串联起来构成一条支路，把所有上层边在 S 极下的元件串联起来构成另一条支路，所以单波绕组的并联支路对数与极对数无关，总是等于 1，即 $a = 1$。

由于单波绕组只有两条并联支路，如果将图 3-16 的 A_1、B_2 两个电刷去掉，不会影响支路数和电动势的大小，但每组电刷的面积需要增大，使换向器长度增加，且被电刷短路的换向元件由并联变为串联，对换向不利，故单波绕组的电刷组数仍等于磁极数。

可以看出，单波绕组具有以下特点：

1）同极性下各元件串联起来组成一条支路，并联支路对数 $a = 1$，与极对数 p 无关。

2）当元件的几何形状对称时，电刷放在主磁极中心线上，正、负电刷间感应电动势

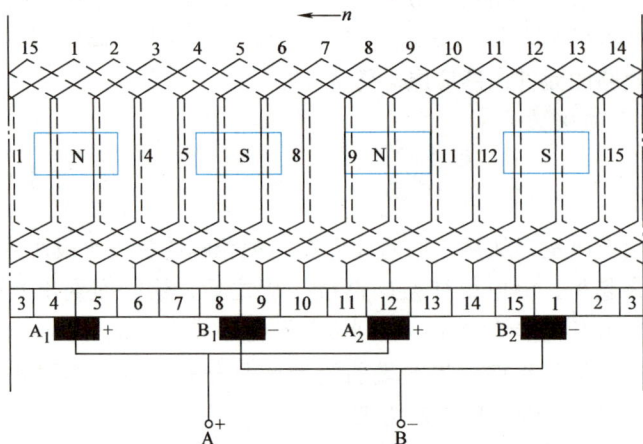

图 3-14　单波绕组展开图

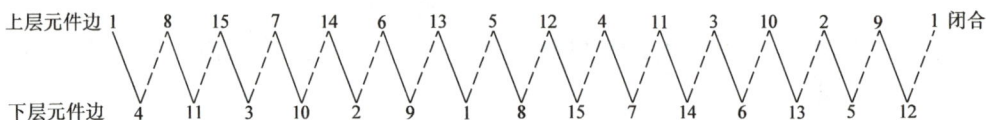

图 3-15　单波绕组元件连接顺序图

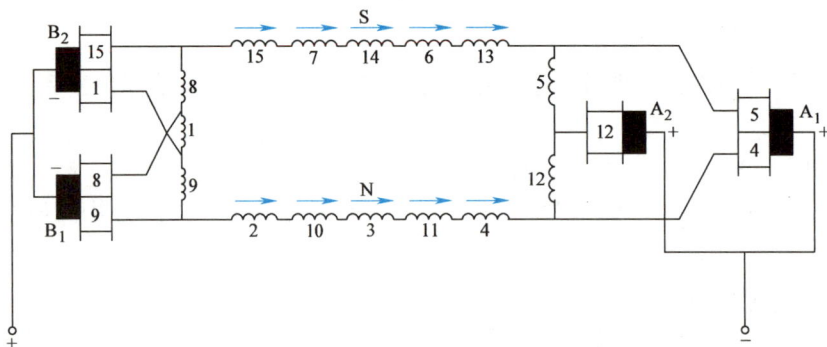

图 3-16　单波绕组电路图

最大。

3）电刷组数也应等于磁极数。

3.3　直流电机的磁场

3.3.1　直流电机的空载磁场

1. 励磁方式

励磁方式是指励磁绕组的供电方式。直流电机的励磁方式如图 3-17 所示，可分为下列几类。

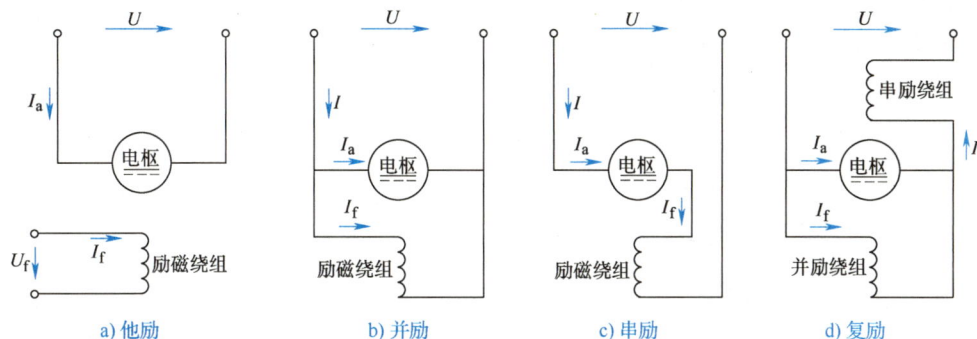

图 3-17 直流电机的励磁方式

（1）他励直流电机

他励直流电机的励磁绕组与电枢绕组无连接关系，由其他直流电源对励磁绕组供电，其接线如图 3-17a 所示。永磁直流电机也可看作他励直流电机，因为其磁场由永磁体产生，与电枢电流无关。

（2）并励直流电机

并励直流电机的励磁绕组与电枢绕组并联，接线如图 3-17b 所示。对于并励发电机，电机本身的输出电压为励磁绕组供电；对于并励电动机，励磁绕组与电枢绕组用同一电源供电。

（3）串励直流电机

串励直流电机的励磁绕组与电枢绕组串联，励磁电流就是电枢电流，接线如图 3-17c 所示。

（4）复励直流电机

复励直流电机有并励和串励两个励磁绕组，接线如图 3-17d 所示。若串励绕组产生的磁动势与并励绕组产生的磁动势方向相同，称为**积复励**。若两个磁动势方向相反，则称为**差复励**。

直流电动机的主要励磁方式是并励、串励和复励，直流发电机的主要励磁方式是他励、并励和复励。励磁方式不同，直流电机的特性也不同。

2. 空载磁场的分布

直流电机的空载是指电枢电流等于零或者很小，可以不计其影响的一种运行状态。直流电机空载时的气隙磁场可以认为就是**主磁场**，即由励磁绕组产生的磁动势（称为**励磁磁动势**）单独建立的磁场。

当励磁绕组通入励磁电流时，各磁极的极性依次为 N 极和 S 极，由于电机磁路结构对称，不论极数多少，每对极的磁场是相同的，因此只要分析一对极下的磁场即可。

图 3-18 所示为一台 4 极直流电机空载磁场分布（一对极）。从图中可以看出，由 N 极出来的磁通，大部分经过气隙进入电枢齿部，再经过电枢磁轭到另一极下的电枢齿，又通过气隙进入 S 极，再经过定子磁轭回到原来出发的 N 极，构成闭合磁路，在气隙中形成气隙磁场。这部分磁通同时交链励磁绕组和电枢绕组，称为**主磁通**，用 Φ_0 表示。此外还有一小部分磁通不进入电枢而直接经过相邻的磁极或者定子磁轭形成闭合磁路，仅与励磁绕组交链，

称为**漏磁通**，用 Φ_σ 表示。由于主磁通经过的磁路中气隙较小、磁导率较大，漏磁通经过的磁路中气隙较大、磁导率较小，而作用在这两条磁路的磁动势是相同的，所以漏磁通比主磁通小得多。

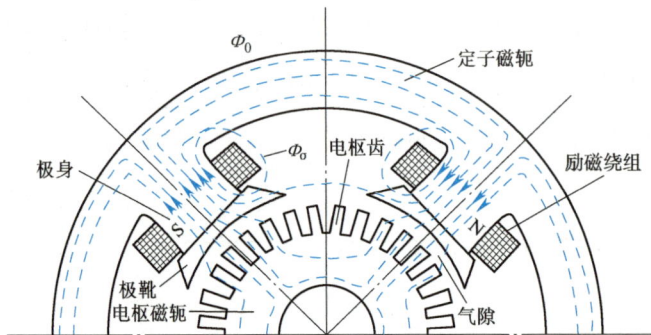

图 3-18　直流电机空载磁场分布

直流电机空载磁场

由于主磁极的极靴宽度总小于一个极距，因此气隙不均匀。如果不计铁磁材料中的磁压降，则励磁磁动势全部加在气隙中。因此，在极靴下，气隙小，气隙中沿电枢表面上各点磁通密度较大；在极靴范围外，气隙增加很多，磁通密度显著减小，至两极间的几何中性线处磁通密度为零。不考虑齿槽影响时，直流电机一个极下的空载磁通密度分布如图 3-19 所示。

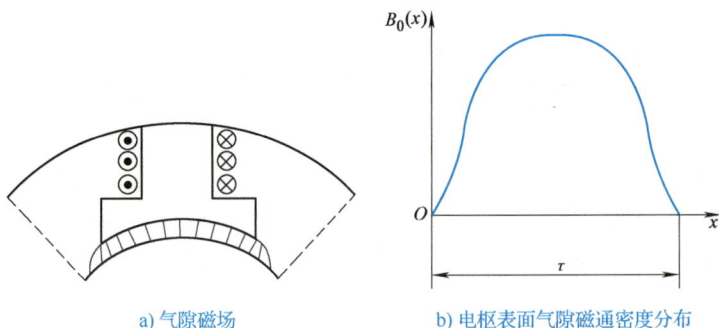

a) 气隙磁场　　　　　　　　b) 电枢表面气隙磁通密度分布

图 3-19　直流电机一个极下的空载磁通密度分布

3.3.2　直流电机的电枢磁场

当直流电机带负载时，电枢绕组中有电流通过，该电流也会产生磁场，称之为**电枢磁场**。它与主磁场相互作用，产生电磁转矩，实现能量转换。电枢磁场对主磁场的影响称为**电枢反应**。直流电机的磁场如图 3-20 所示。

图 3-20a 表示由电枢电流单独产生的电枢磁场。图中没有考虑齿槽影响，认为转子光滑，元件均匀分布在电枢表面，电刷位于几何中性线上，几何中性线为相邻两磁极之间的中心线。根据电枢电流方向和右手螺旋定则，可判断电枢磁动势的轴线与几何中性线重合，并与主磁极轴线正交，称为**交轴电枢磁动势**。与主磁极轴线正交的轴线称为**交轴**。

为了分析电枢磁动势沿电枢表面的分布，引入线负荷的概念。**线负荷**是指电枢表面单位长度上的安培导体数，用 A 表示。设 Z_a 为电枢绕组的总导体数，i_a 为导体内的电流，D_a 为电

a) 电枢磁场　　　　　　　　　　　b) 气隙磁场

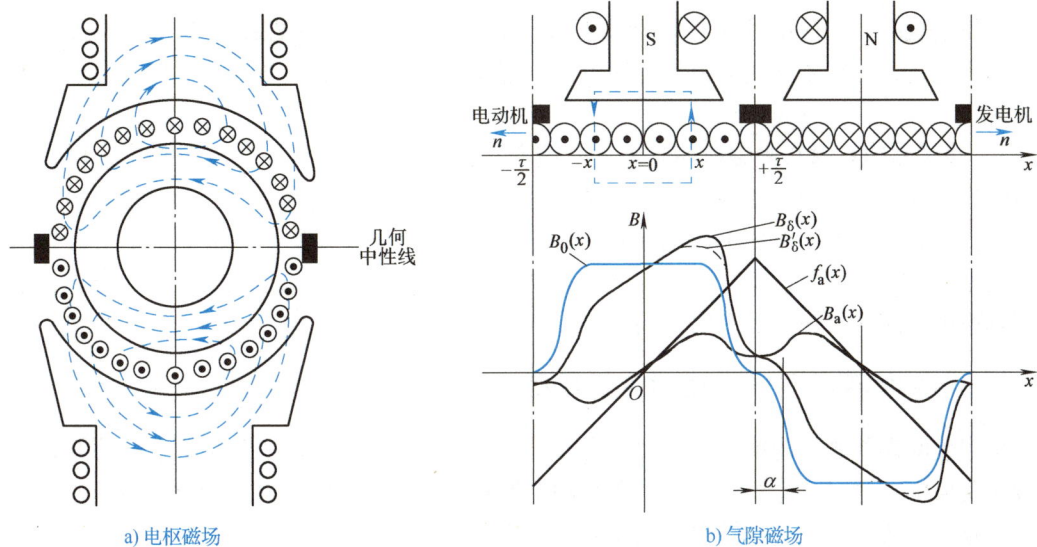

图 3-20　直流电机的磁场

枢直径，则线负荷为

$$A = \frac{Z_a i_a}{\pi D_a} \qquad (3\text{-}13)$$

直流电机的磁场

　　将电枢外表面从几何中性线处展开，如图 3-20b 所示，并设主磁极轴线与电枢表面的交点处为坐标原点，该点的电枢磁动势为零，在离原点 x 处做一矩形闭合回路，根据安培环路定律，当不考虑铁心内的磁压降时，每个气隙上的磁压降为

$$f_a(x) = \frac{Z_a i_a}{\pi D_a} x = Ax \qquad (3\text{-}14)$$

可以看出，$f_a(x)$ 与 x 成正比，电枢磁动势沿电枢表面的分布为三角波。根据 $B = \mu H$ 可推出气隙磁通密度为

$$B_a(x) = \mu_0 H_a(x) = \mu_0 \frac{f_a(x)}{\delta(x)} = \mu_0 \frac{A}{\delta(x)} x \qquad (3\text{-}15)$$

　　在磁极下，气隙均匀，则 $B_a(x) \propto x$；在磁极之间处，气隙很大，$B_a(x)$ 很小。**电枢磁通密度沿电枢表面分布为马鞍形**，如图 3-20b 所示。

3.3.3　直流电机的负载磁场

　　由上述分析可知，直流电机负载时的气隙磁通密度 $B_\delta(x)$ 应等于励磁磁通密度 $B_0(x)$ 与电枢磁通密度 $B_a(x)$ 的合成，如图 3-20b 所示。

　　可以看出，电枢反应的存在对气隙磁场产生了以下影响：

　　1）**使气隙磁场发生畸变**。电枢反应使气隙磁场发生畸变，对发电机而言，前极尖（导体进入磁极端）磁场被削弱，后极尖（导体离开磁极端）磁场被加强；对电动机而言，前极尖磁场被加强，后极尖磁场被削弱。

2）**使物理中性线发生偏移。**通常把通过电枢表面磁通密度等于零处称为物理中性线。直流电机空载时，几何中性线与物理中性线重合；负载时物理中性线与几何中性线不再重合。对发电机，物理中性线顺电机旋转方向移过 α 角；对电动机，物理中性线逆旋转方向移过 α 角。

3）**当磁路饱和时有去磁作用。**不计磁饱和时，交轴电枢磁场对主极磁场的去磁作用和增磁作用恰好相等；考虑磁饱和时，增磁边将使该部分铁心的饱和程度提高、磁阻增大，从而使实际的气隙磁通密度比不计饱和时略低，如图 3-20b 中虚线所示；去磁边的实际气隙磁通密度则与不计饱和时基本一致。因此负载时每极下的磁通量将比空载时少。换言之，饱和时交轴电枢反应具有一定的去磁作用。

3.3.4　电刷偏离几何中性线时的电枢反应

由于装配误差或改善换向的需要，有时电刷会偏离几何中性线。从上面分析可知，当电刷位于几何中性线时，电枢电流只产生交轴电枢磁动势。而电刷偏离几何中性线时，除存在交轴电枢磁动势外，还有**直轴电枢磁动势。**

以电动机为例，电刷偏离几何中性线时的电枢磁动势如图 3-21 所示，电刷逆电枢旋转方向偏离 β 角，产生的电枢磁动势为 F_a。可以认为电枢磁动势由两部分组成：一部分由角度 2β 范围内的导体产生；另一部分由角度 2β 范围外的导体产生。角度 2β 范围外的导体产生的磁动势为交轴电枢磁动势，其最大值为

$$F_{aq} = A\tau \left(\frac{1}{2} - \frac{\beta}{\pi} \right) \tag{3-16}$$

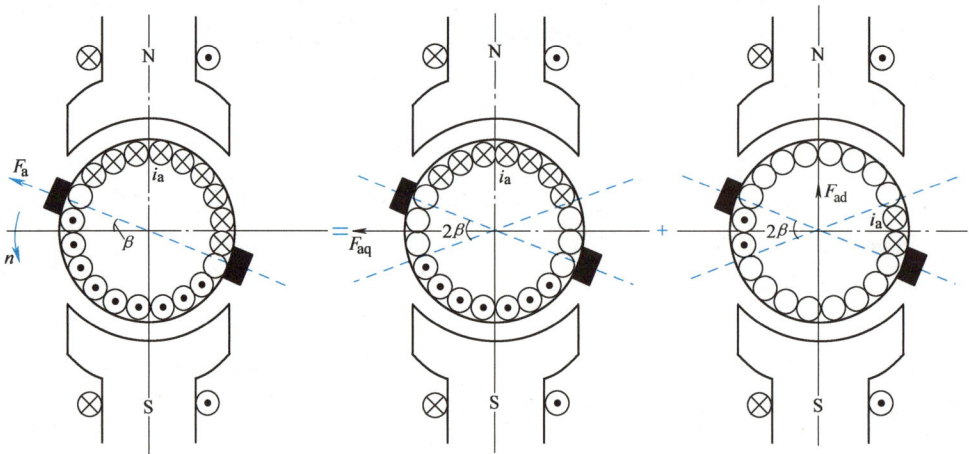

图 3-21　电刷偏离几何中性线时的电枢磁动势

它对主磁场的影响与上面分析的电刷位于几何中性线时的电枢反应磁动势相同。角度 2β 范围内的导体产生直轴电枢磁动势，其最大值为

$$F_{ad} = A\tau \frac{\beta}{\pi} \tag{3-17}$$

其轴线与主磁极轴线重合，但方向相反，使主磁通削弱，故有去磁作用。同理，当电刷顺电

枢旋转方向偏离 β 角时，产生的直轴电枢磁动势 F_{ad} 有助磁作用。发电机的情况与电动机恰好相反。

3.4　直流电机的感应电动势和电磁转矩

无论是电动机还是发电机，电枢导体相对于磁场运动，就会产生感应电动势；载流导体在磁场中受力，将产生电磁转矩。本节将讨论直流电机感应电动势和电磁转矩的计算公式。

为了便于分析，做以下假设：

1）电枢表面光滑无槽。

2）电枢绕组的元件在电枢表面均匀连续分布。

3）线圈为整距。

4）电刷位于几何中性线上。

3.4.1　感应电动势

图 3-22 所示为一个极距内气隙磁通密度沿电枢表面的分布曲线。当一根长度为 l 的导体以线速度 v 垂直于磁场方向运动时，导体中的感应电动势为

$$e = b_{\delta} l v \tag{3-18}$$

式中，b_{δ} 为导体所在位置的气隙磁通密度。

电枢绕组总导体数为 Z_{a}，组成 $2a$ 条并联支路，则每支路的串联导体数为 $Z_{\mathrm{a}}/2a$。电枢转动时，组成一条支路的导体处于变化中，但每条支路内串联导体数保持不变。一条支路的感应电动势就是电枢绕组的感应电动势 E_{a}，即

$$E_{\mathrm{a}} = \sum_{i=1}^{Z_{\mathrm{a}}/2a} e_i \tag{3-19}$$

式中，e_i 为支路中第 i 根导体中的感应电动势。

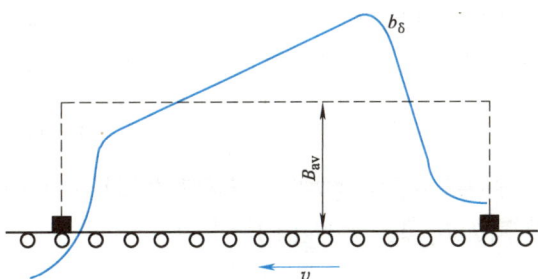

图 3-22　一个极距内气隙磁通密度沿电枢表面的分布曲线

对于叠绕组，一条支路中的导体均匀连续分布于一个磁极下；对于波绕组，一条支路的导体虽分别处于不同的磁极下，但这些磁极的极性都相同。因此在计算支路感应电动势时，可以认为这 $Z_{\mathrm{a}}/2a$ 根导体等效于在一个磁极下均匀连续分布。只要求出一根导体在一个极下感应电动势的平均值 e_{av}，乘以 $Z_{\mathrm{a}}/2a$ 根导体数，即得绕组的感应电动势。因此式（3-19）可以写成

$$E_{\mathrm{a}} = \sum_{i=1}^{Z_{\mathrm{a}}/2a} e_i = \frac{Z_{\mathrm{a}}}{2a} e_{\mathrm{av}} \tag{3-20}$$

而一根导体的平均电动势为

$$e_{\mathrm{av}} = B_{\mathrm{av}} l v \tag{3-21}$$

式中，B_{av} 是每极下的平均气隙磁通密度。

导体的线速度为 $v = 2p\tau n/60$，其中 n 是转速，单位是 r/min。每极总磁通量（Wb）为

$$\Phi = B_{av}\tau l \qquad (3\text{-}22)$$

代入式（3-21）得每根导体的平均电动势为

$$e_{av} = 2p\Phi\frac{n}{60} \qquad (3\text{-}23)$$

式中，$2p\Phi$ 是电枢每转一周导体切割的总磁通量。

从式（3-23）可知，导体平均电动势与气隙磁通密度分布的形状无关。将式（3-23）代入式（3-20）可得

$$E_a = \frac{Z_a}{2a}e_{av} = \frac{Z_a}{2a}2p\Phi\frac{n}{60} = \frac{pZ_a}{60a}\Phi n = C_e n\Phi \qquad (3\text{-}24)$$

式中，C_e 为电动势常数，$C_e = pZ_a/(60a)$。

以上分析都是假定元件是整距的。如果元件短距，元件的两个边的电动势在一段时间内方向相反，使得元件的平均电动势稍有降低。但直流电机中不允许元件短距太大，所以这个影响极小，在计算绕组感应电动势时一般不予考虑。

负载大小会影响每极磁通量，进而影响感应电动势的大小。计算负载感应电动势时，Φ 为负载时的每极气隙磁通。计算空载感应电动势时，Φ 为空载时的每极气隙磁通。

3.4.2 电磁转矩

当电枢绕组中有电流 I_a 流过时，每一导体中流过的电流为 $I_a/2a$。这些载流导体在磁场中受力，并在电枢上产生转矩，称为**电磁转矩**，用 T_e 表示。理想化电枢的电磁转矩计算如图 3-23 所示。当一根长为 l 的导体中流过 $I_a/2a$ 电流时，所受的电磁力为

$$f = b_\delta l\frac{I_a}{2a} \qquad (3\text{-}25)$$

f 的方向由左手定则决定。导体距电枢轴心的径向距离为 $D_a/2$，所产生的转矩为

$$T_c = f\frac{D_a}{2} \qquad (3\text{-}26)$$

全部 Z_a 根受力导体所产生的转矩总和就是电机的电磁转矩

$$T_e = \sum_{i=1}^{z_a} T_{ci} \qquad (3\text{-}27)$$

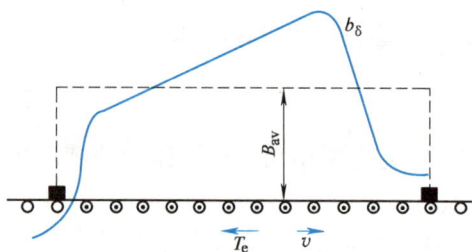

图 3-23　理想化电枢的电磁转矩计算

式中，T_{ci} 是第 i 根导体所产生的转矩。

如前所述，无论是叠绕组还是波绕组，每一条支路中的 $Z_a/2a$ 根导体可以认为均匀连续分布在一个极距内。因此，式（3-27）同样可以用一根导体所产生的平均电磁转矩来表示，即

$$T_{av} = B_{av}l\frac{I_a}{2a}\frac{D_a}{2} \qquad (3\text{-}28)$$

则电机的电磁转矩为

$$T_e = \sum_{i=1}^{z_a} T_{ci} = Z_a T_{av} = Z_a B_{av}l\frac{I_a}{2a}\frac{D_a}{2} \qquad (3\text{-}29)$$

将 $D_a = 2p\tau/\pi$ 及 $\Phi = B_{av}\tau l$ 代入式（3-29）可得

$$T_e = \frac{pZ_a}{2a\pi}\Phi I_a = C_T\Phi I_a \tag{3-30}$$

式中，C_T 为直流电机的转矩常数，$C_T = \dfrac{pZ_a}{2a\pi}$。

比较电动势常数和转矩常数的表达式，可以看出

$$C_T = \frac{60}{2\pi}C_e \tag{3-31}$$

当元件短距时，有一部分元件的两个元件边处在同一个磁极下，所产生的电磁转矩方向相反，会使总的电磁转矩减小。但在实际直流电机中，这个影响不大。

3.5　直流发电机的基本方程与运行特性

本节首先介绍直流发电机的电压平衡方程、功率平衡方程和转矩平衡方程，然后分析其运行特性。

3.5.1　直流发电机的基本方程

以并励直流发电机为例建立直流发电机的基本方程。并励直流发电机稳态运行时的等效电路如图 3-24 所示。其中电枢绕组电动势为 E_a，电枢绕组电阻为 r_a，励磁绕组电阻为 r_f，励磁回路调节电阻为 r_j，并励直流发电机端电压为 U，输出电流为 I，电枢电流为 I_a，励磁电流为 I_f。

1. 电压平衡方程

根据图 3-24，电枢回路的电压平衡方程式为

$$E_a = U + I_a r_a + 2\Delta U_s = U + I_a R_a \tag{3-32}$$

式中，$2\Delta U_s$ 为正负一对电刷上的接触电压降，其大小与电刷型号有关，一般 $2\Delta U_s = 0.5 \sim 2\text{V}$；$R_a$ 为电枢回路的总电阻，包括电枢绕组的电阻 r_a 和电刷接触电阻。

励磁回路的电压方程为

$$U = I_f(r_f + r_j) = I_f R_f \tag{3-33}$$

式中，R_f 为励磁回路总电阻，$R_f = r_f + r_j$。

电流方程为

$$I_a = I + I_f \tag{3-34}$$

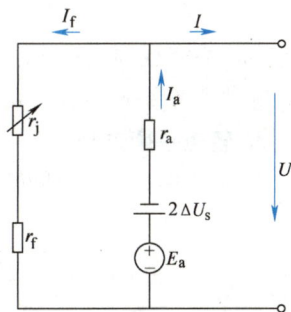

图 3-24　并励直流发电机稳态运行时的等效电路

2. 功率平衡方程

定义并励直流发电机的电磁功率 P_e 为电枢绕组感应电动势 E_a 与电枢电流 I_a 的乘积，即

$$P_e = E_a I_a = \frac{pZ_a}{60a}\Phi n I_a = \frac{pZ_a}{2\pi a}\Phi I_a \frac{2\pi}{60}n = T_e\Omega \tag{3-35}$$

式中，Ω 为转子的机械角速度，$\Omega = \dfrac{2\pi}{60}n$。

在式（3-32）两边同乘以 I_a，考虑到 $I_a = I_f + I$，有

$$E_a I_a = UI + UI_f + I_a^2 R_a = P_2 + p_{Cuf} + p_{Cua} \qquad (3-36)$$

即

$$P_e = P_2 + p_{Cuf} + p_{Cua} \qquad (3-37)$$

式中，P_2 为并励直流发电机输出的电功率，$P_2 = UI$；p_{Cuf} 为励磁铜耗，$p_{Cuf} = UI_f$；p_{Cua} 为电枢回路的总铜耗，$p_{Cua} = I_a^2 R_a$。

电磁功率只是由原动机通过转轴传递给并励直流发电机的机械功率 P_1 中被转换为电磁功率的那一部分，P_1 的另一部分则被用于平衡转子转动和实现能量转换所必然产生的损耗，这些损耗有：

1）机械损耗 p_{mec}，包括轴承、电刷摩擦损耗，空气摩擦损耗以及通风损耗等。

2）铁耗 p_{Fe}，电枢铁心中磁场交变产生的磁滞损耗和涡流损耗。

3）杂散损耗 p_{ad}，又称附加损耗，包括主磁场脉动和畸变引起的铁耗、漏磁场在金属紧固件中产生的铁耗和换向元件内的附加损耗等，很难准确计算，通常根据并励直流发电机功率的不同，估算为并励直流发电机额定功率的 $0.5\% \sim 1\%$。

因此有

$$P_1 = P_e + p_{mec} + p_{Fe} + p_{ad} \qquad (3-38)$$

并励直流发电机的功率平衡方程为

$$P_1 = P_e + p_0 = P_2 + p_{mec} + p_{Fe} + p_{ad} + p_{Cuf} + p_{Cua} = P_2 + \sum p \qquad (3-39)$$

其中

$$p_0 = p_{mec} + p_{Fe} + p_{ad} \qquad (3-40)$$

$$\sum p = p_{Cu} + p_0 = p_{Cua} + p_{Cuf} + p_{mec} + p_{Fe} + p_{ad} \qquad (3-41)$$

式中，p_0 为空载损耗；$\sum p$ 为并励直流发电机的总损耗。

根据功率平衡方程，可画出并励直流发电机的功率流程图，如图 3-25 所示。

3. 转矩平衡方程

将式（3-39）两边同除以角速度 Ω，得

$$\frac{P_1}{\Omega} = \frac{P_e}{\Omega} + \frac{p_0}{\Omega} \qquad (3-42)$$

即

$$T_1 = T_e + T_0 \qquad (3-43)$$

式中，T_1 为输入转矩，是拖动性质，$T_1 = P_1 / \Omega$；T_e 为电磁转矩，是制动性质，$T_e = P_e / \Omega$；T_0 为空载转矩，也是制动性质，$T_0 = p_0 / \Omega$。

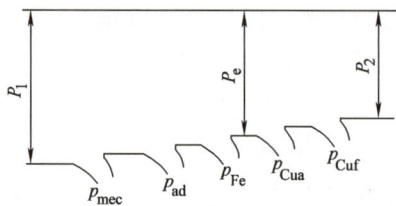

图 3-25 并励直流发电机的功率流程图

式（3-43）就是并励直流发电机的转矩平衡方程。

3.5.2 直流发电机的运行特性

直流发电机的稳态运行特性包括：表征输出电压质量的外特性、励磁调节用的调节特性和表征力能指标的效率特性。直流发电机的稳态运行特性受磁路饱和程度的影响较大，在分析稳态运行特性之前，首先分析直流发电机的空载特性。

1. 空载特性

空载特性是指转速 $n = n_N =$ 常值，输出电流 $I = 0$ 时，电枢的空载端电压与励磁电流之间的关系 $U_0 = f(I_f)$。

直流发电机空载时，电枢电流为零或很小，可以认为直流发电机的空载端电压 U_0 就是空载感应电动势 E_{a0}，因此 U_0 正比于主磁通，所以空载特性 $U_0 = f(I_f)$ 与磁化曲线 $\Phi_0 = f(I_f)$ 的纵坐标之间仅相差一个比例常数，空载特性实质上就是直流发电机的磁化曲线。空载特性常用来确定磁路的饱和程度。

空载特性可以用实验方法来求取，图 3-26 所示为空载实验的接线。实验时，直流发电机空载，保持转速 $n = n_N$，调节励磁电流 I_f，使空载电压 $U_0 = (1.1 \sim 1.3) U_N$，然后将 I_f 逐步减小到零，再将 I_f 反向，并逐步增加，直到反向时的 U_0 与正向时的 U_0 相等为止，记录每次的 I_f 和相应的 U_0 值。由于铁心有磁滞现象，所得到的 $U_0 = f(I_f)$ 相当于整个磁滞回线的左半边。根据对称关系，可画出磁滞回线的另外半边，然后找出整个磁滞回线的平均曲线，如图 3-27 中虚线所示，此虚线即为直流发电机的空载特性。

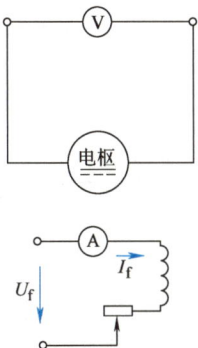

图 3-26　空载实验的接线

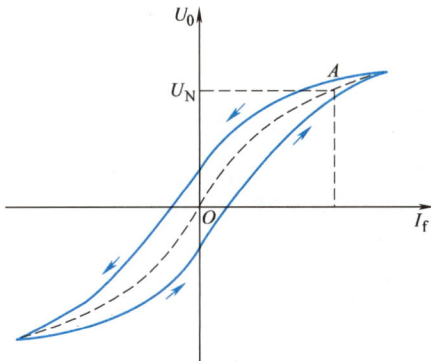

图 3-27　空载特性

直流发电机励磁后，再将励磁切断，磁路中就会有剩磁，此后即使 $I_f = 0$，电枢仍会出现由剩磁所感应的剩磁电压 U_{0r}，通常 $U_{0r} \approx (2\% \sim 4\%) U_N$。

2. 他励直流发电机的运行特性

（1）外特性

外特性是当 $n = n_N =$ 常值，励磁电流 $I_f =$ 常值时，他励直流发电机的端电压与输出电流之间的关系 $U = f(I)$，如图 3-28 所示。

随着负载电流的增大，电枢回路电阻压降增大，而电枢反应的去磁效应使每极磁通减小，因此输出电压随负载电流的增加而减小，即外特性是一条随负载电流增大而下降的曲线。他励直流发电机端电压随负载电流变化而变化的程度可用**额定电压调整率** Δu_N 来衡量，定义为：当 $n = n_N$、$I_f = I_{fN}$ 时，他励直流发电机从额定负载过渡到空载时的电压变化率，即

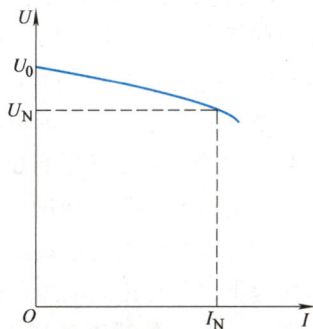

图 3-28　他励直流发电机的外特性

$$\Delta u_{\text{N}} = \frac{U_0 - U_{\text{N}}}{U_{\text{N}}} \times 100\% \tag{3-44}$$

他励直流发电机的输出端电压随负载变化不大，额定电压调整率一般为 5% ~ 10%。

（2）调节特性

调节特性是指 $n = n_{\text{N}}$ = 常值时，随着负载电流 I 的变化，保持 $U = U_{\text{N}}$ = 常值时励磁电流的调节规律 $I_{\text{f}} = f(I)$。

调节特性表征负载变化时如何调节励磁电流才能维持他励直流发电机端电压不变。他励直流发电机的调节特性如图 3-29 所示。调节特性随负载电流增大而上翘，这是因为，要保持端电压不变，励磁电流必须随负载电流的增加而增加，以补偿电枢反应的去磁作用及电枢压降增大的影响，且由于磁路饱和程度的影响，励磁电流增加的速度要高于负载电流。

（3）效率特性

效率特性是指在 $n = n_{\text{N}}$ = 常值，$U = U_{\text{N}}$ = 常值时，效率与输出功率之间的关系 $\eta = f(P_2)$。他励直流发电机的效率特性如图 3-30 所示。效率特性为

$$\eta = \frac{P_2}{P_1} = 1 - \frac{\sum p}{P_2 + \sum p} \tag{3-45}$$

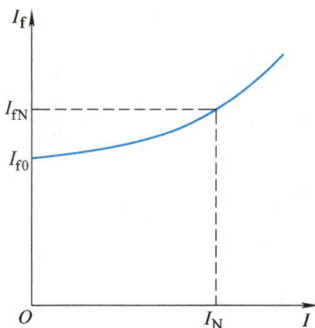

图 3-29　他励直流发电机的调节特性

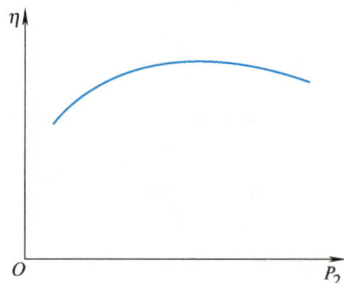

图 3-30　他励直流发电机的效率特性

在直流发电机中，损耗分为两大类：一类是随负载变化很小的损耗，包括机械损耗、铁耗，称为不变损耗；另一类是随负载变化较大的损耗，包括电枢回路损耗、电刷接触损耗、励磁绕组铜耗（负载变化时励磁电流也要调整）和杂散损耗，称为可变损耗。当可变损耗与不变损耗相等时，效率达到最大值，相应的功率范围为 $(0.7 \sim 1.0)P_{\text{N}}$。通常小型直流发电机的额定效率 $\eta_{\text{N}} = 70\% \sim 90\%$，中、大型直流发电机的额定功率 $\eta_{\text{N}} = 91\% \sim 96\%$。

3. 并励直流发电机的自励与运行特性

（1）并励直流发电机的自励

并励直流发电机的接线如图 3-31 所示，其励磁电流由自身产生的电压提供，但在建立电压之前并没有励磁电流。由于磁极铁心中存在剩磁，电枢在剩磁磁场内旋转时，就会产生剩磁电动势 $E_{0\text{r}}$。剩磁电动势由电枢端点输出，加到励磁绕组上，产生一个较小的励

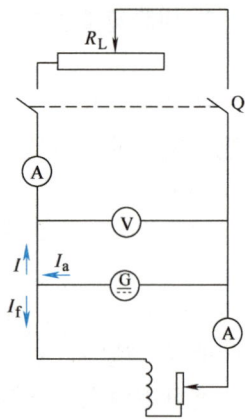

图 3-31　并励直流发电机的接线

磁电流，其磁动势方向既可能与剩磁方向相同而形成正反馈作用，也可能与剩磁方向相反而形成负反馈作用。负反馈时，剩磁磁场被抑制，电压建立不起来；正反馈时，气隙磁场加强，使电枢的感应电动势升高，从而使励磁电流和气隙磁场进一步加强。如此往复，发电机的端电压将逐步建立起来。要实现励磁电流的正反馈，励磁绕组端点与电枢绕组端点的连接要正确。

由空载时励磁回路的电压方程

$$E_{a0} = I_{f0}R_f \tag{3-46}$$

和图 3-32 可知，自励时并励直流发电机的空载运行点应由空载特性 $E_{a0} = f(I_{f0})$ 和励磁回路的伏安特性 $E_{a0} = I_{f0}R_f$（励磁电阻线）的交点 A 来确定。若空载特性与励磁电阻线有确定的交点，则有确定的空载电压。若励磁回路电阻线的斜率大于空载特性的斜率，两者没有交点或交点很低，电压就建立不起来。与空载特性相切的电阻线，称为临界电阻线，对应的电阻称为临界电阻。要建立电压，励磁回路的总电阻必须小于临界电阻。注意，临界电阻值与发电机的转速有关，转速下降时，临界电阻的阻值将随之减小。

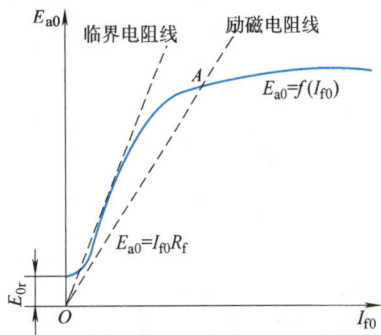

**图 3-32 并励直流发电机自励时
的稳态空载电压**

综上所述，**并励直流发电机的自励条件是：① 气隙中必须有剩磁；② 励磁磁动势与剩磁磁场的方向必须相同；③ 励磁回路的总电阻必须小于临界电阻。**

（2）并励直流发电机的运行特性

并励直流发电机的调整特性和效率特性与他励直流发电机非常相似，因此不再讨论。这里主要讨论其外特性。

并励直流发电机的外特性是指 $n = n_N$，R_f = 常值时，发电机的端电压与负载电流间的关系 $U = f(I)$。由于并励直流发电机的励磁绕组与电枢绕组并联，励磁电流 I_f 与负载电流 I 互相影响，导致其外特性与他励直流发电机有明显的差别，如图 3-33 所示。与他励直流发电机相比，并励直流发电机的外特性有以下 3 个特点：

1）负载增大时，端电压下降较快。当负载电流增大时，除了电枢反应和电枢电阻压降使端电压下降以外，由于 $U_f = U$，端电压的下降将使励磁电流减小，引起气隙磁通和感应电动势的进一步下降。所以在同一负载下，并励直流发电机的端电压要比他励时下降得多。并励直流发电机的电压调整率一般在 20% 左右。

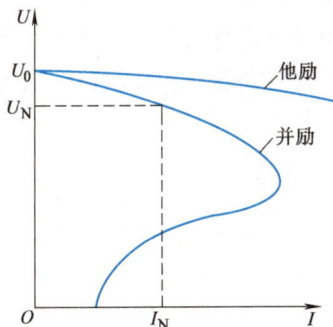

图 3-33 并励直流发电机的外特性

2）外特性有拐弯现象。当负载电阻 R_L 减小时，负载电流增大，端电压下降。当端电压下降到一定值时，磁路将处于不饱和状态，此时若进一步减小 R_L，端电压的下降使励磁电流下降，而励磁电流的下降将导致气隙磁通和感应电动势较大幅度的下降，结果使端电压的下降比负载电阻减小得更快，于是外特性就出现"拐弯"现象，即端电压下降，负载电流亦下降。

3）稳态短路（端电压等于零）时，电流较小。当发电机稳态短路时，端电压等于零，励磁绕组电压也等于零，于是励磁电流 $I_f = 0$，电枢的短路电流仅由剩磁电动势产生，所以稳态短路电流较小。

4. 复励直流发电机的运行特性

复励直流发电机的励磁绕组包括并励和串励两部分，其接线如图 3-34 所示。并励和串励绕组都放置在主磁极上，串励绕组与电枢绕组串联，一般只有几匝。

根据串励磁动势与并励磁动势之间的关系，复励直流发电机可分为积复励和差复励两种。常用的复励直流发电机都是积复励。在积复励直流发电机中，并励磁动势起主要作用，使发电机空载时能达到额定电压；串励磁动势用以补偿负载时电枢反应的去磁作用和电枢回路的电阻压降。

（1）外特性

复励直流发电机的外特性介于并励和串励直流发电机之间，复励的程度取决于串励磁动势和并励磁动势的相对程度，通常并励磁动势比串励磁动势强得多。

按照串励绕组作用的强弱，复励直流发电机的外特性可出现 3 种情况，如图 3-35 所示。若发电机额定负载时串励绕组恰好能补偿电枢反应的去磁作用以及电枢回路的压降，则额定电压等于空载端电压，这种情况称为平复励。若串励磁动势的作用较强，补偿作用有余，外特性就会上翘，这种情况称为过复励。若补偿作用不足，外特性仍下降，称为欠复励。

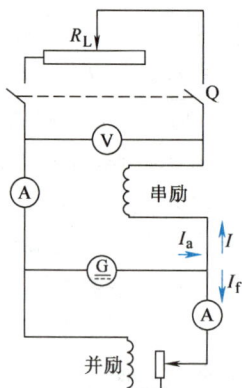

图 3-34 复励直流发电机的接线

（2）调节特性

复励直流发电机的调节特性与串励磁动势的大小有关，如图 3-36 所示。平复励状态的满载电压等于空载电压，而在负载较小时高于额定电压，负载较大时低于额定电压，因此要保持电压为额定电压，在负载较小时需减小并励绕组的电流，而在超过额定负载时应增加并励绕组的电流。对于过复励状态，其输出电压始终高于额定电压，在负载时应减小并励绕组的电流才能保持输出电压为额定电压。对于欠复励状态，大部分情况下应增大并励绕组的电流才能保持输出电压为额定电压。

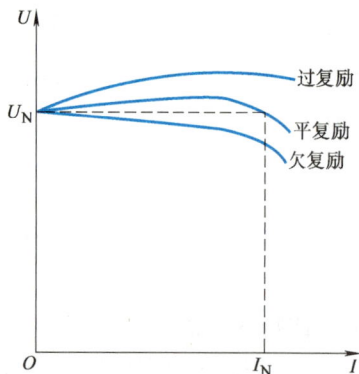

图 3-35 复励直流发电机的外特性

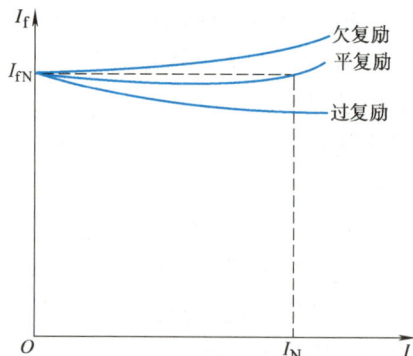

图 3-36 复励直流发电机的调节特性

3.6 直流电动机的基本方程与运行特性

按励磁方式分，直流电动机可以分为：他励直流电动机（包括永磁电动机）、并励直流电动机、串励直流电动机和复励直流电动机。励磁方式不同，运行特性也不同。

3.6.1 直流电动机的基本方程

1. 电压平衡方程

以并励直流电动机为例，其稳态运行时的等效电路如图 3-37 所示。在直流电动机中，感应电动势与电枢电流方向相反，因此也称为反电动势。

电枢回路的电压方程为

$$U = E_a + I_a r_a + 2\Delta U_s = E_a + I_a R_a \tag{3-47}$$

励磁回路的电压方程为

$$U = I_f(r_f + r_j) = I_f R_f \tag{3-48}$$

电流方程为

$$I = I_a + I_f \tag{3-49}$$

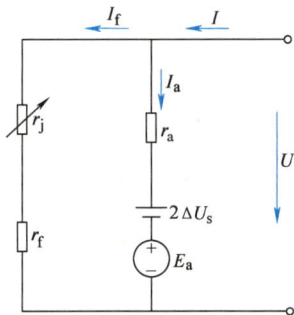

图 3-37 并励直流电动机
的等效电路

2. 功率平衡方程

把式（3-47）两边都乘以 I_a，得

$$UI_a = E_a I_a + I_a^2 R_a \tag{3-50}$$

考虑到

$$UI_a = UI - UI_f \tag{3-51}$$

有

$$UI = E_a I_a + I_a^2 R_a + UI_f \tag{3-52}$$

即

$$P_1 = P_e + p_{Cua} + p_{Cuf} \tag{3-53}$$

式中，P_1 为从电源输入的电功率，$P_1 = UI$，其他符号的含义与直流发电机相同。

从式（3-53）可以看出，从电源吸收的功率，除了一小部分转换为铜损耗外，大部分为电磁功率。电磁功率扣除铁心损耗、机械损耗和杂散损耗，剩下的才是电动机轴上输出的机械功率 P_2，即

$$P_e = P_2 + p_{mec} + p_{ad} + p_{Fe} \tag{3-54}$$

综合式（3-53）、式（3-54），得到直流电动机的功率平衡方程式

$$P_1 = P_2 + p_{mec} + p_{ad} + p_{Fe} + p_{Cua} + p_{Cuf} \tag{3-55}$$

图 3-38 所示为并励直流电动机的功率流程图。

3. 转矩平衡方程

式（3-54）两边同除以机械角速度 Ω，得

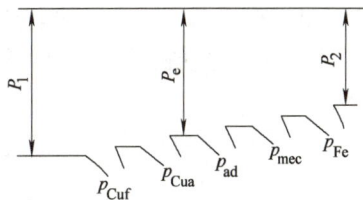

图 3-38 并励直流电动机的功率流程图

$$\frac{P_e}{\Omega} = \frac{P_2}{\Omega} + \frac{p_{mec} + p_{ad} + p_{Fe}}{\Omega} \tag{3-56}$$

即

$$T_e = T_2 + T_0 \tag{3-57}$$

式中，T_e 为电磁转矩，$T_e = \dfrac{P_e}{\Omega}$；$T_2$ 为输出转矩，$T_2 = \dfrac{P_2}{\Omega}$；$T_0$ 为由机械损耗、铁心损耗和杂

散损耗引起的制动转矩，$T_0 = \dfrac{p_{mec} + p_{ad} + p_{Fe}}{\Omega}$。

3.6.2 直流电动机的运行特性

直流电动机的运行特性主要包括转速特性、转矩特性、转速-转矩特性（即机械特性）、效率特性，它们与励磁方式直接相关。由于直流电动机的效率特性与直流发电机类似，此处不再论述。

1. 他励直流电动机的运行特性

（1）转速特性 $n = f(I_a)$

他励直流电动机的**转速特性**是指外加电压和励磁电流为额定值时，电动机的转速 n 与电枢电流 I_a 之间的关系，$n = f(I_a)$。

由式（3-24）和式（3-47）可得

$$n = \frac{U - I_a R_a}{C_e \Phi} = \frac{U}{C_e \Phi} - \frac{R_a}{C_e \Phi} I_a \tag{3-58}$$

当电枢电流 I_a 增加时，若气隙磁通 Φ 不变，则转速 n 将随 I_a 的增加而线性下降。由于电枢绕组电阻压降很小，因此转速下降不多。如果考虑电枢反应的去磁作用，Φ 随电枢电流的增大而略有减小，转速下降会更小些，甚至会上升。为保证他励直流电动机稳定运行，通常将电机设计为如图 3-39 所示的稍微下降的转速特性。

需要指出的是，他励直流电动机在运行中励磁回路绝对不能断开。当励磁回路断开时，气隙磁通骤然下降到剩磁磁通，感应电动势很小，由于机械惯性的作用，转速不能突然改变。电枢电流急剧增大，会出现下面两种情况：

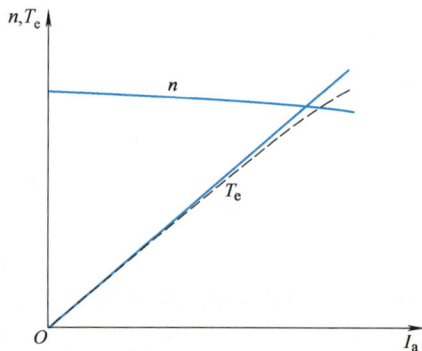

图 3-39 他励直流电动机的
转速特性和转矩特性

1）电动机重载，所产生的电磁转矩小于负载转矩，转速下降，电动机减速直至停转。停转时，电枢电流为起动电流，引起绕组过热将电动机烧毁。

2）电动机轻载，所产生的电磁转矩远大于负载转矩，使电动机迅速加速，造成"飞车"。

这两种情况都是非常危险的。

（2）转矩特性 $T_e = f(I_a)$

他励直流电动机的**转矩特性**是指外加电压和励磁电流为额定值时，电磁转矩 T_e 与电枢

电流 I_a 之间的关系 $T_e = f(I_a)$。

根据他励直流电动机的电磁转矩表达式 $T_e = C_T \Phi I_a$ 可知，磁路不饱和时，气隙磁通 Φ 不变，电磁转矩与电枢电流成正比，转矩特性为一条直线；当磁路饱和时，气隙磁通随电枢电流的增加而略有减小，转矩特性略微向下弯曲，如图 3-39 中的虚线所示。

（3）他励直流电动机的机械特性 $n = f(T_e)$

他励直流电动机的**机械特性**是指当电动机加上一定的电压 U 和一定的励磁电流 I_f 时，转速与电磁转矩之间的关系，即 $n = f(T_e)$，这是电动机的一个重要特性。由式（3-24）和式（3-47）可得

$$n = \frac{U - I_a R_a}{C_e \Phi} = \frac{U}{C_e \Phi} - \frac{R_a}{C_e C_T \Phi^2} T_e = n_0' - \alpha T_e \qquad (3\text{-}59)$$

式中，n_0' 为理想空载转速，$n_0' = \dfrac{U}{C_e \Phi}$；$\alpha$ 为机械特性的斜率，$\alpha = \dfrac{R_a}{C_e C_T \Phi^2}$。

如图 3-40 所示，他励直流电动机的机械特性是一条略向下倾斜的直线。

若直流电动机转速随负载转矩变化不大，称其机械特性为硬特性，反之称为软特性。转速的变化可用**转速调整率**表征，定义为

$$\Delta n = \frac{n_0 - n_N}{n_N} \times 100\% \qquad (3\text{-}60)$$

式中，n_N 为额定转速；n_0 为额定励磁电流时的空载转速。

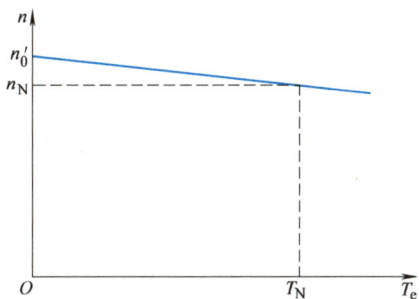

图 3-40 他励直流电动机的机械特性

他励直流电动机的转速变化很小，通常转速调整率为 3%~8%，基本上为恒速电动机。

图 3-40 中的机械特性与纵坐标的交点就是理想空载转速 n_0'，实际运行时他励直流电动机的空载转速 n_0 要比 n_0' 小一些。

2. 并励直流电动机的运行特性

并励直流电动机属于他励直流电动机的一个特例，即在连接方法上使励磁绕组与电枢回路并联，由同一电源供电，因此其工作特性和机械特性与他励直流电动机相同，这里不再赘述。

3. 串励直流电动机的运行特性

串励直流电动机的励磁绕组与电枢回路串联，接线如图 3-41 所示，电枢电流等于励磁电流，因而气隙磁通 Φ 随电枢电流 I_a 的变化很大，是其主要特点。

（1）转速特性

串励直流电动机的转速特性是指外加额定电压、串励绕组电阻为常数时，转速和电枢电流之间的关系 $n = f(I_a)$。

串励直流电动机的转速为

$$n = \frac{U - I_a(R_a + R_s)}{C_e \Phi} = \frac{U - I_a(R_a + R_s)}{C_e K_s I_s} = \frac{U}{C_e K_s} \frac{1}{I_a} - \frac{R_a + R_s}{C_e K_s} \qquad (3\text{-}61)$$

式中，$K_s = \dfrac{\Phi}{I_s}$，$I_s = I_a$。

可见，串励直流电动机的转速特性为双曲线，转速与电枢电流成反比。当负载增大时，电枢电流和励磁电流都增大，导致电阻压降增大、气隙磁通增大，转速迅速下降。串励直流电动机的转速特性如图 3-42 所示。

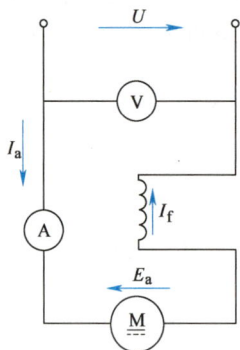

图 3-41　串励直流电动机的接线

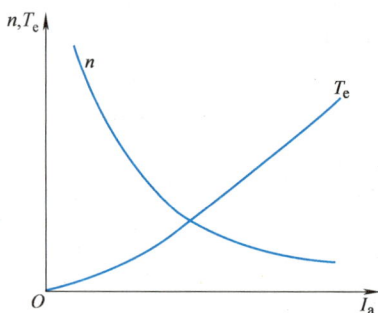

图 3-42　串励直流电动机的转速和转矩特性

串励直流电动机不允许空载运行，所以转速调整率定义为

$$\Delta n = \frac{n_{1/4} - n_N}{n_N} \times 100\% \tag{3-62}$$

式中，$n_{1/4}$ 为 1/4 额定负载时的转速。

（2）转矩特性

串励直流电动机的转矩特性是指外加额定电压、串励绕组的电阻为常数时，电磁转矩和电枢电流之间的关系 $T_e = f(I_a)$。

当串励直流电动机轻载时，励磁电流很小，磁路不饱和，电磁转矩为

$$T_e = C_T \Phi I_a = C_T K_s I_a^2 = C_T' I_a^2 \tag{3-63}$$

随着负载的增加，励磁电流逐渐增大，磁路饱和，磁通不再与励磁电流成正比。当磁路非常饱和时，磁通可认为是常值，电磁转矩为

$$T_e \approx C_T'' I_a \tag{3-64}$$

串励直流电动机的转矩特性如图 3-42 所示。

（3）机械特性

串励直流电动机的机械特性是指外加额定电压、串励绕组电阻为常数时，转速和电磁转矩之间的关系 $n = f(T_e)$。

整理式（3-61）得

$$n = \frac{1}{C_e K_s}\left[U\sqrt{\frac{C_T K_s}{T_e}} - (R_a + R_s) \right] \tag{3-65}$$

图 3-43 画出了串励直流电动机的机械特性。串励直流电动机的机械特性是软特性。随着电磁转矩的增大，转速下降很快。当电磁转矩较小时，由于气隙磁通的减小，转速迅速增大。电磁转矩为零时，理想空载转速为无穷大。因此，**串励直流电动机不允许空载运行，也**

不能带很轻的负载运行。

为安全起见，串励电动机不能用于带动带式传动负载，因为如果传动带不慎脱落，可能导致电动机转速过高。因此串励直流电动机和所驱动的机械负载必须直接耦合。

4. 复励直流电动机的运行特性

并励直流电动机的机械特性很硬，串励直流电动机的特性很软且不能空载运行，复励直流电动机则可折衷两者的特性。复励直流电动机的接线如图 3-44 所示。如果串励绕组的磁动势与并励绕组的磁动势方向相同，称为**积复励直流电动机**；方向相反时，称为**差复励直流电动机**。后者使用时，容易发生不稳定现象，通常不用。图 3-45 中，曲线 1 是电枢反应较强的并励直流电动机的机械特性。为了得到下降的机械特性，加上一个串励绕组（稳定绕组），以补偿电枢反应的去磁作用，其机械特性如图中曲线 2 所示。曲线 3 是以串励为主、并励为辅时的机械特性，曲线 4 是纯串励时的机械特性。

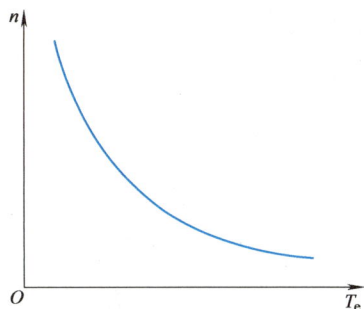

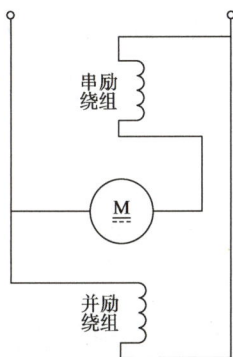

图 3-43　串励直流电动机的机械特性

图 3-44　复励直流电动机的接线

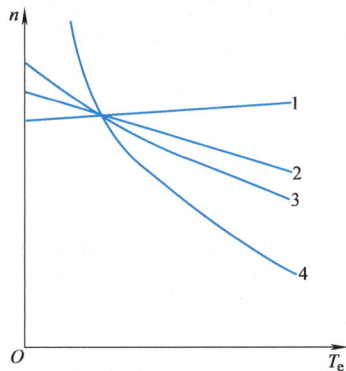

图 3-45　不同复励直流电动机的机械特性

3.6.3　直流电动机稳定运行条件

直流电动机工作过程中，能否稳定运行与其机械特性和负载特性密切相关。

直流电动机的机械特性用 $T_e(n)$ 曲线表示，负载的机械特性用 $T_L(n)$ 曲线表示，两者的交点就是运行工作点。直流电动机稳定运行的条件如图 3-46 所示。

对于图 3-46a 所示的情况，设初始工作点为 n_0，由于某种扰动，直流电动机转速有一增量 dn，转速由 n_0 变化到 n_2，由于负载转矩小于电磁转矩，即使扰动消失，电动机也将继续加速，不能恢复到初始工作点 n_0；反之，由于某种原因，电动机转速降低，转速由 n_0 变化到 n_1，负载转矩大于电磁转矩，电动机继续减速，也不能恢复到初始工作点 n_0。因此，图 3-46a 所示为不稳定运行的情况。不稳定运行的条件是

三种典型负载特性曲线

a) 不稳定运行

b) 稳定运行

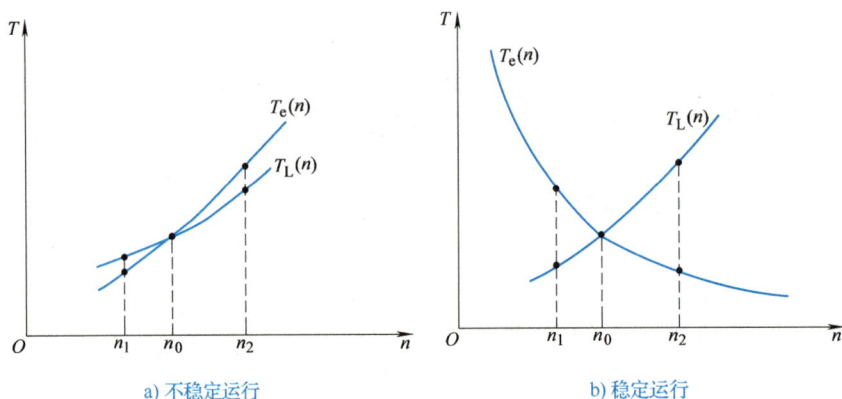

图 3-46　直流电动机稳定运行的条件

$$\frac{\mathrm{d}T_{\mathrm{e}}}{\mathrm{d}n} > \frac{\mathrm{d}T_{\mathrm{L}}}{\mathrm{d}n} \tag{3-66}$$

对于图 3-46b 所示的情况，设初始工作点为 n_0，由于某种扰动，直流电动机转速有一增量 $\mathrm{d}n$，转速由 n_0 变化到 n_2，此时负载转矩大于电磁转矩，扰动消失时电动机将减速，恢复到初始工作点 n_0；反之，由于某种原因，电动机转速降低，转速由 n_0 变化到 n_1，负载转矩小于电磁转矩，电动机加速，也能恢复到稳定工作点 n_0。因此，图 3-46b 所示为稳定运行的情况。稳定运行的条件是

$$\frac{\mathrm{d}T_{\mathrm{e}}}{\mathrm{d}n} < \frac{\mathrm{d}T_{\mathrm{L}}}{\mathrm{d}n} \tag{3-67}$$

若负载为恒转矩负载，则负载转矩不随转速变化，式（3-67）变为

$$\frac{\mathrm{d}T_{\mathrm{e}}}{\mathrm{d}n} < 0 \tag{3-68}$$

即直流电动机稳定运行的条件是其机械特性必须是下降的。

3.7　直流电动机的起动和调速

3.7.1　直流电动机的起动

直流电动机由静止的状态接通电源，加速至稳定的工作转速，称为起动。直流电动机起动时，必须满足以下两个要求：① 有足够的起动转矩；② 应把起动电流限定在安全范围内。常用的起动方法有直接起动、电枢回路串电阻起动和降压起动，下面分别进行介绍。

1. 直接起动

所谓直接起动，就是直接在直流电动机上施加额定电压进行起动。这种方法无限流措施，起动电流很大，可达额定电流的几十倍，对直流电动机的换向、温升以及机械可靠性都很不利，所以只有容量很小的直流电动机才可以直接起动。

直接起动仿真

如果是并励直流电动机，由于励磁回路电感较大，在直接起动时，必须先把励磁绕组接入电源，然后再给电枢回路通电。

2. 电枢回路串电阻起动

直流电动机电枢回路串电阻起动如图 3-47 所示，在他励直流电动机的电枢回路里串入起动电阻 R_s，可以限制起动电流的大小。一般直流电动机的起动电流限制在 2~2.5 倍额定电流范围内。

当直流电动机串电阻起动时，随着转速 n 的上升，电枢电流减小，转子加速趋缓，势必延长起动时间。如果要求起动过程短，可将所串联的起动电阻分为几级，起动中逐级切除。当电动机的转速上升到某一转速时，将图 3-47 中的触点 K_1 闭合，切除电阻 R_{s1}，于是电枢电流又增大，起动加速。之后，先后闭合 K_2、K_3 触头，最后将电阻全部切除。

3. 降压起动

当直流电动机容量较大而又起动比较频繁时，电枢回路串电阻起动就很不经济。这时可以采用降低电源电压的办法起动。用专用发电机或可控整流器控制直流电动机的端电压，开始时端电压很低，随着转速的升高，逐渐增大电枢端电压，使电枢电流控制在一定范围内。

电枢回路串电阻起动仿真

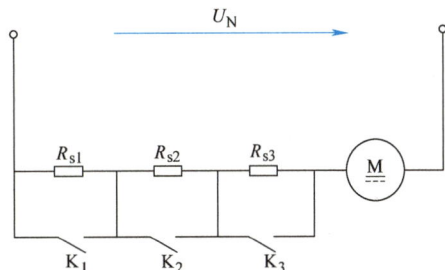

图 3-47　他励直流电动机电枢回路串电阻起动

对于并励直流电动机，如采用降压起动，励磁绕组的电压不能降低，否则起动转矩减小，对起动不利。

降压起动的优点是：起动电流小，起动过程平滑，能量消耗少；缺点是调压设备投资大。

3.7.2　直流电动机的调速

直流电动机具有良好的调速性能，能够很好地满足调速范围宽广、转速连续可调、经济性好等要求。由直流电动机的转速表达式

$$n = \frac{U - I_a R_a}{C_e \Phi} \tag{3-69}$$

可以看出，直流电动机的调速方法有 3 种：① 调节每极磁通；② 调节电枢端电压；③ 电枢回路串电阻。

他励直流电动机电枢回路串电阻调速如图 3-48 所示。图中，曲线 1 是他励直流电动机的固有机械特性。在此基础上，分别改变式（3-69）中的电枢回路电阻、气隙磁通 Φ 以及端电压 U 的大小，观察电动机的机械特性如何变化。为了简便起见，忽略了电枢反应的影响。

1. 电枢回路串电阻调速

在外加电压 U 和每极磁通 Φ 不变的条件下，在电枢回路中串入电阻 R_s，理想空载转速 n_0' 不受影响，仍为 $n_0' = U/(C_e \Phi)$，而机械特性的斜率增大。当 $R_{s4} > R_{s3} > R_{s2} > R_{s1}$（$R_{s1} = 0$）时，对应的机械特性曲线分别如图 3-48 中的曲线 4、3、2、1 所示。如果他励直流电动机带恒转

电枢回路串电阻调速仿真

矩负载，其机械特性如图 3-48 中的 AB 线所示。如果希望工作转速由高速的 a 点变为低速的 b 点，只要在电枢回路里串入电阻 R_{s4} 即可。

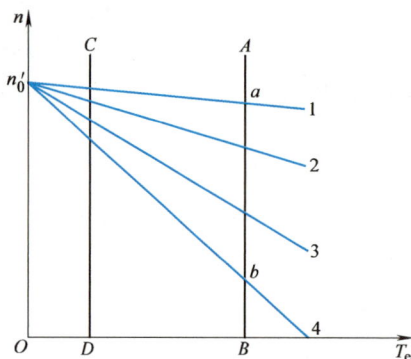

图 3-48　他励直流电动机电枢回路串电阻调速

电枢回路串电阻调速

这种调速方法只能使转速往下调。如果所串电阻 R_s 能够连续变化，电动机转速能平滑调节。至于调速范围，从图 3-48 可以看出，当负载转矩较小时，例如 CD 线，调速范围很小。可见，在串联同样电阻的情况下，电动机的调速范围随负载转矩的大小而变化。

电枢回路串联电阻调速方法最主要的缺点是调速时电动机的效率低。对于 AB 线所示的负载特性，调速前后电枢电流 I_a 不变，电磁转矩不变，从电源输入的电功率 $P_1 = UI$ 也不变。由于转速降低，电磁功率成正比降低，因此效率降低了，能量大多消耗在所串联的电阻上。而且，要求电阻箱能长时间运行，其体积是巨大的，也不可能做到连续调节。在大容量直流电动机中，一般不用这个方法。

2. 减小气隙磁通调速

当电枢端电压和电枢回路电阻都保持不变时，改变气隙磁通 Φ 也能调节他励直流电动机的转速。由于在额定励磁电流时磁路已经较饱和，再增大气隙磁通 Φ 比较困难，所以通常是减小气隙磁通。从式（3-59）可以看出，气隙磁通 Φ 减小，将导致理想空载转速 n_0' 和机械特性斜率的增大，机械特性变软。他励直流电动机改变磁通调速如图 3-49 所示。图中给出了减小气隙磁通时的机械特性。曲线 1 是固有机械特性，曲线 2、3、4 对应的磁通逐次减小。

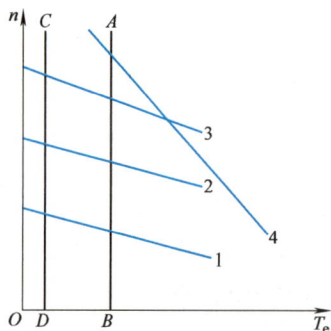

减小气隙磁通
调速仿真

图 3-49　他励直流电动机改变磁通调速

减小气隙磁通调速

　　这种调速方法是通过在励磁回路中串电阻实现的，控制功率小，设备简单，比电枢回路串电阻调速要方便得多。调速时，磁通减小，为保证转矩恒定，I_a 增大，I_f 减小得少，输入功率 $P_1 = U(I_a + I_f)$ 增大，但电磁功率及输出机械功率因转速增高也增大了，所以效率并不降低，这是它的优点。受换向及机械强度的限制，调速比不能太大，约为 $1:2$。

3. 改变电枢端电压调速

　　当励磁电流和电枢回路总电阻都保持不变、仅改变电枢端电压 U 时，他励直流电动机的机械特性曲线是一组与固有机械特性平行的直线，如图 3-50 所示。

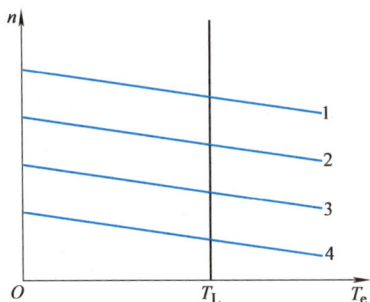

图 3-50　他励直流电动机
改变电枢端电压调速

改变电枢端电压调速

改变电枢端
电压调速仿真

　　改变电枢端电压 U 调速时，输入功率为 $P_1 = UI$，与电压成正比，电磁功率与转速成正比，而电枢感应电动势 E_a 差不多等于端电压 U，并且正比于 n，所以调速时效率基本不变。

　　目前改变电枢端电压的方法主要有两种：一种是可控整流器供电；另一种是直流斩波器供电。图 3-51a 所示为采用可控整流器调压的直流电动机调速系统。如果要求电动机能正反转，可采用如图 3-51b 所示的反并联整流电路。图 3-52a 为采用直流斩波器调压调速的直流电动机调速系统，它利用电力半导体器件的开关作用控制电动机两端的通电时间，从而控制电动机的输入电压。图 3-52b 表示电动机端电压随时间的变化情况，端电压的平均值可表示为

$$U_{av} = \frac{t_{on}}{T}U = \alpha U \tag{3-70}$$

式中，t_{on} 为斩波器开通时间；T 为斩波器的通电周期；α 为斩波器的占空比。

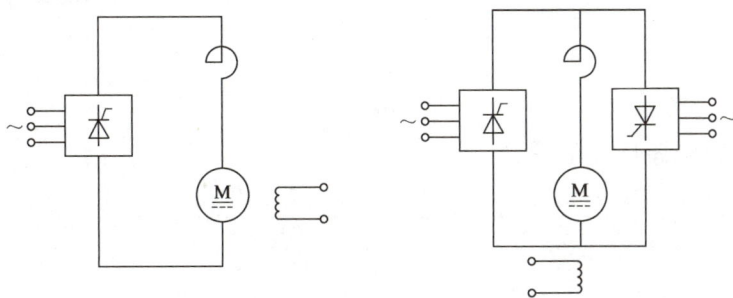

a) 采用可控整流器调压的直流电动机调速系统　　　　b) 反并联整流电路

图 3-51　可控整流器调压调速

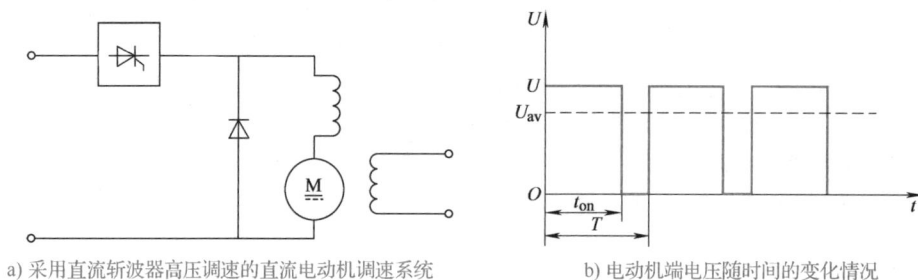

a) 采用直流斩波器高压调速的直流电动机调速系统　　　　　b) 电动机端电压随时间的变化情况

图 3-52　直流斩波器调压调速

[例 3-1]　有一台并励直流电动机，其数据如下：$P_N = 2.6\text{kW}$，$U_N = 110\text{V}$，$I_N = 28\text{A}$（线路电流），$n_N = 1470\text{r/min}$，电枢回路总电阻 $R_a = 0.15\Omega$（包括电刷的接触电阻），$r_f = 138\Omega$。额定负载下，在电枢回路中串入 0.5Ω 的电阻，若不计电枢电感的影响，并略去电枢反应，试计算：

（1）接入电阻瞬间的感应电动势、电枢电流和电磁转矩；

（2）若负载转矩不变，求稳态时电动机的转速。

解：（1）额定负载时，电枢电流为

$$I_{aN} = I_N - I_{fN} = I_N - U_N / r_f = (28 - 110/138)\text{A} = 27.20\text{A}$$

接入电枢电阻瞬间，由于存在惯性，电动机的转速来不及变化，故感应电动势不变，即

$$E'_{aN} = E_{aN} = U_N - I_{aN} R_a = (110 - 27.2 \times 0.15)\text{V} = 105.9\text{V}$$

所以接入电阻瞬间，电枢电流将突变为

$$I'_a = \frac{U_N - E'_{aN}}{R_a + R_\Omega} = \frac{110 - 105.9}{0.15 + 0.5}\text{A} = 6.308\text{A}$$

相应的电磁转矩为

$$T'_e = \frac{E'_{aN} I'_a}{\Omega_N} = \frac{105.9 \times 6.308}{2\pi \times \dfrac{1470}{60}}\text{N} \cdot \text{m} = 4.34\text{N} \cdot \text{m}$$

（2）因为负载转矩不变，故调速前后的电磁转矩应保持不变。若忽略电枢反应，可认为磁通保持不变，由 $T_e = C_T \Phi I_a$ 可知，调速前后电枢电流的稳态值不变。从 $E_a = C_e \Phi n$ 可知

$$\frac{n''}{n_N} = \frac{E''_a}{E_{aN}}$$

所以调速后电动机的稳态转速为

$$n'' = n_N \frac{U_N - I_{aN}(R_a + R_\Omega)}{E_{aN}} = 1470 \times \frac{110 - 27.2 \times 0.65}{105.9}\text{r/min} = 1281\text{r/min}$$

[例 3-2]　上例中，若在励磁绕组接入电阻进行调速，设在额定负载下把磁通量突然减少 15%，试重求例 3-1 中各项。

解: (1) 在磁通量减少 15% 的瞬间，由于惯性使转速没来得及变化，故感应电动势也减少 15%，则

$$E_a' = 0.85E_{aN} = 0.85 \times 105.9\text{V} = 90.02\text{V}$$

此时电枢电流将突然增加到

$$I_a' = \frac{U_N - E_a'}{R_a} = \frac{110 - 90.02}{0.15}\text{A} = 133.2\text{A}$$

相应的电磁转矩为

$$T_e' = \frac{E_a' I_a'}{\Omega_N} = \frac{90.02 \times 133.2}{2\pi \times \frac{1470}{60}}\text{N}\cdot\text{m} = 77.89\text{N}\cdot\text{m}$$

(2) 因负载转矩不变，故调速前后电磁转矩的稳态值不变，由 $T_e = C_T \Phi I_a$ 可知，电枢电流的稳态值与磁通成反比，即

$$\frac{I_a''}{I_{aN}} = \frac{\Phi_N}{\Phi''}, \quad I_a'' = I_{aN}\frac{\Phi_N}{\Phi''} = 27.2 \times \frac{1}{0.85}\text{A} = 32\text{A}$$

调速后转速的稳态值为

$$n'' = n_N \frac{E_a''}{E_{aN}}\frac{\Phi_N}{\Phi''} = 1470 \times \frac{110 - 32 \times 0.15}{105.9} \times \frac{1}{0.85}\text{r/min} = 1718\text{r/min}$$

3.8 直流电机的换向

直流电机的电枢旋转时，由于换向器的作用，电枢元件从一条支路进入另一条支路，元件内电流的方向发生了改变，元件电流改变方向的过程，称为**换向**。换向前后的电流大小相等、方向相反。在直流电机中，任何瞬间都有元件在换向。

换向是直流电机的共同问题，也是制约直流电机进一步发展的最主要问题。直流电机换向不好，将在电刷和换向器之间引起火花，火花超过一定程度，将烧坏电刷和换向器。火花严重时，还可能与电位差火花汇合在一起，形成环火，烧毁电机。此外，火花还会产生电磁波，引起无线电干扰。

换向过程非常复杂，涉及机械、电磁和电化学等多方面的因素，目前对换向的理论分析，都是建立在一定简化基础上的，尚不能完全解决实际问题。下面仅介绍影响换向的电磁因素和改善换向的方法。

3.8.1 换向过程

图 3-53 表示一单叠绕组元件中电流的换向过程。假设换向元件编号为 1，电刷宽度 b 等于换向片宽度 b_c，片间绝缘层厚度忽略不计，电枢绕组以线速度 v 向左移动。

图 3-53a 中，元件 1 属于电刷右边的支路，其中的电流为 i_a，电刷仅与换向片 1 接触；运动到图 3-53b 所示位置时，电刷同时与换向片 1 和 2 接触，元件 1 被短路，其中的电流发生变化，从 i_a 开始衰减，直至电刷与换向片 2 完全接触；在图 3-53c 所示位置，元件 1 已属

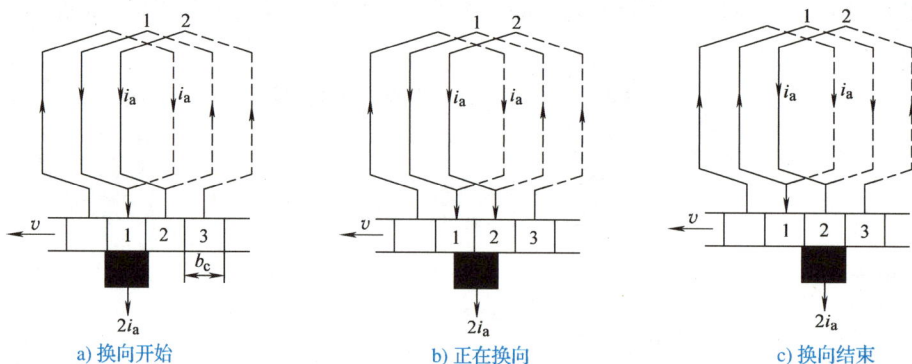

a) 换向开始   b) 正在换向   c) 换向结束

图 3-53　单叠绕组元件中电流的换向过程

于电刷左边的支路，流过的电流是 $-i_a$。所以从图 3-53a 到图 3-53c，元件 1 经历了换向过程，称为**换向元件**。元件 1、换向片 1、换向片 2、电刷所构成的回路，称为**换向回路**。换向回

路内的电流，也就是换向元件内的电流称为**换向电流**。换向过程经历的时间称为**换向周期**，用 T_c 表示。换向周期很短，一般约几毫秒。

图 3-54 所示为理想换向过程中换向元件中电流随时间变化的波形。这里认为换向电流线性变化，是理想的换向过程。在实际换向过程中，换向回路中存在多种感

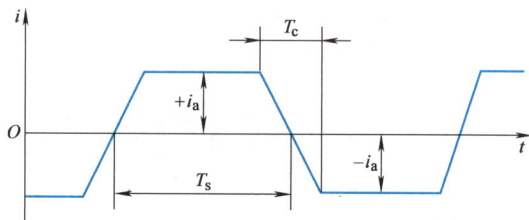

图 3-54　换向元件中电流随时间变化的波形

应电动势，对换向电流产生很大影响，导致实际换向过程与理想换向过程差别很大。

3.8.2　换向元件中的感应电动势

在换向过程中，换向元件内将产生两种感应电动势，下面分别讨论。

1. 电抗电动势

换向元件本身有自感，还有与其他元件之间的互感。换向电流的变化将在换向元件内产生自感电动势和互感电动势，两者的合成电动势称为**电抗电动势**。由于所有元件（包括换向元件在内）所产生的合成气隙磁通为交轴电枢反应磁通，不在换向元件内产生感应电动势，故电抗电动势仅由换向元件的漏磁通所感应产生；在换向周期内，电抗电动势的平均值为 e_r。根据电磁感应定律，电抗电动势总是阻碍电流的变化，由于换向元件内电流不断减小，故 e_r 的方向与换向前的电流方向相同。

2. 旋转电动势

理想情况下，换向元件的两个边位于几何中性线位置上。由于电枢反应磁场的影响，几何中性线位置的气隙磁通密度不为零，换向元件切割磁场，产生感应电动势 e_c，称为**旋转电动势**或**运动电动势**。无论是电动机还是发电机，旋转电动势的方向总与换向前的电流方向一致，即 e_c 和 e_r 的方向相同。

在大多数直流电机中，为改善换向，在几何中性线位置安装换向极，换向极产生的磁场

比电枢反应磁场略强而方向相反，此时几何中性线位置的磁场方向与无换向极时的方向相反，因而 e_c 与 e_r 的方向相反。

换向元件中总的电动势应是旋转电动势和电抗电动势的代数和，即

$$\sum e = e_c + e_r \tag{3-71}$$

$\sum e = 0$ 为理想情况。通常情况下，$\sum e \neq 0$。若 $\sum e$ 较大，将导致换向不良，在电刷下产生火花。

3.8.3 换向元件中电流的变化规律

换向元件中电流的变化如图 3-55 所示。

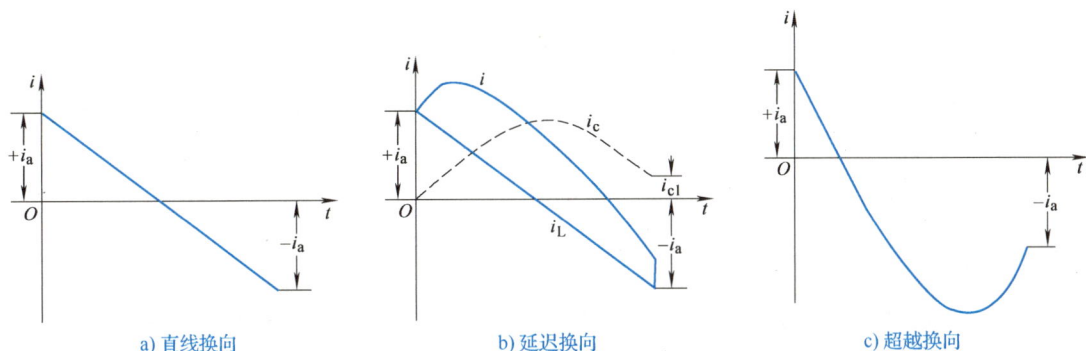

图 3-55 换向元件中电流的变化

1）直线换向。当换向元件中的合成电动势 $\sum e = 0$ 时，换向元件中的电流变化规律大体为一直线，这种换向称为**直线换向**，如图3-55a所示。直线换向的特点是，电刷接触面上的电流密度分布均匀、换向良好。

2）延迟换向。以电抗电动势 e_r 作为正值，如果 $\sum e > 0$，则换向元件中的电流 i 由直线换向电流 i_L 和由合成电动势 $\sum e$ 产生的附加换向电流 i_c 叠加而成，如图3-55b所示。i_c 的出现，使换向元件中的电流改变方向的时刻向后推延，因此这种换向称为**延迟换向**。延迟换向结束时，被电刷短路的换向元件瞬时断开，后刷边容易出现火花，导致换向不良。

3）超越换向。若换向极磁场较强，则换向元件中与电抗电动势反向的旋转电动势可能大于电抗电动势，此时 $\sum e < 0$，附加换向电流 i_c 将反向，因而换向元件中电流改变方向的时刻将比直线换向时提前，如图 3-55c 所示，这种换向称为**超越换向**，轻微的超越换向有一定好处，但过度的超越换向也是不利的。

3.8.4 火花等级

虽然直流电机在运行时电刷下往往产生火花，但只要火花被限制在一定程度，就不会危及电机的运行。火花严重时，会影响电机运行甚至损坏电机。根据国家标准，电刷下的火花可以分为 5 个等级，即 1 级、$1\frac{1}{4}$ 级、$1\frac{1}{2}$ 级、2 级和 3 级。

1）1 级：无火花。

2）$1\frac{1}{4}$级：电刷边缘小部分有微弱的火花点或者非放电性红色小火花，换向器上没有黑痕，电刷上没有灼痕。

3）$1\frac{1}{2}$级：电刷边缘大部分或全部有轻微的火花，换向器上有黑痕，但用汽油可擦除，同时在电刷上有轻微的灼痕。

4）2级：电刷边缘全部或大部分有强烈的火花，换向器上有黑痕，用汽油不能擦除，同时电刷上有灼痕。

5）3级：在电刷的整个边缘上都有强烈的火花，同时有大火花飞出。换向器严重发黑，用汽油不能擦掉，而且电刷有烧焦和损坏。

1级、$1\frac{1}{4}$级和$1\frac{1}{2}$级火花均为持续运行中无害的火花。在2级火花作用下，换向器表面会出现炭渣和黑色痕迹，如运行时间过长，黑色痕迹也将扩展，同时电刷和换向器的磨损也显著增加。所以2级火花只允许在短时过载时出现。3级火花是危险的，仅允许在直接起动或反转的瞬间出现，正常运行时是不允许的。

3.8.5　改善换向的方法

换向不良将使电刷下出现火花，使换向器表面受到损伤，电刷磨损加快。改善换向的目的在于消除电刷下的火花，虽然产生火花的原因比较复杂，但若能设法减少或消除附加换向电流 i_c，就可以改善换向。下面介绍常见的改善换向方法。

1. 移动电刷

由于电枢反应的存在，几何中性线位置的磁通密度不再为零，换向元件内产生旋转电动势，使换向恶化。可以采用移动电刷的方法，使几何中性线位置的磁通密度为零，改善换向。对于直流发电机，应顺电机旋转方向移动电刷；对于直流电动机，应逆电机旋转方向移动电刷。电刷的移动是在电机生产过程中实现的，电机制成之后，电刷无法移动。

该方法缺点比较明显，当负载变动时，电枢反应发生变化，电刷位置不一定合适，可能使换向恶化；此外，若电机允许正反转，则该方法也不适合。这种方法只在运行情况固定而负载变化又不大的单向旋转的直流电机中采用。

2. 安装换向极

几乎所有的直流电机都在两个主磁极之间的几何中性线处装有换向极以改善换向，如图3-56所示。换向极的磁动势除抵消电枢磁动势以外，还在换向区内产生一个与电枢磁场相反的换向磁场，使换向元件切割该磁场后产生的电动势 e_c 与 e_r 相抵消，这样就可以消除附加换向电流，改善换向。

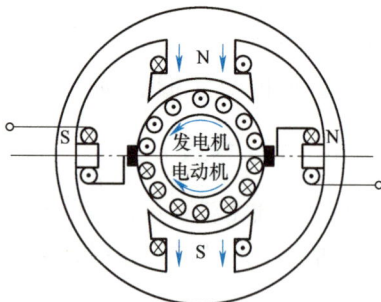

图3-56　装设换向极改善换向

换向极的极性可以由换向极磁场与电枢磁场相反的原则来确定。对于图3-56所示主磁极极性，直流电机作发电机逆时针旋转时，电枢磁场的方向为自左至右，故换向极磁场的方向为自右至左。由此可见，在发电机中，换向极的极性应与顺旋转方向的下一个主磁极的极性相同；在电动机中，换向极的极性与发电机相反。由于电抗电动势 e_r 与电枢电流成正比，所以换向磁场的磁通也应与电枢电流成正比，使切割换向磁场磁力线产生的电动势与电枢电流成正比，e_r 和 e_c 在不同负载下均能抵消，所以换向极绕组应与电枢绕组串联。

实践证明，只要换向极设计合理，可以实现无火花换向。因此，当直流电机的容量大于 1kW 时，大多装设换向极。此外，选择牌号合适的电刷和绕组形式，也可改善换向。

3.9　特殊直流电机

3.9.1　直流测速发电机

直流测速发电机是一种把机械速度信号转换为电信号的直流发电机，其输出电压与转速成正比，在自动控制系统中广泛用作检测元件或解算元件，如传动控制系统中的速度检测、模拟量的积分和微分计算等。直流测速发电机主要采用他励和永磁两种励磁方式，其中永磁式直流测速发电机的优点更突出，应用更加普遍。

自动控制系统对直流测速发电机的基本要求是：

1）线性度好。在工作范围内，输出电压与转速有较好的线性关系（包括正、反转情况）。

2）灵敏度高。速度的微小变化能由输出电压真实地反映。

3）纹波小。输出电压的波形在速度均匀变化过程中无畸变。

他励直流测速发电机的接线如图 3-57a 所示。励磁电压 U_f 恒定，负载电阻 R_L 固定不变。空载时（$R_L \to \infty$ 断开），$\Phi_0 =$ 常数，电压和转速的关系为

$$U = E = C_e \Phi_0 n \qquad (3\text{-}72)$$

如图 3-57b 中的实线所示。

负载电阻 R_L 接入后，因

$$U = E_a - I_a R_a = C_e \Phi n - \frac{U}{R_L} R_a$$

$$(3\text{-}73)$$

则电压-转速关系式变为

$$U = \frac{C_e \Phi n}{1 + R_a / R_L} \qquad (3\text{-}74)$$

不计电枢反应和电阻的温度效应，电压-转速特性仍为直线，只是斜率变

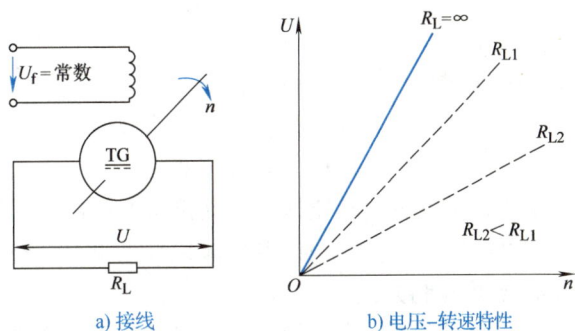

a) 接线　　　　b) 电压–转速特性

图 3-57　他励直流测速发电机

小，如图 3-57b 中的虚线所示。对于设计良好的直流测速发电机，在大范围内的线性电压-转速特性是可以实现的，其斜率（也称为测速发电机的灵敏度）可以通过改变负载电阻 R_L 进行调节。

3.9.2　直流伺服电动机

直流伺服电动机是一种将输入电信号转换为转轴上的角位移或角速度来执行控制任务的直流电动机，其转速和转向随输入信号的变化而变化，并具有一定的负载能力，在各类自动

控制系统中广泛用作执行元件。

自动控制系统对直流伺服电动机的基本要求是：

1）可控性好。转速和转向完全由控制电压的大小和极性决定，并以线性控制特性为最佳。

2）运行稳定。在宽调速范围内具有下降的机械特性，最好为线性机械特性。

3）伺服性好。能敏捷地跟随控制信号的变化，起、停迅速。

为满足上述要求，直流伺服电动机大都采用他励或永磁励磁方式，并在设计中力求磁路不饱和、电枢反应影响小、起动转矩大、转动惯量小。

直流伺服电动机的功率一般很小，约在几瓦至几百瓦之间，在运行中采用电枢控制或磁场控制方式，下面分别介绍。

1. 电枢控制方式

采用电枢控制方式时，直流伺服电动机的接线如图 3-58a 所示。励磁绕组由恒定电压源（U_f = 常数）供电，用以产生恒定磁通 Φ_0。电枢绕组（即控制绕组）加控制电压 U_{k0}。

当 $U_{k0} = 0$ 时，$I_{k0} = 0$，$T_e = C_T\Phi_0 I_{k0} = 0$，转子静止；当 $U_{k0} \neq 0$ 时，有 $I_{k0} \neq 0$，$T_e = C_T\Phi_0 I_{k0} \neq 0$，转子转动；$U_{k0}$ 的极性变化，I_{k0} 改变方向，T_e 随之反向，转子转向发生变化。

直流伺服电动机的机械特性设计为线性。当控制电压 U_{k0} 改变时，相当于改变电枢电压调速，因此，对应于不同 U_{k0} 的机械特性为一簇平行直线，如图 3-58b 所示。

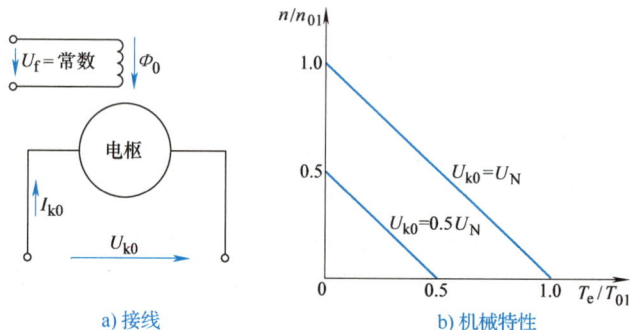

a) 接线 b) 机械特性

图 3-58 电枢控制的直流伺服电动机

图中转速和转矩均用标幺值表示，转速基值 n_{01} 取为控制电压 $U_{k0} = U_N$ 时的空载转速，转矩基值 T_{01} 取为 $U_{k0} = U_N$ 时的起动转矩。

永磁励磁方式的直流伺服电动机与电枢控制的直流伺服电动机原理一致，这是目前用得最多的结构形式，其突出优点是体积可以减小，控制电路可以简化，可靠性可以提高。

2. 磁场控制方式

磁场控制方式的直流伺服电动机的接线如图 3-59 所示。此时，电枢绕组由恒定电压源（U_a = 常数）供电，励磁绕组为控制绕组，接控制电压 U_{k0}。

不计剩磁，当 $U_{k0} = 0$、$I_{k0} = 0$ 时，$\Phi_{k0} = 0$，$T_e = 0$，转子静止；当 $U_{k0} \neq 0$ 时，$T_e \neq 0$，转子随即转动；改变 U_{k0} 的极性，Φ_{k0} 的方向改变，T_e 反向，转子反向旋转。U_{k0} 的大小影响 Φ_{k0} 的大小，进而导致 T_e 的大小发生变化，转子转速相应发生变化。

因励磁绕组电感较大，磁场控制直流伺服电动机电磁惯性较大，响应较慢，故磁场控制方式的伺服性能较差，只在某些小功率场合采用。直流伺服电动机主要采用电枢控制方式。

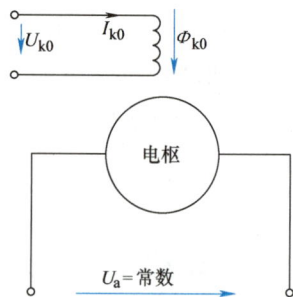

图 3-59 磁场控制方式的直流伺服电动机的接线

3.9.3 永磁无刷直流电动机

永磁无刷直流电动机的控制器和电动机本体紧密结合，是典型的机电一体化器件，由电动机本体、控制器和转子位置传感器 3 部分组成，如图 3-60 所示。

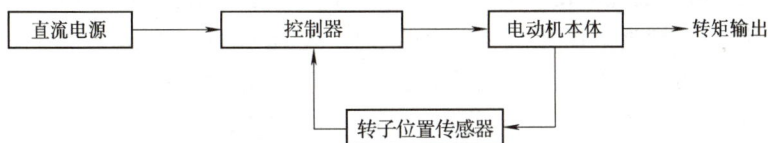

图 3-60 永磁无刷直流电动机的组成

1. 工作原理

在永磁无刷直流电动机中，电枢绕组安放于定子铁心中，永磁体固定在转子上，利用转子位置传感器检测永磁磁极的位置，据此确定定子绕组的导通状态，使电动机产生稳定持续的电磁转矩。下面以两相导通星形三相六状态永磁无刷直流电动机为例说明其工作原理，如图 3-61 所示。其定子、转子磁场旋转示意图如图 3-62 所示。

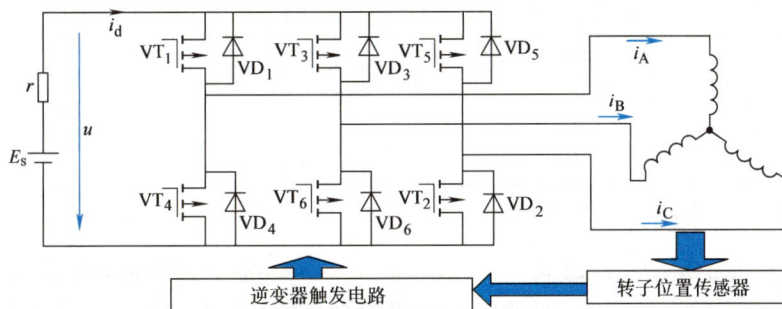

图 3-61 永磁无刷直流电动机的工作原理

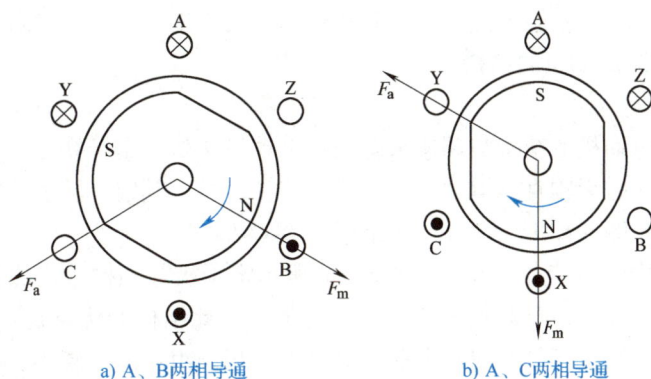

a) A、B 两相导通   b) A、C 两相导通

图 3-62 定子、转子磁场旋转示意图

当转子位置位于图 3-62a 所示位置时，电动机处于第一个导通状态，此时控制电路根据转子位置传感器信号进行逻辑译码，产生驱动信号，使逆变电路中 VT_1、VT_6 导通，A 相绕

组正向导通、B 相绕组反向导通，永磁磁动势 F_m 和定子合成磁动势 F_a 的空间位置如图 3-62a 所示，永磁转子产生顺时针方向的电磁转矩，转子沿顺时针方向转动，电流路径为：电源正极→VT_1→A 相绕组→B 相绕组→VT_6→电源负极。

当转子转过 60°电角度后，转子位置如图 3-62b 所示，电动机处于第二个导通状态，此时转子位置传感器信号发生变化，经过转子位置译码电路产生新的驱动信号，使 VT_1、VT_2 导通，A 相绕组正向导通、C 相绕组反向导通，电动机定子合成磁动势的空间位置如图 3-62b 所示，电动机产生顺时针方向的电磁转矩，转子继续沿顺时针方向转动，电流路径为：电源正极→VT_1→A 相绕组→C 相绕组→VT_2→电源负极。依此类推，电动机转子每转过 60°电角度，绕组改变一次导通状态，其导通顺序为：AB→AC→BC→BA→CA→CB→AB…。可见，转子位置变化后，控制电路总能够根据转子位置信息改变定子绕组的导通状态，使转子连续转动。表 3-1 给出了两相导通星形三相六状态导通工作方式下的绕组导通顺序。

表 3-1 两相导通星形三相六状态导通工作方式下的绕组导通顺序

电角度	0°	60°	120°	180°	240°	300°	360°
导通顺序	A			B		C	
	B		C		A		B
VT_1	1	1	0	0	0	0	
VT_2	0	1	1	0	0	0	
VT_3	0	0	1	1	0	0	
VT_4	0	0	0	1	1	0	
VT_5	0	0	0	0	1	1	
VT_6	1	0	0	0	0	1	

注：1—功率开关管导通，0—功率开关管截止。

从运行过程看，定子绕组每隔 60°电角度换向一次，定子合成磁动势位置就改变一次，每相绕组每次导通 120°电角度，且始终保持两相绕组导通，此工作方式称为两相导通的三相六状态运行方式。该方式中，每一状态持续 60°电角度，在此期间定子绕组合成磁动势空间位置固定不动，而永磁磁极连续旋转 60°电角度，定子磁动势为跳跃式旋转磁动势，而转子永磁磁场连续旋转，使定转子磁动势之间的空间夹角周期性变化，导致电磁转矩的波动。

2. 永磁无刷直流电动机的结构

（1）定子结构

永磁无刷直流电动机的结构与调速永磁同步电动机相似，定子铁心中放置绕组，转子上有永磁磁极。由于永磁无刷直流电动机应用场合多种多样，其定、转子结构形式比永磁同步电动机更加多样化，图 3-63 所示为其常用的定子结构形式。

分数槽定子结构应用较多，特别是图 3-63a 所示定子极数和槽数之比为 2/3 的结构，绕组线圈绕在一个定子齿上，每对磁极下有 3 个定子齿。此结构的优点是：绕组端部尺寸小，绕组利用率高，一个线圈可以形成一个独立的磁极，相绕组之间互感小。缺点是：相绕组不能与全部转子磁场耦合，永磁体利用率低。

图 3-63b 所示为无齿槽结构，定子绕组均匀分布于定子铁心内表面的气隙中。由于无定子齿，不产生齿槽转矩，非常适于对转速稳定性和振动、噪声要求较高的场合。但此结构也会带来以下不利影响：

a) 分数槽　　　　　　　　b) 无槽　　　　　　　　c) 整数槽

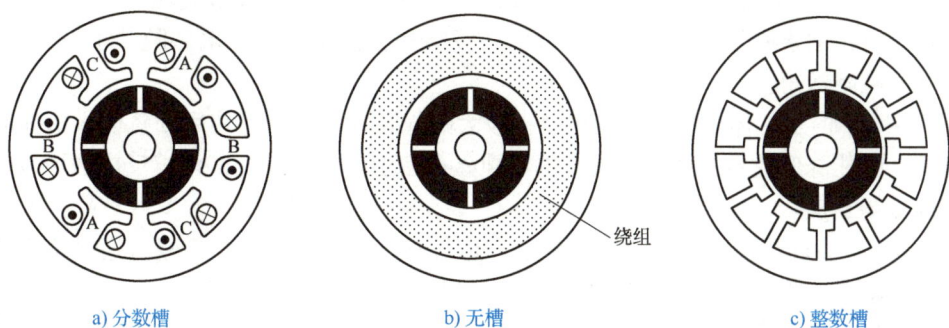

图 3-63　定子结构形式

1）绕组的分布区域大，由于绕组导热能力远远低于铁心，绕组内部散热能力差，温升高。

2）电动机内的有效气隙为转子表面到定子铁心内圆的距离，远大于普通电动机的有效气隙，气隙磁通密度低，为获得较高的气隙磁通密度，需增大永磁体厚度，使成本增加。

图 3-63c 为整数槽结构，每极每相槽数 q 为整数，定子绕组多为双层叠绕组或单层同心式绕组。该定子结构形式在永磁无刷直流电动机中应用广泛。

（2）转子结构

永磁无刷直流电动机中，主磁场由转子上的永磁体产生，常见的转子结构形式如图 3-64 所示。

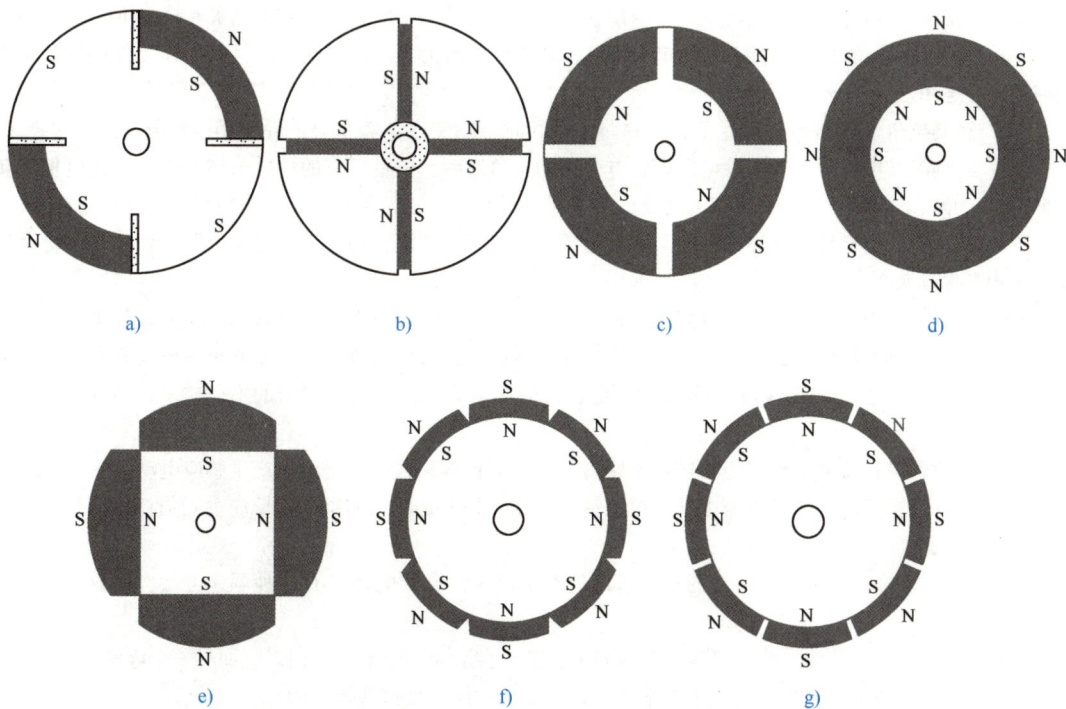

a)　　　　　　b)　　　　　　c)　　　　　　d)

e)　　　　　　f)　　　　　　g)

图 3-64　常见的转子结构形式

图 3-64a 中，两片永磁体形成转子 N 极，通过转子铁心的凸极形成两个 S 极。该结构可使永磁转子所需的永磁体片数降低一半，但凸极结构会使定子绕组电感随转子位置而变化，产生附加的磁阻转矩。

图 3-64b 中的永磁体切向充磁，可获得较大的气隙磁通密度，使用铁氧体永磁体时多采用此结构，既能降低成本又能获得较高的气隙磁通密度。但此结构的电枢反应磁场较强，会引起气隙磁场畸变。

图 3-64c 中，转子永磁磁极之间为铁心，运行时产生一附加磁阻转矩，通过合理的设计可以使该磁阻转矩为有用的驱动转矩，提高电动机的功率密度。

对于多极永磁无刷直流电动机，转子多采用图 3-64d 所示的结构，虽然其磁性能较低，但结构简单、工艺性好、成本低，故应用较多。

图 3-64e、f、g 所示转子结构中的永磁体均为表面安装，且一般为平行充磁，永磁体直接面对气隙，气隙磁场较强。由于永磁材料磁导率低，所以定子绕组电感较小，电枢反应磁场较弱，对永磁无刷直流电动机的运行有利。对永磁体的外圆、厚度和极弧宽度进行优化，可以有效抑制齿槽转矩。

习　　题

思考题

3-1　直流电机铭牌上的额定功率是指输出功率还是输入功率？对发电机和电动机有什么不同？

3-2　一台 p 对极的直流电机，采用单叠绕组，其电枢电阻为 R，若用同等数目的同样元件接成单波绕组时，电枢电阻应为多少？

3-3　直流电机主磁路包括哪几部分？磁路未饱和时，励磁磁动势主要消耗在哪一部分？

3-4　在直流发电机中，电刷顺电枢旋转方向移动一角度后，电枢反应的性质怎样？当电刷逆电枢旋转方向移动一角度，电枢反应的性质又是怎样？如果是电动机，在这两种情况下，电枢反应的性质怎样？

3-5　直流电机电枢绕组元件内的电动势和电流是交流还是直流？为什么在稳态电压方程中不考虑元件本身的电感电动势？

3-6　一台直流电机运行在电动机状态时换向极能改善换向，运行在发电机状态后还能改善换向吗？

3-7　一台并励直流电动机在正转时有一定转速，现欲改变其旋转方向，为此停车后改变其励磁电流方向或电枢电流方向均可。但重新起动后发现该电机在同样情况下的转速与原来的不一样了，问可能是什么原因造成的？

3-8　主磁通既链接着电枢绕组又链接着励磁绕组，为什么只在电枢绕组里产生感应电动势？

3-9　不计电枢反应，他励直流电动机机械特性为什么是下垂的？如果电枢反应去磁作用很明显，对机械特性有什么影响？

3-10　何为调速？负载变化引起的转速变化是不是调速？直流电动机有几种调速方法？试分析比较各种方法的特点。

3-11　极数为 2 的直流电机，只有一个换向极，是否会造成一个电刷换向好，而另一个电刷换向不好？

3-12　对伺服直流电动机有何基本要求？在结构上是如何满足这些要求的？

3-13　直流电机电枢反应与哪些因素有关？

3-14　直流电机装有换向极，当下列情况发生变化，会对换向产生什么影响？

（1）当负载电流大幅度增加时；

（2）当负载电流大幅度减小时；

（3）当转速升高时；

（4）当电刷接触电阻增加时；

（5）当换向极绕组有一部分匝数短接时；

（6）当电刷顺着旋转方向移动一个适当角度时（分发电机与电动机两种状态讨论）。

3-15 简述串励发电机的自励过程。为什么这种发电机不适用于恒压系统？

3-16 直流并励电动机起动时，为什么电枢回路中串联的电阻取较大的值，而励磁回路中串联的电阻取较小的值？

3-17 并励电动机运行时励磁回路突然断开，串励电动机空载运行，电机将出现什么现象？

3-18 在什么情况下并励电动机的转速特性是下降特性？在什么情况下为上升特性？为什么宁可要下降特性，而不要上升特性？

3-19 比较他励直流发电机和并励直流发电机电压调整率 ΔU 的大小，两者有什么不同？

3-20 一台并联在电网上的直流发电机，怎样能使它运行于电动机状态？

3-21 设正常运行时，一直流并励电动机的电阻压降为外施电压的5%，现励磁回路发生断路，设负载转矩为额定值不变，试问下列两种情况下该电动机的电流和转速：

（1）当剩磁为每极磁通的10%时；

（2）当剩磁为每极磁通的1%时。

计算题

3-1 计算下列电枢绕组的节距，并绘出绕组展开图和电路图：

（1）右行单叠短距绕组：$2p=4$，$Q_u=S=K=22$；

（2）左行单波绕组：$2p=6$，$Q_u=S=K=22$。

3-2 一台直流电机的极对数 $p=3$，单叠绕组，并联支路数 $2a=6$，电枢总导体数 $N=398$ 匝，气隙每极磁通 $\Phi=2.1\times10^{-2}$Wb，当转速分别为 1500r/min 和 500r/min 时，求电枢感应电动势的大小。若电枢电流 $I_a=10$A，磁通不变，电磁转矩是多大？

3-3 一台他励直流电动机的额定数据为：$P_N=6$kW，$U_N=220$V，$n_N=1000$r/min，$p_{Cua}=500$W，$p_{Cuf}=100$W，$p_0=395$W。计算额定运行时电动机的 T_0、T_N、P_e、η_N。

3-4 一台4极82kW、230V、970r/min 的并励直流发电机，$r_a=0.0259\Omega$，$r_f=26.5\Omega$，一对电刷接触压降为2V，$p_{Fe}+p_{mec}=4.3$kW，$p_{ad}=0.005P_N$，求额定负载时发电机的输入功率、电磁功率、电磁转矩和效率。

3-5 一台100kW、230V 的并励直流发电机，每极励磁绕组有 1000 匝，在额定转速下，空载产生额定电压需励磁电流7A，额定电流时需9.4A 的励磁电流才能达到同样的电压，现欲将该发电机改为复励，问每极应加多少匝串励绕组。

3-6 一台5.5kW、110V 的并励直流电动机，额定电流为80A，额定转速为1470r/min，电枢回路总电阻为0.15Ω（包括电刷接触电阻），励磁回路电阻为138Ω，设在额定负载下突然在电枢回路中串入0.4Ω电阻，若不计电枢回路电感，并略去电枢反应，试计算：

（1）串入电阻瞬间的电枢电动势、电枢电流及电磁转矩；

（2）电枢电流的稳态值；

（3）进入稳态后电动机的转速。

3-7 一台96kW 的并励直流电动机，额定电压为440V，额定电流为225A，额定励磁电流为5A，额定转速为500r/min，电枢回路总电阻为0.078Ω（包括电刷接触电阻），不计电枢反应，试求：

（1）电动机的额定输出转矩；

（2）额定电流时的电磁转矩；

（3）电动机的空载转速。

3-8　某他励直流电动机的额定数据为：$P_N = 7.5\text{kW}$，$U_N = 220\text{V}$，$I_N = 40\text{A}$，$n_N = 1000\text{r/min}$，$R_a = 0.5\Omega$（忽略电刷接触电阻）。拖动 $T_L = 0.5T_N$ 恒转矩负载运行时，电动机的转速及电枢电流是多大？

3-9　两台完全一样的并励直流电机，它们的转轴互相耦合在一起，而电枢并联于 230V 的直流电网上（极性正确），转轴上不带任何负载。已知在 1000r/min 时空载特性见表 3-2：

表 3-2　计算题 3-9 中两台电机的空载特性

参数	甲电机	乙电机
I_f/A	1.4	1.3
E_a/V	195.9	186.7

电枢回路总电阻都是 0.1Ω（包括电刷接触电阻）。现在机组运行的转速是 1200r/min，甲电机的励磁电流为 1.4A，乙电机的励磁电流为 1.3A，问：

（1）这时哪台电机为发电机，哪台为电动机？

（2）总的机械损耗和铁损耗是多少？

（3）只调节励磁电流能否改变两台电机的运行状态（转速不变）？

（4）是否可以在 1200r/min 时两台电机都从电网吸取功率或向电网输送功率？

3-10　设有一 4 极，20kW，230V，2850r/min 的直流发电机，额定效率为 86.5%，电枢有 34 槽，每槽有 10 个导体，电枢绕组为单叠绕组。试求：

（1）该电机的额定电流；

（2）该电机的额定输入转矩；

（3）若该电机在额定运行情况下，电刷间的端电压为 230V，在电枢绕组中的电压降为端电压的 10%，则每极磁通为多少？

3-11　有一台并励直流发电机，额定功率 $P_N = 9\text{kW}$，$U_N = 115\text{V}$，$n_N = 1450\text{r/min}$，电枢电阻 $r_a = 0.07\Omega$，电刷接触压降 $\Delta U = 1\text{V}$，并励回路电阻 $R_f = 33\Omega$，额定负载时电枢铁耗 $p_{Fe} = 410\text{W}$，机械损耗 $p_{mec} = 101\text{W}$。试求：

（1）额定负载时电磁转矩；

（2）额定负载时的效率。

3-12　已知一台并励直流发电机，额定功率 $P_N = 10\text{kW}$，额定电压 $U_N = 230\text{V}$，额定转速 $n_N = 1450\text{r/min}$，电枢绕组电阻 $r_a = 0.486\Omega$，励磁绕组电阻 $R_f = 215\Omega$，一对电刷上压降为 2V，额定负载时的电枢铁损耗 $p_{Fe} = 442\text{W}$，机械损耗 $p_{mec} = 104\text{W}$，求：

（1）额定负载时的电磁功率和电磁转矩；

（2）额定负载时的效率。

3-13　一台他励直流发电机，额定转速 $n_N = 1000\text{r/min}$，额定电压 $U_N = 230\text{V}$，额定电枢电流 $I_{aN} = 10\text{A}$，励磁电流 $I_f = 3\text{A}$，电枢电阻（包括电刷接触电阻）为 1Ω，励磁绕组电阻 $R_f = 50\Omega$，转速为 750r/min 时的空载特性见表 3-3：

表 3-3　计算题 3-13 中电机的空载特性

I_f/A	0.4	1.0	1.6	2.0	2.5	2.6	3.0	3.6	4.4
E_0/V	33	78	120	150	176	180	194	206	225

当该发电机工作在额定转速时，求：

（1）空载端电压的大小；

（2）满载时的感应电动势；

（3）若将此电机改为并励发电机，则额定负载时励磁回路应串入多大的电阻？

（4）若整个电机的励磁绕组共有 850 匝，则满载时电枢反应的去磁磁动势为多少？

3-14　一台他励直流发电机的额定数据为：$P_N = 6 \text{kW}$，$U_N = 230 \text{V}$，$n_N = 1450 \text{r/min}$。电枢回路总电阻 $R_a = 0.61 \Omega$，空载时 $p_{Fe} + p_{mec} = 295 \text{W}$，附加损耗 $p_{ad} = 60 \text{W}$。试求额定负载下的电磁功率、电磁转矩及效率。

3-15　一台并励直流发电机，$P_N = 35 \text{kW}$，$U_N = 115 \text{V}$，$n_N = 1450 \text{r/min}$，$2p = 4$，电枢槽数 $z = 27$ 槽，每个元件的匝数 $N_c = 3$，单波绕组。电枢回路总电阻 $R_a = 0.0243 \Omega$，励磁回路电阻 $R_f = 20.1 \Omega$。求发电机在额定负载运行时的各参量：

（1）励磁电流 I_f 和负载电流 I_L；

（2）电枢电流 I_a 和电枢电动势 E_a；

（3）电磁功率 P_e 和电磁转矩 T_e。

3-16　一台并励直流电动机，$P_N = 17 \text{kW}$，$U_N = 220 \text{V}$，$n_N = 3000 \text{r/min}$，$I_N = 88.9 \text{A}$，电枢回路总电阻 $R_a = 0.114 \Omega$，励磁回路电阻 $R_f = 181.5 \Omega$，忽略电枢反应影响，试求：

（1）电动机额定输出转矩；

（2）额定负载时的电磁转矩；

（3）额定负载时效率；

（4）当电枢回路串入 0.15Ω 电阻，在额定转矩时的转速。

3-17　一台他励直流电动机，$U_N = 220 \text{V}$，$I_N = 100 \text{A}$，$n_N = 1150 \text{r/min}$，电枢回路总电阻 $R_a = 0.095 \Omega$，不计电枢反应的影响。试求：

（1）空载转速和转速变化率；

（2）额定时的电磁转矩；

（3）额定时的效率，设空载损耗为 1500W。

3-18　有一台串励直流电动机，额定电压 $U_N = 230 \text{V}$，电枢电阻 $R_a = 0.3 \Omega$（包含电刷接触电阻），串励绕组电阻 $r_s = 0.4 \Omega$，当电枢电流 $I_a = 25 \text{A}$ 时，转速 $n = 700 \text{r/min}$，假设电机磁路不饱和。试求：

（1）电枢电流为 35A 时，电机转速和电磁转矩；

（2）电机转速为 2000r/min 时，电枢电流和电磁转矩。

3-19　有一台并励直流电动机，额定数据如下：$U_N = 500 \text{V}$，$I_N = 200 \text{A}$，$n_N = 700 \text{r/min}$，$\eta_N = 0.9$，电枢回路总电阻 $R_a = 0.05 \Omega$，电枢回路串电阻调速，负载转矩保持额定值不变，略去电枢反应的影响，试求转速为 600r/min 时：

（1）电枢回路附加电阻 Δr_a；

（2）附加电阻上的损耗 Δp 和效率。

3-20　有一台他励直流电动机，额定时电枢回路电阻压降为外施电压的 5%，调节励磁回路，使每极磁通量降低 20%，若负载转矩保持额定值不变。试求：

（1）调速最初瞬时电枢电流为原有电流多少倍？电磁转矩是原有值的多少倍？

（2）调速稳定后转速为原有值的多少倍？

（3）调速稳定后输入功率和输出功率将如何变化？

3-21　一台并励直流电机并联于 220V 直流电网运行，已知电机支路对数 $a = 1$，极对数 $p = 2$，电机总导体数 $z = 372$，额定转速 $n_N = 1500 \text{r/min}$，每极磁通 $\Phi = 1.1 \times 10^{-2} \text{Wb}$，电枢回路总电阻 $R_a = 0.2 \Omega$，励磁回路总电阻 $R_f = 120 \Omega$，铁损耗 $p_{Fe} = 362 \text{W}$，机械损耗 $p_{mec} = 204 \text{W}$，试求：

（1）此直流电机运行于发电机状态还是电动机状态？

（2）电机的电磁转矩；

（3）输入功率和电机的效率。

3-22　两台相同的串励电动机，它们的电枢回路总电阻都为 0.3Ω，由于制造上的原因使两台电机的气隙略有差异。因此同样接到 550V 的电源上，而且电枢电流都达 100A 时，一台电机的转速为 600r/min，另一台转速为 550r/min。现将两台电机的转轴耦合在一起，再把它们的电枢串联起来（极性正确）接到 550V 直流电源上，求：

（1）当电枢电流为 100A 时，它们的转速为多少？

（2）此时，气隙较大的电机的端电压为多少？

3-23　一台并励直流电动机：$P_N = 5.5\text{kW}$，$U_N = 110\text{V}$，$I_N = 58\text{A}$，$n_N = 1470\text{r/min}$，$R_f = 137\Omega$，$R_a = 0.17\Omega$。电机在额定运行时突然在电枢回路串入 0.5Ω 电阻，若不计电枢电路中的电感，计算此瞬时的电枢电动势、电枢电流和电磁转矩，并求稳态转速（假定负载转矩不变）。

3-24　一台并励直流电动机：$P_N = 5.5\text{kW}$，$U_N = 110\text{V}$，$I_N = 58\text{A}$，$n_N = 1470\text{r/min}$，$R_f = 137\Omega$，$R_a = 0.17\Omega$。电机在额定情况下运行时，如将电源电压突然降到 100V，试求此瞬时的电枢电动势、电枢电流和电磁转矩，并求稳态转速（假定磁路线性，不考虑机电过渡过程）。

3-25　一台并励直流电动机：$P_N = 5.5\text{kW}$，$U_N = 110\text{V}$，$I_N = 58\text{A}$，$n_N = 1470\text{r/min}$，$R_f = 137\Omega$，$R_a = 0.17\Omega$。电机在额定情况下运行时，如调节 I_f 值，使磁通突然减少 15%，计算此瞬时的电枢电动势、电枢电流和电磁转矩，并求稳态转速（假定负载转矩不变）。

第 **4** 章 交流电机的共同问题

旋转交流电机主要分为同步电机和感应电机两大类。按结构形式的不同，同步电机分为凸极同步电机和隐极同步电机两种，同步电机主要用作发电机，也可作为电动机和补偿机运行。感应电机分为笼型转子感应电机和绕线转子感应电机，主要用作电动机，有时也作发电机运行。

同步电机的转速和电网频率之间存在固定不变的关系，正常工作时其转速恒定不变且与负载的大小无关，感应电机的转速则随着负载的变化而变化。从结构上看，同步电机和感应电机均由定子和转子组成，同步电机的定子通常作为电枢，转子则为主磁极，主磁场由通入转子励磁绕组的直流电流产生；感应电机的主磁场由通入定子绕组的三相交流电流产生，转子通常由三相或多相的短路绕组组成。上述两大类交流电机的结构、工作原理和运行特性有很大差别，但定子上所发生的电磁现象基本上是相同的，存在许多共性的问题，可以采用统一的观点进行分析。这就是本章所要阐述的交流电机的共同问题，即交流绕组、电动势和磁动势。分析这些问题对于以后分别研究感应电机和同步电机的运行性能有重要意义。

知识图谱

4.1 交流绕组的基本概念

交流电机绕组的功能和直流电机绕组的功能相同，是进行机电能量转换的关键部件，绕组构成了电机的电路部分。要分析交流电机的原理和运行，必须对交流绕组的构成和连接规律有基本的了解。

4.1.1 交流绕组概述

将属于同一相的导体按一定规律连接起来，就构成了交流绕组。构成交流绕组的基本单元是线圈，每个线圈有两个边，称为线圈边。连接槽中线圈边的两端连接部分称为端接。交流绕组一般为三相，各相绕组都有自己的首端和末端，以便于连接成星形或三角形。A 相绕

交流电机模型

组的首、末端分别用 A、X 表示，B 相绕组的首、末端分别用 B、Y 表示，C 相绕组的首、末端分别用 C、Z 表示。把 X、Y、Z 连接在一起，将 A、B、C 引出，即为星形联结；把三

相绕组首尾相连，构成闭合回路，将 A、B、C 引出，即为三角形联结。

交流绕组有多种分类方法：按相数可分为单相、两相、三相和多相绕组；按槽内层数可分单层、双层绕组、单双层绕组和混合绕组，双层绕组又分为叠绕组和波绕组，单层绕组又分为交叉式、同心式和链式等；按每极每相槽数可分为整数槽和分数槽绕组。

虽然交流绕组种类较多，但它们的构成原则基本相同，基本要求如下：

1）电动势和磁动势波形要接近正弦波，在一定导体数下力求获得较大基波电动势和基波磁动势。

2）三相绕组的电动势和磁动势必须对称，电阻和电抗要平衡。

3）绕组铜耗小，用铜量少。

4）绝缘可靠，机械强度高，散热条件要好，制造和嵌线方便。

在交流电机中，通常采用三相双层绕组，因为它能较好地满足上述要求。

4.1.2 交流绕组的基本知识

在介绍绕组连接规律之前，首先介绍一些绕组的基本知识。

1. 电角度与机械角度

电机中，若磁场在空间按正弦波分布，则经过一对极后磁场变化一个周期。电路理论中认为一个周期为 360°电角度，因此电机理论中将一对极所对应的空间角度定义为 360°电角度。几何学已经把一个圆周所对应的角度定义为 360°机械角度，因此，若电机有 p 对极，则电角度和机械角度之间满足

电角度与机械角度（1 对极）

$$电角度 = p \times 机械角度$$

2. 节距

一个线圈的两个边所跨的定子槽数称为节距，用 y_1 表示，y_1 应接近极距 τ。用槽数表示时，极距 τ 定义为

电角度与机械角度（2 对极）

$$\tau = \frac{Q}{2p} \tag{4-1}$$

式中，Q 为定子槽数；p 为极对数。

$y_1 < \tau$ 称为短距，$y_1 > \tau$ 称为长距，$y_1 = \tau$ 称为整距。

3. 槽距角

用电角度表示的相邻两槽之间的距离称为槽距角，用 α 表示

$$\alpha = \frac{p \times 360°}{Q} \tag{4-2}$$

4. 相带

为了使绕组对称，通常令每个极面下每相绕组所占的范围相等，这个范围称为相带。由于一个极对应 180°电角度，若电机相数为 m，则每个相带的宽度为 $180°/m$，通常三相电机的相带为 60°电角度，按 60°相带排列的绕组称为 60°相带绕组。若把每对极的范围分为 3 部分，每相占 1/3，即为 120°相带。为了使每相绕组产生最大电动势，通常采用 60°相带。

5. 每极每相槽数

每相在每极下占有相等的槽数，即每个相带所占有的槽数，称为**每极每相槽数**，用 q 表示

$$q = \frac{Q}{2pm} \tag{4-3}$$

4.2　三相双层绕组

交流绕组的种类很多，一般多采用双层短距绕组，单层绕组仅用于 10kW 以下的交流电机。本节介绍三相双层绕组的特点及连接规律。

4.2.1　双层绕组的特点

双层绕组在每一个槽内有上、下两个线圈边，每个线圈的一个边嵌放在某一个槽的上层，另一个边则嵌放在另一个槽的下层，两者之间相隔 y_1 个槽，如图 4-1 所示。由于每槽内放置上下两个线圈边，所以**双层绕组的线圈数等于槽数**，每相线圈数为槽数的 1/3，其特点是：

1）线圈尺寸相同，便于制造。

2）端部形状排列整齐，有利于散热和增加机械强度。

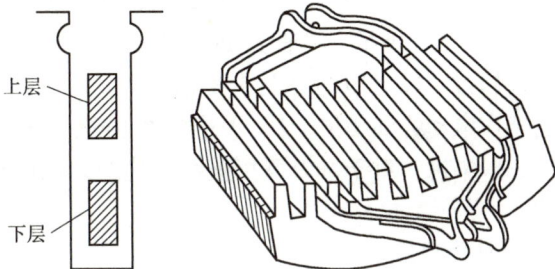

图 4-1　双层绕组

3）短距时可以节约用铜量。

4）合理选择节距和采用分布的方法，可以改善电动势和磁动势波形。

5）与单层绕组相比，增加了层间绝缘，绝缘材料用量多，嵌线麻烦。

4.2.2　槽电动势星形图和相带划分

交流电机的分析可以借助于槽电动势星形图。相邻两槽在空间上相距 α 电角度，因而对应的导体内的感应电动势相差 α 电角度。当把各槽内导体中按正弦规律变化的感应电动势用相量表示时，这些相量构成一个辐射星形图，称为**槽电动势星形图**。槽电动势星形图可以清晰地表示各槽内导体电动势之间的相位关系，据此可划分相带和绘制绕组展开图。

下面以 4 极、36 槽三相感应电机为例说明槽电动势星形图的绘制和相带的划分。如图 4-2 所示。

1. 槽电动势星形图的绘制

根据已知数据，求得每极每相槽数 q 和槽距角 α 分别为

$$q = \frac{Q}{2pm} = \frac{36}{4 \times 3} = 3$$

$$\alpha = \frac{p \times 360°}{Q} = \frac{2 \times 360°}{36} = 20°$$

a) 槽电动势星形图　　　　　　b) 60°相带划分　　　　　　　c) 120°相带划分

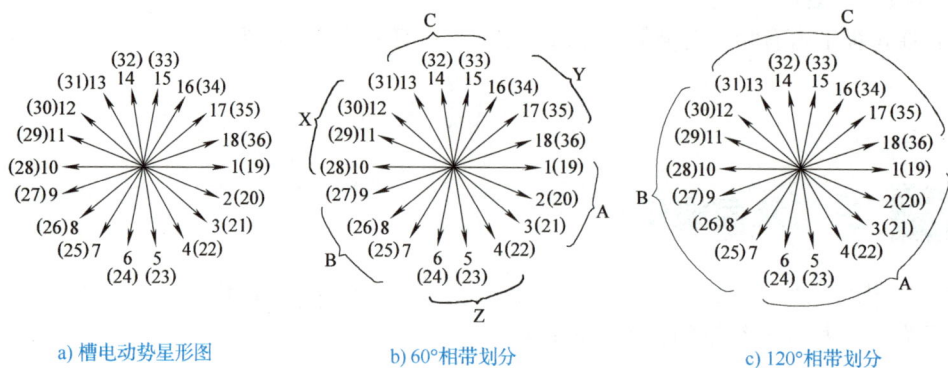

图 4-2　槽电动势星形图与相带划分

　　因各槽在空间互差 20°电角度，所以相邻槽中导体的感应电动势在时间上相差 20°电角度。在图 4-2a 中，将 1 号槽内电动势的相位设为 0°，则 2 号槽内电动势滞后于 1 号槽内电动势 20°。依此类推，一直到 19 号槽滞后 1 号槽 360°，经过了一对极，在槽电动势星形图上正好转过一周。19 号槽与 1 号槽完全重合，因为它们在磁极下处于对应的位置，所以它们的感应电动势同相位。从 19 号至 36 号槽，又经过了一对极，在电动势星形图上又转过一周。一般来讲，对于每极每相整数槽绕组，如电机有 p 对极，则有 p 个重叠的槽电动势星形图。

2. 划分相带

　　根据所得到的槽电动势星形图，可以进行相带的划分，既可以采用 60°相带，也可采用 120°相带。

　　（1）采用 60°相带划分

　　图 4-2b 所示对应 60°相带，即在一个极下均匀分布三相，每相占 60°电角度。以 A 相为例，因为 $q = 3$，A 相在每极下应占有 3 个槽，整个定子中 A 相共有 12 个槽，为使合成电动势最大，在第一个 N 极下取 1、2、3 这三个槽作为 A 相带，在第一个 S 极下取 10、11、12 这三个槽作为 X 相带，1、2、3 这三个槽相量间夹角最小，合成电动势最大，而 10、11、12 这三个槽分别与 1、2、3 三个槽相差一个极距，即相差 180°电角度，这两个线圈组（极相组）反接时合成电动势最大，

绕组接线图
（60°相带）

所以将 1、2、3 这三个槽作为 A 相的正相带，用 A 表示；将 10、11、12 这三个槽作为 A 相的负相带，即 X 相带，用 X 表示。19、20、21 这三个槽电动势与 1、2、3 这三个槽电动势分别同相位，而 28、29、30 这三个槽电动势与 10、11、12 这三个槽电动势分别同相位，所以将 19、20、21 和 28、29、30 也划为 A 相，19、20、21 作为 A 相的正相带，28、29、30 作为 A 相的负相带。把这些槽里的线圈按一定规律连接起来，即得 A 相绕组。

　　同理，为了使三相绕组对称，将距 A 相 120°处的 7、8、9、16、17、18 和 25、26、27、34、35、36 划为 B 相；而将距 A 相 240°处的 13、14、15、22、23、24 和 31、32、33、4、5、6 划为 C 相。由此得到对称三相绕组，每个相带各占 60°电角度，称为 60°相带绕组。各相带内的槽号见表 4-1。

表 4-1   各个相带槽号分布

相带	A	Z	B	X	C	Y
第一对极	1, 2, 3	4, 5, 6	7, 8, 9	10, 11, 12	13, 14, 15	16, 17, 18
第二对极	19, 20, 21	22, 23, 24	25, 26, 27	28, 29, 30	31, 32, 33	34, 35, 36

（2）采用 120°相带划分

也可按图 4-2c 所示方式划分相带，即在一对极下均匀分布三相，得到一个对称的 120°相带绕组。因 120°相带绕组合成电动势较 60°相带绕组合成电动势小，所以一般采用 60°相带绕组。

绕组接线图
（120°相带）

4.2.3   绕组展开图的绘制

绕组展开图的绘制是根据分相的结果，把属于各相的导体按一定规律连接起来，组成对称三相绕组。

根据线圈的形状和连接规律的不同，双层绕组可分为叠绕组和波绕组两类，图 4-3 所示为这两种绕组的线圈示意图。下面分别介绍叠绕组和波绕组的连接规律。

1. 叠绕组

任何两个相邻的线圈都是后一个叠在前一个的上面，把属于同一相的相邻线圈连接起来，再按照一定的连接法构成三相绕组，称为叠绕组。绘制绕组展开图时，把电枢沿轴向剖开，展成一平面，各线圈从左至右依次编号，编号原则是线圈与线圈的上层边所在的槽为同一号码，上层边

a) 叠绕组线圈   b) 波绕组线圈
图 4-3   双层绕组的线圈示意图

用实线表示，下层边用虚线表示。下面以三相、4 极、36 槽双层叠绕组为例说明双层叠绕组展开图的绘制方法。

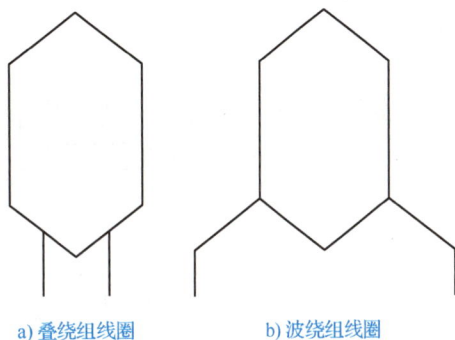

槽电动势星形图如图 4-2b 所示，按 60°相带划分，各相带的槽号分布见表 4-1。根据已知数据求得每极每相槽数 q 和极距 τ 分别为

$$q = \frac{Q}{2pm} = \frac{36}{2 \times 2 \times 3} = 3, \quad \tau = \frac{Q}{2p} = \frac{36}{2 \times 2} = 9$$

采用短距绕组，取 $y_1 = 8$，绕组展开图如图 4-4 所示。以 A 相为例，1 号线圈的上层边放在 1 号槽中（用实线表示），其下层边（用虚线表示）放在相隔 $y_1 = 8$ 的 9 号槽中。同理，2 号线圈的上层边放在 2 号槽中，下层边放在 10 号槽中，3 号线圈的上层边放在 3 号槽中，下层边放在 11 号槽中，将 3 个线圈串联在一起（线圈 1 的尾与线圈 2 的头接在一起，依此类推）得到一个线圈组（也称为极相组）。采用相同的方法，把其他极下属于 A 相的 10、11、12，19、20、21，28、29、30 分别串联起来构成 3 个线圈组，这样 A 相共有 4 个线圈组。

双层叠绕组 2D   **双层叠绕组 3D**

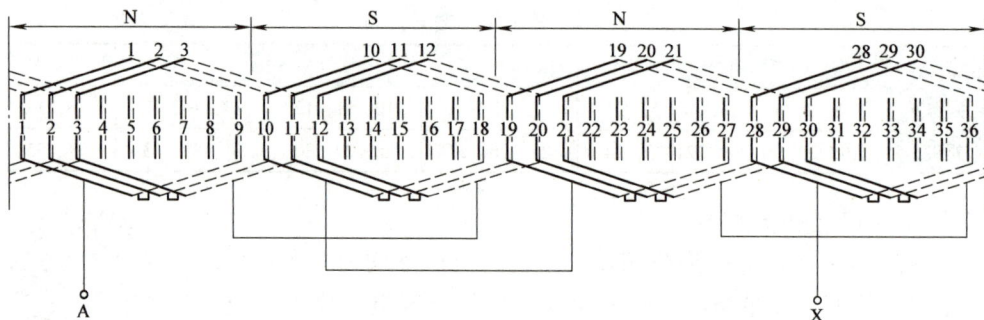

图 4-4　双层叠绕组的一相展开图

在叠绕组中，每一个线圈组内的线圈是依次串联的，不同磁极下的各个线圈组之间视具体需要既可串联也可并联。由于 N 极下线圈组的电动势和电流方向与 S 极下线圈组的相反，串联时应把线圈组 A 和线圈组 X 反向串联，即尾尾相连，头头相连，如图 4-5a 所示，12 个线圈构成一路串联，并联支路数 $a=1$；也可连接成 $a=2$，如图 4-5b 所示；也可连接成 $a=4$，如图 4-5c 所示。

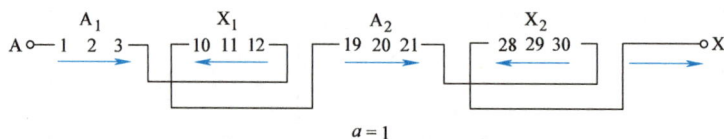

a) 1条并联支路

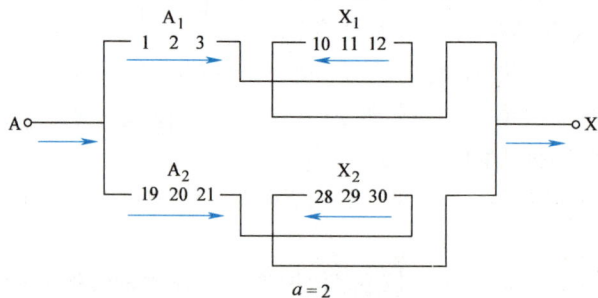

b) 2条并联支路

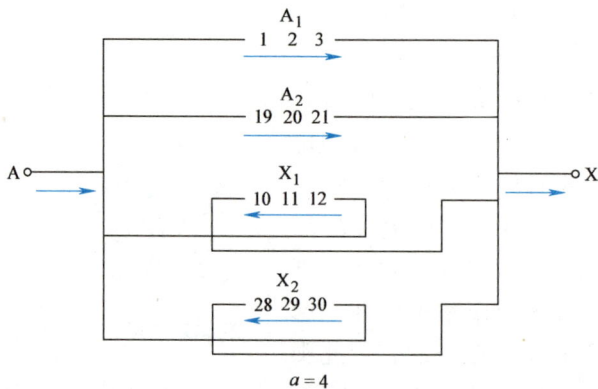

c) 4条并联支路

图 4-5　不同并联支路数时的叠绕组连接方式

由于每相的线圈组数等于极数，所以双层叠绕组的最大并联支路数为 $2p$，并联支路数可以等于 $2p$，也可以小于 $2p$，但 $2p$ 必须是并联支路数 a 的整数倍。

叠绕组的优点是短距时能节省端部用铜及得到较多的并联支路，缺点是线圈组间连接线较长，在线圈组较多时浪费铜材，主要用于 10kW 以上的交流电机定子绕组。

2. 波绕组

对于极数较多、支路导线截面积较大的交流电机，为节省极相组间连线用铜，常采用波绕组。这种绕组的特点是，两个相邻的线圈呈波浪形前进。与叠绕组相比，两者相带划分和槽号分配完全相同。若两种绕组的每槽导体数相等、节距相同，则当通以同一三相交流电流时产生的磁动势大小和波形相同，只是绕组的端部形状及线圈之间的连接顺序不同而已。

波绕组的连接规律是把所有 N 极下属于同一相的线圈依次串联起来组成一组，再把 S 极下属于同一相的线圈依次串联起来，组成另一组，根据需要将这两组串联或并联，则构成一相绕组。

对于每极每相槽数为整数的波绕组，每连一个线圈就前进一对极的距离，所以合成节距 y 应为

$$y = \frac{Q}{p} = 2mq \tag{4-4}$$

当绕组串联 p 个线圈（沿定子绕了一周）后，绕组将回到原来出发的槽号自行闭合。因此，为了把属于同一相的线圈全部连接起来，每绕完一周后必须人为地前进或后退一个槽才能使绕组继续绕下去，如图 4-6 所示。

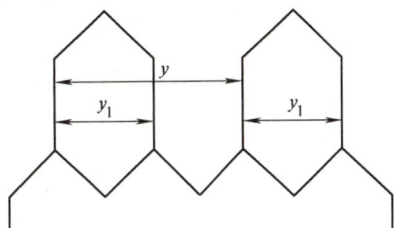

下面以三相、4 极、36 槽、$y_1 = 8$ 的波绕组为例进行说明。绕组的各节距为

图 4-6　波绕组的节距

$$y = \frac{Q}{p} = \frac{36}{2} = 18, \quad y_1 = 8$$

若 A 相从 3 号线圈起，则 3 号线圈上层边放在 3 号槽上层（用实线表示），下层边放在 11 号槽下层（用虚线表示），根据 $y = 18$，3 号线圈应与 21 号线圈连接，21 号线圈的上层边和下层边分别在 21 号槽和 29 号槽，连完这两个线圈后，恰好绕完一周，这两个线圈构成闭合回路。为避免闭合，后退一个槽，从 2 号槽开始绕，这样连续绕接 q 周，就把所有 N 极下属于 A 相的线圈连成一组（A_1A_2 组）。采用相同的方法，将所有 S 极下属于 A 相的线圈连成一组（X_1X_2 组），最后用组间连线把 A_1A_2 和 X_1X_2 串联起来即得到 A 相绕组。其绕组展开图如图 4-7 所示。

双层波绕组

若采用一路串联，则两组线圈的连接方式如图 4-8a 所示；若采用两路并联，则两组线圈的连接方式如图 4-8b 所示。

可以看出，在整数槽波绕组中，无论极数多少，最多有两条并联支路。

波绕组的优点是减少线圈组间连接线，绑扎固定比较简单，缺点是对于单匝的波绕组，采用短距时也不能节省端部用铜。多用于大、中型水轮发电机定子绕组和绕线转子感应电机转子绕组。

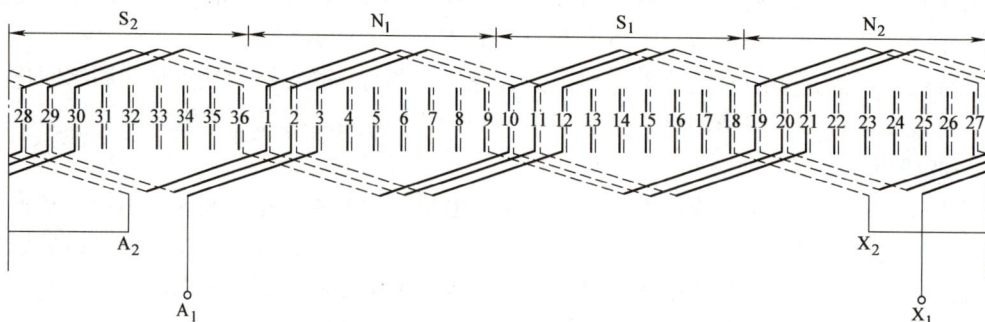

图 4-7 双层波绕的一相展开图

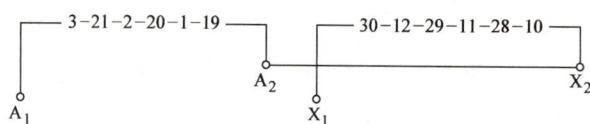

a) 1条并联支路

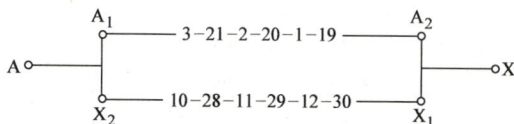

b) 2条并联支路

图 4-8 不同并联支路时的波绕组连接方式

4.3 三相单层绕组

单层绕组的特点是每个槽内只有一个线圈边，所以单层绕组的线圈数等于槽数的一半。其优点是下线方便、没有层间绝缘、槽利用率高；缺点是不能采用任选节距的方法有效地削弱谐波电动势和谐波磁动势，因此电动势和磁动势波形较双层短距绕组差，通常用于功率较小的交流电机中。

根据线圈形状和端部连接方法的不同，单层绕组分同心式、链式和交叉式等。究竟采用哪种形式与极对数和每极每相槽数有关。下面分别介绍它们的连接规律。

4.3.1 同心式

同心式绕组由不同节距的同心线圈组成，下面以 2 极、三相、24 槽电机为例说明。每极每相槽数为

$$q = \frac{Q}{2pm} = \frac{24}{2 \times 3} = 4$$

利用槽电动势星形图确定各相带内的槽号见表 4-2，其绕组展开图如图 4-9 所示。将 1 与 12 连接构成一个大线圈，将 2 与 11 连接构成一个小线圈，这两个线圈串联组成一个同心式线

圈组；再把 13 与 24 连接，14 与 23 连接，组成另一个同心式线圈组，最后把两个线圈组反向串联得到 A 相绕组。同理可得到 B、C 两相绕组。

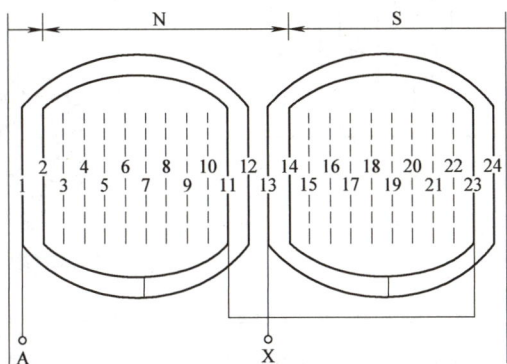

图 4-9　同心式绕组展开图（$2p=2$，$Q=24$）　　同心式绕组展开图

可以看出，线圈组中各同心线圈的轴线重合，因此同心式绕组实际上是一种由不同节距的线圈构成的集中绕组。

同心式绕组主要用于 $p=1$ 的小型感应电机中。其优点是下线方便，端部不重叠，散热好，便于布置；缺点是线圈大小不等，绕线模尺寸不同。

表 4-2　同心式绕组各个相带内的槽号分布

相带	A	Z	B	X	C	Y
第一对极	23, 24, 1, 2	3, 4, 5, 6	7, 8, 9, 10	11, 12, 13, 14	15, 16, 17, 18	19, 20, 21, 22

4.3.2　链式绕组

链式绕组的特点是线圈具有相同的节距。就整个绕组外形来看，一环套一环，形如长链，故称为链式绕组。链式绕组的节距恒为奇数。下面以 6 极、三相、36 槽电机为例说明。其每极每相槽数为

$$q = \frac{Q}{2pm} = \frac{36}{2 \times 3 \times 3} = 2$$

利用槽电动势星形图确定各相带内的槽号见表 4-3，其绕组展开图如图 4-10 所示，分别将 1 与 6、7 与 12、13 与 18、19 与 24、25 与 30、31 与 36 相连，得到 6 个线圈，每个线圈节距相等，然后用极间连线按相邻极下电流方向相反的原则将 6 个线圈反向串联，即尾与尾相连、头与头相连，即得 A 相绕组。同理可得到 B、C 两相绕组。

表 4-3　链式绕组各个相带内的槽号分布

相带	A	Z	B	X	C	Y
第一对极	36, 1	2, 3	4, 5	6, 7	8, 9	10, 11
第二对极	12, 13	14, 15	16, 17	18, 19	20, 21	22, 23
第三对极	24, 25	26, 27	28, 29	30, 31	32, 33	34, 35

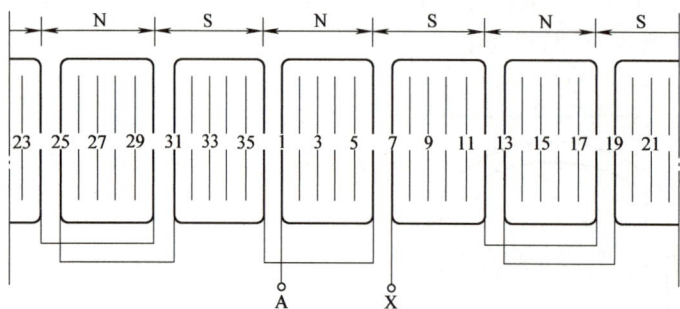

图 4-10 链式绕组展开图 （$2p=6$，$Q=36$）

链式绕组展开图

　　链式绕组的优点是每个线圈的大小相同，制造方便，线圈采用短距节省端部用铜。链式绕组主要用于每极每相槽数 q 为偶数的小型 4、6 极感应电机中。如 q 为奇数，则一个相带内的槽数无法均分为二，必然出现一边多、一边少的情况，因而线圈的节距不会相同，此时可采用交叉式绕组。

4.3.3　交叉式绕组

　　交叉式绕组是从链式绕组演变而来的，采用不等距线圈。下面以 4 极、三相、36 槽电机为例说明，每极每相槽数为

$$q = \frac{Q}{2pm} = \frac{36}{2 \times 2 \times 3} = 3$$

　　利用槽电动势星形图确定各相带内的槽号见表 4-4，图 4-11 为其绕组展开图。以 A 相绕组为例，将 A 相所属的每一个相带内的槽号分为两半，把 36 与 8、1 与 9 相连，组成两个节距为 8 的大线圈，10 与 17 相连组成一个节距为 7 的小线圈。同样的将 18 与 26、19 与 27 相连，组成两个节距为 8 的大线圈，28 与 35 相连组成一个节距为 7 的小线圈。最后将这 6 个线圈按照"两大线圈一小线圈、两大线圈一小线圈"构成交叉布置，大线圈与小线圈之间反向串联，即尾与尾相连、头与头相连，得 A 相绕组。同理可得到 B、C 两相绕组。

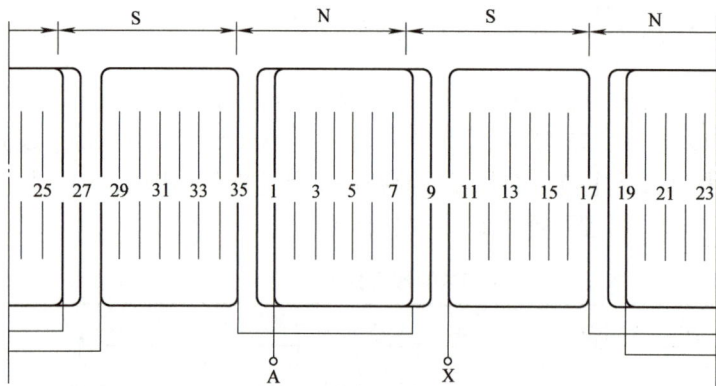

图 4-11　交叉式绕组展开图 （$2p=4$，$Q=36$）

交叉式绕组展开图

　　交叉式绕组主要用于 q 为奇数的小型 4、6 极三相交流电机中，其优点是，由于采用了

不等距线圈，比同心式绕组的端部短，且便于布置。

表 4-4　交叉式绕组各个相带内的槽号分布

相带	A	Z	B	X	C	Y
第一对极	35，36，1	2，3，4	5，6，7	8，9，10	11，12，13	14，15，16
第二对极	17，18，19	20，21，22	23，24，25	26，27，28	29，30，31	32，33，34

以上介绍了单层绕组的连接形式。必须指出，对于一般的整数槽单层绕组，虽然线圈节距在不同形式的绕组中是不同的，但如果每个线圈的匝数相等，且都是由属于两个相差 180° 电角度的相带中的导体构成，可等效地看成为整距分布绕组，在计算绕组系数时要特别注意。

单层绕组的缺点是不能同时采用分布和短距的方法有效地削弱谐波，妨碍了它在中、大型交流电机中的应用。

4.4　正弦磁场下交流绕组的感应电动势

在交流电机中，有一以同步转速 n_s 旋转的、在空间上正弦分布的磁场，该旋转磁场切割定子绕组，在定子绕组中产生感应电动势。本节讨论该感应电动势的波形、频率和有效值的计算方法。首先求一根导体中的感应电动势，然后导出一个线圈的感应电动势，再讨论一个线圈组的感应电动势，最后求一相绕组感应电动势的计算公式。

4.4.1　导体的感应电动势

图 4-12a 所示为一台 2 极交流发电机，转子是由直流励磁形成的主磁极（简称主极），定子上放有一根导体，主极磁场在气隙内按正弦规律分布。当转子由原动机拖动时，气隙中便形成一旋转磁场，定子导体切割该旋转磁场产生感应电动势，若转子主极磁场以恒速旋转，根据感应电动势公式 $e = Blv$ 可知，导体中的感应电动势 e 将正比于气隙磁通密度 B，其中 l 为导体在磁场中的有效长度。

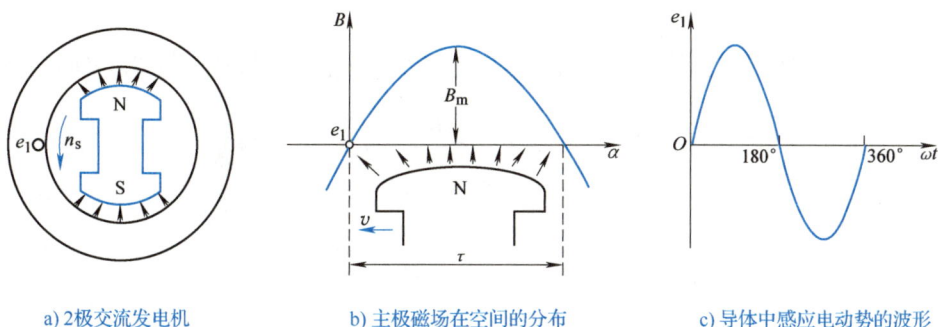

a) 2极交流发电机　　　　b) 主极磁场在空间的分布　　　　c) 导体中感应电动势的波形

图 4-12　气隙磁场正弦分布时导体内的感应电动势

1. 导体的感应电动势

主极磁场在气隙空间内按正弦分布，如图 4-12b 所示，即

$$B = B_m \sin\alpha \tag{4-5}$$

式中，B_m 为气隙磁通密度的幅值；α 为距坐标原点的电角度。

坐标原点取为转子两个磁极中间的位置，如图 4-12b 所示。当 $t=0$ 时，导体所处空间位置的磁通密度 $B=0$，所以导体中的感应电动势 $e=0$。当磁极以 n_s 逆时针旋转时，磁场与导体间产生相对运动且在不同瞬间磁场以不同的气隙磁通密度切割导体，在导体中感应出与磁通密度成正比的感应电动势。设导体切割 N 极磁场时感应电动势为正，则切割 S 极磁场时感应电动势为负，可见导体内感应电动势是一个交流电动势。

将转子的转速用每秒钟内转过的电弧度 ω 表示，ω 称为角频率。当时间 t 内，主极磁场转过的电角度 $\alpha=\omega t$，则导体感应电动势为

$$e_1 = Blv = B_m lv\sin\omega t = \sqrt{2}E_1\sin\omega t \tag{4-6}$$

由式（4-6）可见，导体中感应电动势是随时间正弦变化的交流电动势，其波形如图 4-12c 所示。

2. 导体感应电动势的频率

导体中感应电动势的频率与转子的转速和磁极的极数有关，若电机为 2 极电机，转子转一周，感应电动势交变一次，设转子每分钟转 n_s 转（即每秒 $n_s/60$ 转），则导体中电动势交变的频率应为 $f=n_s/60$Hz，若电机有 p 对极，则转子每旋转一周，感应电动势将交变 p 次，感应电动势的频率为

$$f = \frac{pn_s}{60} \tag{4-7}$$

在我国，工业用电的标准频率为 50Hz，所以

$$n_s = \frac{3000}{p} \tag{4-8}$$

式中，n_s 为同步转速（r/min）。

3. 导体感应电动势有效值

由式 $e_1=\sqrt{2}E_1\sin\omega t$ 可知，导体感应电动势的有效值为

$$E_1 = \frac{B_m lv}{\sqrt{2}} \tag{4-9}$$

由于气隙磁通密度在空间正弦分布，其磁通密度最大值 B_m 与平均值 B_{av} 之间的关系为

$$B_{av} = \frac{2}{\pi}B_m \tag{4-10}$$

且

$$v = \frac{n_s}{60}\pi D = 2p\tau\frac{n_s}{60} = 2\tau f \tag{4-11}$$

故

$$E_1 = \frac{l}{\sqrt{2}}B_m 2\tau f = \frac{l}{\sqrt{2}}\frac{\pi}{2}B_{av}2\tau f = \frac{\pi f}{\sqrt{2}}B_{av}l\tau = \frac{\pi f}{\sqrt{2}}\Phi_1 = 2.22f\Phi_1 \tag{4-12}$$

式中，D 为定子铁心内径；τ 为用实际长度表示的极距，$\tau=\frac{\pi D}{2p}$；Φ_1 为每极磁通（Wb），$\Phi_1 = B_{av}l\tau$。

4.4.2　整距线圈的感应电动势

采用整距线圈时，组成线圈的两个导体在空间上相隔一个极距 τ。若线圈的一根导体位于 N 极下最大磁通密度处时，另一根导体恰好处于 S 极下的最大磁通密度处，如图 4-13a 实线所示，两根导体的感应电动势瞬时值总是大小相等，方向相反，相位上相差 180° 电角度，其相量图如图 4-13b 所示。

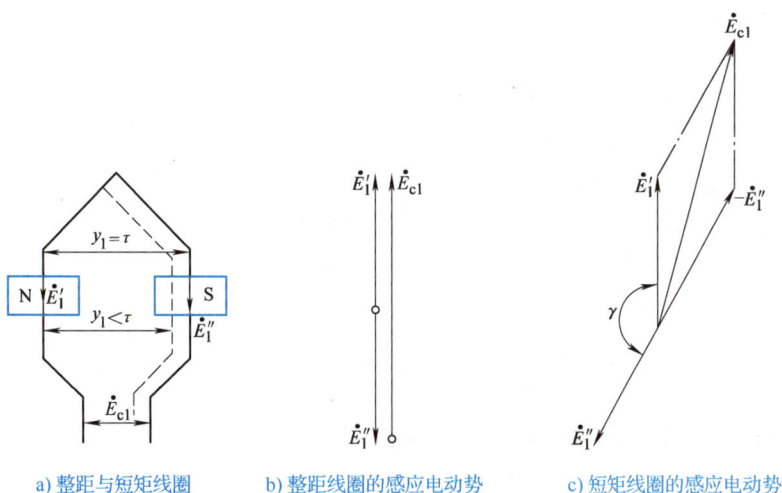

a) 整距与短矩线圈　　　b) 整距线圈的感应电动势　　　c) 短矩线圈的感应电动势

图 4-13　整距和短距线圈的感应电动势

设线圈匝数为 N_c，整距线圈的感应电动势为

$$\dot{E}_{c1(y_1=\tau)} = \dot{E}_1' - \dot{E}_1'' = 2\dot{E}_1' \tag{4-13}$$

其有效值为

$$E_{c1(y_1=\tau)} = 4.44 f N_c \Phi_1$$

4.4.3　短距线圈的感应电动势

当线圈采用短距时，$y_1 < \tau$，组成线圈的两导体的电动势相位差小于 180° 电角度，为 $\gamma = (y_1/\tau) \times 180°$，由图 4-13c 所示的相量图可得，线圈采用短距时感应电动势应为

$$\dot{E}_{c1(y_1<\tau)} = \dot{E}_1' - \dot{E}_1'' = \dot{E}_1' + (-\dot{E}_1'') \tag{4-14}$$

有效值为

$$E_{c1(y_1<\tau)} = 2E_1 \sin \frac{\gamma}{2} = 2E_1 \sin \frac{y_1}{\tau}90° = 4.44 f \Phi_1 N_c k_{p1} \tag{4-15}$$

式中

$$k_{p1} = \sin \frac{y_1}{\tau}90° \tag{4-16}$$

为**基波短距因数**，表示线圈采用短距后感应电动势较整距时应打的折扣，即

$$k_{p1} = \frac{E_{c1(y_1<\tau)}}{E_{c1(y_1=\tau)}} \tag{4-17}$$

当 $y_1 = \tau$ 时，$k_{p1} = 1$；当 $y_1 < \tau$ 时，如 $y_1 = 5\tau/6$，$k_{p1} = \sin 5 \times 90°/6 = 0.966 < 1$。可见短距对基波电动势的大小稍有影响，但当主磁场中含有谐波时，短距能有效地抑制谐波电动势，所以一般交流绕组大多采用短距。

4.4.4 线圈组的电动势

因每极下（双层绕组）或每对极下（单层绕组）每相有一个线圈组，每个线圈组由 q 个线圈串联组成，相邻线圈在空间相差 α 电角度。故各线圈电动势的有效值 E_{c1} 大小相等，相位相差 α 电角度，线圈组的合成电动势如图 4-14 所示。线圈组的电动势 E_{q1} 等于 q 个线圈电动势的相量和，因 q 个线圈电动势相加时构成了正多边形的一部分。设 R 为该正多边形的外接圆半径，根据几何关系，正多边形每个边所对应的圆心角等于两个相量之间的夹角 α，q 个线圈的合成电动势有效值为

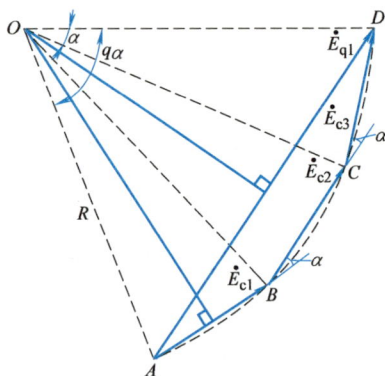

$$E_{q1} = 2R\sin\frac{q\alpha}{2} \qquad (4\text{-}18)$$

图 4-14 线圈组的合成电动势

而外接圆半径 R 与每个线圈电动势 E_{c1} 之间存在下列关系：

$$E_{c1} = 2R\sin\frac{\alpha}{2}$$

因

$$\left.\begin{array}{l} E_{q1(\text{代数和})} = qE_{c1} = 2qR\sin\dfrac{\alpha}{2} \\[3mm] E_{q1} = 2R\sin\dfrac{q\alpha}{2} \end{array}\right\} \qquad (4\text{-}19)$$

故

$$\frac{E_{q1}}{E_{q1(\text{代数和})}} = \frac{2R\sin\dfrac{q\alpha}{2}}{2qR\sin\dfrac{\alpha}{2}} = \frac{\sin\dfrac{q\alpha}{2}}{q\sin\dfrac{\alpha}{2}} = k_{d1} \qquad (4\text{-}20)$$

式中

$$k_{d1} = \frac{\sin\dfrac{q\alpha}{2}}{q\sin\dfrac{\alpha}{2}}$$

为**基波分布因数**，可以看出，$k_{d1} < 1$，其含意为 q 个线圈分布在不同槽内使合成电动势小于 q 个集中线圈的合成电动势 qE_{c1}，由此引起的电动势折扣。

一个线圈组的感应电动势的有效值为

$$E_{q1} = qE_{c1}k_{d1} = q \times 4.44 f\Phi_1 k_{d1} k_{p1} N_c = 4.44(qN_c)f\Phi_1 k_{w1} \qquad (4\text{-}21)$$

式中

$$k_{w1} = k_{d1}k_{p1} \tag{4-22}$$

为**基波绕组因数**，是既考虑短距，又考虑绕组分布时整个绕组合成电动势所打的折扣。

4.4.5　相电动势和线电动势

电机有 $2p$ 个极，这些极下属于一相的线圈组根据需要串联或并联起来组成一相绕组。由电路理论可知，把一相中所串联的线圈组电动势相加即为一相的电动势，若每相串联总匝数为 N，则一相绕组的电动势为

$$E_{\phi 1} = 4.44fNk_{w1}\Phi_1 \tag{4-23}$$

对于单层绕组，每对极有一个线圈组，每相共有 p 个线圈组，即 pq 个线圈，若并联支路数为 a，则每条支路的串联匝数为

$$N = \frac{pqN_c}{a} \tag{4-24}$$

对于双层绕组，每相有 $2p$ 个线圈组，即 $2pq$ 个线圈，则每条支路的串联匝数为

$$N = \frac{2pqN_c}{a} \tag{4-25}$$

求出相电动势后，根据三相绕组的连接法，可求出线电动势。对星形联结，线电动势为相电动势的 $\sqrt{3}$ 倍；对三角形联结，线电动势等于相电动势。

将式（4-23）与变压器中感应电动势有效值的计算公式比较，可以看出，两者在形式上相似，只是前者多了一个绕组因数 k_{w1}。若 $k_{w1} = 1$，则两者完全一致，这也与实际情况相吻合，因为变压器绕组是整距集中的。

> **[例 4-1]**　一台三相、4 极、36 槽感应电机采用双层叠绕组，支路数 $a = 1$，线圈节距 $y_1 = 8\tau/9$，每个线圈的匝数 $N_c = 20$，频率 $f = 50$Hz，当每相绕组感应电动势为 $E_{\phi 1} = 360$V 时，求每极气隙磁通 Φ_1。
>
> **解**：因为 $E_{\phi 1} = 4.44fN\Phi_1 k_{w1}$　　　所以 $\Phi_1 = \dfrac{E_{\phi 1}}{4.44fNk_{w1}}$
>
> $$q = \frac{Q}{2mp} = \frac{36}{2 \times 3 \times 2} = 3 \qquad \alpha = \frac{p \times 360°}{Q} = 20°$$
>
> 每相串联总匝数
>
> $$N = \frac{2pqN_c}{a} = 2 \times 2 \times 3 \times 20\ \text{匝} = 240\ \text{匝}$$
>
> $$k_{d1} = \frac{\sin\dfrac{q\alpha}{2}}{q\sin\dfrac{\alpha}{2}} = \frac{\sin\dfrac{3 \times 20°}{2}}{3\sin\dfrac{20°}{2}} = 0.96$$
>
> $$k_{p1} = \sin\frac{y_1}{\tau}90° = \sin\frac{8}{9}90° = \sin 80° = 0.985 \qquad k_{w1} = 0.96 \times 0.985 = 0.945$$

$$\Phi_1 = \frac{E_{\phi 1}}{4.44 f N k_{w1}} = \frac{360}{4.44 \times 50 \times 240 \times 0.945} \text{Wb} = 7.15 \times 10^{-3} \text{Wb}$$

4.5 感应电动势中的谐波及其削弱方法

在上节中，假定主极磁场在气隙内正弦分布，这是一种理想情况。实际上，主极磁场中有一定含量的谐波，气隙磁场除了在交流电机绕组中产生基波电动势外，还产生谐波电动势。这些谐波主要是由主极磁场在空间的非正弦分布和定子表面开槽引起的，对电机的运行性能影响很大。本节将讨论磁场非正弦分布时所引起的谐波电动势及其削弱方法。

4.5.1 主极磁场非正弦分布引起的谐波电动势

在交流电机中，主极磁场的空间分布一般为平顶波，如图4-15所示。利用傅里叶级数可将其分解为基波和一系列谐波。因主极磁场沿磁极中心线对称分布，故偶次谐波为零，磁场中仅存在奇次谐波（1、3、5、…），为清楚起见，图中只画出1、3、5次谐波。次数越高，幅值越小。出现谐波的原因主要是铁心的饱和及主极的外形未经特殊设计。

ν次谐波磁场的极对数为基波的ν倍，而极距则为基波的$1/\nu$，即

$$\left. \begin{array}{l} p_\nu = \nu p \\ \tau_\nu = \dfrac{1}{\nu}\tau \end{array} \right\} \tag{4-26}$$

图4-15 主极磁场的空间分布

主极磁场的空间分布

由于谐波旋转磁场也因转子旋转而形成旋转磁场，其转速等于转子转速$n_\nu = n_s$，这些以同步转速旋转的空间谐波磁场将在定子绕组中感应出频率为f_ν的谐波电动势

$$f_\nu = \frac{p_\nu n_\nu}{60} = \frac{\nu p}{60} n_s = \nu f_1 \tag{4-27}$$

即ν次谐波感应电动势的频率为基波电动势频率的ν倍。

谐波电动势的计算方法与基波电动势计算方法类似。根据与基波感应电动势公式$E_{\phi 1} = 4.44 f N k_{w1} \Phi_1$类似的推导得

$$E_{\phi\nu} = 4.44 f_\nu N k_{w\nu} \Phi_\nu \tag{4-28}$$

式中，$k_{w\nu}$为ν次谐波的绕组因数，$k_{w\nu} = k_{d\nu} k_{p\nu}$，其中$k_{p\nu}$、$k_{d\nu}$分别为$\nu$次谐波的短距因数和分布因数，$k_{p\nu} = \sin\nu \dfrac{y_1}{\tau} 90°$，$k_{d\nu} = \dfrac{\sin\nu\dfrac{q\alpha}{2}}{q\sin\nu\dfrac{\alpha}{2}}$；$\Phi_\nu$为$\nu$次谐波的每极磁通，$\Phi_\nu = \dfrac{2}{\pi} B_\nu \tau_\nu l$，$B_\nu$为$\nu$次谐波磁通密度的幅值。

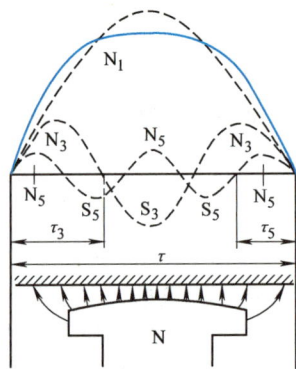

4.5.2　齿谐波电动势

在谐波中，有一种次数为 $\nu = Q/p \pm 1 = 2mq \pm 1$ 的谐波较强，称为齿谐波，由该次谐波感应的电动势称为齿谐波电动势。齿谐波电动势的特点是：① 次数与一对极下的槽数 Q/p 之间具有特定关系；② 绕组因数与基波绕组因数相等。

齿谐波电动势比较强的主要原因是定子开槽引起的气隙磁导不均匀，对应齿的位置气隙小、磁导大，而槽口处气隙大、磁导小。若不开槽时，气隙中主极磁场为接近于正弦分布的曲线，如图 4-16 中曲线 1 所示。开槽以后在曲线 1 上叠加一个与定子齿数相应的附加周期性磁导分量，导致气隙磁场的分布发生改变，致使电动势波形出现明显的谐波波纹，如图 4-17 所示。

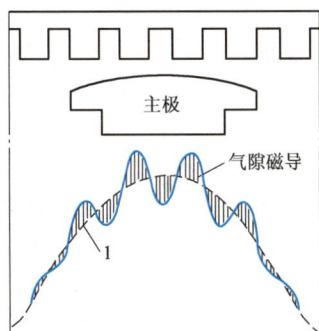

图 4-16　考虑齿槽效应主极磁场空间谐波

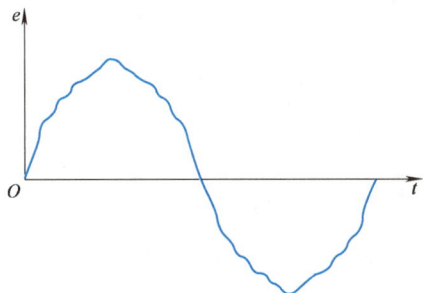

图 4-17　含有齿谐波的电动势波形

4.5.3　相电动势和线电动势的有效值

考虑谐波电动势时，相电动势的有效值应为

$$E_\phi = \sqrt{E_{\phi 1}^2 + E_{\phi 3}^2 + E_{\phi 5}^2 + \cdots} = E_{\phi 1}\sqrt{1 + \left(\frac{E_{\phi 3}}{E_{\phi 1}}\right)^2 + \left(\frac{E_{\phi 5}}{E_{\phi 1}}\right)^2 + \cdots} \tag{4-29}$$

线电动势有效值为

$$E_L = \sqrt{3}\sqrt{E_{\phi 1}^2 + E_{\phi 5}^2 + E_{\phi 7}^2 + \cdots} \qquad （星形联结） \tag{4-30}$$

$$E_L = \sqrt{E_{\phi 1}^2 + E_{\phi 5}^2 + E_{\phi 7}^2 + \cdots} \qquad （三角形联结） \tag{4-31}$$

无论是三角形联结还是星形联结，线电动势中均无 3 及 3 的倍数次谐波。因在对称三相系统中，各相的 3 次谐波在时间上同相位，大小相等。当星形联结时，线电压等于相电压之差，相减时 3 次谐波互相抵消，所以不存在 3 次谐波电动势。在三角形联结时，3 次谐波电动势将在闭合的三角形中形成环流，如图 4-18 所示，3 次谐波电动势完全消耗于克服环流所产生的压降上，线电动势中不会出现 3 次谐波电压，但 3 次谐波环流所产生的

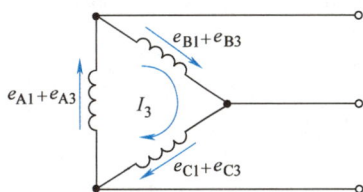

图 4-18　三角形联结时绕组内的 3 次谐波环流

附加损耗会使电机效率下降，温升增高，所以现代交流发电机一般采用星形联结。

4.5.4 削弱谐波电动势的方法

各次谐波与基波相比，幅值很小，对相电动势的有效值影响并不大。但谐波电动势的存在产生很多不良影响：

1）电机损耗增大，效率下降，温升增加。

2）输电线线损增加，谐波产生的电磁场对邻近的通信线路产生干扰。

3）使感应电机产生附加损耗和附加转矩，导致电机运行性能变差。

4）输电线路本身有电感和电容，在某一高频条件下，产生自激振荡而导致过电压。

由于谐波电动势对电机的危害很大，所以在设计电机时，应尽可能削弱电动势中的谐波分量。国标规定：对 300kV·A 以上的同步发电机，线电压波形的波形畸变率不应超过 5%。波形畸变率定义为

$$\Delta = \frac{\sqrt{E_3^2 + E_5^2 + E_7^2 + \cdots}}{E_1} \times 100\% \tag{4-32}$$

下面分别介绍削弱谐波电动势和齿谐波电动势的方法。

1. 削弱谐波电动势的方法

由于谐波电动势公式为 $E_{\phi\nu} = 4.44 f_\nu N k_{w\nu} \Phi_\nu$，可通过减少 $k_{w\nu}$ 和 Φ_ν 的方法削弱 $E_{\phi\nu}$。

（1）采用分布绕组

当每极每相槽数 q 增加时，基波的分布因数减小不多，但谐波的分布因数显著减小。所以就分布绕组来说，每极每相槽数 q 越多，抑制谐波电动势的效果越好。

但 q 增多，必增加电枢槽数，使电机成本提高。当 $q>6$ 时，谐波分布因数的下降已不明显，所以一般选 $6 \geq q \geq 2$。图 4-19 表示了不同 q 值时 ν 次谐波分布因数的变化情况，可见采用分布绕组后对基波电动势影响很小，但对 5、7 次谐波有较大抑制作用。

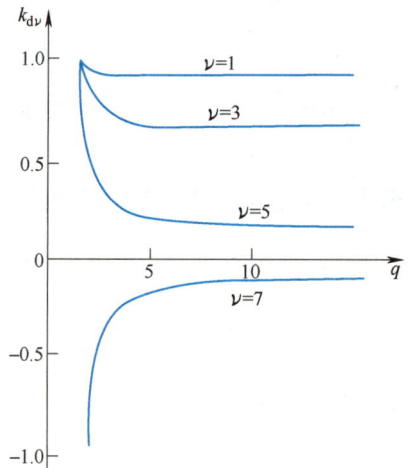

图 4-19 ν 次谐波分布因数的变化情况

（2）采用短距绕组

适当地选择线圈的节距，使某次谐波的短距因数接近或等于零，以达到削弱或消除某次谐波的目的。如要消除 ν 次谐波，只要使

$$k_{p\nu} = \sin\nu \frac{y_1}{\tau} 90° = 0$$

即可，即

$$\nu \frac{y_1}{\tau} 90° = k \times 180° \quad \text{或} \quad y_1 = \frac{2k}{\nu}\tau \tag{4-33}$$

选尽可能接近于极距的节距，则 $2k = \nu - 1$，线圈节距为

$$y_1 = \left(1 - \frac{1}{\nu}\right)\tau = \tau - \frac{\tau}{\nu} \tag{4-34}$$

式（4-34）表明，要消除 ν 次谐波，只要选用比整距短 τ/ν 的线圈即可。如要消除 5 次

谐波，取 $y_1 = \left(1 - \dfrac{1}{5}\right)\tau = \dfrac{4}{5}\tau$，则 $k_{p5} = \sin 5 \dfrac{\frac{4}{5}\tau}{\tau} 90° = 0$。

图 4-20 所示为采用 $y_1 = \dfrac{4}{5}\tau$ 的线圈放在 5 次谐波磁场中用短距消除 5 次谐波电动势的情况。图中，实线表示线圈采用整距的情况，这时 5 次谐波磁场在线圈两个有效导体边中感应的电动势瞬时值大小相等，方向相反，沿整个回路正好相加；如按虚线所示节距缩短 $\tau/5$，则两个有效导体边总是处于相同谐波磁场位置下，在线圈两个有效导体边中感应的电动势正好完全抵消。这就是采用短距消除谐波电动势的实质。

图 4-21 表示了线圈节距变化时谐波短距因数的变化情况。图中绘制了选用不同节距时基波、5 次和 7 次谐波短距因数的变化规律，可见当线圈采用短距后对基波影响很小，但对谐波影响较大。由于三相绕组采用星形或三角形联结，线电压中已不存在 3 及 3 的倍数次谐波，所以选节距时主要考虑削弱 5、7 次谐波，因此通常采用 $y_1 = \dfrac{5}{6}\tau$，这时 5、7 次谐波可同时大大削弱。

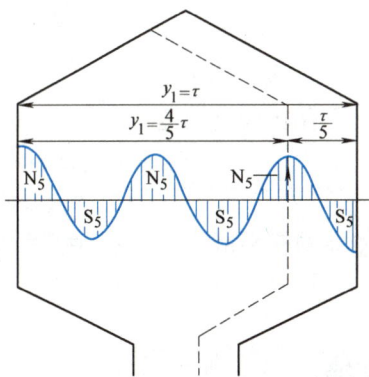

图 4-20　用短距消除 5 次谐波

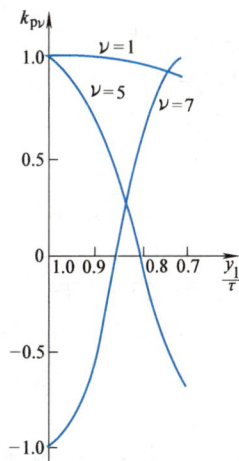

图 4-21　ν 次谐波短距因数的变化情况

（3）改善主极极靴外形

极靴外形设计及励磁绕组分布如图 4-22 所示。可通过改善磁极极靴外形（凸极同步电机）或励磁绕组的分布（隐极同步电机）使磁极磁场沿电枢表面分布接近于正弦波。凸极同步电机采用非均匀气隙，一般取最大气隙和最小气隙之比为 1.5~2.0，极靴宽度与极距的比值为 0.70~0.75，可以得到较好的磁场波形。隐极同步电机的气隙是均匀的，当放置励磁绕组部分与极距之比为 0.70~0.80 时，磁场波形比较接近正弦波。

2. 削弱齿谐波电动势的方法

对于齿谐波，由于其绕组因数与基波绕组因数相同，若采用短距和分布绕组，基波电动势和齿谐波电动势将按相同比例减小，因此不能采用短距和分布绕组的方法削弱齿谐波电动势。目前采用以下几种方法削弱齿谐波电动势。

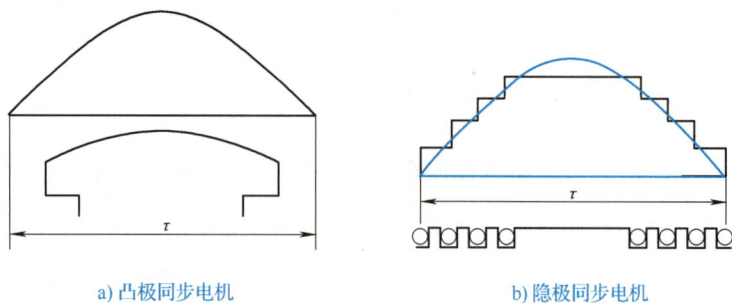

a) 凸极同步电机　　　　　　b) 隐极同步电机

图 4-22　极靴外形设计及励磁绕组分布

（1）采用斜槽

采用斜槽是削弱齿谐波的最有效方法，用于中小型感应电机及小型同步电机。采用这种方法后，同一根导体内的各个小段在磁场中的位置互不相同，所以同一导体各点感应的齿谐波电动势不同，使大部分相互抵消，从而使电动势中的齿谐波大为削弱，如图 4-23 所示。但应注意的是，斜槽对基波电动势也有削弱作用，但影响很小。通常斜一个齿距。

（2）采用分数槽

采用分数槽也是一种有效削弱齿谐波的方法，在多极同步发电机（如水轮发电机）和低速同步电动机中得到广泛应用。由于每极每相槽数为分数，所以齿谐波次数 $\nu = 2mq \pm 1$ 一般为分数或偶数，而主极磁极中仅含有奇次谐波，即不存在齿谐波磁场，也就不存在齿谐波电动势。

（3）采用半闭口槽和磁性槽楔

在小型电机中采用半闭口槽、中型电机中采用磁性槽楔来减小由于槽开口而引起的气隙磁导变化和齿谐波。

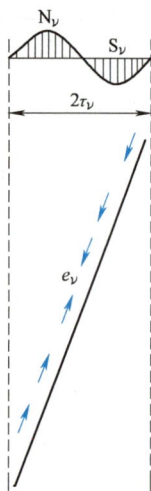

图 4-23　采用斜槽消除齿谐波电动势

4.6　正弦电流下单相绕组的磁动势

前面研究了交流电机的绕组和电动势，本节研究正弦电流下交流绕组的磁动势。当绕组中通入交流电流时就会产生磁动势，在磁动势作用下产生气隙磁场，对电机的运行性能影响很大，因此研究磁动势的性质、大小和分布具有十分重要的意义。

因组成一相绕组的基本单元是线圈，所以在分析单相绕组产生的磁动势时，先从分析一个线圈的磁动势入手，进而分析一个线圈组的磁动势，最后推出一相绕组的磁动势。

在分析单相绕组的磁动势时，为简化分析，忽略铁心中的磁压降，认为所有磁动势都消耗在气隙上；定、转子间气隙均匀且忽略由于齿槽引起的气隙磁阻变化；槽内电流集中在槽中心处。

4.6.1　整距线圈的磁动势

图 4-24 所示为一台 2 极电机内整距线圈产生的磁场。定子上有一整距线圈 AX，线圈匝

数为 N_c。当通入交流电 i_c 时，电流方向如图所示（瞬时），由右手定则决定磁场方向，磁力线分布如图所示，建立了一个 2 极磁场。根据安培环路定理，任何一闭合回路的磁动势等于它所包围的电流数，即

$$\oint H \mathrm{d}l = \sum i = N_c i_c \tag{4-35}$$

由式（4-35）可以看出，每条磁力线所包围的安匝数都是 $N_c i_c$。因每一条磁力线都要经过定子铁心和转子铁心并且两次穿过气隙，若不计铁磁材料中的磁压降，则磁动势 $N_c i_c$ 全部消耗在气隙中，经过一次气隙所消耗的磁动势为 $N_c i_c /2$。由于这个磁动势全部作用在气隙上，所以也称为气隙磁动势。因为任何一条磁力线在每个气隙中所消耗的磁动势都是 $N_c i_c /2$，所以沿整个气隙圆周的磁动势均匀分布。如将磁力线出转子、进定子作为磁动势正方向，则可画出定子磁动势沿气隙圆周的分布，如图 4-25 所示。

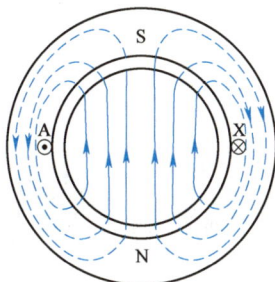

图 4-24　整距线圈
　　产生的磁场

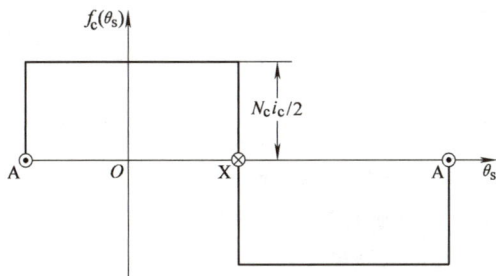

图 4-25　整距线圈产生的磁动势

整距线圈磁动势

由图 4-25 可以看出，整距线圈在气隙内形成一个矩形分布的磁动势波。矩形波的高度为

$$f_c = \frac{N_c i_c}{2} \tag{4-36}$$

磁动势的分布可表示为

$$\left. \begin{aligned} f_c(\theta_s) &= \frac{N_c i_c}{2}, \qquad \text{当} -\frac{\pi}{2} \leqslant \theta_s \leqslant \frac{\pi}{2} \text{时} \\ f_c(\theta_s) &= -\frac{N_c i_c}{2}, \qquad \text{当} \frac{\pi}{2} \leqslant \theta_s \leqslant \frac{3\pi}{2} \text{时} \end{aligned} \right\} \tag{4-37}$$

若线圈中的电流为恒定电流，则矩形波的高度恒定不变。而在交流绕组中通入的是交变电流，假设其随时间按余弦规律变化，即

$$i_c = \sqrt{2} I_c \cos\omega t \tag{4-38}$$

矩形波的高度是时间的函数。当 $\omega t = 0$ 时，i_c 达到最大值，矩形波高度达到最大值 $F_{cm} = (\sqrt{2}/2) N_c I_c$；当 $\omega t = \pi/2$ 时，$i_c = 0$，矩形波高度为零；当电流变为负值时，两个矩形波的高度跟着变号，正变负，负变正。这种空间位置固定不动，但幅值的大小随时间变化的磁动势称为脉振磁动势。

上面分析的是一对极的情况，图 4-26 所示为整距线圈产生的 4 极磁场的磁动势。节距

等于1/4周长的两组整距线圈形成4极磁场，其磁动势波形仍为矩形波。若线圈匝数为N_c，当通入交流电i_c时，每条磁力线所包围的安匝数是$N_c i_c$，每个气隙所消耗的磁动势仍为$N_c i_c/2$。由此可见，对于多极电机，由于整个磁路为对称支路磁路，各对极下的情况均相同，所以只分析一对极即可。

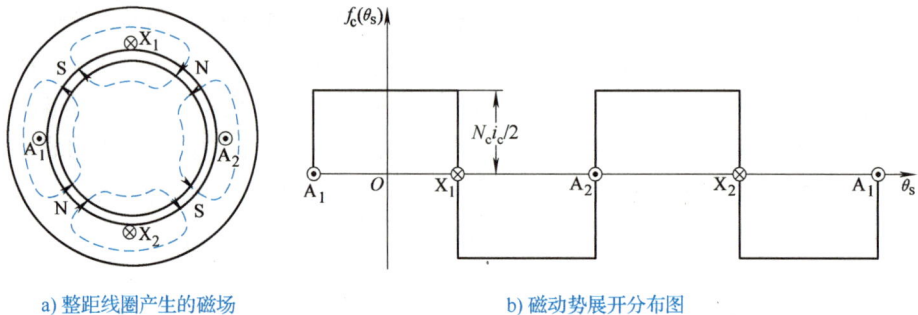

a) 整距线圈产生的磁场　　　　b) 磁动势展开分布图

图4-26　整距线圈4极磁场的磁动势

将上述矩形分布的脉振磁动势用傅里叶级数进行分解，得

$$f_c(\theta_s) = F_{c1}\cos\theta_s + F_{c3}\cos3\theta_s + F_{c5}\cos5\theta_s + \cdots \tag{4-39}$$

可以看出，该磁动势波分解为基波和一系列奇次谐波，其中基波磁动势的幅值是矩形波高度的$4/\pi$倍，ν次谐波的幅值是基的$1/\nu$倍。基波磁动势为

$$f_{c1} = \frac{4}{\pi}\frac{\sqrt{2}N_c}{2}I_c\cos\theta_s\cos\omega t = F_{c1}\cos\theta_s\cos\omega t \tag{4-40}$$

式中，F_{c1}为基波磁动势的幅值，$F_{c1} = \frac{4}{\pi}\frac{\sqrt{2}N_c}{2}I_c = 0.9N_cI_c$，是矩形波幅值的$4/\pi$倍。

ν次谐波磁动势为

$$f_{c\nu} = \frac{1}{\nu}\frac{4}{\pi}\frac{\sqrt{2}N_c}{2}I_c\cos\nu\theta_s\cos\omega t = F_{c\nu}\cos\nu\theta_s\cos\omega t \tag{4-41}$$

式中，$F_{c\nu}$为ν次谐波磁动势的幅值，$F_{c\nu} = \frac{1}{\nu}F_{c1}$。

上述用傅里叶级数将矩形波分解为基波和一系列谐波的理论也可用图解法得到验证。矩形波分解为基波和一系列谐波，如图4-27所示。图中，曲线1为基波，其幅值F_{c1}是矩形波幅值F_{cm}的$4/\pi$倍，波长为2τ；曲线3为3次谐波，其幅值F_{c3}是基波幅值的$1/3$倍，波长为2τ的$1/3$；曲线5为5次谐波，其幅值F_{c5}是基波幅值的$1/5$倍，波长为2τ的$1/5$。将1、3和5这3条曲线逐点相加就可得到接近矩形波的曲线，如果将1、3、5、7、9、…直到无限多个奇次谐波叠加，即得到一个波长为2τ的矩形波。

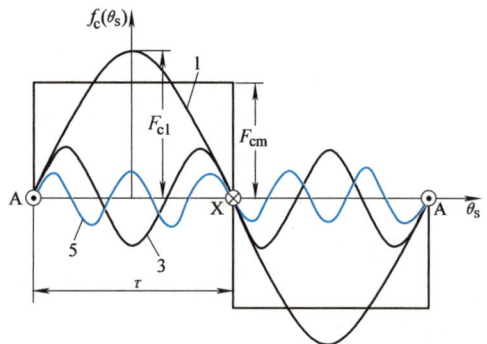

图4-27　矩形波分解为基波和一系列谐波

150

4.6.2　线圈组的磁动势

在交流绕组中，无论单层绕组还是双层绕组，每相绕组都是由若干个线圈组串联或并联组成的，而每个线圈组是由若干个节距相等、匝数相同、依次沿定子圆周错开同一角度的线圈串联而成的，由上述单个线圈磁动势，很容易推导出线圈组的磁动势。下面按整距和短距两种情况分别分析线圈组的磁动势。

1. 整距线圈组的磁动势

每极下属于同一相的线圈串联起来，就成为一个线圈组。图 4-28 所示为一个 $q = 3$ 的整距线圈组产生的磁动势。每个整距线圈产生的磁动势都是一个矩形波，3 个矩形波互差 α 电角度，把各矩形波逐点相加后得到线圈组的合成磁动势，为一个阶梯波，如图 4-28a 所示。应用傅里叶级数把各整距线圈的矩形波进行分解得到基波及一系列谐波，图 4-28b 中曲线 1、2 和 3 分别为 3 个整距线圈产生的基波磁动势，其幅值相等，在空间互差 α 电角度。把 3 个基波磁动势逐点相加便可得到线圈组的基波合成磁动势，如图 4-28b 所示，仍为一正弦波。

由于基波磁动势在空间按正弦规律分布，故可用空间矢量表示，矢量的长度代表基波磁动势的幅值，则 q 个线圈的基波磁动势矢量等于各个线圈基波磁动势的矢量和，如图 4-29 所示。求线圈组合成磁动势的方法与求线圈组合成电动势方法相同，因此，仿照求线圈组合成电动势方法，则线圈组基波合成磁动势为

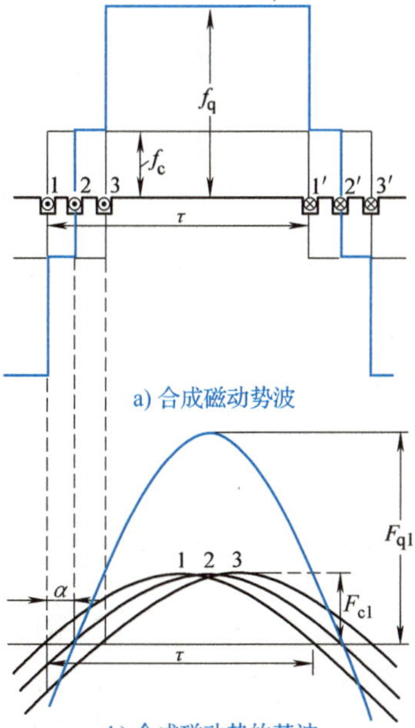

图 4-28　$q=3$ 的整距线圈组产生的磁动势

a) 合成磁动势波
b) 合成磁动势的基波

整距线圈组的磁动势合成

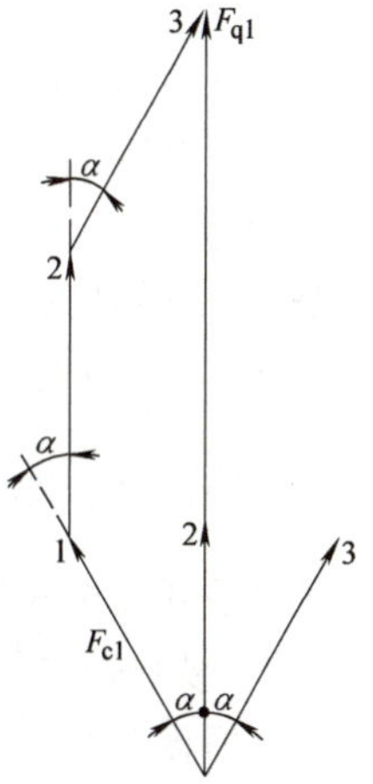

图 4-29　用空间矢量表示的基波磁动势矢量

$$f_{q1} = (qf_{c1})k_{d1} = \frac{4}{\pi}\frac{\sqrt{2}}{2}N_c I_c q k_{d1}\cos\theta_s\cos\omega t = F_{q1}\cos\theta_s\cos\omega t \tag{4-42}$$

式中

$$k_{d1} = \frac{\sin\dfrac{q\alpha}{2}}{q\sin\dfrac{\alpha}{2}}$$

为基波分布因数，与计算电动势所用的基波分布因数公式完全相同。可见，分布因数既可用于计算线圈组的电动势，也可用于计算线圈组的磁动势。

为了改善电机的性能，应尽量使磁动势波形接近正弦波。与改善电动势波形一样，采用分布绕组可改善磁动势波形。如图 4-28a 所示，如果绕组为集中绕组，则合成磁动势为矩形波，采用分布绕组后 3 个线圈组产生的合成磁动势为阶梯波，比较接近正弦波，这表明合成磁动势中谐波分量已大大削弱。

2. 双层短距绕组的线圈组磁动势

除了采用分布绕组来削弱谐波磁动势外，采用短距绕组同样可以达到这一目的。图 4-30 所示为 2 极 18 槽交流电机双层短距绕组一对极下一相的线圈组，$q=3$、 极距 $\tau=9$、线圈节距 $y_1=8$ 的双层短距绕组在定子槽内的分布情况。

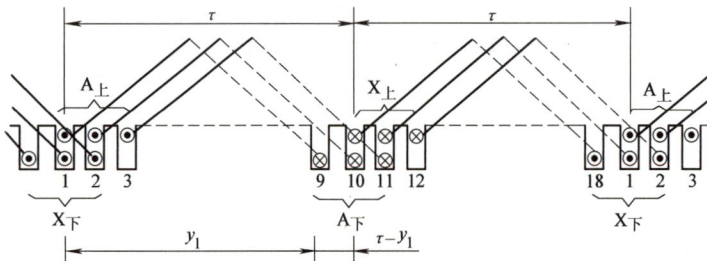

图 4-30　双层短距绕组一对极下一相的线圈组　　　　双层短距绕组的磁动势等效

从绕组中通入电流产生磁场的角度看，磁动势的大小及波形仅取决于槽内线圈边的分布及导体中电流的大小和方向，而与线圈边之间的连接次序无关。为了分析问题简便，将图 4-30 所示的双层短距绕组分布图中的短距线圈组的上层边看作一组 $q=3$ 的单层整距分布绕组，再把短距线圈组的下层边看作另一组 $q=3$ 的单层整距分布绕组，如图 4-31a 所示。这样上、下层磁动势的幅值相等，空间上错开 ε 电角度，此角度等于线圈节距缩短的角度，即 $\varepsilon=\dfrac{\tau-y_1}{\tau}\times180°$，所以这两个整距线圈组产生的基波磁动势在空间相位上彼此错开 ε 电角度，如图 4-31b 所示，曲线 1 和 2 分别为上层和下层整距线圈组的基波磁动势，其幅值相等，逐点相加后得到双层短距线圈组的基波磁动势，如曲线 3 所示。按照矢量和进行计算，如图 4-31c 所示。当双层绕组采用整距时，上、下层绕组相互重叠，$\varepsilon=0$。

可以看出，双层短距绕组的基波磁动势幅值比双层整距时小 $\cos(\varepsilon/2)$ 倍，$\cos(\varepsilon/2)$ 与电动势的短距因数相同

$$k_{p1} = \cos\frac{\varepsilon}{2} = \cos\left(1-\frac{y_1}{\tau}\right)90° = \sin\frac{y_1}{\tau}90° \tag{4-43}$$

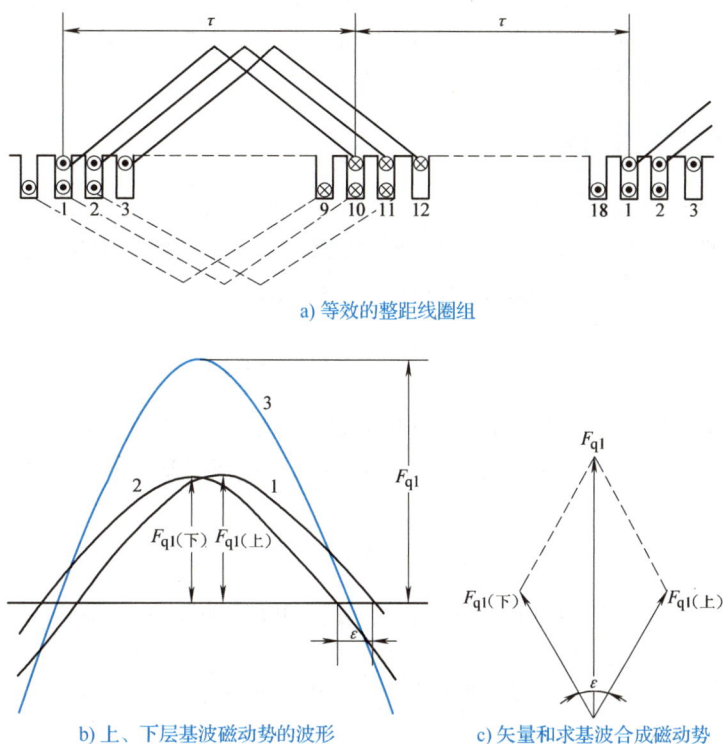

a) 等效的整距线圈组

b) 上、下层基波磁动势的波形　　　c) 矢量和求基波合成磁动势

图 4-31　双层短距分布线圈组的磁动势

式中，$k_{\text{p}1}$ 为基波磁动势的短距因数。

所以，双层线圈组的基波磁动势的幅值为

$$F_{\text{q}1(\text{双层})} = 2F_{\text{q}1(\text{上})}\sin\frac{y_1}{\tau}90° = 2F_{\text{q}1(\text{上})}k_{\text{p}1} = \frac{4}{\pi}\frac{\sqrt{2}}{2}I_\text{c}2N_\text{c}qk_{\text{p}1}k_{\text{d}1} = \frac{4}{\pi}\frac{\sqrt{2}}{2}I_\text{c}2N_\text{c}qk_{\text{w}1} \quad (4\text{-}44)$$

式中，$k_{\text{w}1}$ 为基波绕组因数，$k_{\text{w}1} = k_{\text{p}1}k_{\text{d}1}$。

对于 ν 次谐波磁动势，仿照基波磁动势的分析可得

$$f_{\text{q}\nu} = \frac{1}{\nu}\frac{4}{\pi}\frac{\sqrt{2}}{2}I_\text{c}2N_\text{c}qk_{\text{w}\nu}\cos\nu\theta_\text{s}\cos\omega t \quad (4\text{-}45)$$

式中，$k_{\text{w}\nu}$ 为 ν 次谐波的绕组因数，$k_{\text{w}\nu} = k_{\text{d}\nu}k_{\text{p}\nu}$，$k_{\text{p}\nu} = \sin\nu\frac{y_1}{\tau}90°$，$k_{\text{d}\nu} = \dfrac{\sin\nu\dfrac{q\alpha}{2}}{q\sin\nu\dfrac{\alpha}{2}}$，$k_{\text{p}\nu}$、$k_{\text{d}\nu}$ 为 ν 次谐波的短距因数和分布因数。

由 $k_{\text{p}\nu} = \sin[\nu(y_1/\tau)90°]$ 可见，适当选择线圈节距可使 $k_{\text{p}\nu} = 0$，即可完全消除 ν 次谐波磁动势。因为 $k_{\text{p}\nu} = \cos[\nu(\varepsilon/2)]$，所以 $k_{\text{p}\nu} = 0$ 的条件为 $\varepsilon = 180°/\nu$，如要消除 5 次谐波磁动势，则 $\varepsilon = 180°/5 = 36°$ 电角度，将所选线圈节距较整距时缩短 $\tau/5$ 即 36° 电角度。

综合以上分析，采用短距和分布绕组后，其磁动势较整距和集中放置时有所改变，分布

系数可理解为绕组分布排列后所产生的磁动势较集中排列时应打的折扣，短距因数表示线圈采用短距后所产生的磁动势较整距时应打的折扣。采用短距和分布绕组可大大削弱谐波的影响，从而改善磁动势波形。

4.6.3 单相绕组的磁动势

由于每对极下的磁动势和磁阻组成一个对称的分支磁路，若电机有 p 对极，就有 p 条并联的对称分支磁路，所以**一相绕组的磁动势是指每对极下一相绕组的磁动势**，即等于线圈组的磁动势。前面已推导出的双层线圈组的磁动势幅值为

$$F_{q1} = \frac{4}{\pi} \frac{\sqrt{2}}{2} I_c 2 N_c q k_{w1} = F_{\phi 1} \tag{4-46}$$

式中，$F_{\phi 1}$ 为基波单相磁动势的幅值。用每相串联的总匝数 N 和相电流 I_ϕ 来表示时，将 $N = 2pqN_c/a$（双层绕组）和 $I_\phi = aI_c$ 代入式（4-46），则单相绕组基波磁动势的幅值为

$$F_{\phi 1} = \frac{4}{\pi} \frac{\sqrt{2}}{2} \frac{N}{2p} I_\phi k_{w1} = 0.9 \frac{N k_{w1}}{p} I_\phi \tag{4-47}$$

若为单层绕组，则式（4-47）中 $N = pqN_c/a$。单相绕组基波磁动势的瞬时值为

$$f_{\phi 1} = 0.9 \frac{N k_{w1}}{p} I_\phi \cos\theta_s \cos\omega t \tag{4-48}$$

对于单相绕组产生的 ν 次谐波磁动势，仿照基波磁动势的分析方法得

$$f_{\phi\nu} = 0.9 \frac{1}{\nu} \frac{N k_{w\nu}}{p} I_\phi \cos\nu\theta_s \cos\omega t \tag{4-49}$$

综合以上分析，将单相绕组的磁动势的性质归纳如下：

1）单相绕组的磁动势是脉振磁动势，该磁动势沿气隙圆周按梯形波分布，可分解为一系列谐波，各次谐波都是空间位置固定、幅值随时间变化的脉振磁动势波，其脉振频率取决于电流的频率。

2）基波磁动势的幅值为

$$F_{\phi 1} = 0.9 \frac{N k_{w1}}{p} I_\phi$$

ν 次谐波磁动势的幅值为

$$F_{\phi\nu} = 0.9 \frac{1}{\nu} \frac{N k_{w\nu}}{p} I_\phi$$

谐波磁动势是一个空间按 ν 次谐波分布，时间上按 ωt 的余弦规律分布的脉振磁动势。

3）定子绕组多采用短距和分布绕组，因而合成磁动势中谐波含量大大削弱。一般情况下只考虑基波磁动势的作用。

4）谐波磁动势的绕组因数与谐波电动势的绕组因数相同，这反映了电动势和磁动势的共性，即电动势和磁动势是在同一绕组中发生的电磁现象，绕组的短距和分布绕组将同时影响电动势和磁动势的大小和波形。但应注意，电动势是时间的函数，而磁动势既是时间的函数也是空间的函数。

4.7 正弦电流下对称三相绕组的旋转磁动势

由于现代电力系统都采用三相制,同步电机和感应电机通常都是三相的,因此分析对称三相绕组的磁动势是研究交流电机的基础。

前面分析了单相绕组的磁动势。三相绕组由 3 个单相绕组构成,将 3 个单相绕组产生的单相脉振磁动势波逐点相加,即得三相绕组的合成磁动势。三相绕组的磁动势为旋转磁动势。为了清楚地理解将单相磁动势合成为三相合成磁动势时脉振磁动势是如何变为旋转磁动势的,本节分别用解析法和图解法进行分析。因为基波磁动势是主要分量,所以重点分析三相基波磁动势,然后分析三相谐波磁动势。

4.7.1 对称三相绕组的基波合成磁动势

因为单相磁动势可分解为基波和一系列谐波,将 3 个单相绕组的基波分量合成后即得三相基波合成磁动势。以下分别用解析法和图解法对三相绕组的基波合成磁动势进行分析。

1. 解析法

图 4-32 所示为一台三相交流电机定子的示意图。图中各相绕组均用一个集中线圈表示,在空间互差 120°电角度,称为**对称三相绕组**。

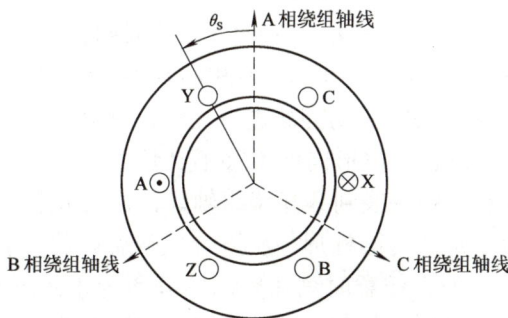

图 4-32 三相交流电机定子的示意图

当对称三相绕组中通入对称三相电流时,由于三相绕组在空间上互差 120°电角度,三相绕组各自产生的基波磁动势在空间也依次互差 120°电角度。若电机对称运行,则通入三相绕组中的三相电流是对称的,即三相电流在时间上也彼此相差 120°且幅值相等,其表达式为

$$
\left.
\begin{aligned}
i_A &= \sqrt{2}I_\phi \cos\omega t \\
i_B &= \sqrt{2}I_\phi \cos(\omega t - 120°) \\
i_C &= \sqrt{2}I_\phi \cos(\omega t - 240°)
\end{aligned}
\right\}
\tag{4-50}
$$

这 3 个电流产生的基波磁动势均为脉振磁动势,它们在时间上互差 120°电角度。因此若把空间坐标 θ_s 的原点取在 A 相绕组轴线上,并把 A 相电流达到最大值的瞬间作为时间起始点,则 A、B、C 三相绕组各自产生的脉振磁动势基波为

$$f_{A1} = F_{\phi 1}\cos\theta_s\cos\omega t$$

$$f_{B1} = F_{\phi 1}\cos(\theta_s - 120°)\cos(\omega t - 120°) \tag{4-51}$$

$$f_{C1} = F_{\phi 1}\cos(\theta_s - 240°)\cos(\omega t - 240°)$$

利用三角公式 $\cos\alpha\cos\beta = [\cos(\alpha - \beta) + \cos(\alpha + \beta)]/2$,将 3 个脉振磁动势分别进行分解得

$$f_{A1} = \frac{1}{2}F_{\phi 1}\cos(\omega t - \theta_s) + \frac{1}{2}F_{\phi 1}\cos(\omega t + \theta_s)$$

$$f_{B1} = \frac{1}{2}F_{\phi 1}\cos(\omega t - \theta_s) + \frac{1}{2}F_{\phi 1}\cos(\omega t + \theta_s - 240°) \tag{4-52}$$

$$f_{C1} = \frac{1}{2}F_{\phi 1}\cos(\omega t - \theta_s) + \frac{1}{2}F_{\phi 1}\cos(\omega t + \theta_s - 120°)$$

式(4-52)中,右边第一项为正向旋转磁动势,第二项为反向旋转磁动势,两者转速相同,转向相反,每个旋转磁动势的幅值为脉振磁动势幅值的一半。可以看出,各相电流产生的正向旋转磁动势在空间上同相位,反向旋转磁动势在空间上互差 120°。求合成磁动势时,正向旋转磁动势直接相加,反向旋转磁动势互相抵消,所以三相基波合成磁动势为

$$f_1(\theta_s,\ t) = f_{A1} + f_{B1} + f_{C1} = \frac{3}{2}F_{\phi 1}\cos(\omega t - \theta_s) = F_1\cos(\omega t - \theta_s) \tag{4-53}$$

式中,F_1 为三相合成磁动势的幅值,$F_1 = \frac{3}{2}F_{\phi 1} = \frac{3}{2} \times 0.9\frac{Nk_{w1}}{p}I_{\phi} = 1.35\frac{Nk_{w1}}{p}I_{\phi}$。

当 $\omega t = 0$ 时,$f_1(\theta_s,\ t) = F_1\cos(-\theta_s)$,经过了一定时间,当 $\omega t = \beta$ 时,$f_1(\theta_s,\ t) = F_1\cos(\beta - \theta_s)$,分别画出 $\omega t = 0$ 和 $\omega t = \beta$ 时磁动势的分布,如图 4-33 所示。将这两个瞬时磁动势波进行比较,可以看出,三相合成磁动势的幅值不变,但整个波形向前推移了 β 角,是一个正弦分布的正向行波,即由 A 相绕组轴线到 B 相绕组轴线,再由 B 相绕组轴线到 C 相绕组轴线。由于定子为圆柱形,所以合成磁动势是一个沿气隙圆周旋转的旋转磁动势波,任意时刻在空间的分布为正弦分布,如图 4-34 所示,所以三相基波磁动势为一正弦分布沿气隙圆周连续推移的旋转磁动势波。

三相基波旋转磁动势

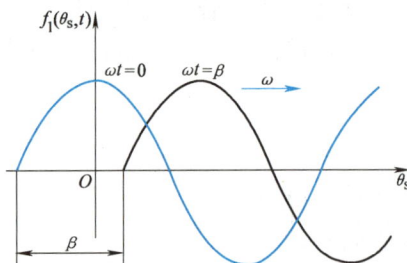

图 4-33　$\omega t = 0$ 和 $\omega t = \beta$ 时磁动势的分布

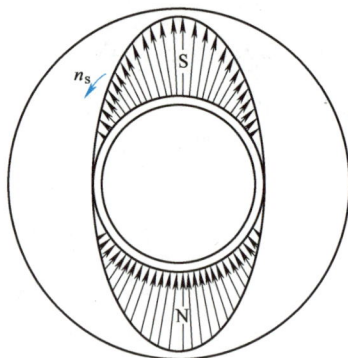

图 4-34　三相基波旋转磁动势

由此可以得出结论:**当对称三相绕组中通入对称三相交流电流时,所产生的合成磁动势**

为圆形旋转磁动势。

当电流变化一个周期时，磁动势波推移 2π 电弧度，电流每秒交变 f 次，所以每秒推移 $\omega = 2\pi f$ 电弧度，由于一转等于 $2\pi p$ 电弧度，所以用转速 n_s（单位为 r/s）表示为

$$n_s = \frac{\omega}{2\pi p} = \frac{2\pi f}{2\pi p} = \frac{f}{p} \tag{4-54a}$$

n_s 的单位为 r/min 时，

$$n_s = \frac{60f}{p} \tag{4-54b}$$

式中，n_s 称为同步转速，是气隙中基波旋转磁场的转速。

由 $f_1(\theta_s,\ t) = F_1 \cos(\omega t - \theta_s)$ 可知，当 $\omega t = 0$ 时，A 相电流为最大，从图 4-33 中可以看出，此时三相合成磁动势基波的幅值与 A 相绕组轴线重合，所以三相基波合成磁动势的幅值始终与电流为最大值时的一相绕组轴线重合。合成磁动势的旋转方向取决于电流的相序，当电流相序为 A—B—C—A 时，合成磁动势波沿 A—B—C 方向旋转，如电流相序改变，则旋转磁动势的方向改变。

2. 图解法

下面用图解法分析三相基波合成磁动势。三相绕组基波合成磁动势如图 4-35 所示。图中，左边 3 个图表示 3 个不同瞬间的三相电流相量，中间 3 个图表示 3 个不同瞬间各绕组所产生的基波磁动势和三相合成基波磁动势，右边 3 个图表示相应的磁动势空间矢量图。为分析问题方便起见，图中 A、B、C 三相绕组用 3 个集中线圈来表示。图 4-35a~c 给出了 $\omega t = 0$、$\omega t = 120°$ 和 $\omega t = 240°$ 3 个时刻的磁动势合成情况。

正序电流产生磁动势

在图 4-35a 中，$\omega t = 0$，A 相电流为正的最大值，B、C 两相电流为负值，其大小相等，均为最大值的 1/2，把 3 个磁动势（虚线）逐点相加可得三相合成磁动势，如图中实线所示，此时合成磁动势的幅值位置与 A 相绕组的轴线重合。

负序电流产生磁动势

当 $\omega t = 120°$ 时，B 相电流为正的最大值，如图 4-35b 所示，A、C 两相电流为负值，其大小相等，均为最大值的 1/2，把 3 个磁动势逐点相加，可知此时三相合成磁动势的幅值位置与 B 相绕组的轴线重合。

当 $\omega t = 240°$ 时，C 相电流达到正的最大值，如图 4-35c 所示。A、B 两相电流为负值，其大小相等，均为最大值的 1/2。三相合成磁动势的幅值位置与 C 相绕组的轴线重合。

可以看出，当三相绕组中通入对称的三相正序电流时，合成磁动势幅值的位置将先与 A 相绕组轴线重合，再依次与 B 相、C 相绕组轴线重合，所得到的合成磁动势是一个正向推移的旋转磁动势波。三相交流电流变化一个周期，旋转磁动势相应地转过 360° 电角度。

若在对称三相绕组中通入对称的负序电流时，电流到达最大值的顺序为 A、C、B，因此磁动势幅值的位置先与 A 相绕组轴线重合，然后与 C 相绕组轴线重合，最后与 B 相绕组轴线重合，所得到的合成磁动势是一个反向推移的旋转磁动势波。因此，要改变电机旋转磁场的方向，只要改变电流的相序，即把三相绕组中任意两个线端对调即可。改变了旋转磁场的转向，即改变了电机的转向。

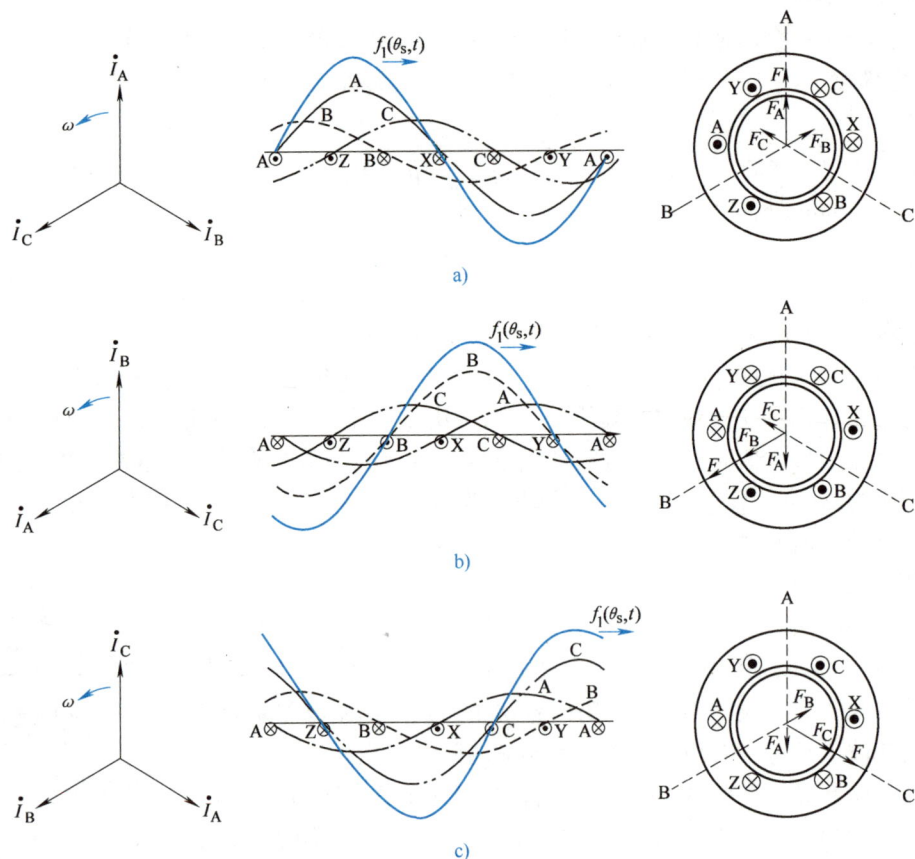

图 4-35 三相绕组基波合成磁动势图解

综合上述分析，三相基波合成磁动势具有以下特征：

1）三相对称绕组通入三相对称电流后，三相合成磁动势的基波为正弦分布幅值不变的旋转磁动势波，其幅值 F_1 为各相脉振磁动势幅值的 3/2 倍。由于幅值恒定，三相合成基波磁动势矢量移动的轨迹为一个圆，所以称为圆形旋转磁动势。

2）三相合成磁动势基波的转速为 $n_s = 60f/p(\text{r/min})$，仅取决于定子电流的频率和电机的极对数，且电流在时间上经过多少度，合成磁动势就在空间上转过同一电角度。

3）合成磁动势的旋转方向取决于三相电流的相序，合成磁动势波是由电流超前的相绕组轴线向电流滞后的相绕组轴线转动，要改变合成磁动势的转向，只需改变三相电流的相序。

4）当某相电流达到最大值时，合成旋转磁动势基波的幅值恰在这一相绕组轴线上。

4.7.2 三相合成磁动势中的谐波

在求三相绕组产生的各谐波的合成磁动势时，采用的分析方法与求基波的三相合成磁动势相同。需要注意的是，对于 ν 次谐波，三相绕组中电流相位仍互差120°，但是三相绕组的空间位置互差 ν120° 电角度。前已推出单相绕组产生的 ν 次谐波磁动势为

$$f_{\phi\nu} = 0.9 \frac{1}{\nu} \frac{Nk_{w\nu}}{p} I_\phi \cos\nu\theta_s \cos\omega t = F_{\phi\nu} \cos\nu\theta_s \cos\omega t \tag{4-55}$$

所以，3 个单相绕组产生的 ν 次谐波脉振磁动势的表达式为

$$\left.\begin{aligned} f_{A\nu} &= 0.9 \frac{1}{\nu} \frac{Nk_{w\nu}}{p} I_\phi \cos\nu\theta_s \cos\omega t \\[2mm] f_{B\nu} &= 0.9 \frac{1}{\nu} \frac{Nk_{w\nu}}{p} I_\phi \cos\nu(\theta_s - 120°)\cos(\omega t - 120°) \\[2mm] f_{C\nu} &= 0.9 \frac{1}{\nu} \frac{Nk_{w\nu}}{p} I_\phi \cos\nu(\theta_s - 240°)\cos(\omega t - 240°) \end{aligned}\right\} \tag{4-56}$$

将 A、B、C 三相绕组所产生的 ν 次谐波相加可得三相 ν 次谐波合成磁动势

$$f_\nu = f_{A\nu} + f_{B\nu} + f_{C\nu}$$

$$= F_{\phi\nu}\cos\nu\theta_s \cos\omega t + F_{\phi\nu}\cos\nu(\theta_s - 120°)\cos(\omega t - 120°) + F_{\phi\nu}\cos\nu(\theta_s - 240°)\cos(\omega t - 240°) \tag{4-57}$$

下面分析各谐波磁动势的特点：

1）当 $\nu = 3k (k=1, 3, 5, \cdots)$，即 $\nu = 3, 9, 15, \cdots$时，由于 3 次谐波和 3 的倍数次谐波在空间上同相位，而在时间上互差 120°，合成磁动势为零。所以在对称三相绕组中，合成磁动势不存在 3 次及 3 的倍数次谐波。

2）当 $\nu = 6k + 1 (k=1, 2, 3, \cdots)$，即 $\nu = 7, 13, 19, \cdots$时

$$f_\nu = \frac{3}{2} F_{\phi\nu}\cos(\omega t - \nu\theta_s) \tag{4-58}$$

由于 ν 次空间谐波的极对数为基波的 ν 倍，当极对数增加时，旋转磁场的转速将减小 ν 倍，ν 次空间谐波产生的旋转磁动势以 $1/\nu$ 的同步转速旋转，所以合成磁动势为一正弦分布、转速为 n_s/ν、幅值为 $3F_{\phi\nu}/2$、转向与基波旋转磁动势相同的旋转磁动势。

3）当 $\nu = 6k - 1 (k=1, 2, 3, \cdots)$，即 $\nu = 5, 11, 17, \cdots$时

$$f_\nu = \frac{3}{2} F_{\phi\nu}\cos(\omega t + \nu\theta_s) \tag{4-59}$$

合成磁动势为一正弦分布、转速为 n_s/ν、幅值为 $3F_{\phi\nu}/2$、转向与基波旋转磁动势相反的旋转磁动势。

谐波磁动势的存在将影响电机的运行性能。在感应电机中，谐波磁动势引起附加损耗、振动、噪声和产生附加转矩，使电机性能变坏。在同步电机中，谐波磁动势产生的磁场在转子表面产生涡流损耗，引起发热，并使电机效率降低。因此应尽量减少磁动势中的谐波，采用短距和分布绕组是减少谐波分量的有效方法。一般线圈节距最好选择在 $(0.8 \sim 0.83)\tau$ 这一范围内。

4.7.3 椭圆形旋转磁动势

空间按正弦规律分布的正弦波可以用矢量表示，旋转磁动势用旋转矢量表示。当电流为三相对称电流时，合成磁动势是一个幅值恒定，以同步速旋转的正向旋转磁动势，用矢量 F 表示。当 F 旋转时，其端点的轨迹为圆形，称为圆形旋转磁动势，如图 4-36 所示。三相交流电机在圆形旋转磁动势下运行时是最理想的情况。

就三相交流电机而言，三相绕组是对称的。但由于电力系统中存在大量单相负载，如电炉、电焊机等，致使电网电压存在一定程度的不对称。当不对称三相交流电压施加于对称三相绕组时，导致三相电流不对称。下面用对称分量法分析对称三相绕组通入不对称三相电流时产生的磁动势。

采用对称分量法，可将不对称三相电流分解为3个对称的电流系统，即正序系统、负序系统和零序系统，它们的有效值分别为 I_+、I_- 和 I_0。

当对称三相绕组通入三相对称正序电流时，产生正向旋转磁动势，其表达式为

$$f_+ = F_{1+}\cos(\omega t - \theta_s) \tag{4-60}$$

式中，F_{1+} 为正序旋转磁动势基波的幅值，$F_{1+} = 1.35\dfrac{Nk_{w1}}{p}I_+$。

同理，当对称三相绕组通入三相对称负序电流时，产生反向旋转磁动势，其表达式为

$$f_- = F_{1-}\cos(\omega t + \theta_s) \tag{4-61}$$

式中，F_{1-} 为负序旋转磁动势基波的幅值，$F_{1-} = 1.35\dfrac{Nk_{w1}}{p}I_-$。

当绕组为星形联结时，零序电流不流通，不存在零序磁动势。当绕组为三角形联结时，零序电流同相位，所产生的零序磁动势空间上相差 120° 电角度，互相抵消，也不存在零序磁动势。

因此，气隙中存在两个旋转磁动势：正向旋转磁动势和反向旋转磁动势，它们均按正弦规律分布，以同步转速旋转，正向旋转磁动势向 θ_s 方向旋转，反向旋转磁动势向 $-\theta_s$ 方向旋转，分别用 F_+ 和 F_- 表示，合成磁动势 F 为两者的矢量和。虽然 F_{1+} 和 F_{1-} 的幅值不变，但在不同时刻，F 有不同的幅值，其端点的轨迹为一椭圆，称这种磁动势为**椭圆形旋转磁动势**，如图 4-37 所示。椭圆的长轴为 $F_{1+}+F_{1-}$，椭圆的短轴为 $F_{1+}-F_{1-}$，在长轴附近转速低，在短轴附近转速高，所以基波合成磁动势为一个幅值变化，非恒速推移的椭圆形旋转磁动势。

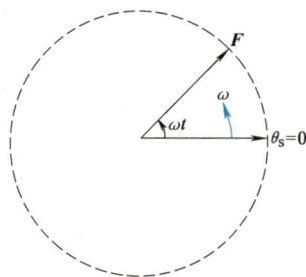

图 4-36　圆形旋转磁动势

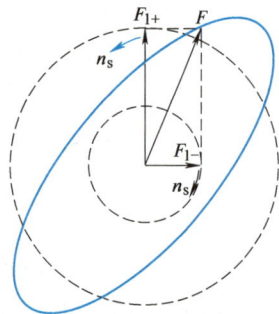

图 4-37　椭圆形旋转磁动势　　正向旋转的椭圆形旋转磁动势　　负向旋转的椭圆形旋转磁动势

4.8　非正弦电流下交流绕组的磁动势

前面分析了绕组内通入正弦电流时单相绕组的磁动势和三相绕组的磁动势。目前变频调速技术的应用日益广泛，变频器供电使其输入到电机的电压和电流波形往往是非正弦的，本节将讨论非正弦电流下交流绕组的磁动势。

4.8.1　谐波电流产生的磁动势

若通入电机三相绕组的电流为非正弦电流，则用傅里叶级数将其分解为基波和一系列谐波，对于三相变频器，一般不存在 3 的倍数次及偶数次谐波，则相电流可表示为

$$i_\phi(t) = \sqrt{2}\left[I_{\phi 1}\cos\omega t + I_{\phi 5}\cos(5\omega t + \alpha_5) + I_{\phi 7}\cos(7\omega t + \alpha_7) + \cdots\right] \tag{4-62}$$

第 μ 次谐波电流为

$$i_{\phi\mu}(t) = \sqrt{2}I_{\phi\mu}\cos\mu\omega t \tag{4-63}$$

式中，$I_{\phi\mu}$ 为 μ 次谐波相电流的有效值；μ 次谐波电流的角频率为 $\mu\omega$。

仿照 $f_\nu = \dfrac{3}{2}F_{\phi\nu}\cos(\omega t \pm \nu\theta_s)$ 得 μ 次谐波电流产生的 ν 次空间谐波三相合成磁动势为

$$f_{\mu\nu}(t, \theta_s) = \frac{3}{2}F_{\phi\mu\nu}\cos(\mu\omega t \pm \nu\theta_s) \tag{4-64}$$

式中，$F_{\phi\mu\nu}$ 为 μ 次谐波电流（时间谐波）在单相绕组中产生的 ν 次磁动势的幅值

$$F_{\phi\mu\nu} = \frac{1}{\nu}\frac{4}{\pi}\frac{\sqrt{2}}{2}\frac{Nk_{w\nu}}{p}I_{\phi\mu} = \frac{1}{\nu}0.9\frac{Nk_{w\nu}}{p}I_{\phi\mu} \tag{4-65}$$

4.8.2　谐波磁动势的危害

谐波磁动势对交流电机产生诸多不利影响，它使电机的电流有效值增加，损耗加大，功率因数降低，输出转矩下降，效率降低，温升升高，还会引起电机的振动和噪声，因此有必要采取措施消除谐波磁动势。

习　题

思考题

4-1　电机中空间电角度与机械角度有何区别？

4-2　什么是相带？在三相电机中为什么常用 60°相带绕组而不用 120°相带绕组？

4-3　试述双层绕组的优点，为什么现代交流电机大多采用双层绕组（小型电机除外）？

4-4　什么是叠绕组？什么是波绕组？双层叠绕组和波绕组的连接方法有何不同？

4-5　试述节距因数和分布因数的物理意义。为什么这两系数总是小于或等于1？

4-6　简述单层绕组和双层绕组的结构特点及其应用范围。

4-7　为什么说交流绕组产生的磁动势既是时间的函数，又是空间的函数？试以三相绕组合成磁动势的

基波来说明。

4-8 试述谐波电动势和谐波磁动势产生的原因。

4-9 齿谐波电动势是由什么原因引起的？其削弱方法有哪些？

4-10 脉振磁动势和旋转磁动势各有哪些基本特性？产生脉振磁动势、圆形旋转磁动势和椭圆形旋转磁动势的条件有什么不同？

4-11 一个线圈通入直流电流时产生矩形波脉振磁动势，而通入正弦交流电流时产生正弦波脉振磁动势，这种说法是否正确？

4-12 交流电机定子一相绕组通以 v 次谐波电流 $i_v = I_{mv}\sin v\omega t$ 时所产生的基波磁动势的性质如何？如果在三相对称绕组中通以三相 v 次谐波电流 $i_{Av} = I_{mv}\sin v\omega t$，$i_{Bv} = I_{mv}\sin v(\omega t - 120°)$，$i_{Cv} = I_{mv}\sin v(\omega t + 120°)$，则产生的合成基波磁动势的性质又如何？

4-13 为什么交流发电机的定子绕组一般都采用星形联结？

4-14 为什么采用分布和短距绕组能削弱谐波电动势？为削弱5次和7次谐波电动势，应选择多大节距？

4-15 一三角形联结的定子绕组，当一相绕组断线时产生何种磁动势？若采用星形联结时，当一相绕组断线时产生何种磁动势？

4-16 在三相绕组中，将通入三相负序电流和通入幅值相同的三相正序电流进行比较，其产生的旋转磁场有何区别？

4-17 在对称的两相绕组（空间差90°电角度）内通以对称的两相电流（时间相位差90°），试分析所产生的合成磁动势基波。

计算题

4-1 有一三相双层绕组，$Q = 24$，$2p = 4$，$a = 2$，$y_1 = 5$，试绘出：

（1）槽电动势星形图；

（2）叠绕组展开图；

（3）波绕组展开图。

4-2 一台三相同步发电机，$f = 50$Hz，$n_N = 1500$r/min，定子采用双层短距分布绕组，$q = 3$，$y_1 = 8/9\tau$，每相串联匝数 $N = 108$，丫联结，每极磁通 $\Phi_1 = 1.015 \times 10^{-2}$Wb，试求：

（1）电机的极数；

（2）定子槽数；

（3）基波绕组系数 k_{w1}；

（4）基波相电动势和线电动势。

4-3 一台4极、$Q = 36$ 的三相交流电机，采用双层叠绕组，并联支路 $a = 1$，$y_1 = 7/9\tau$，每个线圈匝数 $N_c = 20$，每极气隙磁通 $\Phi_1 = 7.5 \times 10^{-3}$Wb，频率 $f = 50$Hz，试求每相绕组的感应电动势。

4-4 一台汽轮发电机，2极、50Hz，定子54槽，每槽内两根导体，$a = 1$，$y_1 = 22$，绕组为双层丫联结。已知空载线电压 $U_0 = 6300$V，求每极基波磁通 Φ_1。

4-5 三相交流电机定子为双层绕组，24槽，绕组节距 $y_1 = 7$，线圈匝数 $N_c = 31$，绕组为丫联结，$2p = 2$，$a = 1$，电机额定电压为380V，$f = 50$Hz。试求每极基波磁通 Φ_1。

4-6 一台三相4极交流电机，定子36槽，采用60°相带双层绕组，线圈节距为7。如果每线圈匝数为10匝，每相绕组的所有线圈均为串联，则当三相绕组为丫联结，线电动势为380V，$f = 50$Hz 时，基波每极磁通是多少？如果线电动势改为110V，要保持基波每极磁通不变，则定子绕组应如何联结？

4-7 一台三相同步发电机，定子为三相双层叠绕组，丫联结，$2p = 4$，$Q = 36$，$y_1 = 7/9\tau$，每槽导体数为6，$a = 1$，基波磁通 $\Phi_1 = 0.75$Wb，基波电动势频率 $f = 50$Hz，试求：

(1) 绕组的基波相电动势及线电动势;

(2) 若气隙中还存在 5 次谐波磁通, $\Phi_5 = 0.03\mathrm{Wb}$, 求合成相电动势和线电动势。

4-8　已知一台三相 4 极交流电机, 定子是双层分布短距绕组, 定子槽数 $Q_1 = 36$, 线圈节距 $y = 7/9\tau$, 定子绕组丫联结, 线圈匝数 $N_c = 2$, 气隙基波每极磁通 $\Phi_1 = 0.73\mathrm{Wb}$, 绕组并联支路数 $a = 1$。试求:

(1) 基波绕组系数 k_{w1};

(2) 基波相电动势 $E_{\phi1}$;

(3) 基波线电势 E_{l1}。

4-9　一台三相交流电机的定子绕组是双层绕组, 极数 $2p = 4$, 定子槽数 $Q = 36$, 并联支路数 $a = 1$, 线圈匝数为 20 匝, $y_1/\tau = 7/9$, 每极磁通 $\Phi_1 = 7.5 \times 10^{-3}\mathrm{Wb}$, $f = 50\mathrm{Hz}$。求:

(1) 基波绕组系数;

(2) 相电动势。

4-10　一台三相双层绕组交流电机, 极数 $2p = 2$, 定子槽数 $Q = 60$, $f = 50\mathrm{Hz}$, 每相串联总匝数 $N = 200$, $\Phi_1 = 0.1505\mathrm{Wb}$, 求:

(1) 绕组为整距时, 基波绕组因数、5 次谐波绕组因数及基波相电动势为多少?

(2) 要消除 5 次谐波绕组节距应如何选择? 此时基波相电动势为多少?

4-11　有一台三相交流电机, $Q = 48$, $2p = 4$, 双层短距绕组。试求:

(1) 同时削弱 5 次和 7 次谐波电动势, 节距应选多少?

(2) 计算 5 次和 7 次谐波绕组因数。

4-12　一台三相 6000kW 汽轮发电机, $2p = 2$, $f = 50\mathrm{Hz}$, $U_N = 6.3\mathrm{kV}$, $\cos\varphi = 0.8$, 双层绕组, 星形联结, 双层绕组, 定子 36 槽, 并联支路数 $a = 1$, $y_1 = 15$, 线圈由一匝组成, 求额定电流时:

(1) 一相绕组所产生的基波磁动势幅值;

(2) 基波、5 次谐波三相合成磁动势的幅值。

4-13　一台三相同步发电机, $f = 50\mathrm{Hz}$, $n_N = 1500\mathrm{r/min}$, 定子采用双层短距分布绕组, $q = 3$, $y_1/\tau = 8/9$, 每相串联匝数 $N = 108$, 丫联结, 每极磁通 $\Phi_1 = 1.015 \times 10^{-2}\mathrm{Wb}$, 相电流有效值为 $I_\varphi = 20\mathrm{A}$, 试求发电机的基波、3 次、5 次、7 次合成磁动势的幅值、转速和转向。

4-14　一台汽轮发电机, $2p = 2$, $P_N = 6000\mathrm{kW}$, $U_N = 6.3\mathrm{kV}$, $f = 50\mathrm{Hz}$, 丫联结, $\cos\varphi_N = 0.8$, $Q_1 = 36$, 双层短距绕组, $y_1 = 15$, 每个线圈匝数 $N_c = 2$, 并联支路数 $a = 2$。试求额定电流时:

(1) 一相绕组所产生的基波磁动势的幅值;

(2) 三相合成磁动势基波的幅值、转速和转向。

4-15　一台交流电机定子铁心上有 A、B 两相绕组, 其轴线在空间相距 60° 电角度, 两相绕组的有效匝数比为 2:1。若在 A 相绕组中通入电流 $i_A = \sqrt{2}I\sin\omega t$, 要产生基波圆形旋转磁动势, 求在 B 相绕组中应通入电流的表达式。

第5章 感应电机

感应电机在工农业生产和日常生活中应用广泛，其转速与电源频率之间没有严格的固定关系，而是随负载的变化而变化，但转速范围变化不大。感应电机的定子和转子之间没有电的联系，能量的传递是靠电磁感应实现的。

感应电机主要作为电动机运行，具有结构简单、制造方便、运行可靠、成本低等优点。但它从电网吸取滞后的无功功率，使电网功率因数变坏，且调速性能差。随着变频调速技术的发展，其调速性能得到改善，感应电机在调速系统中的应用日益广泛。三相感应电机在某些特殊场合，如风力发电等，用作发电机。

从电磁关系上看，感应电机与变压器十分相似。感应电机的定子绕组相当于变压器的一次绕组，转子绕组相当于变压器的二次绕组，因此感应电机相当于一台二次绕组短路的带空气隙的变压器。在学习本章内容时，可利用这种相似性，以变压器理论为基础，对感应电机的稳态运行进行分析。

本章首先介绍了三相感应电动机的磁动势和磁场，导出了其基本方程和等效电路，然后分析了其运行特性、起动和调速问题，最后介绍了特殊感应电机及感应电动机的不对称运行方式。

知识图谱

5.1 感应电机的结构

在介绍感应电机的工作原理之前，首先介绍感应电机的基本结构。图 5-1 所示为一台三相笼型感应电机的结构图。与其他种类的旋转电机一样，感应电机主要由静止的定子和转动的转子两大部分组成，定、转子之间有一很小的空气隙。

5.1.1 定子

感应电动机的定子如图 5-2 所示，由定子铁心、定子绕组和机座 3 部分组成。机座主要用来支撑定子铁心和固定端盖，因此要求有足够的机械强度和刚度。中、小型感应电机的机座一般采用铸铁制成，大型感应电机的机座多采用钢板焊接而成。

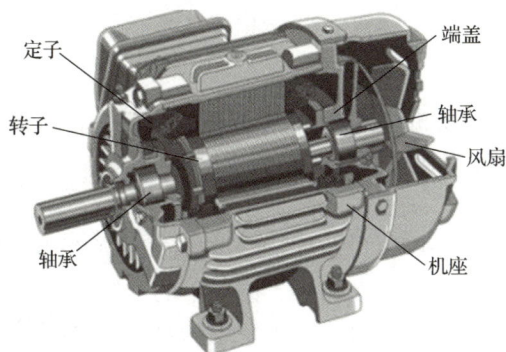

图 5-1 三相笼型感应电机结构图

三相笼型感应电动机结构

定子铁心是主磁路的一部分，为了减少磁场在定子铁心中产生的磁滞损耗和涡流损耗，铁心由 0.5mm 厚的硅钢片叠成。在定子铁心内圆上有均匀分布的槽，用来嵌放定子绕组。定子铁心采用的槽形主要有：半闭口槽、半开口槽和开口槽，如图 5-3 所示。从提高效率和功率因数的角度看，半闭口槽最好，因为它可以减少气隙磁阻，使产生一定磁通的磁场所需的励磁电流最小，但绕组的绝缘和嵌线工艺比较复杂，只用于低压中、小型感应电机中。中型感应电机通常采用半开口槽（500V 以下），高压中、大型感应电机一般采用开口槽，以便嵌放预制成形的线圈。

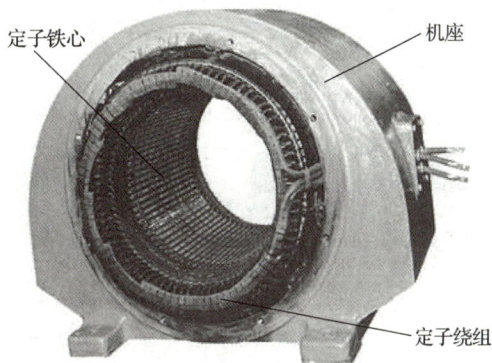

图 5-2 感应电动机的定子

定子绕组是电机的电路部分，三相绕组对称地放置在定子槽内，绕组分单层和双层两种形式，绕组与铁心之间有槽绝缘，双层绕组的上下两层导体之间有层间绝缘。三相定子绕组可星形联结或三角形联结，图 5-4 所示为两种联结形式对应的感应电机接线板。其中，U_1、U_2 分别为 A 相绕组首、末端，V_1、V_2 分别为 B 相绕组首、末端，W_1、W_2 分别为 C 相绕组首、末端。

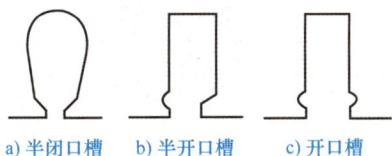

a) 半闭口槽　　b) 半开口槽　　c) 开口槽

图 5-3 定子槽形

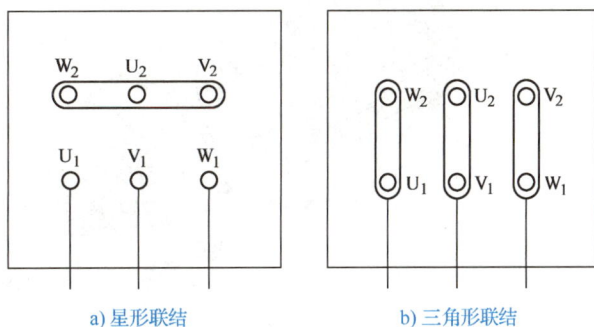

a) 星形联结　　　　　　b) 三角形联结

图 5-4 感应电机接线板

5.1.2 转子

转子由转子铁心、转子绕组和转轴等组成。

转子铁心也是电机磁路的一部分,由厚0.5mm的硅钢片叠成,转子铁心固定在转轴或转子支架上,转子铁心呈圆柱形,在铁心外圆冲有均匀分布的槽。转子绕组也是电路的一部分,有笼型转子和绕线转子两种形式。

根据加工工艺的不同,笼型转子分为铸铝式和焊接式两种。焊接式转子绕组的加工过程是:在每槽内放置铜导条,在转子铁心两端各放置一端环,铜导条的两端分别焊接在端环上,如图5-5a所示。为节省铜材,转子绕组的材料通常采用铝,采用离心铸铝或压力铸铝工艺,将熔化的铝注入转子槽内,导条、端环和风扇在同一工序中铸出,如图5-5b所示,称为铸铝式转子。铸铝式转子具有结构简单、制造方便的特点,应用非常广泛。笼型转子绕组自行闭合构成短路绕组,若去掉铁心,转子绕组的外形好像一只"鼠笼",如图5-5c所示,笼型转子的称呼便由此而来。

笼型转子

| a) 笼型焊接转子 | b) 笼型铸铝转子 | c) "鼠笼" |

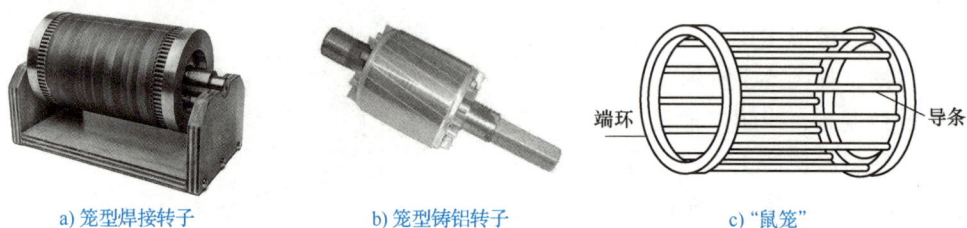

图5-5 笼型转子

绕线转子绕组和定子绕组相似,在转子槽内嵌有三相绕组,通过集电环、电刷与外部接通,如图5-6所示,可以在转子绕组中接入外加电阻以改善电机的起动和调速性能,在正常运行时三相绕组短路。此种结构较笼型转子复杂,只用于起动性能要求较高和需调速的场合。在大、中型绕线转子感应电机中,还装有提刷装置,在起动完毕且不需要调节转速的情况下,将外接的附加电阻全部切除,以便消除电刷与集电环的摩擦,提高运行的可靠性,在提起电刷的同时将3个集电环短路。

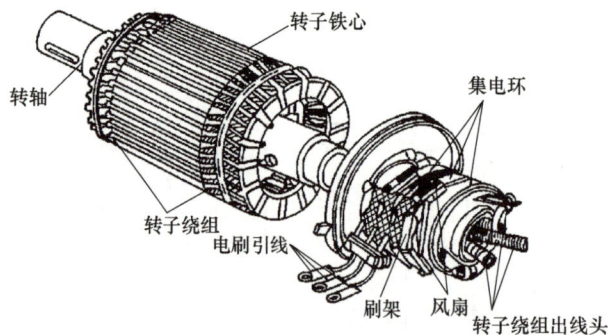

图5-6 绕线转子

绕线转子

5.1.3　气隙

在定、转子之间有一间隙，称为气隙。气隙大小对感应电机的性能有很大的影响。气隙大，则磁阻大，要建立同样大小的旋转磁场就需较大的励磁电流。励磁电流基本上是无功电流，为降低电机的励磁电流、提高功率因数，气隙应尽量小。一般气隙长度应为机械上所容许达到的最小值，中、小型感应电机气隙一般为 0.2~2mm。

5.2　感应电机的工作原理和运行状态

5.2.1　感应电动机的工作原理

感应电动机的工作原理如图 5-7 所示。如前所述，当对称三相绕组中通入对称三相电流时，在电机气隙内产生一个转速为 $n_s = 60f/p$ 的旋转磁场，设其旋转方向如图 5-7 所示，该磁场切割转子导体，在转子导体内产生感应电动势。若转子电路为纯电阻性，则转子导条中将流过与电动势同相位的电流，载流导体在磁场中受力，受力方向如图 5-7 所示，从而产生电磁转矩，使转子沿着旋转磁场方向旋转。若在转子轴上加机械负载，电动机就拖动负载旋转，此时电机从电源吸收电能，通过电磁感应转换为轴上输出的机械能，这就是感应电动机的工作原理。

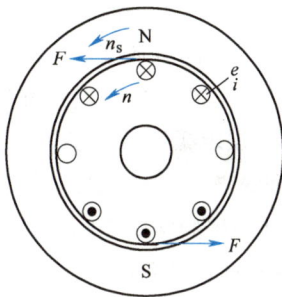

图 5-7　感应电动机的工作原理

5.2.2　感应电机的运行状态

设感应电机的转速为 n，旋转磁场的转速为同步转速 n_s，两者之间的相对速度 n_s-n 称为转差速度，定义转差速度与同步转速之比为转差率 s

$$s = \frac{n_s - n}{n_s} \tag{5-1}$$

转差率是感应电机的一个重要参数，根据其正负和大小可以判断电机的运行状态，感应电机的运行状态分为电动机运行状态、发电机运行状态和电磁制动运行状态 3 种，如图 5-8 所示。下面分别予以介绍。

发电机状态

电动机状态

电磁制动状态

1. 电动机运行状态

当转子的转向与定子旋转磁场的方向相同且转速小于同步转速 n_s，即 $0<s<1$ 时，为电

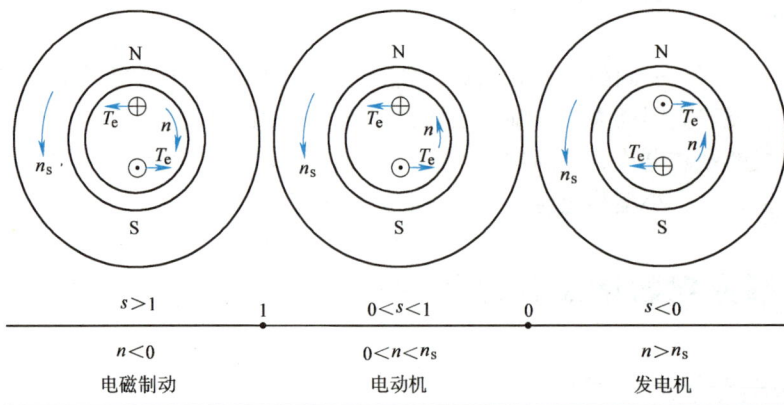

图 5-8 感应电机的 3 种运行状态

动机运行状态。此时转子中产生电动势和电流，从而产生电磁转矩，在该转矩作用下转子沿旋转磁场方向以速度 n 旋转，此时电磁转矩为驱动性质，即与转速方向一致。在电动机运行状态下，电机的实际转速取决于负载的大小。

2. 发电机运行状态

如果用一原动机拖动感应电机，使电机的转速 n 高于同步转速 n_s，此时转子的转向与定子旋转磁场的转向相同，且 $n > n_s$，即 $s < 0$，磁场切割转子导条的方向与电动机状态相反，电磁转矩方向与转子转向相反，为制动性质，此时转子从原动机输入机械功率，通过电磁感应作用由定子输出电功率，电机处于发电机运行状态。

3. 电磁制动运行状态

如果外力的作用使转子逆定子旋转磁场的方向旋转，则 $s > 1$，转子导条中电动势、电流及电磁转矩的方向仍与电动状态相同。这时电磁转矩的方向与旋转磁场的转向相同，但与转子转向相反，所以电磁转矩为制动性质，称为电磁制动状态。在这种情况下，从转子输入机械功率，从定子输入电功率，两部分功率一起转换为电机内部的损耗。

5.2.3 感应电动机的额定值

电机铭牌上标明了电机的额定值及有关技术数据。电机在铭牌所规定的条件和额定值下运行称为**额定运行状态**。感应电动机的额定值及有关技术数据主要有：

1）额定功率 P_N：指额定运行时输出的机械功率，单位为瓦（W）或千瓦（kW）。

2）额定电压 U_N：指额定运行状态下定子绕组应加的线电压，单位为伏（V）或千伏（kV）。

3）额定电流 I_N：指额定电压、额定频率和额定功率下运行时的定子绕组线电流，单位为安（A）或千安（kA）。

4）额定频率 f_N：指电动机供电电压的频率。我国规定工频为 50Hz。

5）额定转速 n_N：指电动机额定运行时的转速，单位为转每分（r/min）。

除此以外，铭牌上还标出额定运行状态下的功率因数、效率、相数、接线方式、绝缘等级、工作制、防护等级等。对绕线转子感应电机，还应标出定子外加额定电压时的转子开路电压和转子额定电流等。

对于三相感应电动机，额定功率为

$$P_N = \sqrt{3}\, U_N I_N \cos\varphi_N \eta_N \tag{5-2}$$

式中，$\cos\varphi_N$、η_N 分别为额定运行时的功率因数和效率。

5.2.4　国产感应电动机简介

感应电动机种类繁多、生产量大。为适应不同性质负载的需要，感应电动机按系列生产，供用户选用。目前有 100 多个系列，分为基本系列、派生系列和专用系列，下面主要介绍一下基本系列感应电动机的发展概况。

新中国成立以前，我国的电机工业非常落后；新中国成立之后，对感应电动机基本系列进行了多次统一设计。1953 年参照苏联的 A、AO 系列设计了 J、JO 系列电机。1961 年全国统一设计了 J_2、JO_2 系列，采用了 E 级绝缘，提高了性能，减小了体积和重量。1971 年起，设计了 JO_3 系列电机，与老产品相比，重量平均减轻了 25.2%，起动转矩提高了 34.5%。1979 年开始，组织了 Y 系列电动机的统一设计，采用 B 级绝缘，性能良好，运行可靠，安装尺寸及功率等级符合 IEC 标准。20 世纪 90 年代，又设计了替代 Y 系列电动机的 Y2 系列，与 Y 系列相比，Y2 系列提高了防护等级和绝缘等级，降低了噪声，电机结构更为合理。后来又完成了 Y3 系列的设计，Y3 系列电机全部采用冷轧硅钢片，具有效率高、噪声低、起动性能好等优点。目前已大力推广 YE3、YE4 高效和超高效电机。

[例 5-1]　一台频率为 50Hz 的感应电动机，$n_N = 1450\text{r/min}$，空载转差率为 0.003，求其空载转速及额定负载时的转差率。

解：$p = 2$ 时，$n_s = 1500\text{r/min}$

空载时，$n_0 = n_s(1-s) = 1500 \times (1-0.003)\text{r/min} = 1496\text{r/min}$

额定负载时的转差率 $s_N = \dfrac{1500-1450}{1500} = 0.033$

5.3　三相感应电动机的磁动势和磁场

旋转磁场是交流电机工作的基础，磁场是由磁动势产生的。在感应电动机定子与转子之间的气隙中，总存在旋转磁场，该磁场既可以由定子磁动势单独产生，也可以由定、转子磁动势共同产生，其转速为同步转速。本节分析空载和负载时感应电动机的磁动势和磁场。

5.3.1　空载运行时的磁动势和磁场

1. 空载磁动势和空载电流

感应电动机空载时，将定子绕组接至对称三相电压，便有对称三相电流 $\dot{i}_{10}$ 在定子绕组中流过，该电流称为空载电流。若不计谐波磁动势，则该定子电流建立一基波旋转磁动势 F_1，其幅值为

$$F_1 = 1.35\frac{Nk_{w1}}{p}I_{10} \tag{5-3}$$

169

在 F_1 作用下产生气隙磁场 B_m，B_m 沿气隙圆周正弦分布并以同步转速 n_s 旋转，在定、转子绕组中产生感应电动势，从而在转子绕组中感应出电流。在气隙磁场与转子感应电流相互作用下产生电磁转矩，使转子转动。

电动机空载运行时，转轴上不带机械负载，所以 $n \approx n_s$，旋转磁场和转子之间的相对速度近似为零，可以认为转子绕组中的感应电动势 $\dot{E}_2$ 和电流 $\dot{I}_2$ 都近似为零。因此空载运行时的主磁场仅由定子磁动势产生。**空载运行时定子磁动势 F_1 近似为产生气隙主磁场的励磁磁动势 F_m，空载电流 $\dot{I}_{10}$ 近似等于励磁电流 $\dot{I}_m$。**

空载电流 $\dot{I}_{10}$ 包括两部分，绝大部分是用来产生旋转磁场，称为**磁化电流**，为无功分量，小部分用以供给空载损耗，为有功分量。考虑到铁耗，F_m 超前于 B_m 以角度 α_{Fe}，α_{Fe} 为铁耗角。空载磁动势和磁场如图 5-9 所示。

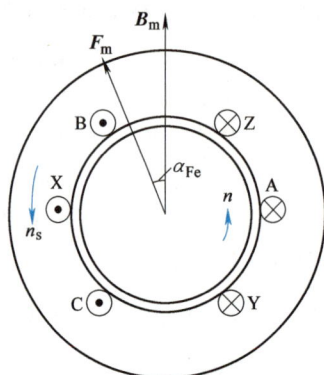

图 5-9 空载磁动势和磁场   空载磁场

2. 主磁通、定子漏磁通和感应电动势

根据磁通通过的路径的不同，将磁通分为两部分：主磁通和漏磁通。**由基波旋转磁动势产生的通过气隙并与定子绕组和转子绕组同时交链的磁通称为主磁通。**主磁通为每极下的磁通，用 $\dot{\Phi}_m$ 表示，图 5-10 所示为 4 极感应电动机主磁通分布图。可以看出，主磁通的路径是从定子轭经定子齿、空气隙到转子齿、转子轭，再经过转子齿、空气隙、定子齿回到定子轭，形成闭合磁路。

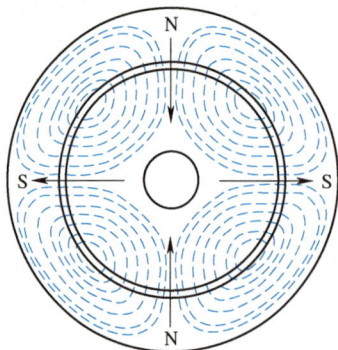

图 5-10 4 极感应电动机主磁通分布图   4 极感应电动机主磁通分布

定子三相电流除产生主磁通 $\dot{\Phi}_{\mathrm{m}}$ 外，还产生仅与定子绕组交链而不与转子绕组交链的磁通，这部分磁通称为定子漏磁通，用 $\dot{\Phi}_{1\sigma}$ 表示。漏磁通包括 3 部分：槽漏磁通、端部漏磁通和谐波漏磁通。横穿定子槽的磁通称为槽漏磁通，交链定子绕组端部的磁通称为端部漏磁通。这两部分磁通不进入转子，如图 5-11 所示。气隙中除主磁通（基波磁通）外的谐波磁通称为谐波漏磁通。需指出的是，谐波漏磁通与前两种漏磁通不同，它实际上与定转子绕组都交链，在定、转子绕组中都产生感应电动势，它在定子绕组中感应电动势的频率与前两种漏磁通产生的感应电动势频率相同，但不参与能量转换过程，所以也把它作为漏磁通处理，称为谐波漏磁通。

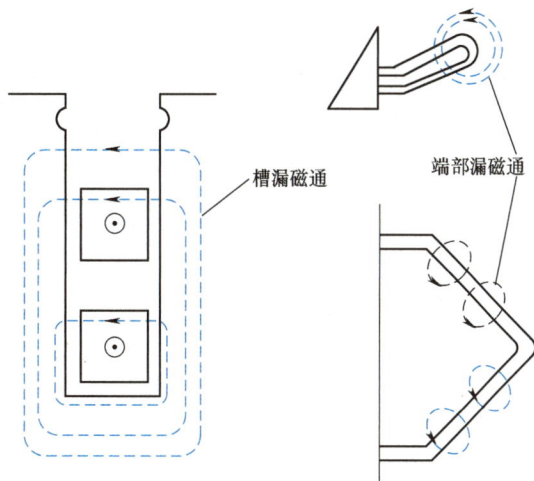

图 5-11 槽漏磁通和端部漏磁通

从上述分析可以看出，主磁通和漏磁通的路径和性质截然不同。主磁通同时交链定、转子绕组，是能量转换的媒介，主磁路主要由定、转子铁心和气隙组成，是一个非线性磁路，受磁路饱和程度影响较大；漏磁通主要通过空气隙闭合，受磁路饱和程度影响很小，可视为线性磁路，这部分磁通不参与能量转换。把主磁通和漏磁通分开处理，将给电机的分析带来很大方便。

主磁通 $\dot{\Phi}_{\mathrm{m}}$ 在定子绕组中产生感应电动势 $\dot{E}_1$，定子漏磁通 $\dot{\Phi}_{1\sigma}$ 将在定子绕组中产生漏磁感应电动势 $\dot{E}_{1\sigma}$，感应电动机空载运行时的电磁关系如图 5-12 所示。

图 5-12 感应电动机空载运行时的电磁关系

气隙中的主磁场以同步速度旋转时，主磁通 $\dot{\Phi}_{\mathrm{m}}$ 将在定子三相绕组中感应出对称三相感应电动势，其表达式为

$$\dot{E}_1 = -\mathrm{j}4.44 f_1 N_1 k_{w1} \dot{\Phi}_{\mathrm{m}} \tag{5-4}$$

由于漏磁通大部分经过空气隙，所以其漏磁路的磁阻可认为是常值。漏磁感应电动势 $\dot{E}_{1\sigma}$ 与定子电流成正比且滞后于 $\dot{\Phi}_{1\sigma}$ 90°电角度，而 $\dot{\Phi}_{1\sigma}$ 与定子电流 $\dot{I}_1$ 同相，所以 $\dot{E}_{1\sigma}$ 滞后于 $\dot{I}_1$ 以 90°，与变压器中相同，将 $\dot{E}_{1\sigma}$ 用漏抗压降表示，即

$$\dot{E}_{1\sigma} = -\mathrm{j}\dot{I}_1 X_{1\sigma} \tag{5-5}$$

式中，$X_{1\sigma}$ 称为定子漏抗，$X_{1\sigma} = \dfrac{E_{1\sigma}}{I_1} = 2\pi f_1 L_{1\sigma}$，$L_{1\sigma}$ 称为定子漏电感。

5.3.2 负载运行时的磁动势和磁场

当感应电动机带负载时，转速低于空载转速，因而定子旋转磁场与转子的相对速度增

171

加，转子感应电动势增大，电动机内部电磁关系发生变化。为研究负载时电动机内部的物理情况，首先分析转子磁动势的性质及其对定子磁动势的影响。

1. 负载时的转子磁动势

当感应电动机负载运行时，$n \neq n_s$，转子绕组中产生感应电动势 $\dot{E}_2$，进而产生转子电流 $\dot{I}_2$，$\dot{I}_2$ 产生转子磁动势 F_2。下面以绕线转子感应电动机为例，分析转子磁动势 F_2 的性质以及它对气隙磁场的影响。

转子上有三相绕组，若定子旋转磁场正向旋转（沿 A→B→C 方向旋转为正向），则转子感应电动势和转子电流的相序为 a→b→c，也为正序，产生正向旋转的转子磁动势 F_2，即 F_2 与 F_1 转向相同。

定子旋转磁场的转速为 n_s，转子转速为 n，此时定子旋转磁场以 $\Delta n = n_s - n$ 的速度切割转子，在转子中产生感应电动势，其频率 f_2 为

$$f_2 = \frac{p\Delta n}{60} = \frac{p(n_s-n)}{60} = \frac{pn_s(n_s-n)}{60n_s} = sf_1 \tag{5-6}$$

转子电流产生的磁动势 F_2 相对于转子的转速为 $n' = \dfrac{60f_2}{p} = \dfrac{60sf_1}{p} = sn_s = \Delta n$，而转子本身以 n 的速度旋转，所以转子磁动势相对于定子的转速为 $\Delta n + n = n_s - n + n = n_s$。因此，转子磁动势与定子磁动势相对于定子的转速是相等的，均为同步转速 n_s，它们之间没有相对运动，所以感应电动机在任何转速下均能产生恒定的电磁转矩。F_1 与 F_2 转速相等，转向相同，在空间始终保持相对静止，可以把 F_1 与 F_2 矢量相加得到合成磁动势，所以感应电动机负载时在气隙内的旋转磁场是由定、转子磁动势共同产生的。

当负载运行时，转子磁动势除了与定子磁动势共同产生主磁场外，还产生仅与转子绕组交链的漏磁通 $\dot{\Phi}_{2\sigma}$，转子漏磁通也包括槽漏磁通、端部漏磁通和谐波漏磁通 3 种。

2. 转子反应

负载时感应电动机的转子磁动势对气隙磁场的影响称为转子反应。转子反应使气隙磁场的大小和空间分布发生了变化，从而引起定子感应电动势和定子电流的变化。所以感应电动机负载后，定子电流中除励磁分量 $\dot{I}_m$ 外，还有一个补偿转子磁动势的负载分量 $\dot{I}_{1L}$，即

$$\dot{I}_1 = \dot{I}_m + \dot{I}_{1L} \tag{5-7}$$

$\dot{I}_{1L}$ 所产生的磁动势 F_{1L} 与转子磁动势 F_2 大小相等，方向相反，以维持气隙内主磁通基本不变，即

$$F_{1L} = -F_2 \tag{5-8}$$

即负载变化对定子的影响是通过 F_2 起作用的，这是转子反应的作用之一。转子反应的另一个作用是：由于负载分量 $\dot{I}_{1L}$ 的出现，感应电动机从电网吸取电功率。转子磁动势与主磁场相互作用产生电磁转矩，该电磁转矩与感应电动机轴上的负载转矩相平衡，从而实现机电能量的转换。

图 5-13 所示为三相绕线转子感应电动机的转子磁动势及气隙磁场分布。图 5-13a 为不计转子漏抗时（即转子电动势与转子电流同相位）转子磁动势与气隙磁场分布波形。首先绘

出气隙磁通密度空间分布波形，然后确定转子绕组感应电动势 e_2 的方向。因 $X_{2\sigma}=0$，则 i_2 与 e_2 同相位，由 i_2 确定 $\boldsymbol{F}_2$ 的波形。可见转子磁动势幅值与气隙磁场幅值之间的夹角 $\delta=90°$。

若 $X_{2\sigma}\neq0$，则 i_2 滞后于 e_2 以 φ_2 角，转子磁动势幅值与气隙磁场幅值之间的夹角 $\delta=90°+\varphi_2$，如图 5-13b 所示。

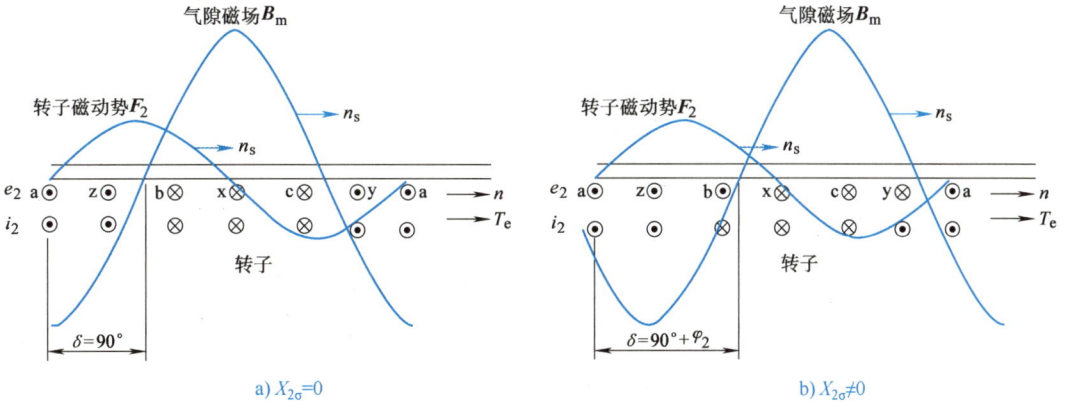

图 5-13　三相绕线转子感应电动机的转子磁动势及气隙磁场分布

采用相同的方法，可分析笼型感应电动机的转子磁动势和气隙磁场分布，如图 5-14 所示。首先绘出气隙磁场 $\boldsymbol{B}_m$ 的空间分布波形，转子导条某一瞬间所处的磁场位置不同，感应电动势大小也不同，也按正弦波分布。若 $X_{2\sigma}=0$，则电流与电动势同相，如图 5-14a 所示，转子磁动势幅值与气隙磁场幅值之间的夹角为 $\delta=90°$。当 $X_{2\sigma}\neq0$ 时，转子导条中电流将滞后于电动势以 φ_2 角度，如图 5-14b 所示，转子磁动势幅值与气隙磁场幅值之间的夹角为 $\delta=90°+\varphi_2$。

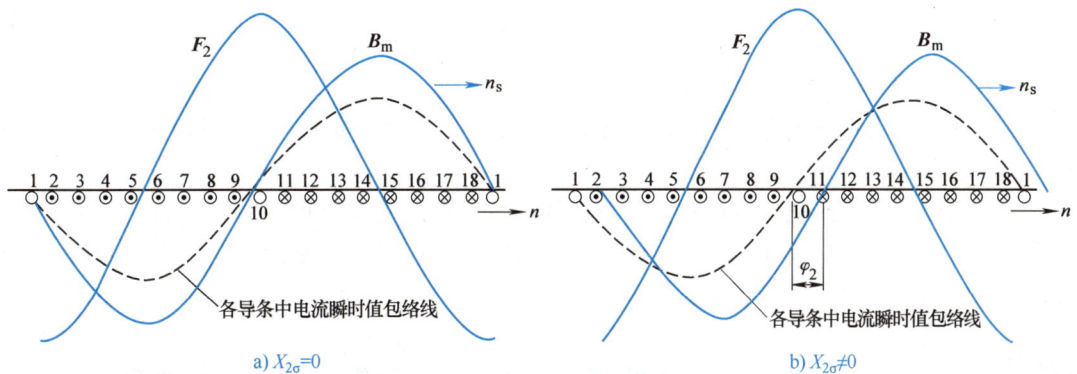

图 5-14　笼型感应电动机的转子磁动势和气隙磁场分布

3. 负载运行时的电磁关系

负载运行时，感应电动机的感应电动势、电流、磁动势和磁通之间的关系如图 5-15 所示。

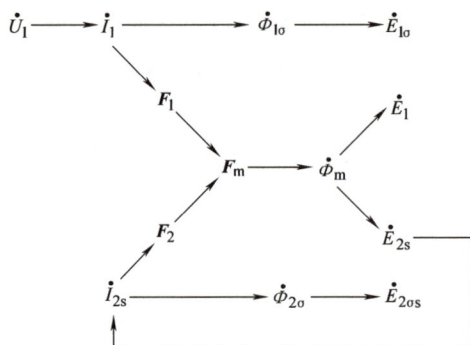

图 5-15　感应电动机负载运行时的电磁关系

5.3.3　励磁阻抗及漏抗

与变压器中的分析方法类似，引入励磁阻抗表征主磁通对电路的电磁效应，则定子感应电动势 $\dot{E}_1$ 与励磁电流 $\dot{I}_{\mathrm{m}}$ 之间具有以下关系：

$$\dot{E}_1 = -\dot{I}_{\mathrm{m}} Z_{\mathrm{m}} = -\dot{I}_{\mathrm{m}}\ (R_{\mathrm{m}} + \mathrm{j} X_{\mathrm{m}}) \tag{5-9}$$

式中，Z_{m} 为励磁阻抗；R_{m} 为励磁电阻，是表征铁耗的等效电阻；X_{m} 为励磁电抗。

因 $\dot{E}_1$ 在相位上滞后于 $\dot{\Phi}_{\mathrm{m}}$ 90°，所以用相量表示为 $\dot{E}_1 = -\mathrm{j}4.44 f_1 N_1 k_{\mathrm{w1}} \dot{\Phi}_{\mathrm{m}}$。显然 Z_{m} 的大小将随铁心饱和程度的不同而变化，在已制成的电机中，如频率恒定，则 $E_1 \propto \Phi_{\mathrm{m}}$，当外加电压恒定时，$Z_{\mathrm{m}}$ 可视为常值。因 $X_{\mathrm{m}} \propto f_1 N_1^2 \Lambda_{\mathrm{m}}$，所以气隙越小，$X_{\mathrm{m}}$ 越大，在同一外加电压下，所需励磁电流就越小。

同理，引入漏电抗表征漏磁通对电路的电磁效应。定、转子漏磁通 $\dot{\Phi}_{1\sigma}$ 和 $\dot{\Phi}_{2\sigma}$ 分别在定、转子绕组中感应出漏电动势 $\dot{E}_{1\sigma}$ 和 $\dot{E}_{2\sigma\mathrm{s}}$，可分别引入定、转子漏电抗来表征，即

$$\left.\begin{array}{l} \dot{E}_{1\sigma} = -\mathrm{j}\dot{I}_1 X_{1\sigma} \\ \dot{E}_{2\sigma\mathrm{s}} = -\mathrm{j}\dot{I}_{2\mathrm{s}} X_{2\sigma\mathrm{s}} \end{array}\right\} \tag{5-10}$$

式中，$X_{1\sigma}$ 为定子漏电抗；$X_{2\sigma\mathrm{s}}$ 为转子漏电抗。

因漏磁通绝大部分经空气隙闭合，漏磁路的磁阻可认为是常数，因此漏电抗可认为基本不变。

虽然感应电动机的电抗参数和变压器有相似的性质和意义，但两者在结构上相差很大。感应电动机定、转子之间存在气隙，使电抗参数在数值范围上有较大差别。感应电动机的励磁阻抗比变压器小得多，而漏电抗通常比变压器的大。

5.4　三相感应电动机的基本方程、相量图和等效电路

5.4.1　磁动势方程

感应电动机负载运行时，气隙磁动势为定子磁动势和转子磁动势的合成，即

$$\boldsymbol{F}_1 + \boldsymbol{F}_2 = \boldsymbol{F}_{\mathrm{m}} \tag{5-11}$$

式（5-11）就是感应电机的磁动势方程。由此可得

$$\boldsymbol{F}_1 = \boldsymbol{F}_\mathrm{m} + (-\boldsymbol{F}_2) \tag{5-12}$$

即负载时的定子磁动势可分为两部分，一部分是用来产生主磁通的励磁磁动势 $\boldsymbol{F}_\mathrm{m}$，另一部分用来抵消转子磁动势的负载分量 $-\boldsymbol{F}_2$。考虑到

$$\left. \begin{aligned} F_1 &= 0.9\,\frac{m_1}{2}\,\frac{N_1 k_{w1}}{p} I_1 \\[2mm] F_2 &= 0.9\,\frac{m_2}{2}\,\frac{N_2 k_{w2}}{p} I_2 \\[2mm] F_\mathrm{m} &= 0.9\,\frac{m_1}{2}\,\frac{N_1 k_{w1}}{p} I_\mathrm{m} \end{aligned} \right\} \tag{5-13}$$

式（5-11）可写为

$$\dot{I}_1 + \frac{\dot{I}_2}{k_\mathrm{i}} = \dot{I}_\mathrm{m} \tag{5-14}$$

或

$$\dot{I}_1 + \dot{I}_2' = \dot{I}_\mathrm{m} \tag{5-15}$$

式中，k_i 为电流变比，$k_\mathrm{i} = \dfrac{m_1 N_1 k_{w1}}{m_2 N_2 k_{w2}}$；$\dot{I}_2'$ 为归算到定子边的转子电流，$\dot{I}_2' = \dfrac{m_2 N_2 k_{w2}}{m_1 N_1 k_{w1}} \dot{I}_2 = \dfrac{1}{k_\mathrm{i}} \dot{I}_2$。

因为定子电流由励磁分量和负载分量组成，即 $\dot{I}_1 = \dot{I}_\mathrm{m} + \dot{I}_{1L}$，所以 $\dot{I}_2' = -\dot{I}_{1L}$。

图 5-16 所示为感应电动机的磁动势矢量图和电流相量图，考虑转子漏阻抗时，转子磁动势 $\boldsymbol{F}_2$ 滞后于励磁磁场 $\boldsymbol{B}_\mathrm{m}$ 的角度为 $\delta = 90° + \varphi_2$。

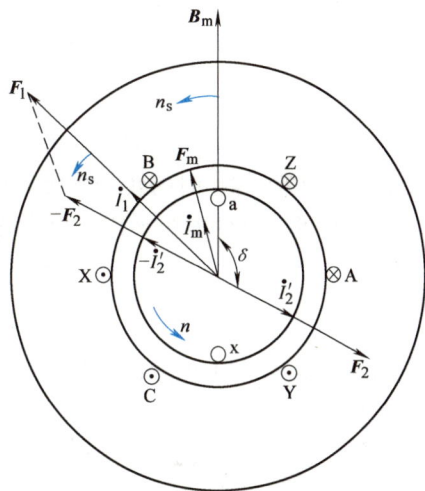

图 5-16　感应电动机的磁动势矢量图及电流相量图

5.4.2　电压方程

感应电动机负载运行时，主磁通 Φ_m 分别在定、转子绕组中产生感应电动势

$$\left. \begin{aligned} \dot{E}_1 &= -\mathrm{j}4.44 f_1 N_1 k_{w1} \dot{\Phi}_\mathrm{m} \\[2mm] \dot{E}_{2s} &= -\mathrm{j}4.44 f_2 N_2 k_{w2} \dot{\Phi}_\mathrm{m} \end{aligned} \right\} \tag{5-16}$$

定、转子漏磁通 $\Phi_{1\sigma}$、$\Phi_{2\sigma}$ 分别交链各自的绕组，并在各自的绕组中产生漏电动势

$$\left. \begin{aligned} \dot{E}_{1\sigma} &= -\mathrm{j}4.44 f_1 N_1 k_{w1} \dot{\Phi}_{1\sigma} \\[2mm] \dot{E}_{2\sigma s} &= -\mathrm{j}4.44 f_2 N_2 k_{w2} \dot{\Phi}_{2\sigma} \end{aligned} \right\} \tag{5-17}$$

另外，定、转子绕组电阻分别产生电阻压降 $I_1 R_1$ 和 $I_{2s} R_2$。

采用变压器中各物理量正方向的规定，根据基尔霍夫第二定律可分别列写出定、转子电路的电压方程式

$$\left.\begin{array}{l} \dot{U}_1 = -\dot{E}_1 - \dot{E}_{1\sigma} + \dot{I}_1 R_1 \\[2mm] \dot{E}_{2s} = -\dot{E}_{2\sigma s} + \dot{I}_{2s} R_2 \end{array}\right\} \tag{5-18}$$

将 $\dot{E}_{1\sigma} = -\mathrm{j}\dot{I}_1 X_{1\sigma}$ 和 $\dot{E}_{2\sigma s} = -\mathrm{j}\dot{I}_{2s} X_{2\sigma s}$ 代入式（5-18）得

$$\left.\begin{array}{l} \dot{U}_1 = -\dot{E}_1 + \dot{I}_1 (R_1 + \mathrm{j}X_{1\sigma}) = -\dot{E}_1 + \dot{I}_1 Z_{1\sigma} \\[2mm] \dot{E}_{2s} = \dot{I}_{2s}(R_2 + \mathrm{j}X_{2\sigma s}) = \dot{I}_{2s} Z_{2\sigma s} \end{array}\right\} \tag{5-19}$$

式中，$Z_{1\sigma}$ 为定子漏阻抗，$Z_{1\sigma} = R_1 + \mathrm{j}X_{1\sigma}$；$Z_{2\sigma s}$ 为转子漏阻抗，$Z_{2\sigma s} = R_2 + \mathrm{j}X_{2\sigma s}$。

因感应电动机的旋转磁场以同步转速 n_s 切割定子绕组，以 $n_\mathrm{s} - n$ 的速度切割转子绕组，所以定、转子绕组中感应电动势的频率不同，定子绕组感应电动势的频率为 $f_1 = pn_\mathrm{s}/60$，转子绕组感应电动势的频率为 $f_2 = p(n_\mathrm{s} - n)/60 = sf_1$。为便于区分，将转子电路中与频率有关的物理量都注有下标 s，用以表示转子转动时的参数，它们与转差率的关系为

$$\left.\begin{array}{l} E_{2s} = 4.44 f_2 N_2 k_{w2} \Phi_\mathrm{m} = 4.44 f_1 s N_2 k_{w2} \Phi_\mathrm{m} = sE_2 \\[2mm] X_{2\sigma s} = 2\pi f_2 L_{2\sigma} = 2\pi f_1 s L_{2\sigma} = sX_{2\sigma} \\[2mm] E_{2\sigma s} = 4.44 f_2 N_2 k_{w2} \Phi_{2\sigma} = 4.44 f_1 s N_2 k_{w2} \Phi_{2\sigma} = sE_{2\sigma} \end{array}\right\} \tag{5-20}$$

式中，E_2 为转子静止时的转子感应电动势，$E_2 = 4.44 f_1 N_2 k_{w2} \Phi_\mathrm{m}$。

定、转子电路的电压平衡方程式可改写为

$$\left.\begin{array}{l} \dot{U}_1 = -\dot{E}_1 + \dot{I}_1 Z_{1\sigma} \\[2mm] \dot{E}_{2s} = s\dot{E}_2 = \dot{I}_{2s}(R_2 + \mathrm{j}sX_{2\sigma}) \end{array}\right\} \tag{5-21}$$

与式（5-21）对应的定、转子等效电路如图 5-17 所示。

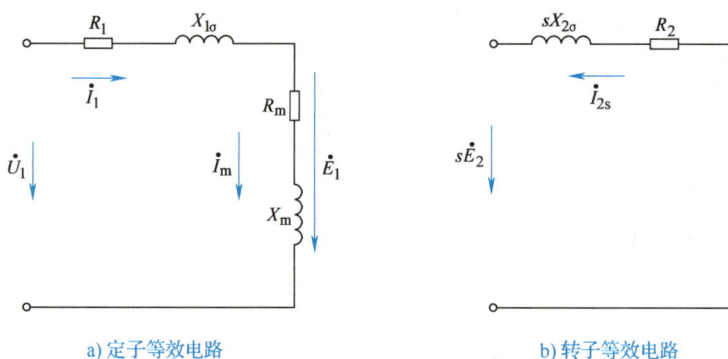

a) 定子等效电路   b) 转子等效电路

图 5-17　定、转子等效电路

5.4.3　感应电动机的等效电路及相量图

图 5-18 所示为感应电动机定、转子耦合电路。定、转子电路之间只有磁的耦合，没有电的联系，定、转子绕组的频率、相数、匝数和绕组因数不同，要寻求感应电动机定、转子电路之间有电的联系的等效电路，需要进行相应的频率和绕组归算，即把一个电路归算到另一个电路中去。通常将转子侧物理量归算到定子侧。

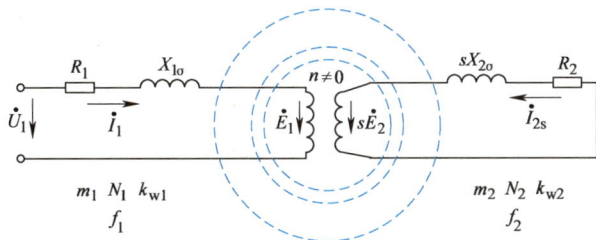

图 5-18　感应电动机定、转子耦合电路

1. 频率归算

频率归算是指在保持电磁系统的电磁性能不变的前提下，把一种频率的物理量换算成另一种频率的物理量。对感应电动机进行频率归算是将转子电路的频率归算成定子电路的频率。要使转子电路的频率等于定子电路的频率，应该用一个静止的转子代替实际转动的转子。

由转子电路电压方程式得

$$\dot{I}_{2s} = \frac{\dot{E}_{2s}}{R_2 + jX_{2\sigma s}} = \frac{s\dot{E}_2}{R_2 + jsX_{2\sigma}} = \frac{\dot{E}_2}{R_2/s + jX_{2\sigma}} = \dot{I}_2 \tag{5-22}$$

式（5-22）中与频率有关的各物理量的频率已由 f_2 变为 f_1，且 $\dot{I}_2$ 与 $\dot{I}_{2s}$ 幅值相同，所以保证了转子磁动势不变。由此可见，只要在静止的转子电路中将转子电阻由 R_2 变为 R_2/s，也就是串入一个附加电阻 $\frac{1-s}{s}R_2$，就可保证频率归算前后转子磁动势不变。在实际运行中，$\frac{1-s}{s}R_2$ 并不存在，但电动机有机械功率输出；而在频率归算后的转子电路中，因转子不动，并没有机械功率输出，但有电功率 $m_2 I_2^2 \frac{1-s}{s} R_2$，因此 $m_2 I_2^2 \frac{1-s}{s} R_2$ 实际上代表了机械功率的输出。电阻 $\frac{1-s}{s}R_2$ 为表征机械功率的电阻。经频率归算后，静止感应电动机的定、转子耦合电路如图 5-19 所示，这时感应电动机的转速为零，转子绕组感应电动势的频率为 f_1。

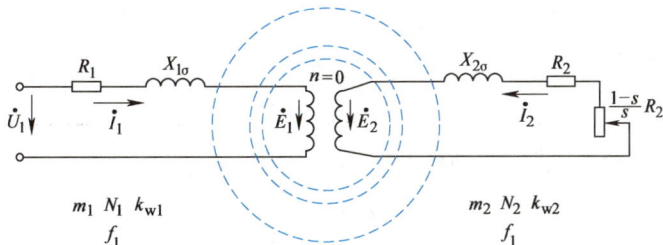

图 5-19　静止感应电动机的定、转子耦合电路

2. 绕组归算

对感应电动机进行了频率归算后，虽然解决了定、转子频率不同的问题，但因为 $\dot{E}_2 \neq \dot{E}_1$，还不能把定、转子电路连接起来。因此还要像变压器中那样进行绕组归算，人为地用一

个相数、匝数以及绕组因数均与定子绕组相同的绕组代替原来的转子绕组。在归算中必须保证归算前后转子的电磁效应不变，归算后转子各物理量斜上方标"′"符号。由归算前后转子磁动势不变得

$$0.9\frac{m_1}{2}\frac{N_1 k_{w1}}{p}I_2' = 0.9\frac{m_2}{2}\frac{N_2 k_{w2}}{p}I_2 \tag{5-23}$$

归算后转子电流为

$$I_2' = \frac{m_2 N_2 k_{w2}}{m_1 N_1 k_{w1}}I_2 = \frac{1}{k_i}I_2 \tag{5-24}$$

由感应电动势与匝数、绕组因数的关系得

$$E_2' = \frac{N_1 k_{w1}}{N_2 k_{w2}}E_2 = k_e E_2 = E_1 \tag{5-25}$$

式中，k_e 为电压比，$k_e = \frac{N_1 k_{w1}}{N_2 k_{w2}}$。

E_1 和 E_2' 相等，因此得到了两个电路的等电位点，就可以将定、转子电路连接起来，这是进行绕组归算的目的。

由归算前后转子铜耗和漏磁场储能保持不变得

$$\left. \begin{aligned} m_1 I_2'^2 R_2' &= m_2 I_2^2 R_2 \\ \frac{1}{2}m_1 I_2'^2 X_{2\sigma}' &= \frac{1}{2}m_2 I_2^2 X_{2\sigma} \end{aligned} \right\} \tag{5-26}$$

整理得

$$\left. \begin{aligned} R_2' &= \frac{m_1 N_1^2 k_{w1}^2}{m_2 N_2^2 k_{w2}^2}R_2 = k_i k_e R_2 \\ X_{2\sigma}' &= \frac{m_1 N_1^2 k_{w1}^2}{m_2 N_2^2 k_{w2}^2}X_{2\sigma} = k_i k_e X_{2\sigma} \end{aligned} \right\} \tag{5-27}$$

经过上述的绕组归算，可得到转子各物理量的归算值

$$\left. \begin{aligned} I_2' &= \frac{1}{k_i}I_2 \\ E_2' &= k_e E_2 \\ R_2' &= k_e k_i R_2 \\ X_{2\sigma}' &= k_e k_i X_{2\sigma} \end{aligned} \right\} \tag{5-28}$$

经频率和绕组归算后，感应电动机的基本方程为

$$\left. \begin{aligned} \dot{U}_1 &= -\dot{E}_1 + \dot{I}_1 Z_{1\sigma} \\ \dot{E}_2' &= \dot{I}_2'\left(\frac{R_2'}{s} + jX_{2\sigma}'\right) \\ \dot{E}_1 &= \dot{E}_2' = -\dot{I}_m Z_m \\ \dot{I}_1 + \dot{I}_2' &= \dot{I}_m \end{aligned} \right\} \tag{5-29}$$

感应电动机经归算后的定、转子等效电路如图 5-20 所示。

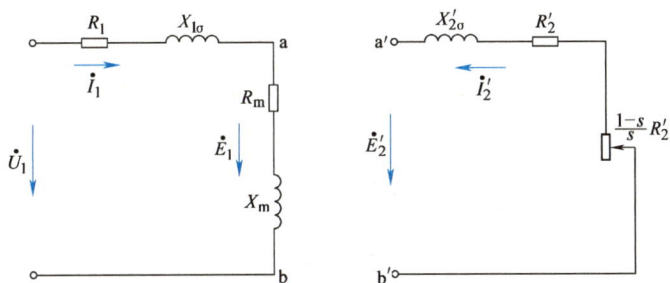

图 5-20 归算后的感应电动机定、转子等效电路

3. 感应电动机的等效电路

归算后，$\dot{E}_1 = \dot{E}'_2$。由图 5-20 可见，端点 a 与 a′为等电位点，b 与 b′为等电位点，就可将定、转子电路连接在一起，如图 5-21 所示，所得等效电路称为 **T 形等效电路**。

感应电动机的 T 形等效电路与变压器的 T 形等效电路十分相似，只要将变压器 T 形等效电路中的 Z'_L 改为 $[(1-s)/s]R'_2$ 就可得到感应电动机的 T 形等效电路。等效电路中的各参数可通过实验的方法测定。给定参数后，由等效电路计算出的定子侧物理量均为实际值，而计算出的转子侧电动势、电流为归算值而非实际值，需要求实际值时，可由式（5-28）计算。但计算出的功率、转矩、损耗均为实际值。

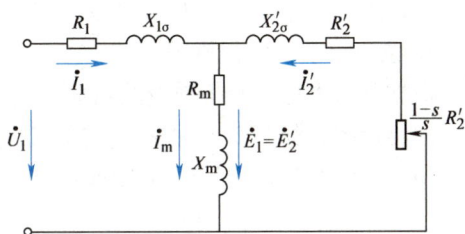

图 5-21 感应电动机的 T 形等效电路

等效电路是分析和计算感应电动机性能的有力工具。在给定参数和电源电压的情况下，若已知 s，则电动机的转速、电流、转矩、损耗和功率均可用等效电路求出。

由等效电路可得

$$
\left.
\begin{aligned}
\dot{I}_1 &= \frac{\dot{U}_1}{Z_{1\sigma} + \dfrac{Z_m Z'_2}{Z_m + Z'_2}} \\[2mm]
\dot{I}'_2 &= -\dot{I}_1 \frac{Z_m}{Z_m + Z'_2} = -\frac{\dot{U}_1}{Z_{1\sigma} + \dot{c} Z'_2} \\[2mm]
\dot{I}_m &= \dot{I}_1 \frac{Z'_2}{Z_m + Z'_2} = \frac{\dot{U}_1}{Z_m} \frac{1}{\dot{c} + \dfrac{Z_{1\sigma}}{Z'_2}}
\end{aligned}
\right\}
\tag{5-30}
$$

式中，Z'_2 为转子等效阻抗，$Z'_2 = \dfrac{R'_2}{s} + \mathrm{j}X'_{2\sigma}$；$\dot{c}$ 为修正系数，$\dot{c} = 1 + \dfrac{Z_{1\sigma}}{Z_m} \approx 1 + \dfrac{X_{1\sigma}}{X_m}$。

T 形等效电路是一个复联电路，计算和分析都比较复杂。因此在实际应用时可予以简化，即将励磁支路前移，等效电路由复联电路简化为并联电路。在式（5-30）的第三个方程

中，因 $|Z_{1\sigma}| \ll |Z_2'|$，可取 $Z_{1\sigma}/Z_2' = 0$，所以得

$$\dot{I}_m = \frac{\dot{U}_1}{\dot{c}Z_m} \tag{5-31}$$

式（5-30）中的第一、二式分别变为

$$\left.\begin{array}{l} -\dot{I}_2' = \dfrac{\dot{U}_1}{Z_{1\sigma} + \dot{c}Z_2'} \\[2mm] \dot{I}_1 = \dot{I}_m + (-\dot{I}_2') \end{array}\right\} \tag{5-32}$$

根据式（5-31）和式（5-32），即可得到感应电动机的 Γ 形等效电路，如图 5-22 所示。与 T 形等效电路相比，转子电路电流相同，励磁电流和定子电流较用 T 形等效电路算出的值偏大。若令感应电动机 Γ 形等效电路中的修正系数 $\dot{c}=1$，则得到简化等效电路。在工程计算中，常采用感应电动机的 Γ 形等效电路。

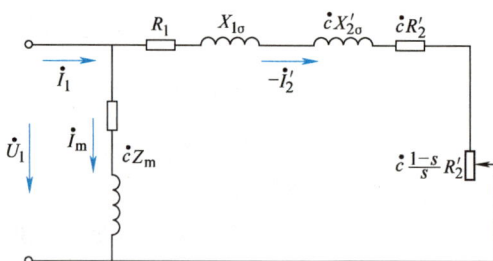

图 5-22　感应电动机的 Γ 形等效电路

4. 感应电动机的相量图

根据基本方程式及等效电路可画出感应电动机的相量图，如图 5-23 所示。借助相量图可以更清楚地理解感应电动机的各物理量在数值和相位上的关系。相量图画法如下：

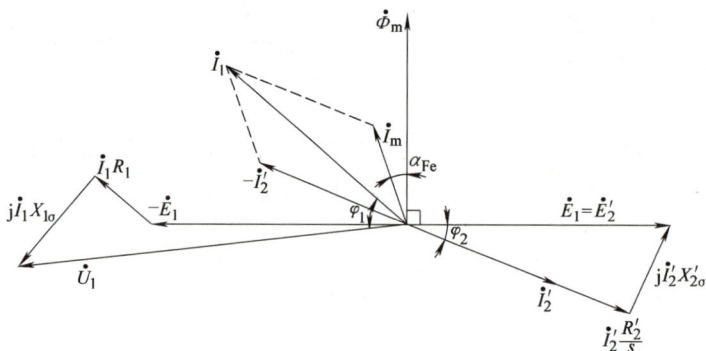

图 5-23　感应电动机的相量图

感应电动机的相量图

1）取主磁通 $\dot{\Phi}_m$ 为参考量，按照 $\dot{E}_1 = \dot{E}_2'$ 滞后于 $\dot{\Phi}_m$ 90°，画出相量 $\dot{E}_1 = \dot{E}_2'$。

2）画转子回路相量：$\dot{I}_2'$ 滞后 $\dot{E}_2'$ 的角度为 φ_2，$\varphi_2 = \arctan[X_{2\sigma}'/(R_2'/s)]$，电阻压降 $\dot{I}_2'R_2'/s$ 与 $\dot{I}_2'$ 同相位，漏抗压降 $j\dot{I}_2'X_{2\sigma}'$ 超前 $\dot{I}_2'$ 90°，电阻压降和漏抗压降与电动势 $\dot{E}_2'$ 组成阻抗三角形。

3）画定子回路相量：考虑铁耗后，励磁电流 $\dot{I}_m$ 超前 $\dot{\Phi}_m$ 一个小的铁耗角 α_{Fe}，由 $\dot{I}_1 = \dot{I}_m - \dot{I}_2'$ 确定出 $\dot{I}_1$，$-\dot{E}_1$ 超前 $\dot{\Phi}_m$ 90°，$\dot{I}_1R_1$ 与 $\dot{I}_1$ 同相位，$j\dot{I}_1X_{1\sigma}$ 超前 $\dot{I}_1$ 90°，3 个相量之和即为 $\dot{U}_1$。

由图 5-23 可以看出，感应电动机的定子电流总是滞后于定子电压 φ_1 角（φ_1 为定子功

率因数角），这主要是由励磁电流和定、转子的漏抗压降引起的。产生气隙磁通需要一定的感性无功功率，产生定、转子漏磁场也需要一定的无功功率，这些感性的无功功率要从电源输入，所以感应电动机对于电网来说是一个感性负载，它总是从电网吸取滞后的无功功率。

[例 5-2] 一台三相 6 极笼型感应电动机，$P_N = 3\text{kW}$，$U_N = 380\text{V}$，$f_N = 50\text{Hz}$，$n_N = 957\text{r/min}$，定子绕组采用星形联结，电动机的参数为：$R_1 = 2.08\Omega$，$R_2' = 1.525\Omega$，$X_{1\sigma} = 3.12\Omega$，$X_{2\sigma}' = 4.25\Omega$，$R_m = 4.12\Omega$，$X_m = 62\Omega$。用 T 形等效电路计算额定状态时的定子电流、转子电流、功率因数、输入功率及效率。

计算程序

解：

$$n_s = \frac{60 \times 50}{6/2}\text{r/min} = 1000\text{r/min}$$

$$s_N = \frac{n_s - n_N}{n_s} = \frac{1000 - 957}{1000} = 0.043$$

$$\dot{I}_1 = \frac{\dot{U}_1}{Z_{1\sigma} + \frac{Z_2' Z_m}{Z_2' + Z_m}} = \frac{220 \angle 0°}{2.08 + j3.12 + \frac{\left(\frac{1.525}{0.043} + j4.25\right)(4.12 + j62)}{\left(\frac{1.525}{0.043} + j4.25\right) + (4.12 + j62)}}\text{A} = 6.81 \angle -36.4° \text{ A}$$

$$-\dot{I}_2' = \dot{I}_1 \frac{Z_m}{Z_m + Z_2'} = \frac{6.81 \angle -36.4° \times (4.12 + j62)}{\frac{1.525}{0.043} + j4.25 + 4.12 + j62}\text{A} = 5.47 \angle -9.5° \text{ A}$$

$$\dot{I}_m = \dot{I}_1 + \dot{I}_2' = (6.81 \angle -36.4° - 5.47 \angle -9.5°)\text{A} = 3.18 \angle -88.56° \text{ A}$$

$$\cos\varphi_1 = \cos 36.4° = 0.805$$

$$P_1 = 3U_1 I_1 \cos\varphi_1 = 3 \times 220 \times 6.81 \times 0.805\text{W} = 3610\text{W}$$

$$\eta = \frac{P_2}{P_1} = 0.831$$

5.5 三相感应电动机的参数测定

利用等效电路计算感应电动机的运行性能时，必须首先知道感应电动机的参数。与变压器等效电路参数一样，感应电动机的等效电路参数也分两类：励磁参数和短路参数。励磁参数包括 Z_m、R_m、X_m，短路参数包括 R_1、$X_{1\sigma}$、R_2'、$X_{2\sigma}'$，这两种参数可分别由空载试验和短路试验测取。

5.5.1 空载试验与励磁参数的测定

1. 空载试验

空载试验的目的是测取励磁参数，以及分离出铁耗 p_{Fe} 和机械损耗 p_{mec}。试验时电动机轴上不带负载，定子绕组接到额定频率的对称三相电源，先将电动机空载运行一段时间（约 20min 左右）使其机械损耗达到稳定，然后调节定子端电压从 $(1.1 \sim 1.2)U_{1N}$ 开始逐步降低至 $0.3U_{1N}$ 为止，测 7~9 组数据，每次记录电压 U_1、空载电流 I_{10} 和空载输入功率 p_{10}，绘制成空载特性曲线 $I_{10}=f(U_1)$、$p_{10}=f(U_1)$，如图 5-24 所示。

2. 铁耗与机械损耗的分离

空载时，由于转子电流很小，可认为 $I_2 \approx 0$，故转子铜耗忽略不计，空载时输入功率用来补偿定子铜耗 p_{Cu1}、铁耗 p_{Fe} 和机械损耗 p_{mec}，此时电动机的空载输入功率为

$$p_{10} \approx m_1 I_{10}^2 R_1 + p_{Fe} + p_{mec} \tag{5-33}$$

从空载输入功率 p_{10} 中减去定子铜耗得

$$p_{10} - m_1 I_{10}^2 R_1 = p_{Fe} + p_{mec} \tag{5-34}$$

因 $p_{Fe} \propto U_1^2$，而 p_{mec} 与 U_1 无关，把不同电压下的 $p_{Fe} + p_{mec}$ 以 U_1^2 为横坐标绘成曲线，即 $p_{Fe} + p_{mec} = f(U_1^2)$，如图 5-25 所示，即可分离额定电压下的铁耗和机械损耗。

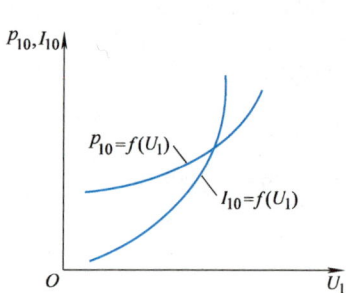

图 5-24 空载特性曲线

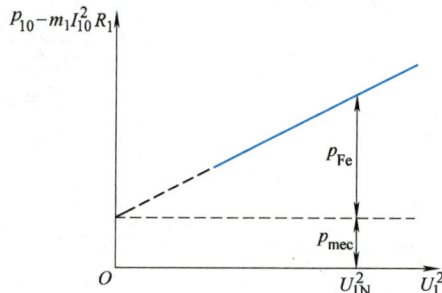

图 5-25 铁耗和机械损耗的确定

3. 励磁参数的确定

空载运行时，$s \approx 0$，$[(1-s)/s]R'_2 \rightarrow \infty$，转子呈开路状态，其等效电路如图 5-26 所示，由该电路可知

$$\frac{U_1}{I_{10}} = Z_0 = Z_{1\sigma} + Z_m, \quad R_0 = \frac{p_{10}}{m_1 I_{10}^2}, \quad X_0 = \sqrt{Z_0^2 - R_0^2} \tag{5-35}$$

式中，U_1 为定子相电压；I_{10} 为定子相电流；m_1 为定子相数；p_{10} 为输入功率；$X_0 = X_{1\sigma} + X_m$；R_1 为定子每相电阻，可用电桥进行实测。

已知额定电压下的铁耗 p_{Fe}，即可求得励磁电阻 R_m

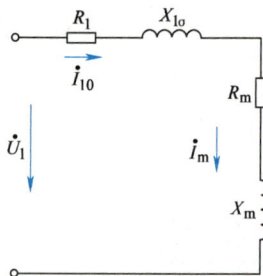

图 5-26 空载运行时的
等效电路

$$R_m = \frac{p_{Fe}}{m_1 I_{10}^2} \tag{5-36}$$

因 $X_m = X_0 - X_{1\sigma}$，在确定了 $X_{1\sigma}$ 后才可求得励磁电抗。

需要注意的是，应采用额定电压下测得的 p_{10} 和 I_{10} 计算励磁参数。

5.5.2　短路试验及短路参数的测定

1. 短路试验

短路试验也称为堵转试验，试验时将转子堵住，即在 $n = 0$ 的情况下进行。电动机堵转时电流很大，所以试验应在较低的电压下进行，一般从 $0.4U_{1N}$ 开始，逐渐降低电压，记录输入电压 U_1、输入电流 I_{1k} 和输入功率 p_{1k}，绘制短路特性曲线 $I_{1k} = f(U_1)$ 和 $p_{1k} = f(U_1)$，如图 5-27 所示。

2. 短路参数的确定

短路（堵转）时 $s = 1$，$[(1-s)/s]R'_2 = 0$，其等效电路如图 5-28 所示。由该等效电路可得

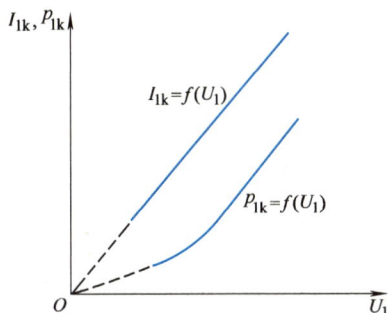

图 5-27　短路特性曲线

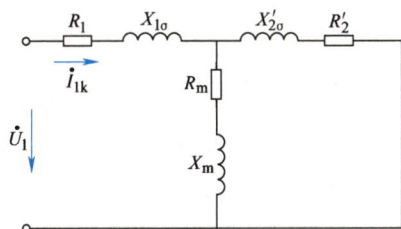

图 5-28　短路时的等效电路

$$\left.\begin{aligned}
Z_k &= \frac{U_1}{I_{1k}} \\
R_k &= \frac{p_{1k}}{m_1 I_{1k}^2} \\
X_k &= \sqrt{Z_k^2 - R_k^2}
\end{aligned}\right\} \tag{5-37}$$

式中，U_1 为定子相电压；I_{1k} 为定子相电流。

由于短路试验时转子静止不动，不输出机械功率，输入的功率都用来供给电动机的损耗。因外加电压很低，铁耗可略去不计，$R_m = 0$，则有

$$Z_k = R_1 + jX_{1\sigma} + \frac{jX_m(R'_2 + jX'_{2\sigma})}{R'_2 + j(X_m + X'_{2\sigma})} = R_k + jX_k \tag{5-38}$$

从式（5-38）解得

$$\left.\begin{aligned}
R_k &= R_1 + R'_2 \frac{X_m^2}{R'^2_2 + (X_m + X'_{2\sigma})^2} \\
X_k &= X_{1\sigma} + X_m \frac{R'^2_2 + X'^2_{2\sigma} + X'_{2\sigma}X_m}{R'^2_2 + (X_m + X'_{2\sigma})^2}
\end{aligned}\right\} \tag{5-39}$$

为简化计算，假定 $X_{1\sigma}=X'_{2\sigma}$，并利用 $X_0=X_m+X_{1\sigma}=X_m+X'_{2\sigma}$，则

$$\left.\begin{array}{c} R_k=R_1+R'_2\dfrac{(X_0-X_{1\sigma})^2}{R'^2_2+X^2_0} \\[3mm] X_k=X_{1\sigma}+(X_0-X_{1\sigma})\dfrac{R'^2_2+X_{1\sigma}X_0}{R'^2_2+X^2_0} \end{array}\right\} \tag{5-40}$$

将式（5-40）中第二式两端同乘 $R'^2_2+X^2_0$，经整理后得到

$$\frac{(X_0-X_{1\sigma})^2}{R'^2_2+X^2_0}=\frac{X_0-X_k}{X_0} \tag{5-41}$$

将式（5-41）代入式（5-40）中第一式得

$$R'_2=(R_k-R_1)\frac{X_0}{X_0-X_k} \tag{5-42}$$

由 X_0、X_k 和 R_k 可算出 R'_2，再由

$$\frac{(X_0-X_{1\sigma})^2}{R'^2_2+X^2_0}=\frac{X_0-X_k}{X_0}$$

得

$$X_{1\sigma}=X'_{2\sigma}=X_0-\sqrt{\frac{X_0-X_k}{X_0}(R'^2_2+X^2_0)} \tag{5-43}$$

对于中、大型感应电动机，由于 X_m 很大，即 $X_m\gg Z'_2$，可将励磁支路去掉，则其短路时的近似等效电路如图5-29所示。由该等效电路可得

$$\left.\begin{array}{c} R'_2=R_k-R_1 \\[2mm] X_{1\sigma}=X'_{2\sigma}=\dfrac{X_k}{2} \end{array}\right\} \tag{5-44}$$

短路参数计算大为简化，但对小型感应电动机按上述方法确定参数时误差较大。

图 5-29 短路时的近似等效电路

需要指出的是，在感应电动机正常工作范围内，$X_{1\sigma}$、$X_{2\sigma}$ 基本为常数。但当电流较额定值高出很多时（如起动时），漏磁路的铁磁部分高度饱和，使漏磁阻变大，漏抗变小，电动机起动时定、转子漏抗将比正常工作时小 15%~35%。所以在进行堵转试验时通常确定3种情况下电动机的漏抗。当求工作特性时，应采用额定电流时的参数，即用 $I_{1k}=I_{1N}$ 时的 p_{1k} 和 U_1 计算短路参数；当求最大转矩时，应采用 2~3 倍额定电流时的参数，即用 $I_{1k}=(2\sim3)I_{1N}$ 时的 p_{1k} 和 U_1 计算短路参数；当求起动特性时，应采用额定电压时的 p_{1k} 和 I_{1k} 计算短路参数。分别采用不同饱和程度的漏抗值，可使计算结果更接近实际情况。

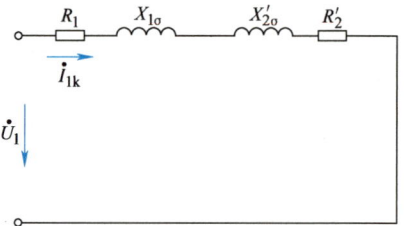

5.6 笼型转子参数的计算

以上分析的感应电动机运行原理、基本方程、等效电路和相量图对绕线转子感应电动机和笼型感应电机均适用。两种电机的不同在于绕线转子有明显的相数和极对数，转子绕组的设计必须使其极对数等于定子绕组的极对数，否则电机无法工作。笼型转子的绕组由导条和

端环构成，其转子绕组极数、相数和每相参数的确定都与绕线式转子不同，下面讨论这些问题。

5.6.1 笼型转子的极数

图 5-30 所示为一笼型转子处于两极气隙磁场，导条中的电动势、电流及磁动势的情况。图 5-30a 中，曲线 3 为气隙磁场磁通密度空间分布波形，曲线 2 为转子导条中感应电动势幅值包络线，曲线 1 为转子导条中感应电流幅值包络线，可见转子漏抗的存在使转子电流滞后转子电动势以相位角 φ_2。图 5-30b 为转子磁动势的波形，此时转子电流产生的磁动势建立了一个两极磁场。由此可见，笼型转子绕组本身没有固定的极数，它的极数完全取决于定子绕组所产生的气隙磁场的极数，即总是与定子极数相同。

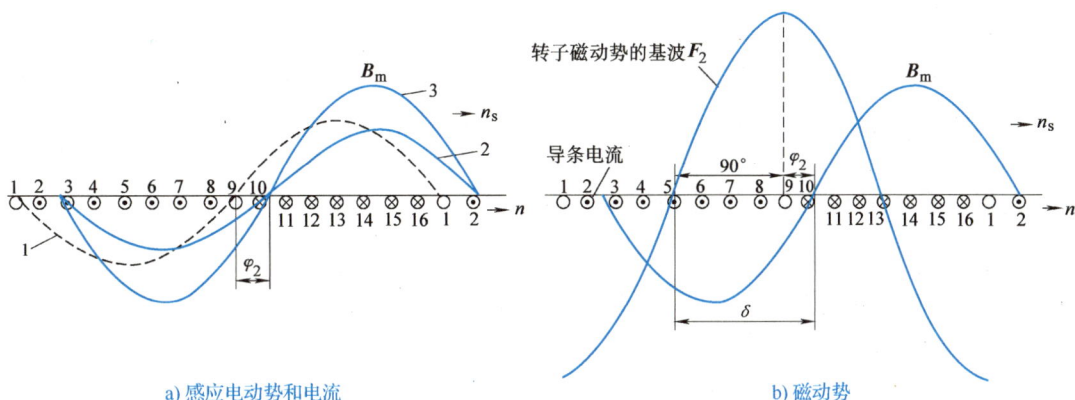

a) 感应电动势和电流   b) 磁动势

图 5-30 笼型转子导条中电动势、电流及磁动势

5.6.2 笼型转子的相数

笼型转子的相数 m_2 取决于转子导条感应电动势的相位。图 5-31 所示为笼型转子绕组的结构，所有导条在两端都被端环短路，转子是对称的，实质上是一个对称多相绕组。由于每根导条在气隙磁场中的位置不同，转子导条数为 Q_2，则相邻导条中的感应电动势相量之间互差 α_2 电角度

$$\alpha_2 = \frac{p \times 360°}{Q_2} \qquad (5-45)$$

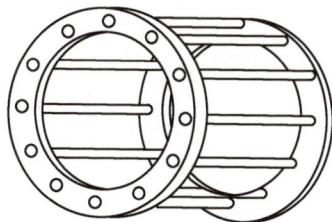

图 5-31 笼型转子绕组的结构

若 Q_2/p 为整数，则一对极下（360°电角度）的所有导条的电动势相量组成一个均匀分布的电动势星形，笼型绕组是一个对称多相绕组，其中每对极下的每一根导条构成一相。即笼型转子的相数为 $m_2 = Q_2/p$，各对极下处于相同位置的导条可看作属于一相的并联导体，即每相有 p 根并联导体。每相串联匝数为 $N_2 = 1/2$。绕组不存在分布和短距，绕组因数 $k_{w2} = 1$。此时，对笼型绕组有

$$
\left.\begin{array}{l}
m_2 = \dfrac{Q_2}{p} \\[3mm]
N_2 = \dfrac{1}{2} \\[3mm]
k_{w2} = 1
\end{array}\right\}
\tag{5-46}
$$

若 Q_2/p 为分数，则转子相数为 $m_2 = Q_2$，每相只有一根导条，其匝数为 $N_2 = 1/2$。绕组不存在分布和短距，绕组因数 $k_{w2} = 1$。

5.6.3 笼型转子参数的计算

笼型转子参数的计算分两步：第一步求出转子每相的电阻 R_2 和漏电抗 $X_{2\sigma}$；第二步将它们归算到定子侧，求出每相漏阻抗的归算值。

1. 转子每相的漏阻抗

图 5-32 所示为笼型转子的电路及电流相量图。图中，Z_B 是每根导条的漏阻抗，Z_R 是每根端环的漏阻抗，导条中流过的电流是 I_B，端环中流过的电流是 I_R，各导条内电流的幅值相等，相邻导条内电流在相位上相差 α_2 电角度。各段端环的电流幅值相等，相邻端环的电流相位也相差 α_2 电角度。对应的相量图如图 5-32b 所示。

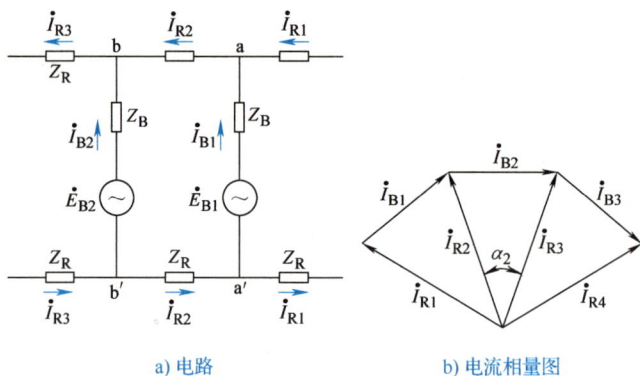

a) 电路   b) 电流相量图

图 5-32　笼型转子的电路和电流相量图

由相量图得

$$
\left.\begin{array}{l}
\dot{I}_{R1} + \dot{I}_{B1} = \dot{I}_{R2} \\[2mm]
\dot{I}_{R2} + \dot{I}_{B2} = \dot{I}_{R3} \\[2mm]
\qquad \vdots
\end{array}\right\}
\tag{5-47}
$$

根据几何关系得 $I_B = 2I_R \sin(\alpha_2/2)$，则一根导条和两段端环的铜耗为

$$
p_{\mathrm{Cu(B+R)}} = I_B^2 R_{2(B)} + 2I_R^2 R_{2(R)} = I_B^2 \left(R_{2(B)} + \dfrac{R_{2(R)}}{2\sin^2 \dfrac{\alpha_2}{2}} \right) = I_B^2 R_{2(B+R)}
\tag{5-48}
$$

式中，$R_{2(B)}$ 为每根导条的电阻；$R_{2(R)}$ 为每段端环的电阻；$R_{2(B+R)}$ 为将端环电阻并入导条后的导条电阻。

整理式（5-48）得

$$R_{2(B+R)} = R_{2(B)} + \frac{R_{2(R)}}{2\sin^2\frac{\alpha_2}{2}} \tag{5-49}$$

考虑到各对极下属于同一相的 p 根导条是并联的，所以转子每相电阻 R_2 为

$$R_2 = \frac{R_{2(B+R)}}{p} = \frac{1}{p}\left(R_{2(B)} + \frac{R_{2(R)}}{2\sin^2\frac{\alpha_2}{2}}\right) \tag{5-50}$$

同理，由导条和端环的漏磁场储能得转子每相漏抗 $X_{2\sigma}$ 为

$$X_{2\sigma} = \frac{1}{p}\left(X_{2(B)} + \frac{X_{2(R)}}{2\sin^2\frac{\alpha_2}{2}}\right) \tag{5-51}$$

2. 转子漏阻抗归算值

求出转子每相的 R_2 和 $X_{2\sigma}$ 后，将其归算到定子侧，因为 $m_2 = Q_2/p$，$N_2 = 1/2$，$k_{w2} = 1$，得

$$\left.\begin{array}{l}R_2' = k_i k_e R_2 = \dfrac{m_1 N_1 k_{w1}}{m_2 N_2 k_{w2}}\dfrac{N_1 k_{w1}}{N_2 k_{w2}}R_2 = \dfrac{4pm_1(N_1 k_{w1})^2}{Q_2}R_2 \\[4mm] X_{2\sigma}' = k_i k_e X_{2\sigma} = \dfrac{m_1 N_1 k_{w1}}{m_2 N_2 k_{w2}}\dfrac{N_1 k_{w1}}{N_2 k_{w2}}X_{2\sigma} = \dfrac{4pm_1(N_1 k_{w1})^2}{Q_2}X_{2\sigma}\end{array}\right\} \tag{5-52}$$

5.7 感应电动机的功率关系、功率方程和转矩方程

感应电动机从外部电源吸收电能，经电磁作用转换为转子轴上的机械能。本节将依据等效电路分析其能量关系，推出功率方程和转矩方程。

5.7.1 功率关系

感应电动机是一种单边励磁电机，电机所需功率全部由定子侧提供。感应电动机从电源输入的电功率为 P_1，对应的定子电流为 I_1。由等效电路可见，扣除定子绕组的铜耗 p_{Cu1}，再扣除定子铁耗 p_{Fe}，就是电磁功率 P_e，电磁功率借助于气隙磁场由定子传递到转子。因 s 很小，转子铁耗忽略不计，从电磁功率中扣除转子铜耗 p_{Cu2}，得到总机械功率 P_Ω，从 P_Ω 中再扣除机械损耗 p_{mec} 和杂散损耗 p_{ad}，即为电机轴上输出的机械功率。其功率流程图如图 5-33 所示。

需要指出的是，当 s 较大时，应考虑转子铁耗。杂散损耗 p_{ad} 主要是由于定、转子开槽导致气隙磁通脉振而在定、转子铁心中产生的附加损耗，与气隙大小及制造工艺等因素有关，很难准确计算，一般按经验公式估算，对小型电机 $p_{ad} = (1\% \sim 3\%)P_2$，对大型电机 $p_{ad} = 0.5\%P_2$。

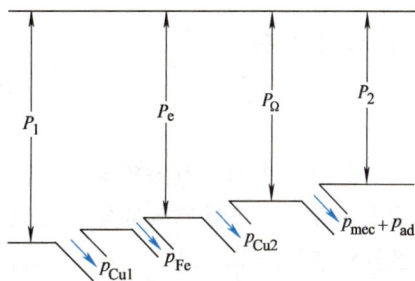

图 5-33 感应电动机功率流程图

5.7.2 功率方程

根据上述功率转换过程，可得到感应电动机的功率方程式如下：

$$\left.\begin{aligned} P_e &= P_1 - p_{Cu1} - p_{Fe} \\ P_\Omega &= P_e - p_{Cu2} \\ P_2 &= P_\Omega - p_{mec} - p_{ad} \end{aligned}\right\} \tag{5-53}$$

上述各种功率可在感应电动机 T 形等效电路中利用各种电阻上的损耗来表示，如图 5-34 所示。

由图 5-34 可知

$$\left.\begin{aligned} P_1 &= m_1 U_1 I_1 \cos\varphi_1 \\ p_{Cu1} &= m_1 I_1^2 R_1 \\ p_{Fe} &= m_1 I_m^2 R_m \\ p_{Cu2} &= m_1 I_2'^2 R_2' \\ P_\Omega &= m_1 I_2'^2 \frac{1-s}{s} R_2' \end{aligned}\right\} \tag{5-54}$$

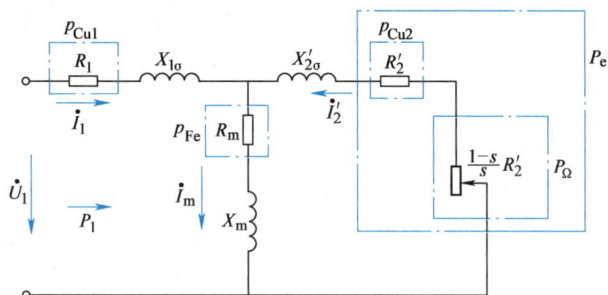

图 5-34　等效电路表示各种功率

式中，I_1 为定子相电流；$\cos\varphi_1$ 为定子功率因数。

输入功率 P_1 减去电阻 R_1 和 R_m 上消耗的功率 p_{Cu1} 和 p_{Fe} 应等于电阻 R_2'/s 上消耗的功率，即 $P_1 - p_{Cu1} - p_{Fe} = m_1 I_2'^2 (R_2'/s)$，由式（5-53）可知该功率即为电磁功率 P_e，所以电磁功率的表达式为

$$P_e = m_1 I_2'^2 \frac{R_2'(1-s)}{s} \tag{5-55}$$

从图 5-34 还可得 $P_e - p_{Cu2} = m_1 I_2'^2 [(1-s)/s] R_2'$。由式（5-53）可知，该功率就是总机械功率。所以在参数及转速一定（即转差率 s 一定）的情况下，利用等效电路计算出各电流，就可计算出各功率。

由于

$$\left.\begin{aligned} p_{Cu2} &= m_1 I_2'^2 R_2' \\ P_e - p_{Cu2} = P_\Omega &= m_1 I_2'^2 \frac{R_2'}{s} - m_1 I_2'^2 R_2' = (1-s) m_1 I_2'^2 \frac{R_2'}{s} \end{aligned}\right\} \tag{5-56}$$

可以得到如下的功率方程：

$$\left.\begin{aligned} p_{Cu2} &= sP_e \\ P_\Omega &= (1-s) P_e \end{aligned}\right\} \tag{5-57}$$

式（5-57）表明，电磁功率的 s 部分转换为转子铜耗，$1-s$ 部分转换为机械功率。**转子铜耗等于电磁功率与转差率的乘积，也称为转差功率**。转差率越大，电磁功率消耗在转子铜耗上的比例就越大。因此，感应电动机正常运行时的转差率通常设计得很小（$s = 0.01 \sim 0.05$），以提高运行效率。

5.7.3 转矩方程

由式（5-53）可得

$$P_{\Omega} = P_2 + p_{\text{mec}} + p_{\text{ad}} \tag{5-58}$$

两端同除以机械角速度 Ω，即得到转矩方程

$$T_e = T_2 + T_0 \tag{5-59}$$

式中，T_e 为电磁转矩，$T_e = \dfrac{P_{\Omega}}{\Omega}$；$T_2$ 为输出转矩，$T_2 = \dfrac{P_2}{\Omega}$；$T_0$ 为空载转矩，$T_0 = \dfrac{p_{\text{mec}} + p_{\text{ad}}}{\Omega}$。

由于 $P_{\Omega} = (1-s)P_e$，$\Omega = (1-s)\Omega_s$，所以

$$\frac{P_{\Omega}}{\Omega} = \frac{P_e}{\Omega_s} = T_e \tag{5-60}$$

式（5-60）表明，电磁转矩既等于电磁功率除以同步角速度 Ω_s，也等于总机械功率除以转子的机械角速度 Ω。用总机械功率求电磁转矩时，应除以机械角速度；用电磁功率求电磁转矩时，则应除以同步角速度，因为电磁功率是通过气隙旋转磁场传到转子的功率，而旋转磁场的转速为同步转速。

> [例5-3] 根据例5-2的数据计算电动机的电磁转矩。
>
> 解：可用两种方法计算电磁转矩：
>
> （1） $T_e = \dfrac{P_{\Omega}}{\Omega} = \dfrac{3060}{\dfrac{2\pi \times 957}{60}} \text{N} \cdot \text{m} = 30.55\text{N} \cdot \text{m}$
>
> （2） $T_e = \dfrac{P_e}{\Omega_s} = \dfrac{3197}{\dfrac{2\pi \times 1000}{60}} \text{N} \cdot \text{m} = 30.55\text{N} \cdot \text{m}$
>
> 可见，上述两种方法计算电磁转矩的结果相同。

5.8 感应电动机的电磁转矩及机械特性

电磁转矩是感应电动机的重要物理量，下面分别推导其3种不同的表达形式。

5.8.1 电磁转矩的物理表达式

因为电磁功率 $P_e = m_1 E_2' I_2' \cos\varphi_2$，$E_2' = \sqrt{2}\,\pi f_1 N_1 k_{w1}\Phi_m$，$I_2' = \dfrac{I_2}{k_i}$，$\Omega_s = \dfrac{2\pi f_1}{p}$，电磁转矩可表示为

$$T_e = \frac{P_e}{\Omega_s} = \left(\frac{1}{\sqrt{2}} p m_2 N_2 k_{w2}\right)\Phi_m I_2 \cos\varphi_2 = C_T \Phi_m I_2 \cos\varphi_2 \tag{5-61}$$

式中，$C_T = \dfrac{1}{\sqrt{2}} p m_2 N_2 k_{w2}$。

式（5-61）表明，**感应电动机的电磁转矩与气隙合成磁场的磁通量 Φ_m 及转子电流的有**

功分量$I_2\cos\varphi_2$成正比。

5.8.2　电磁转矩的参数表达式（机械特性）

式（5-61）为电磁转矩的物理表达式，其物理概念清晰，但没有明确地表示出电磁转矩与转差率之间的关系。下面将推导电磁转矩的参数表达式，即机械特性。

根据图 5-22 所示的感应电动机 Γ 形等效电路，并设 $\dot{c} \approx 1 + X_{1\sigma}/X_m = c$，可得转子电流归算值为

$$I_2' = \frac{U_1}{\sqrt{\left(R_1 + c\dfrac{R_2'}{s}\right)^2 + (X_{1\sigma} + cX_{2\sigma}')^2}} \tag{5-62}$$

则电磁转矩为

$$T_e = \frac{P_e}{\Omega_s} = \frac{1}{\Omega_s} m_1 I_2'^2 \frac{R_2'}{s} = \frac{m_1}{\Omega_s} \frac{U_1^2 \dfrac{R_2'}{s}}{\left(R_1 + c\dfrac{R_2'}{s}\right)^2 + (X_{1\sigma} + cX_{2\sigma}')^2} \tag{5-63}$$

若感应电机的外加电压、极对数、角频率、相数和等效电路参数已知，则式（5-63）唯一地表达了电磁转矩和转差率之间的函数关系，用曲线表示，称为**转矩-转差率（T_e-s）曲线**，又称为**机械特性**，如图 5-35 所示。当 $s<0$ 时，为发电机运行状态，此时电磁转矩为负，对原动机起制动作用；当 $s=0$ 时，电磁转矩为零，此时转子的转速为同步转速，转子感应电动势和电流都为零；当 $0<s<1$ 时，为电动机运行状态；当 $s>1$ 时，为电磁制动状态。

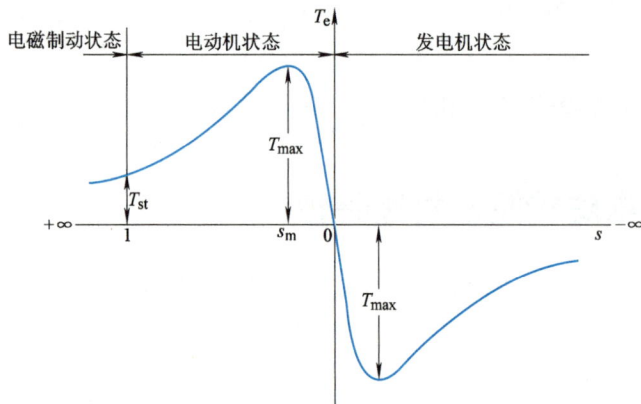

图 5-35　感应电机的转矩-转差率（T_e-s）曲线　　　　T_e-s 曲线

在图 5-35 所示的转矩-转差率曲线中，有两个对感应电机运行非常重要的转矩参数，一个是最大转矩 T_{max}，另一个是起动转矩 T_{st}。最大转矩和起动转矩是表征感应电机性能的重要指标，下面分别介绍。

1. 最大转矩

电动机正常运行时，只要负载所需的转矩不超过感应电机的最大转矩，电动机就可以短时过载运行。如果负载转矩大于最大转矩，电动机将停转，因此最大转矩表征了感应电机带

负载的能力。为了求取最大转矩，可将式（5-63）对 s 求导数 $\mathrm{d}T_e/\mathrm{d}s$，且令 $\mathrm{d}T_e/\mathrm{d}s=0$，即可求出产生最大转矩时的转差率

$$s_{\mathrm{m}}=\pm\frac{cR_2'}{\sqrt{R_1^2+(X_{1\sigma}+cX_{2\sigma}')^2}} \tag{5-64}$$

式中，s_{m} 称为临界转差率；"+"号对应电动机运行状态，"−"号对应发电机运行状态。

将式（5-64）代入式（5-63）得

$$T_{\max}=\pm\frac{m_1}{\Omega_{\mathrm{s}}}\frac{U_1^2}{2c\left[\pm R_1+\sqrt{R_1^2+(X_{1\sigma}+cX_{2\sigma}')^2}\right]} \tag{5-65}$$

式中，$T_{\max}$ 为最大转矩；"+"号对应电动机运行状态，"−"号对应发电机运行状态。

当 $R_1\ll X_{1\sigma}+X_{2\sigma}'$，$c\approx1$ 时，可得到如下简化公式：

$$\left.\begin{aligned}s_{\mathrm{m}}&\approx\pm\frac{R_2'}{X_{1\sigma}+X_{2\sigma}'}\\T_{\max}&\approx\pm\frac{m_1U_1^2}{2\Omega_{\mathrm{s}}(X_{1\sigma}+X_{2\sigma}')}\end{aligned}\right\} \tag{5-66}$$

从式（5-66）可得出以下结论：

1）当电机参数及电源频率不变时，最大转矩与电源电压的二次方成正比，临界转差率与电源电压无关。

2）当电源电压和频率不变时，最大转矩和临界转差率均与 $X_{1\sigma}+X_{2\sigma}'$ 成反比。

3）最大转矩与转子电阻无关，而临界转差率与转子电阻成正比。

为保证电动机不因短时过载而停转，要求电动机具有一定的过载能力。电动机的最大转矩越大，其短时过载能力就越强。将最大转矩与额定转矩之比称为过载能力，用 K_{T} 表示

$$K_{\mathrm{T}}=\frac{T_{\max}}{T_{\mathrm{N}}} \tag{5-67}$$

式中，T_{N} 为额定转矩。

过载能力 K_{T} 是感应电动机的重要性能指标，通常 $K_{\mathrm{T}}\approx1.6\sim2.5$，对于起重和冶金用感应电动机，$K_{\mathrm{T}}\approx2.7\sim3.7$。

2. 起动转矩

在感应电动机的转矩-转差率曲线中，$s=1$ 所对应的转矩称为起动转矩，用 T_{st} 表示，它反映了电动机的起动能力。将 $s=1$ 代入式（5-63）得

$$T_{\mathrm{st}}=\frac{m_1}{\Omega_{\mathrm{s}}}\frac{U_1^2R_2'}{(R_1+cR_2')^2+(X_{1\sigma}+cX_{2\sigma}')^2} \tag{5-68}$$

由式（5-68）可以看出，增大转子电阻，起动转矩增大。对绕线转子感应电动机，在转子电路中串入附加电阻可以改变起动转矩。如串入的电阻值使 $s_{\mathrm{m}}=1$，则起动转矩与最大转矩相等，由式（5-64）可得此时转子回路总电阻为

$$R_2'+R_{\mathrm{st}}'=\frac{1}{c}\sqrt{R_1^2+(X_{1\sigma}+cX_{2\sigma}')^2} \tag{5-69}$$

式中，R_{st}' 为串入转子每相回路的起动电阻归算到定子侧的值。

由以上分析可得出下述结论：

1）当参数及电源频率不变时，起动转矩与电源电压的二次方成正比。

2）当电源频率和电压不变时，定、转子漏抗越大则起动转矩越小。

3）对于绕线转子感应电动机，在转子回路中串入适当电阻可提高起动转矩。

对于笼型感应电动机，由于转子回路闭合，无法串入电阻，不能采用串电阻的方法提高起动转矩，因此在进行电机设计时必须保证起动转矩。通常将起动转矩与额定转矩的比值称为起动转矩倍数，用 K_{st} 表示

$$K_{st} = \frac{T_{st}}{T_N} \tag{5-70}$$

对于一般笼型感应电动机，K_{st} 为 2 左右；对于起重和冶金用感应电动机，$K_{st} = 2.8 \sim 4.0$。

如不计励磁电流，将 $s=1$ 代入式（5-62）可得起动电流的表达式。

5.8.3 电磁转矩的实用表达式

上述 T_e-s 曲线是用电机参数表示的，而这些参数在产品目录中查不到，因此用参数表达式难以绘制机械特性且计算十分不便。下面推导较为实用的电磁转矩表达式，即简化的转矩-转差率曲线。

电磁转矩与最大转矩表达式之比为

$$\frac{T_e}{T_{max}} = \frac{2c\left[R_1 + \sqrt{R_1^2 + (X_{1\sigma} + cX'_{2\sigma})^2}\right]\frac{R'_2}{s}}{\left(R_1 + \frac{cR'_2}{s}\right)^2 + (X_{1\sigma} + cX'_{2\sigma})^2} \tag{5-71}$$

由 $s_m = \dfrac{cR'_2}{\sqrt{R_1^2 + (X_{1\sigma} + cX'_{2\sigma})^2}}$ 得 $\sqrt{R_1^2 + (X_{1\sigma} + cX'_{2\sigma})^2} = \dfrac{cR'_2}{s_m}$，代入式（5-71）整理得

$$\frac{T_e}{T_{max}} = \frac{2cR'_2\left[R_1 + c\frac{R'_2}{s_m}\right]}{s\left[\left(\frac{cR'_2}{s_m}\right)^2 + \left(\frac{cR'_2}{s}\right)^2 + \frac{2cR_1R'_2}{s}\right]} = \frac{2\left(\frac{R_1}{cR'_2}s_m + 1\right)}{\frac{s}{s_m} + \frac{s_m}{s} + 2\frac{R_1 s_m}{cR'_2}} \tag{5-72}$$

由于 s_m 和 R_1 很小，若忽略 $2\dfrac{R_1 s_m}{cR'_2}$ 不计，则

$$\frac{T_e}{T_{max}} = \frac{2}{\frac{s}{s_m} + \frac{s_m}{s}} \tag{5-73}$$

式（5-73）为电磁转矩的简化计算公式，或称为电磁转矩的实用表达式。T_{max} 和额定转差率 s_N 可由产品目录查到，也可用下述方法计算。通常在产品目录中给出电机的额定功率 P_N、额定转速 n_N 和过载能力 K_T，据此可求出额定转矩 $T_N = 9.55 P_N/n_N$，进而求出最大转矩 $T_{max} = K_T T_N$，将 T_{max}、s_N、T_N 代入实用表达式，解出 s_m，此时式（5-73）中只有 T_e 和 s 两个未知数，给出一系列 s，可求出相应的 T_e，得到转矩-转差率曲线。

5.9 感应电动机的工作特性及其计算

感应电动机的工作特性是指在额定电压和额定频率时，感应电动机的转速 n、定子电流 I_1、功率因数 $\cos\varphi_1$、电磁转矩 T_e 和效率 η 与输出功率 P_2 之间的关系，即 n、I_1、$\cos\varphi_1$、T_e、$\eta = f(P_2)$。

5.9.1 工作特性

1. 转速特性

转速特性是指 $U_1 = U_{1N}$、$f_1 = f_N$ 时转速与输出功率之间的关系 $n = f(P_2)$。因 $n = n_s(1 - s)$，所以从转差率与输出功率的关系 $s = f(P_2)$ 就可以得到转速特性。转差率可表示为

$$s = \frac{p_{\text{Cu}2}}{P_e} = \frac{m_1 I_2'^2 R_2'}{m_1 E_2' I_2' \cos\varphi_2} \qquad (5\text{-}74)$$

空载时，$P_2 \approx 0$，转子电流 $I_2' \approx 0$，所以转差率 $s \approx 0$，转速 $n \approx n_s$。负载时，转子电流 I_2' 随着负载的增加而增加，转子铜耗 $p_{\text{Cu}2}$ 及电磁功率 P_e 都相应增加，但转子铜耗 $p_{\text{Cu}2}$ 的增加较电磁功率 P_e 增加得快，因此转差率 s 随负载的增加而增大。由于感应电动机中 $p_{\text{Cu}2}$ 较小，所以在额定负载时，$s = 2\% \sim 5\%$，转速相应为 $n = (0.98 \sim 0.95)n_s$，所以，感应电动机工作特性 $n = f(P_2)$ 是一条略微向下倾斜的曲线，如图 5-36 所示。

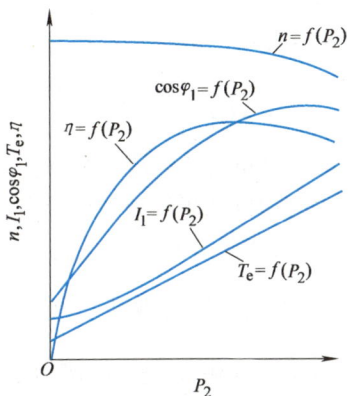

图 5-36 感应电动机工作特性曲线

2. 定子电流特性

定子电流特性是指 $U_1 = U_{1N}$、$f_1 = f_N$ 时定子电流与输出功率之间的关系 $I_1 = f(P_2)$。感应电动机的定子电流 $\dot{I}_1 = \dot{I}_m - \dot{I}_2'$，空载时 $\dot{I}_2' \approx 0$，$\dot{I}_1 = \dot{I}_m$。随着负载的增加，转子电流 $\dot{I}_2'$ 加大，定子电流 $\dot{I}_1$ 随之增加，$I_1 = f(P_2)$ 的变化规律如图 5-36 所示。

3. 功率因数特性

功率因数特性是指 $U_1 = U_{1N}$、$f_1 = f_N$ 时功率因数与输出功率之间的关系 $\cos\varphi_1 = f(P_2)$。由感应电动机的等效电路可以看出，感应电动机的总阻抗是感性的，所以对电源来说感应电动机相当于一个感性负载，因而其功率因数总是滞后的。空载运行时，感应电动机的定子电流基本上是用以建立磁场的无功磁化电流，所以 $\cos\varphi_1$ 很小，通常小于 0.2。随着负载的增加，转子电流有功分量增加，定子电流有功分量随之增加，使功率因数 $\cos\varphi_1$ 逐渐上升，在额定负载附近，功率因数达到最大值。由于从空载到满载范围内 s 很小且变化很小，所以 $\varphi_2 = \arctan(X_{2\sigma}' s / R_2')$ 基本不变，在此范围内 $\cos\varphi_1$ 是上升的。当负载增加到一定程度时，转速较低，转差率 s 较大，使 φ_2 增大，$\cos\varphi_2$ 下降，因而 $\cos\varphi_1$ 下降，所以功率因数有一最大值，如图 5-36 所示。

4. 转矩特性

转矩特性是指 $U_1=U_{1N}$、$f_1=f_N$ 时电磁转矩与输出功率的关系 $T_e=f(P_2)$。感应电动机的电磁转矩为 $T_e=T_2+T_0=P_2/\Omega+T_0$，从空载到额定负载范围内，转速变化很小，若忽略转速的变化，且 T_0 可认为基本不变，所以可近似认为 $T_e=f(P_2)$ 是一条斜率为 $1/\Omega$ 的直线。

5. 效率特性

效率特性是指 $U_1=U_{1N}$、$f_1=f_N$ 时效率 η 与输出功率之间的关系 $\eta=f(P_2)$。感应电动机的效率为

$$\eta=\frac{P_2}{P_1}=1-\frac{\sum p}{P_1} \tag{5-75}$$

式中，$\sum p$ 为电机的总损耗，$\sum p=p_{Cu1}+p_{Cu2}+p_{Fe}+p_{mec}+p_{ad}$。

从空载运行到满载运行，由于主磁通和转速变化很小，所以铁耗 p_{Fe} 和机械损耗 p_{mec} 基本不变，可视为不变损耗。而定、转子铜耗和附加损耗随负载变化而变化，为可变损耗。空载时 $P_2=0$，所以 $\eta=0$，当负载开始增加时，总损耗增加较慢，效率上升很快，当不变损耗与可变损耗相等时效率达到最大值；之后继续增大负载时，定、转子铜耗增加较快，效率反而下降。一般最大效率出现在额定负载的70%~100%范围内。

因感应电动机的效率和功率因数都在额定负载附近达到最大值，所以选用电动机时应使电动机的容量与负载匹配合理。若选择过小，则引起过载，使温升过高，影响寿命；但选择过大，电动机处于轻载运行状态，其效率和功率因数都很低。因此要合理选择电动机容量，使电动机经济、合理和安全地运行。

5.9.2 用直接负载法计算工作特性

用直接负载法计算工作特性时，先由空载试验测出铁耗 p_{Fe} 和机械损耗 p_{mec}，并用电桥测出定子每相绕组电阻 R_1，再进行负载试验。负载试验是在 $U_1=U_{1N}$、$f_1=f_N$ 的条件下进行的，改变负载大小，分别记录不同负载时定子的输入功率 P_1、定子电流 I_1 和转速 n。工作特性的计算过程如下：

由已测得的 P_1、I_1、R_1、p_{mec} 及 p_{Fe} 可得到电磁功率和电磁转矩分别为

$$P_e=P_1-p_{Cu1}-p_{Fe}=P_1-m_1I_1^2R_{1(75℃)}-p_{Fe}$$

$$T_e=\frac{P_e}{\Omega_s}$$

式中，$R_{1(75℃)}$ 为定子绕组在75℃时的每相电阻。

转子铜耗和杂散损耗分别为

$$p_{Cu2}=sP_e$$

$$p_{ad}=(0.5\sim2)\%P_N\left(\frac{I_1}{I_{1N}}\right)^2$$

输出功率和效率分别为

$$P_2=P_e-p_{Cu2}-p_{mec}-p_{ad}=P_e-sP_e-p_{mec}-p_{ad}$$

$$\eta=\frac{P_2}{P_1}$$

功率因数为

$$\cos\varphi_1 = \frac{P_1}{m_1 U_1 I_1}$$

直接负载法主要适用于中、小型感应电机。如因条件所限不能做负载试验时，一般先测取电机参数，然后用等效电路间接计算工作特性。从空载到满载，气隙磁场几乎不变，所以励磁阻抗可认为是常数，漏抗也为常数，这样，等效电路中的参数在额定电压及额定频率下基本不变。给出 p_{Fe}、p_{mec}、p_{ad} 后，可利用等效电路计算工作特性。

[例 5-4]　一台三相 4 极感应电动机，采用三角形联结，额定功率 $P_N = 10kW$，额定电压 $U_N = 380V$，定子电阻 $R_1 = 1.33\Omega$，定子漏电抗 $X_{1\sigma} = 2.43\Omega$，转子电阻 $R_2' = 1.12\Omega$，转子漏电抗 $X_{2\sigma}' = 4.4\Omega$，励磁电阻 $R_m = 7\Omega$，励磁电抗 $X_m = 90\Omega$，机械损耗 $p_{mec} = 100W$，额定负载时的杂散损耗 $p_{ad} = 100W$，计算额定点的数据并绘制工作特性。

计算程序

解：（1）MATLAB 源程序

```
% Example 4 -
% calculates induction motor performance(I1,PF,Te,P2,efficiency)
% based on equivalent circuit of"T"type.
clc;
clear;
clf;
R1 = 1.330;X1 = 2.430;R2pr = 1.120;X2pr = 4.40;
Rm = 7.0;Xm = 90.0;% equivalent circuit parameters
Pn = 10000.0;U1 = 380.0;% Rated Power(W),Phase voltage(V)
f = 50;p = 2;% Frequency,pole paris
pomiga = 224.0;pdelta = 100.0;% mechanical losses and extra losses
npts = 2000;s = linspace(0.00001,1,npts);s = fliplr(s);
I1 = zeros(1,npts);TTe = I1;PF = I1;P2 = I1;eff = I1;nm = I1;
ws = 2*pi*f/p;ns = 60*f/p;% Synchronous speed
for i = 1:npts
Z2 = R2pr/s(i)+j*X2pr;Zm = Rm+j*Xm;
Zin = R1+j*X1+Z2*Zm/(Z2+Zm);

I11 = U1/Zin;I1(i) = abs(I11);
PF(i) = cos(angle(I11));
I2pr = abs(Zm/(R2pr/s(i)+j*X2pr+Zm)*I11);
PP1 = 3*U1*I1(i)*PF(i);
Imm = abs((R2pr/s(i)+j*X2pr)/(R2pr/s(i)+j*X2pr+Zm)*I11);
pFe = 3*Rm*Imm^2;
```

```
TTe(i)=3*I2pr^2*R2pr/s(i)/ws;nm(i)=(1-s(i))*ns;
PP2=TTe(i)*(1-s(i))*ws-pomiga-pdelta;
if PP2<0
P2(i)=0;
else;P2(i)=PP2;eff(i)=P2(i)/PP1;end
end
plot(nm,TTe);grid;title('Developed torque');
xlabel('Speed/(r/min)');ylabel('Torque/N·m');
P2=fliplr(P2);TTe=fliplr(TTe);nm=fliplr(nm);
I1=fliplr(I1);PF=fliplr(PF);eff=fliplr(eff);
for j=1:npts
if P2(j)<=0 m=j-1;end
if P2(j)>1.2*Pn;break;else;
n=j;end
end
for k=1:n-m
TP2(k)=P2(k+m);Te(k)=TTe(k+m);TI1(k)=I1(k+m);
TPF(k)=PF(k+m);Teff(k)=eff(k+m);Tnm(k)=nm(k+m);
end
figure(2);subplot(2,1,1);
plot(TP2,Tnm);grid;title('Motor rotate speed');
xlabel('Output power/W');ylabel('Speed/(r/min)');
subplot(2,1,2),plot(TP2,TI1);grid;title('Input current');
xlabel('Output power/W');ylabel('current/A');
figure(3);subplot(2,1,1);
plot(TP2,Te);grid;title('torque');
xlabel('Output power/W');ylabel('Torque/N.m');
subplot(2,1,2);plot(TP2,TPF,TP2,Teff);grid;
title('Power actor and efficiency');
xlabel('Output power/W');ylabel('Power factor and efficiency');
nn=interp1(TP2,Tnm,Pn);I1n=interp1(TP2,TI1,Pn);
effn=interp1(TP2,Teff,Pn);PFn=interp1(TP2,TPF,Pn);Ten=interp1
(TP2,Te,Pn);
disp(['nn=',num2str(nn),'r/min','    I1n=',num2str(I1n),'A']);
disp(['effn=',num2str(effn*100),'    effn=',num2str(PFn)]);
disp(['Ten=',num2str(Ten),'N.m']);
```

(2)运行结果

nn=1451.3113r/min   I1n=11.5981A

effn＝86.7416　　PFn＝0.87193
Ten＝67.9296N.m

（3）绘制工作特性

工作特性如图 5-37～图 5-41 所示。

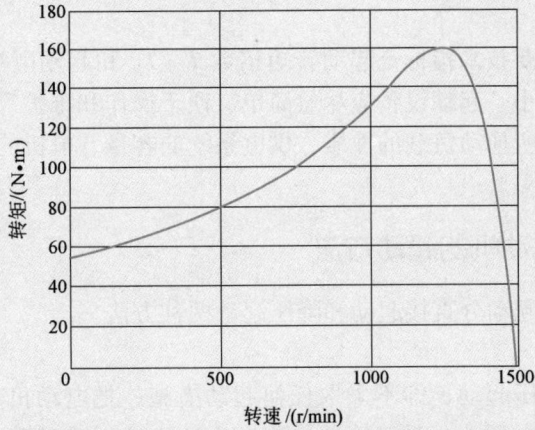

图 5-37　例 5-4 的转矩-转速特性

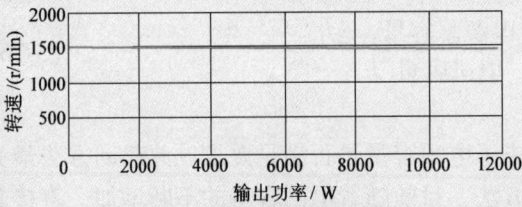

图 5-38　例 5-4 的转速-功率特性

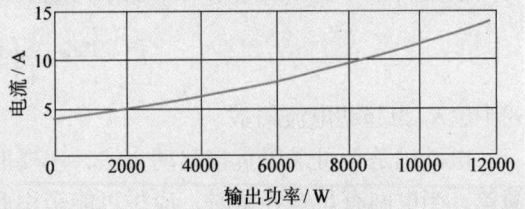

图 5-39　例 5-4 的电流-功率特性

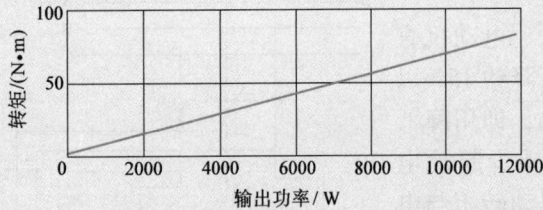

图 5-40　例 5-4 的转矩-功率特性

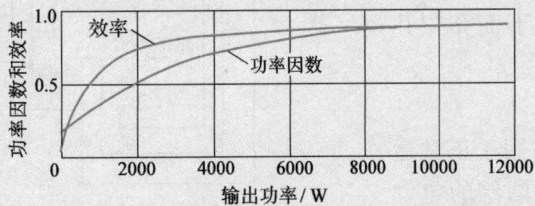

图 5-41　例 5-4 的功率因数和效率-功率特性

5.10　感应电动机的起动及深槽和双笼电机

和直流电机一样，感应电动机在使用中也要遇到起动问题。在起动过程中，普通感应电动机的起动电流大、起动转矩小，如起动不当还可引起电网电压显著降低以及电机过热等问题。

表征起动性能的主要技术指标是起动转矩倍数 T_{st}/T_N 和起动电流倍数 I_{st}/I_N。通常希望起动转矩大、起动电流小、起动设备应尽量简单、便于操作和维护等。

电动机起动方法与所拖动负载的性质、供电系统的容量、电机的结构以及起动的频繁程度有直接关系。

5.10.1　笼型感应电动机的起动方法

直接起动

笼型感应电动机的起动分直接起动和降压起动两种方法。

1. 直接起动

直接起动也就是全压起动，即不采取任何起动措施，把电动机直接接到具有额定电压的电网上，是最简单的起动方法。该方法起动电流很大，一般起动电流达到额定电流的 5~7 倍，起动转矩为额定转矩的 2 倍左右。为了保证起动时不至于引起大的电网电压降落，电动机应满足下列经验公式：

$$K_I = \frac{I_{st}}{I_N} \leqslant \frac{1}{4}\left(3+\frac{电源总容量}{电机容量}\right) \tag{5-76}$$

式中，K_I 为起动电流倍数。

电动机是否可采用直接起动方法，主要取决于电源容量是否满足要求。此起动方法最为简单，当电网有足够容量时，应尽可能采用此方法。目前随着电网容量的不断增加，直接起动方法的应用范围日益扩大。

2. 降压起动

若电源容量不够大、电动机直接起动引起电源电压下降约 15% 以上时，应采用降压起动，即用降低电动机端电压的方法减少起动电流。因感应电动机的起动转矩与电压的二次方成正比，所以采用此方法使起动转矩减小，仅用于对起动转矩要求不高的场合。下面介绍几种常用的降压起动方法。

（1）星-三角起动

星-三角起动法只适用于正常运行时定子绕组为三角形联结的电动机，起动电路接线如图 5-42a 所示。起动时，先合上开关 Q_1，再将 Q_2

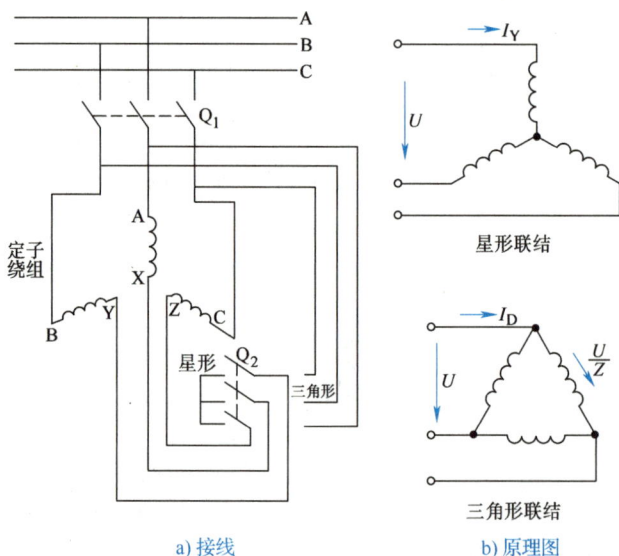

a) 接线　　　b) 原理图

图 5-42　星-三角起动

投向星接一端，此时定子绕组为星形联结，由图 5-42b 可见，各相电压为线电压的 $1/\sqrt{3}$，即为 $U/\sqrt{3}$，相电流等于线电流，为 $I_Y = U/(\sqrt{3}Z)$，其中 Z 为一相阻抗；待转速上升到接近稳定值时，再将 Q_2 投向角接位置，此时定子绕组换为三角形联结，每相电压为 U，每相电流为 $I = U/Z$，线电流为 $I_D = \sqrt{3}(U/Z)$，所以

$$\frac{I_Y}{I_D} = \frac{\dfrac{U}{\sqrt{3}Z}}{\sqrt{3}\dfrac{U}{Z}} = \frac{1}{3} \tag{5-77}$$

可以看出，**采用星-三角起动时，起动电流减为原来的 1/3，而起动转矩也降低到原来的 1/3**。此种起动方法的优点是所用起动设备简单，体积小，价格低廉，运行可靠，维护方便；缺点是起动电压只能降到额定电压的 $1/\sqrt{3}$，使起动转矩减小到原来的 1/3，不能调节，故只可用于轻载起动的场合。

（2）自耦变压器起动

自耦变压器起动法是利用自耦变压器把电源电压降低后再加到电动机定子绕组上，以减小起动电流。正常运行时，将自耦变压器从电源切除，电动机直接接到电网上。图 5-43a 所示为自耦变压器降压起动电路的接线。

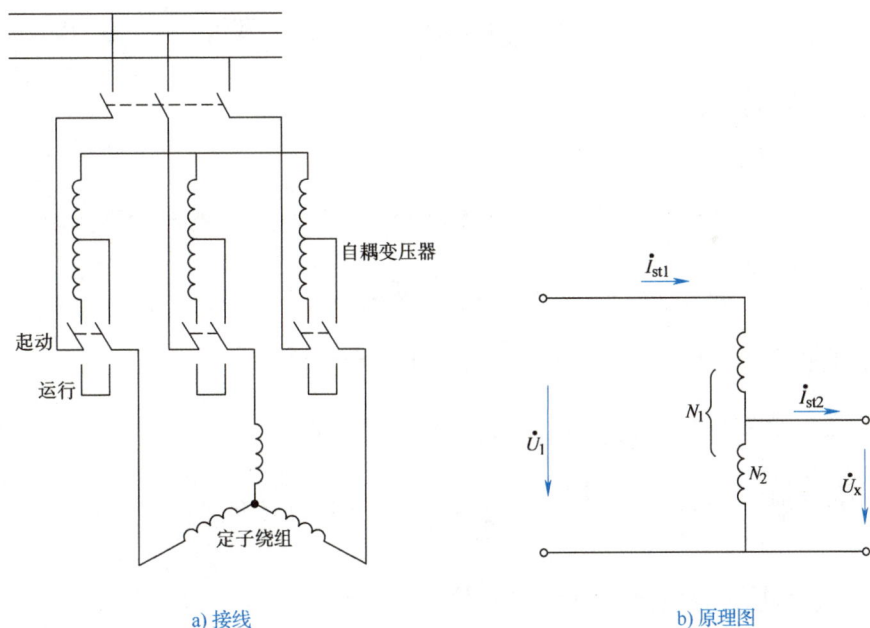

a) 接线   b) 原理图

图 5-43 自耦变压器起动

设自耦变压器的电压比为 k_a，起动时经自耦变压器接至电动机的电压为 $U_x = U_1/k_a$，电动机的起动电流为 I_{st2}，设额定电压下直接起动时的起动电流为 I_{st}，因起动电流与电压成正比，即 $I_{st2}/I_{st} = U_x/U_1 = 1/k_a$。由图 5-43b 可以看出，$I_{st2}$ 为自耦变压器的二次电流，而电网所提供的起动电流应为

$$I_{st1} = \frac{1}{k_a} I_{st2} = \frac{1}{k_a^2} I_{st} \tag{5-78}$$

可见，与直接起动相比，**自耦变压器降压起动法的电压降低到 U_1/k_a，电网负担的起动电流降低到 I_{st}/k_a^2，起动转矩也降低到 T_{st}/k_a^2**。

为满足不同负载要求，自耦变压器的二次绕组一般有 3 个抽头，分别为电源电压的 40%、60% 和 80%（或 55%、64% 和 73%），供选择使用。自耦变压器降压起动的优点是电压抽头可供不同负载起动时选择，不受绕组接线方式的限制，按容许的起动电流和所需要的起动转矩来选择不同的抽头；缺点是体积大、设备投资大、需维护检修。

除上述两种降压起动方法外，还可采用在定子侧串接电阻或电抗降压的方法，以及延边三角形法等，在此不再论述。

[例 5-5] 一台笼型感应电动机 $P_N = 12kW$，$K_I = 5.4$，$I_{1N} = 12.7A$，$T_N = 61.3N \cdot m$，$K_{st} = 1.91$，三角形联结，电源容量为 $200kV \cdot A$。如带额定负载起动，试问应采用什么方法起动，并计算起动电流和起动转矩。

解：（1）全压起动

$$I_{st} = K_I I_{1N} = 12.7 \times 5.4A = 68.6A$$

$$T_{st} = K_{st} T_N = 1.91 \times 61.3N \cdot m = 117N \cdot m$$

$$K_I = \frac{I_{st}}{I_N} \leqslant \frac{1}{4}\left(3 + \frac{电源总容量}{电机容量}\right) = \frac{1}{4}\left(3 + \frac{200}{12}\right) = 4.9$$

因为 $K_I = 5.4 > 4.9$，所以不能直接起动。

（2）星-三角起动

$$I'_{st} = \frac{1}{3} I_{st} = \frac{1}{3} \times 68.6A = 22.87A, \quad K'_I = \frac{22.87}{12.7} = 1.8（允许）$$

$$T'_{st} = \frac{1}{3} T_{st} = \frac{1}{3} \times 117N \cdot m = 39N \cdot m < T_N（不允许）$$

（3）自耦变压器起动（采用 80% 抽头，则 $k_a = 1.25$）

自耦变压器二次电流 $I_{st2} = \frac{1}{k_a} I_{st} = \frac{1}{1.25} \times 68.6A = 54.88A$

自耦变压器一次电流 $I_{st1} = \frac{1}{k_a} I_{st2} = \frac{1}{1.25} \times 54.88A = 43.9A（允许）$

$$T'_{st} = \frac{1}{1.25^2} \times 117N \cdot m = 74.88N \cdot m > 61.3N \cdot m（允许）$$

故可采用此方法起动。

5.10.2 绕线转子感应电动机的起动

从上面分析可见，对笼型感应电动机，无论采用哪种方法起动，减小起动电流的同时也使起动转矩下降，具有一定的局限性。对于要求起动电流小、起动转矩大的场合就应采用起动性能较好的绕线转子感应电动机。绕线转子感应电动机的特点是可以在转子回路中串入起动电阻，减小起动电流，增大起动转矩，改善起动性能。

1. 转子串接电阻起动

转子串接电阻起动电路如图 5-44 所示。要使起动转矩达到电动机的最大转矩，可使临界转差率 $s_m = 1$，得到要串入的电阻为

$$R_{st} = \frac{\sqrt{R_1^2 + (X_{1\sigma} + cX_{2\sigma}')^2}}{ck_i k_e} - R_2 \qquad (5-79)$$

在起动时先将变阻器调至电阻值 R_{st}，然后合上电源开关 Q，电动机开始起动，随着转速的升高逐级切除串入的电阻，直到串入电阻为零，起动过程结束，电动机运行于正常转速。起动完毕后，将三相集电环短接，举起电刷以减小摩擦损耗。当电动机停止工作后，应把电刷放下并且将电阻全部串入，以备再次起动。

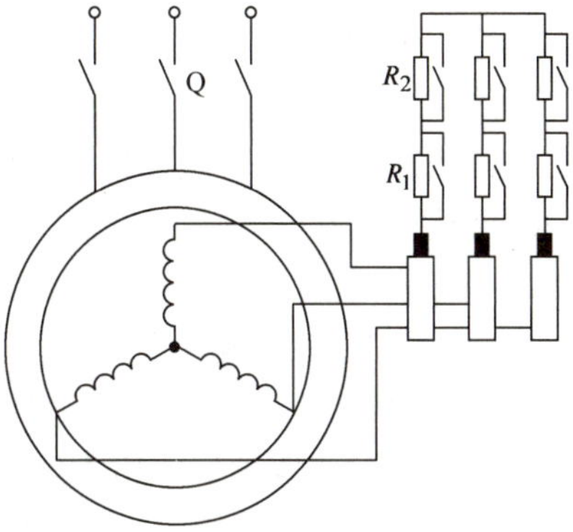

图 5-44 转子串接电阻起动电路

这种方法具有较好的起动性能，用于起动性能要求较高的场合，如起重机、卷扬机等；缺点是电动机结构较复杂（与笼型相比）、价格高。

2. 转子串频敏变阻器起动

采用转子串电阻的方法起动较大功率的电动机时，转子电流很大，电阻切除瞬间转矩变化较大，对生产机械冲击大，控制设备也较庞大，操作维修不方便。为克服这些缺点，可采用在转子中串频敏变阻器的起动方法。

所谓频敏变阻器，实质上就是只有一次绕组的三相心式变压器，结构如图 5-45a 所示，其特点是铁心是由几片较厚的钢板制成，涡流损耗很大，所以反映铁耗的等效电阻 R_m 很大。因采用较粗的导线绕成，其绕组电阻 R_1 很小，铁心设计极为饱和，电抗 X_m 较小，其等效电路如图 5-45b 所示。铁耗与频率的二次方成正比，而转子电流的频率为 $f_2 = sf_1$。电动机起动时，$f_2 = f_1$，所以铁心中的涡流损耗较大，R_m 就很大，因而限制了起动电流，增加了起动转矩；随着转速的上升，转子电流的频率逐渐减小，随之 R_m 逐渐自动减小使电动机能平滑起动；起动结束后，将集电环短接，电刷举起以减小摩擦损耗。转子串频敏变阻器起动的优点是结构简单，能自动平滑地减小电阻，无冲击转矩，寿命长，是一种无触点变阻器，目前已获得大量推广和应用；缺点是电动机结构复杂（与笼型相比），价格高。

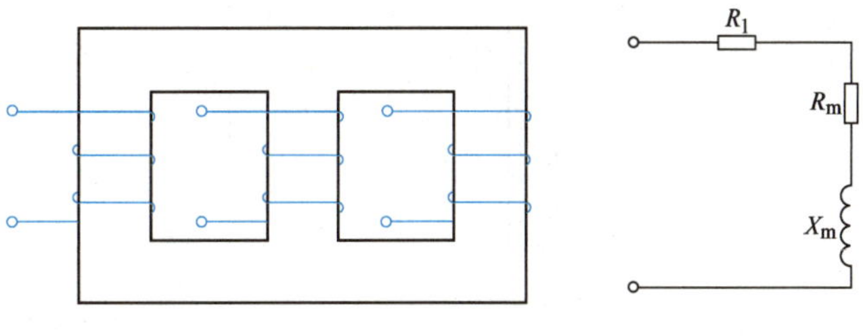

a) 结构　　　　　　b) 等效电路

图 5-45 频敏变阻器的结构及等效电路

5.10.3 深槽式和双笼型感应电动机

从上述分析可知，感应电动机在起动时，为增大起动转矩和减少起动电流，要求转子电

阻大一些；而正常运行时，为减小转子铜耗、提高电机效率，则要求转子电阻小一些。对于绕线转子感应电动机，可在起动时串入电阻，运行时将电阻切除，很好地满足了上述要求，但绕线转子感应电动机结构复杂、成本高，使其应用受到一定限制。笼型感应电动机结构简单，运行可靠，成本低，但转子中无法外接电阻。为改善笼型感应电动机的起动性能，同时又保留其结构简单的特点，设计出深槽转子感应电动机和双笼型感应电动机。它们都是从槽形入手利用"趋肤效应"的原理来实现"起动时转子电阻大、正常运行时转子电阻小"的目的，兼有笼型转子和绕线转子的优点。下面分别讨论。

1. 深槽式感应电动机

深槽式感应电动机的特点是槽深与槽宽之比达 10~12。当转子导体中流过电流时，槽漏磁通分布如图 5-46a 所示，由于磁力线试图走磁阻最小的路径，所以交链槽底部分的漏磁通远大于交链槽口部分的漏磁通，使得槽底漏抗大于槽口漏抗。在起动时由于转子电流频率较高，$f_2=f_1$，导体中的漏抗远大于电阻，漏抗起主要作用，槽中电流分布主要决定于漏电抗，漏抗越大则电流越小，这样导条中槽底部分流过的电流小，越接近槽口部分电流越大。电流密度沿槽高的分布曲线如图 5-46b 所示，大部分的电流被挤到了导条上部，槽底部分导条所起的作用很小。这种现象就称为电流的趋肤效应，其效果相当于导体的有效截面积减小，如图 5-46c 所示，转子电阻增大从而满足了起动要求。当起动结束，电机正常运行时，转子电流频率很低（一般为 1~3Hz），趋肤效应消失，转子电阻自动变小，接近直流电阻。由于在整个起动过程中转子电流的频率是由起动瞬间的 f_1 逐渐减小到正常运行时的 f_2，相当于转子电路中的电阻逐渐减小，这样既满足了起动时的要求，又能保证在起动过程结束后电阻自动减小以提高电机运行效率。

趋肤效应的强弱取决于转子电流的频率和槽形尺寸，频率越高，槽形越深，趋肤效应就越显著。对于普通结构的笼型转子，趋肤效应也有一定影响，这就是为什么普通结构的笼型转子也应把起动参数和运行参数分别进行计算的原因。

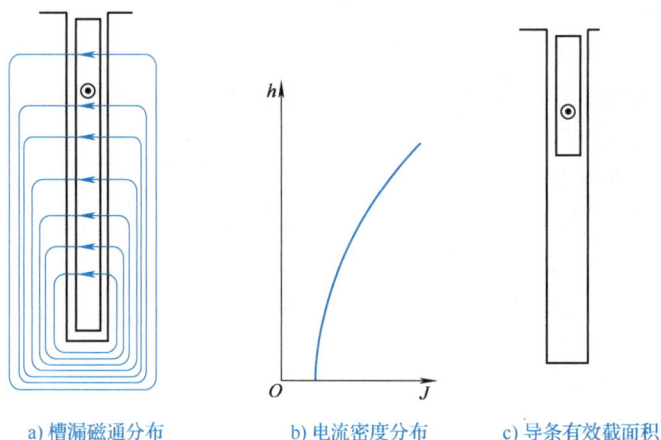

a) 槽漏磁通分布   b) 电流密度分布   c) 导条有效截面积

图 5-46 深槽式转子导条中电流的趋肤效应

2. 双笼型感应电动机

双笼型感应电动机的特点是转子上有两套笼型绕组，即上笼和下笼，上笼和下笼之间有一间隙隔开，如图 5-47 所示。上笼中导体通常用电阻率较大的黄铜或铝、青铜组成，导体截面积小，因而电阻大，且上笼所链磁通少，故漏抗小。下笼中导体用紫铜等电阻率较小的材料组成，且截面积大，所以电阻小，但所链磁通多，漏抗大。

起动时，转子频率高，趋肤效应显著，转子漏阻抗中漏抗起主要作用，电流多被挤到电抗小的上笼，而上笼电阻大，可产生较大起动转矩，所以上笼又称为起动笼，对应的机械特性如图 5-48 中 $T_{e上}$ 所示。正常运行时，转子频率很低，趋肤效应消失，漏抗较小，转子漏阻抗中电阻起主要作用，上、下笼电流的分配将决定于电阻，所以转子电流流入电阻小的下笼，下笼又称工作笼，其机械特性对应图 5-48 中的 $T_{e下}$ 曲线。$T_{e下}$ 曲线的形状与一般笼型感应电动机相同，将 $T_{e上}$ 曲线与 $T_{e下}$ 曲线叠加得合成机械特性 T_e 曲线。可以看出，双笼型感应电动机具有较好的起动特性。

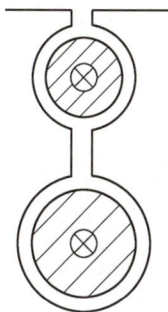

图 5-47　双笼型转子结构

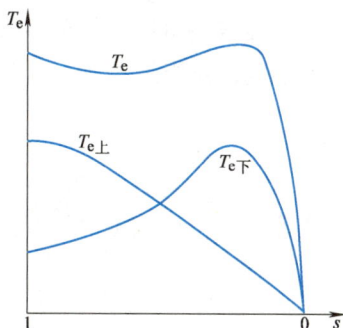

图 5-48　双笼型电动机的转矩-转差率曲线

与普通感应电动机相比，上述两种感应电动机槽较深，槽漏磁增多，转子漏抗大，使功率因数及最大转矩都比普通笼型感应电动机稍有降低，且用铜量大，制造工艺复杂，价格高，一般用于要求起动转矩较高的场合。

5.11　感应电动机的调速

在工农业生产中，为了提高生产效率和产品质量，要求生产机械能以不同的转速工作。感应电动机的转速根据负载的要求可人为地或自动地进行调节，称为调速。感应电动机在正常运行时转速略低于同步转速，且随负载变化不大，接近于恒速运转，其本身的调速性能较直流电动机差。如何提高调速性能是感应电动机应用面临的一个重要问题，也是长期以来电机研究领域关注的问题之一。

由感应电动机转速表达式 $n = n_s(1-s) = \dfrac{60f_1}{p}(1-s)$ 可知，感应电动机的调速方法有以下 3 种：① 改变定子绕组极对数 p；② 改变供电电源的频率 f_1；③ 改变转差率 s。下面分别介绍这 3 种调速方法。

5.11.1　变极调速

在恒定的频率下感应电动机的同步转速与极对数成反比，当改变定子绕组的极对数时，改变了旋转磁场的转速,即可改变电动机的转速,若极对数增加一倍,则同步转速下降一半。显然该调速方法只能做到一级一级地改变转速,属于有级调速。

变极调速一般用于笼型感应电动机,因为笼型转子的极对数能自动地随着定子极对数的改变而改变,使定、转子磁场的极对数总是相等而产生平均电磁转矩。若转子为绕线转子,则改变定子极对数的同时也必须相应改变转子的极对数,很不方便,因此很少采用。

改变定子极对数,通常采用改变定子绕组接线的方法,利用一套定子绕组得到两种极对数而达到调速的目的。如图 5-49 所示,图中只画出 A 相,设每相有两组线圈 A_1X_1 和 A_2X_2,若把两线圈串联成图 5-49,则气隙中将形成 4 极磁场。若两线圈采用如图 5-50 所示的并联连接,则气隙中将形成 2 极磁场。可见,**改变定子绕组接线,使每相的绕组中有一半绕组反向,即可实现变极**。改变绕组接法,在一套绕组中得到两种转速的电动机称为**单绕组双速电动机**,也可用两套独立的绕组做成 4 速电动机。

变极调速时的磁场

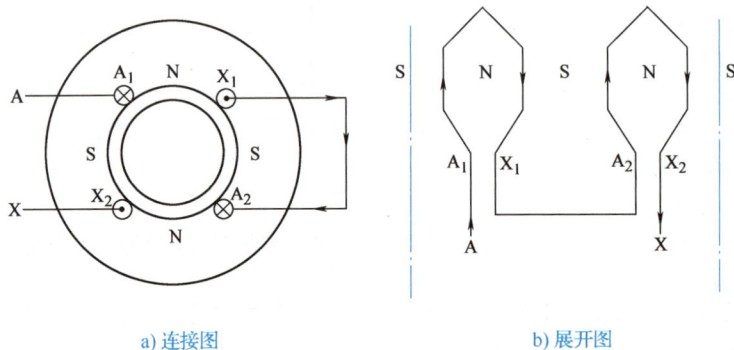

a) 连接图 b) 展开图

图 5-49 4 极时一相绕组的连接

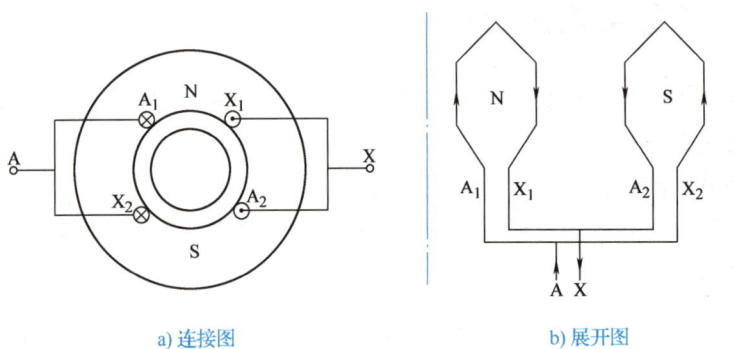

a) 连接图 b) 展开图

图 5-50 2 极时一相绕组的连接

变极调速方法的优点是调速能量损耗小,常用于不需要平滑调速的场合,如洗衣机电动机。缺点是双速电动机尺寸较同容量普通感应电动机稍大,电动机出线端较多,需要装设转接开关。

5. 11. 2　变频调速

改变电源频率时，同步转速 n_s 与频率成正比变化，转子转速随之改变。改变电源频率，可以平滑地调节电动机转速，实现无级调速，并得到很大的调速范围，所以变频调速具有良好的调速性能。

在变频调速时，通常希望电动机的主磁通 Φ_m 保持不变。若 Φ_m 增大，则引起磁路过饱和，励磁电流将大大增加，导致功率因数降低；若 Φ_m 减小，输出功率随之下降，电动机容量得不到充分利用。

忽略定子漏阻抗压降时，感应电动机定子侧的电压平衡方程式近似为 $U_1 \approx E_1 = 4.44 f_1 N_1 k_{w1} \Phi_m$。当 f_1 变化时，为保证主磁通 Φ_m 不变，应使定子端电压随电源频率成正比变化。即

$$\frac{U_1}{f_1} = 4.44 N_1 k_{w1} \Phi_m = 常数 \tag{5-80}$$

电动机的最大转矩 $T_{max} = \dfrac{m_1}{2\Omega_s} \dfrac{U_1^2}{X_{1\sigma} + X'_{2\sigma}} = K \dfrac{U_1^2}{f_1^2}$，额定转矩应为

$$T_N = \frac{T_{max}}{K_T} = K \frac{U_1^2}{f_1^2 K_T} \tag{5-81}$$

由此可得变频前后电磁转矩之比为

$$\frac{T'_e}{T_e} = \frac{U_1'^2}{U_1^2} \frac{f_1^2}{f_1'^2} \frac{K_T}{K'_T} \tag{5-82}$$

若变频前后电动机的过载能力不变，则 $K_T = K'_T$，定子电压应按照下列规律进行调节

$$\frac{U_1'}{U_1} = \frac{f_1'}{f_1} \sqrt{\frac{T'_e}{T_e}} \tag{5-83}$$

式中，U_1' 和 T'_e 表示频率为 f_1' 时的电压和转矩；U_1 和 T_e 表示频率为 f_1 时的电压和转矩。

在实际生产中，根据各种生产机械的不同要求，常采用恒转矩调速和恒功率调速两种方法。下面分别讨论它们所对应的电压调节规律。

1. 恒转矩变频调速

恒转矩调速是指整个调速过程中电动机的允许输出转矩维持恒定，即 $T_e = T'_e$。由式（5-83）可得

$$\frac{U_1'}{U_1} = \frac{f_1'}{f_1} \quad 或 \quad \frac{U_1'}{f_1'} = \frac{U_1}{f_1} = 常数 \tag{5-84}$$

即电动机供电电压与频率成正比，这同时也使式（5-80）得以满足，气隙磁通 Φ_m 保持不变。由 $T_{max} = K(U_1/f_1)^2 = C$ 可知，恒转矩变频调速时电动机的最大转矩保持不变。其机械特性如图 5-51 所示。

2. 恒功率变频调速

所谓恒功率调速是指整个调速过程中电动机的允许输出功率维持恒定。若要使调速前后电动机的输出功率不变，有

$$P_e = T_e \Omega_s = T'_e \Omega'_s = C \tag{5-85}$$

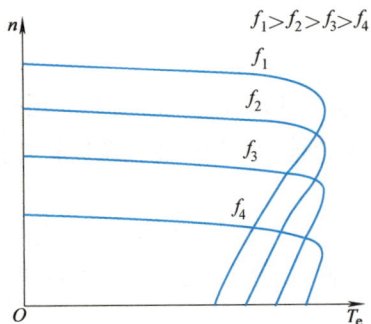

图 5-51 恒转矩变频调速的机械特性

变频调速

恒转矩变频调速

因为 $\Omega_s = 2\pi f_1/p$ 与频率成正比，代入式（5-85）得 $T'_e f'_1 = T_e f_1$，将其代入式（5-83）得

$$\frac{U'_1}{U_1} = \sqrt{\frac{f'_1}{f_1}} \quad 或 \quad \frac{U'_1}{\sqrt{f'_1}} = \frac{U_1}{\sqrt{f_1}} = C \tag{5-86}$$

由此可见，在恒功率调速时应保持 $U_1/\sqrt{f_1} = C$，但因不满足 $U_1/f_1 =$ 常数，所以电动机的磁通 Φ_m 将改变，最大转矩将随频率的上升而下降，其机械特性如图 5-52 所示。

变频调速具有优异的调速性能，其缺点是必须有专用变频电源，且变频器输出电压和电流波形中往往带有高次谐波，对电动机的运行产生一些不良影响。

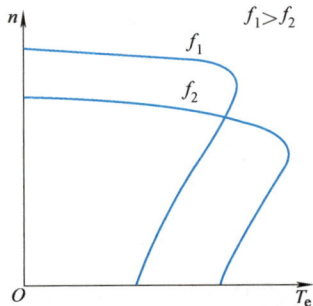

恒功率变频调速

图 5-52 恒功率变频调速的机械特性

5.11.3 改变转差率调速

通过改变转差率实现调速的方法有多种，下面介绍几种常用的方法。

1. 改变定子电压调速

感应电动机的电磁转矩与电压的二次方成正比，不同电压时的电磁转矩-转差率曲线如图 5-53 所示，图中 $U_{1N} > U_1 > U_2$。可以看出，改变定子电压，可以改变电动机的转差率，达到调速的目的。

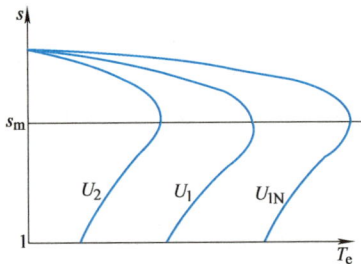

图 5-53 改变定子电压调速的
电磁转矩-转差率曲线

改变定子电压调速仿真

改变定子电压调速动图

在电磁转矩-转差率曲线上转差率大于 s_m 的区域，电动机一般不能稳定运行，因此这种调速方法的调速范围小，转速只能往下调，且轻载时几乎没有调节作用；电动机在额定负载下降压时，电动机电流将高于额定值，使电动机过载运行。这种方法主要用于拖动风机类负载的小型感应电动机。

2. 转子串电阻调速

这种调速方法仅适用于绕线转子感应电动机。图 5-54 所示为改变转子电阻时的电磁转矩-转差率曲线。可以看出，改变转子电阻能在较宽广的范围内调节转速，串入电阻越大，转速越低。由于电磁转矩正比于电磁功率，若串电阻前后负载转矩不变，则由电磁转矩表达式（5-63）可知 R_2'/s 应该不变，即

$$\frac{R_2'}{s} = \frac{R_2'+R_\Omega'}{s_\Omega} \tag{5-87}$$

式中，s 为未串电阻时的转差率；s_Ω 为串电阻后的转差率；R_Ω' 为串入的电阻归算到定子侧的值。

此种调速方法的优点是：初期投资小、方法简单、调速范围较宽广；缺点是：串入电阻越大，能量损耗越大，且机械特性斜率加大，动态精度变差，主要用于起重机等场合。

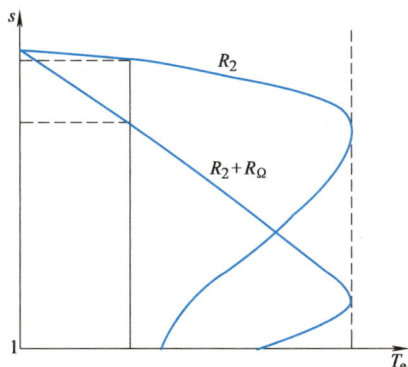

图 5-54　改变转子电阻时
电磁转矩-转差率曲线

转子串电阻调速仿真

转子串电阻调速动图

3. 串级调速

转子串电阻调速的缺点是损耗大、效率低。为解决这一问题，可在转子回路中接入功率变换装置（而不是电阻），引入一附加感应电动势，以实现调速，并将原本消耗于电阻上的电能转化为机械能或回送电网的电能，这种方法称为串级调速。

图 5-55 中，将一直流电动机接在转子电路中，转子感应电动势经整流后供给直流电动机电枢，直流电动机与感应电动机同轴连接，共同拖动负载，从而使这部分电能转换成机械能加以利用。调节直流电动机的励磁，可调直流电动机反电动势的大小，反电动势越大，转子电流越小，转速越低，从而达到调速的目的。

随着电力电子技术的发展，晶闸管逆变器已经代替了直流电动机，如图 5-56 所示。整流器将转差频率的电流变为直流，再经逆变器将直流变为工频交流，将电能送回电网，可获得较高的效率。逆变器的电压即为加在转子电路中的反电动势，控制逆变器的逆变角，可改变逆变器的电压，即改变了引入转子的反电动势的大小，从而达到调速的目的。

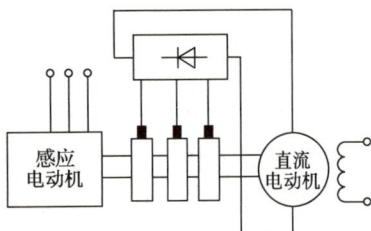

图 5-55　感应电动机与直流电动机串级调速系统

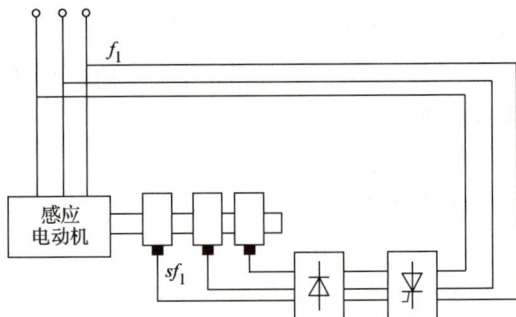

图 5-56　转子带变频器的串级调速系统

串极调速具有调速平滑、损耗小、效率高等优点，已广泛用于风机泵类负载的调速；其缺点是设备投资较大且电路较复杂。

4. 双馈电动机调速

双馈电动机调速也属于改变转差率的调速方法之一。在串级调速中转子仅是接入了一个幅值可调的附加电动势，而在双馈调速中，转子外接电源为频率、幅值、相位和相序均可调的三相交流电源。双馈电动机调速系统如图 5-57 所示，图中，绕线转子感应电动机定子由三相交流电源供电，转子由三相交流电源经变压器降压后，再经

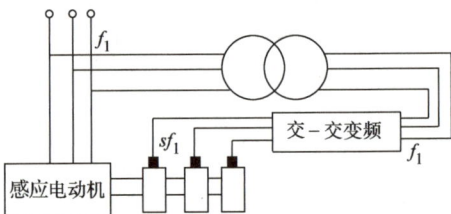

图 5-57　双馈电动机调速系统

交-交变频器把工频变为转差频率，然后接到转子。**这种定、转子双侧均由交流电源供电的电动机，称为双馈电动机。**

由 $n = \dfrac{60f_1}{p}(1-s) = \dfrac{60}{p}(f_1 - sf_1) = \dfrac{60}{p}(f_1 - f_2)$ 可知，调节变频器的输出频率 f_2 可实现调速。当转子转速低于同步转速时，工作于电动机运行状态，转子的转差功率回送到电网；当 $f_2 = 0$ 时，$n = n_s = 60f_1/p$ 相当于一台同步电动机；当改变变频器的输出相序时，$n = 60(f_1 + f_2)/p$，$n > n_s$ 电动机在超同步转速下运行。调节变频器输出电压的大小和相位可以实现功率因数的调节。

5.12　特殊感应电机

由单相电源供电的电动机称为单相感应电动机。由于采用单相电源供电，使用方便，在家用电器中得到广泛应用。与同容量的三相感应电动机相比，单相感应电动机的体积较大，运行性能稍差，功率一般为几十到几百瓦。单相感应电动机与三相感应电动机在结构、工作原理和性能上都有一定差别。

旋转电机的应用非常广泛，但在生产实际中，相当多的生产场合需要直线运动，这就需要用相应的转换机构将旋转运动转换为直线运动，导致整个拖动机构复杂、体积大、效率低。直线感应电动机将电能直接转换为直线运动的机械能，可以克服上述弊端。

在风力发电系统中，双馈发电机得到了广泛的应用，它实质上是一种绕线型感应电

机，由于其定子和转子绕组都能向电网馈电，因此得名"双馈"。调节励磁电流的频率，可在发电机转速变化的情况下维持输出频率的恒定，实现发电机的变速恒频运行。

本节将介绍单相感应电动机、直线感应电动机和双馈感应发电机的工作原理。

5.12.1 单相感应电动机

1. 单相感应电动机的工作原理

单相感应电动机的种类很多，除罩极式电动机外，定子铁心都与普通三相感应电动机相似，定子上通常装有两个绕组，即工作绕组和起动绕组，通常两绕组在空间上互差 90° 电角度（也有相差其他角度的），转子与三相感应电动机相同，一般为普通笼型转子，其接线如图 5-58 所示。在起动绕组中串联一移相元件（通常为电容器），然后再与工作绕组并联接至单相电源。由于移相元件的影响，两绕组中的电流相位不同，电动机属于两相运行。

单相感应电动机的工作原理可利用双旋转磁场理论来说明。单相交流电 $i = \sqrt{2}\,I\cos\omega t$ 通过单相绕组所建立的磁动势为一脉振磁动势，其基波分量可表示为

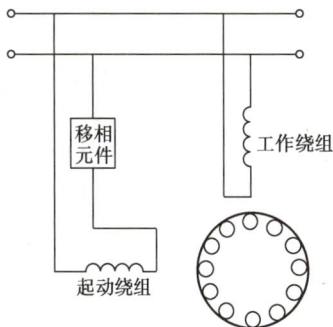

图 5-58　单相感应电动机接线

$$f_1(\theta_s,t) = F_{\phi 1}\cos\theta_s\cos\omega t$$
$$= \frac{1}{2}F_{\phi 1}\cos(\omega t-\theta_s) + \frac{1}{2}F_{\phi 1}\cos(\omega t+\theta_s) = f_+(\theta_s,t) + f_-(\theta_s,t) \tag{5-88}$$

式（5-88）表明，一个脉振磁动势可分解为两个旋转磁动势，两者的幅值相等，为脉振磁动势幅值的 1/2，转向相反，转速相同，分别称为正向旋转磁动势和反向旋转磁动势。两旋转磁动势将在转子绕组中分别产生电动势及电流，从而产生正、反向电磁转矩。当电动机静止时，所产生的正、反向电磁转矩相互抵消，合成电磁转矩为零，电动机不具备自起动能力。如借助外力使电动机的转子沿正向旋转磁动势的方向旋转，转速为 n，则相对于正向磁场，转子的转差率为

$$s_+ = \frac{n_s-n}{n_s} = s \tag{5-89}$$

可以看出，正向旋转磁动势对转子的作用和三相感应电动机中的相同，在转子绕组产生的感应电动势和电流的频率为 $f_{2+} = s_+ f_1 = s f_1$。对于反向旋转磁场，转子的转差率为

$$s_- = \frac{-n_s-n}{-n_s} = 2-s_+ = 2-s \tag{5-90}$$

反向旋转磁场在转子绕组中产生的感应电动势和电流的频率为 $f_{2-} = (2-s)f_1$。正、反转磁场分别产生正、反向电磁转矩 T_{e+} 和 T_{e-}，如图 5-59 中虚线所示，将两者合成即得到脉振磁动势作用下电动机产生的电磁转矩，如图 5-59 中实线所示。

由单相感应电动机的 $T_e - s$ 曲线可以看出：

1）起动时，$s=1$，$T_{e+} = T_{e-}$，合成转矩 $T_e = 0$，电动机无起动转矩。

2）只要有一外力使转子转动，则 $T_e \neq 0$，去掉外力后，电动机会逐步加速到接近同步转速，其转向取决于外力的方向。

2. 等效电路

利用上述分析可推导出单相感应电动机的等效电路，如图 5-60 所示。图中 R_1、$X_{1\sigma}$ 分别为定子绕组的电阻和漏抗，$\dot{E}_+$ 和 $\dot{E}_-$ 分别为气隙中正向和反向旋转磁场在定子绕组中产生的感应电动势。由于定子正转和反转磁动势的幅值都等于脉振磁动势幅值的 1/2，故在对应的正转和反转等效电路中，励磁阻抗各为 $0.5Z_m$，转子电阻和漏抗的归算值各为 $0.5R_2'$ 和 $0.5X_{2\sigma}'$，转子回路总的等效电阻分别为 $0.5R_2'/s$ 和 $0.5R_2'/(2-s)$。

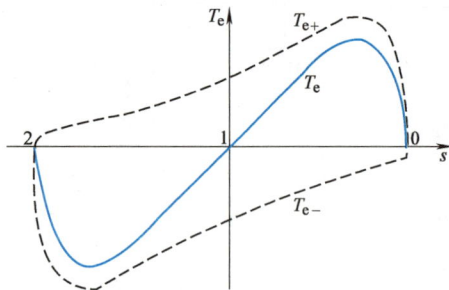

图 5-59 单相感应电动机的 $T_e - s$ 曲线

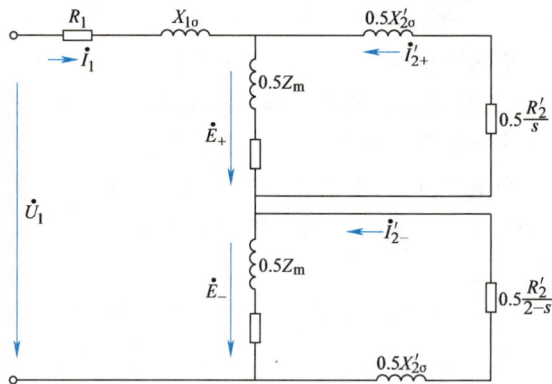

图 5-60 单相感应电动机的等效电路

由等效电路可得到定、转子电流为

$$\left.\begin{array}{l} \dot{I}_1 = \dfrac{\dot{U}_1}{Z_{1\sigma}+Z_++Z_-} \\[3mm] \dot{I}_{2+}' = -\dot{I}_1 \dfrac{Z_+}{\dfrac{0.5R_2'}{s}+\mathrm{j}0.5X_{2\sigma}'} \\[5mm] \dot{I}_{2-}' = -\dot{I}_1 \dfrac{Z_-}{\dfrac{0.5R_2'}{2-s}+\mathrm{j}0.5X_{2\sigma}'} \end{array}\right\} \tag{5-91}$$

式中

$$Z_{1\sigma} = R_1 + \mathrm{j}X_{1\sigma}$$

$$Z_+ = \frac{0.5Z_m\left(\dfrac{0.5R_2'}{s}+\mathrm{j}0.5X_{2\sigma}'\right)}{0.5Z_m+\left(\dfrac{0.5R_2'}{s}+\mathrm{j}0.5X_{2\sigma}'\right)} \qquad Z_- = \frac{0.5Z_m\left(\dfrac{0.5R_2'}{2-s}+\mathrm{j}0.5X_{2\sigma}'\right)}{0.5Z_m+\left(\dfrac{0.5R_2'}{2-s}+\mathrm{j}0.5X_{2\sigma}'\right)}$$

据此可计算出正向电磁转矩 T_{e+} 和反向电磁转矩 T_{e-}

$$\left.\begin{array}{l} T_{e+} = \dfrac{1}{\Omega_s}I_{2+}'^2\dfrac{0.5R_2'}{s} \\[4mm] T_{e-} = -\dfrac{1}{\Omega_s}I_{2-}'^2\dfrac{0.5R_2'}{2-s} \end{array}\right\} \tag{5-92}$$

合成电磁转矩为

$$T_e = T_{e+} + T_{e-} = \frac{1}{\Omega_s} I'^2_{2+} \frac{0.5R'_2}{s} - \frac{1}{\Omega_s} I'^2_{2-} \frac{0.5R'_2}{2-s} \tag{5-93}$$

当 $n=0$ 时，$s=1$，正向和反向转子等效电路完全相同，合成电磁转矩为零。当 $n \neq 0$ 时，正向和反向旋转磁场的作用不同。当 $s<1$ 时，$0.5R'_2/s > 0.5R'_2/(2-s)$，气隙中正向旋转磁场强于反向旋转磁场，使正向电磁转矩大于反向电磁转矩，产生电磁转矩使转子加速。正常运行状态时转差率 s 很小，反向电磁转矩很小，合成磁场接近于圆形旋转磁场。由于单相感应电动机始终存在一个反向转矩，因此这种电动机的性能要比三相感应电动机差，效率和功率因数较低。

3. 起动方法

由上述分析可知，单相感应电动机的定子磁动势是一个脉振磁动势，不能产生起动转矩，如何解决起动问题是单相感应电动机的关键。下面讨论其起动方法。

根据起动方法及相应结构上的不同，单相感应电动机常用的起动方法有分相起动和罩极起动两种。

（1）分相电动机

为了使起动时在电动机气隙中建立旋转磁场，定子上除了工作绕组外，还有一起动绕组，两绕组空间互差 90° 电角度，并且两绕组中的电流不同相，从而产生旋转磁场和起动转矩。起动绕组一般按短时运行状态设计，当电动机转速达到一定值时，由离心开关将辅助绕组从电源断开，这种单相电动机称为分相式单相感应电动机。分相式单相感应电动机又可分为电阻分相和电容分相。

1）单相电阻分相起动电动机。电阻分相电动机的起动绕组用较细的导线制成，使其阻值较大，起动绕组的电流超前于工作绕组的电流，产生旋转磁场，使电动机起动，当电动机转速到达 75% 左右的同步转速时，利用离心开关将起动绕组从电源断开，如图 5-61a 所示。

2）单相电容分相起动电动机。在起动回路中串入电容，选择合适的电容，使起动绕组中电流超前工作绕组电流 90°，从而在气隙中建立一个接近圆形的旋转磁场，并产生较大的起动转矩，使电动机起动。当电动机转速到达 75% 左右的同步转速时，利用离心开关将起动绕组从电源断开，称为电容分相起动电动机，如图 5-61b 所示。

3）单相电容运转电动机。由于起动绕组串入电容后，不仅解决起动问题，而且运行时还能改善功率因数，可去掉离心开关，起动完毕后起动绕组不断开，电动机运行于两相工作状态，则称这种电动机为电容运转电动机，如图 5-61c 所示。

4）单相双值电容电动机。若在起动绕组回路中串联两个并联的电容器，一个为运行电容，一个为起动电容，起动时两个电容都工作，起动到一定转速后，离心开关将起动电容断开，这种电动机称为单相双值电容电动机，如图 5-61d 所示。

（2）罩极电动机

罩极电动机的结构如图 5-62a 所示，定子铁心多做成凸极式，由硅钢片叠压而成。每个极上绕有工作绕组，在磁极极靴上开一小槽，用短路环（称为罩极线圈）把部分磁极罩起来。罩极线圈所环绕的铁心面积约为整个磁极面积的 1/3 左右。转子为笼型转子。

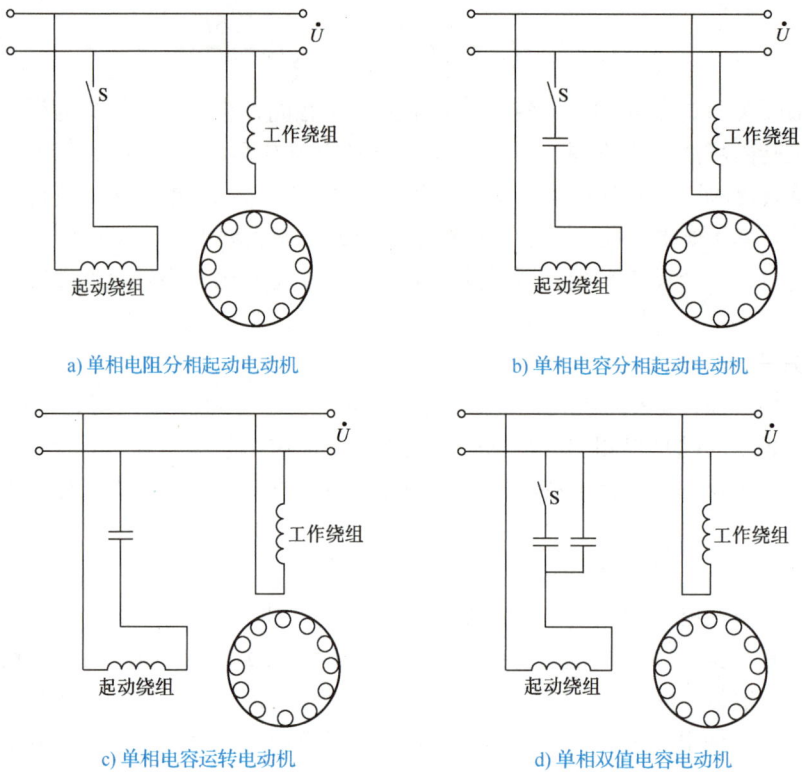

a) 单相电阻分相起动电动机

b) 单相电容分相起动电动机

c) 单相电容运转电动机

d) 单相双值电容电动机

图 5-61　分相式单相感应电动机

当通入单相交流电后，产生脉振磁通，其中部分磁通 $\dot{\Phi}$ 不通过短路环，另一部分磁通 $\dot{\Phi}'$ 通过短路环，$\dot{\Phi}'$ 在短路环中产生感应电动势 $\dot{E}_k$，产生 $\dot{I}_k$，$\dot{I}_k$ 滞后于 $\dot{E}_k$ 以 ψ_k 角度，$\dot{I}_k$ 产生 $\dot{\Phi}_k$，$\dot{\Phi}_k$ 与 $\dot{I}_k$ 同相位。通过磁极被罩部分的磁通 $\dot{\Phi}''$ 应为 $\dot{\Phi}'' = \dot{\Phi}' + \dot{\Phi}_k$，如图 5-62b 所示。由于短路环的作用，使 $\dot{\Phi}''$ 与 $\dot{\Phi}$ 在空间上和时间上都有一定的相位差，气隙内的合成磁场是一个具有一定推移速度的旋转磁场，其方向为从超前的磁通 $\dot{\Phi}$ 向滞后的磁通 $\dot{\Phi}''$。在该磁场作用下，电动机产生一定的起动转矩，使转子沿着旋转磁场的方向转动。

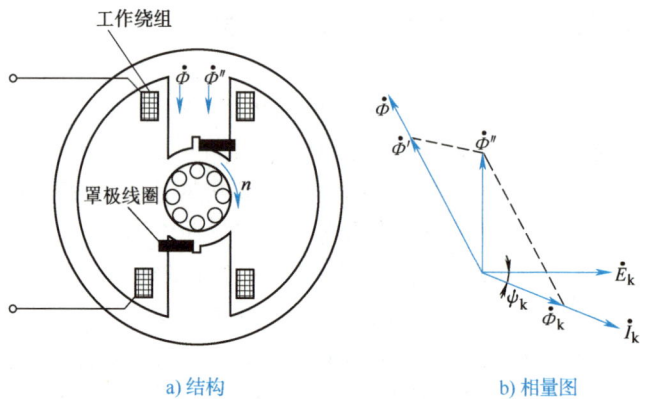

a) 结构　　　　b) 相量图

图 5-62　凸极式罩极电动机

罩极电动机的起动转矩较小，但因其结构简单，多用于小型电扇、电唱机和录音机中，功率为几十瓦以下。

5.12.2 直线感应电动机

1. 工作原理

直线感应电动机就是可进行直线运动的感应电动机，其工作原理与旋转感应电动机相同。可设想一种直径很大的感应电动机，如沿气隙圆弧取一段来观察，则感应电动机转子的运动轨迹可视为直线运动。将旋转感应电动机在任意一条半径上切开并展成一个平面，就成为一台直线感应电动机。直线电动机的演变过程如图 5-63 所示。

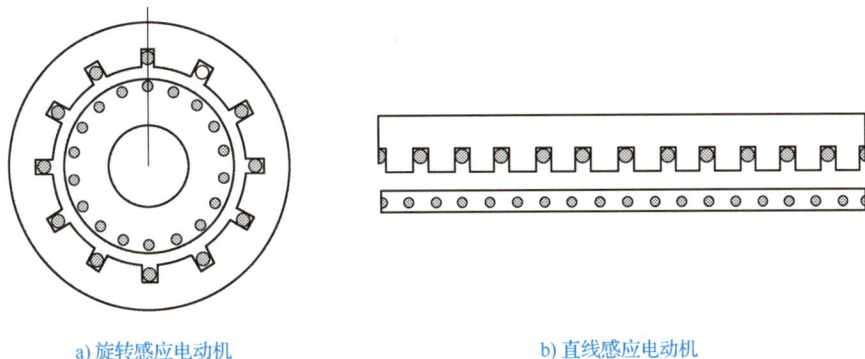

a) 旋转感应电动机   b) 直线感应电动机

图 5-63 直线电动机的演变过程

装有三相绕组并与电源相接的一侧称为**初级**，另一侧称为**次级**。初级通入对称三相交流电流，产生三相合成磁动势和气隙磁场，此磁场不是旋转的，而是沿 A、B、C 相序做直线运动，这种磁场称为行波磁场。行波磁场的线速度 v_s 为

$$v_s = 2\tau f_1 \tag{5-94}$$

式中，τ 为直线感应电动机的极距。

该行波磁场切割转子，将在其中产生感应电动势和电流，进而产生电磁转矩，使转子跟随行波磁场做直线运动，其速度为 v，则转差率 $s = (v_s - v)/v_s$。

从上述分析可知，直线感应电动机的工作原理与旋转电机相同，只是运动方式不同而已。

2. 结构特点

为了区别于旋转感应电动机，将直线感应电动机中做直线运动的部分称为动子。直线运动是一种有起点和终点的运动，若将直线感应电动机的定子与动子做得一样长，则动子与定子之间有时会完全失去耦合，导致动子停止运动，所以两者不能一样长，长的部件必须有足够长度保证初、次级在所需行程范围内耦合良好。在直线感应电动机中，电枢绕组装在初级，采用长动子、短定子成本较低。

旋转电机的定子绕组沿定子铁心是连续的，而直线感应电动机的初级是断开的。绕组无法从一端连到另一端，所以必须增加槽数，以嵌放下层边，会出现有几个槽只放一层绕组的情况。由旋转电机演变成的直线电机仅有一个初级，如图 5-64a 所示，称为**单边型**。单边

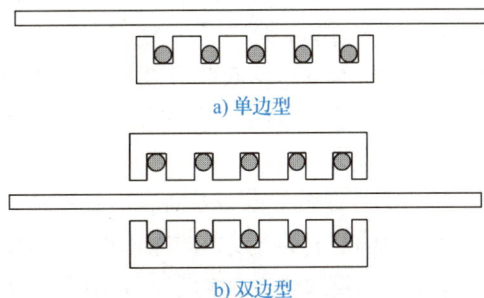

a) 单边型

b) 双边型

图 5-64 单边型和双边型直线电机

213

型电动机运行时，定子和动子之间出现很强的纵向磁拉力。在某些场合，如磁悬浮列车，可利用磁拉力抵消一部分负载重力，从而减小前进中的摩擦力。但大多数场合中不希望这种磁拉力存在，可在次级两侧都装上初级，如图 5-64b 所示，两边纵向磁拉力互相抵消，此种结构称为**双边型**。

直线感应电动机可用于高速地面运输系统及各种直线传动设备，如起重吊车、传送带、开关自动开闭装置、电动门、自动生产线上的机械手、冲床和高速列车等。

5.12.3 双馈感应发电机

1. 双馈感应发电机的结构及工作原理

双馈感应发电机由绕线转子感应电机和双向背靠背变流器组成，如图 5-65 所示。绕线转子感应电机的定子绕组和双向背靠背变流器的输入端连接到电网，双向背靠背变流器连接到转子绕组，为转子绕组提供幅值、频率和相位可调的励磁电流。调节励磁电流的幅值，可调节发电机的无功功率；调节励磁电流的相位，可调节发电机的有功功率；调节励磁电流的频率，可在发电机转速变化的情况下维持输出频率的恒定，实现发电机的变速恒频运行。双馈感应发电机因其特殊的连接方式，使得定子绕组和转子绕组都可以与电网进行功率交换，因此得名"双馈"。

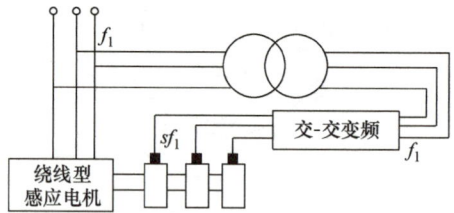

图 5-65　双馈感应发电机

双馈感应发电机稳态运行时，定子旋转磁场和转子旋转磁场在空间上保持相对静止，即

$$n_s = n + \Delta n \tag{5-95}$$

以频率的形式表示为

$$f_1 = \frac{pn}{60} + f_2 \tag{5-96}$$

由式（5-96）可知，当转子转速 n 变化时，通过改变转子绕组电流频率 f_2，即可使双馈感应发电机输出频率 f_1 保持恒定，实现变速恒频运行。

2. 双馈感应发电机的工作状态

双馈感应发电机能够在较大速度范围内运行，根据转子转速与同步速的关系可划分为 3 种运行状态。

（1）亚同步运行状态

当 $n < n_s$，即转差率 $s > 0$ 时，双馈感应发电机处于亚同步运行状态，如图 5-66 所示。转子电流产生的旋转磁场方向与转子的运动方向相同，电磁转矩 T_e 的方向与转子转向相反，发电机转子绕组从电网吸收有功功率，大小为 sP_e，发电机经定子输送给电网的功率为 P_e，所以发电机传输给电网的总功率为 $(1-s)P_e$。

（2）超同步状态

当 $n > n_s$，即转差率 $s < 0$ 时，双馈感应发电机处于超同步运行状态，如图 5-67 所示。转子电流产生的旋转磁场方向与转子转向相反，电磁转矩 T_e 的方向与转子转向相反，发电机转子绕组向电网输送有功功率，大小为 $|s|P_e$，发电机经定子输送给电网的功率为 P_e，所以发电机输送给电网的总功率为 $(1+|s|)P_e$。

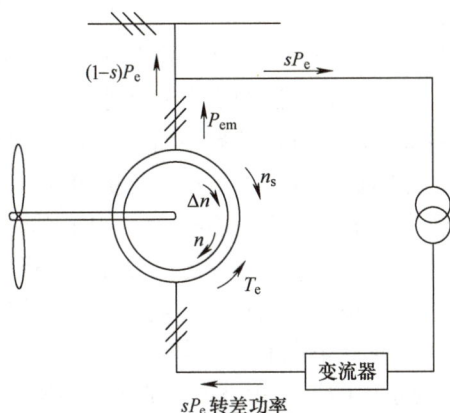

图 5-66 亚同步时双馈感应发电机的转速与功率　　图 5-67 超同步时双馈感应发电机的转速与功率

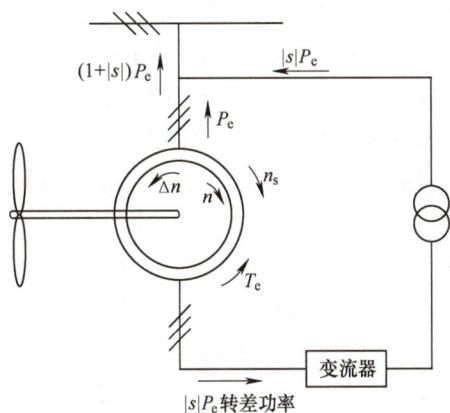

（3）同步运行状态

当 $n=n_s$，即转差率 $s=0$ 时，双馈感应发电机处于同步运行状态，转子电流为直流，与同步发电机相同，转子既不输出功率，也不吸收功率，发电机输送给电网的功率为定子输出的功率。

3. 双馈感应发电机在风力发电中的应用

双馈感应发电机多用于风力发电机系统，其主要优点包括在发电机转速变化的情况下维持输出频率的恒定，实现发电机的变速恒频运行，以及在低电压穿越能力方面表现出色，有助于维持电网的稳定性。此外，双馈感应发电机的励磁系统可以独立控制有功和无功功率，提高了电网的调节能力和电能质量。齿轮箱的使用使得发电机能够在最佳转速下运行，优化了能量转换效率。

5.13 感应电动机在不对称电压下的运行分析

前面分析了外加电压对称时感应电动机的运行情况。在实际中，当电网中出现很大的单相负载或电网发生故障时，都会使三相电压不平衡。三相感应电动机在不对称三相电压下运行时，起动转矩、过载能力和效率下降，发热严重，因此有必要对不对称运行加以讨论。

与变压器不对称运行的分析方法类似，可采用对称分量法分析三相电动机在不对称电压下的运行情况。将三相不对称电压 $\dot{U}_A$、$\dot{U}_B$ 和 $\dot{U}_C$ 分解为正序 $\dot{U}_+$、负序 $\dot{U}_-$ 和零序 $\dot{U}_0$ 这 3 个对称电压系统

$$\left.\begin{array}{l}\dot{U}_+=\dfrac{1}{3}(\dot{U}_A+a\dot{U}_B+a^2\dot{U}_C)\\[2mm]\dot{U}_-=\dfrac{1}{3}(\dot{U}_A+a^2\dot{U}_B+a\dot{U}_C)\\[2mm]\dot{U}_0=\dfrac{1}{3}(\dot{U}_A+\dot{U}_B+\dot{U}_C)\end{array}\right\} \tag{5-97}$$

式中，a 为相量算子，$a = e^{j120°}$，$a^2 = e^{j240°}$，$a^3 = 1$。

式（5-97）表明，不对称电压 $\dot{U}_A$、$\dot{U}_B$ 和 $\dot{U}_C$ 已知时，可求出其相应的正序、负序和零序分量。以上对电压的变换同样适用于对电流的变换。对称分量法的实质就是把一个不对称运行问题分解成正序、负序和零序 3 个彼此独立的对称问题，再把结果叠加。由于一般感应电动机的中性点不引出，所以无零序分量，只需对正序和负序两个分量进行分析即可。

当正序电压作用于电动机定子上时，在定子和转子绕组中产生正序电流，它们共同在电动机气隙中产生旋转磁场，称为**正序旋转磁场**。此时电动机内部的物理情况与对称运行时完全相同，在正序旋转磁场作用下，电动机产生正向电磁转矩 T_{e+}，其方向与正序磁场的转向相同，因此感应电动机的正序等效电路与对称运行时的等效电路相同，如图 5-68 所示。对于正序旋转磁场，转子的转差为 $s_+ = (n_s - n)/n_s = s$。在正序磁场作用下产生的电磁转矩为

$$T_{e+} = \frac{1}{\Omega_s} m_1 I'^2_{2+} \frac{R'_2}{s} \tag{5-98}$$

当负序电压作用于电动机时，在定子和转子绕组中产生负序电流，它们共同在电动机气隙中产生一个反转的旋转磁场，称为**负序旋转磁场**，其转速为 $-n_s$。在负序旋转磁场作用下电动机中产生反向电磁转矩 T_{e-}，其方向与电动机的转向相反。感应电动机的负序等效电路如图 5-69 所示。转子对反向旋转磁场的转差率为 $s_- = \dfrac{-n_s - n}{-n_s} = 2 - s$，在负序旋转磁场作用下产生的电磁转矩为

$$T_{e-} = -\frac{1}{\Omega_s} m_1 I'^2_{2-} \frac{R'_2}{2-s} \tag{5-99}$$

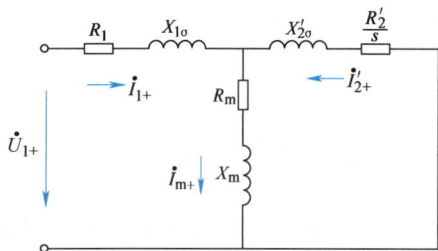

图 5-68　正序等效电路　　　　　图 5-69　负序等效电路

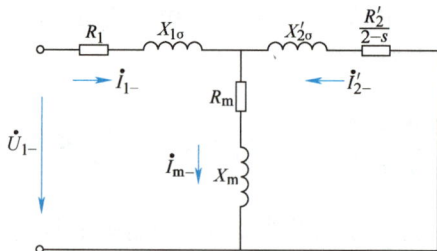

由于负序电磁转矩为负值，即与转子转向相反，为一制动性质的转矩。转子负序电流频率较高，为 $(2-s)f_1$，趋肤效应明显，使转子电阻增大，因此负序磁场引起的损耗比正序磁场大。

当正、负序电压分量同时存在时，将上述两种情况的分析结果进行叠加，即得到三相不对称电压作用下的分析结果。定子每相的正序和负序电流叠加便得到实际的定子三相电流。三相实际电流是不对称的，可能造成一相电流过大以至于该相绕组出现过热的危险。因此不允许电流有过大的不对称，否则必须相应地减小电动机的负载以确保电动机安全运行。

叠加后的电磁转矩为

$$T_e = T_{e+} + T_{e-} = \frac{1}{\Omega_s} m_1 I'^2_{2+} \frac{R'_2}{s} - \frac{1}{\Omega_s} m_1 I'^2_{2-} \frac{R'_2}{2-s} \tag{5-100}$$

三相感应电动机在不对称电压下运行时，负序阻抗较小，导致负序电流较大，造成电动机发热，并使其过载能力和效率降低。因此不允许感应电动机长期运行在严重的不对称电压下。

习　题

思考题

5-1　为什么三相感应电动机励磁电流的标幺值比变压器的大得多？

5-2　为什么感应电动机的功率因数总是滞后的？为什么感应电动机的气隙比较小？

5-3　为什么同容量的同步电机的气隙比感应电机的大得多？

5-4　为什么感应电机的定子铁心和转子铁心要用硅钢片叠压而成？

5-5　感应电动机的转子有哪两种类型，各有何特点？

5-6　感应电动机作发电机运行和电磁制动运行时，电磁转矩和转子转向之间的关系是否一样？怎样区分这两种运行状态？

5-7　感应电动机中，主磁通和漏磁通的性质和作用有什么不同？

5-8　有一台绕线转子感应电机，转子静止且开路，定子绕组加额定电压，测得定子电流为 $0.3I_N$，然后把转子绕组短路仍保持不转，在定子绕组上从小到大地增加电压使定子电流为额定电流 I_N，问这两种情况下，主磁通和漏磁通哪一个大？为什么？

5-9　当主磁通确定之后，感应电动机的励磁电流大小与什么有关？根据任意两台同容量感应电动机励磁电流的大小，便可比较其主磁通的大小，该结论对吗？为什么？

5-10　说明转子绕组归算和频率归算的意义，归算是在什么条件下进行的？

5-11　感应电动机的等效电路有哪几种？等效电路中的 $\frac{1-s}{s}R'_2$ 代表什么意义？能否用电感或电容代替？

5-12　感应电动机带额定负载运行时，若电源电压下降过多，会产生什么严重后果？试说明其原因。如果电源电压下降，对感应电动机的 T_{max}、T_{st}、Φ_m、I_2、s 有何影响？

5-13　普通笼型感应电动机在额定电压下起动时，为什么起动电流很大而起动转矩不大？但深槽或双笼型电动机在额定电压下起动时，起动电流较小而起动转矩较大，为什么？

5-14　感应电动机在空载运行，额定负载运行及堵转运行3种情况下的等效电路有什么不同？当定子外加电压一定时，3种情况下的定、转子感应电动势的大小，转子电流及转子功率因数角，定子电流及定子功率因数角有什么不同？

5-15　感应电动机定子绕组与转子绕组没有直接联系，为什么负载增加时，定子电流和输入功率会自动增加，试说明其物理过程。从空载到满载，电机主磁通有无变化？

5-16　绕线转子感应电动机在转子回路中串入电阻起动时，为什么既能降低起动电流又能增大起动转矩？串入电阻越大，是否起动转矩越大？为什么？

5-17　绕线转子感应电动机拖动恒转矩负载运行，试定性分析转子回路突然串入电阻后降速的电磁过程。

5-18　感应电动机转速变化时，转子磁动势在空间的转速是否改变，为什么？

5-19　感应电动机的主磁通是如何产生的？负载变化时，主磁通会不会变化？

5-20　感应电动机在建立等效电路时，应进行哪些归算？为什么？

5-21　为什么用等效电路分析转子绕组直接短路的感应电动机在理想空载时相当于转子开路，而堵住不转时相当于转子短路？转子回路真正断开的绕线转子感应电动机定子通三相电流，转子能否旋转？为什么？这时转差率将是多少？

5-22 有一绕线转子感应电动机，定子绕组短路，转子绕组中通入三相交流电，试问转子将如何旋转？此时转差率 s 如何计算？

5-23 绕线转子感应电机转子绕组的相数、极对数总是设计的与定子相同，笼型感应电机的转子相数、极对数又是如何确定的呢？与鼠笼导条的数量有关吗？

5-24 漏电抗大小对感应电动机的运行性能，包括起动电流、起动转矩、最大转矩、功率因数等有何影响？为什么？

5-25 绕线转子三相感应电动机转子回路串入适当的电阻可以增大起动转矩，串入适当的电抗时，是否也有相似的效果？

5-26 一台三相笼型感应电动机，转子绕组是插铜条的，损坏后改为铸铝的。如果该电动机运行在额定电压下，仍旧拖动原来额定负载转矩大小的恒转矩负载运行，那么与原来各额定值相比，电动机的转速 n、定子电流 I_1、转子电流 I_2、定子功率因数 $\cos\varphi_N$、输入功率 P_1、输出功率 P_2 将怎样变化？

5-27 为什么深槽和双笼型感应电动机能减小堵转电流同时增大堵转转矩，而且效率并不低？

5-28 三相感应电动机的堵转电流与外施电压、电机所带负载是否有关？负载转矩的大小会对电动机起动产生什么影响？

5-29 三相笼型感应电动机全压起动时，为什么堵转电流很大，而堵转转矩却不大？

5-30 三相感应电动机在运行时有一相断线，能否继续运行？当电动机停转之后，能否再起动？

5-31 怎样改变单相电容电动机的旋转方向？对罩极电动机，其旋转方向能改变吗？

5-32 如果电网的三相电压显著不对称，三相感应电动机能否带额定负载长期运行？为什么？

计算题

5-1 设有一台 50Hz、8 极的三相感应电动机，额定转差率 $s_N = 0.044$，该电动机的同步转速是多少？额定转速是多少？当该电动机运行在 700r/min 时，转差率是多少？当该电动机在起动时，转差率又是多少？

5-2 已知一台三相感应电机的额定功率为 55kW，额定电压为 380V，额定功率因数为 0.98，额定效率为 91.5%，试求该电机的额定电流。

5-3 已知某感应电动机的额定频率为 50Hz，额定转速为 970r/min，问该电动机的极数是多少？额定转差率是多少？

5-4 有一台三相感应电动机，频率为 50Hz，三角形联结，定子电阻 $R_1 = 0.4\Omega$，空载实验数据为：$U_0 = U_N = 380V$，$I_0 = 21.2A$，$p_0 = 1.34kW$；短路实验数据为：$U_k = 110V$，$I_k = 66.8A$，$p_k = 4.14kW$。已知机械损耗 $p_{mec} = 100W$，$X_{1\sigma} = X'_{2\sigma}$，求该电动机的 T 形等效电路参数。

5-5 已知一台三相感应电动机的数据如下：$U_N = 380V$，定子为三角形联结，频率为 50Hz，额定转速 $n_N = 1426r/min$，$R_1 = 2.865\Omega$，$X_{1\sigma} = 7.71\Omega$，$R'_2 = 2.82\Omega$，$X'_{2\sigma} = 11.75\Omega$，$R_m$ 忽略不计，$X_m = 202\Omega$。试求：

（1）极数；

（2）同步转速；

（3）额定负载时的转差率和转子频率；

（4）绘出 T 形等效电路并计算额定负载时的 I_1、P_1、$\cos\varphi_1$ 和 I'_2。

5-6 一台三相 4 极、频率为 50Hz 的感应电动机，$P_N = 75kW$，$n_N = 1450r/min$，$U_N = 380V$，$I_N = 160A$，定子为星形联结。已知额定运行时，输出转矩为电磁转矩的 90%，$p_{Cu1} = p_{Cu2}$，$p_{Fe} = 2.1kW$。试计算额定运行时的电磁功率、输入功率和功率因数。

5-7 一台三相感应电动机的输入功率为 10.7kW 时，定子铜耗为 450W，铁耗为 200W，转差率 $s = 0.029$，试计算电动机的电磁功率、转子铜耗及总机械功率。

5-8　一台感应电动机，额定电压为 380V，定子三角形联结，频率为 50Hz，额定功率为 7.5kW，额定转速为 960r/min，额定负载时 $\cos\varphi_1 = 0.824$，定子铜耗为 474W，铁耗为 231W，机械损耗为 45W，附加损耗为 37.5W，试计算额定负载时：

（1）转差率；

（2）转子电流的频率；

（3）转子铜耗；

（4）效率；

（5）定子电流。

5-9　一台三相 4 极感应电动机的额定功率为 28kW，$U_N = 380V$，$\eta_N = 90\%$，$\cos\varphi_N = 0.88$，定子为三角形联结。在额定电压下直接起动时，起动电流为额定电流的 6 倍，试求用星-三角起动时，起动电流是多少？

5-10　一台绕线转子感应电动机，定、转子绕组均采用星形联结，$U_N = 380V$，$n_N = 722r/min$，$R_1 = 0.143\Omega$，$X_{1\sigma} = 0.262\Omega$，$R_2' = 0.134\Omega$，$X_{2\sigma}' = 0.328\Omega$，电压比及电流比 $k_e = k_i = 1.342$，求：

（1）要求在起动时产生最大转矩，则在转子回路中每相应串入多大的起动电阻？此时电动机的起动电流和起动转矩是多少？

（2）若转子绕组直接短接，这时电动机的起动电流和起动转矩是多少（计算时设修正系数 $c = 1$）？

5-11　一台 4 极绕线转子感应电动机，频率为 50Hz，转子每相电阻 $R_2 = 0.02\Omega$，额定转速 $n_N = 1480r/min$，若负载转矩不变，要求把转速降到 1100r/min，应在转子每相串入多大的电阻？

5-12　一台感应电动机的额定功率为 7.5kW，$U_N = 380V$，$n_N = 962r/min$，$\cos\varphi_N = 0.827$，额定频率 $f = 50Hz$，定子为三角形联结，定子铜耗为 470W，铁耗为 234W，机械损耗为 45W，附加损耗为 80W，求额定负载时：

（1）转差率及转子电流的频率；

（2）效率；

（3）定子电流；

（4）负载转矩 T_2、空载转矩 T_0 及电磁转矩 T_e。

5-13　一台三相笼型感应电动机的额定功率为 4kW，$U_N = 380V$，定子为三角形联结，频率为 50Hz，$R_1 = 4.47\Omega$，$X_{1\sigma} = 6.7\Omega$，$R_2' = 3.18\Omega$，$X_{2\sigma}' = 9.85\Omega$，$R_m = 11.9\Omega$，$X_m = 188\Omega$，$n_N = 1442r/min$。试求：

（1）额定转速时的电磁转矩；

（2）最大转矩；

（3）起动转矩。

5-14　一台 4 极感应电动机，$P_N = 200kW$，$U_N = 380V$，定子为三角形联结，定子额定电流 $I_N = 385A$，频率为 50Hz，定子铜耗 $p_{Cu1} = 5.12kW$，转子铜耗 $p_{Cu2} = 2.85kW$，铁耗 $p_{Fe} = 3.8kW$，机械损耗 $p_{mec} = 0.98kW$，附加损耗 $p_{ad} = 3kW$。试求额定负载下的转速、电磁转矩和效率。

5-15　一台三相 8 极感应电动机的额定数据为 $P_N = 200kW$，$U_N = 380V$，$f = 50Hz$，$n_N = 722r/min$，过载能力 $k_T = 2.13$。试求：

（1）产生最大电磁转矩时的转差率；

（2）$s = 0.02$ 时的电磁转矩。

5-16　一台三相 4 极感应电动机，$U_N = 380V$，定子绕组丫联结，$\cos\varphi_N = 0.83$，$R_1 = 0.35\Omega$，$R_2' = 0.34$，$s_N = 0.04$，机械损耗和附加损耗之和为 288W，设 $I_{1N} = I_{2N}' = 20.5A$，试求：

（1）额定运行时输出功率、电磁功率和输入功率；

（2）额定运行时的电磁转矩和输出转矩。

5-17　一台三相 4 极绕线转子感应电动机，$f_1 = 50Hz$，转子每相电阻 $R_2 = 0.015\Omega$，额定运行时转子相电流为 200A，转速 $n_N = 1475r/min$，试求：

（1）额定电磁转矩；

（2）在转子回路串入电阻将转速降至 1120r/min，求所串入的电阻值（保持额定电磁转矩不变）；

（3）转子串入电阻前后达到稳定时定子电流、输入功率是否变化？为什么？

5-18 一台三相 6 极绕线转子感应电动机，额定转速 $n_N = 980$r/min。当定子施加频率为 50Hz 的额定电压且转子绕组开路时，转子每相感应电动势为 110V。已知转子堵转时的参数为 $R_2 = 0.1\Omega$，$X_{2\sigma} = 0.5\Omega$，忽略定子漏阻抗的影响，求该电机额定运行时转子的相电动势 E_{2s} 相电流 I_{2s} 及其频率 f_2。

5-19 一台三相应电动机的额定电压 $U_N = 380$V，额定转速 $n_N = 1440$r/min，定子绕组为三角形联结，定、转子漏阻抗为 $Z_{1\sigma} = Z'_{2\sigma} = 0.4 + j2\Omega$，励磁阻抗为 $Z_m = 4.6 + j48\Omega$。

（1）求额定转差率；

（2）用 T 形等效电路求额定运行时的定子电流 I_{1N}、转子电流 I'_2、励磁电流 I_m 和功率因数 $\cos\varphi_N$。

5-20 三相感应电动机的额定功率 $P_N = 10$kW，额定转速 $n_N = 1450$r/min，起动能力 $T_{st}/T_N = 1.4$，过载能力 $k_T = 2.0$，效率为 87.5%。求：额定转矩、起动转矩、最大转矩及额定输入功率。

5-21 一台三相感应电动机运行时的输入功率为 60kW，定子总损耗为 1kW，转差率为 0.03。求这台电动机的电磁功率、总机械功率和转子铜耗。

5-22 有一台 5.5kW 三相感应电动机，额定电压为 380V，丫联结，额定电流为 11A，额定转速为 2900r/min，起动电流倍数为 7.0，起动转矩倍数为 2.0。试问：采用电压比为 $\sqrt{3}$ 的自耦变压器起动，起动电流和起动转矩各为多少？电网要求最大起动电流不得超过 40A，负载要求起动转矩不得低于 10.5N·m，此时电机能否起动？

第 6 章 同步电机

　　同步电机是一种应用广泛的交流电机，其显著特点是转子转速 n 与定子电流频率 f 之间具有固定不变的关系，即 $n = n_s = 60f/p$，其中 n_s 为同步转速。从原理上讲，同步电机既可作为发电机运行，也可作为电动机或补偿机（调相机）运行。

　　同步电机主要作为发电机运行，如火电厂和核电厂的汽轮发电机、水电站的水轮发电机等。现代社会中使用的交流电能大部分是由同步发电机产生的。目前大型汽轮发电机和水轮发电机的单机容量均已超过 1000MW。在一些特殊的供电系统中，也广泛使用同步发电机，例如，内燃机驱动的中小型同步发电机，以燃气轮机为原动机的高速同步发电机，以及以风力机为原动机的低速同步发电机等。

知识图谱

　　同步电机作为电动机运行，主要用来驱动一些不要求调速的大功率生产机械，它的突出优点是通过调节励磁可调节功率因数。随着电力电子技术的发展，同步电动机，特别是永磁同步电动机在调速和伺服系统中的应用也日益广泛。

　　同步电机作为同步补偿机运行，实质上是一台在电网上空载运行的同步电机，向电网发出或吸收无功功率，对电网的无功功率进行调节。

　　本章首先介绍同步电机的基本结构，然后分析空载和负载时同步发电机内部的电磁关系，并导出其基本方程，再进一步讨论同步发电机的运行特性、并联运行及同步电动机和同步补偿机，最后分析同步发电机的不对称运行和三相突然短路。

6.1　同步电机的基本结构和运行状态

6.1.1　同步电机的基本结构

　　从电磁的角度看，同步电机主要由电枢和磁极组成。装有三相对称绕组的部分称为电枢，装有直流励磁绕组的部分称为主磁极。按照电枢和主磁极的安装位置，同步电机可以分为旋转电枢式和旋转磁极式两类。前者的电枢装在转子上，主磁极装在定子上，这种结构在小容量同步电机中得到了一定的应用。对于高压、大容量的同步电机，长期的制造和运行经验表明，采用旋转磁极式结构比较合理。由于励磁部分的容量和电压通常较电枢低很多，把电枢装设在定子上，主磁极装设在转子上，电刷和集电环的负荷就大为减轻，工作条件得以改善。所以目前旋转磁极式结构已成为中、大型同步电机的基本结构形式。

在旋转磁极式电机中，按照转子主磁极的形状，同步电机又可分成**凸极式**和**隐极式**两种结构形式，基本结构如图 6-1 所示。隐极式转子做成圆柱形，不计齿槽影响时气隙是均匀的；凸极式转子有明显凸出的磁极，气隙不均匀，极面处气隙小，两极间气隙大。对于高速同步电机（3000r/min 或 3600r/min），从转子机械强度和励磁绕组固定方面考虑，采用励磁绕组分布于转子表面槽内的隐极式结构较为可靠。对于低速同步电机（1000r/min

a) 凸极式　　　　b) 隐极式

图 6-1　旋转磁极式同步电机的基本结构

及以下），由于转子的圆周速度较低、离心力较小，故采用制造简单、励磁绕组集中放置的凸极式结构较为合理。

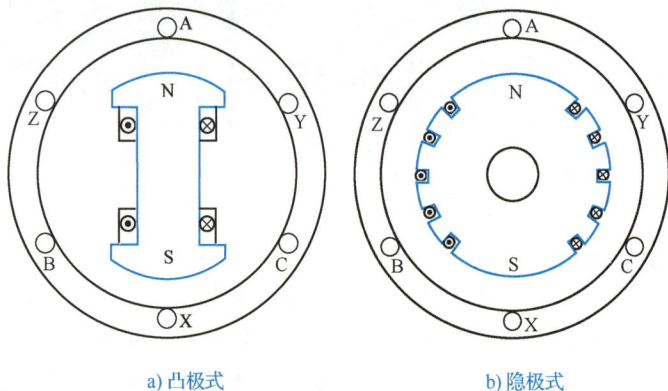

旋转磁极式空载磁场　　旋转电枢式空载磁场　　凸极同步电机空载磁场　　隐极同步电机空载磁场

大型同步发电机通常用汽轮机或水轮机作为原动机来拖动，前者称为**汽轮发电机**，后者称为**水轮发电机**。汽轮机是一种高速原动机，因此汽轮发电机一般采用隐极式结构。水轮机则是一种低速原动机，所以水轮发电机一般采用凸极式结构。同步电动机、由内燃机拖动的同步发电机以及同步补偿机，大多做成凸极式，少数两极的高速同步电动机也有做成隐极式的。

1. 隐极同步电机的结构

下面以汽轮发电机为例说明隐极同步电机的结构。现代汽轮发电机一般都是 2 极的，同步转速为 3000r/min 或 3600r/min（对 60Hz 的电机）。高转速可以提高汽轮机的运行效率、减小整个机组的尺寸、降低机组的造价；但受转子机械强度的限制，汽轮发电机的直径较小，长度较长。现代汽轮发电机的转子本体长度与直径之比在 2~6 的范围内，容量越大，比值也越大。汽轮发电机均为卧式结构，图 6-2 所示为一台汽轮发电机的结构。

汽轮发电机的定子由**机座、铁心、定子绕组和端盖**等部件组成。定子铁心一般用厚 0.5mm 的硅钢片叠成，每叠厚度为 30~60mm，叠与叠之间留有宽 8~10mm 的通风道。整个铁心用非磁性压板压紧，固定在定子机座上。定子铁心内圆表面开槽，槽内嵌放定子绕组。为了减小集肤效应引起的附加损耗，线圈由多股扁铜线并联绕制而成，并且在槽内的直线部分对股线进行换位。图 6-3 所示为一台装配完毕的汽轮发电机定子。

汽轮发电机的转子由**转子铁心、励磁绕组、护环、集电环、风扇**等部件组成。从机械应力和发热这两方面来看，汽轮发电机中最关键的部件是转子。大容量汽轮发电机的转子圆周速度可达 170~180m/s。由于速度高，转子的某些部件将受到极大的机械应力。因此，现代汽轮发电机的转子一般都用整块具有良好导磁性的高强度合金钢锻成。转子表面约 2/3 部分铣有轴向凹槽，励磁绕组嵌放在槽里。不开槽的部分组成一个"大齿"，大齿的中心线即为转子主磁极的中心线。嵌线部分和大齿一起构成了发电机的主磁极，如图 6-1b 所示。为把励磁绕组可靠地固定在转子上，在槽内直线部分采用非磁性的金属槽楔，端部套有用高强度非磁性钢锻成的护环。图 6-4 所示为一台装配完毕的汽轮发电机转子。

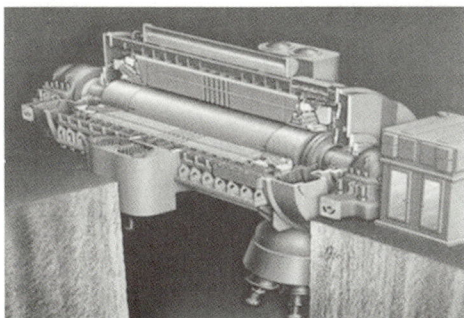

图 6-2　汽轮发电机的结构

图 6-3　汽轮发电机定子

由于汽轮发电机的机身比较细长，转子和发电机中部的通风比较困难，所以良好的通风和冷却系统对汽轮发电机特别重要。

2. 凸极同步电机的结构

由于凸极转子的结构和加工工艺比隐极转子简单，因此在转速不高的情况下多采用凸极结构。凸极同步电机的定子与隐极同步电机类似，但转子结构有较大差别，它由磁极、磁轭、励磁绕组、阻尼绕组、集电环、转轴和转子支架等组成。

图 6-4　汽轮发电机转子

磁极一般由 1~3mm 厚的低碳钢板冲成磁极的形状后叠压而成。磁极是磁路的一部分，不同磁极之间通过磁轭连接，形成完整的转子磁路。用扁铜线绕成集中线圈套在磁极极身上，各磁极上的线圈连接起来，构成励磁绕组。励磁绕组通过集电环和电刷与外部直流电源相连。在磁极的极靴表面还开有很多槽，槽内插入铜条，铜条两端伸出转子铁心端面，分别焊接在铜环上形成短路绕组，称为**阻尼绕组**。磁极装配示意图如图 6-5 所示。

凸极同步
电机结构

阻尼绕组在同步发电机中起抑制转子振荡的作用，而在同步电动机和同步补偿机中主要作为起动绕组用。

凸极同步电机通常分为卧式和立式两种结构。绝大部分同步电动机、同步补偿机和由内燃机或冲击式水轮机拖动的同步发电机都采用卧式结构。低速、大容量的水轮发电机和大型水泵电动机则采用立式结构。

与隐极同步电机相比，大型水轮发电机转速低、极数多，要求转动惯量大，故其特点是直径

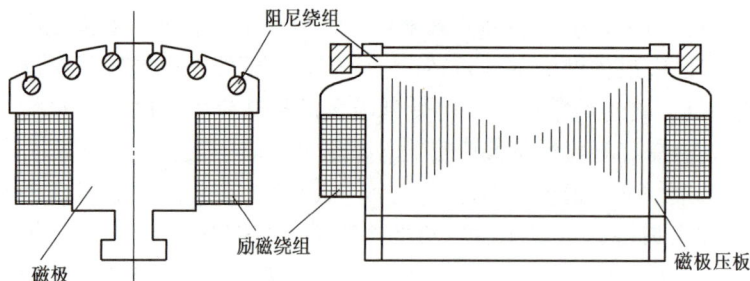

图 6-5 磁极装配示意图

阻尼绕组

励磁绕组

磁极

磁极压板

凸极同步电机磁极

大、长度短。在低速水轮发电机中，定子铁心外径和长度之比可达5~7 或更大。图 6-6 所示为安装现场转子吊装过程中的水轮发电机。

6.1.2 同步电机的运行状态

当同步电机的电枢绕组中通过对称三相电流时，将产生一个以同步转速转动的旋转磁场，称为电枢磁场。励磁电流流过励磁绕组产生的磁场称为主极磁场。在稳态情况下，同步电机的转速恒为同步转速。于是，定子旋转磁场与直流励磁的转子主极磁场保持相对静止，二者叠加称为合成磁场。

图 6-6 吊装过程中的水轮发电机

同步电机有 3 种运行状态：发电机状态、补偿机状态和电动机状态，如图 6-7 所示。发电机状态把机械能转换为电能；电动机状态把电能转换为机械能；补偿机状态中没有有功功率的转换，专门发出或吸收无功功率、调节电网的功率因数。分析表明，同步电机运行于哪一种状态取决于合成磁场与主极磁场的相对位置，合成磁场与主极磁场轴线之间的夹角 δ 称为功率角。功率角是同步电机的一个基本变量。

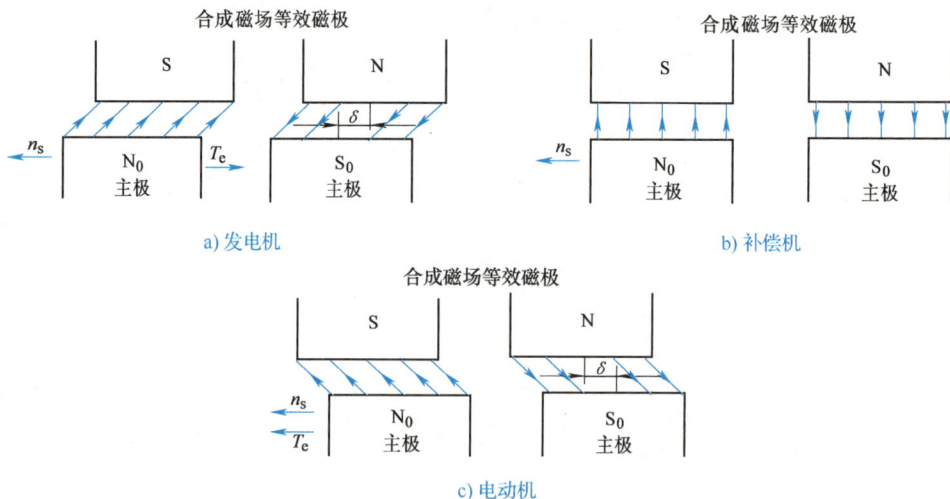

a) 发电机

b) 补偿机

c) 电动机

图 6-7 同步电机的 3 种运行状态

1. 发电机状态

若转子主极磁场超前于合成磁场，即 $\delta > 0$，此时转子上将受到一个与其旋转方向相反的电磁转矩，如图 6-7a 所示。为使转子能以同步转速持续旋转，转子必须从原动机输入驱动转矩。此时转子输入机械功率，定子绕组向电网或负载输出电功率，电机作为发电机运行。

2. 补偿机状态

若转子主极磁场与合成磁场的轴线重合，即 $\delta = 0$，此时转子受到的电磁转矩为零，如图 6-7b 所示。由于电机内没有有功功率的转换，电机处于补偿机状态或空载状态。

3. 电动机状态

若转子主极磁场滞后于合成磁场，即 $\delta < 0$，则转子上将受到一个与其转向相同的电磁转矩，如图 6-7c 所示。此时转子输出机械功率，定子从电网吸收电功率，电机作为电动机运行。

6.1.3 同步电机的励磁方式

供给同步电机励磁的装置，称为励磁系统。励磁系统是同步电机的重要组成部分，对电机的运行性能有重要影响。根据获得主极磁场方式的不同，励磁方式可分为电励磁和永磁励磁。

1. 电励磁

目前采用的电励磁系统可分为两类：一类是用直流发电机作为励磁电源的直流励磁机励磁系统；另一类是用整流装置将交流变成直流后供给励磁的整流器励磁系统。

（1）直流励磁机励磁

直流励磁机通常与同步发电机同轴，将直流发电机产生的直流电压通过集电环和电刷装置施加到同步发电机的励磁绕组。这种励磁方式应用历史最长，但由于换向器和电刷的存在，易产生火花、磨损快、维护工作量大且励磁容量受到限制，因此直流励磁机励磁已有被永磁励磁和整流器励磁取代的趋势。

（2）静止整流器励磁

静止整流器励磁又分为他励式和自励式两种。他励式静止整流器励磁是把一台交流励磁机与同步发电机同轴连接，励磁机产生的交流电压经过静止整流器变成直流电压，通过电刷和集电环接到发电机的励磁绕组。这种励磁系统运行可靠、维护方便。由于取消了直流励磁机，励磁容量得以提高，因而在大容量汽轮发电机中获得了广泛应用。自励式静止整流器励磁是在发电机的出线端接励磁变压器，将励磁变压器的输出电压经整流器整流后，通过电刷和集电环送入发电机的励磁绕组。这种励磁方式采用静止部件，不需要专门的励磁机，设备少，维护方便，在现代大型发电机上应用广泛。

（3）旋转整流器励磁

旋转整流器励磁是采用与发电机同轴的旋转电枢式交流励磁机，其转子上安放电枢绕组，定子上安放励磁绕组。电枢绕组产生的交流电压，经旋转整流器整流后直接送入发电机的励磁绕组。因为交流励磁机的电枢、整流装置与发电机的励磁绕组均装在同一旋转体上，不再需要集电环和电刷装置，所以这种系统又称为无刷励磁系统。由于取消了电刷和集电环，所以这种励磁方式的运行比较可靠，尤其适合于要求防燃、防爆的特殊场合。缺点是发电机励磁回路的灭磁时间常数较大，对迅速消除发电机的内部故障不利。这种励磁系统大多用于大、中容量的汽轮发电机、补偿机以及在特殊环境中工作的同步电动机中。

2. 永磁励磁

永磁励磁采用永磁材料建立同步电机的磁场。与电励磁相比，永磁励磁具有诸多特点：

转子上无励磁绕组和励磁电流，取消了电刷和集电环，结构简单，运行可靠，效率高，维护工作量小；转子上永磁材料的形状和尺寸可以灵活多样，尤其适合于低速和高速电机。目前永磁励磁在小型和微型同步电机中获得了广泛应用。永磁励磁的缺点是其磁场不能根据电机的运行状态进行方便和有效的调节。

在小型同步发电机中，还经常采用具有自励恒压特点的3次谐波励磁、电抗移相励磁和感应励磁等励磁方式，在此不再赘述。

6.1.4 额定值

同步电机的额定值有：

1）额定容量 S_N（或额定功率 P_N）：指额定运行时电机的输出功率。同步发电机的额定容量既可用视在功率表示，也可用有功功率表示；同步电动机的额定功率是指轴上输出的机械功率；同步补偿机则用无功功率表示。

2）额定电压 U_N：指额定运行时电枢绕组的线电压。

3）额定电流 I_N：指额定运行时电枢绕组的线电流。

4）额定功率因数 $\cos\varphi_N$：指额定运行时电机的功率因数。

5）额定频率 f_N：指额定运行时电枢电压或电流的频率。我国标准工频规定为50Hz。

6）额定转速 n_N：指额定运行时电机的转速，为同步转速。

7）额定效率 η_N：指额定运行时电机的输出功率与输入功率之比，用百分数表示。

除上述额定值以外，铭牌上还常常列出一些其他的运行数据，例如，额定负载时的温升 θ_N、额定励磁电流 I_{fN} 和额定励磁电压 U_{fN} 等。

额定值之间不是完全独立的，对于三相同步发电机，有

$$P_N = S_N\cos\varphi_N = \sqrt{3}\,U_N I_N\cos\varphi_N = 3U_{N\phi}I_{N\phi}\cos\varphi_N \tag{6-1}$$

对于三相同步电动机，有

$$P_N = \sqrt{3}\,U_N I_N\eta_N\cos\varphi_N = 3U_{N\phi}I_{N\phi}\eta_N\cos\varphi_N \tag{6-2}$$

式中，$U_{N\phi}$、$I_{N\phi}$ 分别为额定相电压和额定相电流。

在同步电机的分析和应用中，各物理量除采用实际值表示外，还经常采用标幺值表示。用标幺值表示电机的各个物理量，更便于判断各物理量的大小，非常直观。额定值经常用作标幺值的基值。一些物理量的基值规定如下：

1）线电压的基值取为额定线电压，相电压的基值取为额定相电压。

2）线电流的基值取为额定线电流，相电流的基值取为额定相电流。

3）功率的基值取为额定容量或额定功率。

4）阻抗的基值取为额定相电压与额定相电流的比值。

6.2 同步发电机的空载磁场和电枢反应

6.2.1 空载磁场

同步发电机被原动机拖动以同步转速旋转，励磁绕组通入直流励磁电流，电枢绕组开路时称为空载运行。

空载运行时，由于电枢电流为零，同步发电机内仅有由励磁电流所建立的主极磁场。

图 6-8 所示为一台 4 极凸极同步发电机的空载磁路。由图可见，主极磁通分成**主磁通** Φ_0 和主极**漏磁通** $\Phi_{f\sigma}$ 两部分，前者通过气隙并与定子绕组相交链，能在定子三相绕组中感应交流电动势；后者不通过气隙，仅与励磁绕组相交链。主磁通所经过的路径称为**主磁路**。由图可见，主磁路包括空气隙、电枢齿、电枢轭、磁极极身和转子轭 5 部分。

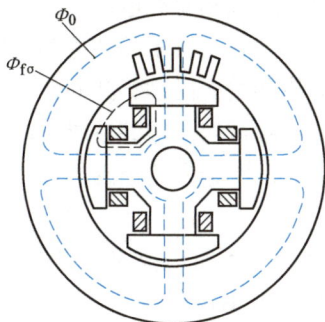

图 6-8　4 极凸极同步发电机的空载磁路　　**同步发电机空载磁场**　　**凸极同步发电机**　　**隐极同步发电机**

当转子以同步转速旋转时，主极磁场就在气隙中形成一个旋转磁场，对于正常设计的电机，磁场中谐波含量很小，可忽略不计，其基波磁场切割对称的三相定子绕组，在定子绕组内感应出频率 $f = pn_s/60$ 的对称三相电动势，称为**励磁电动势**（也称为空载电动势），用相量表示为

$$\left.\begin{array}{l} \dot{E}_{0A} = E_0 \angle 0° \\[4pt] \dot{E}_{0B} = E_0 \angle -120° \\[4pt] \dot{E}_{0C} = E_0 \angle -240° \end{array}\right\} \qquad (6\text{-}3)$$

式中，E_0 为励磁电动势（相电动势）的有效值，其大小为

$$E_0 = 4.44 f N_1 k_{w1} \Phi_0 \qquad (6\text{-}4)$$

式中，Φ_0 为每极的主磁通。

由此可见，改变直流励磁电流 I_f 便可得到不同的主磁通 Φ_0 和相应的励磁电动势 E_0，从而得到 E_0 与 I_f 之间的关系曲线 $E_0 = f(I_f)$，称为同步发电机的**空载特性**，如图 6-9 所示。

当主磁通 Φ_0 较小时，整个磁路处于不饱和状态，所以空载特性曲线的下部是一条直线。与空载特性曲线下部相切的直线称为**气隙线**。随着主磁通 Φ_0 的增大，铁心逐渐饱和，空载特性曲线则逐渐弯曲。为合理利用材料，通常将空载电压等于额定电压的点设计在空载特性曲线开始弯曲处（俗称为"膝点"）附近。

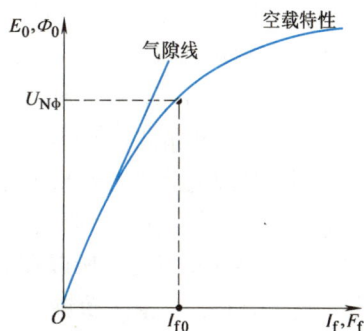

图 6-9　同步发电机的空载特性

空载特性是发电机的基本特性之一，它一方面表征了电机磁路的饱和情况，另一方面还能与其他特性曲线配合使用，确定电机的相关参数和基本运行数据。

由于励磁电动势 E_0 和主磁通 Φ_0 存在比例关系，而励磁磁动势 $F_f = N_f I_f$（N_f 为励磁绕组的每极匝数），因此，**空载特性实质上就是电机的磁化曲线 $\Phi_0 = f(F_f)$**。电机的磁化曲线实际上只取决于电机各段铁心和气隙的尺寸以及铁心材料，当电机制成后，磁化曲线即确定不变。

6.2.2 对称负载时的电枢反应

空载时，同步发电机中只有一个以同步速旋转的主极磁场，它在电枢绕组内感应出对称三相电动势。负载时，电枢绕组接对称三相负载，电枢绕组中将流过三相对称电流，此时电枢绕组就会产生电枢磁动势及相应的电枢磁场，若仅考虑其基波，则它与转子的转速和转向相同，相对于转子静止。负载时，电机气隙内的磁场由电枢磁动势和励磁磁动势共同作用所产生。与空载时相比，电机的气隙磁场发生了变化。电枢磁动势的基波对气隙基波磁场的影响称为电枢反应。应当注意，在分析同步发电机的基本电磁关系时，无论是主极磁场还是电枢反应磁场，都是考虑基波磁场的相互作用。

电枢反应使气隙磁场的幅值和空间相位发生变化，除了直接关系到机电能量转换之外，还有去磁或助磁作用，会对同步发电机的运行性能产生重要影响。电枢反应的性质（助磁、去磁或交磁）取决于电枢磁动势和主极磁场在空间的相对位置。分析表明，这一相对位置与励磁电动势 $\dot{E}_0$ 和负载电流 $\dot{I}$ 之间的相位差 ψ_0（内功率因数角）有关。下面根据 ψ_0 值的不同，分成两种情况加以分析。

1. 电枢电流 $\dot{I}$ 与励磁电动势 $\dot{E}_0$ 同相位

$\psi_0 = 0°$ 时，同步发电机的电枢反应如图 6-10 所示。其中，图 6-10a 为一台 2 极同步发电机的示意图。为简明计，图中电枢绕组每一相均用一个集中线圈来表示，主磁极画成凸极式。电枢绕组中电动势和电流的正方向规定为从首端流出、从尾端流入。

在图 6-10a 所示的瞬间，主极轴线（直轴）与电枢 A 相绕组的轴线正交，A 相链过的主磁通为零。因为电动势滞后于产生它的磁通 90°，故 A 相励磁电动势 $\dot{E}_{0A}$ 的瞬时值此时达到正的最大值，其方向如图中所示（从 X 入，从 A 出）；B、C 两相的励磁电动势 $\dot{E}_{0B}$ 和 $\dot{E}_{0C}$ 分别滞后于 A 相电动势 120° 和 240°，如图 6-10b 所示。

若电枢电流 $\dot{I}$ 与励磁电动势 $\dot{E}_0$ 同相位，即内功率因数角 $\psi_0 = 0°$，则在图示瞬间，A 相电流也将达到正的最大值，B 相和 C 相电流分别滞后于 A 相电流 120° 和 240°，如图 6-10b 所示。由第 4 章可知，在对称三相绕组中通以对称三相电流时，若某相电流达到最大值，则在同一瞬间，三相基波合成磁动势的幅值（轴线）将与该相绕组的轴线重合。因此在图6-10a 所示瞬间，基波电枢磁动势 F_a 的轴线应与 A 相绕组轴线重合。相对于主磁极而言，此时电枢磁动势的轴线与转子的交轴重合。由于电枢磁动势和主磁极均以同步转速旋转，它们之间的相对位置始终保持不变，所以在其他任意瞬间，电枢磁动势的轴线恒与转子交轴重合。由此可见，$\psi_0 = 0°$ 时，电枢磁动势是一个纯交轴磁动势，即

$$F_{a(\psi_0 = 0°)} = F_{aq} \tag{6-5}$$

交轴电枢磁动势所产生的电枢反应称为交轴电枢反应。由于交轴电枢反应的存在，气隙合成磁场 B 与主极磁场 B_0 之间形成一定的空间相位差，并且幅值有所增加，称之为交磁作用。正是由于交轴电枢反应的存在，使主磁极受到力的作用，从而产生一定的电磁转矩。由图 6-10c 可见，对于同步发电机，当 $\psi_0 = 0°$ 时，主极磁场将超前于气隙合成磁场，于是主磁极上将受到一个制动性质的电磁转矩。所以，交轴电枢磁动势与电磁转矩的产生及能

量转换直接相关。

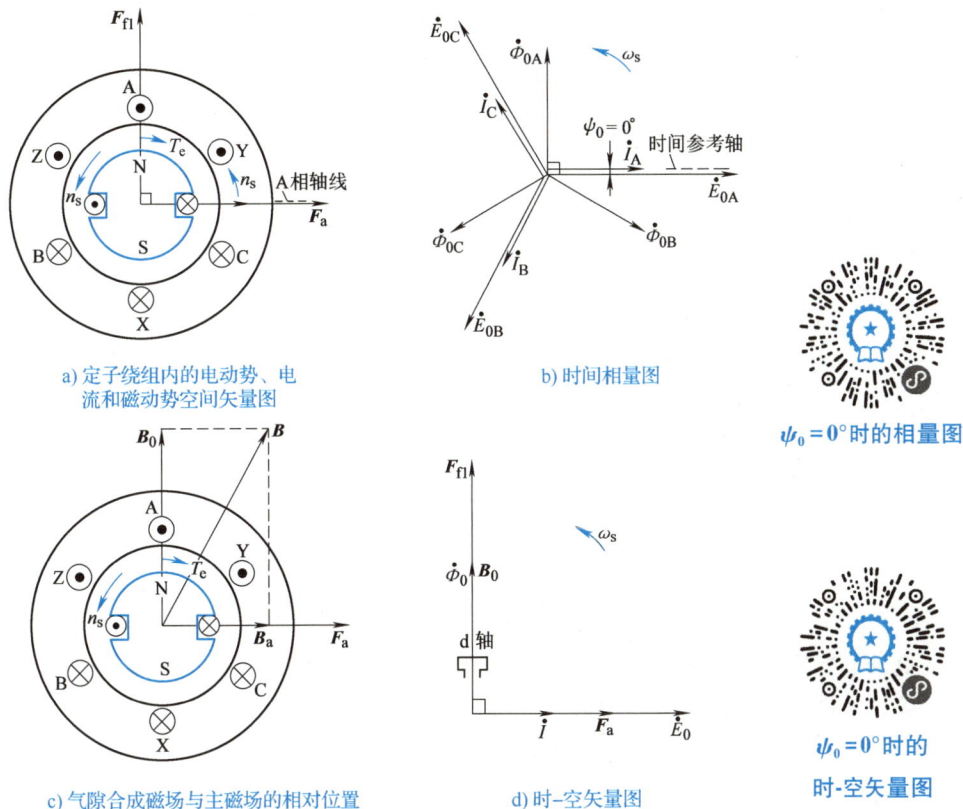

a) 定子绕组内的电动势、电
流和磁动势空间矢量图

b) 时间相量图

$\psi_0=0°$时的相量图

c) 气隙合成磁场与主磁场的相对位置

d) 时-空矢量图

$\psi_0=0°$时的
时-空矢量图

图 6-10 $\psi_0=0°$ 时同步发电机的电枢反应

由图 6-10a 和 b 可见，用电角度表示时，主极磁场 B_0 与电枢磁动势 F_a 之间的空间相位关系，恰好与链过 A 相的主磁通 $\dot{\Phi}_{0A}$ 与 A 相电流 $\dot{I}_A$ 之间的时间相位关系相一致，且图 6-10a 的空间矢量与图 6-10b 的时间相量均为同步旋转。于是，若把图 6-10b 中的时间参考轴与图 6-10a 中的 A 相绕组轴线取为重合，就可以把图 6-10a 和 b 合并，得到一个时-空矢量图，如图 6-10d 所示。由于三相电动势和电流均为对称，所以在矢量图中仅画出 A 相的励磁电动势、电流和与之交链的主磁通，并把下标 A 省略，写成 $\dot{E}_0$、$\dot{I}$ 和 $\dot{\Phi}_0$。在统一矢量图中，F_{f1} 既代表主极基波磁动势的空间矢量，也表示时间相量 $\dot{\Phi}_0$ 的相位；$\dot{I}$ 既代表 A 相电流相量，又表示电枢磁动势 F_a 的空间相位。需要注意的是，在统一矢量图中，空间矢量是指整个电枢（三相）或主磁极的作用，而时间相量仅对一相（A 相）而言。

2. 电枢电流 $\dot{I}$ 与励磁电动势 $\dot{E}_0$ 不同相位

现在进一步分析电枢电流 $\dot{I}$ 与励磁电动势 $\dot{E}_0$ 不同相位时的情况。$\psi_0\neq0°$时同步电机的电枢反应如图 6-11 所示。在图 6-11a 所示瞬间，A 相绕组的励磁电动势 $\dot{E}_0$ 达到正的最大值。若电枢电流滞后于励磁电动势某一相位角 ψ_0（$0°<\psi_0<90°$），则 A 相电流在经过时间 $t=\psi_0/\omega_s$ 后才达到其正的最大值。换言之，在 $t=\psi_0/\omega_s$ 时，电枢磁动势的幅值才与 A 相绕组轴线重合。所以在图 6-11a 所示瞬间，电枢磁动势 F_a 应在距离 A 相轴线 ψ_0 电角度处，即 F_a

滞后于励磁磁动势 F_{fl} 以 $90°+\psi_0$ 电角度。由于电枢磁动势与励磁磁动势同方向、同速旋转，所以它们之间的相对位置将一直保持不变。不难看出，此时电枢磁动势 F_a 可以分成两个分量，一个为交轴电枢磁动势 F_{aq}，另一个为直轴电枢磁动势 F_{ad}，即

$$F_a = F_{aq} + F_{ad} \tag{6-6}$$

式中，$F_{ad} = F_a \sin\psi_0$；$F_{aq} = F_a \cos\psi_0$。

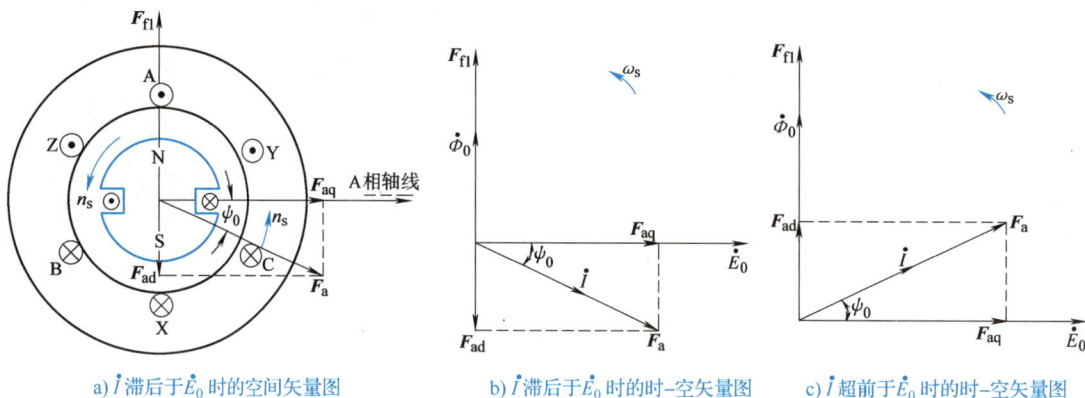

a) $\dot{I}$ 滞后于 $\dot{E}_0$ 时的空间矢量图   b) $\dot{I}$ 滞后于 $\dot{E}_0$ 时的时-空矢量图   c) $\dot{I}$ 超前于 $\dot{E}_0$ 时的时-空矢量图

图6-11　$\psi_0 \neq 0°$ 时同步发电机的电枢反应

交轴电枢反应的影响已在前面说明。直轴电枢磁动势所产生的直轴电枢反应，对主磁极而言，其作用可为去磁，亦可为助磁，视 ψ_0 角的正、负而定。由图6-11b 和 c 不难看出，对于同步发电机，若电枢电流 $\dot{I}$ 滞后于励磁电动势 $\dot{E}_0$，则直轴电枢反应磁动势 F_{ad} 与励磁磁动势 F_{fl} 反向，直轴电枢反应是去磁的；若 $\dot{I}$ 超前于 $\dot{E}_0$，则直轴电枢反应磁动势 F_{ad} 与励磁磁动势 F_{fl} 同向，直轴电枢反应将是助磁的。直轴电枢反应对同步发电机的运行性能影响很大。若同步发电机单独给对称负载供电，则带负载以后，去磁或助磁的直轴电枢反应将使气隙内的合成磁通减少或增加，从而使发电机的端电压产生变化。

$\psi_0 > 0°$ 时的时-空矢量图

6.3　隐极同步发电机的电压方程、相量图和等效电路

本节将根据基本电路定律导出同步发电机的电压方程，并画出相应的相量图和等效电路。由于隐极电机和凸极电机的磁路结构有明显区别，因此分析方法有所不同，必须分别研究。先分析隐极发电机，为了分析的方便，按照不考虑饱和与考虑饱和两种情况来分析。

6.3.1　不考虑磁路饱和

不计磁路饱和时，可应用叠加原理，把励磁磁动势 F_{fl} 和电枢磁动势 F_a 的作用分别单独考虑，再把它们的效果叠加起来。设 F_{fl} 和 F_a 各自产生主磁通 $\dot{\Phi}_0$ 和电枢磁通 $\dot{\Phi}_a$，

E_0 的产生　　E_a 的产生

并在定子绕组内感应出相应的励磁电动势 $\dot{E}_0$ 和电枢反应电动势 $\dot{E}_a$，把 $\dot{E}_0$ 和 $\dot{E}_a$ 相量相加，可得电枢一相绕组的合成电动势 $\dot{E}$。上述关系可表示为

$$\left.\begin{array}{l} \text{转子励磁电流} \quad I_\text{f} \to F_\text{fl} \to \dot{\Phi}_0 \to \dot{E}_0 \\ \text{定子三相电流} \quad \dot{I} \to F_\text{a} \to \dot{\Phi}_\text{a} \to \dot{E}_\text{a} \end{array}\right\} \to \dot{E}_0 + \dot{E}_\text{a} = \dot{E}$$

$$\longrightarrow \dot{\Phi}_\sigma \to \dot{E}_\sigma (\dot{E}_\sigma = -\,\text{j}\,\dot{I}\,X_\sigma)$$

同步发电机各物理量的参考方向如图 6-12 所示。根据基尔霍夫电压定律，可得电枢一相绕组的电压方程

$$\dot{E}_0 + \dot{E}_\text{a} + \dot{E}_\sigma = \dot{U} + \dot{I}\,R_\text{a} \tag{6-7}$$

式中，R_a 为电枢绕组相电阻；$\dot{U}$ 为一相绕组的端电压。

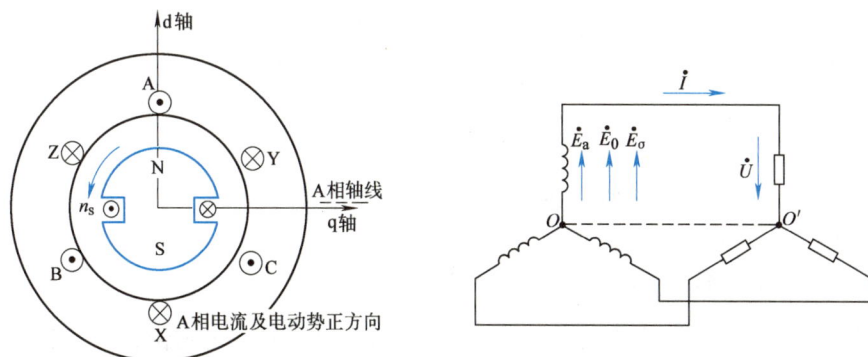

图 6-12　同步发电机各物理量的参考方向

因为电枢反应电动势 E_a 正比于电枢反应磁通 Φ_a，不计磁路饱和时，Φ_a 又正比于电枢磁动势 F_a 和电枢电流 I，即 $E_\text{a} \propto \Phi_\text{a} \propto F_\text{a} \propto I$，因此 E_a 正比于 I。在时间相位上，$\dot{E}_\text{a}$ 滞后于 $\dot{\Phi}_\text{a}$ 以 90° 电角度，若不计电枢反应磁场产生的定子铁耗，则 $\dot{\Phi}_\text{a}$ 与 $\dot{I}$ 同相位，所以 $\dot{E}_\text{a}$ 将滞后于 $\dot{I}$ 以 90° 电角度，$\dot{E}_\text{a}$ 可写成负电抗压降的形式

$$\dot{E}_\text{a} \approx -\,\text{j}\,\dot{I}\,X_\text{a} \tag{6-8}$$

式中，X_a 是与电枢反应磁通相对应的电抗，称为**电枢反应电抗**，$X_\text{a} = E_\text{a}/I$，即等于单位电枢电流所产生的电枢反应电动势。

此外，因为漏磁路总是线性的，即 $E_\sigma \propto \Phi_\sigma \propto I$，同理有

$$\dot{E}_\sigma = -\,\text{j}\,\dot{I}\,X_\sigma \tag{6-9}$$

式中，X_σ 为电枢漏电抗。

将式（6-8）和式（6-9）代入式（6-7），经过整理，可得

$$\dot{E}_0 = \dot{U} + \dot{I}\,R_\text{a} + \text{j}\,\dot{I}\,X_\sigma + \text{j}\,\dot{I}\,X_\text{a} = \dot{U} + \dot{I}\,R_\text{a} + \text{j}\,\dot{I}\,X_\text{s} \tag{6-10}$$

式中，X_s 称为**隐极同步发电机的同步电抗**，$X_\text{s} = X_\text{a} + X_\sigma$。同步电抗是表征对称稳态运行时电枢反应磁场和电枢漏磁场影响的一个综合参数，不计饱和时，它是一个常值。

图 6-13 所示为隐极同步发电机的相量图和等效电路。其中，图 6-13a 为与式（6-7）相对应的相量图，图中 $\dot{\Phi}_0 + \dot{\Phi}_\text{a} = \dot{\Phi}$ 为气隙磁通，该磁通在电枢绕组中感应的电动势 $\dot{E}$ 称为气隙

电动势，$\dot{E} = \dot{U} + \dot{I}R_a + j\dot{I}X_\sigma$。图 6-13b 和 c 为与式（6-10）对应的相量图和等效电路。由图 6-13c 可以看出，隐极同步发电机的等效电路是一个由励磁电动势 $\dot{E}_0$ 和同步阻抗 $Z_s = R_a + jX_s$ 相串联所组成的电路，其中 $\dot{E}_0$ 表示主极磁场的作用，X_s 表示电枢基波旋转磁场和电枢漏磁场的作用。此等效电路简单明确，在工程中广泛应用。

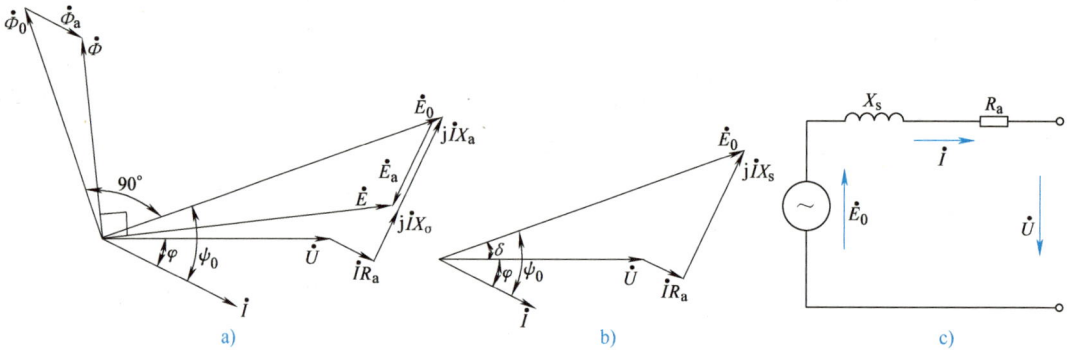

图 6-13　隐极同步发电机的相量图和等效电路

6.3.2　考虑磁路饱和

在大多数情况下，同步发电机都运行在接近磁路饱和区域。考虑饱和时，由于磁路的非线性，叠加原理不再适用。此时，应先求出作用在主磁路上的合成磁动势 F_1，然后利用电机的磁化曲线（空载特性）求出负载时的气隙磁通 $\dot{\Phi}$ 及相应的气隙电动势 $\dot{E}$，即

$$\left.\begin{array}{c} F_{f1} \\ \\ F_a \end{array}\right\} \longrightarrow F_1 \rightarrow \dot{\Phi} \rightarrow \dot{E}$$

再从气隙电动势中减去电枢绕组的电阻压降和漏抗压降，便得到电枢的端电压 $\dot{U}$，即

$$\dot{E} - \dot{I}(R_a + jX_\sigma) = \dot{U} \tag{6-11}$$

或

$$\dot{E} = \dot{U} + \dot{I}(R_a + jX_\sigma) \tag{6-12}$$

磁动势方程为

$$F_1 = F_{f1} + F_a \tag{6-13}$$

这里还有一点需要注意，通常的磁化曲线习惯上都用励磁磁动势的幅值 F_f 或励磁电流 I_f 作为横坐标。对隐极同步发电机，励磁磁动势为一梯形波，其分布如图 6-14 所示。电枢磁动势 F_a 是基波的幅值，由 $F_1 = F_{f1} + F_a$ 所得合成磁动势也是基波幅值。在求气隙电动势时，为了利用电机的磁化曲线，需要把 F_a 换算为等效梯形波磁动势。

在图 6-14 中，F_f 为励磁磁动势的幅值（梯形波），F_{f1} 为励磁磁动势的基波幅值。就产生基波磁场而言，

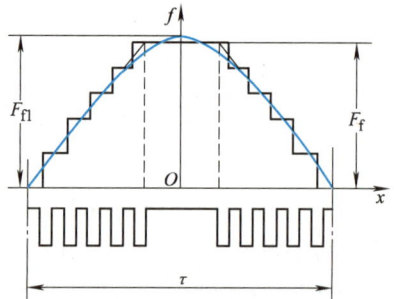

图 6-14　隐极同步发电机励磁磁动势的分布

两者是等效的，由此引进一个**换算系数**

$$k_{a} = \frac{F_{f}}{F_{f1}} \tag{6-14}$$

k_{a} 的意义为产生同样大小的基波气隙磁场时，一安匝的基波磁动势相当于多少安匝的梯形波磁动势。对于通常的汽轮发电机，$k_{a} = 0.93 \sim 1.03$。

在式（6-13）两侧同乘以换算系数 k_{a} 得

$$k_{a}F_{1} = k_{a}F_{f1} + k_{a}F_{a} \tag{6-15}$$

改写为

$$F = F_{f} + k_{a}F_{a} \tag{6-16}$$

式中，$F = k_{a}F_{1}$ 和 $k_{a}F_{a}$ 分别为换算到励磁磁动势波形的等效合成磁动势和电枢磁动势。

综合式（6-13）、式（6-14）和式（6-16）并结合空载特性，可画出磁路饱和时隐极同步发电机的矢量、相量图如图 6-15a 所示。可以看出，由 F_{f1}、F_{a} 和 F_{1} 这 3 个磁动势组成的三角形和由 3 个磁动势 F_{f}、$k_{a}F_{a}$ 和 F 组成的三角形是相似的，它们彼此一一对应，只是在数值上后者是前者的 k_{a} 倍。在图 6-15a 中既有电动势相量，又有磁动势矢量，故称为**电动势-磁动势矢量图**。

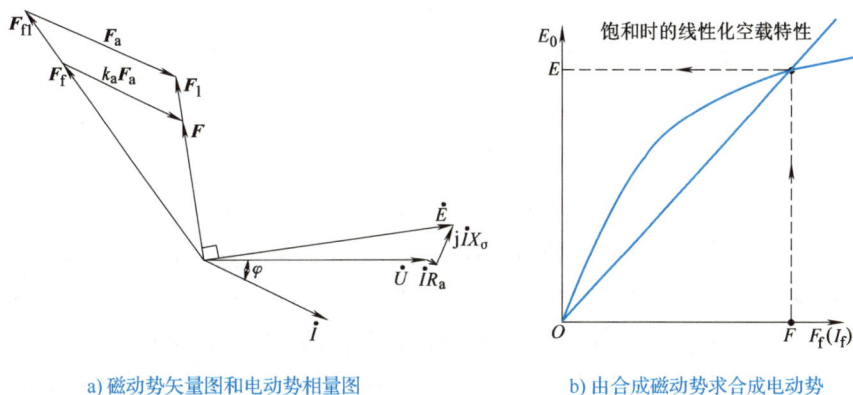

a) 磁动势矢量图和电动势相量图　　　　　　b) 由合成磁动势求合成电动势

图 6-15　考虑饱和时隐极同步发电机的分析方法

考虑饱和效应的另一种方法是，根据运行点的饱和程度，在运行点将空载特性线性化（如图 6-15b 所示），找出相应同步电抗的饱和值 $X_{s(饱和)}$，把问题化作线性问题处理。

6.4　凸极同步发电机的电压方程和相量图

与隐极同步发电机不同，凸极同步发电机的气隙沿电枢圆周是不均匀的，因此在定量分析电枢反应的作用时，需要应用双反应理论。

6.4.1　双反应理论

凸极同步发电机在极弧下气隙小，极间部分气隙大，同一电枢磁动势作用在不同位置时所产生的电枢反应不同。凸极同步发电机的气隙磁场波形如图 6-16 所示。其中，图 6-16a 为励磁磁动势及主极磁场的分布，图 6-16b 和 c 表示相同幅值的正弦波磁动势分别作用于直轴和交轴位置时的电枢磁场分布情况。

在图 6-16b 中，电枢磁动势正好作用在直轴位置，在直轴处电枢磁场最强，向两边逐渐减弱，而在极间区域由于电枢磁动势较小，气隙又较大，所以磁场就很弱。在图 6-16c 中，电枢磁动势正好作用在交轴位置，由于极间区域气隙较大，故交轴电枢磁场较弱，整个磁场呈马鞍形分布。同一电枢磁动势作用在直轴或交轴位置时，虽然产生的电枢反应磁场幅值不等（$B_{ad1}>B_{aq1}$），但磁场的分布还是对称的，进行分析和计算还不是太困难。然而一般情况下（$0°<\psi_0<90°$），F_a 既不作用在直轴上也不作用在交轴上，而是在一个任意位置上时，非但幅值和波形不确定，就连分布的对称性也不再存在，实际情况完全因电枢磁动势 F_a 和内功率因数角 ψ_0 的不同而改变，根本不可能解析求解。

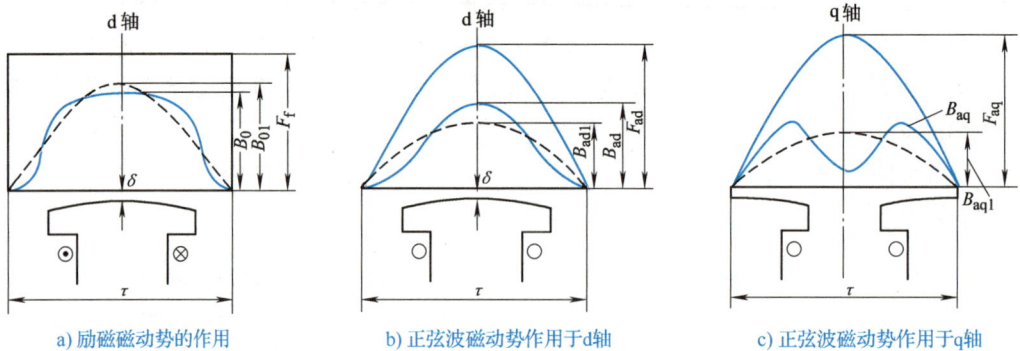

a) 励磁磁动势的作用 b) 正弦波磁动势作用于d轴 c) 正弦波磁动势作用于q轴

图 6-16　凸极同步发电机的气隙磁场波形

为了解决这一困难，布隆代尔提出了双反应理论，即**当电枢磁动势作用于交、直轴间的任意位置时，可将之分解成直轴分量和交轴分量，先分别求出直、交轴电枢反应，最后再把它们的效果叠加起来。**

实践证明，不计磁路饱和时，采用这种方法来分析凸极同步发电机，其效果是令人满意的。在凸极电机中，直轴电枢磁动势 F_{ad} 换算到励磁磁动势时应乘以直轴换算系数 k_{ad}，交轴电枢磁动势 F_{aq} 换算到励磁磁动势时应乘以交轴换算系数 k_{aq}。k_{ad} 和 k_{aq} 的意义是，产生同样大小的基波气隙磁场时，一安匝的直轴或交轴电枢磁动势所相当的励磁磁动势值。

6.4.2　凸极同步发电机的电压方程和相量图

不计磁路饱和时，利用双反应理论，把电枢磁动势 F_a 分解成直轴和交轴磁动势 F_{ad}、F_{aq}，分别求出其所产生的直轴、交轴电枢磁通 $\dot{\Phi}_{ad}$、$\dot{\Phi}_{aq}$ 和电枢绕组中相应的电动势 $\dot{E}_{ad}$、$\dot{E}_{aq}$，再与主磁通 $\dot{\Phi}_0$ 所产生的励磁电动势 $\dot{E}_0$ 相量相加，便得到一相绕组的合成电动势 $\dot{E}$（也称气隙电动势）。上述关系可表示如下：

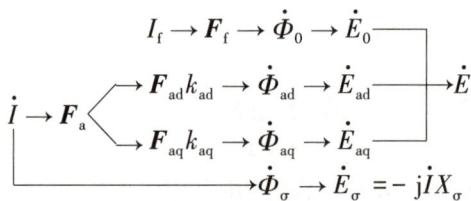

$$I_f \rightarrow F_f \rightarrow \dot{\Phi}_0 \rightarrow \dot{E}_0$$
$$\dot{I} \rightarrow F_a \begin{cases} F_{ad}k_{ad} \rightarrow \dot{\Phi}_{ad} \rightarrow \dot{E}_{ad} \\ F_{aq}k_{aq} \rightarrow \dot{\Phi}_{aq} \rightarrow \dot{E}_{aq} \end{cases} \rightarrow \dot{E}$$
$$\rightarrow \dot{\Phi}_\sigma \rightarrow \dot{E}_\sigma = -j\dot{I}X_\sigma$$

再从气隙电动势 $\dot{E}$ 中减去电枢绕组的电阻和漏抗压降，得到电枢端电压 $\dot{U}$。电压方程为

$$(\dot{E}_0 + \dot{E}_{ad} + \dot{E}_{aq}) - \dot{I}(R_a + jX_\sigma) = \dot{U} \tag{6-17}$$

与隐极电机相类似，由于 E_{ad} 和 E_{aq} 分别正比于 Φ_{ad} 和 Φ_{aq}，不计磁路饱和时，Φ_{ad} 和 Φ_{aq} 又分别正比于 F_{ad}、F_{aq}，而 F_{ad}、F_{aq} 又正比于电枢电流的直轴和交轴分量 I_d、I_q，因此有 $E_{ad} \propto I_d$，$E_{aq} \propto I_q$。这里

$$\dot{I} = \dot{I}_d + \dot{I}_q \tag{6-18}$$

式中，$I_d = I\sin\psi_0$；$I_q = I\cos\psi_0$。

不计定子铁耗时，$\dot{E}_{ad}$ 和 $\dot{E}_{aq}$ 分别滞后于 $\dot{I}_d$、$\dot{I}_q$ 90°电角度，所以 $\dot{E}_{ad}$ 和 $\dot{E}_{aq}$ 可用负的电抗压降来表示

$$\left.\begin{array}{l} \dot{E}_{ad} = -j\dot{I}_d X_{ad} \\ \dot{E}_{aq} = -j\dot{I}_q X_{aq} \end{array}\right\} \tag{6-19}$$

式中，X_{ad} 称为**直轴电枢反应电抗**，$X_{ad} = E_{ad}/I_d$ 等于单位直轴电流产生的直轴电枢反应电动势；X_{aq} 称为**交轴电枢反应电抗**，$X_{aq} = E_{aq}/I_q$ 等于单位交轴电流产生的交轴电枢反应电动势。

将式（6-19）代入式（6-17），并考虑到 $\dot{I} = \dot{I}_d + \dot{I}_q$，可得

$$\dot{E}_0 = \dot{U} + \dot{I}R_a + j\dot{I}X_\sigma + j\dot{I}_d X_{ad} + j\dot{I}_q X_{aq} = \dot{U} + \dot{I}R_a + j\dot{I}_d(X_{ad} + X_\sigma) + j\dot{I}_q(X_{aq} + X_\sigma)$$

$$= \dot{U} + \dot{I}R_a + j\dot{I}_d X_d + j\dot{I}_q X_q \tag{6-20}$$

式中，X_d 和 X_q 分别称为**直轴同步电抗**和**交轴同步电抗**

$$\left.\begin{array}{l} X_d = X_{ad} + X_\sigma \\ X_q = X_{aq} + X_\sigma \end{array}\right\} \tag{6-21}$$

它们是表征对称稳态运行时电枢漏磁场和直轴（或交轴）电枢反应磁场的综合参数。

图 6-17 所示为与式（6-20）相对应的凸极同步发电机的相量图。要画出图 6-17 的相量图，除需给定发电机的端电压 U、电流 I、负载的功率因数角 φ 以及电机的参数 R_a、X_d 和 X_q 之外，还必须把电枢电流分解成直轴和交轴两个分量，为此必须先确定 ψ_0 角。

将式（6-20）的两边都减去 $j\dot{I}_d(X_d - X_q)$，并设 $\dot{E}_0 - j\dot{I}_d(X_d - X_q) = \dot{E}_Q$，可得

$$\dot{E}_Q = \dot{E}_0 - j\dot{I}_d(X_d - X_q)$$
$$= \dot{U} + \dot{I}R_a + j\dot{I}_d X_d + j\dot{I}_q X_q - j\dot{I}_d(X_d - X_q)$$
$$= \dot{U} + \dot{I}R_a + j\dot{I}X_q \tag{6-22}$$

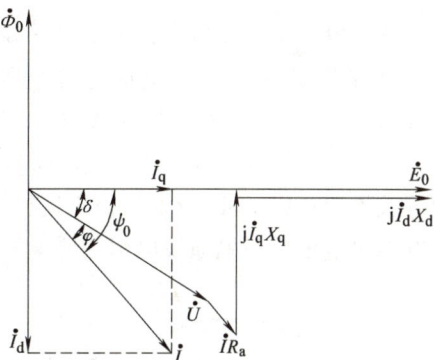

图 6-17 凸极同步发电机的相量图

式中，$\dot{E}_Q$ 为一虚拟电动势。

因为相量 $\dot{I}_d$ 与 $\dot{E}_0$ 相垂直，故 $j\dot{I}_d(X_d - X_q)$ 必与 $\dot{E}_0$ 同相位，因此 $\dot{E}_Q$ 与 $\dot{E}_0$ 也是同相位，如图 6-18 所示。利用式（6-22），即可确定 ψ_0 角。

在图 6-18 中，将端电压 $\dot{U}$ 在沿着 $\dot{I}$ 和垂直于 $\dot{I}$ 的方向分成 $U\cos\varphi$ 和 $U\sin\varphi$ 两个分量，不难看出

$$\psi_0 = \arctan\frac{U\sin\varphi + IX_q}{U\cos\varphi + IR_a} \tag{6-23}$$

引入虚拟电动势 $\dot{E}_Q$ 后，由式（6-22）可得凸极同步发电机的等效电路，如图 6-19 所示。应当注意，虚拟电动势 $\dot{E}_Q$ 不仅与励磁电流有关，而且与电枢电流有关。此电路计算凸极同步发电机在电网中的运行性能和功率角时常用到。

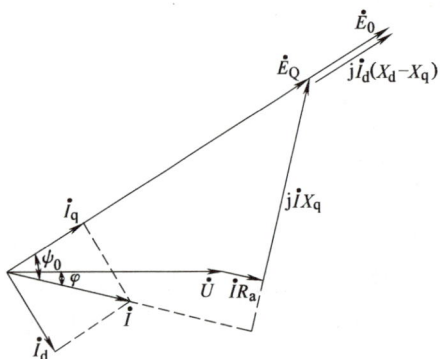

图 6-18 ψ_0 角的确定

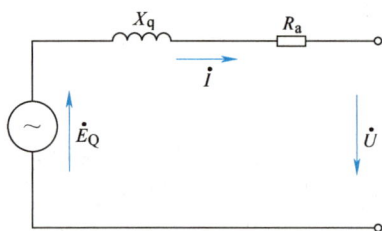

图 6-19   凸极同步发电机的等效电路

对于实际的同步发电机，由于交轴对应的气隙较大，交轴磁路可以近似认为不饱和，直轴磁路则将受到饱和的影响。近似认为直轴和交轴磁场相互没有影响，则可应用双反应理论分别求出直轴和交轴上的合成磁动势，再用空载特性来计及直轴磁路饱和的影响。另一种办法是，采用适当的饱和参数来计及饱和的影响。

6.4.3   直轴和交轴同步电抗的意义

在凸极同步发电机中，由于直轴和交轴下的气隙不等，所以有直轴同步电抗 X_d 和交轴同步电抗 X_q 之分。由于电抗与绕组匝数的二次方和所经磁路的磁导成正比，所以 $X_d \propto N_1^2 \Lambda_d \propto N_1^2(\Lambda_\sigma + \Lambda_{ad})$，$X_q \propto N_1^2 \Lambda_q \propto N_1^2(\Lambda_\sigma + \Lambda_{aq})$。其中，$N_1$ 为电枢绕组的每相串联匝数；Λ_{ad}、Λ_{aq} 分别为直轴和交轴电枢反应磁通所经磁路的等效磁导；Λ_σ 为电枢漏磁通所经磁路的等效磁导；Λ_d、Λ_q 分别为稳态运行时直轴和交轴磁路的等效磁导。图 6-20 所示为凸极同步发电机电枢反应磁通及电枢漏磁通所经磁路及其等效磁导。

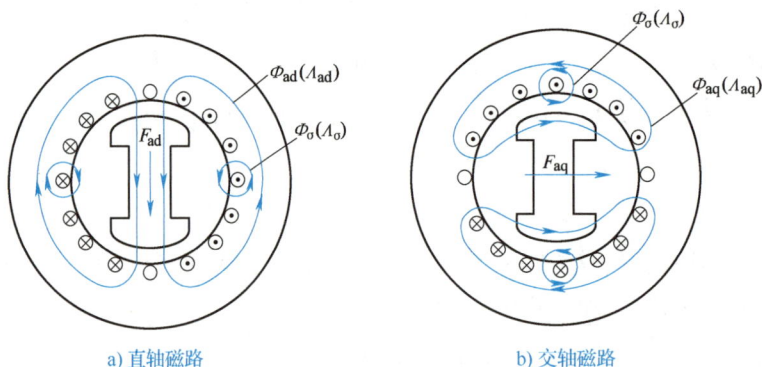

a) 直轴磁路

b) 交轴磁路

图 6-20   凸极同步发电机电枢反应磁通及电枢漏磁通所经磁路及其等效磁导

电枢反应磁场
的直轴磁路

电枢反应磁场
的交轴磁路

对于凸极电机，由于直轴下的气隙较交轴下小，故 $\varLambda_{ad} > \varLambda_{aq}$，$X_{ad} > X_{aq}$，$X_d > X_q$。对于隐极电机，由于气隙是均匀的，直轴和交轴上基本没有差别，故 $X_d \approx X_q = X_s$。

[例 6-1] 一台凸极同步发电机，其直轴和交轴同步电抗的标幺值分别为 $X_d^* = 1.0$、$X_q^* = 0.6$，电枢电阻 R_a 略去不计，试计算该发电机在额定电压、额定电流、$\cos\varphi = 0.8$（滞后）时励磁电动势的标幺值 E_0^*（不计饱和）。

解：以端电压 $\dot{U}$ 作为参考相量，全部采用标幺值计算，则有

$$\dot{U}^* = 1.0 \angle 0°$$

而

$$\cos\varphi = 0.8(滞后) \Rightarrow \varphi = 36.87°$$

即

$$\dot{I}^* = 1.0 \angle -36.87°$$

虚拟电动势 $\dot{E}_Q^*$ 为

$$\dot{E}_Q^* = \dot{U}^* + j\dot{I}^* X_q^* = 1.0 + j1.0 \angle -36.87° \times 0.6 = 1.442 \angle 19.44°$$

即功率角 δ 为 19.44°，于是

$$\psi_0 = \delta + \varphi = 19.44° + 36.87° = 56.31°$$

电枢电流的直轴和交轴分量分别为

$$I_d^* = I^* \sin\psi_0 = 1 \times \sin56.31° = 0.8321$$

$$I_q^* = I^* \cos\psi_0 = 1 \times \cos56.31° = 0.5547$$

由图 6-18 可得

$$E_0^* = E_Q^* + I_d^*(X_d^* - X_q^*) = 1.442 + 0.8321 \times (1.0 - 0.6) = 1.775$$

即

$$\dot{E}_0^* = 1.775 \angle 19.44°$$

励磁电动势 $\dot{E}_0^*$ 也可直接由电压方程求得

$$\begin{aligned}
\dot{E}_0^* &= \dot{U}^* + j\dot{I}_d^* X_d^* + j\dot{I}_q^* X_q^* \\
&= 1.0 \angle 0° + j0.8321 \angle -(90° - \delta) \times 1.0 + j0.5547 \angle \delta \times 0.6 \\
&= 1.0 \angle 0° + j0.8321 \angle -(90° - 19.44°) \times 1.0 + j0.5547 \angle 19.44° \times 0.6 \\
&= 1.775 \angle 19.44°
\end{aligned}$$

6.5 同步发电机的功率方程、转矩方程和功角特性

6.5.1 功率方程

同步发电机负载运行时，转轴上输入的机械功率 P_1 扣除机械损耗 p_{mec} 和定子铁耗 p_{Fe}（转子励磁由另外的直流电源供给时）后，便得到电磁功率 P_e，电磁功率即为由气隙磁场传递的功率，即

$$P_1 = p_{mec} + p_{Fe} + P_e \tag{6-24}$$

再从电磁功率 P_e 中减去电枢铜耗 p_{Cua}, 可得电枢端点输出的电功率 P_2, 即

$$P_e = p_{Cua} + P_2 \tag{6-25}$$

$$p_{Cua} = mI^2 R_a, \quad P_2 = mUI\cos\varphi \tag{6-26}$$

式中, m 为定子绕组相数; U 和 I 分别为相电压和相电流。

式 (6-24) 和式 (6-25) 就是同步发电机的**功率方程**。

6.5.2 转矩方程

把功率方程式 (6-24) 两边除以同步角速度 Ω_s, 可得同步发电机的**转矩方程**

$$T_1 = T_0 + T_e \tag{6-27}$$

式中, T_1 为原动机的驱动转矩, $T_1 = \dfrac{P_1}{\Omega_s}$; T_0 为发电机的空载转矩, $T_0 = \dfrac{p_{mec} + p_{Fe}}{\Omega_s}$; T_e 为电磁转矩, $T_e = \dfrac{P_e}{\Omega_s}$。

6.5.3 电磁功率

由式 (6-25) 和式 (6-26) 可知, 电磁功率 P_e 为

$$P_e = mUI\cos\varphi + mI^2 R_a = mI(U\cos\varphi + IR_a) \tag{6-28}$$

由图 6-21 可见, $U\cos\varphi + IR_a = E\cos\psi = E_Q\cos\psi_0$, 故同步发电机的电磁功率可写成如下形式:

$$P_e = mEI\cos\psi \tag{6-29}$$

或

$$P_e = mE_Q I\cos\psi_0 \tag{6-30}$$

式 (6-29) 与感应电机的电磁功率表达式相同, 式 (6-30) 则是针对同步电机导出的。对隐极同步电机, 由于 $X_d = X_q$, $E_Q = E_0$, 故有

$$P_e = mE_0 I\cos\psi_0 \tag{6-31}$$

式 (6-30) 还可进一步写成

$$P_e = mE_Q I_q \tag{6-32}$$

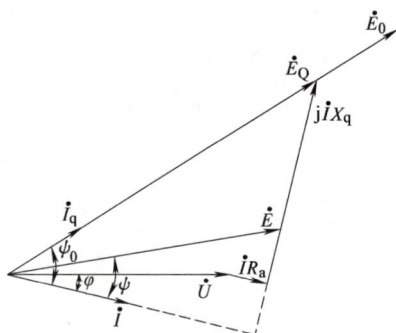

图 6-21　由相量图导出
$E\cos\psi = U\cos\varphi + IR_a$

式 (6-29) 和式 (6-32) 表明, 要进行能量转换, 电枢电流中必须要有有功分量。对于 $\dot{E}_Q$ 来说, 电枢电流的交轴分量 $\dot{I}_q$ 就是有功分量。在发电机中, 交轴电枢反应使气隙合成磁场滞后于主极磁场, 主磁极上受到一个制动性质的电磁转矩。在旋转过程中, 原动机的驱动转矩克服电磁转矩而做功, 并通过电枢绕组内产生的感应电动势向负载输出有功电流, 将机械能转换为电能。

6.5.4 功角特性

当同步发电机的励磁电动势 E_0 和端电压 U 保持不变时, 发电机产生的电磁功率与功率角之间的关系 $P_e = f(\delta)$ 称为功角特性。

对于中、大型同步发电机来说, 电枢电阻远小于同步电抗, 因此常可忽略不计。不计电

枢电阻时，电磁功率将与输出功率相等，即

$$P_e \approx mUI\cos\varphi \qquad (6\text{-}33)$$

相应的相量图如图 6-22 所示。由图可见，$\varphi = \psi_0 - \delta$，将其代入式（6-33），可得

$$P_e \approx mUI\cos(\psi_0 - \delta) = mUI(\cos\psi_0\cos\delta + \sin\psi_0\sin\delta)$$
$$= mU(I_q\cos\delta + I_d\sin\delta) \qquad (6\text{-}34)$$

由图 6-22 可知

$$\left.\begin{array}{l} I_qX_q = U\sin\delta \\ I_dX_d = E_0 - U\cos\delta \end{array}\right\} \qquad (6\text{-}35)$$

或

$$I_q = \frac{U\sin\delta}{X_q}, \quad I_d = \frac{E_0 - U\cos\delta}{X_d} \qquad (6\text{-}36)$$

将式（6-36）代入式（6-34），并加以整理，得

$$P_e = m\frac{E_0U}{X_d}\sin\delta + m\frac{U^2}{2}\left(\frac{1}{X_q} - \frac{1}{X_d}\right)\sin2\delta \qquad (6\text{-}37)$$

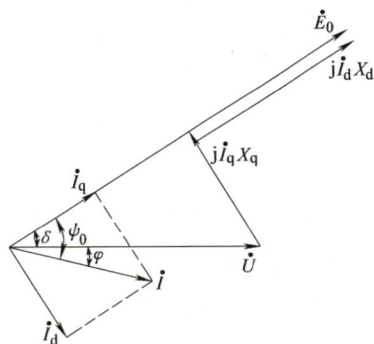
图 6-22　不计电枢电阻时凸极同步发电机的相量图

式（6-37）就是同步发电机功角特性的表达式。其中，第一项 $P_{e1} = m\dfrac{E_0U}{X_d}\sin\delta$ 称为**基本电磁功率**；第二项 $P_{e2} = m\dfrac{U^2}{2}\left(\dfrac{1}{X_q} - \dfrac{1}{X_d}\right)\sin2\delta$ 称为**附加电磁功率**。附加电磁功率与励磁电流（或 E_0）的大小无关，且仅当 $X_d \neq X_q$ 时才存在，它是由于交、直轴磁阻不相等所引起的，故也称为**磁阻功率**。在正常情况下，附加电磁功率仅占电磁功率的百分之几。

图 6-23 所示为凸极同步电机的功角特性。由图可见，$0° \leq \delta \leq 180°$ 时，电磁功率为正值，对应于发电机状态。$-180° \leq \delta \leq 0°$ 时，电磁功率为负值，对应于电动机状态。

对于基本电磁功率，当 $\delta = 90°$ 时，达到其最大值 $P_{e1max} = m\dfrac{E_0U}{X_d}$；对于附加电磁功率，$\delta = 45°$ 时达到其最大值 $P_{e2max} = m\dfrac{U^2}{2}\left(\dfrac{1}{X_q} - \dfrac{1}{X_d}\right)$；总的电磁功率在 δ 为 45°～90°之间达到最大值 P_{emax}，其具体位置和数值视 P_{e1max} 和 P_{e2max} 的相对大小而定。

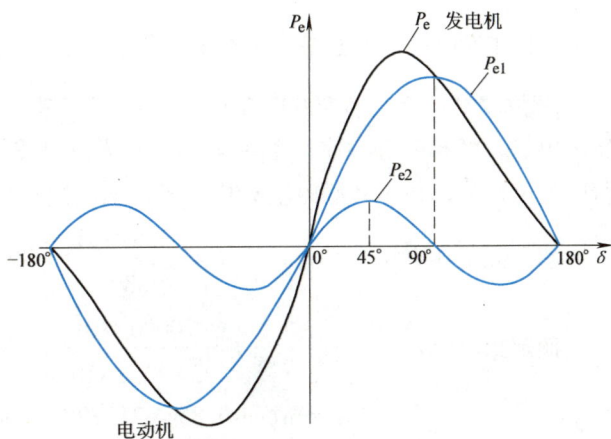
图 6-23　凸极同步电机的功角特性

对于隐极电机，由于 $X_d = X_q$，附加电磁功率为零，故 P_e 就等于基本电磁功率

$$P_e = m\frac{E_0U}{X_s}\sin\delta \qquad (6\text{-}38)$$

对于凸极电机，由式（6-32），电磁功率 P_e 也可写成

$$P_e = mE_QI_q = m\frac{E_QU}{X_q}\sin\delta \qquad (6\text{-}39)$$

式（6-39）形式上比较简单，但要注意，式中的 E_Q 为虚拟电动势，E_Q 本身也是功率角 δ 的函数。

功率角是同步发电机的基本变量之一，近似地赋予功率角以空间意义，对掌握负载变化时主极磁场和合成磁场之间的相对位移，以及理解负载时同步发电机内部所发生的物理过程，是很有帮助的。

前面已经提到，功率角 δ 是时间相量 $\dot{E}_0$ 与 $\dot{U}$ 之间的相角差。因为励磁电动势 $\dot{E}_0$ 由主极磁场 B_0 感应产生，电枢端电压 $\dot{U}$ 可认为由电枢合成磁场 B_u（包括主极磁场、电枢主极磁场和电枢漏磁场）⊖感应产生，在时-空统一矢量图中，B_0 和 B_u 分别超前于 $\dot{E}_0$ 和 $\dot{U}$ 以 90°电角度，于是可以近似认为，功率角 δ 是主极磁场 B_0 与电枢合成磁场 B_u 之间的空间相位差。功率角的空间意义如图 6-24 所示。

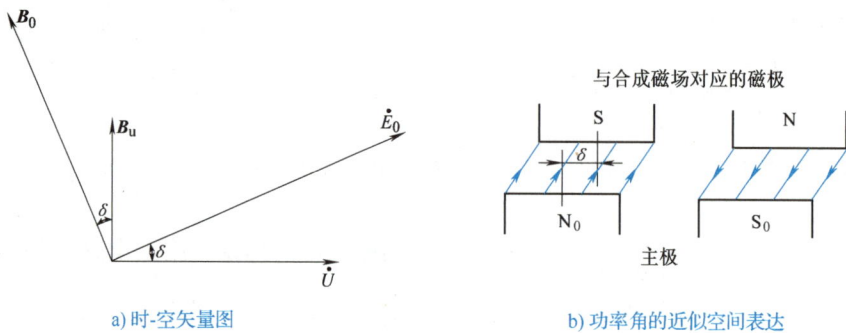

a) 时-空矢量图　　　　　　　　　　　b) 功率角的近似空间表达

图 6-24　功率角的空间意义

对于同步发电机，B_0 总是领先于 B_u，若采用发电机惯例，这时 δ 角为正，电磁功率也为正。

[例 6-2]　有一台 70000kV·A、13.8kV、星形联结、$\cos\varphi = 0.85$（滞后）的三相水轮发电机，已知电机参数为 $X_d = 2.72\Omega$，$X_q = 1.9\Omega$，电枢电阻忽略不计。试求额定运行时发电机的功率角和励磁电动势（不计磁路饱和）。

解：额定相电压

$$U = \frac{13.8 \times 10^3}{\sqrt{3}}V = 7968V$$

额定相电流

$$I = \frac{70000 \times 10^3}{\sqrt{3} \times 13.8 \times 10^3}A = 2929A$$

$$\varphi = \arccos 0.85 = 31.79° \qquad \sin\varphi = 0.5268$$

于是

$$\psi_0 = \arctan\frac{U\sin\varphi + IX_q}{U\cos\varphi} = \arctan\frac{7968 \times 0.5268 + 2929 \times 1.9}{7968 \times 0.85} = 55.25°$$

功率角

$$\delta = \psi_0 - \varphi = 55.25° - 31.79° = 23.46°$$

励磁电动势

$$E_0 = U\cos\delta + I_dX_d = (7968 \times \cos 23.46° + 2929 \times \sin 55.25° \times 2.72)V = 13855V$$

⊖　指电枢有效长度内的合成磁场，不包括电枢端部漏磁场。

[例 6-3] 对于例 6-2 的水轮发电机,保持额定励磁电流不变,试用 MATLAB 语言编写程序,画出发电机的功角特性,并确定最大电磁功率。

解:(1) MATLAB 源程序

```
% Example 6-3
  % Power-angle characteristic of salient-pole generator & maximal Power
clc;
clear;
U=13800/sqrt(3);
E0=13855;
m=3;
Xd=2.7;Xq=1.9;
for i=1:8001
    delta=pi*(i-1)/8000;
    Pe1(i)=m*U*E0*sin(delta)/Xd;
    Pe2(i)=m*U*U*(1/Xq-1/Xd)*sin(2*delta)/2;
    Pe(i)=Pe1(i)+Pe2(i);
    deltai(i)=delta*180/pi;
end
Pemax=max(Pe)/1000;
disp(['Pemax=',num2str(Pemax),'kW']);
    plot(deltai,Pe,'-',deltai,Pe1,'--',deltai,Pe2,'--');
    xlabel('δ/°');ylabel('Pe/W');
    title('Power-angle characteristic of salient-pole generator');
```

(2) 运行结果

$P_{emax} = 126022.8 \text{kW}$

(3) 发电机的功角特性

发电机的功角特性如图 6-25 所示。

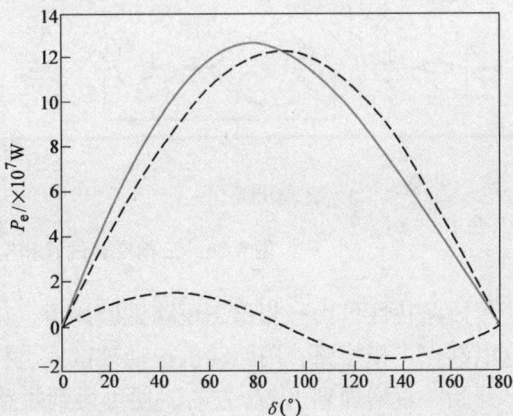

图 6-25 例 6-3 中发电机的功角特性

计算程序

同步发电机参数的测定

要计算同步发电机的稳态性能，除了需要知道发电机的工况之外，还应给出同步发电机的参数。下面说明同步电抗、电枢漏抗和电枢反应等效磁动势的试验确定方法。

6.6.1 用空载特性和短路特性确定 X_d

空载特性可以用空载试验测出，试验电路如图 6-26a 所示。电枢绕组开路（$I = 0$），用原动机把被试同步发电机拖动到同步转速，励磁电流 I_f 从零开始逐步增加，直到空载电压 $U_0 \approx 1.25U_N$ 为止，然后再逐步减小励磁电流 I_f 直至为零，记录相应的励磁电流和空载电压。注意增、减励磁电流时应单方向调节，以免局部磁滞效应引起误差。由于铁磁材料的磁滞效应，曲线的上升分支和下降分支并不重合，一般约定采用下降分支作为空载特性曲线。为了消除剩磁的影响，将下降分支的直线部分延长使之与横轴相交，取交点与坐标原点的距离 ΔI_{f0} 为校正量，将实测曲线整体右移，即得到工程中实用的空载特性曲线 $E_0 = f(I_f)$，如图 6-26b 所示。在绘制空载特性曲线时，应注意把 E_0 换算成每相值。

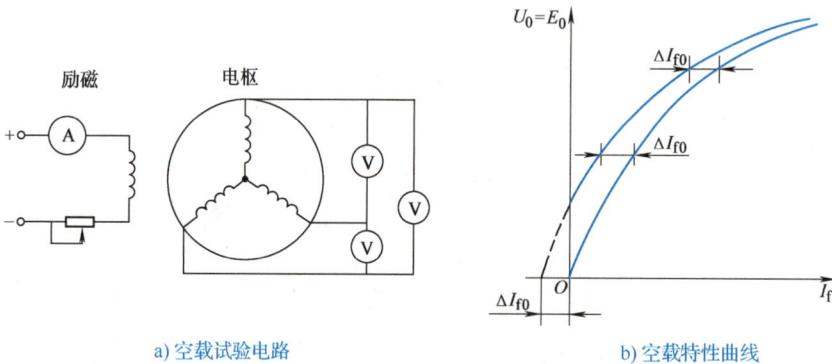

a) 空载试验电路　　　　b) 空载特性曲线

空载特性曲线

图 6-26　三相空载试验和空载特性

短路特性可由三相稳态短路试验测得，试验电路如图 6-27a 所示。将被试同步发电机的电枢端点三相短路，用原动机拖动被试发电机到同步转速，调节励磁电流，使电枢电流 I 从零开始一直增加到 $1.2I_N$ 左右，便可得到短路特性曲线 $I = f(I_f)$，如图 6-27b 所示。

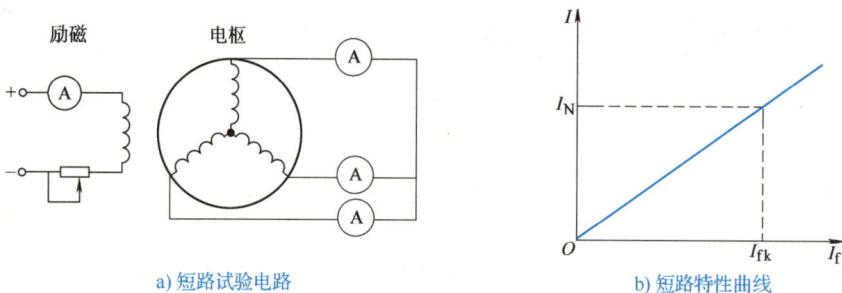

a) 短路试验电路　　　　b) 短路特性曲线

图 6-27　三相短路试验和短路特性

由图 6-27b 可见，短路特性是一条直线。这是因为短路时，端电压 $U = 0$，短路电流仅受发电机本身阻抗的限制。通常电枢电阻远小于同步电抗，因此短路电流可认为是纯感性的，即 $\psi_0 = 90°$，于是 $\dot{I}_q = 0$，$\dot{I} = \dot{I}_d$，而

$$\dot{E}_0 = \dot{U} + \dot{I}R_a + j\dot{I}_dX_d + j\dot{I}_qX_q \approx j\dot{I}X_d \quad (6\text{-}40)$$

短路时，同步发电机的时-空统一矢量图如图 6-28 所示。由于 $\psi_0 \approx 90°$，电枢磁动势接近于纯去磁的直轴磁动势，故合成磁动势 F 很小，气隙电动势 $\dot{E}$ 也很小，仅需用以克服电枢的漏抗压降

$$\dot{E} = \dot{U} + \dot{I}R_a + j\dot{I}X_\sigma \approx j\dot{I}X_\sigma \quad (6\text{-}41)$$

一般同步发电机的电枢漏抗标幺值约为 0.15，故短路电流为额定电流时，气隙电动势的标幺值仅为 0.15，所以短路时发电机的磁路处于不饱和状态。在磁路不饱和的情况下，$E_0 \propto I_f$，而短路电流 $I = E_0/X_d$，故 $I \propto I_f$，即短路特性是一条直线。

由式（6-40）可知，直轴同步电抗为某一励磁电流 I_f 下的励磁电动势 E_0 与相应短路电流 I 之比，即

$$X_d = \frac{E_0}{I} \quad (6\text{-}42)$$

因为短路试验时磁路不饱和，所以励磁电动势 E_0 应从气隙线上查出，如图 6-29 所示，求出的 X_d 值为不饱和值。

X_d 的饱和值与主磁路的饱和情况有关。主磁路的饱和程度取决于发电机实际运行时作用在主磁路上的合成磁动势，因而取决于相应的气隙电动势。如果不计漏阻抗压降，则可近似地认为取决于电枢的端电压。正常运行时，同步发电机的端电压变化不大，通常用对应于额定电压时的 X_d 值作为其饱和值。为此，从空载特性曲线上查出对应于额定相电压时的励磁电流 I_{f0}，再从短路特性上查出与该励磁电流相对应的短路电流 I'，如图 6-30 所示，即可求出 $X_{d(饱和值)}$ 的近似值

$$X_{d(饱和值)} \approx \frac{U_{N\phi}}{I'} \quad (6\text{-}43)$$

对于隐极同步发电机，X_d 就是同步电抗 X_s。

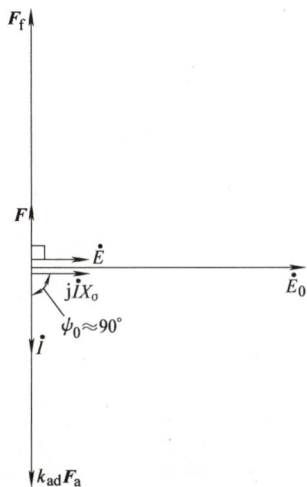

图 6-28 三相短路时同步发电机的时-空统一矢量图

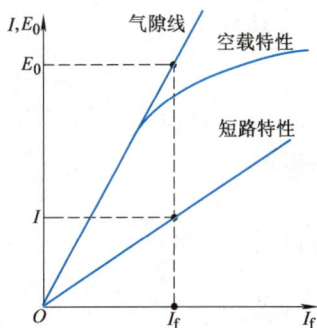

图 6-29 用空载和短路特性来确定 X_d

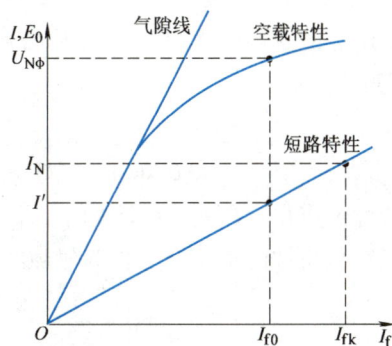

图 6-30 $X_{d(饱和值)}$ 和短路比的确定

6.6.2　短路比

短路比 K_c 是同步发电机的一个重要数据。短路比是指产生空载额定电压所需励磁电流 I_{f0} 与产生短路额定电流所需励磁电流 I_{fk} 之比，即

$$K_c = \frac{I_{f0(U=U_{N\phi})}}{I_{fk(I=I_N)}} \tag{6-44}$$

由图 6-30 可见，$I_{f0}/I_{fk}=I'/I_N$，I' 为与 I_{f0} 对应的短路电流，式（6-44）可改写为

$$K_c = \frac{I'}{I_N} = \frac{I'}{I_N}\frac{U_{N\phi}}{U_{N\phi}} = \frac{Z_b}{X_{d(饱和值)}} = \frac{1}{X_{d(饱和值)}^*} \tag{6-45}$$

式中，Z_b 为阻抗基值，$Z_b = \dfrac{U_{N\phi}}{I_N}$；$X_{d(饱和值)}$ 为对应于额定电压时的直轴同步电抗饱和值。

短路比是直轴同步电抗（饱和值）标幺值的倒数，因此短路比也可认为是一个计及饱和的参数。短路比大，即 $X_{d(饱和值)}^*$ 小，单机运行时，若负载变化，发电机的电压变化较小；并联运行时发电机的稳定度也较高。但此时发电机的气隙较大或磁路饱和度高，转子的额定励磁安匝和用铜量增多，发电机的造价较高。反之，短路比小，则电压调整率较大，稳定度较差，但发电机的造价较低。所以正确地选择短路比是同步发电机设计中的一个重要问题。

[例 6-4]　一台三相汽轮发电机，额定功率 $P_N=25000\text{kW}$，额定电压 $U_N=10.5\text{kV}$，星形联结，额定功率因数 $\cos\varphi_N=0.8$（滞后），其空载、短路试验数据见表 6-1、表 6-2（E_0 为线电动势）。试求发电机的同步电抗和短路比。

表 6-1　空载试验数据

E_0/kV	0.0	6.2	10.5	12.3	13.46	14.1
I_f/A	0.0	77.5	155	232	310	388

表 6-2　短路试验数据

I/A	0.0	860	1718
I_f/A	0.0	140	280

解：由空载特性上查得：线电压 $U_L=10.5\text{kV}$ 时，$I_{f0}=155\text{A}$。
额定电流为

$$I_N = \frac{P_N}{\sqrt{3}\,U_N\cos\varphi_N} = \frac{25000\times10^3}{\sqrt{3}\times10.5\times10^3\times0.8}\text{A} = 1718\text{A}$$

由短路特性上查得：$I=I_N=1718\text{A}$ 时，$I_{fk}=280\text{A}$。

连接空载特性的前两个点作为气隙线，由气隙线算得当 $I_f=280\text{A}$ 时

$$U_L = \frac{6.2-0.0}{77.5-0.0}\times280\text{kV} = 22.4\text{kV}$$

相电动势 $E_0=22400/\sqrt{3}\,\text{V}=12930\text{V}$，所以同步电抗为

$$X_s = \frac{E_0}{I} = \frac{12930}{1718}\Omega = 7.528\Omega$$

用标幺值表示时

$$E_0^* = \frac{E_0}{U_{N\phi}} = \frac{22.4/\sqrt{3}}{10.5/\sqrt{3}} = 2.133, \qquad I^* = \frac{I}{I_N} = \frac{1718}{1718} = 1.0$$

故

$$X_d^* = \frac{E_0^*}{I^*} = \frac{2.133}{1} = 2.133$$

由 $I_{f0} = 155A$，$I_{fk} = 280A$，可求得短路比

$$K_c = \frac{I_{f0}}{I_{fk}} = \frac{155}{280} = 0.5536$$

同步电抗的饱和值（标幺值）则为

$$X_{d(饱和值)}^* = \frac{1}{K_c} = \frac{1}{0.5536} = 1.806$$

6.6.3　用零功率因数负载试验确定定子漏抗和直轴电枢等效磁动势

零功率因数负载试验的接线如图 6-31 所示。试验时用原动机把同步发电机驱动到同步转速，电枢接到一个可调的三相对称纯感性负载，使负载的功率因数 $\cos\varphi \approx 0$。改变发电机的励磁电流，同时调节负载电抗的大小，使电枢电流保持为常数（如 $I = I_N$），然后记取不同励磁下发电机的端电压，可得零功率因数负载特性，即 $I =$ 常数，$\cos\varphi \approx 0$ 时的 $U = f(I_f)$，如图 6-32a 所示。

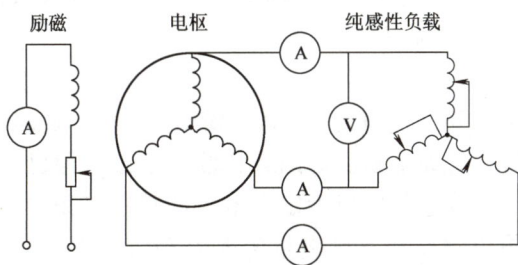

图 6-31　零功率因数负载试验的接线

若已知发电机的空载特性、电枢漏抗和直轴电枢等效磁动势，则零功率因数负载特性可由作图法求出。

图 6-32b 所示为零功率因数负载时发电机的相量图。由于负载接近于纯感性，发电机本身的阻抗也接近于纯感性，所以发电机的内功率因数角 $\psi_0 \approx 90°$。换言之，零功率因数负载时电枢磁动势是纯直轴去磁磁动势。于是，励磁磁动势 F_f、电枢等效磁动势 $k_{ad}F_a$ 和合成磁动势 F 之间的矢量关系将简化为代数加减关系，在图 6-32b 中，它们都在一条水平线上。相应地，气隙电动势 $\dot{E}$、电枢漏抗压降 jIX_σ 和端电压 $\dot{U}$ 之间的相量关系也简化为代数加减关系（忽略电枢电阻），它们都在铅垂线上，即

$$\left.\begin{array}{l} F_f \approx F + k_{ad}F_a \\ E \approx U + IX_\sigma \end{array}\right\} \tag{6-46}$$

在图 6-32a 中，若 $\overline{BC}$ 表示空载时产生额定电压所需的励磁磁动势，则在零功率因数负

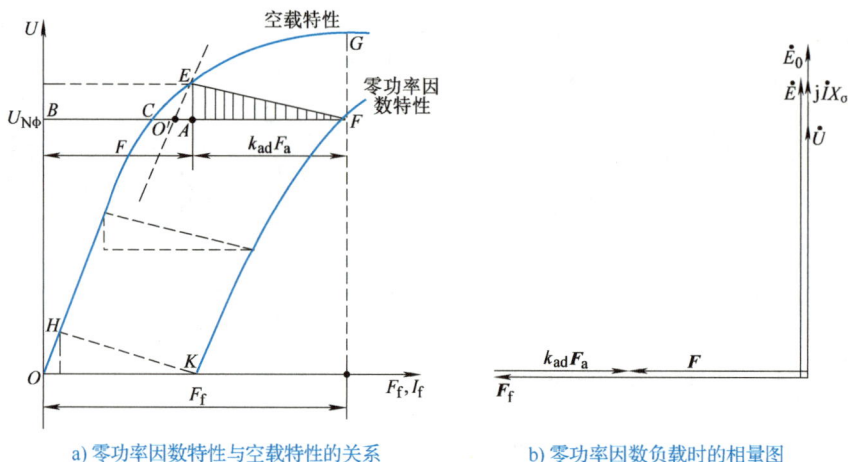

a) 零功率因数特性与空载特性的关系　　　b) 零功率因数负载时的相量图

图 6-32　零功率因数负载特性的分析

载时，为保持端电压为额定值，所需励磁磁动势 $\overline{BF}$ 应大于 $\overline{BC}$。所需增加的励磁磁动势有两部分：其中一部分 $\overline{CA}$ 用以克服电枢漏抗压降 IX_σ 的作用；另一部分 $\overline{AF}$ 用以抵消电枢等效磁动势 $k_{ad}F_a$ 的去磁作用。零功率因数负载特性和空载特性之间将相差一个由电枢漏抗压降 IX_σ（铅垂边）和电枢等效磁动势 $k_{ad}F_a$（水平边）所组成的直角三角形，此三角形称为**特性三角形**。由于零功率因数特性是在电枢电流保持不变的条件下做出的，因此在不同的端电压下，IX_σ 和 $k_{ad}F_a$ 均保持不变，特性三角形的大小也不变。若使特性三角形的底边保持为水平，将三角形的上顶点 E 沿空载特性移动，则右顶点 F 的轨迹即为零功率因数特性。把三角形平移，直到其水平边与横坐标重合，此时右顶点 K 的端电压为零，故 K 点即为短路点。

实际上，如果零功率因数特性和空载特性已由实验测出，可反过来用以确定发电机的特性三角形，进而确定电枢漏抗和直轴电枢等效磁动势。为了便于观察，在图 6-32a 中过 E 点做气隙线的平行线交 $\overline{AC}$ 于 O' 点，则 $\triangle O'EF$ 与 $\triangle OHK$ 全等。因此，只要知道线段 $\overline{OK}$ 的长度和 F 点即可得到特性三角形。为此，在零功率因数特性上取两点，一点在额定电压点，如图 6-33 中的 F 点，另一点为短路点 K。通过 F 点做平行于横坐标的水平线，并截取线段 $\overline{O'F}$，使 $\overline{O'F} = \overline{OK}$。再从 O' 点做气隙线的平行线，并与空载特性交于 E 点。然后从 E 点做铅垂线，并交 $\overline{O'F}$ 于 A 点，则 $\triangle AEF$ 即为发电机的特性三角形。由此可得电枢漏抗为

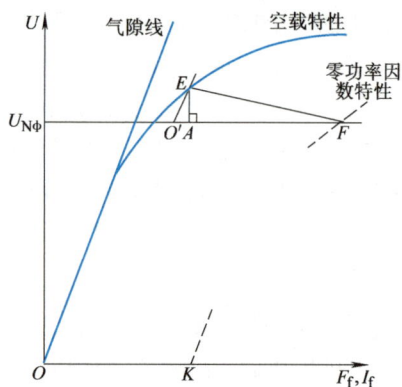

图 6-33　电枢漏抗和电枢等效磁动势的确定

$$X_\sigma = \frac{\overline{EA}}{I} \tag{6-47}$$

电枢电流为 I 时所产生的直轴电枢等效磁动势为

$$k_{ad}F_a = \overline{AF} \tag{6-48}$$

研究表明，零功率因数负载时，为了补偿电枢直轴去磁磁动势而增加励磁磁动势的同时，转子漏磁将随之增加，图 6-34 所示为合成磁动势相同时，空载和零功率因数负载时的磁场分布示意图。由此可见，零功率因数负载时转子磁路的饱和程度增加、磁阻变大，因而需要额外再增加一些励磁磁动势。这样，就使特性三角形右移，因此用实测的零功率因数特性和空载特性所确定的漏抗将比实际的电枢漏抗略大。为了加以区别，通常把由零功率因数特性所确定的漏抗称为**波梯电抗**，并用 X_p 表示，对于隐极电机 $X_p = (1.05 \sim 1.1)X_\sigma$，对于凸极电机 $X_p = (1.1 \sim 1.3)X_\sigma$。

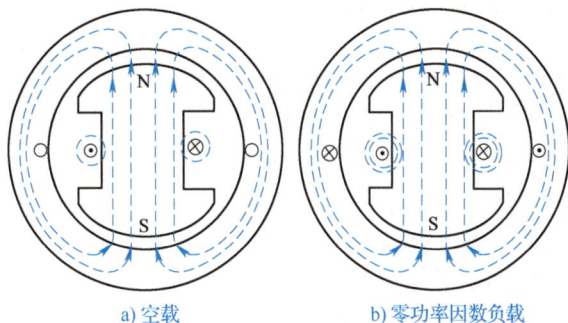

a) 空载   b) 零功率因数负载

图 6-34 空载和零功率因数负载时的磁场分布示意图

波梯电抗 X_p 尽管不是电枢漏抗 X_σ，但在利用电动势-磁动势矢量图计算同步发电机的负载运行时，由于一般负载都是感性的居多，主磁极铁心都有额外的饱和现象发生，与零功率因数负载试验时类似，因此在这种情况下用波梯电抗 X_p 代替电枢漏抗 X_σ，反而会得到更精确的结果。

6.6.4 用转差法测定 X_d 和 X_q

上述的方法只能测得 X_d 和 X_p，要测量交轴同步电抗 X_q 可以采用转差法。将被试同步发电机用原动机驱动到接近同步转速，把励磁绕组开路，再在定子绕组上施加额定频率的三相对称低电压，数值为 $(2\% \sim 5\%)U_N$，外施电压的相序必须使定子旋转磁场的转向与转子转向一致。调节原动机的转速，使被试发电机的转差率小于 1%，但不被牵入同步，这时定子旋转磁场与转子之间将保持一个低速相对运动，使定子旋转磁场的轴线交替地与转子直轴和交轴相重合。

当定子旋转磁场与直轴重合时，所表现的电抗为 X_d，此时电抗最大、定子电流最小，线路压降最小，端电压则为最大；当定子旋转磁场与交轴重合时，所表现的电抗为 X_q，此时电抗最小、定子电流最大，端电压则为最小。采用录波器录取转差试验时的端电压和定子电流波形，如图 6-35 所示，由此可得到电流 I_{min}、I_{max} 和端电压 U_{max}、U_{min}。进而计算出 X_d 和 X_q

$$\left. \begin{array}{l} X_d = \dfrac{U_{max}}{I_{min}} \\[2mm] X_q = \dfrac{U_{min}}{I_{max}} \end{array} \right\}$$ (6-49)

式中，电压和电流均为每相值。

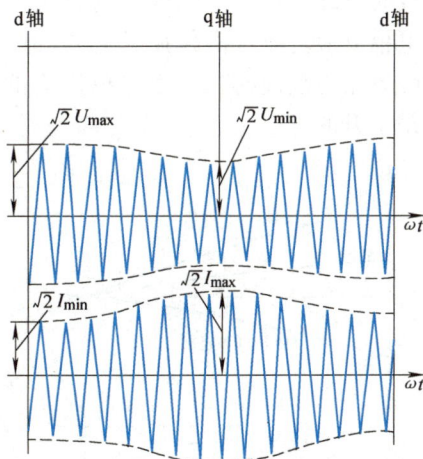

图 6-35 转差试验时的端电压和定子电流波形

由于试验是在低电压下进行的，故测出的 X_d 和 X_q 均是不饱和值。

表6-3列出了现代同步电机电抗参数的典型值，表中横线以下的数字为参数的范围，横线以上数字为多数电机参数的平均值。

表6-3　现代同步电机电抗参数的典型值

电机类型	参　数		
	X_d^*（不饱和值）	X_q^*	X_p^*
汽轮发电机	$\dfrac{1.70}{0.90\sim2.5}$	$\approx0.9X_d^*$	$\dfrac{0.18}{0.10\sim0.26}$
凸极同步发电机	$\dfrac{1.15}{0.65\sim1.60}$	$\dfrac{0.75}{0.40\sim1.0}$	$\dfrac{0.32}{0.17\sim0.40}$
凸极同步电动机	$\dfrac{1.80}{1.50\sim2.20}$	$\dfrac{1.15}{0.95\sim1.40}$	

6.7　同步发电机的运行特性

6.7.1　同步发电机的运行特性

同步发电机的稳态运行特性包括外特性、调整特性和效率特性。从这些特性中可以确定发电机的电压调整率、额定励磁电流和额定效率，这些都是标志同步发电机性能的基本数据。

1. 外特性

外特性是发电机在 $n=n_s$、$I_f=$常数、$\cos\varphi=$常数的条件下，发电机的端电压与负载电流之间的关系曲线 $U=f(I)$。外特性既可以用直接负载法测取，也可用作图法求出。

图6-36所示为带有不同功率因数负载时同步发电机的外特性。在感性负载和纯电阻负载时，外特性是下降的，这是由于电枢反应的去磁作用和漏阻抗压降引起的。因为这时电枢反应均有去磁作用，此外漏阻抗压降也引起一定的电压降落。在容性负载且内功率因数角为超前时，由于电枢反应的助磁作用和容性电流的漏抗电压上升，外特性也可能是上升的。

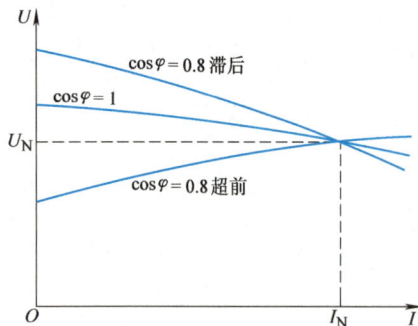

图6-36　带有不同功率因数负载时同步发电机的外特性

阻感性负载时的外特性　　纯阻性负载时的外特性　　阻容性负载时的外特性

从外特性可以求出发电机的电压调整率，如图 6-37 所示。调节发电机的励磁电流，使
电枢电流、功率因数和端电压均为额定值，此励磁电
流 I_{fN} 就称为发电机的额定励磁电流。然后保持励磁电
流为 I_{fN}，转速为同步转速，卸去负载，读取空载电动
势 E_0，则得同步发电机的电压调整率 Δu 为

$$\Delta u = \frac{E_0 - U_{N\phi}}{U_{N\phi}} \times 100\% \qquad (6\text{-}50)$$

电压调整率是同步发电机的性能指标之一。对于
凸极同步发电机，Δu 最好控制在 $18\% \sim 30\%$ 内；对于
隐极同步发电机，Δu 最好控制在 $30\% \sim 48\%$ 这一范
围内。

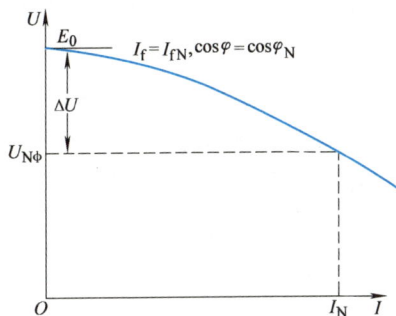

图 6-37　由外特性求发电机电压调整率

2. 调整特性

调整特性是发电机在 $n = n_s$、$U = U_N$、$\cos\varphi = $ 常数时，发电机的励磁电流与电枢电流的关
系曲线 $I_f = f(I)$。

图 6-38 表示不同负载功率因数时同步发电机的调整特性。在感性负载和纯电阻负载
时，为补偿电枢电流所产生的去磁性电枢反应和漏阻抗压降，随着电枢电流的增加，必
须相应地增加励磁电流，故此时的调整特性是上升的。在容性负载时，调整特性也可能
是下降的。

从调整特性可以确定同步发电机的额定励磁电流 I_{fN}，它是对应于额定电压、额定电流
和额定功率因数时的励磁电流，如图 6-38 所示。

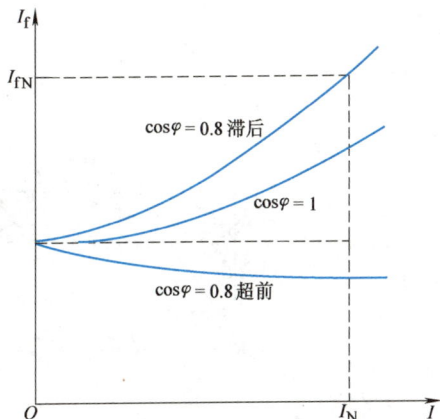

图 6-38　同步发电机的调整特性

阻感性负载
时的调整特性

纯阻性负载
时的调整特性

阻容性负载
时的调整特性

3. 效率特性

效率特性是发电机在 $n = n_s$、$U = U_N$、$\cos\varphi = $ 常数时，发电机的效率与输出功率间的关
系曲线 $\eta = f(P_2)$。

和其他电机一样，同步电机的效率可以用直接负载法或损耗分析法求出。同步电机的损
耗可分为基本损耗和杂散损耗两部分。基本损耗包括电枢基本铁耗 p_{Fe}、电枢基本铜耗

p_{Cua}、 励磁损耗 p_{Cuf} 和机械损耗 p_{mec}。 电枢基本铁耗是指主磁通在电枢铁心齿部和轭部交变所引起的损耗。电枢基本铜耗是换算到基准工作温度时电枢绕组的直流电阻损耗。励磁损耗包括励磁绕组的基本铜耗、变阻器内的损耗、电刷的电损耗以及励磁设备的全部损耗。机械损耗包括轴承、电刷的摩擦损耗和通风损耗。杂散损耗包括电枢漏磁通在电枢绕组和其他金属结构部件中所引起的涡流损耗,高次谐波磁场掠过转子表面所引起的表面损耗等。杂散损耗的情况比较复杂,不易准确计算,但可用试验法测定。总损耗 Σp 求出后,效率即可确定

$$\eta = \left(1 - \frac{\Sigma p}{P_2 + \Sigma p} \right) \times 100\% \qquad (6\text{-}51)$$

额定效率也是同步发电机的主要性能指标之一。现代空气冷却的大型水轮发电机,额定效率大致在 96% ~ 98.5% 这一范围内;对于汽轮发电机,空气冷却时额定效率大致在 94% ~ 97.8% 的范围内,氢气冷却时额定效率约可增高 0.8%,水冷却时还可提高约 0.5%。

6.7.2　用电动势-磁动势矢量图求取额定励磁电流和电压调整率

同步发电机的额定励磁电流和电压调整率可以用直接负载法测定,也可用考虑饱和时的电动势-磁动势矢量图求出。

设发电机的空载特性 $E_0 = f(I_f)$、 电枢电阻 R_a、 电枢漏抗 (波梯电抗) X_p、 额定电流时的电枢等效磁动势 $k_a F_a$ 以及发电机的额定数据均为已知,则额定励磁电流和电压调整率的确定步骤如下。

先求出额定运行情况下发电机的气隙电动势 $\dot{E}$

$$\dot{E} = \dot{U} + \dot{I} R_a + \mathrm{j} \dot{I} X_p \qquad (6\text{-}52)$$

相应的相量图如图 6-39 所示,图中相量 $\dot{U}$ 画在纵坐标上, $\dot{I}$ 滞后于 $\dot{U}$ 一个 φ_N 角,再依次画出 $\dot{I} R_a$ 和 $\mathrm{j}\dot{I} X_p$,得到合成电动势 $\dot{E}$。 然后在空载曲线上查取产生气隙电动势 E 所需的合成磁动势 F, 并在超前于 $\dot{E}$ 以 90° 处做矢量 $\boldsymbol{F}$。再根据 $\boldsymbol{F} = \boldsymbol{F}_f + k_a \boldsymbol{F}_a$,即可求出励磁磁动势 $\boldsymbol{F}_f$

$$\boldsymbol{F}_f = \boldsymbol{F} + (-k_a \boldsymbol{F}_a) \qquad (6\text{-}53)$$

式中, $k_a \boldsymbol{F}_a$ 与 $\dot{I}$ 同相,相应的矢量图也画在图 6-39 中。

把额定励磁磁动势除以励磁绕组的匝数 N_f,即可得到额定励磁电流 I_{fN}。

把 F_f 值转投到空载特性曲线上,即可求出该励磁下的空载电动势 E_0, 然后按式 (6-50) 即可求出发电机的电压调整率 Δu。

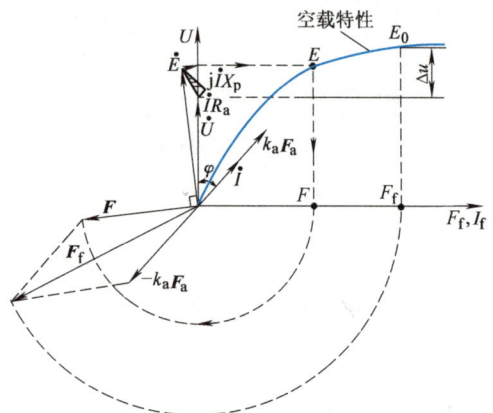

图 6-39　用电动势-磁动势矢量图确定同步发电机的 I_{fN} 和 Δu

图 6-39 所示的电动势-磁动势矢量图，通常也称为波梯图。

从理论上讲，这种方法仅适用于隐极同步发电机。但实践表明，对于凸极同步发电机，以 $k_{ad}F_a$ 代替 k_aF_a 所得结果误差很小，因此工程上亦用此法来确定凸极同步发电机的 I_{fN} 和 Δu。

[例 6-5]　有一台水轮发电机，其额定容量 $S_N = 16667\text{kV}\cdot\text{A}$，额定电压 $U_N = 13.8\text{kV}$，星形联结，额定功率因数 $\cos\varphi_N = 0.8$（滞后），额定转速 $n_N = 100\text{r/min}$，波梯电抗的标幺值 $X_p^* = 0.24$，电枢电阻忽略不计。发电机的短路特性为一直线，当短路电流等于额定电流时，励磁电流 $I_{fk} = 178\text{A}$，空载特性的数据见表 6-4。

表 6-4　例 6-5 的空载特性的数据

E_0^*	0.25	0.45	0.79	1.00	1.14	1.20	1.25	1.30
I_f/A	45	85	150	205	250	300	350	400

试用波梯图法确定该发电机的额定励磁电流和电压调整率。

解：先画出空载特性曲线，并根据 $I_{fk} = 178\text{A}$ 确定短路点 K，如图 6-40 所示。

在空载特性曲线上取 R 点，使 $\overline{RT} = I_N^* X_p^* = 0.24$，于是可查得与 $I_N^* X_p^*$ 对应的励磁磁动势（用励磁电流表示）$\overline{OT} = 43\text{A}$。因为短路时主极的励磁磁动势 $\overline{OK}$ 包括两部分，一部分用以克服漏抗压降，另一部分用以克服电枢的去磁磁动势，由此可得额定电流时电枢的等效磁动势 $k_{ad}F_a$（用励磁电流表示）$= \overline{OK} - \overline{OT} = (178-43)\text{A} = 135\text{A}$。

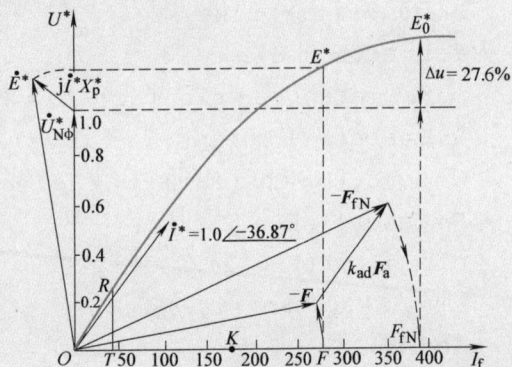

图 6-40　例 6-5 的电动势-磁动势矢量图

然后做电动势-磁动势图，如图 6-40 所示。在图 6-40 的纵坐标上取电压相量 $\dot{U}_{N\phi}^* = 1$，并画出漏抗压降 $\text{j}\dot{I}_N^* X_p^*$（$I_N^* X_p^* = 1\times0.24 = 0.24$），两者相量相加，可得额定状态下的气隙电动势 $E^* = 1.16$；再由空载特性曲线查得产生 $E^* = 1.16$ 时的合成磁动势 F，用励磁电流表示时为 267A。做合成磁动势矢量 F，其大小为 267A，方向超前于 $\dot{E}^*$ 90°；再做电枢等效磁动势矢量 $k_{ad}F_a$，其大小为 135A，方向与 $\dot{I}^*$ 同向；把 F 与 $-k_{ad}F_a$ 矢量相加，即得额定励磁磁动势 F_{fN}（用励磁电流表示）。在图 6-40 中，为紧凑起见，把整个磁动势矢量图也画在第一象限内，所以各个磁动势均增加一个负号。

由图 6-40 中量得，与 F_{fN} 对应的额定励磁电流 $I_{fN} = 376\text{A}$。从空载特性曲线上查出，与 I_{fN} 相对应的空载电动势 $E_0^* = 1.276$，于是发电机的电压调整率为 27.6%。

[例 6-6]　对于例 6-5 的水轮发电机，试用 MATLAB 语言编写程序，确定该发电机的额定励磁电流和电压调整率。

解：（1）MATLAB 源程序

```
% Example66
% Calculate voltage regulation & rated field current
clc;
clear;
EE0=[0 0.25 0.45 0.79 1.0 1.14 1.20 1.25 1.30];% pu value
IIf=[0 45 85 150 205 250 300 350 400];% A
SN=16667;% kVA
U=1.0;% pu value
Pf=0.8;
Xp=0.24;% pu value
Ifk=178;% A
IN=1.0;% pu value
Ra=0.0;% pu value
fai=acos(0.8);
pufai=atan((U*sin(fai)+IN*Xp)/(U*cos(fai)+IN*Ra));
% E=abs(U+IN*exp(-j*fai)*(Ra+j*Xp));
E=sqrt((U*cos(fai)+IN*Ra)^2+(U*sin(fai)+IN*Xp)^2);
F=interp1(EE0,IIf,E);
sita=atan(EE0(2)/IIf(2));
OT=IN*Xp/tan(sita);
KadFa=Ifk-OT;
% FfN=abs(F+KadFa*exp(j*(pi/2-pufai)));
FfN=sqrt(F^2+KadFa^2-2*F*KadFa*cos(pi/2+pufai));
E0=interp1(IIf,EE0,FfN);
deltaU=(E0-U)/U*100;
disp(['Voltage regulation(%)=',num2str(deltaU)]);
disp(['Rated field current=',num2str(FfN)]);
```

（2）运行结果

Voltage regulation(%)= 27.5956

Rated field current= 375.9559

计算程序

6.8 同步发电机与电网的并联运行

同步发电机单机运行时，随着负载的变化，发电机的频率和端电压将发生相应的变化，供电质量和可靠性较差。为了克服这一缺点，现代电力系统（或称电网）通常总是由许多发电厂并联组成，每个电厂内又有多台发电机在一起并联运行。这样既能经济、合理地利用动力资源和发电设备，也便于轮流检修，提高供电的可靠性。由于电网的容量很大，个别负载的变动对整个电网电压、频率的影响甚微，因而可以提高供电质量。

6.8.1 同步发电机投入并联的条件和方法

1. 投入并联的条件

若要把同步发电机并联投入一个已经对用户供电的电网，为了避免在投入时产生冲击电流，以及由此在发电机转轴上产生的冲击转矩，待投入并联的发电机应当满足下列条件：

1）发电机的相序应与电网一致。

2）发电机的频率应与电网相同。

3）发电机的励磁电动势 $\dot{E}_0$ 应与电网电压 $\dot{U}$ 大小相等、相位相同，即 $\dot{E}_0 = \dot{U}$。

上述 3 个条件中，第一个条件必须满足，其他两个条件允许略有差别。

图 6-41a 所示为发电机投入并联运行时的接线，满足并联条件时的电压相量图如图6-41b所示，图中 $\dot{U}_A$、$\dot{U}_B$、$\dot{U}_C$ 和 $\dot{U}'_A$、$\dot{U}'_B$、$\dot{U}'_C$ 分别表示电网和发电机的三相电压相量。由图可见，此时发电机与电网对应相电压的相位差等于 0，合上开关 Q 投入并联时，不会产生冲击电流。

若相序不同投入并联，则虽然频率和电压相同，但是三相电压对应的相位不可能同时相同，例如 A 相相位相同时，B、C 两相对应的相位差为 120°，电流和转矩冲击都很大，这是一种严重的故障情况，必须避免。

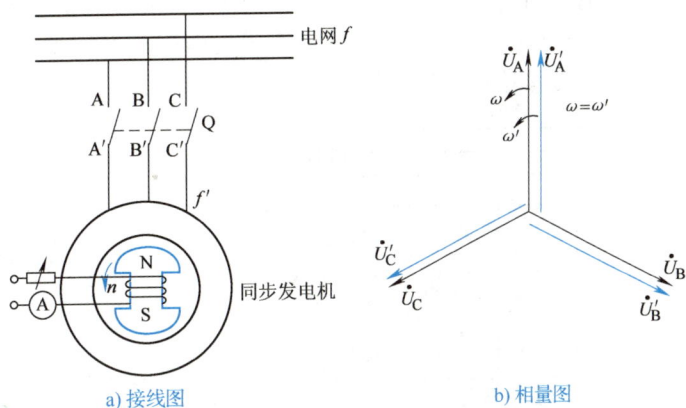

a) 接线图　　　b) 相量图

图 6-41　发电机投入并联时的情况

若发电机的频率 ω' 与电网频率 ω 不同，则 $\dot{U}'$ 与 $\dot{U}$ 之间有相对运动，两相量间的相位差将在 0°~360°之间逐步变化，电压差 $\Delta\dot{U} = \dot{U}' - \dot{U}$ 忽大忽小。频率相差越大，这个变化越剧烈，投入并联的操作也越困难；若投入电网，也不易牵入同步，且将在发电机与电网之间引起很大的电流和功率振荡。

若 $\dot{U}'$ 与 $\dot{U}$ 大小不等或相位不同时，把发电机投入并联，则相当于由突加电压差 $\Delta\dot{U}$ 引起的瞬态过程，将在发电机与电网中产生一定的冲击电流。在严重情况下，该电流可达额定电流的 5~8 倍。

综上所述，为了避免投入并联时引起电流、功率和转矩的冲击，最好同时满足上述 3 个条件。对于一台希望投入并联的发电机，怎样才能达到这些条件呢？

关于相序问题，一般大型同步发电机的转向和相序在出厂以前都已标定。对于没有标明转向和相序的发电机，可以利用相序指示器来确定。关于电动势的频率和大小，由公式 $f= pn/60$ 和 $E_0 = 4.44 f N_1 k_{w1} \Phi_0$ 可以看出，要使发电机的频率、电压与电网相同，只要分别调节原动机的转速和发电机的励磁电流就可以达到。电动势的相位则可通过调节发电机的瞬时速度来调整。

2. 投入并联的方法和步骤

把同步发电机投入并联的方法有两种，分别是准确同步法和自同步法。

（1）准确同步法

这是把发电机调整到完全合乎投入并联条件的方法。为了判断是否满足投入并联的条件，常常采用同步指示器。最简单的同步指示器由 3 个同步指示灯组成，它们可以有两种接法，即直接接法和交叉接法。

直接接法是把 3 个同步指示灯分别跨接在电网和发电机的对应相之间，即接在 A、A'，B、B'和 C、C'之间，如图 6-42a 所示。设发电机和电网的相序一致，此时发电机和电网电压的相量图如图 6-42b 所示。若频率 $f' \neq f$，则发电机和电网的电压相量之间便有相对运动，3 个同步指示灯上的电压将同时发生时大时小的变化，于是 3 个灯将同时呈现出时亮时暗的现象。调节发电机的转速，直到 3 个灯的亮度不再闪烁时，就表示 $f' = f$。再调节励磁电流使发电机电压与电网电压相等，此时 3 个灯泡亮度非常缓慢地亮、暗变化，3 个灯同时熄灭且 A'与 A 间电压表的指示也为零就表示发电机已经满足投入并联的条件，此时即可合闸投入并联。直接接法也称为灯光熄灭法。

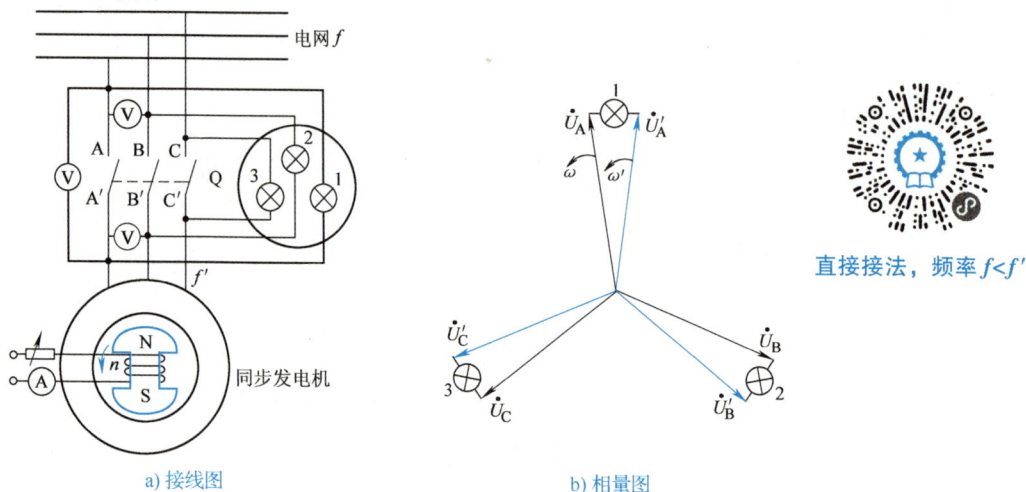

a) 接线图

b) 相量图

直接接法，频率 $f < f'$

图 6-42 直接接法的接线和相量图

上述操作保证了合闸时刻 $\Delta \dot{U} \approx 0$，所以没有明显的电流冲击。但是，合闸前灯光毕竟仍在极缓慢地亮、暗变化，说明发电机频率 f' 和电网频率 f 还不是严格相等。投入并联后，若 $f' > f$，则发电机的励磁电动势 $\dot{E}_0$ 将会领先于端电压 $\dot{U}$，即功率角 $\delta > 0$，同步电机工作在发电机状态，产生制动性质的电磁转矩，转子减速，直至达到同步转速。同理，若 $f' < f$，同步电机将会工作在电动机状态，产生驱动性质的电磁转矩，转子加速，最终实现同步运行。

交叉接法的接线如图 6-43a 所示，其中灯 1 仍接在 A、A′之间，灯 2 和灯 3 交叉地接在 B、C′和 C、B′之间。此时发电机和电网电压的相量图如图 6-43b 所示。若频率 $f' \neq f$，则 3 个同步指示灯的灯光交替亮暗，形成灯光旋转现象。若 $f' > f$，在图 6-44a 对应的时刻，灯 1 灭，灯 2 和灯 3 亮度相同；由于 $\omega' > \omega$，可认为电网的电压相量静止，而发电机的电压相量以 $\omega' - \omega$ 的角速度旋转，待到图 6-44b 对应的时刻，灯 2 灭，灯 3 和灯 1 亮度相同；再到图 6-44c 对应的时刻，灯 3 灭，灯 1 和灯 2 亮度相同。由此可见，灯光按灯 1、灯 2、灯 3 的次序逆时针旋转。同理，若 $f' < f$，则灯光按顺时针旋转。调节发电机的转速，到灯光旋转很慢时，就表示 $f' \approx f$。再调节发电机电压使其与电网电压相等，待到灯 1 熄灭，灯 2 和灯 3 亮度相同，且 A′与 A 间电压为零，即表示发电机已满足投入并联条件，可合闸并网。交叉接法也称为**灯光旋转法**，此法的优点是能看出发电机频率比电网高还是低，故用得较多。

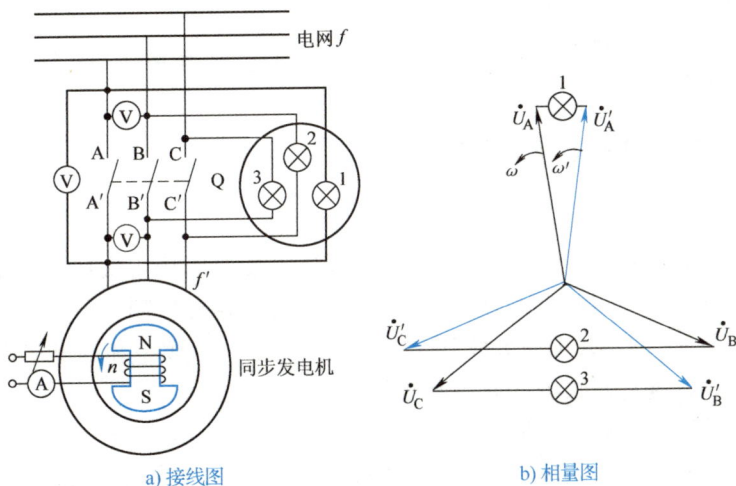

a) 接线图   b) 相量图

图 6-43　交叉接法的接线和相量图

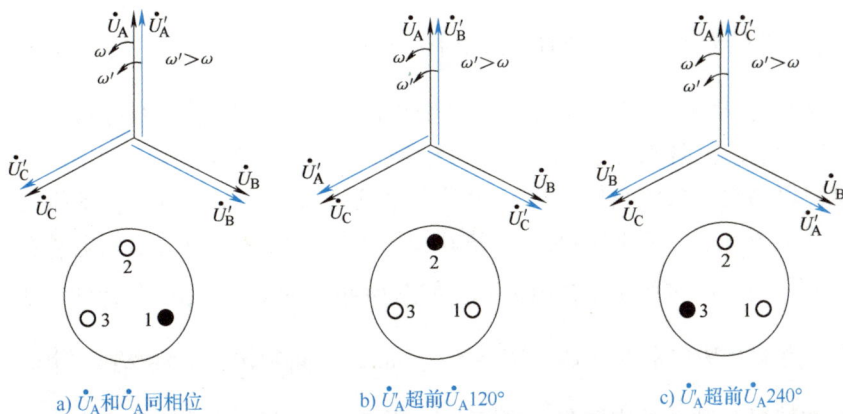

a) $\dot{U}_A$ 和 $\dot{U}_A'$ 同相位   b) $\dot{U}_A'$ 超前 $\dot{U}_A$ 120°   c) $\dot{U}_A'$ 超前 $\dot{U}_A$ 240°

图 6-44　交叉接法投入并联过程分析

交叉接法，频率 $f < f'$

交叉接法，频率 $f > f'$

采用直接接法时，若出现灯光旋转现象，说明相序不同；同理采用交叉接法时，若出现灯光明暗现象也是相序错误。

准确同步法的优点是投入并联瞬间，电网和发电机没有冲击，缺点是操作过程比较复杂，花费时间长。要把发电机迅速投入电网，可采用自同步法。

（2）自同步法

自同步法的原理接线如图6-45所示。投入并联的步骤如下：首先校验发电机的相序，再把励磁绕组经过约等于励磁绕组电阻10倍的限流电阻短路，按照规定的转向把发电机拖动到接近于同步转速（误差小于5%）时，把发电机投入电网，再立即加上直流励磁，此时依靠定、转子磁场间所产生的电磁转矩，就可以把转子自动牵入同步。

自同步法的优点是投入迅速、不需增添复杂的装置，适合于紧急情况下的并网操作。缺点是投入时定子电流冲击稍大。目前自同步法在大容量汽轮发电机上已很少采用。

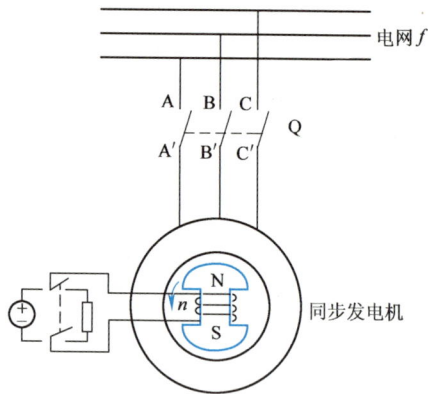

图 6-45 自同步法原理接线

6.8.2 有功功率的调节和静态稳定

1. 有功功率的调节

现代电力系统的容量都很大，其频率和电压基本不受负载变化或其他扰动的影响而保持为常数，对于装有调压、调频装置的电网来说更是如此。这种恒频、恒压的交流电网，通常称为"无穷大电网"。同步发电机并联到无穷大电网之后，其频率和端电压将受到电网的约束而与电网相一致，这是并联运行的一个特点。

发电机投入并联的目的，就是要向电网输出功率。下面以隐极电机为例，说明同步发电机与无穷大电网并联时有功功率的调节（为简化分析，略去电枢电阻和磁路饱和的影响），如图6-46所示。

图 6-46a 所示为一台同步发电机接到一个无穷大电网上。设投入并联时 $\dot{E}_0 = \dot{U}$，功率角 $\delta = 0°$，如图6-46b所示。此时发电机输出的有功功率 $P_2 \approx P_e = m\dfrac{E_0 U}{X_s}\sin\delta = 0$，电磁转矩 $T_e \approx 0$，发电机在电网上处于空载状态；原动机的驱动转矩仅用于克服发电机的空载阻转矩。

要使发电机输出有功功率，根据能量守恒原理，应当增加发电机的输入功率，即增加原动机的驱动转矩 T_1，这可以通过开大汽轮机的汽门（或水轮机的水门）来实现。原动机的驱动转矩 T_1 增大以后，发电机的转子瞬时加速，于是其转子主极磁场相对应的励磁电动势 $\dot{E}_0$ 将超前于电网电压 $\dot{U}$ 以 δ 角，同时产生电枢电流 $\dot{I}$，如图6-46c所示。根据功角特性，此时发电机将向电网输出一定的有功功率 P_2，$P_2 \approx P_e = m\dfrac{E_0 U}{X_s}\sin\delta$，同时转子上将受到一个制动的电磁转矩 T_e，使驱动转矩和制动的电磁转矩重新取得平衡，转子转速仍然保持为同步转速。此时发电机已处于负载运行状态，如图6-46d中的 A 点所示。

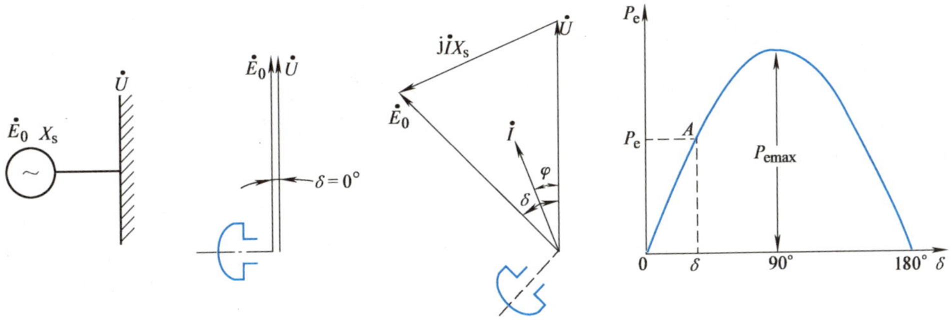

a) 发动机与无穷大
电网并联

b) 功率角δ=0°
时的相量图

c) 功率角为δ
时的相量图

d) 功率角为δ时
的电磁功率

图 6-46 同步发电机与电网并联时有功功率的调节

由此可见，**要增加发电机输出的有功功率，必须增加原动机的输出功率，使功率角 δ 增大，电磁功率和输出功率便会相应增加。**当 δ = 90° 时，电磁功率达到最大值 P_{emax}

$$P_{emax} = m \frac{E_0 U}{X_s} \tag{6-54}$$

P_{emax} 就是隐极同步发电机的**功率极限**。

应当指出，调节有功功率时，若保持励磁电流不变，无功功率也要相应变化，由图6-46c可以清楚地看出这一点。

2. 静态稳定

同步发电机并网稳态运行时，若外界（电网或原动机）发生微小的扰动，发电机的工作点将发生变化。在扰动消失后，发电机能否恢复到原先状态同步运行的问题，称为同步发电机的**静态稳定**问题。如能恢复，则是稳定的；反之，则是不稳定的。

下面，以图 6-47 为例说明与无穷大电网并联时同步发电机的静态稳定性。设最初输入同步发电机的功率为 P_1，对应的电磁功率为 P_e，此时似乎有两个功率平衡点：A 点和 B 点。在这两个点均满足 $P_1 = P_e + p_0$，但实际上只有 A 点是稳定的，而 B 点不可能稳定运行。因为在 A 点运行时，若输入功率有一微小增量 ΔP_1，转子将加速，功率角逐渐增加到 $\delta_A + \Delta\delta$ 而平衡于 A' 点，相应地电磁功率也增加 ΔP_e，达到新的功率平衡。当外界的扰动消失时，多余的制动转矩将使机组回复到 A 点运行，所以 A 点是稳定的。

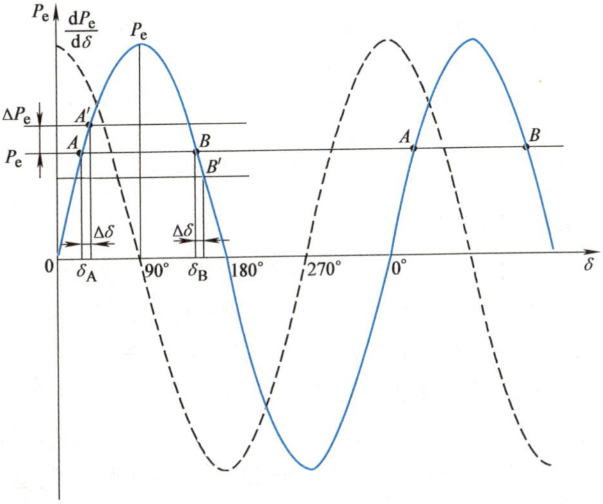

图 6-47 与无穷大电网并联时同步发电机的静态稳定性

如果发电机原先在 B 点运行，其功率角为 δ_B，电磁功率也为 P_e，满足 $P_1 = P_e + p_0$。 当

输入功率增加 ΔP_1 时，功率角也将增大。但此时功率角位于功角特性的下降部分，功率角的增大反而使电磁功率和制动的电磁转矩减小，因此即使扰动消失，转子也将继续加速，使功率角进一步增大。当 $\delta > 180°$ 后，电磁功率变为负值，这就意味着发电机向电网输出负功率或输入正功率，因此发电机在电动机状态下运行，此时的电磁转矩和输入转矩都是驱动性质的，将使发电机产生很大的加速度，于是功率角很快冲过 $360°$，发电机重新进入发电状态。当功率角第二次来到 A 点位置时，虽然再次出现了功率平衡，但是由于前面积累的加速度使转子的瞬时速度已显著高于同步转速，因此功率角仍会继续增加，又冲到 B 点。由 A 点到 B 点的过程虽是减速过程，但它并不足以使 A 点得到的高速度减到同步转速，所以功率角还会继续增大，这一过程如果继续发展，将导致发电机失去同步。所以 B 点是不稳定的。

为了判断同步发电机是否稳定并衡量其稳定程度，可引入**整步功率系数** $dP_e/d\delta$。若 $dP_e/d\delta>0$，则是稳定的；若 $dP_e/d\delta<0$，则是不稳定的；而 $dP_e/d\delta=0$ 处便是静态稳定极限。对于隐极同步发电机

$$\frac{dP_e}{d\delta} = m\frac{E_0 U}{X_s}\cos\delta \tag{6-55}$$

$dP_e/d\delta$ 与 δ 的关系曲线如图 6-47 中虚线所示。当 $\delta<90°$ 时，发电机是稳定的。功率角越接近 $90°$，$dP_e/d\delta$ 越小，稳定程度也越低。当 $\delta = 90°$ 时，$dP_e/d\delta = 0$，达到静态稳定极限。当 $\delta > 90°$ 时，$dP_e/d\delta<0$，发电机不稳定。

为使同步发电机能够稳定运行，应使最大电磁功率比额定功率大。**发电机的最大电磁功率与额定功率之比，称为过载能力**，用 k_p 表示。对于隐极同步发电机

$$k_p = \frac{P_{emax}}{P_N} \approx \frac{m\dfrac{E_0 U}{X_s}}{m\dfrac{E_0 U}{X_s}\sin\delta_N} = \frac{1}{\sin\delta_N} \tag{6-56}$$

对于汽轮发电机，额定情况下的功率角 δ_N 约为 $30°\sim40°$，此时 $k_p = 1.6\sim2.0$。

由式（6-55）和式（6-56）可知，发电机的功率极限和整步功率系数都正比于 E_0，反比于 X_s，所以增加励磁、减小同步电抗可以提高同步发电机的功率极限和静态稳定度。

6.8.3 无功功率的调节和 V 形曲线

1. 无功功率的调节

接在电网上的负载多数是阻感性的，因此除了有功功率之外，还需要一定的无功功率。与电网并联的同步发电机，不仅要向电网输出有功功率，还要输出无功功率。分析表明，调节发电机的励磁电流，即可调节其无功功率。

下面仍以隐极电机为例说明同步发电机与无穷大电网并联时无功功率的调节。为简单计，忽略电枢电阻和磁路饱和的影响，并假定调节励磁时原动机输入的有功功率保持不变。根据功率平衡关系，在调节励磁前后，发电机的电磁功率和输出的有功功率均应近似保持不变，即

$$\left.\begin{array}{l} P_e = m\dfrac{E_0 U}{X_s}\sin\delta = 常数 \\ P_2 = mUI\cos\varphi = 常数 \end{array}\right\} \tag{6-57}$$

由于电网电压 U 和发电机的同步电抗 X_s 均为定值，所以

$$\left.\begin{array}{l}E_0\sin\delta = 常数\\ I\cos\varphi = 常数\end{array}\right\} \tag{6-58}$$

图 6-48 所示为保持 $E_0\sin\delta =$ 常数、$I\cos\varphi =$ 常数，调节励磁电流时发电机的相量图。当励磁电动势为 $\dot{E}_0$、电枢电流为 $\dot{I}$ 和发电机的功率因数 $\cos\varphi = 1$ 时，对应的励磁电流 I_f 称为"正常励磁"。由于 $\cos\varphi = 1$，此时发电机的电枢电流全部为有功电流，输出功率全部为有功功率。

图 6-48 中标注：$E_0\sin\delta=$常数，C，$\dot{E}_0''$，$\dot{E}_0$，$\dot{E}_0'$，A，B，$\dot{I}''$，jIX_s，$j\dot{I}'X_s$，$j\dot{I}''X_s$，φ''，φ'，$\dot{I}$，$\dot{U}$，$\dot{I}'$，D，$I\cos\varphi=$常数

图 6-48　调节励磁时发电机的相量图

若增加励磁电流，使 $I_f' > I_f$，发电机将在"过励"状态下运行。此时励磁电动势增加到 $\dot{E}_0'$，但因 $E_0\sin\delta =$ 常数，故 $\dot{E}_0'$ 的端点应落在图 6-48 中水平线 AB 上。相应地，电枢电流变为 $\dot{I}'$，但因 $I\cos\varphi =$ 常数，故 $\dot{I}'$ 的端点应落在铅垂线 CD 上，电枢电流将滞后于电网电压，电枢电流中除有功分量外，还有滞后的无功分量。换言之，发电机除输出一定的有功功率外，还将输出滞后的无功功率。

调节励磁时发电机的相量图和 V 形曲线

反之，如果减少励磁电流，使 $I_f'' < I_f$，则发电机将在"欠励"状态下运行。此时励磁电动势减小到 $\dot{E}_0''$，但其端点仍应落在 AB 线上；相应的电枢电流变为 $\dot{I}''$，其端点仍在 CD 线上。此时电枢电流将超前于电网电压，电枢电流中除有功分量外，将出现超前的无功分量。换言之，发电机除输出一定的有功功率外，还将输出超前的无功功率。如果继续减小励磁电流，励磁电动势将更小，功率角 δ 和超前的功率因数角 φ 将继续增大，定子电流也更大。当 $\delta = 90°$ 时，发电机达到稳定运行极限，若再进一步减小励磁电流，发电机将失去同步。

2. V 形曲线

由以上分析可知，当原动机输入功率不变，即发电机输出功率 P_2 恒定时，改变励磁电流将引起同步发电机电枢电流大小和相位的变化。励磁电流为"正常励磁"值时，电枢电流最小；偏离此点，无论是增大还是减小励磁电流，电枢电流都会增加。电枢电流 I 与励磁电流 I_f 的这种内在联系可通过实验方法确定，所得关系曲线 $I = f(I_f)$ 如图 6-49 所示。因该曲线形似字母"V"，故称之为同步发电机的 V 形曲线。对应于每一个恒定的有功功率值 P_2，都可以测得一条 V 形曲线，功率值越大，曲线位置越往上移。每条曲线的最低点对应于 $\cos\varphi = 1$，电枢电流最小，全为有功分量，励磁电流为"正常"值。将各曲线的最低点连接起来就得到一条曲线（见图 6-49 中间的一条虚线），在这条曲线的右侧，发电机处于

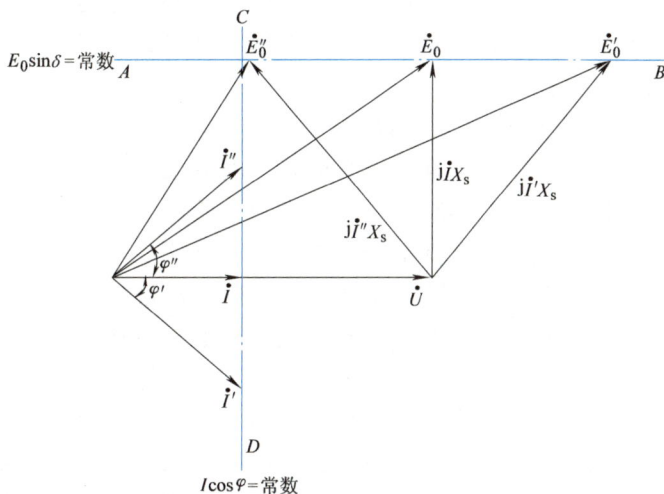

"过励"状态,功率因数是滞后的,发电机向电网输出滞后无功功率;而在这条曲线的左侧,发电机处于"欠励"状态,功率因数是超前的,发电机从电网吸收滞后无功功率。V形曲线左侧还存在着一个不稳定区(对应于$\delta > 90°$),且与欠励状态相连,因此,同步发电机不宜在欠励状态下运行。

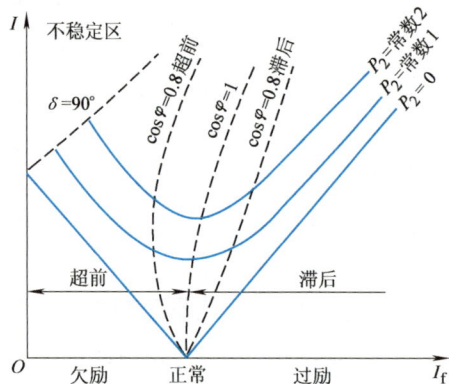

图 6-49　同步发电机的 V 形曲线

调节励磁电流就可以调节无功功率这一现象,还可以用磁动势平衡关系来解释。发电机与无穷大电网并联时,其端电压恒为常数,所以无论励磁如何变化,电枢绕组的合成磁通基本不变。当增加励磁电流并达到"过励"时,主极磁通增多,为维持电枢绕组的合成磁通不变,发电机应输出滞后电流,使去磁性的电枢反应增加,以抵消过多的主磁通。反之,减少励磁电流而变为"欠励"时,主极磁通减小,为维持合成磁通不变,发电机必须输出超前电流,以减少去磁性的电枢反应,甚至使电枢反应变为助磁性的,以补偿主极磁通的不足。所以,调节励磁电流便可以调节发电机的无功功率。

6.9　同步电动机与同步调相机

同步电动机是一种应用很广泛的电动机,主要应用在一些功率较大而且不需要调速的场合,如空气压缩机、鼓风机、电动发电机组等。与感应电动机相比,同步电动机的特点是转速与负载大小无关而始终保持为同步转速,功率因数可以调节。同步电动机与电力电子技术相结合构成的同步电动机调速系统,在矿井提升、舰船电力推进、大型轧钢系统等领域应用广泛,同步调相机则是一种专门用来补偿电网无功功率的同步电机。

6.9.1　同步电机的可逆运行原理

同步电机也是可逆的,既可作发电机运行,也可作电动机运行。由发电机状态到电动机状态的过渡如图 6-50 所示。设一台隐极同步电机并联运行于无穷大电网,处于发电机状态,其相量图如图 6-50a 所示。此时 $\dot{E}_0$ 超前 $\dot{U}$,功率角 δ 和相应的电磁功率 P_e 都是正值,即转子主极磁场轴线沿转向超前于合成磁场轴线,因而作用于转子上的电磁转矩为制动性质。原动机输入驱动性质的机械转矩克服起制动作用的电磁转矩,将机械能转变为电能。

若逐步减少原动机输入功率,使转子瞬时减速,功率角 δ 和电磁功率 P_e 相应减小。当功率角 δ 减至零时,发电机变为空载,其输入功率正好抵偿空载损耗,相量图如图 6-50b 所示。

如果去掉原动机,功率角 δ 变为负值,空载损耗由电网输入的电功率供给,这就变成了空载同步电动机。如果在电机轴上再加上机械负载,则负值 δ 和 P_e 会更大,主极磁场落后于合成磁场,电磁转矩为驱动性质,拖动轴上机械负载一起旋转,电机进入电动机运行状态,将电网输入的电能转换成机械能。此时电机的相量图如图 6-50c 所示。

以上分析可知,从发电机状态进入电动机状态的过程中,功率角 δ 和电磁功率 P_e 均由正值变为负值，电磁转矩由制动性质变为驱动性质，机电能量转换过程也发生了改变。

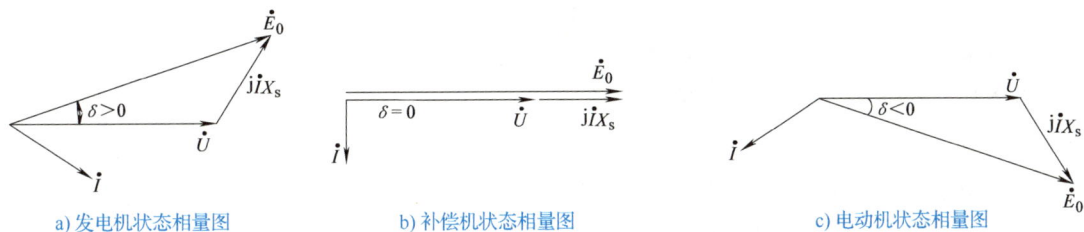

a) 发电机状态相量图　　　b) 补偿机状态相量图　　　c) 电动机状态相量图

图 6-50　由发电机状态到电动机状态的过渡

6.9.2　同步电动机

1. 同步电动机的电压方程和相量图

如图 6-50c 所示，同步电机运行在电动机状态时，电磁功率 $P_e < 0$，功率角 δ 亦成为负值，即励磁电动势 $\dot{E}_0$ 应滞后于端电压 $\dot{U}$，电磁转矩则成为驱动转矩。此时功率因数角 $|\varphi| > 90°$。

为了分析的方便，改用电动机惯例（有关物理量的下标加 M），即以输入电流 $\dot{I}_M$ 作为电枢电流的正方向，以输入电功率作为正值。此时从发电机的电压方程式 (6-10) 出发，代入 $\dot{I}_M = -\dot{I}$，可得用电动机惯例表达的隐极同步电动机电压方程

$$\dot{U} = \dot{E}_0 + (-\dot{I})R_a + j(-\dot{I})X_s = \dot{E}_0 + \dot{I}_M R_a + j\dot{I}_M X_s \tag{6-59}$$

图 6-51 所示为相应的相量图和等效电路。对于电动机，这样做可以避免功率出现负值，功率因数角 φ_M 和内功率因数角 ψ_{0M} 定义在 $-90° \sim 90°$ 之内。

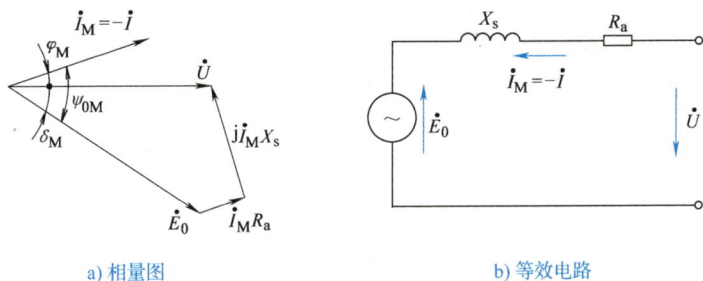

a) 相量图　　　　　　　b) 等效电路

图 6-51　电动机惯例下隐极同步电动机的相量图和等效电路

采用电动机惯例时，凸极同步电动机的电压方程为

$$\dot{U} = \dot{E}_0 + \dot{I}_M R_a + j\dot{I}_{dM} X_d + j\dot{I}_{qM} X_q \tag{6-60}$$

式中，$\dot{I}_{dM}$ 和 $\dot{I}_{qM}$ 分别表示定子电流的直轴和交轴分量，相应的相量图如图 6-52 所示。

在画凸极同步电动机相量图时，与发电机一样，需要先确定内功率因数角 ψ_{0M}。

应当指出，在分析电枢反应的性质时，要注意采用的是哪种惯例。若采用发电机惯例，则电枢电流 $\dot{I}$ 滞后于励磁电动势 $\dot{E}_0$ 时，直轴电枢反应是去磁的；$\dot{I}$ 超前于 $\dot{E}_0$ 时，直轴电枢反应是助磁的。若采用电动机惯例，由于电枢电流的正方向已经改变，所以电枢电流 $\dot{I}_M$ 滞后

于励磁电动势 $\dot{E}_0$ 时，直轴电枢反应是助磁的；$\dot{I}_M$ 超前于 $\dot{E}_0$ 时，直轴电枢反应是去磁的。

2. 同步电动机的功角特性，功率方程和转矩方程

如将本章第五节中按发电机惯例导出的功角特性直接用于电动机，因为功率角 δ 为负值，电磁功率 P_e 也是负值，应用起来不太方便。若采用电动机惯例，把 $\dot{E}_0$ 滞后于 $\dot{U}$ 的功率角规定为正值，用 δ_M 表示，则同步电动机的功角特性表达式与式（6-37）相同，即

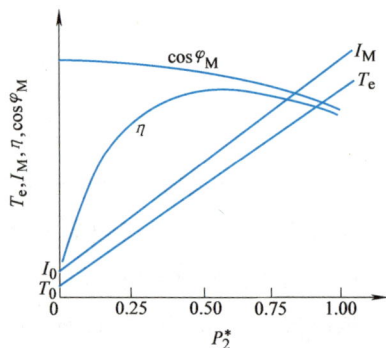

图 6-52 凸极同步电动机的相量图

$$P_e = m\frac{E_0 U}{X_d}\sin\delta_M + m\frac{U^2}{2}\left(\frac{1}{X_q} - \frac{1}{X_d}\right)\sin 2\delta_M$$

$$(6-61)$$

这时电磁功率 P_e 为正值，表示由电能转换为机械能。

将式（6-61）除以同步角速度 Ω_s，便得到电动机的电磁转矩，即

$$T_e = m\frac{E_0 U}{\Omega_s X_d}\sin\delta_M + \frac{mU^2}{2\Omega_s}\left(\frac{1}{X_q} - \frac{1}{X_d}\right)\sin 2\delta_M \qquad (6-62)$$

同步电动机的电磁转矩是驱动性质的，式（6-62）称为同步电动机的矩角特性。

正常工作时，同步电动机从电网输入的电功率 P_1，除小部分定子铜耗 p_{Cua} 外，大部分通过定、转子磁场的相互作用，由电能转换为机械能，此转换功率就是电磁功率 P_e，故有

$$P_1 = p_{Cua} + P_e \qquad (6-63)$$

从电磁功率 P_e 中扣除定子铁耗 p_{Fe} 和机械损耗 p_{mec} 后，可得轴上输出的机械功率 P_2，即

$$P_e = p_{Fe} + p_{mec} + P_2 \qquad (6-64)$$

式（6-63）和式（6-64）就是同步电动机的功率方程。

将式（6-64）除以同步角速度 Ω_s，可得转矩方程

$$T_e = T_0 + T_2 \qquad (6-65)$$

式中，T_e 为电动机的电磁转矩，$T_e = \dfrac{P_e}{\Omega_s}$；$T_0$ 为空载转矩，$T_0 = \dfrac{p_{Fe} + p_{mec}}{\Omega_s}$；$T_2$ 为输出转矩，$T_2 = \dfrac{P_2}{\Omega_s}$。

3. 同步电动机的运行特性

同步电动机的运行特性包括工作特性和 V 形曲线。

（1）工作特性

同步电动机的工作特性是指 $U = U_N$、$I_f = I_{fN}$ 时，电磁转矩、电枢电流、效率、功率因数与输出功率之间的关系，即 T_e、I_M、η、$\cos\varphi_M = f(P_2)$。图 6-53 所示为同步电动机的工作特性。

由转矩方程 $T_e = T_0 + T_2 = T_0 + \dfrac{P_2}{\Omega_s}$ 可知，当输出功率

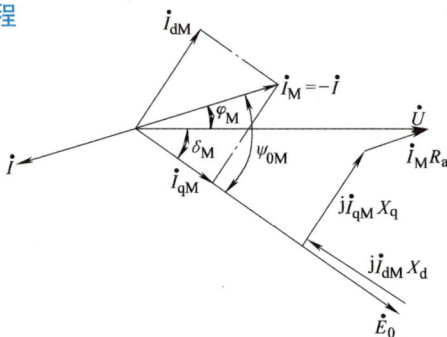

图 6-53 同步电动机的工作特性

$P_2 = 0$ 时，$T_e = T_0$，此时电枢电流为很小的空载电流；随着输出功率的增加，电磁转矩将正比增大，电枢电流也随之而增大，因此 $T_e = f(P_2)$ 是一条直线，$I_M = f(P_2)$ 近似为一直线。

同步电动机的效率特性与其他电机基本相同。空载时，$\eta = 0$；随着输出功率的增加，效率逐步增加，达到某个最大值后开始下降。

图 6-54 所示为不同励磁时同步电动机的功率因数特性。图中曲线 1 对应于励磁电流较小、空载时 $\cos\varphi_M = 1$ 的情况。随着负载的增加，功率因数将由 1 逐步下降而变为滞后；曲线 2 对应于励磁电流稍大、使半载时 $\cos\varphi_M = 1$ 的情况，轻载时功率因数将变成超前，超过半载后功率因数将变成滞后；曲线 3 对应于励磁电流更大、使满载时 $\cos\varphi_M = 1$ 的情况。由图可见，改变励磁电流，可使电动机在任一特定负载下的功率因数达到 1，甚至变成超前。与感应电动机相比，功率因数可调是同步电动机的突出优点之一。

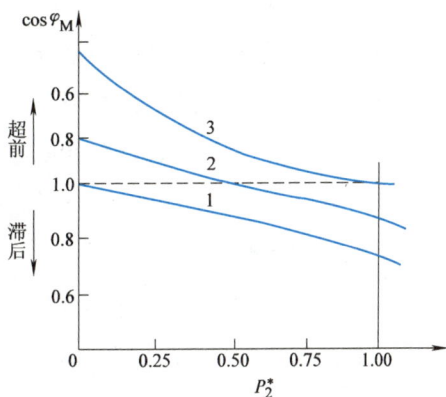

图 6-54　不同励磁时同步电动机的功率因数特性（$\cos\varphi_M = f(P_2)$）

同步电动机的最大电磁功率与额定功率之比，称为过载能力。增加电动机的励磁电流，励磁电动势 E_0 增大，可以提高最大电磁功率 P_{emax}，从而提高过载能力。这也是同步电动机的特点之一。

（2）V 形曲线

同步电动机的 V 形曲线是指 $U = U_N$、$P_e = $ 常数时，电枢电流与励磁电流的关系 $I_M = f(I_f)$。

图 6-55 所示为 3 种不同电磁功率值时同步电动机的 V 形曲线。由图可见，调节励磁电流就可以调节电动机的无功电流和功率因数，这是同步电动机的主要优点。通常同步电动机多在过励状态下运行，

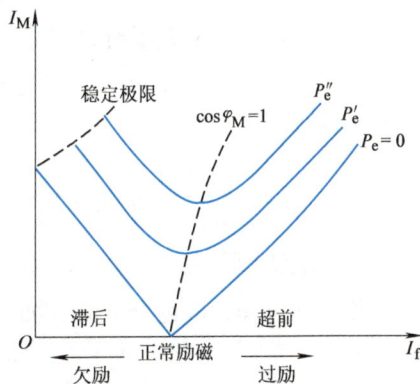

图 6-55　3 种不同电磁功率值时同步电动机的 V 形曲线

以便从电网吸收超前电流，改善电网的功率因数。但是过励时，电机的效率将有所降低。

[例 6-7]　有一台凸极同步电动机接在无穷大电网上运行，电动机的额定功率因数 $\cos\varphi_M = 1$，电动机的参数为 $X_d^* = 0.8$，$X_q^* = 0.5$，电枢电阻和磁路饱和忽略不计，试求：

（1）该电动机在额定电流、$\cos\varphi_M = 1$ 的情况下运行时，励磁电动势的标幺值和该励磁电动势下的功角特性；

（2）若负载转矩不变，励磁增加 20%，问电枢电流和功率因数将变成多少？

解：采用标幺值计算。

（1）取电动机的端电压为参考相量，$\dot{U}^* = 1.0 \angle 0°$。由于 $\cos\varphi_M = 1$，故电枢电流 $\dot{I}_M^* = 1.0 \angle 0°$，于是内功率因数角 ψ_{0M} 为

$$\psi_{0M} = \arctan \frac{U^* \sin\varphi_M + I_M^* X_q^*}{U^* \cos\varphi_M} = \arctan \frac{0.5}{1} = 26.57°$$

由于 $\varphi_M = 0°$，故功率角为 $\delta_M = \psi_{0M} = 26.57°$。

于是，电流的直轴和交轴分量为

$$I_{dM}^* = I_M^* \sin\psi_{0M} = 1.0 \times \sin26.57° = 0.4473$$

$$I_{qM}^* = I_M^* \cos\psi_{0M} = 1.0 \times \cos26.57° = 0.8944$$

励磁电动势 E_0^* 为

$$E_0^* = U^* \cos\delta_M + I_{dM}^* X_d^* = 1 \times \cos26.57° + 0.4473 \times 0.8 = 1.252$$

将有关数据代入功角特性公式，可得

$$P_e^* = \frac{E_0^* U^*}{X_d^*} \sin\delta_M + \frac{U^{*2}}{2}\left(\frac{1}{X_q^*} - \frac{1}{X_d^*}\right) \sin2\delta_M$$

$$= \frac{1.252 \times 1}{0.8} \sin\delta_M + \frac{1}{2}\left(\frac{1}{0.5} - \frac{1}{0.8}\right) \sin2\delta_M = 1.565\sin\delta_M + 0.375\sin2\delta_M$$

注意，用标幺值表示时，式中无相数 m，且以电动机的额定视在功率作为功率基值。

（2）若励磁增加 20%，不计磁路饱和时，$E_0'^* = 1.2E_0^* = 1.2 \times 1.252 = 1.502$，此时功角特性为

$$P_e^* = \frac{1.502 \times 1}{0.8} \sin\delta_M' + \frac{1}{2}\left(\frac{1}{0.5} - \frac{1}{0.8}\right) \sin2\delta_M' = 1.878\sin\delta_M' + 0.375\sin2\delta_M'$$

因负载转矩不变，故近似认为 P_e^* 仍保持为1，用试探法求 δ_M'，得 $\delta_M' = 22.91°$。于是由相量图可知，电枢电流的直轴和交轴分量为

$$I_{dM}'^* = \frac{E_0'^* - U^* \cos\delta_M'}{X_d^*} = \frac{1.502 - \cos22.91°}{0.8} = 0.7261$$

$$I_{qM}'^* = \frac{U^* \sin\delta_M'}{X_q^*} = \frac{\sin22.91°}{0.5} = 0.7786$$

故电枢电流为 $I_M'^* = \sqrt{(I_{dM}'^*)^2 + (I_{qM}'^*)^2} = \sqrt{(0.7261)^2 + (0.7786)^2} = 1.064$

内功率因数角为

$$\psi_{0M}' = \arccos \frac{I_{qM}'^*}{I_M'^*} = \arccos \frac{0.7786}{1.064} = 42.97°$$

功率因数角为

$$\varphi_M' = \psi_{0M}' - \delta_M' = 42.97° - 22.91° = 20.06°$$

功率因数为

$$\cos\varphi_M' = \cos20.06° = 0.9393（超前）$$

即过励时功率因数将从1变为超前。

[例6-8] 某工厂电力设备所消耗的总功率为2400kW, $\cos\varphi = 0.8$ （滞后），今欲添置功率为400kW的电动机。现有400kW、$\cos\varphi = 0.8$ （滞后）的感应电动机和400kW、$\cos\varphi = 0.8$ （超前）的同步电动机可供选用，试问在这两种情况下，工厂的总视在功率和功率因数各为多少（电动机的损耗略去不计）？

解：工厂原来所耗功率情况为：

有功功率 $\qquad\qquad\qquad P = 2400\text{kW}$

视在功率 $\qquad\qquad S = \dfrac{P}{\cos\varphi} = \dfrac{2400}{0.8}\text{kV}\cdot\text{A} = 3000\text{kV}\cdot\text{A}$

由于 $\cos\varphi = 0.8$ （滞后），故 $\sin\varphi = 0.6$，于是无功功率为

$$Q = S\sin\varphi = 3000 \times 0.6\text{kvar} = 1800\text{kvar}$$

（1）选用感应电动机时

总有功功率 $\qquad\qquad P' = (2400+400)\ \text{kW} = 2800\text{kW}$

总无功功率 $\qquad Q' = \left(1800 + \dfrac{400}{0.8} \times 0.6\right)\text{kvar} = 2100\text{kvar}$ （滞后）

总视在功率 $\quad S' = \sqrt{P'^2 + Q'^2} = \sqrt{2800^2 + 2100^2}\text{kV}\cdot\text{A} = 3500\text{kV}\cdot\text{A}$

总功率因数不变, $\cos\varphi' = \dfrac{P'}{S'} = \dfrac{2800}{3500} = 0.8$ （滞后）

（2）选用同步电动机时

总有功功率 $\qquad\qquad P'' = (2400+400)\ \text{kW} = 2800\text{kW}$

总无功功率 $\qquad Q'' = \left(1800 - \dfrac{400}{0.8} \times 0.6\right)\text{kvar} = 1500\text{kvar}$ （滞后）

总视在功率 $\qquad S'' = \sqrt{P''^2 + Q''^2} = \sqrt{2800^2 + 1500^2}\text{kV}\cdot\text{A} = 3176\text{kV}\cdot\text{A}$

总功率因数 $\qquad\qquad \cos\varphi'' = \dfrac{P''}{S''} = \dfrac{2800}{3176} = 0.8815$ （滞后）

计算表明，若选用同步电动机，则工厂所需的总视在功率较小、总功率因数较高。

4. 同步电动机的起动

同步电动机仅在同步转速时才能产生恒定的同步电磁转矩。起动时，若把定子直接投入电网，转子加上直流励磁，则定子旋转磁场以同步转速旋转，而转子磁场静止不动，定、转子磁场之间具有相对运动，所以作用在转子上的电磁转矩正、负交变，平均转矩为零，电动机不能自行起动⊖。因此，要把同步电动机起动起来，必须借助于其他方法。

（1）异步起动法

目前，多数同步电动机都用异步起动法来起动。为此，需在电动机的主极极靴上装设起动绕组，它相当于感应电动机转子上的笼型绕组。

起动时，先把励磁绕组通过一个10倍于励磁绕组电阻的大电阻短接，然后把定子绕组接到三相交流电网。这样，依靠定子旋转磁场和转子起动绕组中感应电流所产生的异步电磁

⊖ 同步速很低或转子转动惯量很小时，同步电动机可直接起动。

转矩，电动机便能起动起来。待转速上升到接近于同步转速时，再将励磁电流接入励磁绕组，同时将大电阻切除，使转子建立主极磁场，依靠定、转子磁场相互作用所产生的同步电磁转矩，便可将转子牵入同步。

（2）辅机起动

同步电动机也可以用其他的辅助电动机拖动而起动，此时通常选用与同步电动机极数相同的感应电动机（容量约为主机的10%~15%）作为辅助电动机。当辅助电动机把主机拖动到接近同步转速时，再用自同步法把主机投入电网。该方法仅适用于空载或轻载起动。

（3）变频起动

在具有三相变频电源的场合，也可采用变频起动法。起动时，电动机的转子加上励磁，把变频电源的频率调得很低，使同步电动机投入电源后定子的旋转磁场转得极慢。这样，依靠定、转子磁场之间相互作用所产生的同步电磁转矩，即可使电动机开始起动，并在很低的同步转速下运转。然后逐步提高电源的频率，使定子旋转磁场和转子的转速逐步加快，一直到工作转速为止。

5. 同步电动机的调速和控制方式

（1）调速原理

根据同步电动机的运行原理，当电动机的极对数确定以后，电动机的转速严格等于由供电电源频率所决定的旋转磁场的同步转速，即

$$n = n_s = \frac{60f}{p} \tag{6-66}$$

因此，只要控制供电电源的频率f，就可以方便地控制同步电动机的转速。

对于隐极同步电动机，忽略定子绕组电阻，稳态运行时的电磁转矩为

$$T_e = \frac{mp}{2\pi f}\frac{E_0 U}{X_s}\sin\delta_M = T_{emax}\sin\delta_M \tag{6-67}$$

式中，T_{emax}为最大电磁转矩，$T_{emax} = \frac{mp}{2\pi f}\frac{E_0 U}{X_s}$。

当采用变频调速时，若忽略磁路的饱和，励磁电动势E_0可表示为

$$E_0 = 4.44fN_1 k_{w1}\Phi_0 = \sqrt{2}\pi f M_{af} I_f \tag{6-68}$$

式中，M_{af}为定子电枢绕组与转子励磁绕组之间互感的幅值。

式（6-67）中，同步电抗X_s可表示为

$$X_s = 2\pi f L_s \tag{6-69}$$

式中，L_s为同步电感。

将式（6-68）和式（6-69）代入式（6-67）得

$$T_e = \frac{mp}{2\sqrt{2}\pi}\left(\frac{U}{f}\right)\left(\frac{M_{af}}{L_s}\right)I_f\sin\delta_M = T_{emax}\sin\delta_M \tag{6-70}$$

由此可见，当转子励磁电流不变时，若采用恒电压/频率比控制，即U/f=常数，则同步电动机的最大转矩保持不变。

需要说明的是，当频率f较低时，定子电枢绕组电阻的影响变大，若继续维持恒电压/频率比运行，最大电磁转矩将减小，要保持最大转矩不变就要适当提高端电压，即增大

电压/频率比。

（2）控制方式

根据对频率控制方式的不同，同步电动机变频调速系统可分为它控式和自控式两种。

它控式是用从外部控制变频器频率的办法来准确地控制转速，是一种频率的开环控制方式。这种控制方式简单，但有失步和振荡问题，对急剧升、降速必须加以限制。

自控式则是频率的闭环控制，采用转子位置传感器随时检测定、转子磁极相对位置和转子的转速，由位置传感器发出的位置信号去控制变频器中主开关元件的导通顺序和频率。因此电动机的转速在任何时候都与变频器的供电频率保持严格的同步，故不存在失步和振荡现象，由于变频器的频率是由电动机自身的转速控制的，故称为自控式。这种系统适合于快速运行和负载变化剧烈的场合。

自控式同步电动机调速系统按所用变频器、电动机的类型的不同，可分为以下 3 种最常见的基本类型：交-直-交电压型同步电动机调速系统；交-直-交电流型负载换相同步电动机调速系统；交-交变频同步电动机调速系统。

同步电动机调速系统已在轧钢、矿井提升、船舶推进、数控机床等领域得到了广泛应用。关于同步电动机调速系统的详细内容见第 11 章 11.4 节、11.5 节。

6.9.3 同步调相机

电网的大部分负载为感应电动机和变压器，它们需从电网中吸取一定的滞后无功电流来建立磁场，降低了整个电网的功率因数，导致发电厂中同步发电机的容量不能被充分利用，且大量的无功电流在发电机和输电线中流动，使线路的电压降和铜耗增大；此外，风电和光伏等新能源发电方式通常通过电力电子器件并网，无法为电网提供充足的无功支撑，严重影响电力系统的稳定性。

如果能在适当的地点，就地提供负载所需的感性无功功率，避免远程传输，可减轻发电机的负担并充分利用其容量，降低线路损耗和压降，维持电力系统的稳定性。安装同步调相机是解决这一问题的有效途径。

1. 同步调相机的原理

同步电机向电网输出有功功率时为发电机运行方式，从电网吸收有功功率时为电动机运行方式。若同步电机在电动机运行方式下空载运行，除自身损耗外，不从电网吸收有功功率，仅输出或吸收无功功率，则称为同步调相机。

同步调相机的 V 形曲线 $I = f(I_f)$ 如图 6-56a 所示，类似于图 6-55 中同步电动机的电磁功率 $P_e = 0$ 时的 V 形曲线。在正常励磁时，同步调相机的电枢电流极小，接近于零。同步调相机过励时，相量图如图 6-56b 所示，同步调相机能从电网吸取超前的无功功率（或向电网输出滞后的无功功率），其作用相

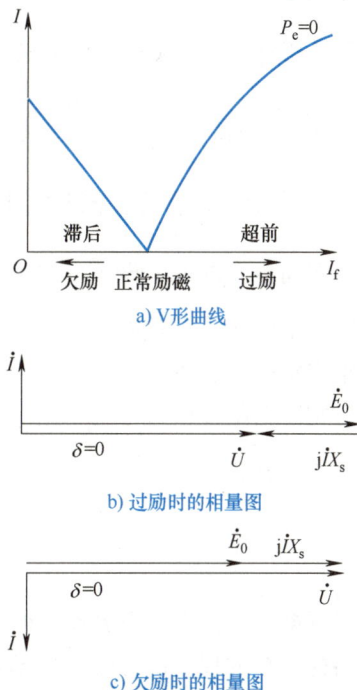

a) V 形曲线

b) 过励时的相量图

c) 欠励时的相量图

图 6-56 同步调相机的 V 形曲线和相量图

当于电容器；同步调相机欠励时，相量图如图 6-56c 所示，从电网吸取滞后的无功功率（或向电网输出超前的无功功率），其作用相当于电抗器。同步调相机主要运行在过励状态。

如果在电网的受电端装设同步调相机，使之从电网吸收超前的无功功率，以补偿感性负载从电网吸收的滞后无功功率，可改善电网的功率因数。

对于远距离的输电线路，要维持各种工况下受电端的电压不变有一定困难。当线路在重载情况下运行时，由于负载的滞后无功电流的影响，线路电压下降；轻载时，由于输电线路本身容性电流的影响，可使受电端电压升高。如果受电端装有自动调节励磁的同步调相机，线路重载时做过励运行，轻载时做欠励运行，就可以减少线路中的无功电流，从而使各种工况下受电端的电压基本保持不变。

2. 同步调相机的主要特点

同步调相机的主要特点如下：

1）同步调相机的额定容量是指它在过励时所能提供的无功功率，主要受定、转子绕组温升的限制。欠励运行时的容量只有额定容量的 55%~65%。

2）由于同步调相机不带任何机械负载，因而对其机械结构要求较低，且没有过载能力的要求。这样就允许同步调相机有较大的同步电抗，其标幺值往往可达 2 以上。因此同步调相机励磁绕组的用铜量少，造价低。

3）为提高材料利用率，同步调相机极数较少，转速较高；此外大容量同步调相机常常采用氢气冷却。

4）同步调相机的起动方法与同步电动机相同。

6.10 同步发电机的不对称运行

前面研究了同步发电机的对称稳态运行。实际上由于种种原因，例如，系统内接有较大的单相负载，或由于雷击、短路等事故，可使发电机在不对称状态下运行。本节采用对称分量法对两种典型的不对称短路情况进行分析。

6.10.1 同步发电机的各相序阻抗和等效电路

对于同步发电机，设不对称运行时电压和电流的对称分量分别为 $\dot{U}_+$、$\dot{U}_-$、$\dot{U}_0$ 和 $\dot{I}_+$、$\dot{I}_-$、$\dot{I}_0$，由于转子对各相序电流所产生磁场的反应不同，使各相序阻抗互不相同。考虑到对称绕组中感应的励磁电动势只有正序分量，可画出各相序的等效电路，如图 6-57 所示，相应的各相序电压方程为

$$\left.\begin{array}{l} \dot{E}_+ = \dot{U}_+ + \dot{I}_+ Z_+ \\ 0 = \dot{U}_- + \dot{I}_- Z_- \\ 0 = \dot{U}_0 + \dot{I}_0 Z_0 \end{array}\right\} \tag{6-71}$$

式（6-71）仅含 3 个方程，但有 $\dot{U}_+$、$\dot{U}_-$、$\dot{U}_0$ 和 $\dot{I}_+$、$\dot{I}_-$、$\dot{I}_0$ 这 6 个变量，要求解尚需再列出另外 3 个方程。这可以根据不对称负载的实际情况，即端点约束条件得出，稍后将结合典型不对称运行工况详细讨论。下面先介绍相序阻抗的物理意义及其对应的等效电路，因为

这 3 个参数的确定也是求解所必需的。

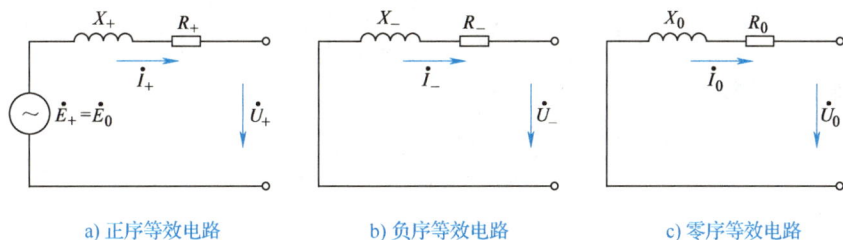

a) 正序等效电路　　　b) 负序等效电路　　　c) 零序等效电路

图 6-57　各相序等效电路

1. 正序阻抗

当转子正向同步旋转、励磁绕组接励磁电源、电枢三相绕组流过对称的正序电流时，同步发电机所表现出的阻抗称为**正序阻抗**，用 Z_+ 表示。这种情况实质上就是前面所研究的对称运行情况，所以稳态情况下隐极同步发电机的正序阻抗

$$Z_+ = R_+ + jX_+ \qquad (6\text{-}72)$$

就是同步阻抗。其中正序电阻就是电枢电阻，$R_+ = R_a$；正序电抗就是同步电抗，$X_+ = X_s$。对于凸极同步发电机，当电枢磁动势与直轴重合时，$X_+ = X_d$；当电枢磁动势与交轴重合时，$X_+ = X_q$；在其他位置时，X_+ 的值将在 X_d 和 X_q 之间。

在研究不对称短路问题时，由于电枢电阻通常远小于电抗，故短路电流中的正序电流基本上为一感性直轴电流，此时凸极同步发电机的 $X_+ \approx X_d$。

2. 负序阻抗

当转子正向同步旋转、励磁绕组短接、电枢三相绕组流过对称的负序电流时，同步发电机所表现出的阻抗称为**负序阻抗**，用 Z_- 表示。

当电枢三相绕组内流过对称的负序电流时，将产生一个反向同步旋转的磁场，它与转子的相对转速为 $2n_s$，此时相当于 $s = 2$ 的感应电动机。故把 $s = 2$ 代入感应电动机的等效电路，并考虑到交轴及直轴的差别，就可得到同步发电机的负序阻抗。下面分别讨论转子上有、无阻尼绕组两种情况下的负序阻抗。

若转子上无阻尼绕组，则直轴和交轴的负序等效电路如图 6-58 所示。

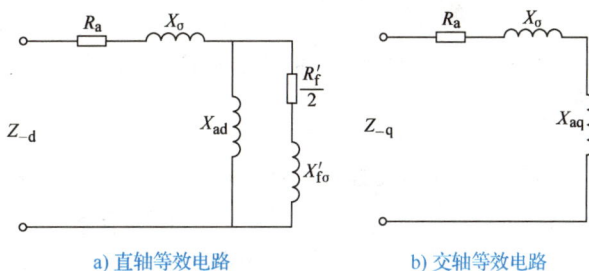

a) 直轴等效电路　　　b) 交轴等效电路

图 6-58　无阻尼绕组时负序阻抗的等效电路

由图 6-58 可见，直轴负序阻抗 Z_{-d} 应为

$$Z_{-d} = R_a + jX_\sigma + \frac{jX_{ad}\left(\dfrac{R_f'}{2} + jX_{f\sigma}'\right)}{\dfrac{R_f'}{2} + j(X_{ad} + X_{f\sigma}')} \qquad (6\text{-}73)$$

式中，X_σ 为定子漏抗；X_{ad} 为直轴电枢反应电抗；R_f' 和 $X_{f\sigma}'$ 分别为励磁绕组电阻和漏抗的归算值。

当 $X_{\mathrm{ad}} \gg X'_{\mathrm{f}\sigma}$, $X_{\mathrm{ad}} \gg R'_{\mathrm{f}}$ 时, 式 (6-74) 将近似地等于

$$Z_{-\mathrm{d}} \approx \left(R_{\mathrm{a}} + \frac{R'_{\mathrm{f}}}{2}\right) + \mathrm{j}\left(X_{\sigma} + \frac{X_{\mathrm{ad}}X'_{\mathrm{f}\sigma}}{X_{\mathrm{ad}} + X'_{\mathrm{f}\sigma}}\right) = \left(R_{\mathrm{a}} + \frac{R'_{\mathrm{f}}}{2}\right) + \mathrm{j}X'_{\mathrm{d}} \tag{6-74}$$

式中, X'_{d} 称为**直轴瞬态电抗**

$$X'_{\mathrm{d}} = X_{\sigma} + \frac{X_{\mathrm{ad}}X'_{\mathrm{f}\sigma}}{X_{\mathrm{ad}} + X'_{\mathrm{f}\sigma}} = X_{\sigma} + \frac{1}{\dfrac{1}{X_{\mathrm{ad}}} + \dfrac{1}{X'_{\mathrm{f}\sigma}}} \tag{6-75}$$

交轴负序阻抗 $Z_{-\mathrm{q}}$ 则为

$$Z_{-\mathrm{q}} = R_{\mathrm{a}} + \mathrm{j}X_{\mathrm{q}} \tag{6-76}$$

由于负序电流所产生的负序磁场与转子之间具有二倍同步转速的相对运动, 负序磁场时而与转子直轴重合, 时而与交轴重合, 因此负序阻抗 Z_{-} 的值将介于直轴和交轴阻抗之间, 可近似地认为 Z_{-} 等于 $Z_{-\mathrm{d}}$ 和 $Z_{-\mathrm{q}}$ 的算术平均值

$$Z_{-} \approx \frac{1}{2}(Z_{-\mathrm{d}} + Z_{-\mathrm{q}}) \tag{6-77}$$

负序电抗为

$$X_{-} \approx \frac{1}{2}(X'_{\mathrm{d}} + X_{\mathrm{q}}) \tag{6-78}$$

如果转子的直轴和交轴上都装有阻尼绕组, 则参照双笼型感应电动机的等效电路, 可以画出图 6-59 所示的负序等效电路。直轴和交轴的负序电抗将近似等于

$$X_{-\mathrm{d}} \approx X_{\sigma} + \frac{1}{\dfrac{1}{X_{\mathrm{ad}}} + \dfrac{1}{X'_{\mathrm{f}\sigma}} + \dfrac{1}{X'_{\mathrm{D}\sigma}}} = X''_{\mathrm{d}} \tag{6-79}$$

$$X_{-\mathrm{q}} \approx X_{\sigma} + \frac{1}{\dfrac{1}{X_{\mathrm{aq}}} + \dfrac{1}{X'_{\mathrm{Q}\sigma}}} = X''_{\mathrm{q}} \tag{6-80}$$

式中, $X'_{\mathrm{D}\sigma}$ 和 $X'_{\mathrm{Q}\sigma}$ 分别为直轴和交轴阻尼绕组漏抗的归算值; X''_{d} 和 X''_{q} 分别称为**直轴和交轴超瞬态电抗**。

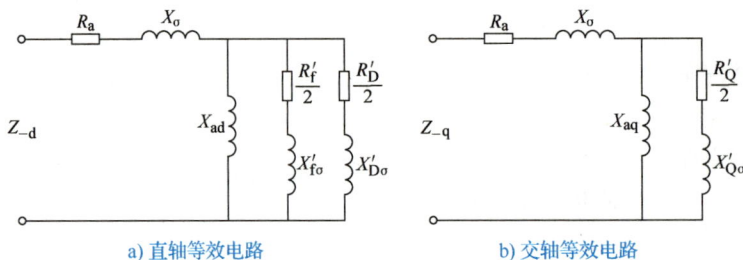

a) 直轴等效电路   b) 交轴等效电路

图 6-59 有阻尼绕组时负序阻抗的等效电路

负序电抗 X_{-} 近似等于

$$X_{-} \approx \frac{1}{2}(X_{-\mathrm{d}} + X_{-\mathrm{q}}) \approx \frac{1}{2}(X''_{\mathrm{d}} + X''_{\mathrm{q}}) \tag{6-81}$$

由式 (6-79) ~ 式 (6-81) 可见, 阻尼回路的参数对负序电抗的影响较大。转子的阻

尼作用越强（即 $X_{D\sigma}$、$X_{Q\sigma}$ 越小），电枢电流产生的负序气隙磁场被转子感应电流所产生的去磁磁场抵消得就越多，合成负序磁场就越弱，相应的负序电抗也越小。如果转子的阻尼作用极强（即阻尼绕组的漏抗 $X_{D\sigma}$、$X_{Q\sigma}$ 接近于零），则负序电抗将接近于电枢绕组的漏抗。

3. 零序阻抗

在转子正向同步旋转、励磁绕组短接，电枢三相绕组流过一组零序电流时，同步发电机所表现出的阻抗称为**零序阻抗**，用 Z_0 表示。

当电枢三相对称绕组通入零序电流时，由于各相的零序电流为同幅值、同相位，故电枢基波合成磁动势和磁场均等于零，所以零序电抗 X_0 属于漏电抗性质。分析表明，若绕组为整距，则 X_0 与定子漏抗 X_σ 基本相等；若绕组为短距，则 $X_0 < X_\sigma$。零序电阻 R_0 就是电枢电阻 R_a。零序阻抗 Z_0 等于

$$Z_0 = R_0 + jX_0 \tag{6-82}$$

下面应用对称分量法和各序等效电路来研究同步发电机的两种典型的不对称短路。

6.10.2　同步发电机的单相短路

同步发电机的单相短路如图 6-60 所示。设同步发电机的 A 相对中性点短路，B、C 相为空载，现分析 A 相的稳态短路电流和 B、C 相的开路电压。发电机端点的约束条件为

$$\left.\begin{array}{l} \dot{U}_A = 0 \\ \dot{I}_B = \dot{I}_C = 0 \end{array}\right\} \tag{6-83}$$

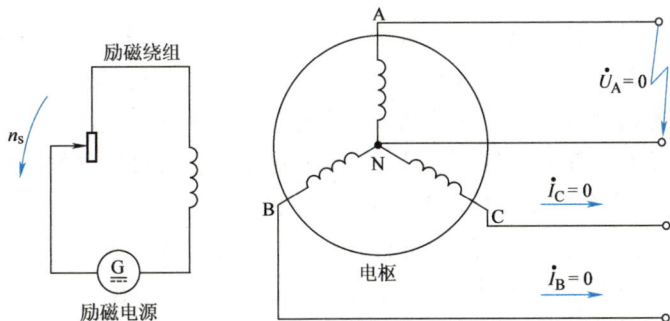

图 6-60　同步发电机的单相短路

根据对称分量法，把发电机端点的不对称电压和电流分解为正序、负序和零序 3 个对称系统，根据对称分量法，有

$$\dot{U}_+ + \dot{U}_- + \dot{U}_0 = 0 \tag{6-84}$$

$$\dot{I}_+ = \dot{I}_- = \dot{I}_0 = \frac{1}{3}\dot{I}_A \tag{6-85}$$

将各序的电压方程和式（6-84）、式（6-85）联立求解，即可得到各序电流和电压。对于这一特例，用等效电路求解更为简便。

为满足式（6-85）各序电流相等这一条件，发电机的正序、负序和零序等效电路应当串联。为满足式（6-84）各序电压之和为零这一条件，等效电路串联以后应当加以短接，如

图 6-61 所示。

根据图 6-61 所示电路，即可求出各序电流为

$$\dot{I}_+ = \dot{I}_- = \dot{I}_0 = \frac{\dot{E}_0}{Z_+ + Z_- + Z_0} \quad (6\text{-}86)$$

则短路电流 $\dot{I}_A$ 为

$$\dot{I}_A = \dot{I}_+ + \dot{I}_- + \dot{I}_0 = 3\dot{I}_+ = \frac{3\dot{E}_0}{Z_+ + Z_- + Z_0} \quad (6\text{-}87)$$

发电机端点的各序电压为

$$\left.\begin{array}{l} \dot{U}_+ = \dot{E}_+ - \dot{I}_+ Z_+ = \dfrac{\dot{E}_0(Z_- + Z_0)}{Z_+ + Z_- + Z_0} \\[2mm] \dot{U}_- = -\dot{I}_- Z_- = -\dfrac{\dot{E}_0 Z_-}{Z_+ + Z_- + Z_0} \\[2mm] \dot{U}_0 = -\dot{I}_0 Z_0 = -\dfrac{\dot{E}_0 Z_0}{Z_+ + Z_- + Z_0} \end{array}\right\} \quad (6\text{-}88)$$

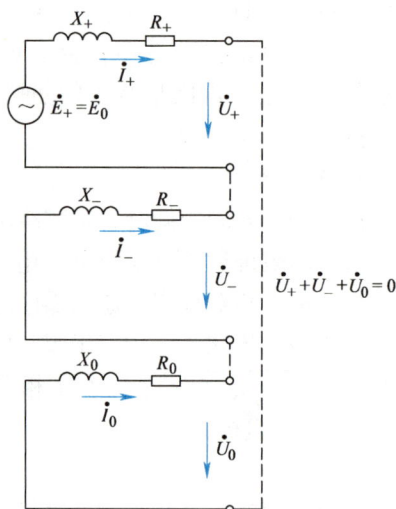

图 6-61 单相短路时正序、负序和零序等效电路的连接

B 相和 C 相的开路相电压为

$$\left.\begin{array}{l} \dot{U}_B = (a^2\dot{U}_+ + a\dot{U}_- + \dot{U}_0) = \dot{E}_0\dfrac{(a^2-a)Z_- + (a^2-1)Z_0}{Z_+ + Z_- + Z_0} \\[3mm] \dot{U}_C = (a\dot{U}_+ + a^2\dot{U}_- + \dot{U}_0) = \dot{E}_0\dfrac{(a-a^2)Z_- + (a-1)Z_0}{Z_+ + Z_- + Z_0} \end{array}\right\} \quad (6\text{-}89)$$

以上分析的是短路电流的基波。实际上，单相短路时，定子绕组所产生的磁场是脉振磁场。把定子的脉振磁场分解为两个大小相等、转向相反的旋转磁场，则反向旋转的负序磁场将以 $2n_s$ 的相对转速切割转子，并在励磁绕组内感应一个频率为 $2f_1$ 的感应电流。励磁绕组内的这一感应电流又将产生一个频率为 $2f_1$ 的脉振磁场，它又可以分解为两个大小相等、转向相反的旋转磁场，再考虑到转子本身在空间以正向同步转速旋转，可知该两磁场在空间的旋转速度分别为 $-n_s$ 和 $3n_s$，$3n_s$ 的这个旋转磁场将在定子绕组内感应 $3f_1$ 的电动势和短路电流。依此往复作用，除基波分量外，定子的短路电流中还将含有一系列 3、5 等奇次谐波；相应地，转子电流中除直流励磁分量外，还将含有一系列偶次谐波。

6.10.3 同步发电机的线间短路

同步发电机的线间短路如图 6-62 所示。设 B、C 两相发生线间短路，A 相为空载，现分析其短路电流和 A 相开路电压。发电机端点的约束条件为

$$\left.\begin{array}{l} \dot{U}_{BC} = \dot{U}_B - \dot{U}_C = 0 \\[2mm] \dot{I}_B = -\dot{I}_C, \quad \dot{I}_A = 0 \end{array}\right\} \quad (6\text{-}90)$$

把发电机端点的不对称电压和电流分解为对称分量，根据上述约束条件，经过简单的推导，可知

$$\left.\begin{array}{l} \dot{U}_+ = \dot{U}_- \\[2mm] \dot{I}_+ = -\dot{I}_-, \quad \dot{I}_0 = 0 \end{array}\right\} \quad (6\text{-}91)$$

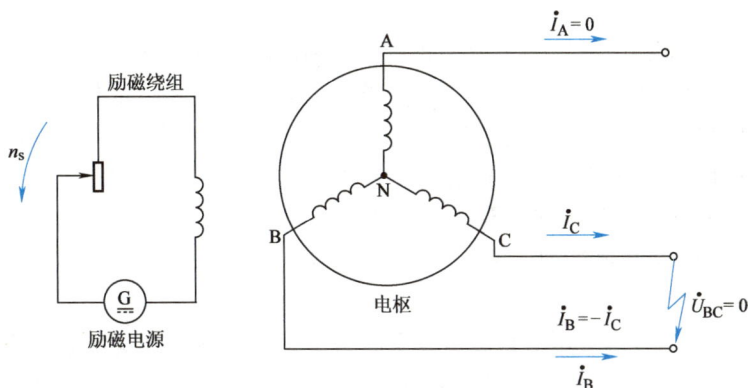

图 6-62 同步发电机的线间短路

由于 $\dot{I}_0 = 0$，所以零序系统可以不予考虑。为满足 $\dot{U}_+ = \dot{U}_-$，$\dot{I}_+ = -\dot{I}_-$ 这两个条件，正序和负序电路应当"对接"起来，如图 6-63 中虚线所示。即可解出正序和负序电流为

$$\dot{I}_+ = -\dot{I}_- = \frac{\dot{E}_0}{Z_+ + Z_-} \qquad (6\text{-}92)$$

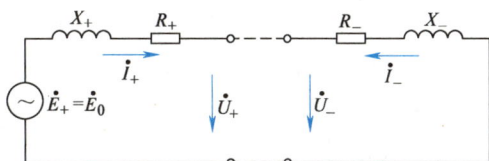

图 6-63 线间短路时正序电路和负序电路的连接

则短路电流为

$$\dot{I}_B = -\dot{I}_C = (a^2 - a)\dot{I}_+ = -j\frac{\sqrt{3}\dot{E}_0}{Z_+ + Z_-} \qquad (6\text{-}93)$$

发电机端点的正、负序电压为

$$\left.\begin{aligned}\dot{U}_+ &= \dot{E}_+ - \dot{I}_+ Z_+ = \frac{\dot{E}_0 Z_-}{Z_+ + Z_-} \\[2mm] \dot{U}_- &= -\dot{I}_- Z_- = \frac{\dot{E}_0 Z_-}{Z_+ + Z_-}\end{aligned}\right\} \qquad (6\text{-}94)$$

A 相的开路相电压为

$$\dot{U}_A = \dot{U}_+ + \dot{U}_- + \dot{U}_0 = \dot{E}_0 \frac{2Z_-}{Z_+ + Z_-} \qquad (6\text{-}95)$$

由于零序阻抗比正序阻抗小得多，比较式（6-87）和式（6-93）可知，单相稳态短路电流近似为线间稳态短路电流的 $\sqrt{3}$ 倍。

6.11 同步发电机的三相突然短路

同步发电机突然短路时，各绕组中会出现很大的冲击电流，其峰值可达额定电流的 10 倍以上，因而将在发电机内产生很大的电磁力和电磁转矩。如果设计或制造中未加以充分考虑，就可能损坏定子绕组的端部，或使转轴发生有害变形；还可能损坏与发电机相连接的其他电气装置，并破坏电网的稳定和正常运行。因此，尽管突然短路的瞬态过程很短，却十分

引人关注。

同步发电机突然短路时，定子电流和相应的电枢磁场幅值会发生突然变化，定、转子绕组间出现了变压器感应关系，转子绕组中将会感应电动势和电流，此电流又会反过来影响定子绕组的电流。因此，突然短路过程要比稳态短路复杂得多。为了简化分析，做如下假设：

1）在整个电磁瞬态过程中，转子转速保持同步转速。

2）不计磁路饱和，因而可利用叠加原理来分析。

3）突然短路前，发电机空载运行。

4）转子上只有励磁绕组。

下面具体介绍三相突然短路的传统电路分析方法，核心就是确定各相电流的初值、终值以及时间常数。为此，首先介绍超导回路磁链守恒原理。

6.11.1 超导回路磁链守恒原理

超导体闭合回路磁链守恒如图 6-64 所示，上部有一条无源的超导体闭合回路，下部为一磁极。在初始位置时，回路中交链的磁链为 ψ_0。设磁极相对于回路发生移动，导致 ψ_0 变化，在回路中感应电动势 e_0，则

$$e_0 = -\frac{d\psi_0}{dt} \qquad (6\text{-}96)$$

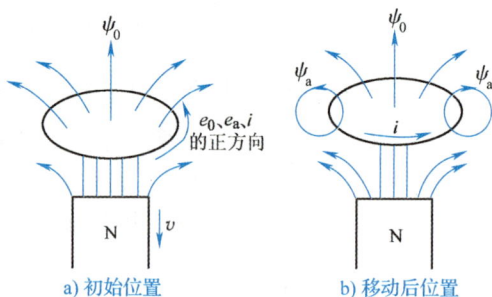

图 6-64 超导体闭合回路磁链守恒

由于回路是闭合的，电动势 e_0 便在该回路中产生电流 i，而 i 又产生一自感磁链 ψ_a 和自感电动势 e_a，其值分别为

$$\left.\begin{array}{l} \psi_a = L_a i \\ e_a = -\dfrac{d\psi_a}{dt} \end{array}\right\} \qquad (6\text{-}97)$$

式中，L_a 为回路自感。

由于回路为超导体，电阻为零，故电压方程为

$$-\frac{d\psi_0}{dt} - \frac{d\psi_a}{dt} = ri = 0 \qquad (6\text{-}98)$$

即 $\dfrac{d}{dt}(\psi_0 + \psi_a) = 0$，也就是

$$\psi_0 + \psi_a = 常数 \qquad (6\text{-}99)$$

式（6-99）表明，**无论外磁场交链超导体闭合回路的磁链如何变化，回路感应电流所产生的磁链总会抵制这种变化，使回路中的总磁链保持不变。这就是超导闭合回路的磁链守恒原理。**

然而，实际发电机中，定、转子绕组都不是超导回路，都有一定的电阻。电阻总要消耗一定的能量，因此，发电机突然短路后绕组回路中的磁链实际上是不能守恒的。但是，闭合回路内的磁链都不会突变，故认为在突然短路瞬间绕组回路中的磁链遵从守恒原理还是合理的，由此就可以确定短路电流的初值。

6.11.2 三相突然短路过程中的基本电磁关系

1. 定子各相绕组的磁链

图 6-65 所示为一台无阻尼绕组同步发电机短路时刻的励磁磁场分布。设突然短路正好发生在 A 相轴线与转子磁场轴线垂直时刻，以此为时间起点（$t = 0$），则 $\psi_A(0) = 0$，那么转子磁场产生的定子三相绕组中的励磁磁链的波形如图 6-66 所示，其数学表达式为

$$\left.\begin{array}{l} \psi_{A0} = \Psi_m \sin\omega t \\ \psi_{B0} = \Psi_m \sin(\omega t - 120°) \\ \psi_{C0} = \Psi_m \sin(\omega t + 120°) \end{array}\right\} \tag{6-100}$$

式中，下标"0"表示励磁绕组的作用；Ψ_m 为电枢磁链的幅值。

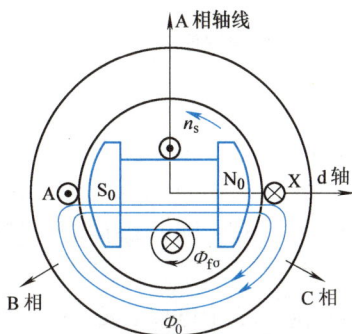

图 6-65　短路时刻的励磁磁场分布

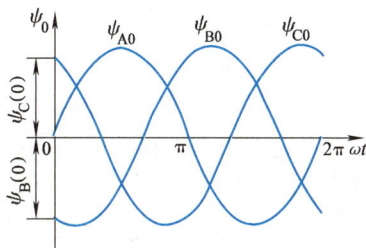

图 6-66　三相绕组中的励磁磁链的波形

定子三相绕组磁链初值分别为

$$\left.\begin{array}{l} \psi_A(0) = \Psi_m \sin 0° = 0 \\ \psi_B(0) = \Psi_m \sin(-120°) = -0.866\Psi_m \\ \psi_C(0) = \Psi_m \sin 120° = 0.866\Psi_m \end{array}\right\} \tag{6-101}$$

此外，设励磁磁场的主磁链和漏磁链分别为 ψ_{f0} 和 $\psi_{f\sigma}$，则励磁绕组磁链初始值为

$$\psi_f(0) = \psi_{f0} + \psi_{f\sigma} \tag{6-102}$$

突然短路后，因假设转子仍以同步转速旋转，故定子各相绕组所交链的励磁磁链仍按图 6-66 所示的正弦规律变化，而若假定定子绕组为超导回路，则根据磁链守恒原理，应有

$$\left.\begin{array}{l} \psi_{A0} + \psi_{Ai} = 0 \\ \psi_{B0} + \psi_{Bi} = -0.866\Psi_m \\ \psi_{C0} + \psi_{Ci} = 0.866\Psi_m \end{array}\right\} \tag{6-103}$$

式中，下标"i"表示短路电流作用；ψ_{Ai}、ψ_{Bi}、ψ_{Ci} 分别为定子三相短路电流产生的与定子绕组交链的磁链。

由式（6-103）和式（6-100）可得

$$\left.\begin{array}{l} \psi_{Ai} = 0 - \Psi_m \sin\omega t = \psi_{Az} + \psi_{A\sim} \\ \psi_{Bi} = -0.866\Psi_m - \Psi_m \sin(\omega t - 120°) = \psi_{Bz} + \psi_{B\sim} \\ \psi_{Ci} = 0.866\Psi_m - \Psi_m \sin(\omega t + 120°) = \psi_{Cz} + \psi_{C\sim} \end{array}\right\} \tag{6-104}$$

其波形如图 6-67 所示。由此可见，定子短路电流产生的磁链可分为非周期和周期两个

分量，其中周期分量与励磁磁链相互抵消，非周期分量维持绕组的磁链不变。

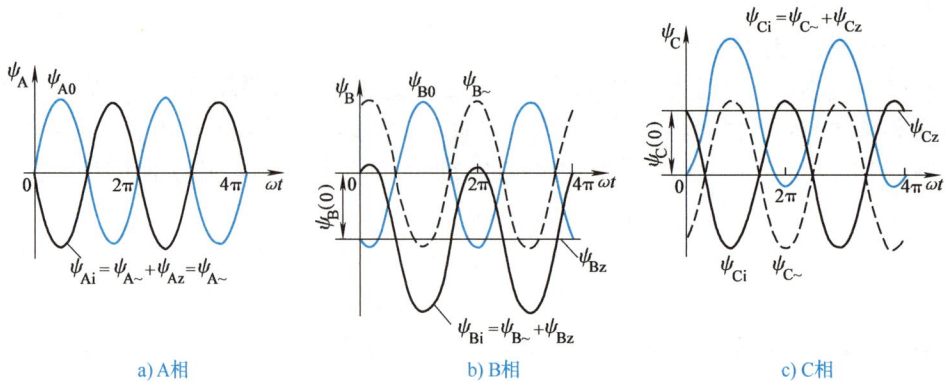

a) A相　　　　　　　　　b) B相　　　　　　　　　c) C相

图 6-67　磁链守恒条件下定子绕组中各磁链分量的波形

2. 定子各相绕组的电流

由于在有限电压源激励的情况下，电感回路中的电流不会突变，因此，发生于空载情况下的三相出线端突然短路，各相电流的初始值均应为零。这是分析定子各相电流变化规律时所必须遵循的约束条件。据此约束条件，下面具体讨论产生式（6-104）那样的三相磁链所要求的定子电流。

式（6-104）中，将磁链分解成了两个分量，与此相对应，定子电流也必须包含两个分量。一个是产生旋转磁场，与三相绕组产生正弦交变磁链 $\psi_{A\sim}$、$\psi_{B\sim}$、$\psi_{C\sim}$ 以抵消励磁磁链 ψ_{A0}、ψ_{B0}、ψ_{C0}。该分量必然是一组三相对称频率为 f_1 的交流电流，用 $i_{A\sim}$、$i_{B\sim}$、$i_{C\sim}$ 表示。另一个建立静止磁场，与三相绕组产生恒定磁链 ψ_{Az}、ψ_{Bz}、ψ_{Cz} 以满足磁链守恒条件。该分量必须是一组直流电流，称为**非周期分量**，用 i_{Az}、i_{Bz}、i_{Cz} 表示。

由于不计饱和，电流与对应的磁链成正比，因此设相电流的幅值为 I'_m，根据式（6-104）可将三相电流分为周期分量和非周期分量，表示为

$$\left.\begin{aligned}
i_A &= i_{Az} + i_{A\sim} = 0 - I'_m \sin\omega t \\
i_B &= i_{Bz} + i_{B\sim} = -0.866I'_m - I'_m \sin(\omega t - 120°) \\
i_C &= i_{Cz} + i_{C\sim} = 0.866I'_m - I'_m \sin(\omega t + 120°)
\end{aligned}\right\} \tag{6-105}$$

3. 转子绕组的电流和磁链

如上所述，突然短路时定子电流的周期分量 $i_{A\sim}$、$i_{B\sim}$、$i_{C\sim}$ 将会突然产生一个与转子同步旋转的起去磁作用的磁场。设该磁场与转子励磁绕组交链的磁链为 ψ_{fad}，则由于突然短路瞬间励磁绕组也可视为超导回路，故励磁电流必然要突增一个非周期电流分量 Δi_{fz} 以产生磁链 $\psi_{fz} = -\psi_{fad}$，才能维持回路中的磁链恒定。与此同时，又由于定子电流的非周期分量 i_{Az}、i_{Bz}、i_{Cz} 所产生的静止磁场相对于转子来说是旋转的，即其与励磁绕组交链的磁链为交变磁链，设为 $\psi_{fa\sim}$，则励磁绕组中还要再感应出一个频率为 f_1 的周期性电流分量 $i_{f\sim}$，以产生磁链 $\psi_{f\sim} = -\psi_{fa\sim}$，保证回路中的磁链守恒。

综上所述，突然短路后转子励磁绕组总电流的表达式为

$$i_f = I_{f0} + \Delta i_{fz} + i_{f\sim} \tag{6-106}$$

对应的磁链是

$$\psi_f = \psi_f(0) + \psi_{fz} + \psi_{f\sim} = \psi_f(0) - \psi_{fad} - \psi_{fa\sim} = \psi_f(0) + \psi_{fi} \tag{6-107}$$

其波形如 6-68 所示。

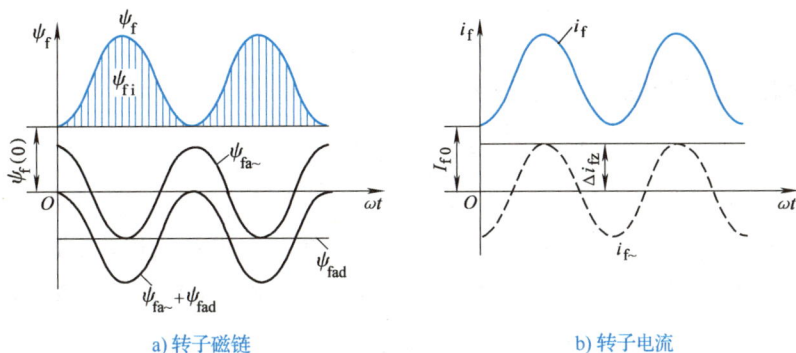

a) 转子磁链　　　　　　　　　　　　　b) 转子电流

图 6-68　磁链守恒条件下转子磁链和电流的波形

4. 瞬态磁场和瞬态电抗

图 6-69a 所示为突然短路后，转子由图 6-65 的位置转过 90°电角度后的总磁场分布示意图，此时定子相绕组中已有电流通过。为使图形清晰，励磁绕组中的周期电流分量 $i_{f\sim}$ 和定子绕组中的非周期电流分量 i_{Az}、i_{Bz}、i_{Cz} 所产生的静止气隙磁场和相应的漏磁场未在图中画出。

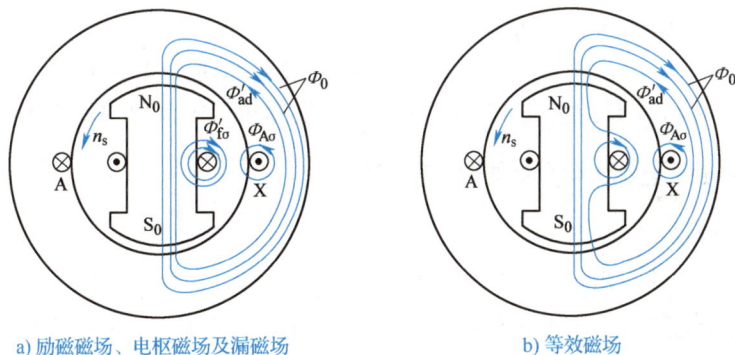

a) 励磁磁场、电枢磁场及漏磁场　　　　　　　b) 等效磁场

图 6-69　突然短路后的磁场分布示意图

图 6-69a 中，$\Phi_{A\sigma}$ 表示定子电流周期分量产生的与 A 相绕组交链的漏磁通，Φ'_{ad} 为 $i_{A\sim}$、$i_{B\sim}$、$i_{C\sim}$ 和 Δi_{fz} 联合产生的去磁磁通，转子总漏磁通用 $\Phi'_{f\sigma}$ 表示，其中含 I_{f0} 产生的漏磁通 $\Phi_{f\sigma}$ 和 Δi_{fz} 产生的漏磁通 $\Phi_{fz\sigma}$，即 $\Phi'_{f\sigma} = \Phi_{f\sigma} + \Phi_{fz\sigma}$。此时，用磁力线形象地表示磁通的大小，则 A 相绕组交链的总磁通为 $\Phi_A = \Phi_0 + \Phi'_{ad} + \Phi_{A\sigma} = 2 - 1 - 1 = 0$，而励磁绕组交链的总磁通是 $\Phi_f = \Phi_0 + \Phi'_{ad} + \Phi'_{f\sigma} = 2 - 1 + 2 = 3$，对照图 6-65 可知，定、转子绕组中的磁链满足磁链守恒要求。

把图 6-69a 中的直轴去磁磁通 Φ'_{ad} 和励磁绕组漏磁通 $\Phi_{fz\sigma}$ 合并，可得图 6-69b 所示的等效磁场分布图。此时，Φ'_{ad} 的等效路径绕道到励磁绕组外侧，表明 Δi_{fz} 产生的磁通抵制 Φ'_{ad} 进入，使 Φ'_{ad} 实际上被挤入了漏磁路。该路径磁阻远大于原主磁路，故产生磁通 Φ'_{ad} 的周期性电流的幅值就很大。这也就是三相突然短路时定子电流显著增大的原因。

磁通路径的改变，必然导致对应电抗的变化。如图 6-69b 所示，瞬态时直轴电枢反应磁通 Φ'_{ad} 所经路径的磁阻 R'_{ad} 变成直轴主气隙的磁阻 R_{ad} 和励磁绕组漏磁路磁阻 $R_{f\sigma}$ 的串联值，即

$$R'_{ad} = R_{ad} + R_{f\sigma} \tag{6-108}$$

因此，直轴瞬态电枢反应磁导 Λ'_{ad} 将成为

$$\Lambda'_{ad} = \frac{1}{R'_{ad}} = \frac{1}{R_{ad} + R_{f\sigma}} = \frac{1}{\dfrac{1}{\Lambda_{ad}} + \dfrac{1}{\Lambda_{f\sigma}}} \tag{6-109}$$

式中，Λ_{ad} 为主气隙的磁导，$\Lambda_{ad} = 1/R_{ad}$；$\Lambda_{f\sigma}$ 为励磁绕组的漏磁导，$\Lambda_{f\sigma} = 1/R_{f\sigma}$。

再考虑到与电枢反应磁路并联的电枢漏磁磁路，可得瞬态时电枢的等效直轴磁导 Λ'_d 为

$$\Lambda'_d = \Lambda_\sigma + \Lambda'_{ad} = \Lambda_\sigma + \frac{1}{\dfrac{1}{\Lambda_{ad}} + \dfrac{1}{\Lambda_{f\sigma}}} \tag{6-110}$$

式中，Λ_σ 为电枢的漏磁磁导。

由于电抗正比于磁导，于是可得瞬态时从电枢端点来看，同步发电机所表现的等效直轴电抗，即直轴瞬态电抗 X'_d 为

$$X'_d = X_\sigma + X'_{ad} = X_\sigma + \frac{1}{\dfrac{1}{X_{ad}} + \dfrac{1}{X'_{f\sigma}}} \tag{6-111}$$

式中，$X'_{f\sigma}$ 为励磁绕组漏抗的归算值。

和稳态时相比较，由于瞬态时的电枢磁导 Λ'_d 要比稳态时的 $\Lambda_d = \Lambda_\sigma + \Lambda_{ad}$ 小很多，因此直轴瞬态电抗 X'_d 要比直轴同步电抗 X_d 小很多，所以突然短路电流要比稳态短路电流大很多。

6.11.3 突然短路电流及其衰减时间常数

1. 各个电流分量

综合前面已讨论过的相关分析结果，对于无阻尼绕组、在线端发生三相突然短路的同步发电机，忽略定子电阻后，定子短路电流周期性分量的幅值 $I'_m = \sqrt{2}E_0/X'_d$，三相电流表达式为

$$\left. \begin{aligned} i'_{A\sim} &= -I'_m \sin\omega t \\ i'_{B\sim} &= -I'_m \sin(\omega t - 120°) \\ i'_{C\sim} &= -I'_m \sin(\omega t + 120°) \end{aligned} \right\} \tag{6-112}$$

这组电流称为**定子绕组的瞬态短路电流**。

相应地，各相短路电流中非周期性分量的初始值应等于周期性分量初始值的负值，即

$$\left. \begin{aligned} i_{Az} &= I'_m \sin 0° = 0 \\ i_{Bz} &= I'_m \sin(-120°) = -0.866I'_m \\ i_{Cz} &= I'_m \sin 120° = 0.866I'_m \end{aligned} \right\} \tag{6-113}$$

在转子侧，与定子短路电流的周期性分量相对应，励磁绕组中感应出非周期性电流分量 Δi_{fz}。此外，与定子短路电流的非周期性分量相对应，励磁绕组中还将感应出周期性分量 $i_{f\sim}$，其初值应为非周期性分量的负值，故有

$$i_{f\sim} = -\Delta i_{fz}\cos\omega t \tag{6-114}$$

由于各绕组都有电阻，故无源的非周期性电流分量及与之相对应的周期性分量都要衰减，当励磁绕组中的非周期性分量衰减完毕时，电枢反应磁通就可穿过励磁绕组，变成稳态三相短路，其电流幅值变为 $I_m = \sqrt{2}E_0/X_d$，三相电流的表达式为

$$\left.\begin{array}{l} i_{A\sim} = -I_m\sin\omega t \\ i_{B\sim} = -I_m\sin(\omega t - 120°) \\ i_{C\sim} = -I_m\sin(\omega t + 120°) \end{array}\right\} \tag{6-115}$$

2. 突然短路电流的衰减变化规律

在确定了定子短路电流的各个分量及其最大值和稳态值后，若再确定出实际衰减时间常数，最终就可以给出定子短路电流的变化规律。在此之前，为有利于对实际衰减变化过程的理解，不妨先将式（6-113）和式（6-112）合并起来得到不衰减的三相短路电流，并做技术性处理为

$$\left.\begin{array}{l} i_A = i'_{A\sim} + i_{Az} = -\left[(I'_m - I_m) + I_m\right]\sin\omega t \\ i_B = i'_{B\sim} + i_{Bz} = -\left[(I'_m - I_m) + I_m\right]\sin(\omega t - 120°) - 0.866I'_m \\ i_C = i'_{C\sim} + i_{Cz} = -\left[(I'_m - I_m) + I_m\right]\sin(\omega t + 120°) + 0.866I'_m \end{array}\right\} \tag{6-116}$$

式中，将 I'_m 分解成 $I'_m - I_m$ 和 I_m 两部分，再加上非周期性分量，一共为 3 部分。各部分的物理意义如下：

1）$I'_m - I_m$ 为瞬态分量，与励磁绕组中的非周期性分量 Δi_{fz} 对应。

2）I_m 为稳态分量，与恒定励磁电流 I_{f0} 对应。

3）非周期性分量，与励磁绕组中的周期性分量 $i_{f\sim}$ 对应。

上述 3 个分量中，除稳态分量外，其他两个分量均按各自的衰减速率衰减。其中，与 Δi_{fz} 对应的瞬态分量，衰减时间常数设为 T'_d；与 $i_{f\sim}$ 对应的非周期分量将统一按定子绕组时间常数 T_a 衰减。

至此，考虑上述各分量衰减因素，式（6-116）可改写为

$$\left.\begin{array}{l} i_A = i'_{A\sim} + i_{Az} = -\left[(I'_m - I_m)e^{-\frac{t}{T'_d}} + I_m\right]\sin\omega t \\ i_B = i'_{B\sim} + i_{Bz} = -\left[(I'_m - I_m)e^{-\frac{t}{T'_d}} + I_m\right]\sin(\omega t - 120°) - 0.866I'_m e^{-\frac{t}{T_a}} \\ i_C = i'_{C\sim} + i_{Cz} = -\left[(I'_m - I_m)e^{-\frac{t}{T'_d}} + I_m\right]\sin(\omega t + 120°) + 0.866I'_m e^{-\frac{t}{T_a}} \end{array}\right\} \tag{6-117}$$

式中，T_a 是定子非周期电流衰减时间常数，由定子绕组电阻和非周期性电流所建立的静止磁场对应的等效电感确定。

由于此磁场交替的与直、交轴重合，故对应的电抗可取 X'_d 和 X_q 的算术平均值，即负序电抗 X_-，从而有

$$T_a = \frac{X_-}{\omega R_a} \tag{6-118}$$

相应地，励磁绕组中周期性电流也按时间常数 T_a 衰减。T'_d 是励磁绕组非周期电流和定子电流瞬态分量衰减的时间常数，它由励磁绕组电阻和非周期电流建立的磁场对应的等效电感确定。由于此时 Δi_{fz} 产生的磁场不能进入电枢绕组，所以等效电抗（与计算 X'_d 类似）为

$$X'_\text{f} = X_\text{f\sigma} + \cfrac{1}{\cfrac{1}{X_\text{ad}} + \cfrac{1}{X_\sigma}} = (X_\text{f\sigma} + X_\text{ad}) \cfrac{X_\sigma + \cfrac{1}{\cfrac{1}{X_\text{ad}} + \cfrac{1}{X_\sigma}}}{X_\sigma + X_\text{ad}} = X_\text{f} \frac{X'_\text{d}}{X_\text{d}} \tag{6-119}$$

从而

$$T'_\text{d} = \frac{X'_\text{f}}{\omega R_\text{f}} = \frac{X_\text{f} X'_\text{d}}{\omega R_\text{f} X_\text{d}} = T_\text{f} \frac{X'_\text{d}}{X_\text{d}} \tag{6-120}$$

需要说明的是，式（6-119）和式（6-120）中的转子励磁绕组电阻、电抗均已归算到定子绕组，但未加符号"'"。

式（6-117）就是在转速和励磁电流恒定、磁路不饱和、空载、$\varPhi_\text{A}(0) = 0$ 条件下，出线端三相突然短路电流的解析表达式。

以 A 相为例，其短路电流的波形如图 6-70 所示，图中稳态分量以上部分为瞬态分量，是励磁绕组作用的反应。

实际上，由于励磁绕组流过周期性电流 $i_\text{f\sim}$ 产生脉振磁场，其正转分量以 $2n_\text{s}$ 切割定子绕组，在定子绕组中感应倍频的电动势和电流，所以式（6-117）是忽略了该分量的近似表达式。

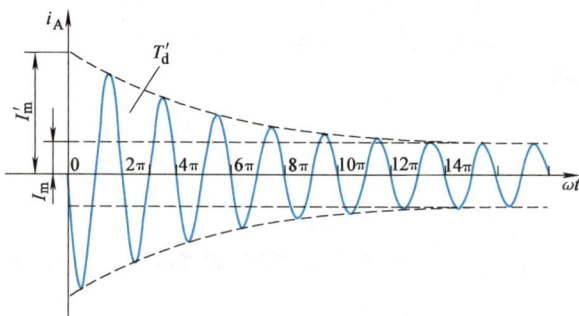

图 6-70 三相突然短路（无阻尼绕组）的 A 相电流波形

同步发电机装有阻尼绕组时，在转速和励磁电流恒定、磁路不饱和、空载、$\varPhi_\text{A}(0) = 0$ 条件下，出线端三相突然短路电流的表达式为

$$
\left.
\begin{aligned}
i_\text{A} &= -\left[(I''_\text{m} - I'_\text{m})\,\text{e}^{-\frac{t}{T''_\text{d}}} + (I'_\text{m} - I_\text{m})\,\text{e}^{-\frac{t}{T'_\text{d}}} + I_\text{m}\right]\sin\omega t \\
i_\text{B} &= -\left[(I''_\text{m} - I'_\text{m})\,\text{e}^{-\frac{t}{T''_\text{d}}} + (I'_\text{m} - I_\text{m})\,\text{e}^{-\frac{t}{T'_\text{d}}} + I_\text{m}\right]\sin(\omega t - 120°) - 0.866 I''_\text{m}\,\text{e}^{-\frac{t}{T_\text{a}}} \\
i_\text{C} &= -\left[(I''_\text{m} - I'_\text{m})\,\text{e}^{-\frac{t}{T''_\text{d}}} + (I'_\text{m} - I_\text{m})\,\text{e}^{-\frac{t}{T'_\text{d}}} + I_\text{m}\right]\sin(\omega t + 120°) + 0.866 I''_\text{m}\,\text{e}^{-\frac{t}{T_\text{a}}}
\end{aligned}
\right\} \tag{6-121}
$$

式中，$I''_\text{m} - I'_\text{m}$ 为超瞬变分量，$I''_\text{m} = \sqrt{2} E_0 / X''_\text{d}$；$T''_\text{d}$ 是直轴阻尼绕组非周期电流和定子电流超瞬态分量衰减的时间常数。

A 相短路电流的波形如图 6-71 所示，可以看出，装设阻尼绕组后短路电流值会更大，这是不利的一面。但装设阻尼绕组有利于同步发电机的稳定运行和削弱不对称运行时的负序磁场。

另外，还需强调，定子各相非周期性电流的初值与短路时刻有关。如在与某相交链的磁链达正最大值时短路，则该相周期性电流的初始值为 $-I''_\text{m}$，非周期电流为 I''_m。若不考虑衰

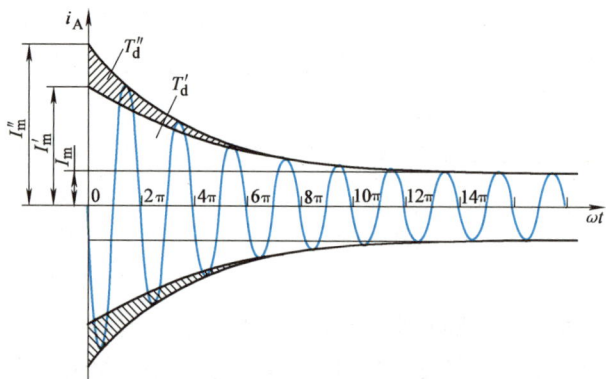

图 6-71 三相突然短路（有阻尼绕组）的 A 相电流波形

减，经过半个周期后，最大冲击电流可达 $2I''_m$，实际衰减后最大电流也可达到 $(1.8～1.9)I''_m$。

国家标准规定，同步发电机必须能承受 105% 额定电压下的三相空载突然短路，最大冲击电流值估算为

$$i''_{max} = \frac{1.8 \times 1.05\sqrt{2}\,U_{N\phi}}{X''_d} \tag{6-122}$$

通常，$i''_{max} \leqslant 15\sqrt{2}\,I_N$。

6.12 永磁同步电机

永磁同步电机的转子磁场是由预先充磁的永久磁钢产生的，目前多采用高磁能积的稀土永磁材料，如稀土钴、钕铁硼等。电枢绕组与普通的交流电机基本相同，定子旋转磁场由对称的定子三相电流产生。永磁同步电机既可以运行于电动机状态也可运行于发电机状态，分别称为**永磁同步电动机和永磁同步发电机**，下面分别进行介绍。

6.12.1 永磁同步电动机

永磁同步电动机运行于工频电源时，一般在转子上安装笼型起动绕组，采用异步起动法起动，称为**异步起动永磁同步电动机**。永磁同步电动机也可采用逆变器供电应用于调速系统，称为**调速永磁同步电动机**。调速永磁同步电动机根据供电电流和定子绕组感应电动势波形的不同，又分为正弦波永磁同步电动机和梯形波永磁同步电动机。梯形波永磁同步电动机具有直流电动机的特性而又没有电刷，所以通常称为**无刷直流电动机**。关于无刷直流电动机的内容已在第 3 章做了论述，下面介绍异步起动永磁同步电动机和正弦波永磁同步电动机。

1. 异步起动永磁同步电动机

这类电动机的转子上装有笼型起动绕组，其结构如图 6-72 所示。永磁同步电动机的转子结构分类方法很多。根据永磁体的位置不同，可分为表面式和内置式；根据永磁体磁化方向与转子旋转方向的关系，又可分为径向式、切向式和混合式等。图 6-72a 为内置径向式，该结构的优点是漏磁系数小，转轴上不需采取隔磁措施，极弧系数易于控制，转子冲片机械强度高，安装永磁体后转子不易变形等。图 6-72b 为内置切向式，该结构的漏磁系数较大，并且需采用相应的隔磁措施。电动机的制造工艺和制造成本较径向式结构有所增加，其优点在于一个极距下的磁通由相邻两个磁极并联提供，可得到更大的每极磁通，尤其当电动机极数较多、径向式结构不能提供足够的每极磁通时，这种结构的优势便显得更为突出。此外，采用切向式转子结构的永磁同步电动机的磁阻转矩在电动机总电磁转矩中的比例可达 40%，这对充分利用磁阻转矩，提高电动机功率密度和扩展电动机的恒功率运行范围都是很有利的。图 6-72c 为内置混合式，该种结构转子可为安放永磁体提供更多的空间，空载漏磁系数也较小，但制造工艺复杂，转子冲片的机械强度也有所下降。

永磁同步电动机是在具有恒定励磁的情况下起动的，这将使定子绕组感应出附加的电动势和电流，并与永磁磁场相互作用，产生制动转矩 T_G；而笼型起动绕组则将产生异步驱动转矩 T_D；如果电机是凸极式，即 $X_d \neq X_q$，还会产生单轴转矩 T_s。起动过程中的合成电磁转矩 T_e 是由 T_G、T_D 和 T_s 叠加而成。图 6-73 所示为永磁同步电动机在异步状态下的转矩曲线。

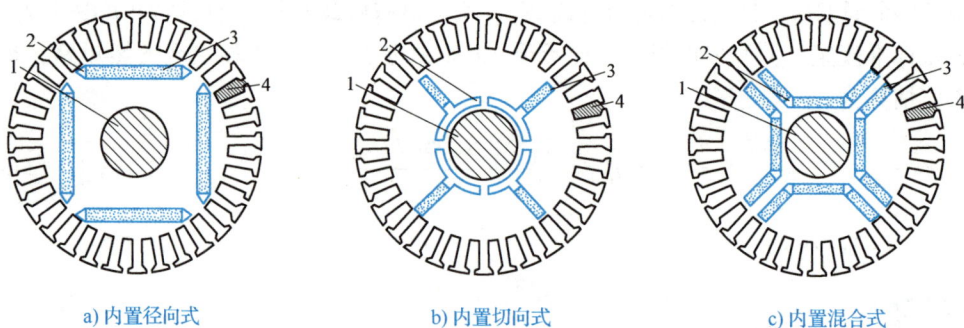

a) 内置径向式　　　　　b) 内置切向式　　　　　c) 内置混合式

图 6-72　异步起动永磁同步电动机的转子结构

1—转轴　2—隔磁槽　3—永磁体　4—鼠笼条

2. 正弦波永磁同步电动机

正弦波永磁同步电动机的定子绕组通常为三相对称绕组，转子通过适当设计永磁体的形状，保证产生的气隙磁通密度接近正弦分布，这样，当电动机运行时，定子绕组的感应电动势为正弦波。

正弦波永磁同步电动机是一种典型的机电一体化电机。它由电机本体、位置传感器、逆变器及驱动电路等组成。图 6-74 所示为典型正弦波永磁同步电动机的基本组成框图。

在图 6-74 中，永磁同步电动机的定子三相对称绕组由逆变器供电。逆变器输出电流的大小取决于转子位置和负载，而频率则取决于转子的转速。转子的转速越高，逆变器输出电流的频率就越高，反之亦然。

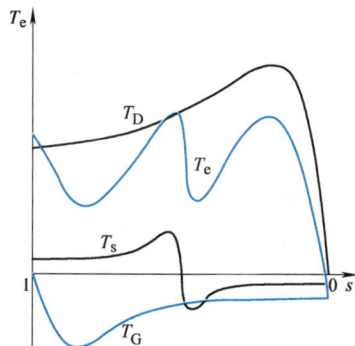

图 6-73　永磁同步电动机在异步状态下的转矩曲线

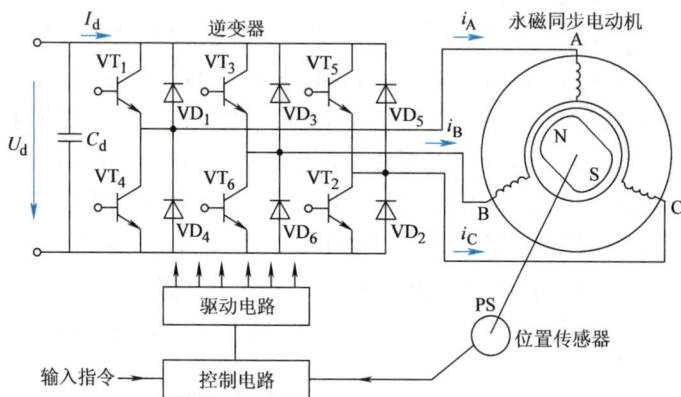

图 6-74　正弦波永磁同步电动机的基本组成框图

通常，正弦波永磁同步电动机转子的位置是通过高精度位置传感器连续测量获得的。位置传感器可以是光电编码器或旋转变压器。位置传感器输出的转子位置信号经控制电路处理放大后，按一定的顺序驱动三相桥式逆变器中主开关器件的通断，使永磁同步电动机定子绕组通过近似正弦的三相对称电流，从而产生以同步速旋转的电枢反应磁场。该磁场与转子永磁磁场相互作用产生电磁转矩，拖动负载以同步速旋转。

由此可见，正弦波永磁同步电动机定子绕组电流的通断受控于转子位置，也就是定子电流的频率与转子转速同步。因此，正弦波永磁同步电动机属于自控式同步电动机。

正弦波永磁同步电动机的转子磁路结构，按照永磁体在转子上的位置不同，可分为表面式和内置式两种，如图 6-75 所示，其中图 6-75a、b 和 c 为表面式，图 6-75d 和 e 为内置式。对于表面式转子磁路结构，由于永磁材料的相对磁导率接近于 1，交、直轴的磁阻近似相等，故在电磁性能上属于隐极转子结构；而内置转子磁路结构，直轴磁路由于永磁体的存在，磁阻大，交轴磁场可经永磁体外面的铁心形成回路，因而磁阻小，即 $X_d < X_q$。所以，内置式转子磁路结构在电磁性能上属于凸极转子结构。

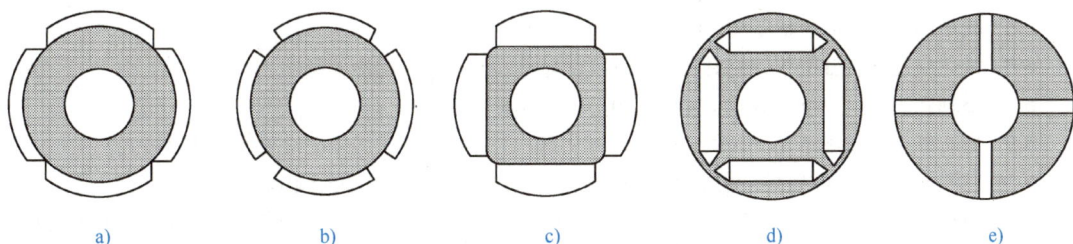

a)   b)   c)   d)   e)

图 6-75 正弦波永磁同步电动机的转子磁路结构

6.12.2 永磁同步发电机

永磁同步发电机的转子除可采用图 6-75 所示的结构形式外，在小功率电机中采用爪极转子，如图 6-76 所示。爪极转子通常由两个带爪的法兰盘和一个轴向充磁的圆环或圆柱形永磁体组成。两个带爪法兰盘爪数相等（等于极数的 1/2）。左右两个法兰盘对合，爪极相互错开，沿圆周均匀分布，永磁体夹在两个带爪法兰盘中间，一个法兰盘上的爪为 N 极，另一个法兰盘上的爪为 S 极。形成极性相异、相互错开的多极转子，法兰盘上的爪起到极靴的作用。

永磁同步发电机具有结构简单、运行可靠、体积小、效率高等优点。但也有制成后难以调节磁场以控制其输出电压、永磁材料和加工工艺的分散性导致发电机输出电压偏离额定值等不足。随着电力电子器件性价比的提高，目前正在逐步采用可控整流或整流-逆变技术来调节电压，上述缺点可以得到弥补。

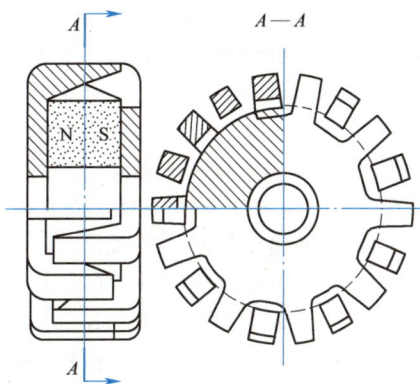

图 6-76 爪极转子

永磁同步发电机应用领域广阔，功率大的如航空、航天用主发电机、大型同步发电机的副励磁机，功率小的如汽车、拖拉机用发电机、风力发电机、小型水力发电机、小型内燃机发电机等。

习　题

思考题

6-1　同步电机有哪几种运行状态，如何区分？

6-2　汽轮发电机和水轮发电机在结构上有何区别？原因何在？

6-3　同步发电机定子方面的负载变化是怎样作用到转子上的？

6-4　试述同步电机的主要励磁方式。

6-5　同步发电机怎样产生三相交流电能？同步电动机怎样将电能转换成机械能？

6-6　何谓同步电机的电枢反应？电枢反应的性质取决于什么？

6-7　试述交轴和直轴电枢反应对同步发电机中能量转换和运行性能的影响。

6-8　交轴和直轴电枢反应对同步发电机的运行有何影响？

6-9　旋转电枢式和旋转磁极式同步电机有何不同？为什么大容量同步电机采用旋转磁极式？

6-10　同步电机的气隙磁场，在空载时是如何激励的？在负载时是如何激励的？

6-11　对称负载时，同步电机的定子和转子磁动势之间有无相对运动？在转子励磁绕组中有无感应电动势？

6-12　定子电流产生的谐波磁动势与转子电流产生的谐波磁动势各以什么转速旋转？它们在定子绕组中感应电动势频率有何不同？

6-13　同步电抗对应于什么磁通？为什么说同步电抗是三相电流产生的电抗而它的数值是每相值？每相同步电抗与每相绕组本身的励磁电抗有什么区别？

6-14　试比较变压器的励磁阻抗、感应电机的励磁阻抗和同步电机的同步阻抗，说明为什么有这些差别。

6-15　试述电枢反应电抗 X_a 的意义。

6-16　试画出隐极同步发电机在纯电阻负载时的相量图，并说明这种情况下电枢反应的性质。

6-17　隐极同步电机的电枢反应电抗与感应电机的什么电抗具有相同的物理意义？

6-18　为什么要采用双反应理论分析凸极同步发电机？凸极同步发电机负载运行时，若 ψ_0 既不等 0°，又不等于 90°，问电枢磁场的基波与电枢磁动势的基波在空间是否同相？为什么？

6-19　试述直轴和交轴电枢反应电抗的意义。

6-20　三相同步发电机对称稳定运行时，电枢电流滞后和超前于励磁电动势 E_0 的相位差大于 90° 的两种情况下（即 90°<ψ_0<180° 和 −180°<ψ_0<−90°），电枢磁动势两个分量 F_{aq} 和 F_{ad} 各起什么作用？

6-21　为什么凸极同步电机的直轴电枢反应电抗 X_{ad} 比交轴电枢反应电抗 X_{aq} 大？

6-22　试述同步电机作为发电机和电动机运行时 φ、ψ_0 和 δ 角的变化。

6-23　为什么从空载特性和短路特性不能测定同步电机的交轴同步电抗？为什么从空载特性和短路特性不能准确地测定同步电抗的饱和值？

6-24　什么叫短路比？它和电机性能与成本的关系怎样？短路比与同步电抗的关系怎样？为什么汽轮发电机的短路比允许比水轮发电机小一些？

6-25　测定同步发电机空载特性和短路特性时，如果转速降为 $0.95n_N$，对试验结果各有什么影响？

6-26　同步发电机单独负载运行和与电网并联运行时性能上有哪些差别？原因何在？

6-27　试述同步发电机投入电网并联的条件和方法。

6-28　试述同步发电机与电网并联时静态稳定的概念。

6-29　一台并联于无穷大电网运行的同步发电机，其电流滞后于电压。如果逐渐减小其励磁电流，试问电枢电流如何变化？

6-30　同步发电机并联运行时，如果①发电机电压大于或小于电网电压；②发电机频率大于或小于电网频率。其他条件均符合，那么合闸后分别会发生下列哪种情况？①发电机输出滞后无功电流；②发电机输入滞后无功电流；③发电机输出有功电流；④发电机输入有功电流。

6-31　一水电站给一远距离用户供电，为改善功率因数加装一台同步调相机，问应装在水电站内，还是应装在离用户较近的变电站内？为什么？

6-32　并联于电网上运行的同步电机，从发电机状态变为电动机状态时，其功率角 δ、电磁转矩 T_e、电枢电流 I 以及功率因数 $\cos\varphi$ 会发生怎样变化？

6-33　同步电机的电抗大小取决于什么？参数 X_d''、X_d'、X_d 哪一个大？哪一个小？为什么？

6-34　在三相同步发电机突然短路发生后的电流衰减过程中，电机中交链定子绕组的气隙磁通值有何变化？

6-35　同步发电机三相突然短路时，各绕组的周期性电流和非周期性电流为何出现？在定、转子绕组中，它们的对应关系是怎样的？在什么情况下定子某相绕组中非周期性电流最大？

6-36　阻尼绕组对三相突然短路后定子突然短路电流倍数和励磁电流非周期性分量的增长倍数有何影响？为什么？

计算题

6-1　有一台三相同步发电机，额定容量 $S_N = 20\text{kV·A}$，额定电压 $U_N = 400\text{V}$，额定功率因数 $\cos\varphi_N = 0.8$，额定频率 $f_N = 50\text{Hz}$，额定转速 $n_N = 1500\text{r/min}$。试求：

（1）该发电机的极对数 p 和额定电流 I_N；

（2）额定运行时发电机发出的有功功率和无功功率。

6-2　有一台 400kW、6300V（星形联结），$\cos\varphi_N = 0.8$（滞后）的三相凸极同步发电机，在额定状态下运行时，$\psi_0 = 60°$，$E_0 = 7400\text{V}$（每相值），试求该电机的 X_d 和 X_q（不计磁饱和与电枢电阻）。

6-3　三相汽轮发电机，额定容量为 2500kV·A，额定电压为 6.3kV，丫联结，同步电抗 $X_s = 10.4\Omega$，电枢电阻 $R_a = 0.071\Omega$。试求在额定负载且功率因数为 0.8 滞后时的励磁电动势、功率角及电压变化率。

6-4　有一台 70000kV·A、60000kW、13.8kV（星形联结）的三相水轮发电机，交、直轴同步电抗的标幺值分别为 $X_d^* = 1.0$，$X_q^* = 0.7$，试求额定负载时发电机的励磁电动势 E_0^*（不计磁饱和与定子电阻，功率因数角 $\varphi > 0$）。

6-5　一台三相丫联结的隐极同步发电机，空载时使端电压为 220V 所需的励磁电流为 3A。当发电机接上每相 5Ω 的丫联结电阻负载时，要使端电压仍为 220V，所需的励磁电流为 3.8A。不计电枢电阻，试求不饱和时发电机的同步电抗。

6-6　一台三相丫联结的隐极同步发电机，额定电流 $I_N = 60\text{A}$，同步电抗 $X_s = 1\Omega$，电枢电阻忽略不计，调节励磁电流使空载端电压为 480V，保持此励磁电流不变，当发电机输出功率因数 0.8（超前）的额定电流时，发电机的端电压为多大？此时的电枢反应磁动势起何作用？

6-7　一台凸极同步发电机额定容量 $S_N = 62500\text{kV·A}$，定子绕组丫联结，额定频率为 50Hz，额定功率因数 $\cos\varphi_N = 0.8$（滞后），直轴同步电抗标幺值 $X_d^* = 0.8$，交轴同步电抗标幺值 $X_q^* = 0.6$，$R_a = 0\Omega$，试求额定负载下发电机的电压调整率。

6-8　一台 11kV、50Hz、4 极丫联结的隐极同步发电机，同步电抗 $X_s = 12\Omega$，不计电枢绕组电阻。该发电机并联于无限大电网运行，输出有功功率 3MW，功率因数为 0.8（滞后）。求：

（1）每相励磁电动势 E_0 和功率角 δ；

（2）如果励磁电流保持不变，发电机不失去同步时所能产生的最大电磁转矩。

6-9 有一台汽轮发电机的数据如下：额定容量 $S_N = 15000\text{kV} \cdot \text{A}$，额定电压 $U_N = 6.3\text{kV}$（星形联结），额定功率因数 $\cos\varphi_N = 0.8$（滞后）。由空载、短路试验得到的数据见表 6-5。

表 6-5 计算题 6-9 的试验数据

励磁电流/A	$102(I_{f0})$	$158(I_{fk})$
电枢电流 I/A（从短路特性上查得）	887	1375
线电压 U_L/V（从空载特性上查得）	6300	7350
线电压 U_L/V（从气隙线上查得）	8000	12390

试求：

（1）同步电抗的实际值和标幺值；

（2）短路比；

（3）不计磁饱和与电枢电阻，额定负载时发电机的励磁电动势 E_0。

6-10 题 6-9 中的汽轮发电机，除已给数据外，尚知电枢的波梯电抗 $X_p = 0.42\Omega$，发电机的空载特性见表 6-6。

表 6-6 计算题 6-10 的空载特性

U_L/V	0	4500	5500	6000	6500	7000	7500	8000
I_f/A	0	60	80	92	111	130	190	286

试用电动势-磁动势矢量图求发电机的额定励磁电流 I_{fN} 和电压调整率 Δu。

6-11 三相汽轮发电机，额定功率为 200MW，$\cos\varphi = 0.85$（滞后），15.75kV（丫联结）。

空载试验时：$U_0 = U_N = 15.75\text{kV}$，$I_{f0} = 630\text{A}$；从气隙线查出：$U_0 = 15.75\text{kV}$，$I_{f0(\delta)} = 560\text{A}$。短路试验数据见表 6-7。

表 6-7 短路试验数据

I_k/A	4270	4810	8625
I_f/A	560	630	1130

试求同步电抗实际值、标幺值以及短路比。

6-12 有一台水轮发电机，额定容量 $S_N = 15000\text{kV} \cdot \text{A}$，额定电压 $U_N = 13.8\text{kV}$，星形联结，额定功率因数 $\cos\varphi_N = 0.8$（滞后），波梯电抗 $X_p = 3.05\Omega$，额定负载时电枢反应的等效磁动势用励磁电流表示为 135A，发电机的空载特性见表 6-8。

表 6-8 计算题 6-12 的空载特性

U_L/V	0	2000	3600	6300	7800	8900	9550	10000	10350
I_f/A	0	45	80	150	200	250	300	350	400

试用电动势-磁动势矢量图求发电机的额定励磁电流 I_{fN} 和电压调整率 Δu。

6-13 有一台 25000kW、10kV（星形联结）、$\cos\varphi_N = 0.8$（滞后）的汽轮发电机，其空载、短路试验的数据见表 6-9、表 6-10。

表 6-9 计算题 6-13 的空载试验数据

U_L/kV	0	6.2	10.5	12.3	13.46	14.1	14.5
I_f/A	0	77.5	155	232	310	388	466

表 6-10　计算题 6-13 的短路试验数据

I/A	1718
I_f/A	280

已知发电机的波梯电抗 $X_p = 0.432\Omega$，励磁绕组电阻 $R_{f75℃} = 0.461\Omega$，基本铁耗 $p_{Fe(U=U_N)} = 138kW$，定子基本铜耗 $p_{Cua75℃(I=I_N)} = 147kW$，杂散损耗 $p_{ad} = 100kW$，机械损耗 $p_{mec} = 260kW$。试用 MATLAB 语言编程求发电机的额定励磁电流 I_{fN}、电压调整率 Δu 和额定效率 η_N。

6-14　有一台 $X_d^* = 0.8$，$X_q^* = 0.5$ 的凸极同步发电机与电网并联运行，已知发电机的 $U^* = 1.0$，$I^* = 1.0$，$\cos\varphi = 0.8$（滞后），电枢电阻略去不计。试用 MATLAB 语言编程求发电机的空载电动势 E_0^*、功率角 δ_N 和最大电磁功率 P_{emax}^*。

6-15　一台汽轮发电机与无穷大电网并联运行，已知原先运行时的功率角 $\delta = 20°$，后因电网发生故障使电网电压下降到原来的 60%，假定故障前后发电机的输出有功功率保持不变，试问欲保持 δ 不大于 $25°$ 时，应使发电机的 E_0 上升到原先的多少倍（电枢电阻忽略不计）？

6-16　一台 31250kV·A（星形联结）、$\cos\varphi_N = 0.8$（滞后）的汽轮发电机与无穷大电网并联运行，已知发电机的同步电抗 $X_s = 7.53\Omega$，额定负载时的励磁电动势 $E_0 = 17.2kV$（每相值），不计饱和与电枢电阻，试求：

（1）发电机在额定负载时的电磁功率 P_e、功率角 δ、输出的无功功率 Q_2 及过载能力各为多少？

（2）维持额定励磁不变，减少汽轮机的输出，使发电机输出的有功功率减少一半，此时的 P_e、δ、$\cos\varphi$ 和 Q_2 将变为多少？

（3）若保持发电机输出的有功功率为额定值不变，减少发电机的励磁，使 $E_0 = 13kV$，此时的 P_e、δ、$\cos\varphi$ 和 Q_2 将变为多少？

6-17　有一台三相同步电动机接于无穷大电网，已知 $U_N = 6.0kV$（星形联结），$n_N = 300r/min$，$I_N = 57.8A$，$\cos\varphi_N = 0.8$（超前），$X_d = 64.2\Omega$，$X_q = 40.8\Omega$，电枢电阻忽略不计，试求：

（1）额定负载时电动机的励磁电动势 E_0、功率角 δ、电磁功率 P_e 和电磁转矩 T_e；

（2）若负载转矩保持为额定值不变，调节励磁，使 $\cos\varphi = 1.0$，问此时的励磁电动势 E_0、功率角 δ 变成多少？

6-18　有一台同步电动机在额定电压、额定频率、额定负载下（功率因数超前）运行时，功率角 $\delta_N = 25°$，现因电网发生故障，情况有如下改变时功率角有何变化（励磁电流不变，电枢电阻、凸极、饱和效应均忽略不计）？

（1）负载转矩不变，电网频率下降 5%；

（2）负载转矩不变，电压和频率都下降 5%。

6-19　有一台同步电动机接到无穷大电网，电动机在额定电压下运行，已知电动机的同步电抗标幺值 $X_d^* = 0.8$，$X_q^* = 0.5$，定子电流为额定电流时功率角 $\delta_N = 25°$，试求：

（1）此时的 E_0^* 和 $\cos\varphi$；

（2）该励磁下电动机的过载能力；

（3）在此负载转矩下电动机能保持同步运行的最低 E_0^*；

（4）转子失去励磁时电动机的最大电磁功率（标幺值）。

6-20　某工厂电力设备的总功率为 4500kW，$\cos\varphi = 0.7$（滞后）。由于生产发展，欲新添一台 500kW 的同步电动机，并使工厂的总功率因数提高到 0.9（滞后），问此电动机的容量及功率因数应为多少（电动机的损耗略去不计）？

6-21　有一无穷大电网，受电端的线电压 $U_N = 6.0kV$，供电给一个线电流 $I = 1000A$，$\cos\varphi = 0.8$（滞后）的三相负载。现欲加装同步调相机以把线路的功率因数提高到 0.95（滞后），问此时调相机将输出多少滞后的无功电流?

6-22 试推导出三相同步发电机两相对中性点短路时的短路电流表达式。

6-23 一台隐极同步发电机的同步电抗标幺值 $X_s^* = 1.8$,额定功率因数 $\cos\varphi = 0.87$(滞后),当励磁电流标幺值 $I_f^* = 1$ 时,其励磁电动势标幺值 $E_0^* = 1$。不计电枢电阻和漏电抗,设磁路线性,如果将发电机气隙加大一倍,则同步电抗标幺值为多少?产生空载额定电压和三相稳态短路额定电流所需的励磁电流标幺值各为多少?

6-24 一台同步发电机的参数为 $Z_+^* = 1.55$,$Z_-^* = 0.215$,$Z_0^* = 0.054$。设空载电压为额定电压,求发生下述短路故障时的稳态短路电流(忽略定子绕组电阻):

(1)三相短路时的短路电流;

(2)两线之间短路时的短路电流;

(3)一线对中性点短路时的短路电流。

第 7 章　特殊电机

前面各章介绍的直流电机、变压器和交流电机都属于常规电机。所谓的特殊电机，是指结构和原理方面与常规电机差别较大的电机。本章主要介绍步进电动机、开关磁阻电机、力矩电机、磁滞电动机、超导电机和超声波电机 6 种电机的结构和工作原理。

知识图谱

7.1　步进电动机

步进电动机是一种将数字脉冲转换为阶梯波电压，并在此电压驱动下做步进运动的电动机。施加一个脉冲信号，步进电动机就前进一个步距。它由步进电动机本体、驱动电路和控制电路构成，其系统框图如图 7-1 所示。

步进电动机种类很多。根据其工作原理的不同，可以分为反应式、永磁式和混合式 3 类。下面分别介绍它们的结构和工作原理。

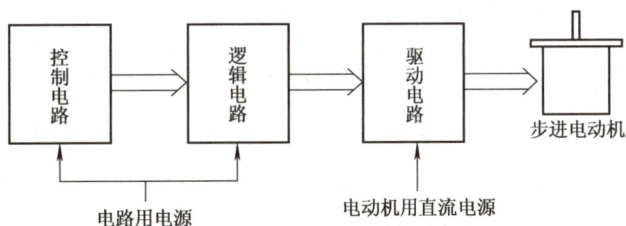

图 7-1　步进电动机系统框图

7.1.1　反应式步进电动机的结构和工作原理

以三相反应式步进电动机为例。图 7-2 所示为一台三相反应式步进电动机的结构，定子上有 6 个磁极和三相绕组，每一相绕组绕在相对的两个磁极上，绕组通电时，这两个磁极的极性相反。转子铁心及定子磁极上有小齿，定、转子齿距相等。转子铁心上没有绕组。

步进电动机的单相通电状态如图 7-3 所示。当 A 相绕组通电时，电动机内建立以 AA′ 为轴线的磁场，如图 7-3a 所示。由于定、转子上有齿和槽，当定、转子齿的相对位置不同时，磁路的磁导也不同，定、转子齿相对的磁

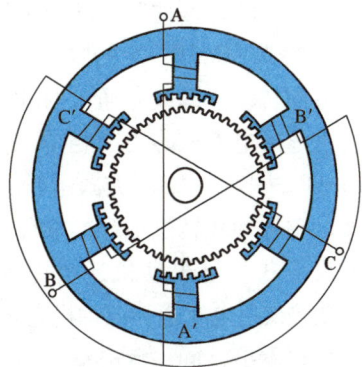

图 7-2　三相反应式步进电动机的结构

极的磁导最大，定、转子齿和槽相对的磁极的磁导最小。转子的稳定平衡位置是使通电相磁路的磁导最大的位置，所以 A 相通电时转子处于 A 相磁极下定、转子齿相对的位置。当 A 相绕组断电、B 相绕组通电时，则建立以 BB′ 为轴线的磁场，如图 7-3b 所示，磁场在空间上沿逆时针方向转过 120°，转子齿的轴线将力求与 B 相磁极上定子齿的轴线对齐，以达到平衡状态，转子沿逆时针方向转过 1/3 齿距。齿距为

$$\theta_t = \frac{360°}{Z_r} \tag{7-1}$$

式中，Z_r 为转子齿数。

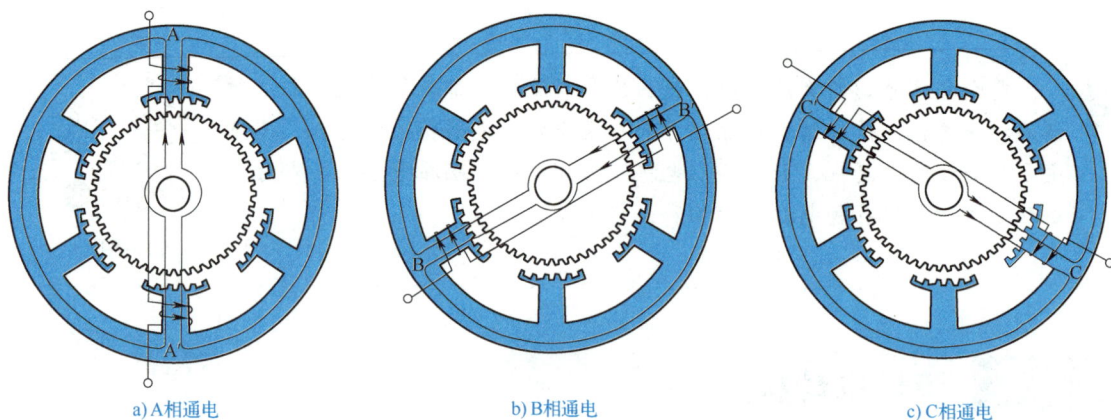

a) A相通电　　　　　b) B相通电　　　　　c) C相通电

图 7-3　步进电动机单相通电状态

在 B 相绕组断电的同时，给 C 相绕组通电，则建立以 CC′ 为轴线的磁场，如图 7-3c 所示，转子又沿逆时针方向转过 1/3 齿距以使 C 相极下定、转子齿对齐。

在 C 相绕组断电的同时，给 A 相绕组通电，则转子又沿逆时针方向转过 1/3 齿距以使 A 相磁极下定转子齿对齐。

步进电动机单相通电状态

可见，当连续不断地按 A—B—C—A 的顺序依次给各相绕组通电时，磁场的轴线沿 ABC 方向运动。每改变一次通电状态，磁场转过 120°，转子转过 1/3 齿距。当定子各相轮流通电完成一个循环时，磁场沿 ABC 方向转过 360°空间角，转子沿 ABC 方向转过一个齿距，因此转子转速为磁场转速与转子齿数的比值。

若按 A—C—B—A 的顺序依次给各绕组通电，则磁场沿顺时针方向转动，转子也沿顺时针方向转动，即改变通电的顺序就可以改变电动机的转向。

上述通电方式称为三相单三拍运行方式，三相反应式步进电动机也可以按三相双三拍（AB—BC—CA—AB）方式运行，其工作原理与三相单三拍运行方式相似，每改变一次通电状态，磁场轴线转过 120°，转子转过 1/3 齿距。但由于通电方式不同，运行性能有些差别。三相反应式步进电动机还可以采用三相六拍的通电方式（A—AB—B—BC—C—CA—A），每改变一次通电状态，电动机内磁场的轴线转过 60°，转子转过 1/6 齿距，为三拍时的一半。

可以看出，同一台电动机，可以有不同的通电方式和不同的运行拍数，若用 m_1 表示运行拍数，则每改变一次通电状态时转子转过的角度为

$$\theta_b = \frac{360°}{m_1 Z_r} \tag{7-2}$$

称为**步距角**。

7.1.2　永磁式步进电动机的结构和工作原理

永磁式步进电动机的结构和工作原理如图 7-4 所示。定子上有二相或多相绕组，转子为星形永磁磁极，极数与定子每相绕组的极数相同。图中电动机采用二相四极结构。为便于分析，绕组通电时，以电流从 O 流出为正。

当 A 相绕组通以正电流时，所产生的磁场与转子磁极相互作用，使转子磁极与定子 A 相磁极轴线对齐，如图 7-4a 所示。

当 B 相绕组通以正电流时，所产生的磁场从图 7-4a 所示位置顺时针转过 45°，受其作用，转子磁极也顺时针转过 45°，其轴线与定子 B 相磁极轴线对齐，如图 7-4b 所示。

当 A 相绕组通以负电流时，所产生的磁场从图 7-4b 所示位置顺时针转过 45°，所产生的磁场与转子磁极相互作用，使转子磁极与定子 A 相磁极轴线对齐，如图 7-4c 所示。

a) A相通正电流　　b) B相通正电流　　c) A相通负电流　　d) B相通负电流

图 7-4　永磁式步进电动机的结构与工作原理

永磁式步进电动机通电状态

当 B 相绕组通以负电流时，所产生的磁场从图 7-4c 所示位置顺时针转过 45°，所产生的磁场与转子磁极相互作用，使转子磁极与定子 A 相磁极轴线对齐，如图 7-4d 所示。若再给 A 相绕组通以正电流，则转子转到图 7-4a 所示位置。

可以看出，当定子绕组按 A—B—Ā—B̄—A 的顺序依次通电时，每改变一次通电状态，转子将按顺时针方向转过 45°空间角，即步距角为 45°。步距角可表示为

$$\theta_b = \frac{360°}{m_1 p} \tag{7-3}$$

式中，p 为极对数。

上述转子磁极采用星形结构，永磁体加工工艺比较复杂。为简化工艺，通常采用爪形磁极结构，将永磁体做成环形，轴向充磁，两个爪形磁极对插在一起，相互错开半个爪距，沿圆周方向极爪是 N、S 极交错分布的，极对数应与定子绕组的极对数相同，其运行原理与星

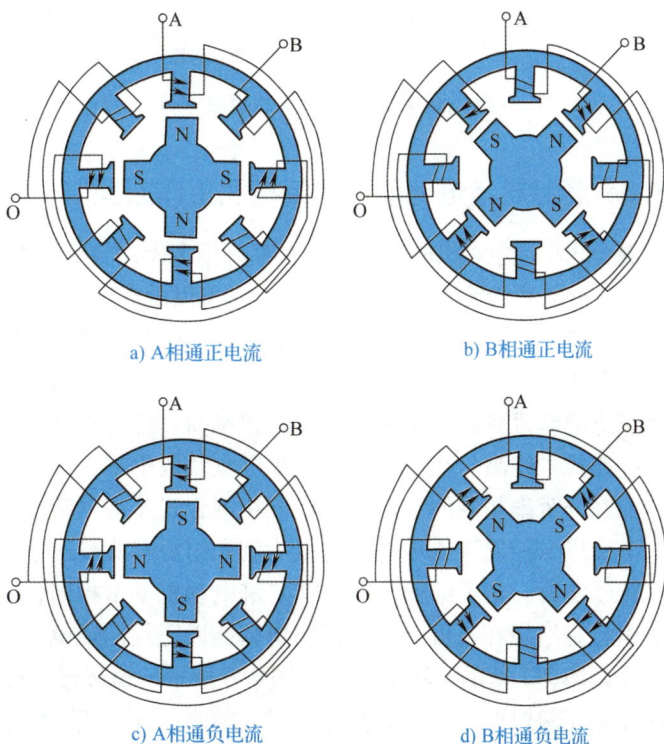

形永磁体结构的永磁步进电动机相同。爪形磁极永磁步进电动机如图7-5所示。

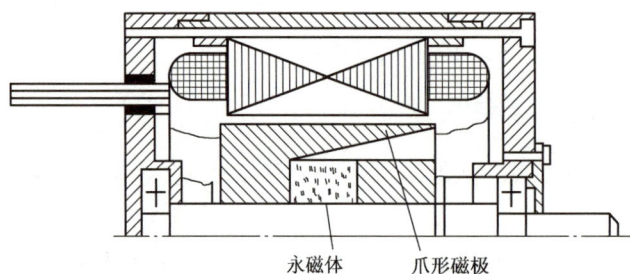

图 7-5　爪形磁极永磁步进电动机

爪形磁极结构

7.1.3　混合式步进电动机的结构和工作原理

混合式步进电动机的定、转子上都有很多齿，与反应式步进电动机相似；采用永磁体，与永磁式步进电动机类似。从性能上看，它可以做成反应式步进电动机那样的小步距，也具有永磁式步进电动机控制功率小的优点。此外，这种电动机还常常被用作低速永磁同步电动机。

混合式步进电动机通常有二相式和五相式两种。与二相混合式步进电动机相比，五相混合式步进电动机具有分辨率高、起动频率高、运行频域宽、运行平稳性好等优势，但其功率驱动电路成本较高。在二相混合式步进电动机中采用细分控制技术可以提高分辨率和运行性能，能在分辨率相同的情况下取代五相混合式步进电动机。

下面以二相混合式步进电动机为例介绍混合式步进电动机的工作原理。图7-6所示为定子和转子实物。定子结构与反应式步进电动机基本相同，即分成若干个磁极，磁极上有小齿及绕组，绕组绕在磁极上，每相绕组都能以正反向通电，形成 A 相、$\overline{A}$ 相和 B 相、$\overline{B}$ 相，定子冲片如图7-7所示。转子结构如图7-8所示，由环形永磁体及两段铁心组成，环形永磁体轴向充磁，两段铁心分别装在永磁体的两端，转子铁心上也有反应式步进电动机那样的小齿，但两段铁心上的小齿相互错开半个齿距，定、转子小齿的齿距相同。永磁体产生的磁通沿轴向穿过转子，然后通过气隙经定子轭部闭合，这使得一端的转子铁心全部呈现 N 极性，另一端的转子铁心全部呈现 S 极性，永磁体产生的磁路如图7-9所示。

图 7-6　二相混合式步进电动机的
定子和转子实物

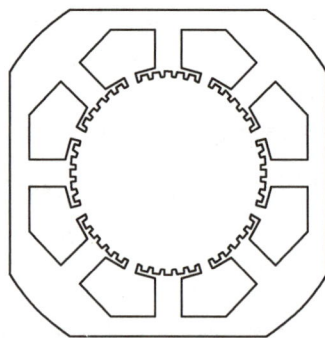

图 7-7　定子冲片

混合式步进
电机结构

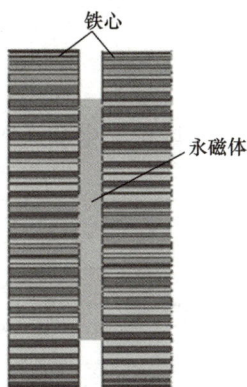

图 7-8 转子结构

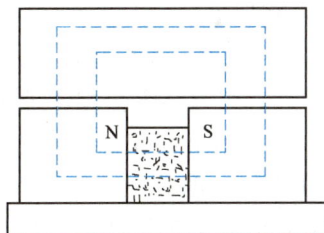

图 7-9 永磁体产生的磁路

混合式步进电动机工作原理如图 7-10 所示。图 7-10a、b 分别为左铁心段和右铁心段。在转子表面，永磁体产生的磁场分别为 N、S 极。在图示位置，当定子 A 相绕组通正电流时，励磁电流通过定子磁极 1、3、5、7 的线圈，定子磁极 1、5 为 S 极，磁极 3、7 为 N 极。在图 7-10a 中，磁极 1、5 下的定转子磁场相互吸引，产生顺时针方向的转矩，磁极 3、7 下的定转子磁场相互排斥，也产生顺时针方向的转矩。在图 7-10b 中，磁极 1、5 下的定转子磁场相互排斥，产生顺时针方向的转矩，磁极 3、7 下的定转子磁场相互吸引，也产生顺时针方向的转矩。电动机产生顺时针方向的转矩，转子将顺时针方向转过 1/4 齿距到达平衡位置。如果此时切断 A 相电流，将 B 相绕组通入正电流，转子将再顺时针转动 1/4 齿距，到达平衡位置。

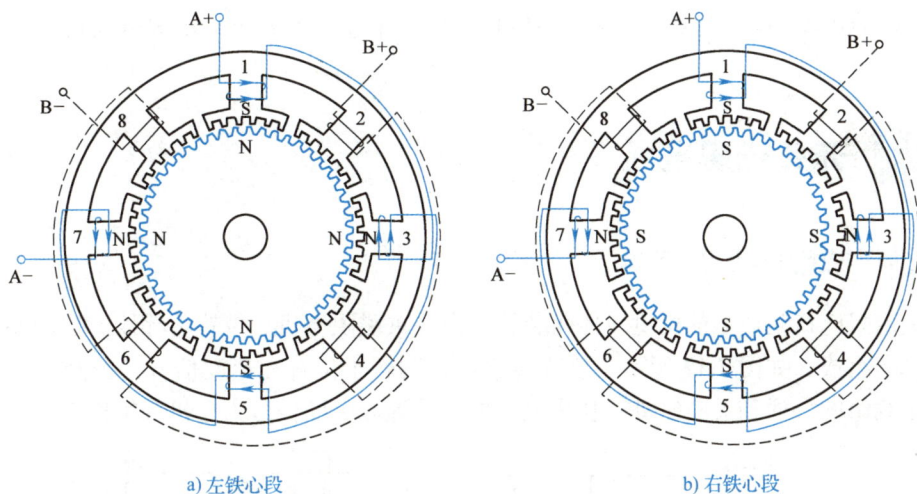

a) 左铁心段

b) 右铁心段

图 7-10 混合式步进电动机的工作原理

按 A—B—Ā—B̄—A……的顺序依次给各绕组通电，则电动机沿顺时针方向旋转。若按 A—B̄—Ā—B—A……的顺序依次给各绕组通电，电动机将沿逆时针方向旋转。

二相混合式步进电动机的步距角 θ_b 为

$$\theta_b = \frac{360°}{m_1 Z_r} \tag{7-4}$$

7.1.4 步进电动机的常用术语

步进电动机的常用术语如下：

1）零位置。零位置也称为初始稳定平衡位置，是指不改变绕组通电状态时转子在理想空载状态下的平衡位置。

2）失调角。失调角是指转子偏离零位置的角度。

3）矩角特性。矩角特性是指不改变各相绕组的通电状态，即一相或几相绕组通以直流电流时，电磁转矩与失调角的关系，即 $T_e = f(\theta)$，如图7-11所示。

4）最大静转矩。矩角特性上的转矩最大值称为最大静转矩。

5）精度。步进电动机的精度有两种表示方法：一种用步距角误差最大值来表示；另一种用步距角累计误差最大值来表示。最大步距角误差是指电动机旋转一周内相邻两步之间最大步距角和理想步距角的差值，用理想步距角的百分数表示。最大累计误差是指任意位置开始经过任意步之间，角位移误差的最大值。

6）响应频率。在某一频率范围内，步进电动机可以运行而不会丢步，则该范围内的最大频率称为响应频率。通常用起动频率作为衡量指标，它是指在一定负载下直接起动而不失步的极限频率，称为极限起动频率。

7）运行频率。运行频率是指拖动一定负载使频率连续上升时，步进电动机能不失步的最高频率。

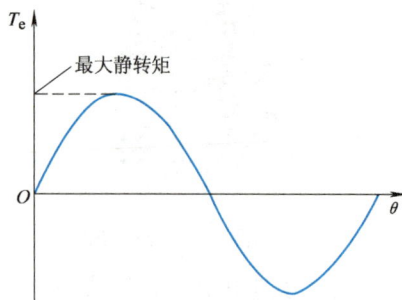

图7-11 矩角特性

7.2 开关磁阻电机

7.2.1 开关磁阻电机的结构

开关磁阻电机是典型的机电一体化装置，由开关磁阻电机、位置传感器、控制器和功率电路等部分组成，如图7-12所示。位置传感器检测转子位置和速度信号，控制器根据这些信号决定绕组的导通和关断时刻，功率电路根据导通和关断信号为电机绕组供电。

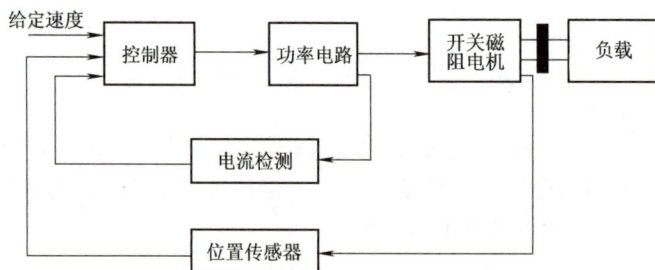

图7-12 开关磁阻电机系统的组成

图 7-13 所示为开关磁阻电机本体的典型结构，由定子和转子两部分组成，定、转子铁心均由硅钢片叠压而成。转子上既无绕组也无永磁体；定子齿上绕有集中绕组，相对极上的绕组串联，构成一相绕组。开关磁阻电机可以设计为单相、二相、三相、四相及多相等不同相数，低于三相的开关磁阻电机一般没有自起动能力。相数多，有利于减小转矩波动，但结构复杂，主开关器件多，成本增加。目前应用较多的是三相 6/4 极结构和四相 8/6 极结构。表 7-1 所示为常见的定、转子极数组合。

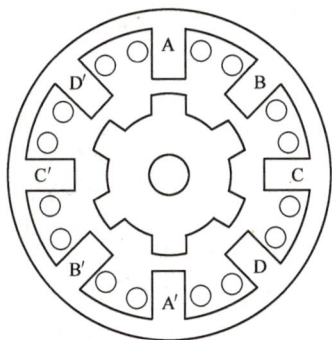

图 7-13　开关磁阻电机本体的典型结构　　　开关磁阻电机的磁场

表 7-1　常见的定、转子极数组合

项　　目	数　　值			
相数 m	3	4	5	6
定子极数 N_s	6	8	10	12
转子极数 N_r	4	6	8	10

7.2.2　开关磁阻电机的工作原理

开关磁阻电机的运行遵循"磁阻最小原理"，即磁通总是要沿磁阻最小的路径闭合，磁场扭曲产生切向力，从而产生电磁转矩。

开关磁阻电机一相通电时的运行情况如图 7-14 所示。当 A 相绕组通电时，转子转动到图 7-14a 所示位置；再给 B 相绕组通电，转子将转到图 7-14b 所示位置；然后给 C 相绕组通电，转子将转到图 7-14c 所示位置；再给 D 相绕组通电，转子将转到图 7-14d 所示位置；再给 A 相绕组通电，转子将转到图 7-14e 所示位置。

若按顺序 A—B—C—D—A 依次给各相绕组通电，则转子沿逆时针方向连续旋转；反之，若按顺序 A—D—C—B—A 依次给各相绕组通电，则转子沿顺时针方向连续旋转。

在多相电机中，也常出现两相或两相以上绕组同时导通的情况。m 相定子绕组轮流通电一次，转子转过一个转子极距，设每相绕组开关频率为 f_{ph}，转子极数为 N_r，则开关磁阻电机的转速 $n(\text{r/min})$ 可表示为

$$n = \frac{60f_{ph}}{N_r} \tag{7-5}$$

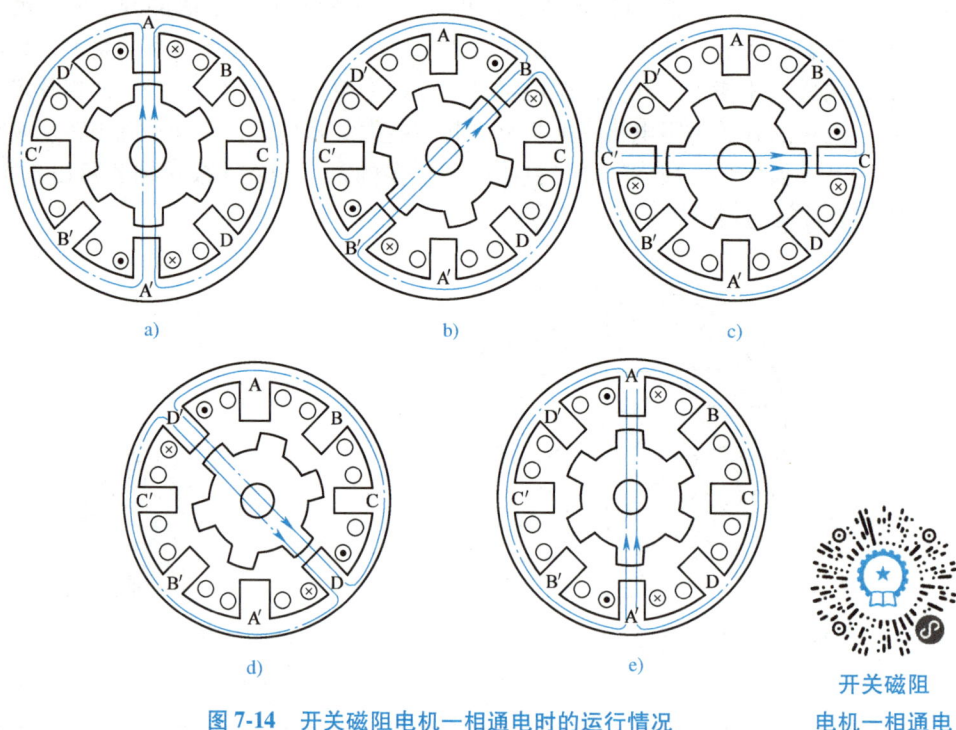

图 7-14　开关磁阻电机一相通电时的运行情况

开关磁阻
电机一相通电

7.2.3　开关磁阻电机的特点

开关磁阻电机具有如下特点：

1）结构简单可靠，制造工艺简单，转子仅由硅钢片叠压而成，可工作于高速场合；定子线圈为集中绕组，嵌放容易，端部短而牢固，工作可靠，能适用于各种恶劣、高温甚至强振动环境；损耗主要由定子产生，易于冷却；转子无永磁体，可允许较高温升。

2）转矩方向与相电流方向无关，从而可减少功率电路的开关器件数量，降低系统成本；功率电路不会出现直通故障，可靠性高。

3）起动转矩大，低速性能好，无感应电动机在起动时所出现的冲击电流现象。

4）调速范围宽，控制灵活，易于实现各种特殊要求的转矩-转速特性，能 4 象限运行，具有较强的再生制动能力。

5）在宽广的转速和功率范围内都具有较高效率。

6）由于采用双凸极结构，不可避免地存在转矩波动，噪声是其最主要的缺点。

7.3　力矩电机

力矩电机是为满足低转速、大转矩负载要求而设计制造的一种特殊电动机。与一般电机不同的是，它只利用转子静止或接近静止时的转矩，不强调机械功率。普通电动机静止状态下的转矩虽然也可以利用，但当位置变化时，转矩的变化比较明显。力矩电机在转子旋转过程中位置发生变化时，转矩变化很小，且其工作转角变化范围较大，可连续工作在堵转状态。

力矩电机通常有直流力矩电机和交流力矩电机两种,目前前者应用较多。下面分别进行介绍。

7.3.1 直流力矩电机的结构与工作原理

直流力矩电机的工作原理与普通直流电动机相同,不同之处在于其结构。为了在一定体积和电枢电压下产生大的转矩和低的转速,直流力矩电机一般做成扁平式结构,电枢长度与直径之比一般为 0.2 左右,极对数较多。为了减小转矩和转速的波动,选用较多的槽数和换向片数。通常采用永磁体产生磁场。

图 7-15 所示为永磁式直流力矩电机的结构。定子是由软磁材料制成的带槽的圆环,在槽中嵌入永磁体。转子铁心通常用硅钢片叠成,槽中嵌入电枢绕组,电枢绕组为单波绕组。槽楔由铜板制成,兼作换向片,槽楔两端伸出槽外,一端作为电枢绕组接线用,另一端排列成环形换向器。转子的所有部件用高温环氧树脂浇铸成整体。

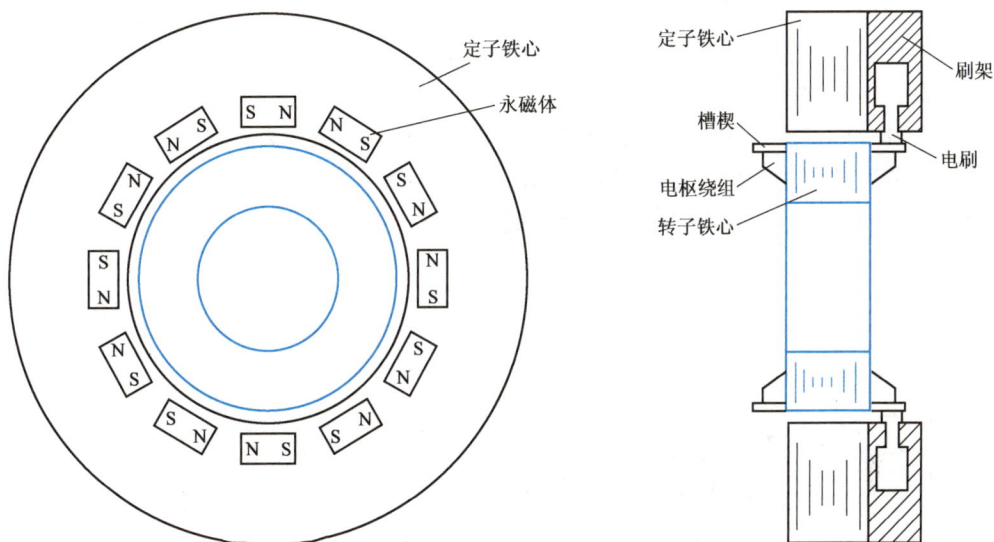

图 7-15 永磁式直流力矩电机的结构

在直流电机中,若两台电机的电枢体积相同,它们的电枢直径分别为 D_1 和 D_2,电枢长度分别为 L_1 和 L_2,假设它们的极对数 p、极弧系数 α_p、槽数、并联支路数 a、电枢电流 I_a 和气隙磁通密度 B_δ 均相同,槽面积与电枢直径的二次方成正比,每槽导体数也与电枢直径的二次方成正比,则它们产生的电磁转矩之比为

$$\frac{T_{e2}}{T_{e1}} = \frac{\dfrac{N_2 p}{2\pi a}\Phi_2 I_a}{\dfrac{N_1 p}{2\pi a}\Phi_1 I_a} = \frac{N_2 \Phi_2}{N_1 \Phi_1} = \left(\frac{D_2}{D_1}\right)^2 \frac{\Phi_2}{\Phi_1} = \left(\frac{D_2}{D_1}\right)^2 \frac{\alpha_p B_\delta \tau_2 L_2}{\alpha_p B_\delta \tau_1 L_1}$$

$$= \left(\frac{D_2}{D_1}\right)^2 \frac{\tau_2}{\tau_1}\frac{L_2}{L_1} = \left(\frac{D_2}{D_1}\right)^2 \frac{D_2}{D_1}\left(\frac{D_1}{D_2}\right)^2 = \frac{D_2}{D_1} \tag{7-6}$$

可以看出,在上述前提下,电磁转矩与电枢直径成正比,这就是直流力矩电机转矩大的原因。

7.3.2 交流力矩电机的结构与工作原理

交流力矩电机分为单相和三相两种，分别是从单相感应电动机和三相感应电动机的基本系列派生的，结构和安装尺寸与基本系列一致。不同之处在于，其转子导条通常采用较高电阻率的材料，如黄铜、纯铜、铝锰合金等，转子电阻较普通感应电动机大得多，因而其机械特性与普通感应电动机明显不同。交流力矩电机的机械特性如图 7-16 所示，图中曲线 1 为普通感应电动机的机械特性。交流力矩电机转子电阻较大，使最大转矩对应的转差率为 1，即最大转矩出现在堵转点，其机械特性如图中曲线 2 所示。

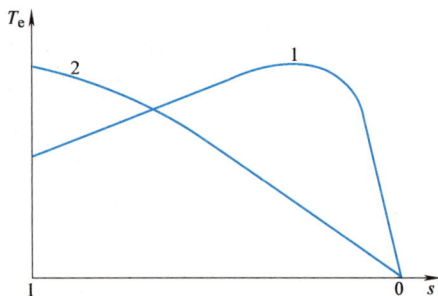

图 7-16 交流力矩电机的机械特性

由于感应电动机的电磁转矩正比于电源电压的二次方，通过改变电压可以得到交流力矩电机的一组调速特性，如图 7-17 所示。在负载转矩（或转速）不变时，可以通过调节电压来改变电动机的转速（或转矩）。

机械特性非线性度是交流力矩电机的一个重要指标，其定义为：实际机械特性与理想机械特性之间的转速差最大值与空载转速之比，如图 7-18 所示。非线性度主要与转子电阻有关，转子电阻越大，非线性度越小，一般控制在 30% 之内。

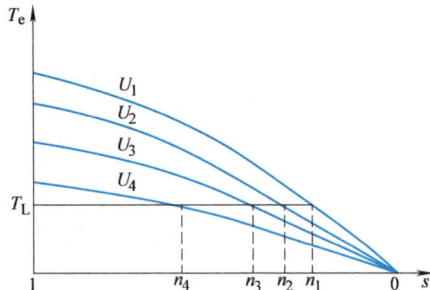

图 7-17 交流力矩电机的调速特性

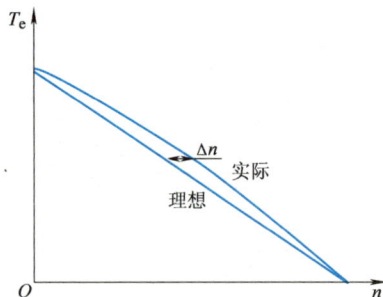

图 7-18 机械特性的非线性度

7.4 磁滞电动机

7.4.1 磁滞电动机的结构

铁磁材料中普遍存在磁滞现象，即磁通密度的变化滞后于磁场强度的变化。磁滞电动机就是一种利用磁滞性能良好的材料产生转矩的电动机。

磁滞电动机的定子结构和感应电动机相似，定子铁心由硅钢片叠压而成，上面冲有均匀分布的槽，用以放置绕组；绕组可以是三相，也可以是单相。单相磁滞电动机常采用电容器分相起动，在容量特别小时也有采用罩极结构实现起动的。

磁滞电动机的转子为光滑圆柱体，分内外两层，无任何绕组。内层为磁性或非磁性套筒，外层由磁滞材料制成，不预先充磁，结构如图 7-19 所示。常用的磁滞材料有铁钴钒系合金和铁钴钼系合金。

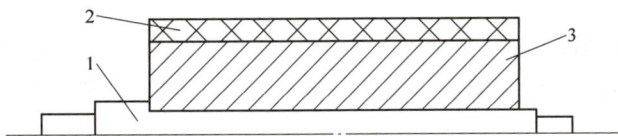

图 7-19　磁滞电动机的转子结构
1—轴　2—磁滞材料　3—衬套

7.4.2　磁滞电动机的工作原理

磁滞电动机的转矩与转子材料的磁滞特性有关。定子绕组通电时，产生一旋转磁场，对应的磁动势作用在转子上，对转子磁滞材料进行磁化，由于存在磁滞作用，转子磁滞材料产生的磁场要滞后于定子旋转磁场一个角度，它们相互作用产生电磁转矩。下面利用磁畴理论对转矩产生原理进行解释。

根据分子磁体的假说，磁滞材料由无穷多磁畴组成。为便于讨论，用旋转的永磁体表示定子绕组产生的旋转磁场，其原理如图 7-20 所示。磁畴的轴线就是转子磁滞材料层的易磁化方向。

在图 7-20a 所示位置，在定子磁场的作用下，转子被磁化，而且定子磁场的轴线与转子磁畴的轴线重合，不产生切向力，因而不产生转矩。若转子材料没有磁滞特性，则当定子磁场转动时，被磁化转子的磁场轴线将随定子磁场转动而不滞后，它们之间没有空间夹角，不产生切向力，也就没有转矩产生，转子不动（忽略转子铁心中的涡流）。

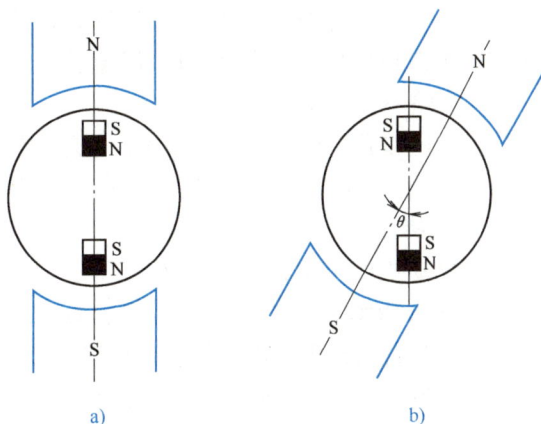

图 7-20　磁滞电动机转矩产生原理

如果转子由磁滞材料制成，当定子磁场转动一角度时，由于磁滞作用，转子的磁畴基本上仍保持其本身的原磁化方向，这时定子磁场和已磁化转子的磁场轴线之间出现了空间位移——失调角 θ，如图 7-20b 所示。转子和定子磁场之间的相互作用，就产生了切向力，也就是产生了转矩。如果定子磁场继续转动，失调角就逐渐达到最大稳态值 θ_{max}。由于定子磁场对转子磁滞材料有磁化作用，在转子中产生磁滞损耗。当转子材料和定子磁场参数一定时，θ_{max} 决定了磁滞转矩的最大值。当失调角的大小使所产生的磁滞转矩足以克服电机的阻转矩时，若定子磁场继续转动，则转子便随定子磁场同步旋转，它们之间保持不变的空间失调角，此时磁畴的方向相对于转子不再变化，磁化频率为零，磁滞损耗也等于零。

7.4.3 磁滞电动机的特性

1. 起动特性

在磁滞电动机起动过程中，存在两种转矩，即磁滞转矩和涡流转矩，其转矩-转速特性如图7-21所示。无论是工作在同步状态还是异步状态，最大磁滞转矩 T_{hmax} 都相同，与电动机的转速无关，即

$$T_{hmax} = 0.159pP_hV_h \qquad (7\text{-}7)$$

式中，p 为极对数；P_h 为磁滞材料的比磁滞损耗 $[J/(cm^3 \cdot Hz)]$；V_h 为磁滞材料的体积。

定子磁场旋转时，在转子中感应出涡流，涡流与定子旋转磁场相互作用产生转矩，称为涡流转矩。当磁滞电动机静止时，涡流转矩最大，在牵入同步后，涡流损耗为零。由于磁滞材料的电阻率很大，其中的涡流很小，可以忽略不计，涡流主要存在于转子铁心中。若采用整块铁心，可使磁滞电动机的起动转矩提高50%~120%；当使用叠片铁心时，涡流转矩很小，可以忽略不计。

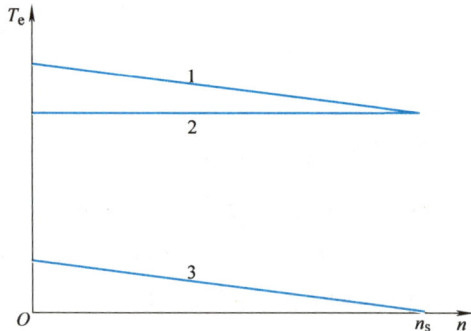

图7-21 磁滞电动机的转矩-转速特性
1—三相电动机合成转矩 2—三相电动机磁滞转矩
3—涡流转矩

磁滞转矩和涡流转矩的共同作用，使起动转矩较大。由于磁滞转矩在整个起动过程中不变，磁滞电动机可以将转动惯量较大的负载平滑地牵入同步。

2. 工作特性

磁滞电动机的工作特性如图7-22所示。当外加电压和频率一定时，电动机的转速 n、电流 I_1、输入功率 P_1、效率 η、功率因数 $\cos\varphi$、输出功率 P_2 随输出转矩 T_2 的变化而变化。在同步运行时，由于磁滞材料的磁导率很低，需要的磁化电流较大，使其效率和功率因数较低，通常效率 $\eta = 30\% \sim 70\%$，功率因数 $\cos\varphi = 0.2 \sim 0.6$。负载变化时，电动机的电流变化不大。

为改善磁滞电动机的性能，有时采用过励的方法，即在磁滞电动机同步运行时，采用提高电源端电压或在电路中串联电容的方法，在短时（2~3个周期）内增大定子电流以加强对转子的磁化，使其成为永磁同步电动机运行。这一措施必须在起动完成后实施，否则将影响起动性能。

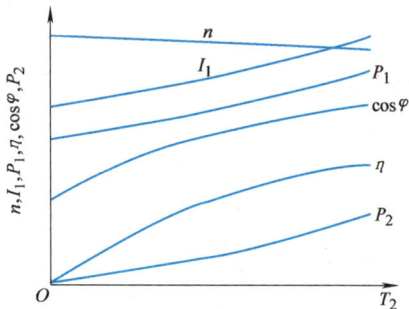

图7-22 磁滞电动机的工作特性

7.4.4 磁滞电动机的主要特点和应用

磁滞电动机具有较大的起动转矩，能自行牵入同步并稳定运行在同步状态，结构简单，工作可靠，机械强度高，适合于高速运转，并且起动电流小，电磁噪声低。但与其他类型的同步电动机相比，其重量和体积较大，价格较贵，效率和功率因数较低。磁滞电动机一般只用于120W以下要求转速恒定的场合，特别适于驱动转动惯量较大、转速恒定、起动频繁、

恒转矩的负载。

7.5 超导电机

超导电机是利用超导体作为绕组材料的新型电机。从原理上来说,超导电机和常规电机没有差别,只是将常规绕组换成了超导体绕组。超导电机的绕组损耗为零,既解决了电枢绕组发热、温升问题,又使电机效率大为提高。更重要的是超导线的临界磁场强度和临界电流密度都很高,使超导电机的气隙磁通密度和绕组的电流密度可比常规电机提高数倍乃至数十倍,大大提高了电机的功率密度,降低了电机的重量、体积和材料用量。

1986 年以来,高临界温度(液氮温区)超导材料的发现,为超导电机的实用化奠定了基础。现有的超导电机主要是汽轮发电机和单极直流电机。

7.5.1 超导特性

根据金属导电的一般理论,即使金属内部毫无缺陷及杂质,只要温度在热力学温度零度以上,金属的电阻率总大于零。然而事实并非如此,1911 年荷兰利顿大学的昂纳斯首先在实验中发现,当温度降到 4.2K 时汞的电阻率很快变为零。材料在热力学温度零度以上就出现电阻变为零的现象称为**超导现象**,具有超导电性质的物体称为超导体,超导性开始出现时的温度称为**临界温度**或**转变温度**。

长期以来,人们发现的超导体只能在低温液氮区(4K 左右)工作,这就需要许多低温设备,费用很高且不方便,限制了超导的应用。20 世纪 60 年代开始,人们一直在探索把超导临界温度提高到液氮温区(77K)以上的办法,这就是高温超导研究。1986 年,高温超导研究取得了突破性发展,科学家相继发现了许多高温超导物质。目前高温超导体的临界温度已达到 130K 左右,超导技术进入了工程应用阶段。至今已发现有 28 种元素、几千种合金和化合物是超导体。

超导体处于临界温度以下时的特性如下:

1)零电阻:是指电流流通时导体无电阻的现象。但超导体内的电流有一上限值,称为临界电流。若导体内的电流超过此临界电流值,超导特性立即消失。

2)反磁性:将超导体放入磁场中,其内部磁通量保持为零。因此,若将一超导体放在一个普通磁体的上方,它们之间互相排斥,超导体悬浮在空中。

7.5.2 超导发电机的基本结构和特点

在交变磁场中,超导体会产生交流损耗,给维持超导稳定带来危害。因此,超导技术在交流电机中的应用比在直流电机中的应用要困难。

在同步发电机中,励磁绕组电流是直流,电枢绕组电流是交流。然而,在稳定运行时,由于电枢绕组的交流磁场与转子同步旋转,转子绕组所经历的磁场是直流磁场。因此,只在励磁绕组中采用超导技术的半超导发电机比全超导发电机实现起来要容易一些。到目前为止,大部分超导发电机均是半超导发电机。下面以此类超导发电机为例介绍超导发电机的基本结构和特点。

1. 基本结构

图 7-23 所示为转子采用超导励磁绕组的超导发电机的基本结构，由定子和转子两部分组成。

（1）定子

常规发电机中，电枢绕组嵌于铁心之中，铁心是绕组的支撑件。由于电枢电流是交流电流，铁心要选用铁耗低的硅钢片。超导发电机中，由于磁通密度高，采用非磁性高强度材料支撑绕组。但是，为了构成电枢绕组的磁回路和防止磁场泄漏，在定子外层需要采用铁磁材料屏蔽。

（2）转子

用超导体制成的励磁绕组要运行在低温环境，超导发电机的转子一般采用多重圆筒结构，转子内筒为冷却介质储槽，然后是超导励磁绕组及其支撑筒、热辐射屏蔽筒，以及阻尼筒、力矩传导筒。

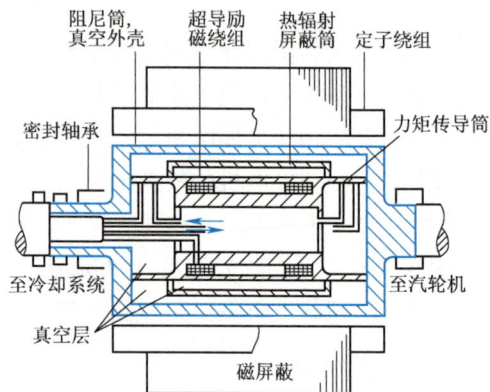

图 7-23　超导发电机的基本结构

1）冷却介质储槽及输送、回收系统。超导体必须运行在临界温度以下才能维持稳定的超导态。支撑超导绕组的内筒兼做冷却介质储槽。低温超导发电机中的冷却介质为液氦，高温超导发电机则可用液氮或温度在 30K 左右的低温氦气作为冷却介质。冷却介质从冷却系统输入到转子内部冷却超导线圈，蒸发的冷却介质通过回流通道排出，并和外部冷却系统形成循环。冷却介质储槽外为真空层，以抑制热量的侵入。

2）超导励磁绕组。常规发电机中，由于导线的电流密度受到限制，仅靠绕组难以产生很强的磁场，必须将绕组嵌入铁心中，铁磁材料的饱和磁通密度小于 2T，因此，常规发电机中的磁通密度小于 2T。实用低温超导材料的允许电流密度比铜线高出两个数量级以上，临界磁场大于 10T。所以，使用超导技术不仅可以省去铁心，而且可以运行在远高于铁心磁饱和的磁通密度（目前一般设计为 5~7T）。

3）热辐射屏蔽筒。绕组筒外为真空空间，其中设有热辐射屏蔽筒，其作用是降低从常温向低温的热传导，提高冷却效率。真空层抑制通过空气的热传导，热辐射屏蔽筒抑制从常温外筒来的热辐射。

4）阻尼筒。超导发电机中的阻尼筒既具有常规发电机中阻尼绕组的功能——在电磁动态过程中抑制转子的非同期振荡，又具有缓解动态过程中定子的交流磁场对超导绕组影响的作用，以提高超导稳定性。为了提高阻尼性能，可采用多重阻尼筒。热辐射屏蔽筒也可兼有阻尼筒作用。

5）力矩传导筒。在发电机中，电枢绕组切割磁力线产生感应电动势，向负载输出电能，原动机向转子提供驱动转矩。常规发电机中，转矩通过轴直接传给转子铁心，铁心带动励磁绕组旋转。但在超导发电机中，必须尽量抑制进入超导低温环境的热量，所以不能用传热量大的实心轴传递转矩，而要采用可抑制热量传导、壁厚较薄（传热量和传热截面积成正比）的力矩传导筒。

2. 特点

超导体的性能决定了超导发电机的结构，同时也决定了超导发电机的基本特性。由于超导体允许的电流密度远大于铜导线，可以取消定、转子铁心，并运行在远高于铁心饱和的磁通密度下，且超导线中没有电阻损耗。与常规发电机相比较，超导发电机具有以下特点：

1）体积小、重量轻。超导发电机的体积和重量只有常规发电机的 30% ~ 50%，这主要得益于以下 3 个因素：①绕组无铁心，减轻了绕组的体积和重量，简化了绕组导体与铁心的绝缘；②气隙磁通密度高，绕组材料用量低；③电流密度高，绕组更加紧凑。

2）同步电抗小。超导发电机的同步电抗仅为常规发电机的 1/5 ~ 1/2，过载能力强。

3）效率高。超导体电阻为零，不存在损耗，制冷系统所需功率只占发电机输出功率很小的一部分；小的体积和重量减小了机械损耗；电枢绕组虽为常规导体，但由于匝数的减少，其电阻损耗也降低。

4）无功功率输出能力远大于常规发电机。发电机无功功率的输出能力取决于内部阻抗和励磁电流。常规发电机中，由于铜线的导电能力和铁心磁饱和后的发热问题，过励运行的功率因数不得小于一定值。而在超导发电机中，由于不存在饱和问题，只要励磁绕组导电能力足够，可以过励运行在功率因数为零的状态，即超导发电机具有非常优越的无功功率输出性能，可以全容量作补偿机使用。

5）绝缘设计要求降低。由于没有铁心，绕组绝缘更简单。可以采用更高的输出电压，甚至取消发电机输出端的升压变压器，直接向高压输电线路输出电能。

当然，超导发电机也有一些不利因素。超导发电机的超导部分必须运行在低温状态，需要相应的低温冷却系统。

7.6　超声波电机

图 7-24 所示为超声波电机的基本结构原理，由定子和转子两部分组成。定子用压电材料制成，在定子上施加适当频率的交变电压，定子将产生机械振动（20kHz 以上），通过定子和转子之间的摩擦作用将定子的微观振动转换成转子的宏观的单方向转动。

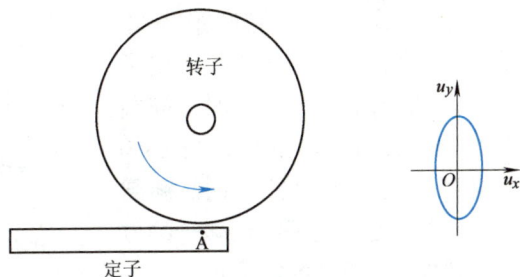

图 7-24　超声波电机的基本结构原理

7.6.1　超声波电机的理论基础

1. 压电效应

在机械力的作用下，某些电介质晶体因其内部带电粒子相对移动而发生极化，介质两端面上出现极性相反的电荷，电荷密度与外力成正比。这种由于机械力的作用而使介质发生极化的现象，称之为正压电效应。反之，将一电介质晶体置于电场中，晶体内部正负电荷受外电场影响而移动，导致晶体发生形变，这一效应称为逆压电效应。正压电效应和逆压电效应统称为压电效应。超声波电机就是利用逆压电效应工作的。

图 7-25 所示为一压电材料的形变，其极化方向如箭头所示，在压电材料的上下表面之间加正向电压，则形成上正下负的电场，压电材料在长度方向延伸。反之，若在上下表面之

间加下正上负的电场，则在长度方向上收缩。若在上下表面之间加交变电场，则在长度方向上发生机械振动。当外加电压的频率与压电材料的固有振荡频率一致时，进入谐振状态。频率高于 20kHz 的振动称为**超声振动**，是超声波电机工作的基本条件。

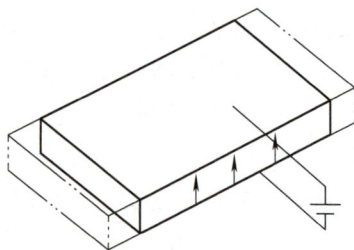

图 7-25　压电材料的形变

2. 椭圆振动的产生

要使超声波电机工作，超声振动必须满足一定条件。图 7-24 中的压电体在交变电压作用下产生振动，其上的接触点 A 做周期性运动，轨迹为一椭圆。当 A 点运行在椭圆的上半周时，与转子接触和摩擦，使转子旋转；当 A 点运行在椭圆的下半周时，定子与转子脱离接触并反向回程。若这种椭圆运动不断进行下去，则转子可以连续旋转。可以看出，要使超声波电机工作，压电材料必须产生椭圆运动。

下面讨论椭圆运动的形成。设有两个空间上相互垂直的由简谐振动产生的振动位移

$$\left.\begin{array}{l} u_x = a\sin\omega t \\ u_y = b\sin(\omega t + \varphi) \end{array}\right\} \tag{7-8}$$

式中，ω 为振动角频率；a、b 分别为它们的振幅；φ 为相位差。

整理式（7-8）得

$$\left(\frac{u_x}{a}\right)^2 + \left(\frac{u_y}{b}\right)^2 - 2\frac{u_x u_y}{ab}\cos\varphi = \sin^2\varphi \tag{7-9}$$

可以看出，当 $\varphi \neq n\pi$（n 为整数）时，式（7-9）的轨迹为椭圆。不同相位差 φ 对应的椭圆形态如图 7-26 所示。相位差 φ 直接决定了椭圆运动的转向。当 $\varphi > 0$ 时，椭圆运动为顺时针方向；反之，当 $\varphi < 0$ 时，椭圆运动为逆时针方向。**椭圆运动的方向决定了定子拨动转子的方向，也就决定了转子的转动方向。**

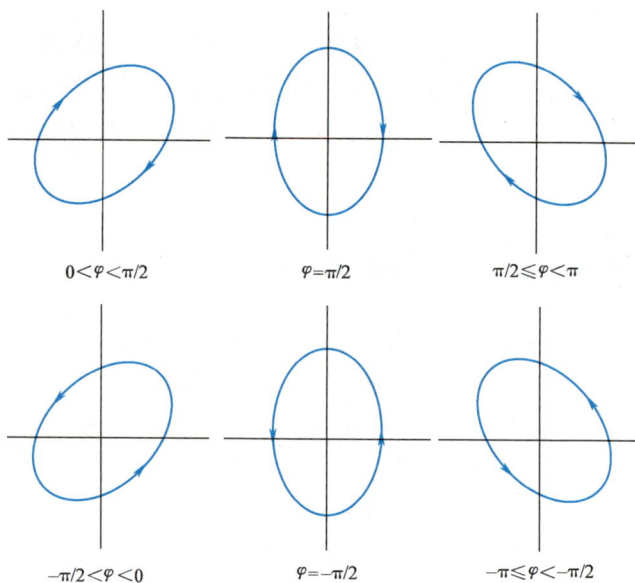

图 7-26　不同相位差 φ 对应的椭圆形态

7.6.2　超声波电机的结构与工作原理

图 7-24 所示只是超声波电机的基本结构，超声波电机的实际结构远比其复杂。下面以实际应用最多的环形超声波电机为例阐述其结构和工作原理。

图 7-27a 所示为环形超声波电机的典型结构，图 7-27b 所示为其定子和转子。定子由弹性体和压电陶瓷组成，弹性体上开有槽，目的是放大定、转子接触摩擦部位的振动速度，提高转换效率。压电陶瓷环贴在弹性体不开槽的一侧。转子为一圆环，与定子的接触面上有一层摩擦材料，定子和转子紧紧压在一起。

304

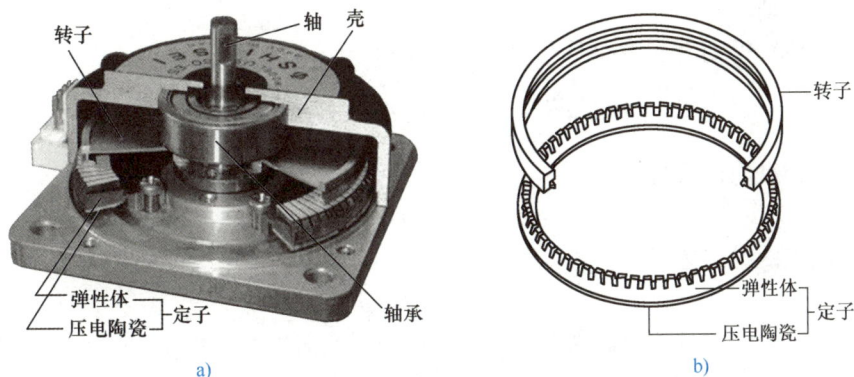

图 7-27　环形超声波电机的结构

压电陶瓷环的电极分布如图 7-28 所示。压电陶瓷环的周长为行波波长 λ 的 n 倍（图中 $n=9$），其中 A、B 区分别对应电机的两相电极，它们在空间上相差 90°，即 1/4 波长。3/4 波长中的黑色部分作为传感反馈区，其输出信号可用于控制驱动电源的信号输出。

当在 A 区的"+""−"电极之间施加 $u_0\cos\omega t$ 的交流电压时，在定子陶瓷环中激发出驻波振动，可表示为

$$w_A(x,t) = a\cos kx\cos\omega t \tag{7-10}$$

同理，在 B 区的"+""−"电极之间施加 $u_0\cos(\omega t-\varphi)$ 的交流电压时，也能在定子陶瓷环中激发出驻波振动，可表示为

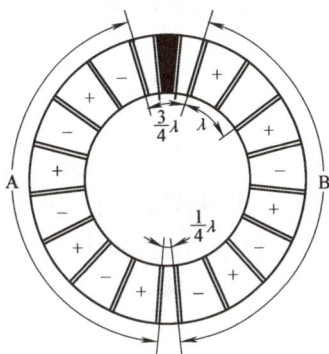

图 7-28　压电陶瓷环的电极分布

$$w_B(x,t) = b\cos k(x - \alpha)\cos(\omega t - \varphi) \tag{7-11}$$

式（7-11）中，α 为 A 区和 B 区之间的空间间隔，对于图 7-28，$\alpha=\lambda/4$，φ 为 A、B 两区上的驱动电压时间差，通常 $\varphi=\pi/2$，$a=b=c$。两相合成可得定子环表面质点的横向振动位移为

$$w(x,t) = w_A(x,t) + w_B(x,t) = c\cos(kx - \omega t) \tag{7-12}$$

定子环表面质点的纵向振动位移为

$$u(x,t) = -h\frac{\partial w(x,t)}{\partial x} = khc\sin(kx - \omega t) \tag{7-13}$$

式中，h 为定子上表面到定子质量中性面的距离。

由式（7-12）、式（7-13）可得定子表面质点的运动方程为

$$\left[\frac{w(x,t)}{c}\right]^2 + \left[\frac{u(x,t)}{khc}\right]^2 = 1 \tag{7-14}$$

式（7-14）表明，在定子两相电极上施加两相对称电压时，产生行波振动，定子表面质点的运动轨迹方程为椭圆。振动体的变位分布如图 7-29 所示。由于定子与转子紧压在一起，且它们之间有摩擦材料，行波产生的振动通过

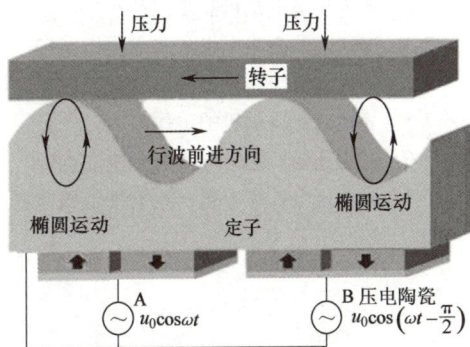

图 7-29　振动体的变位分布

摩擦力使转子转动。

由式（7-13）得到定子表面质点运动的纵向速度为

$$v(x,t) = \frac{\partial u(x,t)}{\partial t} = -khc\omega\cos(kx - \omega t) \tag{7-15}$$

因椭圆最高点的纵向位移为零，有

$$\sin(kx - \omega t) = 0 \tag{7-16}$$

因此椭圆最高点的纵向速度

$$v_{max} = -khc\omega \tag{7-17}$$

式（7-17）中的负号表示最高点的运动方向与行波前进方向相反。转子速度等于椭圆最高点的运动速度，其方向与行波前进方向相反，如图7-29所示。只要改变行波前进方向，就可以改变转子的转向。

7.6.3 超声波电机的特点

与传统电磁式电机相比，超声波电机具有以下特点：

1）转矩大，结构简单、紧凑。超声波电机的转矩密度一般为电磁式电机的几倍到十几倍。

2）低速大转矩，无须齿轮减速机构，可实现直接驱动。其最大优点在于能以极低的速度运转，很容易做到每小时几十转甚至更低，并且能保持大转矩输出。

3）转子转动惯量小，定转子之间摩擦阻力大，动作响应快，控制性能好。

4）断电自锁。

5）不产生磁场，也不受外界磁场干扰。

6）超声振动产生的是人耳听不到的噪声，运行噪声小。

7）摩擦损耗大，效率低，只有10%~40%。

8）输出功率小，目前实际应用的只有10W左右。

9）寿命短，只有1000~5000h，不适合连续工作。

习　题

7-1 反应式步进电动机与永磁式步进电动机有何区别？

7-2 何为步进电动机的步距角？

7-3 试述开关磁阻电机的基本工作原理。

7-4 为何直流力矩电机的电枢直径比普通用途直流电机的大？

7-5 简述磁滞电动机的工作原理。

7-6 何为超导？超导电机有哪些优点？

7-7 何为压电效应？超声波电机是如何利用压电效应工作的？

第 **8** 章　电机的发热与冷却

电机运行时，内部存在多种损耗，如电流在导体内产生的绕组损耗、铁心中磁场交变引起的铁心损耗、通风和机械摩擦引起的机械损耗等。这些损耗都转变为热量，向周围介质传播，使电机各部件的温度升高，当温度超过绝缘允许的温度时，将导致绝缘乃至电机的损坏。要将电机各部件的温度控制在允许范围内，一方面要降低损耗，减少电机的发热量，另一方面要提高电机的冷却散热能力。本章首先介绍电机的温升限度，然后分析电机的工作制、散热及冷却。

知识图谱

8.1　电机的发热与温升

8.1.1　电机的发热和冷却规律

在电机中，各种材料的导热能力相差很大，例如，导体是良好的导热体，而绝缘材料则导热性能不良。从导热的角度看，电机不是一个均质物体，其发热和散热过程非常复杂。所谓均质物体，是指表面各点的散热情况都相同且其内部没有温差的物体。为简化分析，常把电机或电机的某一部件作为均质物体，据此可以方便地研究电机或部件的发热和冷却规律，进行稳定温升的计算。

1. 物体的发热过程

（1）均质物体的发热过程

均质物体的发热过程是：在起始时刻，物体的温度与周围介质温度相同，向周围介质散热很少，其产生的热量绝大部分用于物体温度的提高；随着物体温度的升高，物体与周围介质的温差增大，散发到周围介质的热量增多，物体温度升高的速度减缓；当物体发出的热量全部散发到周围介质时，物体的温度达到稳定。**物体温度与环境温度（或周围介质温度）之差，称为物体的温升**，用 $\Delta\tau$ 表示，单位为开尔文（K）。温升随时间 t 的变化规律为

$$\Delta\tau = \Delta\tau_0 + \left(\Delta\tau_\infty - \Delta\tau_0\right)\left(1 - e^{-\frac{t}{T_1}}\right) \tag{8-1}$$

式中，$\Delta\tau_0$ 为物体初始温升；$\Delta\tau_\infty$ 为物体稳态温升，即 $t\to\infty$ 时的温升；T_1 为**发热时间常数**，通常为 $10\sim150\text{min}$。

若初始温升为零，则均质物体的发热方程为

$$\Delta\tau = \Delta\tau_\infty \left(1 - e^{-\frac{t}{T_1}}\right) \tag{8-2}$$

均质物体的发热过程曲线如图 8-1 所示，是一条指数曲线，通常当 $t = (3\sim4)T_1$ 时温升就基本稳定了。

（2）电机的发热过程

电机不是均质物体，其发热过程曲线与图 8-1 所示指数曲线之间在起始阶段有一定差别，如图 8-2 的曲线 2 所示，这是因为起始时绕组热量散发较难而使铜的温升升高得比铁快所致。在研究电机的发热过程时，通常可以忽略它们之间的差别。电机的发热时间常数在很大的范围内变动。

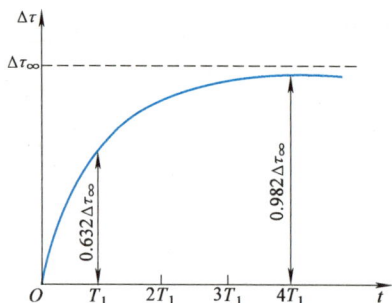

图 8-1　均质物体的发热过程曲线

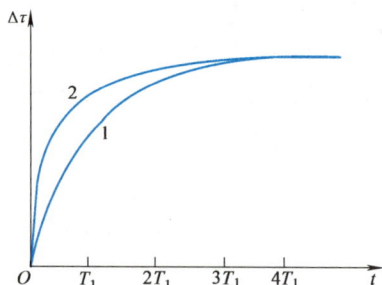

图 8-2　电机的发热过程曲线
1—指数曲线　2—实际电机的发热过程曲线

2. 物体的冷却过程

当均质物体内部停止产生热量时，物体中储存的热量逐渐散发到周围介质中，物体温度下降，直至其温度与周围介质的温度相同为止。冷却方程为

$$\Delta\tau = \Delta\tau_0 e^{-\frac{t}{T_2}} \tag{8-3}$$

式中，T_2 为**冷却时间常数**，约为发热时间常数的 2~5 倍。

均质物体的冷却过程曲线如图 8-3 所示。

电机虽然不是一个均质物体，但其冷却过程的基本特征与均质物体基本相同。

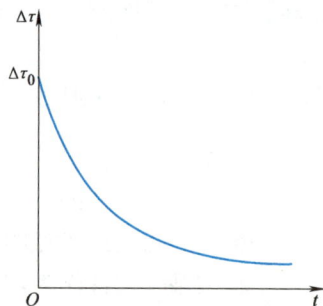

图 8-3　均质物体的冷却过程曲线

8.1.2　绝缘材料的绝缘等级及其允许工作温度

在电工技术中，将绝缘材料按其允许工作温度分成若干个耐热等级：A、E、B、F、H级，它们的允许工作温度分别为 105℃、120℃、130℃、155℃和 180℃。绝缘材料在相应的允许工作温度下长期运行，一般不会产生不该有的性能变化，通常有 15~20 年的使用寿命。当绝缘材料工作温度超过允许工作温度时，使用寿命缩短，绝缘材料的使用寿命 L 可近似表示为

$$L = Ae^{B/T} \tag{8-4}$$

式中，A 和 B 为常数，T 为热力学绝对温度。

根据经验，工作温度每超过 A 级绝缘允许工作温度 8℃（B 级绝缘为 10℃，F 级绝缘为 12℃，H 级绝缘为 14℃），绝缘材料的寿命缩短一半。以 A 级绝缘为例，当一直工作在 90~

95℃时，使用寿命可达 20 年；当一直工作在 110℃时，其寿命只有 4~5 年。目前已较少采用 A 级绝缘，通常采用 E 级或 B 级绝缘，在高温下工作的电机采用 F 级或 H 级绝缘。

8.1.3 电机的温升限度

电机运行时，各部件温升的允许极限值称为**温升限度**。国家标准 GB/T 755—2019《旋转电机 定额和性能》中已对其进行了规定，空气间接冷却电机的绕组温升限值见表 8-1。温升限度基本上取决于绝缘材料的允许工作温度和冷却介质的温度，也与温度的测量方法、传热和散热条件、使用地点等有关。

对于目前常用的冷却系统，其冷却介质温度基本上与周围大气温度相同。大气温度随季节和地点的变化而变化。我国各地平均最高温度不超过 35℃，而最高温度一般为 35~40℃，少数地区为 40~45℃。世界各国一般采用大多数地区的大气最高温度作为冷却介质的温度，因此我国规定 40℃为冷却介质的温度。表 8-1 中的温升限值就是根据这一温度确定的。

表 8-1 空气间接冷却电机的绕组温升限值 （单位：K）

热 分 级		130（B）			155（F）			180（H）		
测量方法：Th＝温度计法，R＝电阻法 ETD＝埋置检温计法		Th	R	ETD	Th	R	ETD	Th	R	ETD
项号	电机部件									
1a)	输出 5000kW（或 kV·A）及以上电机的交流绕组	—	80	85[a]	—	105	110[a]	—	125	130[a]
1b)	输出 200kW（或 kV·A）以上但小于 5000kW（或 kV·A）电机的交流绕组	—	80	90[a]	—	105	115[a]	—	125	140[a]
1c)	项 1d）或项 1e）[b] 以外的输出为 200kW（或 kV·A）及以下电机的交流绕组	—	80	—	—	105	—	—	125	—
1d)	额定输出小于 600W（或 V·A）电机的交流绕组[b]	—	85	—	—	110	—	—	130	—
1e)	无扇自冷式电机（IC 410）的交流绕组和/或囊封式绕组[b]	—	85	—	—	110	—	—	130	—
2	带换向器的电枢绕组	70	80	—	85	105	—	105	125	—
3	除项 4 外的交流和直流电机的磁场绕组	70	80	—	85	105	—	105	125	—
4a)	同步感应电动机以外的用直流励磁绕组嵌入槽中的圆柱形转子同步电机的磁场绕组	—	90	—	—	115	—	—	135	—
4b)	一层以上的直流电机静止磁场绕组	70	80	90	85	105	115	105	125	140
4c)	交流和直流电机单层低电阻磁场绕组以及一层以上的直流电机补偿绕组	80	80	—	100	105	—	125	125	—
4d)	表面裸露或仅涂清漆的交流和直流电机的单层绕组[c]	90	90	—	110	115	—	135	135	—

a. 对高压交流绕组的修正可适用于这些项目；

b. 对 200kW（或 kV·A）及以下，热分级为 130（B）和 155（F）的电机绕组，如用叠加法，温升限值可比电阻法高 5K；

c. 对于多层绕组，如下面各层均与循环的初级冷却介质接触，也包括在内。

温度测量方法不同，会造成测量结果不同。在规定温升限度的同时，还应规定相应的温度测量方法。常用的方法有：

1）温度计法。该方法直接测量温度，非常简便，但只能测量电机各部分的表面温度，无法得到内部的最高温度和平均温度。

2）电阻法。绕组的电阻 R 随温度 t 的升高而增大，满足以下规律：

$$R = R_0 \frac{T_0 + t}{T_0 + t_0} \tag{8-5}$$

式中，R_0 为温度为 t_0 时绕组的电阻。对于铜线，$T_0 = 235$；对于铝线，$T_0 = 225$。利用该规律可以进行绕组温度的测量。首先测定室温下的温度和绕组电阻，然后使电机运行，当电机温度达到稳定时，将电机断电停转，迅速测量绕组电阻，根据上式可计算出绕组的温度 t。该方法测定的是绕组的平均温度。

3）埋设温度计法。在进行电机装配时，可在预计工作温度最高的地方埋设热电偶或电阻温度计。该方法可测得接近于电机内部最热点的温度。

被测部件中最热点的温度是关系到电机能否长期安全运行的关键。国家标准规定，F 级绝缘的定子绕组用电阻法测量时的温升限度为 110℃，是从 F 级绝缘的允许工作温度（155℃）中减去周围介质温度（40℃）及绕组平均温度与最高温度的差值（5℃，估计值）后得到的。

表 8-1 中温升限值是针对海拔不超过 1000m 的地区规定的。在海拔更高的地区，空气稀薄，电机散热条件差，运行时的温升比在海拔低的地区高。国家标准规定：当电机使用地区的海拔比试验地点的海拔高（但前者不超过 4000m）时，其温升限度（指试验值）应按海拔之差每升高 100m 减去表 8-1 中规定值的 1%；反之，当电机试验地点的海拔高于使用地区（但前者不超过 4000m）时，温升限度修正值为加上而不是减去。在上述修正计算中，海拔低于 1000m 的按 1000m 计算。

某些情况下，电机绕组的温升限度并不完全取决于绝缘的允许工作温度，例如，进一步提高绕组的温度往往使电机的损耗增加，在经济上不一定划算。目前有些电机采用 F 级或 H 级绝缘，但温升限度仍采用 B 级绝缘的规定值，目的是增加电机的工作可靠性、延长电机使用寿命。

8.2　电机的散热

电机运行时产生的各种损耗都要转换为热量，热量从发热体传到电机表面，再散发到周围环境中。电机传热和散热的方式有热传导、热对流和热辐射 3 种形式，下面分别进行讨论。

8.2.1　热传导

热量从系统的一部分传到另一部分或由一个系统传到另一个系统的现象称为**热传导**，是固体中热量传递的主要方式。热传导只发生在空间上温度有差异的温度场中，热量总是由高温向低温方向传导。

在电机中，周围的空气通常都是不良导热体，因此热传导主要发生在电机内部。电机内的热源主要是绕组损耗和铁心损耗，绕组损耗所产生的热量借助于热传导作用从绕组穿过绝缘传递到铁心中，与铁心产生的热量一起被传导到电机表面。可以看出，绕组热量的传导比铁心中热量的传导经过的材料多，故绕组温度通常高于铁心温度。

将温度场中温度相同的点连接起来，就得到等温线或等温面。各点热量传导的方向总是与该点温度的空间变化率最大的方向一致，也就是与通过该点的等温线或等温面的法线方向一致。单位时间内通过单位等温面的热量称为热流密度 q，即

$$q = \frac{Q}{A} \tag{8-6}$$

式中，Q 为单位时间内通过等温面的总热量，即热流量；A 为等温面的面积（与热流方向垂直的面积）。

热流密度与各点在等温面的法线方向上的温度空间变化率即温度的梯度成正比，即

$$q = -\lambda \nabla \theta \tag{8-7}$$

式中，λ 为热导率；$\nabla \theta$ 为温度梯度。

当热流沿 x 方向单方向传导时，热流密度为

$$q = -\lambda \frac{d\theta}{dx} \tag{8-8}$$

根据式（8-6）和式（8-8），有

$$Q = -\lambda A \frac{d\theta}{dx} \tag{8-9}$$

对于图 8-4 所示的平面热传导，热量经过厚度为 δ 的材料传导时，两侧的温差为

$$\Delta\tau = \theta_1 - \theta_2 = Q\frac{\delta}{\lambda A} \tag{8-10}$$

或写为

$$\Delta\tau = QR_\lambda \tag{8-11}$$

式中，R_λ 称为热阻，$R_\lambda = \frac{\delta}{\lambda A}$。

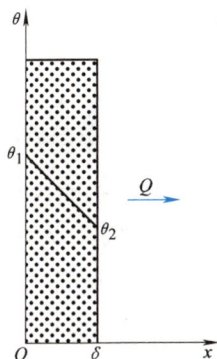
图 8-4　平面热传导

如果将温差、热流和热阻之间的关系与电路中的电压、电流和电阻之间的关系对应，即温差对应电路中的电压，热流对应电路中的电流，热阻对应电路中的电阻，采用与电路相似的热路概念，将温度场分布的"场问题"看作"路问题"，得到如图 8-5 所示的平面热传导热路图。采用热路图可以方便地进行电机温升的计算。

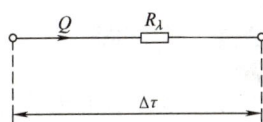
图 8-5　平面热传导热路图

8.2.2　热对流和热辐射

在电机中，通过热传导作用传递到电机表面的热量通常通过两种方式散发到周围介质中，一是热对流，二是热辐射。

热对流是液体或气体中较热部分和较冷部分之间通过循环流动使温度趋于均匀的过程，是液体和气体中热传递的主要方式。物体因自身的温度而具有向外发射能量的能力，这种热传递的方式叫作热辐射。

在平静的大气中，辐射散发的热量约占总散热量的 40%。当采用强制对流冷却电机时，辐射散发的热量所占比例很小，可以忽略不计。

1. 辐射散热

根据史蒂芬-玻尔兹曼定律，每秒从发热体单位表面辐射出去的热量 $q(\mathrm{W/m^2})$ 为

$$q = 5.7 \nu (T^4 - T_0^4) \times 10^{-8} \tag{8-12}$$

式中，T 和 T_0 分别为发热体和周围介质的绝对温度，单位为开尔文（K）；ν 为相对辐射系数，与发热体表面的情况有关，表面晦暗物体的 ν 比表面有光泽物体的大，ν 可由表 8-2 查得。

表 8-2 物体的相对辐射系数

发 热 体	纯黑物体	粗 铸 铁	毛面锻铁	磨光锻铁	毛面黄铜	磨光纯铜
ν	1	0.97	0.95	0.29	0.2	0.17

2. 对流散热

在电机中，绕组、铁心所发出的热量以及传导到电机表面的热量是经对流作用由流过它们表面的流体（如空气）带走的。所带走的热量可用牛顿散热定律计算

$$q = \alpha(\theta_1 - \theta_2) = \alpha \Delta \tau \tag{8-13}$$

式中，α 为散热系数；θ_1、θ_2 分别为固体和流体的温度。

式（8-13）也可写成热路的形式

$$\Delta \tau = \frac{q}{\alpha} = \frac{Q}{\alpha A} = Q R_\alpha \tag{8-14}$$

式中，R_α 为散热表面到流体的热阻，$R_\alpha = \dfrac{1}{\alpha A}$。

对流散热的热路图如图 8-6 所示。

对流又可分为自然对流和强迫对流两种。自然对流是由于与散热面接触的热空气的上升，以及其逸出空间被周围冷空气填充而散热的。强迫对流则是由风扇等在散热表面形成气流而散热。

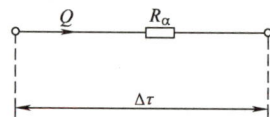

图 8-6　对流散热的热路图

8.3　电机的工作制、定额与额定容量

8.3.1　工作制

工作制是对电机承受负载情况的说明，包括起动、电制动、空载、断能停转以及这些阶段的持续时间和先后顺序。根据国标 GB/T 755—2019《旋转电机 定额和性能》的规定，电机的工作制可分为以下 10 类。

1）连续工作制 S1：电机在恒定负载下运行时间足够长，能够达到热稳定。

2）短时工作制 S2：在恒定负载下按给定的时间运行，电机在该时间内不足以达到热稳定，随之停机和断能足够长时间，使电机再度冷却到与冷却介质温度之差在 2K 以内。应在代号 S2 后加工作时限，如 S2 60min。

3）断续周期工作制 S3：按一系列相同的工作周期运行，每一周期包括一段恒定负载运行时间和一段停机和断能时间。这种工作制中每一周期的起动电流不致对温升产生显著影响。应在代号后加负载持续率，如 S3 25%。**负载持续率**是指负载时间（包括起动和电制动）N 与工作周期的持续时间之比，用百分数表示。若停机时间为 R，则负载持续率 FC 为

$$FC = \frac{N}{N + R} \times 100\% \tag{8-15}$$

4）包括起动的断续周期工作制 S4：按一系列相同的工作周期运行，每一周期包括一段对温升有显著影响的起动时间、一段恒定负载运行时间、一段停机和断能时间。应在代号后加负载持续率、电动机的转动惯量 J_m 和负载的转动惯量 J_{ext}，后两者均为归算至电动机轴上的数值。例如，S4 25%，$J_m = 0.15 kg \cdot m^2$，$J_{ext} = 0.7 kg \cdot m^2$。

5）包括电制动的断续周期工作制 S5：按一系列相同的工作周期运行，每一周期包括一段起动时间、一段恒定负载运行时间、一段电制动时间和一段停机和断能时间。对 S5 工作制应在代号后加负载持续率、转动惯量等，同 S4。

6）连续周期工作制 S6：按一系列相同的工作周期运行，每一周期包括一段恒定负载运行时间和一段空载运行时间，无停机和断能时间。应在代号后加负载持续率，如 S6 40%。

7）包括电制动的连续周期工作制 S7：按一系列相同的工作周期运行，每一周期包括一段起动时间、一段恒定负载运行时间和一段电制动时间，无停机和断能时间。应在代号后加电机的转动惯量 J_m 和负载的转动惯量 J_{ext}（均为归算到电机轴上的数值）。例如，S7 $J_m = 0.4 kg \cdot m^2$，$J_{ext} = 7.5 kg \cdot m^2$。

8）包括变负载-转速相应变化的连续周期工作制 S8：按一系列相同的工作周期运行，每一周期包括一段按预定转速运行的恒定负载时间和一段或几段按不同转速运行的其他恒定负载时间（如变极多速感应电动机），无停机和断能时间。应在代号后加电机的转动惯量 J_m 和负载的转动惯量 J_{ext}，以及在每一转速下的负载、转速和负载持续率，所有转动惯量均为归算到电机轴上的数值。例如：

$$S8 \quad J_m = 0.5 \ kg \cdot m^2 \quad J_{ext} = 6 \ kg \cdot m^2 \quad 16 \ kW \quad 740 \ r/min \quad 30\%$$
$$40 \ kW \quad 1460 r/min \quad 30\%$$
$$25 \ kW \quad 980 \ r/min \quad 40\%$$

9）负载和转速作非周期变化的工作制 S9：负载和转速在允许的范围内进行非周期变化。这种工作制包括经常性过载。

10）离散恒定负载和转速工作制 S10：包括特定数量的离散负载（或等效负载）/转速（如可能）的工作制，每一种负载/转速组合的运行时间应足以使电机达到热稳定，在一个工作周期中的最小负载值可为零。

8.3.2　电机的定额

电机的定额是由制造厂对符合指定条件的电机所规定的、并在铭牌上标明的电量和机械量的全部数值及其持续时间和顺序。根据 GB/T 755—2019《旋转电机 定额和性能》（本节简称"标准"）的规定，电机的定额分为以下 6 大类。

1）连续工作制定额：一种定额，按其规定，电机在满足标准各项要求的同时，应能长期运行，对应于 S1 工作制。

2）短时工作制定额：一种定额，按其规定，在满足标准各项要求的同时，电机应能在环境温度下起动，并在规定的时限内运行，对应于 S2 工作制。

3）周期工作制定额：一种定额，按其规定，在满足标准各项要求的同时，电机应能按指定的工作周期运行，对应于 S3~S8 工作制。

4）非周期工作制定额：一种定额，按其规定，在满足标准各项要求的同时，电机应能做非周期运行，对应于 S9 工作制。

5）离散恒定负载和转速工作制定额：一种定额，按其规定，在满足标准各项要求的同时，电机应能承受 S10 工作制的联合负载和转速做长期运行。

6）等效负载定额：一种为试验目的而规定的定额。按其规定，在满足标准各项要求的同时，电机可在恒定负载下运行直至达到热稳定。如采用这类定额，应标志位"equ"。

8.3.3 额定容量

电机的额定容量就是电机的额定输出功率。对于发电机来说，额定容量是指输出的电功率；对于电动机来说，额定容量是轴端输出的机械功率。电机铭牌上通常标有额定值，如额定功率、额定电压、效率和功率因数等。电机运行时，若各种电量（如电压、电流、频率等）和机械量（如转速、转矩等）均符合铭牌上规定的额定值，则称这种运行状况为额定运行。

电机额定容量取决于电机的发热和散热条件。在额定状态下运行时，将产生一定的损耗，这些损耗转化为热量，一部分使电机各部分温度升高，另一部分从电机表面散发出去。电机额定容量的规定，应使电机额定运行时的温度不超过其绝缘材料的允许工作温度。散热条件越好，电机各部件的温度越低，电机的额定容量越大。额定容量与工作制、使用环境、结构形式和冷却方式有关。

电机的结构形式不同，则散热条件不同，电机的额定容量也不同。例如，开启式电机的散热条件好于封闭式电机，前者的额定容量比后者大。

电机的额定容量还与使用环境有关，若环境温度、冷却介质、海拔和相对湿度等与规定的不同，则要对额定容量进行修正。例如，在高海拔地区使用，空气稀薄，冷却能力差，则应该降低电机的额定容量。

冷却方式对电机的额定容量影响很大，冷却能力越强，电机各部件的温度越低，额定容量越大。

电机的额定容量还与工作制有关，同一台电机，若运行在不同的工作制下，其额定容量不同。例如，长期运行时的温升要高于短时运行，其额定容量要小于后者。

电机额定容量的规定还应具有一定的灵活性，它不但要供给额定负载，还应能够在短时间内允许适当限度的过载而不致使温升超过限度。

8.4 电机的冷却

随着电机设计和制造技术的发展，电机的单机容量不断增大。为减小电机体积、提高材料利用率，通常选用较高的电磁负荷，导致电机发热量增加。要保证电机可靠工作，必须提高电机的散热冷却能力，电机的散热冷却技术随之发展。在冷却介质方面，首先被采用的是空气，后来采用氢、水和油等。在冷却方式方面，从表面冷却（外冷）发展到冷却效果较好的内部冷却（内冷）。下面介绍电机的冷却方式。

电机的冷却

8.4.1 表面冷却方式

在电机中，冷却介质通过绕组、铁心和机壳的表面，将热量带走，称为表面冷却。表面冷却主要采用空气作为冷却介质，具有结构简单、成本低的特点，但冷却效果较差，在高速电机中产生的摩擦损耗较大，主要用于中、小型电机中。

表面冷却按结构可分为自冷、内部风扇自冷、外部风扇自冷和他扇冷。

1. 自冷

自冷式电机没有任何冷却装置，仅依靠表面的辐射和自然对流使电机得以冷却，散热能力差。主要适用于容量为数瓦到数十瓦的微型电机。

2. 内部风扇自冷

内部风扇自冷式电机的转子上装有风扇，在转子的带动下，风扇驱使冷却介质流过电枢表面，并从轴向和径向的通风道内通过，将热量带走。适用于开启式电机。

3. 外部风扇自冷

外部风扇自冷式电机装有内外两层风扇，电机内部的风扇驱使电机内的冷却空气循环，将内部热量散到机壳，外部风扇将机壳上的热量散发到周围空气中，如图 8-7 所示。这种冷却方式适用于封闭式和防爆式电机。

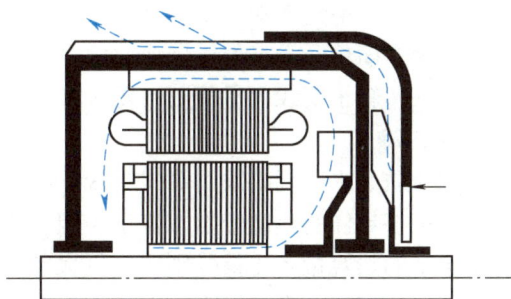

图 8-7　外部风扇自冷式电机

4. 他扇冷

他扇冷式电机用以供给冷却空气的风扇不是由电机本身驱动的，而是由另外的动力驱动。

不管是自扇冷还是他扇冷电机，若冷却空气直接从外界获取，且在通过电机内部把热量带走后，又散发到周围大气，则为开启式通风系统，多用于小型电机。若以一定量的气体在封闭的系统内循环，且使这一循环气流依次通过电机和冷却器，从而把电机内部热量传到冷却器，再由冷却器将热量带走，则为封闭循环通风系统，多用于大型电机。

在封闭循环通风系统中，冷却介质不一定是空气，也可以是其他气体，如大型同步发电机中，为减小损耗，常用氢气作冷却介质。氢气的密度仅为空气的 1/14，导热系数为空气的 7 倍，在同一温度和流速下，导热系数为空气的 14~15 倍。由于密度小，在相同气压下，氢气冷却的通风损耗和风摩耗均为空气的 1/10，且通风噪声减小，电机的效率提高，温升明显下降。由于电机内氢气必须维持规定纯度，需要额外设置一套供氢装置，给设计和安装带来了困难。另外，密封防爆问题始终是氢气冷却电机安全运行的一个隐患。

8.4.2　内部冷却方式

大型同步发电机电压较高，绕组采用较厚的绝缘层，而绝缘材料的导热性能较差，若采用表面冷却方式，即使绝缘外表面得到很好的冷却，绝缘内层的温度仍可能超过绝缘的允许工作温度。为解决这一问题，广泛采用内部冷却方式。

所谓内部冷却，就是采用空心导体将冷却介质通入导体内部直接带走热量的冷却方式。采用内部冷却，导体的热量不再经过绝缘层，而是直接被冷却介质带走，大大提高了冷却效果，改善了绝缘材料的工作条件。根据冷却介质的不同，内部冷却方式又分为氢内冷、空气内冷和水内冷。

1. 氢内冷

冷却介质为氢气。转子绕组采用氢内冷时，绕组和槽楔上有与槽底通风槽相通的小孔，氢气可自槽底通风槽进入，冷却转子后再由小孔轴向流入空气隙；也可在转子导体上铣出两排斜向相反的扁条状斜孔，所有铜线叠在一起就形成两排不同方向的倾斜风道，氢气自槽楔上正对气流方向的风斗进入风道，冷却导体后，由槽楔上背向气流方向的风斗排出。

2. 空气内冷

冷却介质为空气，冷却结构与氢内冷相同。氢冷发电机组起动复杂，对运行操作人员要求高，因此自 20 世纪 80 年代开始，国外一些电机制造公司开始发展 50~250MW 空气冷却汽轮发电机，主要的措施是定子绕组采用减薄的、导热好的绝缘和真空无溶剂压力整浸，并改进通风系统。空气冷却汽轮发电机系统简单，没有充氢、排氢和氢油密封这些复杂结构，运行维修操作简单，没有氢气爆炸的危险。其缺点是定子绕组温度高，铜铁温差大，电机效率较氢冷低，转子铜线内易积灰，发电机有效部分尺寸大。

3. 水内冷

冷却介质为水。绕组采用管式导线，冷却水沿导线内孔流动，直接将导体的热量带走。定子绕组水内冷如图 8-8 所示。由于水的热容量及比重分别比氢气大几倍和几百倍，水内冷的效果比氢内冷大大提高，电机的电磁负荷均可相应提高，可以节约大量铜铁材料。若保持电机的体积不变，则可使电机的容量成倍增加。经合理设计，水内冷电机的效率可接近同容量氢冷发电机，而材料比氢冷发电机省得多。

水内冷冷却方式对冷却水有一定要求，未经处理的水含有杂质，不宜作冷却水，否则将引起导体电解腐蚀、堵塞导体内孔等问题。在火电厂中，汽轮机的凝结水水质较好，一般用它作冷却水。

采用水冷时，有易漏水和需增加一套供水系统等缺点。

4. 蒸发冷却

蒸发冷却技术是我国研发并具有自主知识产权的先进技术。如图 8-9 所示，空心定子线棒内的冷却介质吸取线棒热量而温度升高，达到饱和温度时部分介质沸腾汽化，空心线棒内的介质变成气液混合态的两相介质，其密度小于回液管内纯液态介质的密度，由此密度差形成的流动压头克服阻力后形成无动力自循环，介质进入压力最低的冷凝器，与冷却水进行热交换后恢复为液态介质，重新循环。其特点是：

1）蒸发冷却继承了水内冷的优点，同时克服了水内冷的缺点，极大地提高了运行可靠性。

2）蒸发冷却方式使用的介质是沸点为 50~60℃的氟碳化合物，无毒，不腐蚀金属。

3）采用的介质具有很好的绝缘性能，避免了介质导电的危险。

4）利用气液两相的比重差实现无泵自循环。

5）蒸发冷却的气侧压力运行时为低于 0.1MPa 的正压，

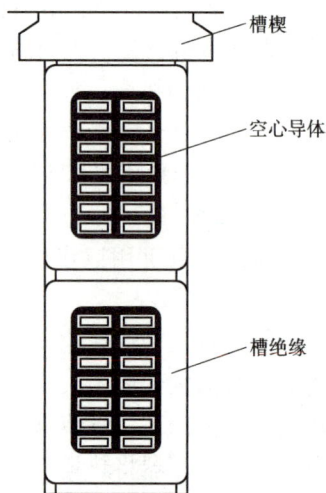
图 8-8 定子绕组水内冷

图 8-9 蒸发冷却

停机时成负压，减小了泄漏的可能性，解决了水冷方式中水泄漏的问题。

6）由于温升分布均匀，定子线棒各部分的温差较小（小于 10℃），克服了定子线棒的热变形问题。

蒸发冷却技术需要解决的问题是：所使用的氟利昂对大气臭氧层有破坏作用，已被要求淘汰，需要采用无污染的冷却介质。目前，新型无污染的冷却介质研究已取得进展。

习　题

8-1　电机和均质物体的发热规律有何相同和不同之处？

8-2　电机中的绝缘材料分几类？对应的允许工作温度为多少？

8-3　测量电机绕组温度的方法有哪几种？测量结果有什么不同？

8-4　在规定电机的额定功率时，电机的结构形式、工作制和使用环境会产生什么影响？如何考虑？

8-5　传热方式有哪几种？

8-6　冷却方式对电机的功率和体积有何影响？为什么？

第 2 篇

电机的动态分析与控制

第 1 篇分析了多种电机的工作原理和稳态运行性能。电机在运行过程中不可避免地要经历运行状态的变化，如负载改变、起动、励磁调节、转速调节等，也可能遭遇突然发生的不正常运行情况，如突然短路等。电机从一种稳定运行状态过渡到另一种稳定运行状态需要一个过程，这个过程称为"瞬态"或"动态"。它是电磁场储能和转子动能随时间变化的一种状态，此时稳态分析方法已不再适用，本篇将讨论电机的动态分析方法。

要分析电机的动态行为和特性，首先应列出电机的动态方程，即建立电机的动态数学模型，然后根据具体情况采用适当的方法进行求解，因此各种旋转电机的动态数学模型是本篇的主要内容之一。在动态数学模型的基础上，作为电机的动态分析举例，本篇将讨论直流电动机起动过程、感应电动机起动过程、同步发电机三相突然短路等典型动态过程。

本篇要讨论的电机控制是指其运动控制。广义上讲，运动控制是指使被控机械运动装置实现精确的位置控制、速度控制、加速度控制、转矩和力的控制，以及这些被控机械量的综合控制。按照使用动力源的不同，运动控制可分为气动、液压和电动 3 大类，其中使用各种电动机作为动力装置的电气运动控制应用最为广泛。电气运动控制系统通常由电动机、机械运动装置、功率放大与变换装置、控制器及相应的传感器等构成，也称为电力拖动自动控制系统。在运动控制系统中，由于控制器的调节作用，施加在电机上的控制量通常是不断变化的，即电机的运行状态常常是不断变化的，因此，运动控制技术与电机的动态分析关系十分密切。事实上，正是勃拉舒克（Blaschke）于 1971 年根据电机分析中的坐标变换理论提出了交流电机矢量变换控制，使交流电机的转速和转矩控制技术发生了一次飞跃，极大地促进了交流电机调速技术的发展。鉴于此，以运动控制原理作为本篇的另一个主要内容，将电机的动态分析与运动控制紧密结合起来进行讨论。

电机的动态分析大致可以分成以下几个步骤：

1. 建立物理模型

物理模型是从电机结构出发，经过抽象和合理简化后所得到的能反映电机内部电磁和机电关系的一种电机模型。电机动态分析中最常用的是"动态耦合电路模型"，这种模型把旋转电机看成是一组具有电磁耦合关系和相对运动的多绕组电路。例如，根据感应电机工作原理，可以将感应电机抽象为具有 3 个静止绕组和 3 个旋转绕组、各绕组之间以互感相互耦合的电路模型（参见第 10 章）。

2. 建立数学模型

根据物理模型，经过一些合理的假设，利用电磁学和力学的基本定律可以建立模型外部输入、输出与模型内部的电磁及机电量关系的数学方程式，即电机的动态方程。动态过程中，电机内部的各物理量是随时间变化的，所以各量都用瞬时值表示。电机的动态方程通常以微分方程的形式表达，这是动态分析的一个特点。

3. 求解动态方程

动态方程的求解方法依赖于所建立的动态方程的性质，动态方程一般可以分为 3 类：①常系数线性微分方程；②时变系数线性微分方程；③非线性微分方程。

对于常系数线性微分方程，可以用拉普拉斯变换或其他方法求出其解析解，此时研究线性定常系统的整套方法（如等效电路、框图、传递函数、频率特性等）在不同场合下都可以发挥作用。

对于时变系数的线性微分方程，常常可以通过坐标变换把它变换成常系数微分方程，从而得到解析解。当然根据需要也可以不进行坐标变换，而是仿照求解非线性微分方程的办法，用计算机求出具体问题的数值解。

对于非线性微分方程，根据所求解问题的性质可以有两种处理方法：若电机中的各量在某稳态工作点附近小范围变化，可以在该工作点附近进行线性化，使增量方程变成线性微分方程来求解；对于大范围的动态过程或者整体的非线性，则必须用数值法和计算机来求解。

4. 结果分析

通过对动态方程求解结果的分析，可以得到各主要变量随时间的变化规律及其相互关系，进一步还应设法找出所需的指标，如力能指标、稳定性、过电压、过电流等，从而得出一些有用的结论。

第 9 章　直流电机的动态分析与运动控制

本章首先建立直流电机的动态方程。由于存在机电耦合，直流电机的动态方程通常是非线性的，需要结合具体情况，在一定条件下将其线性化。本章以他励直流电机为例讨论其动态方程的线性化问题，导出其框图和传递函数。作为动态数学模型的应用，讨论他励直流电动机的起动过程；最后讨论直流电动机的运动控制系统。

知识图谱

9.1　直流电机的动态方程

直流电机的励磁方式有多种，励磁方式不同，电机的动态方程也有所不同。下面首先讨论他励直流电机的动态方程，在此基础上简单介绍并励直流电机、串励直流电机与他励直流电机动态方程的不同之处。建立动态方程时，各物理量的参考方向采用电动机惯例。

直流电机等效电路

9.1.1　他励直流电机的动态方程

从电路角度看，他励直流电机有两套独立的绕组，即励磁绕组和电枢绕组，两者之间没有电的联系，当电刷位于几何中心线上时，两套绕组轴线相互正交，彼此不在对方产生互感电动势（变压器电动势）。因此，在动态过程中，静止的励磁绕组只产生由自感引起的变压器电动势；而旋转的电枢绕组中，除了绕组自感引起的变压器电动势外，还会产生旋转电动势 e_a。由第 3 章可知

$$e_a = C_e \Phi n \tag{9-1}$$

当不计磁路饱和时，由于磁通 Φ 与励磁电流 i_f 成正比，有

$$e_a = G_{af} i_f \Omega \tag{9-2}$$

考虑到各绕组的电动势以及电阻压降，按照电动机惯例，他励直流电机的电压方程为

$$\left. \begin{aligned} u_f &= R_f i_f + L_f p i_f = (R_f + L_f p) i_f \\ u_a &= R_a i_a + L_a p i_a + G_{af} i_f \Omega = (R_a + L_a p) i_a + G_{af} i_f \Omega \end{aligned} \right\} \tag{9-3}$$

式中，p 为微分算子，$p = \mathrm{d}/\mathrm{d}t$。

电机的机械运动方程为

$$T_e = Jp\Omega + R_\Omega \Omega + T_L = (Jp + R_\Omega)\Omega + T_L \tag{9-4}$$

式中，T_L 为电机轴上的负载转矩；R_Ω 为旋转阻力系数；T_e 为电磁转矩，其表达式为

$$T_e = G_{af}i_f i_a \tag{9-5}$$

将式（9-5）代入式（9-4），得

$$G_{af}i_f i_a = (Jp + R_\Omega)\Omega + T_L \tag{9-6}$$

式（9-3）、式（9-6）即为他励直流电机的动态方程。与稳态运行相比，动态分析时电压方程中出现了自感电动势 $L\,di/dt$ 项，转矩方程中出现了惯性转矩 $J\,d\Omega/dt$ 项。此外，动态方程中的电压、电流、转矩、转速均为瞬时值。

9.1.2　并励直流电机的动态方程

并励直流电机的电压方程和转矩方程均与他励时相同，但由于励磁绕组与电枢绕组并联，故电枢电压、电流和励磁绕组电压、电流之间有下列约束：

$$\left.\begin{aligned} u_a = u_f = u \\ i = i_a + i_f \end{aligned}\right\} \tag{9-7}$$

式中，u 为电机的端电压；i 为线路电流。

9.1.3　串励直流电机的动态方程

将他励直流电机动态方程中励磁绕组各量的下标"f"换成"s"，并加上串励时的约束条件，即可得到串励直流电机的动态方程。串励时的约束条件为

$$\left.\begin{aligned} u = u_a + u_s \\ i = i_a = i_s \end{aligned}\right\} \tag{9-8}$$

9.2　他励直流电动机的框图和传递函数

在电机动态分析中可将系统的动态关系用框图表示，框图可以是频域内的，也可以是时域内的。对于式（9-3）、式（9-6）所示的他励直流电动机，在一般情况下，由于存在机电耦合项，动态方程是非线性的，它的框图只能在时域内画出，但在特定情况下，方程可以简化成线性的。若系统的动态方程为常系数线性微分方程，且初始条件为零，则将各个方程进行拉普拉斯变换，可得到复频域内的框图和传递函数，并可由此求解动态方程，得到系统的动态性能。

9.2.1　时域内的框图

根据式（9-3）、式（9-6），他励直流电动机的动态方程为

$$\left.\begin{aligned} u_f &= (R_f + L_f p)i_f \\ u_a &= (R_a + L_a p)i_a + G_{af}i_f\Omega \\ G_{af}i_f i_a &= (Jp + R_\Omega)\Omega + T_L \end{aligned}\right\} \tag{9-9}$$

根据式（9-9）的 3 个方程，可以分别画出如图 9-1a、b、c 所示的 3 个框图。由于图 9-1a 的输出即为图 9-1b 的输入，图 9-1b 的输出即为图 9-1c 的输入，所以可以把上述 3 个图合并成一个统一的框图，如图 9-1d 所示。注意图 9-1b 中的 Ω 和图 9-1c 中的 i_f 可分别由图 9-1c、a 的输出得到。

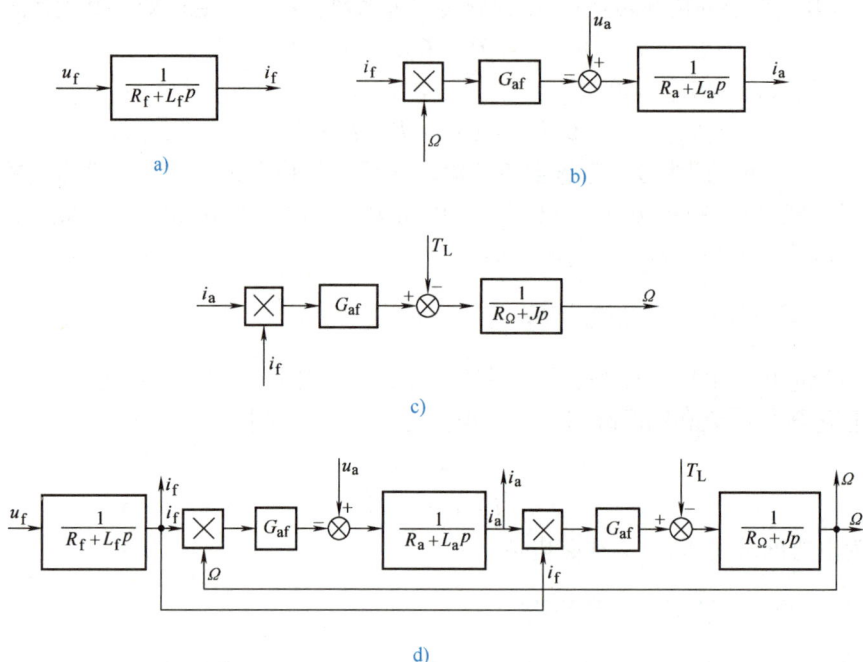

图 9-1 他励直流电动机在时域内的框图

可以看出，框图由许多方框组成，每一个方框代表一种数学运算。框图清楚地显示出系统中输入、输出和扰动的作用点，信号流动的方向，以及各单元或环节间的相互关系和它们对系统的影响。

框图的绘制方法为：先将整个系统分解为几个基本单元，分别将其输入和输出关系用方框表示，然后把各个基本单元的输入和输出结合起来，即可得到系统的总框图。

9.2.2 电枢控制时的框图和传递函数

目前，在直流电动机调速系统中，多采用调节电枢端电压的控制方式，此时励磁绕组常以恒压供电，在工作过程中励磁电流不变，即 $i_f = I_{f0}$ 为恒值，故励磁回路的电压方程不需列入动态方程，此时他励直流电动机的动态方程可以简化为

$$\left.\begin{array}{l} u_a = (R_a + L_a p)i_a + G_{af}I_{f0}\Omega \\ G_{af}I_{f0}i_a = (Jp + R_\Omega)\Omega + T_L \end{array}\right\} \tag{9-10}$$

其框图如图 9-2 所示。在图 9-2 中，系统输入量为电枢电压 u_a，负载转矩 T_L 作为系统外部的扰动量列出，输出为机械角速度 Ω。由于式（9-10）是一组常系数线性微分方程，这意味着电枢控制时他励直流电动机也可以用频域内的框图和相应的传递函数表达。

对式（9-10）在零初始条件下进行拉普拉斯变换，得

$$\left.\begin{array}{l} U_a(s) = (R_a + L_a s)I_a(s) + G_{af}I_{f0}\Omega(s) \\ G_{af}I_{f0}I_a(s) = (Js + R_\Omega)\Omega(s) + T_L(s) \end{array}\right\} \tag{9-11}$$

相应的框图如图 9-3 所示。不难看出，只要将图 9-2 中的微分算子 p 换成拉普拉斯算子 s，即可得到图 9-3。

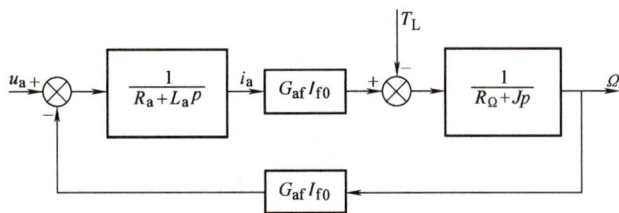

图 9-2　电枢控制时他励直流电动机在时域内的框图

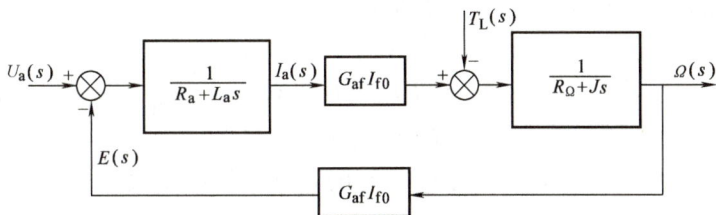

图 9-3　电枢控制时他励直流电动机在复频域内的框图

在图 9-3 中，若令 $T_\mathrm{L}=0$，可得到 u_a 单独作用时电枢电压与角速度之间的传递函数

$$G_\mathrm{I}(s) = \frac{\varOmega_\mathrm{I}(s)}{U_\mathrm{a}(s)} = \frac{G_\mathrm{af}I_\mathrm{f0}}{(R_\mathrm{a} + L_\mathrm{a}s)(Js + R_\varOmega) + G_\mathrm{af}^2 I_\mathrm{f0}^2}$$

$$= \frac{1}{G_\mathrm{af}I_\mathrm{f0}T_\mathrm{a}T_\mathrm{M}\left[s^2 + \left(\dfrac{1}{T_\mathrm{a}} + \dfrac{1}{T_\mathrm{J}}\right)s + \dfrac{1}{T_\mathrm{a}}\left(\dfrac{1}{T_\mathrm{J}} + \dfrac{1}{T_\mathrm{M}}\right)\right]} \tag{9-12}$$

式中，T_a 为电枢回路的时间常数，$T_\mathrm{a}=L_\mathrm{a}/R_\mathrm{a}$；$T_\mathrm{J}$ 为机械时间常数，$T_\mathrm{J}=J/R_\varOmega$；$T_\mathrm{M}$ 为系统的机电时间常数，$T_\mathrm{M}=JR_\mathrm{a}/(G_\mathrm{af}^2 I_\mathrm{f0}^2)$。

类似地，若 $u_\mathrm{a}=0$，可得到 T_L 单独作用时负载转矩与角速度之间的传递函数

$$G_\mathrm{II}(s) = \frac{\varOmega_\mathrm{II}(s)}{T_\mathrm{L}(s)} = -\frac{R_\mathrm{a} + L_\mathrm{a}s}{(R_\mathrm{a} + L_\mathrm{a}s)(Js + R_\varOmega) + G_\mathrm{af}^2 I_\mathrm{f0}^2}$$

$$= -\frac{1}{J}\frac{\dfrac{1}{T_\mathrm{a}} + s}{s^2 + \left(\dfrac{1}{T_\mathrm{a}} + \dfrac{1}{T_\mathrm{J}}\right)s + \dfrac{1}{T_\mathrm{a}}\left(\dfrac{1}{T_\mathrm{J}} + \dfrac{1}{T_\mathrm{M}}\right)} \tag{9-13}$$

当 u_a 和 T_L 均不为零时，根据叠加原理，系统在复频域内的总响应为

$$\varOmega(s) = \varOmega_\mathrm{I}(s) + \varOmega_\mathrm{II}(s) = G_\mathrm{I}(s)U_\mathrm{a}(s) + G_\mathrm{II}(s)T_\mathrm{L}(s) \tag{9-14}$$

对式（9-14）进行拉普拉斯逆变换，即可得到时域内的总响应 $\varOmega(t)$。

9.2.3　微增量运动时动态方程的线性化

当电动机围绕某平衡位置（即稳态工作点）做微小运动（微增量运动）时，他励直流电动机的动态方程也可以线性化。在微增量运动时，方程中的各个变量可表示为

$$\left.\begin{array}{l} u_{\mathrm{f}} = U_{\mathrm{f0}} + u_{\mathrm{f1}} \\ i_{\mathrm{f}} = I_{\mathrm{f0}} + i_{\mathrm{f1}} \\ u_{\mathrm{a}} = U_{\mathrm{a0}} + u_{\mathrm{a1}} \\ i_{\mathrm{a}} = I_{\mathrm{a0}} + i_{\mathrm{a1}} \\ T_{\mathrm{L}} = T_{\mathrm{L0}} + T_{\mathrm{L1}} \\ \Omega = \Omega_0 + \Omega_1 \end{array}\right\} \tag{9-15}$$

式中，下标"0"表示稳态运行点的值；"1"表示微增量。

在稳态工作点处，各量之间具有下述关系：

$$\left.\begin{array}{l} U_{\mathrm{f0}} = R_{\mathrm{f}} I_{\mathrm{f0}} \\ U_{\mathrm{a0}} = R_{\mathrm{a}} I_{\mathrm{a0}} + G_{\mathrm{af}} I_{\mathrm{f0}} \Omega_0 \\ G_{\mathrm{af}} I_{\mathrm{f0}} I_{\mathrm{a0}} = R_{\Omega} \Omega_0 + T_{\mathrm{L0}} \end{array}\right\} \tag{9-16}$$

把式（9-15）代入式（9-9），考虑式（9-16），并不计两个微增量的乘积项时，可得微增量运动时的线性化方程为

$$\left.\begin{array}{l} u_{\mathrm{f1}} = (R_{\mathrm{f}} + L_{\mathrm{f}} p) i_{\mathrm{f1}} \\ u_{\mathrm{a1}} = (R_{\mathrm{a}} + L_{\mathrm{a}} p) i_{\mathrm{a1}} + G_{\mathrm{af}} I_{\mathrm{f0}} \Omega_1 + G_{\mathrm{af}} \Omega_0 i_{\mathrm{f1}} \\ G_{\mathrm{af}} I_{\mathrm{a0}} i_{\mathrm{f1}} + G_{\mathrm{af}} I_{\mathrm{f0}} i_{\mathrm{a1}} = (J p + R_{\Omega}) \Omega_1 + T_{\mathrm{L1}} \end{array}\right\} \tag{9-17}$$

由此可画出微增量运动时的框图。频域内的框图如图 9-4 所示，将图 9-4 各式中的 s 换成 p 即为时域内的框图。

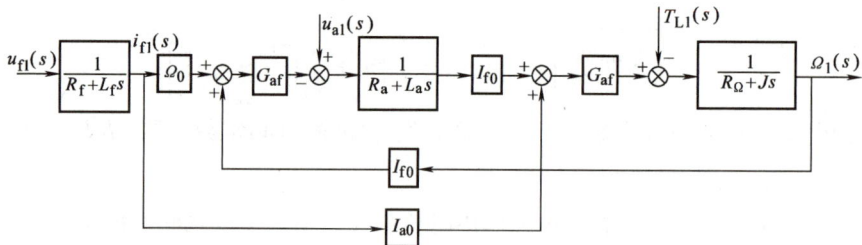

图 9-4　他励直流电动机微增量运动时在频域内的框图

9.3　他励直流电动机起动过程的分析

起动过程是直流电动机的重要动态过程之一。对于他励直流电动机来说，起动时通常先励磁，然后将电枢绕组投入电网。也就是说，他励直流电动机的起动通常是在 $i_{\mathrm{f}} = I_{\mathrm{f0}} =$ 常值的情况下进行的，因此可直接采用本章 9.2.2 节中得到的有关方程和框图。

设电动机在空载下起动，即 $T_{\mathrm{L}} = 0$。考虑到通常情况下阻力系数 R_{Ω} 对起动性能影响很小，可将其略去不计，则由式（9-12）可得

$$\Omega(s) = G_{\mathrm{I}}(s) U_{\mathrm{a}}(s) = \frac{1}{G_{\mathrm{af}} I_{\mathrm{f0}} T_{\mathrm{a}} T_{\mathrm{M}}} \frac{1}{s^2 + \dfrac{1}{T_{\mathrm{a}}} s + \dfrac{1}{T_{\mathrm{a}}} \dfrac{1}{T_{\mathrm{M}}}} U_{\mathrm{a}}(s)$$

$$= \frac{1}{G_{af}I_{f0}T_aT_M} \frac{1}{s^2 + 2\xi\omega_n s + \omega_n^2}U_a(s) \tag{9-18}$$

式中，ω_n 为系统的自然角频率，$\omega_n = \sqrt{\dfrac{1}{T_aT_M}}$；$\xi$ 为阻尼比，$\xi = \dfrac{1}{2}\sqrt{\dfrac{T_M}{T_a}}$。

由式（9-11）第二式可得电枢电流 $I_a(s)$

$$I_a(s) = \frac{Js + R_\Omega}{G_{af}I_{f0}}\Omega(s) \approx \frac{1}{L_a}\frac{s}{s^2 + 2\xi\omega_n s + \omega_n^2}U_a(s) \tag{9-19}$$

设起动时电枢端点突加阶跃直流电压 U_a，即 $U_a(s) = U_a/s$，代入式（9-18）、式（9-19）可得

$$\Omega(s) = \frac{U_a}{G_{af}I_{f0}T_aT_M}\frac{1}{s(s - s_1)(s - s_2)} \tag{9-20}$$

$$I_a(s) = \frac{U_a}{L_a}\frac{1}{(s - s_1)(s - s_2)} \tag{9-21}$$

式中，s_1、s_2 为特征方程式 $s^2 + 2\xi\omega_n s + \omega_n^2 = 0$ 的根

$$s_{1,2} = -\xi\omega_n \pm \omega_n\sqrt{\xi^2 - 1} = -\frac{1}{2T_a}\left(1 \mp \sqrt{1 - \frac{4T_a}{T_M}}\right) \tag{9-22}$$

由式（9-22）可知，若 $\xi > 1$，则 s_1、s_2 均为实数；若 $\xi < 1$，则 s_1、s_2 为复数。两种情况下方程的解将明显不同，需分别讨论。

1. 阻尼比 $\xi > 1$ 时

若阻尼比 $\xi > 1$（即 $4T_a < T_M$），将式（9-20）、式（9-21）展开成部分分式，可得

$$I_a(s) = \frac{U_a}{L_a}\left(\frac{k_1}{s - s_1} + \frac{k_2}{s - s_2}\right) \tag{9-23}$$

$$\Omega(s) = \frac{U_a}{G_{af}I_{f0}T_aT_M}\left(\frac{k_1'}{s} + \frac{k_2'}{s - s_1} + \frac{k_3'}{s - s_2}\right) \tag{9-24}$$

式中

$$k_1 = -\frac{1}{s_2 - s_1}, \quad k_2 = \frac{1}{s_2 - s_1} \tag{9-25}$$

$$k_1' = \frac{1}{s_2 s_1}, \quad k_2' = \frac{1}{s_1(s_1 - s_2)}, \quad k_3' = -\frac{1}{s_2(s_1 - s_2)} \tag{9-26}$$

将式（9-23）和式（9-24）进行反变换，可得时域内的电枢电流和转速响应

$$i_a(t) = \frac{U_a}{L_a}\frac{1}{s_1 - s_2}(e^{s_1 t} - e^{s_2 t}) = \frac{U_a}{L_a}\frac{1}{2\omega_n\sqrt{\xi^2 - 1}}\left[e^{-(\xi - \sqrt{\xi^2 - 1})\omega_n t} - e^{-(\xi + \sqrt{\xi^2 - 1})\omega_n t}\right] \tag{9-27}$$

$$\begin{aligned}\Omega(t) &= \frac{U_a}{G_{af}I_{f0}}\left(1 + \frac{s_2}{s_1 - s_2}e^{s_1 t} - \frac{s_1}{s_1 - s_2}e^{s_2 t}\right) \\ &= \frac{U_a}{G_{af}I_{f0}}\left[1 + \frac{1}{2(\xi^2 - \xi\sqrt{\xi^2 - 1} - 1)}e^{-(\xi - \sqrt{\xi^2 - 1})\omega_n t} + \frac{1}{2(\xi^2 + \xi\sqrt{\xi^2 - 1} - 1)}e^{-(\xi + \sqrt{\xi^2 - 1})\omega_n t}\right]\end{aligned}$$

$$\tag{9-28}$$

对于大多数直流电动机而言，$4T_a \ll T_M$，故 $\sqrt{1-\dfrac{4T_a}{T_M}} \approx 1-\dfrac{2T_a}{T_M}$，于是由式（9-22）得

$$s_1 \approx -\frac{1}{T_M}, \quad s_2 \approx -\frac{1}{T_a}, \quad \frac{1}{s_1-s_2} \approx \frac{T_a T_M}{T_M - T_a} \tag{9-29}$$

则式（9-27）、式（9-28）可近似为

$$\left.\begin{array}{l} i_a(t) \approx \dfrac{U_a}{R_a}\left(\mathrm{e}^{-\frac{t}{T_M}} - \mathrm{e}^{-\frac{t}{T_a}}\right) \\[4mm] \Omega(t) \approx \dfrac{U_a}{G_{af}I_{f0}}\left(1 - \dfrac{T_M}{T_M-T_a}\mathrm{e}^{-\frac{t}{T_M}} + \dfrac{T_a}{T_M-T_a}\mathrm{e}^{-\frac{t}{T_a}}\right) \end{array}\right\} \tag{9-30}$$

相应的电枢电流 $i_a(t)$ 和转速 $\Omega(t)$ 曲线如图 9-5 所示。

式（9-30）表明，**电枢电流和转速的瞬态响应均由两部分组成：一部分按电枢电路的时间常数 T_a 衰减；另一部分按机电时间常数 T_M 衰减**。通常 $T_a \ll T_M$，故就整个电机的瞬态响应来说，电的瞬态要比机电瞬态短暂得多。如果进一步忽略电的瞬态，即认为绕组电感 $L_a = 0$，相应地 $T_a = 0$，则式（9-30）将进一步简化为

$$\left.\begin{array}{l} i_a(t) \approx \dfrac{U_a}{R_a}\mathrm{e}^{-\frac{t}{T_M}} \\[4mm] \Omega(t) \approx \dfrac{U_a}{G_{af}I_{f0}}(1 - \mathrm{e}^{-\frac{t}{T_M}}) \end{array}\right\} \tag{9-31}$$

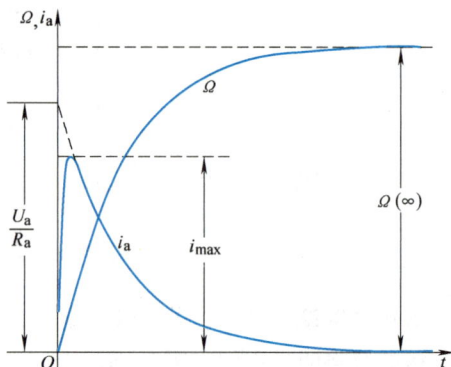

图 9-5 他励直流电动机起动时的电枢电流和转速曲线

此时，$t=0$ 时的电枢电流为 U_a/R_a，该电流为电枢可能达到的最大冲击电流，即为通常所说的电动机起动电流 I_{st}。电动机的稳态机械角速度为 $\Omega(\infty) = U_a/(G_{af}I_{f0})$，即电动机稳态运行时的理想空载转速。

2. 阻尼比 $\xi < 1$ 时

若 $\xi < 1$（即 $4T_a > T_M$），特征方程的根 s_1、s_2 为具有负实部的复数，起动过程将是具有衰减的振荡过程，经推导此时电枢电流和角速度的瞬态响应分别为

$$\left.\begin{array}{l} i_a(t) = \dfrac{U_a}{L_a\omega_n\sqrt{1-\xi^2}}\mathrm{e}^{-\xi\omega_n t}\sin\left(\omega_n\sqrt{1-\xi^2}\,t\right) \\[4mm] \Omega(t) = \dfrac{U_a}{G_{af}I_{f0}}\left[1 - \dfrac{\mathrm{e}^{-\xi\omega_n t}}{\sqrt{1-\xi^2}}\sin\left(\omega_n\sqrt{1-\xi^2}\,t + \arctan\dfrac{\sqrt{1-\xi^2}}{\xi}\right)\right] \end{array}\right\} \tag{9-32}$$

相应的电枢电流 $i_a(t)$ 和角速度 $\Omega(t)$ 的瞬态响应如图 9-6 所示。

由此可见，要使起动过程为非振荡过程，应增大阻尼比 ξ。由于

$$\xi^2 = \frac{1}{4}\frac{T_M}{T_a} = \frac{1}{4}\frac{R_a^2 J}{G_{af}^2 I_{f0}^2 L_a}$$

增大电枢电阻 R_a 和转动惯量 J 或减少 $G_{af}I_{f0}$（即减少主磁通 Φ）均可达到这一目的。

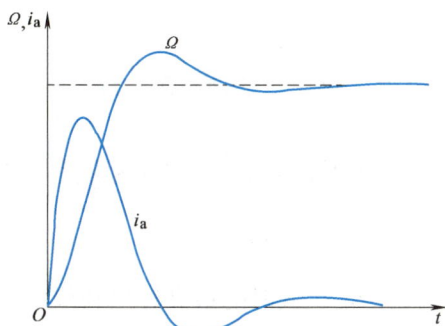

图 9-6　阻尼比 $\xi<1$ 时电枢电流和角速度的瞬态响应

9.4　直流电动机的运动控制

运动控制系统的被控量通常是转速或转角，以转速为被控量的系统称为**调速系统**，以转角为被控量的系统称为**位置随动系统**，也称为**伺服系统**。

需要说明的是，转速控制是各种运动控制系统的基础，位置随动系统以及其他控制系统往往是通过在调速系统的基础上增加相应的外部控制环实现的。本书中仅讨论调速系统。

9.4.1　直流电动机的调速方法与调速性能指标

根据第 3 章讲过的直流电动机转速公式

$$n = \frac{U - I_a R_a}{C_e \Phi} \tag{9-33}$$

可知，改变电枢回路电阻 R_a、减小励磁磁通 Φ、调节电枢电压 U 均可调节电动机的转速 n。改变电枢回路电阻通常是通过在电枢回路串入调速电阻实现的，调速过程中能耗大且只能实现有级调速。通过调节励磁电流、减少磁通 Φ 可以实现平滑调速，但调速范围有限，一般是配合调压调速在电动机额定转速以上进行小范围的升速，很少单独使用。对于要求在一定范围内实现无级平滑调速的直流调速系统，通常采用调节电枢电压调速，即直流调速系统往往以调压调速为主。

要实现调压调速，需要有专门的可控直流电源，目前常用的有可控整流器和直流斩波器两种。前者利用晶闸管整流器把输入的交流电变成可控直流电输出；后者利用晶闸管或其他电力电子器件对输入的直流电压进行斩波控制，从而得到输出电压可调的直流电。目前中小容量直流调速系统使用的直流斩波器常采用 IGBT 等全控型器件，并采用脉宽调制（PWM）技术，称为**脉宽调制变换器**。

任何一台需要控制转速的设备，其生产工艺对调速性能都有一定的要求，如最高转速与最低转速之间的范围、是有级调速还是无级调速、稳态运行时允许转速波动的大小、从正转运行变到反转运行的时间间隔、突加或突减负载时允许的转速波动、运行停止时要求的定位精度等。这些要求可以转化成调速系统的稳态或动态性能指标，作为系统设计的依据。**稳态性能指标**要求系统能在最高和最低转速范围内调节转速，并且在不同转速下工作时稳态转速稳定；**动态性能指标**要求系统起动、制动以及调速等动态过程快而平稳，并且具有良好的抗扰动性能。下面分别予以介绍。

1. 稳态性能指标

调速系统的稳态性能指标主要有两个：调速范围和静差率。

（1）调速范围

电动机提供的最高转速 $n_{\max}$ 和最低转速 $n_{\min}$ 之比称为调速范围，用 D 表示

$$D = \frac{n_{\max}}{n_{\min}} \tag{9-34}$$

式中，$n_{\max}$ 和 $n_{\min}$ 一般是指电动机额定负载时的最高转速和最低转速，对于直流电动机调压调速系统，最高转速 $n_{\max}$ 一般就是其额定转速 n_N。

（2）静差率

静差率用以衡量调速系统在负载变化时的转速稳定度，其定义为：当系统在某一转速下运行时，负载由理想空载增加到额定值时所对应的转速降落 Δn_N（称为额定速降）与理想空载转速 n_0 之比，用 s 表示，即

$$s = \frac{\Delta n_N}{n_0} \tag{9-35}$$

常用百分数表示

$$s = \frac{\Delta n_N}{n_0} \times 100\% \tag{9-36}$$

需要注意的是，静差率反映的是负载变化时转速的相对稳定度。静差率越小，转速的相对稳定度越高。对于调压调速的直流电动机，不同转速下的机械特性是互相平行的直线，如图9-7所示，在两条不同的机械特性上额定速降相同，即 $\Delta n_{Na} = \Delta n_{Nb}$，但由于理想空载转速 $n_{0b} < n_{0a}$，所以它们的静差率是不同的，$s_a < s_b$。这意味着，对于同样硬度的机械特性，其额定速降相同，转速越低时静差率越大，即负载变化时转速的相对波动越大。

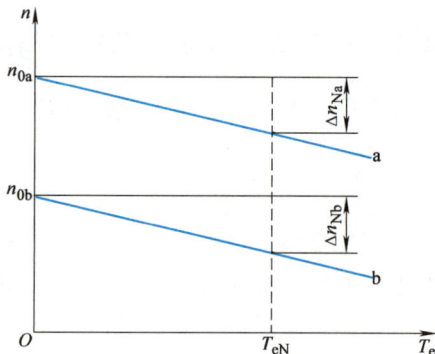

图 9-7　不同转速下的静差率

一般而言，生产机械对调速系统的静差率要求是指在整个调速范围内的不同转速下都能满足的静差率，因此应以最低转速时的静差率作为系统的静差率。由此不难理解，对于一个调速系统而言，调速范围和静差率这两项指标并不是彼此孤立的，而是有着不可分割的联系，两个指标必须同时提才有意义。

（3）D、s、Δn_N 之间的关系

前已述及，直流电动机调压调速系统常以额定转速 n_N 作为最高转速 $n_{\max}$，则有

$$D = \frac{n_{\max}}{n_{\min}} = \frac{n_N}{n_{\min}} \tag{9-37}$$

以最低转速时的静差率作为系统的静差率，则

$$s = \frac{\Delta n_N}{n_{0\min}}$$

考虑到

$$n_{\min} = n_{0\min} - \Delta n_{\mathrm{N}} = \frac{\Delta n_{\mathrm{N}}}{s} - \Delta n_{\mathrm{N}} = \frac{(1-s)\Delta n_{\mathrm{N}}}{s}$$

代入式（9-37），可得

$$D = \frac{n_{\mathrm{N}} s}{\Delta n_{\mathrm{N}}(1-s)} \tag{9-38}$$

由式（9-38）可见，当 Δn_{N} 一定时，要求静差率 s 越小，则调速范围 D 也越小。若要求在 D 一定的条件下减小 s，则应设法减小额定速降 Δn_{N}。

2. 动态性能指标

动态性能指标有两类：**跟随性能指标**和**抗扰性能指标**。

（1）跟随性能指标

在给定信号的作用下，系统输出量 $C(t)$ 随输入量的变化情况可用跟随性能指标来描述。当给定信号变化方式不同时，输出响应也不同，通常以输出量的初始值为零时给定信号阶跃变化下的过渡过程作为典型的跟随过程，这时输出量的动态响应称为**阶跃响应**。典型的阶跃响应过程和跟随性能指标如图 9-8 所示。常用的阶跃响应跟随性能指标有**上升时间 t_{r}、超调量 σ、调节时间 t_{s}**。

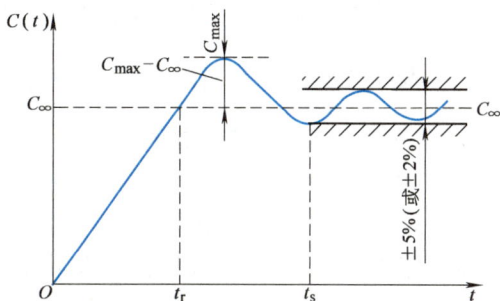

图 9-8   典型的阶跃响应过程和跟随性能指标

1）上升时间 t_{r}：输出从零起第一次上升到稳态值 C_{∞} 所经历的时间称为上升时间，它反映了动态响应的快速性。

2）超调量 σ：在阶跃响应过程中，超过 t_{r} 以后，输出量有可能继续升高，到达最大值 $C_{\max}$，然后回落，$C_{\max}$ 超过 C_{∞} 的百分数称为超调量，即

$$\sigma = \frac{C_{\max} - C_{\infty}}{C_{\infty}} \times 100\%$$

超调量反映了系统的相对稳定性，超调量越小，相对稳定性越好。

3）调节时间 t_{s}：t_{s} 用来衡量整个调节过程的快慢，它是指输出量 $C(t)$ 与稳态值 C_{∞} 之差达到允许的误差带并维持在其范围内所需的时间，又称为**过渡过程时间**。允许的误差带有 $\pm 5\%$ 和 $\pm 2\%$ 两种。

（2）抗扰性能指标

控制系统在稳定运行时，如果受到外部扰动（如负载变化、电网电压波动等），就会引起输出量的变化。输出量变化多少？经过多长时间才能恢复稳定运行？这些问题反映了系统抵抗扰动的能力。一般以系统稳定运行中突加阶跃扰动 N 的动态过程作为典型的抗扰过程，常用的抗扰性能指标为动态降落和恢复时间，如图 9-9 所示。

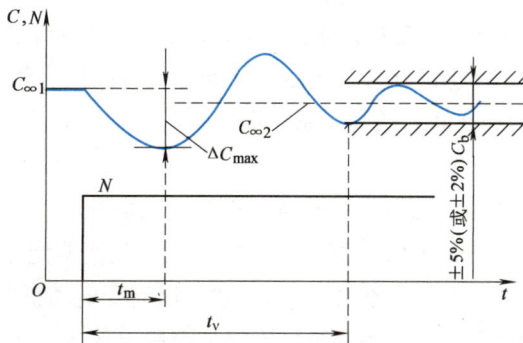

图 9-9   突加扰动的动态过程和抗扰性能指标

1）动态降落 ΔC_{max}：系统稳定运行时，突加一个约定的标准扰动信号，所引起的输出量最大降落值 ΔC_{max} 称为动态降落。一般用 ΔC_{max} 占输出量原稳态值 $C_{\infty 1}$ 的百分数（$\Delta C_{max}/C_{\infty 1}$）×100% 来表示。输出量在动态降落后逐渐恢复，达到新的稳态值 $C_{\infty 2}$，$C_{\infty 1} - C_{\infty 2}$ 是系统在该扰动作用下的稳态误差，即**静差**。动态降落一般都大于稳态误差。调速系统突加额定负载扰动时的转速降落称为**动态速降** Δn_{max}。

2）恢复时间 t_v：从阶跃扰动作用开始，到输出量基本上恢复稳态，与新稳态值 $C_{\infty 2}$ 之差进入某基准值 C_b 的 ±5% 或 ±2% 范围之内所需的时间，定义为恢复时间 t_v，其中 C_b 为抗扰指标中输出量的基准值，视具体情况选定。

实际控制系统对于各种性能指标的要求各有不同，**一般来说，调速系统的动态性能指标以抗扰性能为主，而随动系统的动态性能指标则以跟随性能为主**。

9.4.2 转速负反馈单闭环直流调速系统

1. 开环调速系统及其存在的问题

图 9-10 所示为采用晶闸管可控整流器作为可控直流电源的开环直流调速系统原理图。图中 VT 是晶闸管可控整流器，GT 为触发装置，调节控制电压 U_c 可以改变触发装置输出触发脉冲的相位，从而改变可控整流器输出的平均电压 U_d，以实现直流电动机的调速。

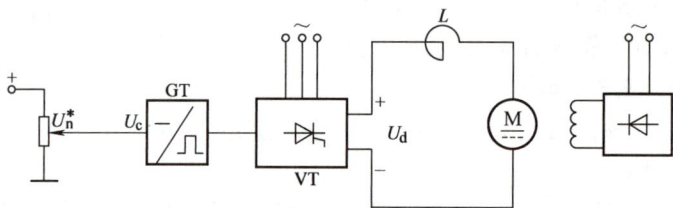

图 9-10 开环直流调速系统原理图

就稳态输出特性而言，整个触发和整流装置在电流连续的情况下可以等效地看作是一个开路电压为 U_{d0}、内阻为 R_{rec} 的直流电压源，对电动机的电枢回路列电压平衡方程，并假定电动机的励磁磁通 $\Phi = \Phi_N$，可得此时直流电动机的转速为

$$n = \frac{U_{d0} - (R_{rec} + R_L + R_a)I_d}{C_e\Phi_N} = \frac{U_{d0} - RI_d}{K_e} = \frac{U_{d0}}{K_e} - \frac{RI_d}{K_e} = n_0 - \Delta n \tag{9-39}$$

式中，R_L 为平波电抗器的电阻；R 为电枢回路的总电阻，$R = R_{rec} + R_L + R_a$；K_e 为电动机在额定磁通下的电动势系数，$K_e = C_e\Phi_N$；n_0 为电动机的理想空载转速；Δn 为负载引起的转速降落。

理想情况下，经线性化处理，可以认为整流器的输出电压 U_{d0} 与触发装置的输入控制电压 U_c 之间为线性关系，即

$$U_{d0} = K_s U_c \tag{9-40}$$

式中，K_s 为触发和整流装置的放大系数。

由图 9-10 和式（9-40）可见，改变给定电压 U_n^* 就改变了控制电压 U_c，从而改变加到电动机上的电枢电压 U_{d0}，就可以改变电动机的转速 n。

在上述开环调速系统中，控制电压 U_c 与输出转速 n 之间只有顺向作用而无反向联系，即控制是单方向进行的，输出转速不影响控制电压，控制电压直接由给定电压产生。当给定

电压 U_n^* 一定时，$U_c = U_n^*$ 为恒值，U_{d0} 和 n_0 保持不变，随着负载的增加，转速线性下降。如果对静差率要求不高，这样的开环系统能实现一定范围内的无级调速。但实际应用中，许多需要无级调速的生产机械常常对静差率有较严格的要求，并且调速范围 D 又较大，则开环调速系统不能满足要求，下面举例说明。

[例 9-1]　某龙门刨床工作台拖动采用直流电动机，其额定数据为：60kW、220V、305A、1000r/min。采用晶闸管整流器供电的直流调速系统，主电路总电阻 $R = 0.18\Omega$，电动势系数 $K_e = 0.2$ V·min/r。如果要求调速范围 $D = 20$，静差率 $s \leqslant 5\%$，采用开环调速系统能否满足？若要满足这个要求，系统的额定速降最多允许为多少？

解：当电流连续时，系统的额定速降为

$$\Delta n_N = \frac{I_{dN} R}{K_e} = \frac{305 \times 0.18}{0.2} \text{r/min} = 275\text{r/min}$$

开环系统机械特性连续段在额定转速时的静差率为

$$s_N = \frac{\Delta n_N}{n_N + \Delta n_N} = \frac{275}{1000 + 275} = 0.216 = 21.6\%$$

这已大大超过了 5% 的要求，更不必谈调到最低速了。

如果要求 $D = 20$，$s \leqslant 5\%$，则由式 (9-38) 可知

$$\Delta n_N = \frac{n_N s}{D(1-s)} \leqslant \frac{1000 \times 0.05}{20 \times (1-0.05)} \text{r/min} = 2.63\text{r/min}$$

由例 9-1 可以看出，要满足生产机械的要求，必须把额定速降从 275r/min 降到 2.63r/min，由于在开环系统中额定速降 $\Delta n_N = I_{dN} R / K_e$ 是由电机参数决定的，欲通过改变电机参数使系统满足要求显然是不现实的。

2. 单闭环调速系统的组成及其静特性

（1）转速负反馈单闭环直流调速系统的组成

由前述分析可知，当对调速范围和静差率有较高要求时，解决的途径只能是减少负载变化引起的转速降落 Δn。根据自动控制原理，可以采用带有转速负反馈的闭环系统达到这一目的。带转速负反馈的单闭环直流调速系统如图 9-11 所示。该系统的被控量是转速 n，给定量是给定电压 U_n^*，电动机轴上安装有一台测速发电机 TG 以得到与被控量转速 n 成正比的反馈电压 U_n，U_n^* 与 U_n 比较，得到偏差电压 ΔU_n，经转速调节器 ASR 产生触发装置的控制电压 U_c。转速调节器可以有不同的类型，最简单的就是采用比例放大器 A，称为比例调节器(P 调节器)。U_c 以后的部分与图 9-10 中的开环系统相同，这里不再详述。

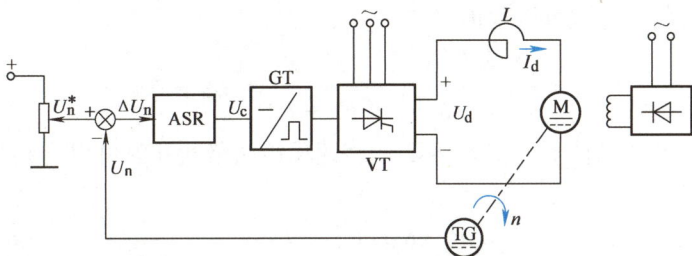

图 9-11　带转速负反馈的单闭环直流调速系统

根据自动控制原理，反馈闭环控制系统是按照被调量的偏差进行控制的系统，只要被调量出现偏差，它就会自动纠正偏差。在调速系统中，转速降落 Δn 实质上就是由负载变化引起的转速偏差，显然采用转速负反馈能够大大减小转速降落 Δn。具体讲，设给定电压 U_n^* 一定，电动机理想空载转速为 n_0，当负载增加引起 I_d 增大时，若整流器输出电压 U_d 不变，则必然导致转速 n 下降，相应 U_n 减小，ΔU_n 增大，则 U_c、U_d 相应增大，转速回升，即 $I_d \uparrow \rightarrow n \downarrow \rightarrow U_n \downarrow \rightarrow \Delta U_n \uparrow \rightarrow U_c \uparrow \rightarrow U_d \uparrow \rightarrow n \uparrow$。显然，由于电压的自动调节作用，在新的稳态工作点上的转速降落要比 U_d 不变的开环系统大为减小。

（2）转速负反馈单闭环直流调速系统的静特性

下面分析上述闭环系统的稳态特性。为突出重点问题，分析中忽略各种非线性因素，假定系统中各环节的输入、输出关系都是线性的，忽略控制电源和电位器的内阻。

由前述对开环系统的分析，已得到了以下环节的稳态关系：

触发和可控整流装置（此后合称为电力电子变换器）：$U_{d0} = K_s U_c$；

直流电动机：$n = \dfrac{U_{d0} - RI_d}{K_e}$。

在图 9-11 所示的闭环系统中又增加了以下环节：

电压比较环节：$\Delta U_n = U_n^* - U_n$；

转速调节器（采用比例调节器时）：$U_c = K_p \Delta U_n$；

测速反馈环节：$U_n = \alpha n$。

式中，K_p 为比例调节器的电压放大系数；α 为转速反馈系数（$V \cdot min/r$）。

从上述 5 个关系式中消去中间变量，整理后即可得到转速负反馈闭环直流调速系统的稳态特性方程式

$$n = \frac{K_p K_s U_n^* - RI_d}{K_e(1 + K_p K_s \alpha/K_e)} = \frac{K_p K_s U_n^*}{K_e(1 + K)} - \frac{RI_d}{K_e(1 + K)} \tag{9-41}$$

式中，K 称为闭环系统的开环放大系数，$K = K_p K_s \alpha/K_e$，它相当于在反馈回路断开后，从放大器输入端到测速反馈输出的总电压放大系数，是各环节单独的放大系数的乘积。

式（9-41）表达了闭环系统电动机转速与负载电流（或转矩）间的稳态关系，在形式上与开环机械特性相似，但两者有本质上的区别，因此把式（9-41）称为闭环调速系统的静特性，以示区别。

（3）闭环调速系统静特性与开环机械特性的比较

采用转速负反馈闭环控制的目的是为了减小负载引起的转速降落 Δn_N，现在比较一下系统的闭环静特性与开环机械特性就能清楚地看出闭环控制的优越性。

闭环系统的静特性方程可以写成

$$n = \frac{K_p K_s U_n^*}{K_e(1 + K)} - \frac{RI_d}{K_e(1 + K)} = n_{0cl} - \Delta n_{cl} \tag{9-42}$$

在系统参数不变的条件下，把图 9-11 的转速反馈回路断开就可以得到相应的开环系统，它的开环机械特性为

$$n = \frac{U_{d0} - I_d R}{K_e} = \frac{K_p K_s U_n^*}{K_e} - \frac{RI_d}{K_e} = n_{0op} - \Delta n_{op} \tag{9-43}$$

式中，$n_{0\text{cl}}$ 和 $n_{0\text{op}}$ 分别表示闭环和开环系统的理想空载转速；Δn_{cl} 和 Δn_{op} 分别表示闭环和开环系统的稳态速降。

比较式（9-42）和式（9-43），可以得到以下结论：

1）闭环系统静特性比开环系统机械特性硬度大大提高。在同样的负载扰动下，闭环系统的转速降落仅为开环系统的 $1/(1+K)$。

由式（9-42）、式（9-43）知

$$\Delta n_{\text{cl}} = \frac{RI_{\text{d}}}{K_{\text{e}}(1 + K)}, \quad \Delta n_{\text{op}} = \frac{RI_{\text{d}}}{K_{\text{e}}}$$

它们的关系是

$$\Delta n_{\text{cl}} = \frac{\Delta n_{\text{op}}}{1 + K} \tag{9-44}$$

显然，当开环放大系数 K 很大时，Δn_{cl} 要比 Δn_{op} 小得多，即闭环系统的特性要硬得多。

2）闭环系统的静差率要比开环系统小得多。在理想空载转速相同的条件下，闭环系统的静差率仅为开环系统的 $1/(1 + K)$。

根据静差率的定义，闭环系统的静差率为 $s_{\text{cl}} = \Delta n_{\text{cl}}/n_{0\text{cl}}$，开环系统的静差率为 $s_{\text{op}} = \Delta n_{\text{op}}/n_{0\text{op}}$。若 $n_{0\text{cl}} = n_{0\text{op}}$，考虑到式（9-44），有

$$s_{\text{cl}} = \frac{s_{\text{op}}}{1 + K} \tag{9-45}$$

3）当要求的静差率一定时，闭环系统可以大大提高调速范围。假定开环、闭环两种情况下电动机的最高转速都是其额定转速 n_{N}，要求的静差率都是 s，根据式（9-38），开环调速系统的调速范围为 $D_{\text{op}} = \dfrac{n_{\text{N}}s}{\Delta n_{\text{op}}(1 - s)}$，闭环系统的调速范围为 $D_{\text{cl}} = \dfrac{n_{\text{N}}s}{\Delta n_{\text{cl}}(1 - s)}$，考虑到式（9-44），可得

$$D_{\text{cl}} = (1 + K)D_{\text{op}} \tag{9-46}$$

综上所述，**闭环调速系统可以获得比开环调速系统硬得多的稳态特性，在保证一定静差率的前提下，能大大提高调速范围**。闭环系统的开环放大系数 K 对系统的稳态性能影响很大，K 越大，稳态速降越小，静特性就越硬，在一定静差率下的调速范围越大。

调速系统之所以产生稳态速降，其根本原因是负载电流在电枢回路电阻上产生的电阻压降，闭环后并不能使电枢回路的电阻及一定负载电流下的电阻压降减小，那么闭环系统是如何减小稳态速降的？其实质是什么？

在开环系统中，当负载电流增大时，电枢电流 I_{d} 在电枢回路电阻 R 上的压降也增大，由于电枢电压保持不变，这将使电动势 e_{a} 减小，由于 $e_{\text{a}} = C_{\text{a}}\Phi n$，因此必然导致转速的降落。在闭环系统中，由于引入了反馈检测装置，转速稍有降落，反馈电压 U_{n} 也跟着减小，尽管给定电压 U_{n}^{*} 并未改变，但偏差电压 $\Delta U_{\text{n}} = U_{\text{n}}^{*} - U_{\text{n}}$ 会增大，通过调节器的放大作用使控制电压 U_{c} 增大，从而使晶闸管整流器的输出电压 U_{d0} 提高，系统将工作在一条新的开环机械特性上，因而转速将有所回升。由于整流器输出电压 U_{d0} 的增量 ΔU_{d0} 部分补偿了电枢回路电阻压降的增量 $\Delta I_{\text{d}}R$，使最终的稳态速降比开环系统明显减小。

闭环系统静特性与开环系统机械特性的关系如图9-12所示。设系统的原始工作点为 A，

负载电流为 I_{d1}；当负载电流增大到 I_{d2} 时，开环系统的工作点将沿相应的开环机械特性降落到 A' 点；而在闭环系统中，由于反馈调节作用，电压可由 U_{d01} 上升到 U_{d02}，使工作点变成机械特性 2 上的 B 点，稳态速降比开环系统小得多。这样，在闭环系统中，每增加（或减小）一点负载，就相应地增加（或减小）一点电枢电压，因而就改换一条开环机械特性，闭环系统的静特性就是这样在许多条开环机械特性上各取一个相应的工作点，如图 9-12 中的 A、B、C、D、……连接而成的。

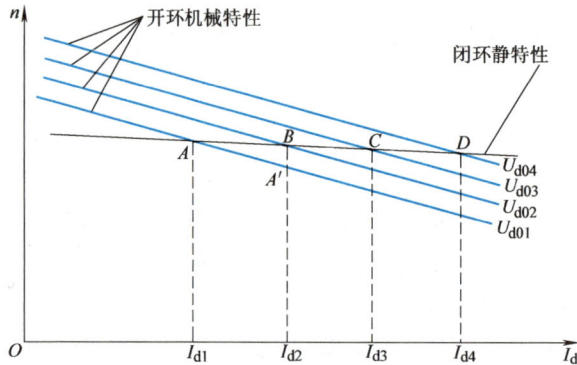

图 9-12　闭环系统静特性与开环系统机械特性的关系

由此可见，**闭环系统能够减小稳态速降的实质在于它的自动调节作用，在于它能随着负载的变化而相应地改变电动机的电枢电压，以补偿电枢回路电阻压降的变化。**

3. 转速负反馈单闭环直流调速系统的动态分析

（1）转速负反馈单闭环直流调速系统的传递函数

为了分析系统的动态性能和稳定性，必须建立描述系统动态物理规律的数学模型。对于直流调速系统，可用传递函数和框图（称为动态结构图）来表示。建立调速系统动态结构图的方法与前述建立直流电动机框图的方法相同，首先分析组成系统的各个环节的输入、输出关系，建立各环节的传递函数，再按照系统中各环节之间的关系将它们连接起来，最后得到整个系统的动态结构图和传递函数。图 9-11 所示的转速负反馈单闭环直流调速系统可以看作由 4 个环节组成：直流电动机、电力电子变换器、比例放大器、测速反馈环节。

1）额定励磁下他励直流电动机的传递函数。在本章 9.2 节中已建立了电枢控制时他励直流电动机的动态数学模型，其动态结构图如图 9-3 所示。在运动控制系统中，为便于分析，常需对其进行适当变换。运动控制系统中系统的输出通常用转速 n(r/min) 表示，$n = (30/\pi)\Omega$。采用电枢控制的他励直流电动机，励磁电流通常保持额定值不变，即 $I_{f0}=I_{fN}$，则磁通 $\Phi = \Phi_N$，此时有 $G_{af}I_{f0}=G_{af}I_{fN}=C_T\Phi_N=K_m$，其中，$K_m$ 称为额定磁通下的转矩系数，而额定磁通下的电动势系数 $K_e=(2\pi/60)K_m$。转动惯量常用飞轮力矩 GD^2 表示，$GD^2=4gJ$，$g=9.8\mathrm{m/s^2}$ 为重力加速度。考虑上述关系，忽略阻力系数 R_Ω 的影响，对图 9-3 进行等效变换，将反馈通道中的 $G_{af}I_{f0}$ 移到前向通道，并将 T_L 的作用点前移，可得到图 9-13a 所示的动态结构图。

图 9-13a 中，$I_{dL} = T_L/K_m$ 是产生负载转矩所需的电枢电流，称为负载电流；T_a 为电枢回路电磁时间常数，$T_a=L/R$，这里 L 和 R 分别是电枢回路的总电感和总电阻；T_M 是系统的机电时间常数

$$T_{\mathrm{M}} = \frac{JR}{G_{\mathrm{aI}}^2 I_{\mathrm{fN}}^2} = \frac{GD^2 R}{375 K_{\mathrm{m}} K_{\mathrm{e}}}$$

如果不需要在结构图中显现出电流 I_{d}，可通过结构图等效变换，进一步将 I_{dL} 的合成点前移，得到图 9-13b 所示的形式。理想空载时，$I_{\mathrm{dL}} = 0$，结构图可简化成图 9-13c。

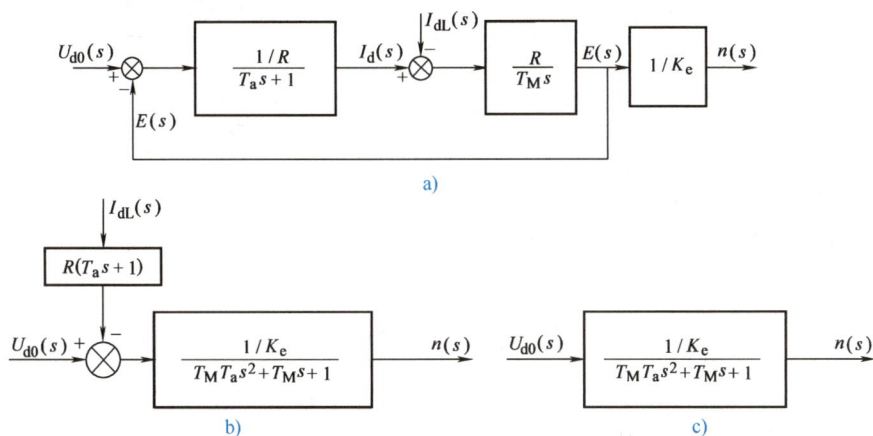

图 9-13　额定励磁下直流电动机的动态结构图

2）电力电子变换器的传递函数。在前面稳态分析中是将电力电子变换器作为一个放大系数为 K_{s} 的线性放大器处理的，实际上，从 U_{c} 改变到 U_{d0} 发生变化在时间上会产生延迟。考虑到这种延迟，电力电子变换器可以用一个带有滞后作用的比例环节来描述，其传递函数为

$$W_{\mathrm{s}}(s) = \frac{U_{\mathrm{d0}}(s)}{U_{\mathrm{c}}(s)} = K_{\mathrm{s}} \mathrm{e}^{-T_s s} \tag{9-47}$$

式中，T_{s} 为电力电子变换器的延迟时间。

指数函数 $\mathrm{e}^{-T_s s}$ 的存在会给系统的分析和设计带来许多麻烦，由于 T_{s} 通常很小，为了分析和设计的方便，当满足一定条件时，可将其按泰勒级数展开，并忽略高次项，即有

$$W_{\mathrm{s}}(s) = K_{\mathrm{s}} \mathrm{e}^{-T_s s} = \frac{K_{\mathrm{s}}}{\mathrm{e}^{T_s s}} = \frac{K_{\mathrm{s}}}{1 + T_s s + \dfrac{1}{2!}T_s^2 s^2 + \dfrac{1}{3!}T_s^3 s^3 + \cdots} \approx \frac{K_{\mathrm{s}}}{1 + T_s s} \tag{9-48}$$

这样，电力电子变换器可以近似看作一阶惯性环节。

3）比例放大器和测速反馈装置的传递函数。它们的响应都可以认为是瞬时的，因此其传递函数就是其放大系数，即

$$W_{\mathrm{a}}(s) = \frac{U_{\mathrm{c}}(s)}{\Delta U_{\mathrm{n}}(s)} = K_{\mathrm{p}} \tag{9-49}$$

$$W_{\mathrm{fn}}(s) = \frac{U_{\mathrm{n}}(s)}{n(s)} = \alpha \tag{9-50}$$

将上述各环节的传递函数，按照它们在系统中的相互关系（参见图 9-11）连接起来，就可以画出采用比例调节器时转速负反馈单闭环直流调速系统的动态结构图，如图 9-14 所示。由图可见，将电力电子变换器按一阶惯性环节处理后，采用比例放大器的转速负反馈单闭环直流调速系统可以近似看作一个三阶线性系统。

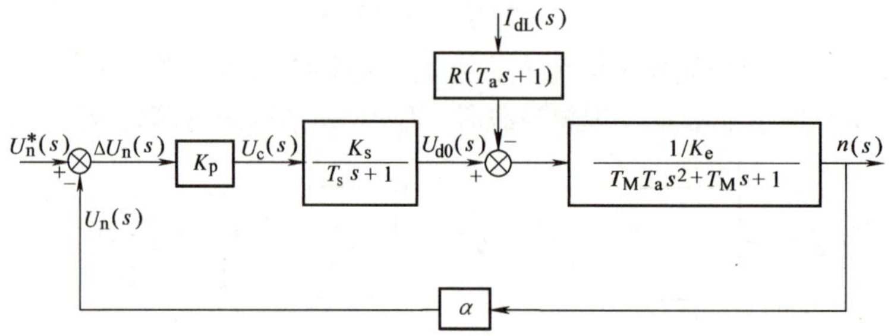

图 9-14　转速负反馈单闭环直流调速系统的动态结构图

由图 9-14 得到系统的开环传递函数为

$$W(s) = \frac{U_n(s)}{\Delta U_n(s)} = \frac{K}{(T_s s + 1)(T_M T_a s^2 + T_M s + 1)} \tag{9-51}$$

式中，K 为闭环系统的开环放大系数，$K = K_p K_s \alpha / K_e$。

设 $I_{dL} = 0$，从给定输入作用上看，系统的闭环传递函数为

$$
\begin{aligned}
W_{cl}(s) = \frac{n(s)}{U_n^*(s)} &= \frac{\dfrac{K_p K_s / K_e}{(T_s s + 1)(T_M T_a s^2 + T_M s + 1)}}{1 + \dfrac{K_p K_s \alpha / K_e}{(T_s s + 1)(T_M T_a s^2 + T_M s + 1)}} = \frac{K_p K_s / K_e}{(T_s s + 1)(T_M T_a s^2 + T_M s + 1) + K} \\
&= \frac{\dfrac{K_p K_s}{K_e(1 + K)}}{\dfrac{T_M T_a T_s}{1 + K} s^3 + \dfrac{T_M(T_a + T_s)}{1 + K} s^2 + \dfrac{T_M + T_s}{1 + K} s + 1}
\end{aligned}
\tag{9-52}
$$

（2）单闭环直流调速系统的稳定性分析

由式（9-52）得到转速负反馈单闭环直流调速系统的特征方程为

$$\frac{T_M T_a T_s}{1 + K} s^3 + \frac{T_M(T_a + T_s)}{1 + K} s^2 + \frac{T_M + T_s}{1 + K} s + 1 = 0 \tag{9-53}$$

根据自动控制理论中的**劳斯-赫尔维茨稳定判据**，对于特征方程为 $a_0 s^3 + a_1 s^2 + a_2 s + a_3 = 0$ 的三阶系统，系统稳定的充分必要条件是 $a_0 > 0$，$a_1 > 0$，$a_2 > 0$，$a_3 > 0$，$a_1 a_2 - a_0 a_3 > 0$。由于式（9-53）的各项系数都是大于零的，因此稳态条件就只有

$$\frac{T_M(T_a + T_s)}{1 + K} \frac{T_M + T_s}{1 + K} - \frac{T_M T_a T_s}{1 + K} > 0$$

或

$$(T_a + T_s)(T_M + T_s) > (1 + K) T_a T_s$$

整理后得

$$K < \frac{T_M(T_a + T_s) + T_s^2}{T_a T_s} \tag{9-54}$$

或

$$K < \frac{T_M}{T_s} + \frac{T_M}{T_a} + \frac{T_s}{T_a} \tag{9-55}$$

式（9-54）或式（9-55）的右边称为系统的**临界放大系数** K_{cr}，当 $K \geqslant K_{cr}$ 时，系统将不稳定。

由以上分析可见，**为了满足系统的稳态性能指标，K 值应足够大，但若 $K \geqslant K_{cr}$ 又会导致系统不稳定，可见稳态精度与动态稳定性的要求是矛盾的。** 设计闭环调速系统时，常常会遇到这种动态稳定性与稳态性能指标发生矛盾的情况，这时必须采取动态校正措施，使系统同时满足这两个方面的要求。在直流调速系统中常用的动态校正措施是把比例调节器换成比例-积分（PI）调节器。

采用比例放大器的单闭环调速系统总是有静差的，因为其稳态速降 $\Delta n_{cl} = RI_d / [K_e(1+K)]$，由于 K 不可能为无穷大，Δn_{cl} 不能为零，这样的调速系统称为**有静差调速系统**。实际上，这种系统正是依靠被控量的偏差进行控制的。采用 PI 调节器的闭环调速系统，由于积分器的作用，理论上可以完全消除稳态速差，实现无静差调速，是**无静差调速系统**。通过适当设计 PI 调节器的参数，可以使系统既满足稳态性能指标的要求，又能保证系统稳定，并具有一定的稳定裕量。因此，PI 调节器在调速系统和其他自动控制系统中获得了广泛应用。

9.4.3　转速电流双闭环直流调速系统简介

上面讨论的转速负反馈单闭环直流调速系统，若采用 PI 调节器，可以在保证稳定的前提下实现转速无静差，基本上能满足一般生产机械的调速要求。但如果生产机械对系统的动态性能要求较高，如要求快速起制动、突加负载动态速降小等，单闭环系统就难以满足要求。这是因为单闭环系统中无法很好地控制动态过程中的电枢电流和电磁转矩，而对动态过程中电磁转矩的控制，是系统获得高动态性能的关键。

由机械运动方程式

$$T_e - T_L = J\frac{d\Omega}{dt} = \frac{GD^2}{375}\frac{dn}{dt}$$

可知，对于特定负载，T_L 和 J（或 GD^2）一定，dn/dt 仅由电磁转矩 T_e 决定，即动态性能的好坏仅取决于对动态过程中转矩的控制。因此可以说，转矩控制是运动控制的根本问题。而对于他励直流电动机，当采用电枢控制时，电磁转矩与电枢电流瞬时值成正比，因此通过对动态过程中电枢电流的控制就可以实现对电磁转矩的控制。

对于像龙门刨床、可逆轧机等频繁正反转运行的调速系统，为了缩短起动和制动时间，希望在动态过程中始终保持电流（转矩）为允许的最大值，使电动机以最大可能的加速度起动、制动；到达给定转速后，又希望电流立即降下来，使电磁转矩马上与负载转矩相平衡，从而转入稳态运行。这样的理想快速起动过程波形如图 9-15 所示。显然，这是在最大电流（转矩）受限制的条件下调速系统所能得到的最快的起动过程。实际上，由于电枢回路电感的存在，电流不能突变，图 9-15 的理想波形只能得到近似的逼近，不可

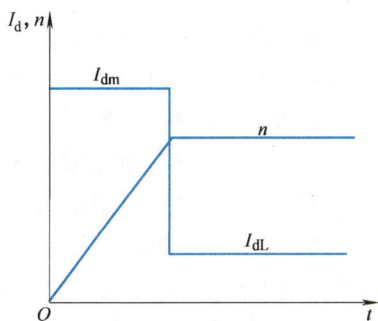

图 9-15　理想快速起动过程波形

能完全实现。

转速负反馈单闭环直流调速系统中，只有一个转速反馈，没有考虑对电枢电流的控制，不可能很好地控制动态过程中的电枢电流，如不采取相应限流措施，电动机起动时会产生很大的电流冲击，所以通常要加**电流截止负反馈**。电流截止负反馈主要起保护作用，它只能限制系统的最大电流，而不能保证电流在动态过程中保持不变。按照反馈控制规律，欲对某一个量进行控制，可采用该物理量的负反馈，现在欲对动态过程中的电流进行控制，就需在前述转速负反馈的基础上增加一个电流反馈，构成转速、电流双闭环系统。

转速、电流双闭环直流调速系统如图 9-16 所示，系统中设置了两个调节器——转速调节器 ASR 和电流调节器 ACR，分别对转速和电流进行控制，两者之间实行嵌套（或称串级）连接，ASR 的输出作为 ACR 的输入给定值，再由 ACR 的输出去控制电力电子变换器 UPE。从结构上看，电流环在里面，称为内环；转速环在外边，称为外环。在这种双闭环系统中，ASR 根据转速误差 ΔU_n 产生相应的电流给定值 U_i^*，而 ACR 根据当前的电流误差 $\Delta U_i = U_i^* - U_i$ 产生相应的控制电压 U_c，通过电力电子变换器输出相应电压 U_d，使实际电流跟随电流给定值。为了获得良好的静、动态性能，两个调节器一般都采用 PI 调节器。

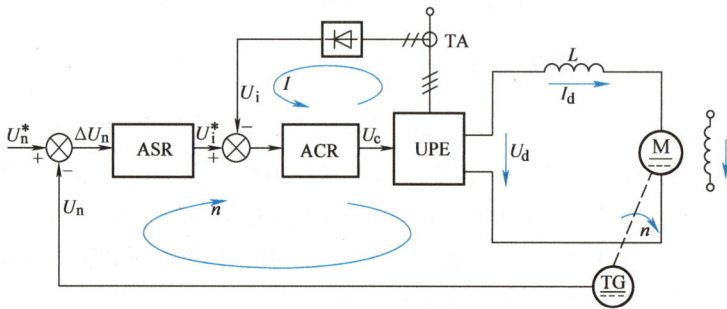

图 9-16　转速、电流双闭环直流调速系统

需要特别说明的是：ASR 和 ACR 都是带输出限幅的，ASR 的输出限幅电压 U_{im}^* 决定了电流给定电压的最大值，与 ACR 共同作用，可以限制动、静态过程中电动机的最大电枢电流；ACR 的输出限幅电压 U_{cm}^* 限制了 UPE 的最大输出电压 U_{dm}。

转速、电流双闭环直流调速系统具有很好的动、静态性能，应用广泛，其控制规律、性能特点和设计方法是各种交、直流电力拖动自动控制系统的重要基础。

转速、电流双闭环直流调速系统静态特性和动态性能分析可以仿照单闭环直流调速系统进行，分析中特别要注意的是调节器的饱和问题，具体内容从略。下面仅分析其起动过程。

转速、电流双闭环直流调速系统在突加给定电压 U_n^* 由静止状态起动时，转速 n 和电枢电流 I_d 的波形如图 9-17 所示。在上述过程中 ASR 经历了不饱和、饱和、退饱和 3 种情况，而整个起动过程也相应地分成了 3 个阶段。

第 I 阶段——电流上升阶段（$0 \sim t_1$）。突加给定电压 U_n^* 后，由于两个调节器的跟随作用，使 U_c、U_{d0}、I_d 都跟着上升。由于电感的存在，电流不能突变，但由于调节器的作用，会通过增大电压 U_{d0} 使 I_d 迅速增加，在 I_d 小于负载电流 I_{dL} 时，电动机还不能转动，当 $I_d \geq I_{dL}$ 后，电动机开始起动，但由于惯性作用，转速不会很快增长，在该阶段转速 n 始终较低，因而 ASR 的输入偏差电压的数值一直很大，使其输出电压很快达到并保持限幅值 U_{im}^*（即 ASR 饱和），强迫电流 I_d 迅速上升。当 $I_d \approx I_{dm}$，$U_i \approx U_{im}^*$ 时，由于 ACR 的作用使 I_d 不再继续增加，标志着这一阶段的结束。在这一阶段中，ASR 很快进入并保持饱和状态，而 ACR 一般不饱和。

第 Ⅱ 阶段——恒流升速阶段（$t_1 \sim t_2$）。 这一阶段从电流上升到 I_{dm} 开始到转速 n 达到 n^* 为止，是起动过程的主要阶段。在这个阶段中，$n<n^*$，即 $U_n<U_n^*$，所以 ASR 一直是饱和的，转速环相当于开环，系统在恒值电流给定值 U_{im}^* 作用下进行电流调节，基本上保持电流 I_d 恒定。因而，电磁转矩 T_e 恒定。若假设负载转矩 T_L 为恒值，则系统的加速度恒定，转速呈线性增长。需要注意的是，在这一阶段中，随着转速的增加，电动机的反电动势 E 也线性增长，要维持 I_d 恒定，U_{d0} 和 U_c 也必须基本上按线性增长。当 ACR 采用 PI 调节器时，要使其输出量线性增长，其输入偏差电压必须维持一定的恒值，也就是说，I_d 应略低于 I_{dm}，如图 9-17 所示。

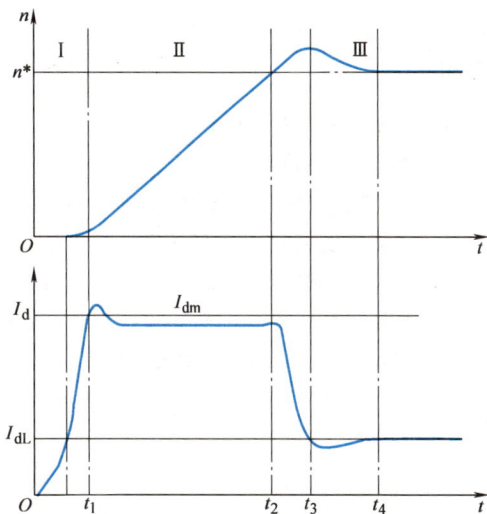

图 9-17　双闭环直流调速系统起动过程的转速和电枢电流波形

第 Ⅲ 阶段——转速调节阶段（t_2 以后）。 当转速上升到给定值时（$t=t_2$ 时），ASR 的输入偏差减少到零，但其输出却由于积分作用还维持在限幅值 U_{im}^*，因此电流仍近似为 I_{dm}，由于电磁转矩大于负载转矩，所以电动机仍将加速，必然使转速超调。转速超调后，ASR 输入偏差电压变负，使它开始退出饱和状态，U_i^* 和 I_d 随着很快下降。但是，只要 I_d 仍大于负载电流 I_{dL}，转速就会继续上升。直到 $I_d = I_{dL}$ 时，转矩 $T_e = T_L$，$\mathrm{d}n/\mathrm{d}t = 0$，转速 n 才达到峰值（$t = t_3$ 时）。此后，由于在一小段时间内（$t_3 \sim t_4$）ΔU_n 为负，U_i^* 会继续下降，相应地出现了一小段 $I_d < I_{dL}$ 的过程，电动机开始在负载阻力作用下减速，直到稳定。如果调节器参数设置不当，可能会有一些振荡过程。在这最后的转速调节阶段内，ASR 和 ACR 都不饱和，同时起作用，其中 ASR 起主导作用，实现转速调节，而 ACR 则力图使 I_d 尽快地跟随其给定值 U_i^*，可以说电流内环是一个电流随动子系统。

由上述分析可见，转速电流双闭环直流调速系统的起动过程波形与理想波形相比多了 Ⅰ、Ⅲ 两个阶段。不过，起动过程的主要阶段是第 Ⅱ 阶段的恒流升速，它的特征是电流保持恒定，一般选择为电动机允许的最大电流，以便充分发挥电动机的过载能力，使起动过程尽可能最快。这阶段属于有限制条件下的最短时间控制。因此，**整个起动过程可看作是一个准时间最优控制。**

最后应该指出，对于上述的转速、电流双闭环系统，如果采用的是不可逆的电力电子变换器，只能保证良好的起动性能，而制动性能较差，因为不可逆的电力电子变换器不能提供产生制动转矩所需的反向电流，所以不能产生制动转矩。要求快速制动时，应采用可逆调速系统。

习　题

思考题

9-1　在他励直流电动机的动态分析中，在什么条件下可以将非线性方程线性化？

9-2　他励直流电动机起动时，什么情况下会出现衰减振荡过程？如何避免振荡发生？

9-3　在调速系统中，为什么说调速范围和静差率这两项稳态性能指标必须同时提才有意义？

9-4　在采用比例调节器的转速负反馈直流调速系统中，如果负载转矩增加，系统稳定后其 ΔU_n、U_c、U_d0 及 n 各将如何变化？若采用 PI 调节器，上述各量又如何变化？为什么？

9-5　采用 PI 调节器的转速、电流双闭环直流调速系统，若 U_n^* 一定，增大转速反馈系数，系统稳定后的转速是增加、减小还是不变？转速反馈电压 U_n 如何变化？

计算题

9-1　有一台他励直流电动机，若电枢电压和励磁绕组电压均保持不变，当负载转矩阶跃地增加 ΔT_L（$\Delta T_\mathrm{L} \ll T_\mathrm{N}$）时，试求其转速变化规律（忽略电枢电感 L_a 的影响）。

9-2　一台他励直流电动机，已知：负载转矩 $T_\mathrm{L} = 1.0\omega\mathrm{N \cdot m}$，其中 ω 是机械角速度（rad/s），转动惯量 $J = 2\mathrm{kg \cdot m^2}$，电枢电阻 $R_\mathrm{a} = 1.0\Omega$，励磁电流 I_f0 为系数，且转矩系数 $G_\mathrm{af}I_\mathrm{f0} = 10\mathrm{N \cdot m/A}$，若电枢电感忽略不计，试求电枢突加 110V 直流电压时电动机的速度响应 $\omega(t)$。

9-3　某调速系统的调速范围 $D = 20$，额定转速 $n_\mathrm{N} = 1500\mathrm{r/min}$，额定负载下的开环转速降落 $\Delta n_\mathrm{Nop} = 240\mathrm{r/min}$，若要求系统的静差率由 10% 减少到 5%，则系统的开环增益将如何变化？

9-4　有一晶闸管整流器供电的直流调速系统，电动机参数如下：$P_\mathrm{N} = 2.8\mathrm{kW}$，$U_\mathrm{N} = 220\mathrm{V}$，$I_\mathrm{N} = 15.6\mathrm{A}$，$n_\mathrm{N} = 1500\mathrm{r/min}$，$R_\mathrm{a} = 1.5\Omega$，整流装置内阻 $R_\mathrm{rec} = 1\Omega$，触发和整流装置的放大系数 $K_\mathrm{s} = 35$。

（1）试计算系统开环工作、调速范围 $D = 30$ 时的静差率；

（2）如组成转速负反馈有静差调速系统，要求 $D = 30$，$s = 10\%$ 时，计算系统允许的稳态速降；

（3）若已知额定转速时的反馈电压 $U_\mathrm{n} = 10\mathrm{V}$，试计算上述闭环系统比例放大器的放大系数 K_p。

9-5　某直流调速系统的调速范围是 150～1500r/min，开环系统的稳态速降为 100r/min，试求：

（1）开环系统的静差率 s；

（2）若欲通过转速负反馈使系统的静差率 $s = 2\%$，允许的闭环系统稳态速降 Δn_cl 是多少？

（3）为满足上述要求，闭环系统的开环放大系数 K 应为多大？

第 10 章　感应电机的动态分析与矢量控制

本章首先采用动态耦合电路法建立了三相坐标系中感应电机的动态方程，由于三相感应电机定、转子绕组间的互感是转子空间位置角的函数，在三相坐标系中的电压方程是一组变系数微分方程，直接求解非常困难，需采用坐标变换方法予以简化。本章介绍了电机动态分析与控制中常用的坐标系及其坐标变换关系，导出了两相坐标系中感应电机的动态方程。本章还以感应电动机起动过程为例，介绍了电机动态过程的仿真。最后讨论了感应电动机的矢量控制。

知识图谱

10.1　三相坐标系中感应电机的动态方程

在建立三相感应电机的动态数学模型时，为便于分析，做如下假设：

1）忽略空间谐波，各绕组产生的磁动势在空间上正弦分布。

2）不考虑磁路饱和，并忽略铁耗，各绕组的自感和互感均与绕组电流大小无关。

3）定、转子表面光滑，不计齿槽的影响。

4）不考虑频率和温度变化对绕组电阻的影响。

此外，无论感应电机的转子是绕线型还是笼型，都将其等效成三相绕线转子。由此可得图 10-1 所示的三相感应电机物理模型。图中，定子三相绕组轴线 A、B、C 在空间上是固定的，并互差 120° 电角度；转子三相绕组轴线 a、b、c 随转子旋转，转子 a 轴和定子 A 轴间的电角度 θ 是随时间变化的。

规定各绕组电压、电流、磁链等的正方向符合电动机惯例，则可列出三相坐标系中感应电机的动态方程。动态方程由电压方程、磁链方程、转矩方程和机械运动方程组成。

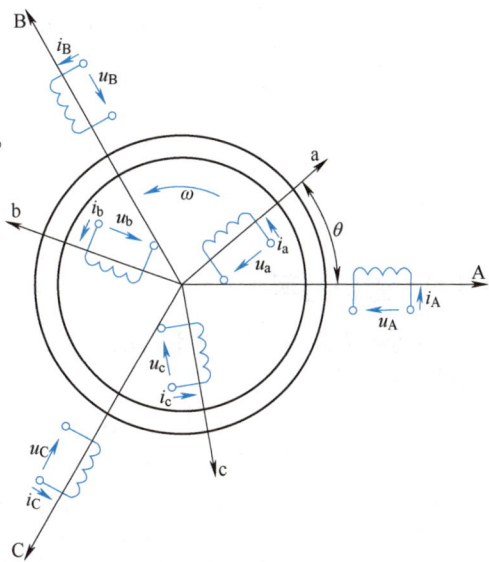

图 10-1　三相感应电机的物理模型

10.1.1　电压方程

三相定子绕组的电压平衡方程为

$$
\left.\begin{aligned}
u_{\mathrm{A}} &= i_{\mathrm{A}} R_{\mathrm{s}} + \frac{\mathrm{d}\psi_{\mathrm{A}}}{\mathrm{d}t} \\
u_{\mathrm{B}} &= i_{\mathrm{B}} R_{\mathrm{s}} + \frac{\mathrm{d}\psi_{\mathrm{B}}}{\mathrm{d}t} \\
u_{\mathrm{C}} &= i_{\mathrm{C}} R_{\mathrm{s}} + \frac{\mathrm{d}\psi_{\mathrm{C}}}{\mathrm{d}t}
\end{aligned}\right\}
\tag{10-1}
$$

三相转子绕组的电压方程为

$$
\left.\begin{aligned}
u_{\mathrm{a}} &= i_{\mathrm{a}} R_{\mathrm{r}} + \frac{\mathrm{d}\psi_{\mathrm{a}}}{\mathrm{d}t} \\
u_{\mathrm{b}} &= i_{\mathrm{b}} R_{\mathrm{r}} + \frac{\mathrm{d}\psi_{\mathrm{b}}}{\mathrm{d}t} \\
u_{\mathrm{c}} &= i_{\mathrm{c}} R_{\mathrm{r}} + \frac{\mathrm{d}\psi_{\mathrm{c}}}{\mathrm{d}t}
\end{aligned}\right\}
\tag{10-2}
$$

式中，u_{A}、u_{B}、u_{C}、u_{a}、u_{b}、u_{c} 分别为定子和转子绕组相电压的瞬时值；i_{A}、i_{B}、i_{C}、i_{a}、i_{b}、i_{c} 分别为定子和转子绕组相电流的瞬时值；ψ_{A}、ψ_{B}、ψ_{C}、ψ_{a}、ψ_{b}、ψ_{c} 分别为定子和转子各绕组磁链的瞬时值；R_{s}、R_{r} 分别为定、转子绕组的每相电阻。

需要注意的是，上述转子各量均已归算到定子侧，为了简单起见，省略了表示归算值的上角标"'"，以下均作此处理，不再说明。

将电压方程写成矩阵形式，并以微分算子 p 代替符号 $\mathrm{d}/\mathrm{d}t$，有

$$
\begin{bmatrix} u_{\mathrm{A}} \\ u_{\mathrm{B}} \\ u_{\mathrm{C}} \\ u_{\mathrm{a}} \\ u_{\mathrm{b}} \\ u_{\mathrm{c}} \end{bmatrix}
=
\begin{bmatrix}
R_{\mathrm{s}} & 0 & 0 & 0 & 0 & 0 \\
0 & R_{\mathrm{s}} & 0 & 0 & 0 & 0 \\
0 & 0 & R_{\mathrm{s}} & 0 & 0 & 0 \\
0 & 0 & 0 & R_{\mathrm{r}} & 0 & 0 \\
0 & 0 & 0 & 0 & R_{\mathrm{r}} & 0 \\
0 & 0 & 0 & 0 & 0 & R_{\mathrm{r}}
\end{bmatrix}
\begin{bmatrix} i_{\mathrm{A}} \\ i_{\mathrm{B}} \\ i_{\mathrm{C}} \\ i_{\mathrm{a}} \\ i_{\mathrm{b}} \\ i_{\mathrm{c}} \end{bmatrix}
+ p
\begin{bmatrix} \psi_{\mathrm{A}} \\ \psi_{\mathrm{B}} \\ \psi_{\mathrm{C}} \\ \psi_{\mathrm{a}} \\ \psi_{\mathrm{b}} \\ \psi_{\mathrm{c}} \end{bmatrix}
\tag{10-3}
$$

或简写成

$$
\boldsymbol{u} = \boldsymbol{R}\boldsymbol{i} + p\boldsymbol{\psi}
\tag{10-3a}
$$

10.1.2　磁链方程

每个绕组的磁链都是它本身的自感磁链和其他绕组对它的互感磁链之和，因此 6 个绕组的磁链可表达为

$$
\begin{bmatrix} \psi_{\mathrm{A}} \\ \psi_{\mathrm{B}} \\ \psi_{\mathrm{C}} \\ \psi_{\mathrm{a}} \\ \psi_{\mathrm{b}} \\ \psi_{\mathrm{c}} \end{bmatrix}
=
\begin{bmatrix}
L_{\mathrm{AA}} & L_{\mathrm{AB}} & L_{\mathrm{AC}} & L_{\mathrm{Aa}} & L_{\mathrm{Ab}} & L_{\mathrm{Ac}} \\
L_{\mathrm{BA}} & L_{\mathrm{BB}} & L_{\mathrm{BC}} & L_{\mathrm{Ba}} & L_{\mathrm{Bb}} & L_{\mathrm{Bc}} \\
L_{\mathrm{CA}} & L_{\mathrm{CB}} & L_{\mathrm{CC}} & L_{\mathrm{Ca}} & L_{\mathrm{Cb}} & L_{\mathrm{Cc}} \\
L_{\mathrm{aA}} & L_{\mathrm{aB}} & L_{\mathrm{aC}} & L_{\mathrm{aa}} & L_{\mathrm{ab}} & L_{\mathrm{ac}} \\
L_{\mathrm{bA}} & L_{\mathrm{bB}} & L_{\mathrm{bC}} & L_{\mathrm{ba}} & L_{\mathrm{bb}} & L_{\mathrm{bc}} \\
L_{\mathrm{cA}} & L_{\mathrm{cB}} & L_{\mathrm{cC}} & L_{\mathrm{ca}} & L_{\mathrm{cb}} & L_{\mathrm{cc}}
\end{bmatrix}
\begin{bmatrix} i_{\mathrm{A}} \\ i_{\mathrm{B}} \\ i_{\mathrm{C}} \\ i_{\mathrm{a}} \\ i_{\mathrm{b}} \\ i_{\mathrm{c}} \end{bmatrix}
\tag{10-4}
$$

或写成

$$\boldsymbol{\psi} = \boldsymbol{Li} \tag{10-4a}$$

式中，$\boldsymbol{L}$ 是 6×6 的电感矩阵，其中对角线元素 L_{AA}、L_{BB}、L_{CC}、L_{aa}、L_{bb}、L_{cc} 是各绕组的自感，其余各项是相关绕组间的互感。

根据定义，电感是单位电流产生的磁链，而磁链是磁通和绕组匝数的乘积。电机绕组交链的磁通可以分为两类（忽略只交链部分绕组的互漏磁）：一类是穿过气隙与各相绕组相交链的互感磁通，称为气隙磁通，是磁通中的主要部分；另一类是只与一相绕组交链而不穿过气隙的漏磁通。以定子 A 相绕组为例，当定子 A 相绕组通入电流 i_A 时产生的漏磁通在 A 相绕组产生漏磁链 ψ_{1A}，相应的有漏电感 L_{ls}，$L_{ls} = \psi_{1A}/i_A$；若其产生的气隙磁通在 A 相绕组产生的磁链为 ψ_{mA}，则相应的电感 $L_{ms} = \psi_{mA}/i_A$，电流 i_A 在 A 相绕组产生的总磁链为

$$\psi_{AA} = L_{AA} i_A = \psi_{1A} + \psi_{mA} = (L_{ls} + L_{ms}) i_A$$

即有

$$L_{AA} = L_{ls} + L_{ms} \tag{10-5}$$

由于定子三相绕组在空间互差 120°，在假定气隙磁场在空间按正弦规律分布的条件下，定子 A 相绕组产生的气隙磁通在定子 B 相绕组产生的互感磁链为

$$\psi_{BA} = L_{BA} i_A = \psi_{mA} \cos 120° = -\frac{1}{2} L_{ms} i_A$$

即有

$$L_{BA} = -\frac{1}{2} L_{ms} \tag{10-6}$$

同理

$$L_{CA} = -\frac{1}{2} L_{ms} \tag{10-7}$$

根据上述分析和定子绕组的对称性，可得到定子各绕组的自感和互感为

$$L_{AA} = L_{BB} = L_{CC} = L_{ms} + L_{ls} \tag{10-8}$$

$$L_{AB} = L_{BC} = L_{CA} = L_{BA} = L_{CB} = L_{AC} = -\frac{1}{2} L_{ms} \tag{10-9}$$

同理，转子各绕组的自感和互感为

$$L_{aa} = L_{bb} = L_{cc} = L_{mr} + L_{lr} = L_{ms} + L_{lr} \tag{10-10}$$

$$L_{ab} = L_{bc} = L_{ca} = L_{ba} = L_{cb} = L_{ac} = -\frac{1}{2} L_{mr} = -\frac{1}{2} L_{ms} \tag{10-11}$$

式中，L_{lr} 为与转子绕组漏磁通对应的转子漏电感；L_{mr} 为与气隙磁通对应的转子绕组电感。

由于互感磁通都是通过气隙的，定、转子绕组产生的气隙磁通所经过的磁路相同，归算后定、转子绕组的匝数相等，因此有 $L_{ms} = L_{mr}$。

下面讨论定、转子绕组之间的互感。设某时刻转子 a 相绕组轴线超前定子 A 相绕组轴线 θ 角，则定子 A 相绕组电流在转子 a 相绕组中产生的互感磁链为

$$\psi_{aA} = L_{aA} i_A = \psi_{mA} \cos\theta = L_{ms} i_A \cos\theta$$

即有 $L_{aA} = L_{ms} \cos\theta$。

据此，由定、转子绕组的对称性可得定、转子绕组之间的互感为

$$L_{Aa} = L_{aA} = L_{Bb} = L_{bB} = L_{Cc} = L_{cC} = L_{ms}\cos\theta \tag{10-12}$$

$$L_{Ac} = L_{cA} = L_{Ba} = L_{aB} = L_{Cb} = L_{bC} = L_{ms}\cos(\theta - 120°) \tag{10-13}$$

$$L_{Ab} = L_{bA} = L_{Bc} = L_{cB} = L_{Ca} = L_{aC} = L_{ms}\cos(\theta + 120°) \tag{10-14}$$

将式（10-8）~式（10-14）代入式（10-4），可得完整的磁链方程，即一个用电感 L_{ms}、L_{ls}、L_{lr} 和 θ 角表达的电感矩阵 $\boldsymbol{L}$，由于过于庞大，常写成分块矩阵的形式

$$\begin{bmatrix} \boldsymbol{\psi}_s \\ \boldsymbol{\psi}_r \end{bmatrix} = \begin{bmatrix} \boldsymbol{L}_{ss} & \boldsymbol{L}_{sr} \\ \boldsymbol{L}_{rs} & \boldsymbol{L}_{rr} \end{bmatrix} \begin{bmatrix} \boldsymbol{i}_s \\ \boldsymbol{i}_r \end{bmatrix} \tag{10-15}$$

式中

$$\boldsymbol{\psi}_s = \begin{bmatrix} \psi_A & \psi_B & \psi_C \end{bmatrix}^T, \quad \boldsymbol{\psi}_r = \begin{bmatrix} \psi_a & \psi_b & \psi_c \end{bmatrix}^T$$

$$\boldsymbol{i}_s = \begin{bmatrix} i_A & i_B & i_C \end{bmatrix}^T, \quad \boldsymbol{i}_r = \begin{bmatrix} i_a & i_b & i_c \end{bmatrix}^T$$

$$\boldsymbol{L}_{ss} = \begin{bmatrix} L_{ms} + L_{ls} & -\dfrac{1}{2}L_{ms} & -\dfrac{1}{2}L_{ms} \\[2mm] -\dfrac{1}{2}L_{ms} & L_{ms} + L_{ls} & -\dfrac{1}{2}L_{ms} \\[2mm] -\dfrac{1}{2}L_{ms} & -\dfrac{1}{2}L_{ms} & L_{ms} + L_{ls} \end{bmatrix} \tag{10-16}$$

$$\boldsymbol{L}_{rr} = \begin{bmatrix} L_{ms} + L_{lr} & -\dfrac{1}{2}L_{ms} & -\dfrac{1}{2}L_{ms} \\[2mm] -\dfrac{1}{2}L_{ms} & L_{ms} + L_{lr} & -\dfrac{1}{2}L_{ms} \\[2mm] -\dfrac{1}{2}L_{ms} & -\dfrac{1}{2}L_{ms} & L_{ms} + L_{lr} \end{bmatrix} \tag{10-17}$$

$$\boldsymbol{L}_{rs} = \boldsymbol{L}_{sr}^T = L_{ms} \begin{bmatrix} \cos\theta & \cos(\theta - 120°) & \cos(\theta + 120°) \\ \cos(\theta + 120°) & \cos\theta & \cos(\theta - 120°) \\ \cos(\theta - 120°) & \cos(\theta + 120°) & \cos\theta \end{bmatrix} \tag{10-18}$$

值得注意的是，$\boldsymbol{L}_{rs}$ 和 $\boldsymbol{L}_{sr}$ 两个分块矩阵互为转置，且均与转子位置角 θ 有关，它们的元素都是变参数，这是系统非线性的一个根源。

如果把磁链方程式（10-4a）代入电压方程式（10-3a），可以得到展开后的电压方程

$$\boldsymbol{u} = \boldsymbol{Ri} + p(\boldsymbol{Li}) = \boldsymbol{Ri} + \boldsymbol{L}\frac{\mathrm{d}\boldsymbol{i}}{\mathrm{d}t} + \frac{\mathrm{d}\boldsymbol{L}}{\mathrm{d}t}\boldsymbol{i} = \boldsymbol{Ri} + \boldsymbol{L}\frac{\mathrm{d}\boldsymbol{i}}{\mathrm{d}t} + \frac{\partial \boldsymbol{L}}{\partial\theta}\omega\boldsymbol{i} \tag{10-19}$$

式中，$\boldsymbol{L}\mathrm{d}\boldsymbol{i}/\mathrm{d}t$ 项是由于电流变化引起的感应电动势；$(\partial\boldsymbol{L}/\partial\theta)\omega\boldsymbol{i}$ 项是由于定、转子相对位置变化产生的与转速成正比的旋转电动势。

10.1.3 转矩方程和机械运动方程

根据机电能量转换原理，若整个电机内的磁共能为 W'_ϕ，则电磁转矩 T_e 应当等于磁共能对转子机械角位移 θ_m 的偏导数（电流恒定时）。在线性电感的条件下，磁共能为

$$W'_\phi = W_\phi = \frac{1}{2}\boldsymbol{i}^T\boldsymbol{\psi} = \frac{1}{2}\boldsymbol{i}^T\boldsymbol{Li} \tag{10-20}$$

考虑到机械位移角 $\theta_{\mathrm{m}} = \theta / p_{\mathrm{n}}$，$p_{\mathrm{n}}$ 为电机的极对数，则有

$$T_{\mathrm{e}} = \left. \frac{\partial W'_{\phi}}{\partial \theta_{\mathrm{m}}} \right|_{i = \text{const.}} = p_{\mathrm{n}} \left. \frac{\partial W'_{\phi}}{\partial \theta} \right|_{i = \text{const.}} = \frac{1}{2} p_{\mathrm{n}} \boldsymbol{i}^{\mathrm{T}} \frac{\partial \boldsymbol{L}}{\partial \theta} \boldsymbol{i} = \frac{1}{2} p_{\mathrm{n}} \boldsymbol{i}^{\mathrm{T}} \begin{bmatrix} 0 & \dfrac{\partial \boldsymbol{L}_{\mathrm{sr}}}{\partial \theta} \\ \dfrac{\partial \boldsymbol{L}_{\mathrm{rs}}}{\partial \theta} & 0 \end{bmatrix} \boldsymbol{i} \quad (10\text{-}21)$$

又考虑到

$$\boldsymbol{i}^{\mathrm{T}} = \begin{bmatrix} \boldsymbol{i}_{\mathrm{s}}^{\mathrm{T}} & \boldsymbol{i}_{\mathrm{r}}^{\mathrm{T}} \end{bmatrix} = \begin{bmatrix} i_{\mathrm{A}} & i_{\mathrm{B}} & i_{\mathrm{C}} & i_{\mathrm{a}} & i_{\mathrm{b}} & i_{\mathrm{c}} \end{bmatrix}$$

代入式（10-21），得

$$T_{\mathrm{e}} = \frac{1}{2} p_{\mathrm{n}} \left[\boldsymbol{i}_{\mathrm{r}}^{\mathrm{T}} \frac{\partial \boldsymbol{L}_{\mathrm{rs}}}{\partial \theta} \boldsymbol{i}_{\mathrm{s}} + \boldsymbol{i}_{\mathrm{s}}^{\mathrm{T}} \frac{\partial \boldsymbol{L}_{\mathrm{sr}}}{\partial \theta} \boldsymbol{i}_{\mathrm{r}} \right] \quad (10\text{-}22)$$

将式（10-18）代入式（10-22）并展开，得

$$T_{\mathrm{e}} = - p_{\mathrm{n}} L_{\mathrm{ms}} \big[(i_{\mathrm{A}} i_{\mathrm{a}} + i_{\mathrm{B}} i_{\mathrm{b}} + i_{\mathrm{C}} i_{\mathrm{c}}) \sin\theta + (i_{\mathrm{A}} i_{\mathrm{b}} + i_{\mathrm{B}} i_{\mathrm{c}} + i_{\mathrm{C}} i_{\mathrm{a}}) \sin(\theta + 120°) +$$
$$(i_{\mathrm{A}} i_{\mathrm{c}} + i_{\mathrm{B}} i_{\mathrm{a}} + i_{\mathrm{C}} i_{\mathrm{b}}) \sin(\theta - 120°) \big] \quad (10\text{-}22\mathrm{a})$$

系统的机械运动方程为

$$T_{\mathrm{e}} = T_{\mathrm{L}} + \frac{R_{\Omega}}{p_{\mathrm{n}}} \omega + \frac{J}{p_{\mathrm{n}}} \frac{\mathrm{d}\omega}{\mathrm{d}t} \quad (10\text{-}23)$$

式中，J 为机组的转动惯量；T_{L} 为负载转矩；R_{Ω} 为旋转阻力系数。

10.1.4　三相坐标系中感应电机的动态数学模型

汇总上述电压方程式（10-19）、磁链方程式（10-15）、运动方程式（10-23）和转矩方程式（10-21）或式（10-22），再结合转角方程 $\omega = \mathrm{d}\theta / \mathrm{d}t$，即得到三相坐标系中感应电机的动态数学模型，用微分方程表示为

$$\left. \begin{aligned} &\boldsymbol{u} = \boldsymbol{R}\boldsymbol{i} + \boldsymbol{L} \frac{\mathrm{d}\boldsymbol{i}}{\mathrm{d}t} + \frac{\partial \boldsymbol{L}}{\partial \theta} \omega \boldsymbol{i} \\ &\frac{1}{2} p_{\mathrm{n}} \boldsymbol{i}^{\mathrm{T}} \frac{\partial \boldsymbol{L}}{\partial \theta} \boldsymbol{i} = T_{\mathrm{L}} + \frac{R_{\Omega}}{p_{\mathrm{n}}} \omega + \frac{J}{p_{\mathrm{n}}} \frac{\mathrm{d}\omega}{\mathrm{d}t} \\ &\omega = \frac{\mathrm{d}\theta}{\mathrm{d}t} \end{aligned} \right\} \quad (10\text{-}24)$$

这是一组变系数非线性微分方程，在用数值法求解时常写成状态方程的标准形式

$$\left. \begin{aligned} &\frac{\mathrm{d}\boldsymbol{i}}{\mathrm{d}t} = - \boldsymbol{L}^{-1} \left(\boldsymbol{R} + \frac{\partial \boldsymbol{L}}{\partial \theta} \omega \right) \boldsymbol{i} + \boldsymbol{L}^{-1} \boldsymbol{u} \\ &\frac{\mathrm{d}\omega}{\mathrm{d}t} = \frac{p_{\mathrm{n}}}{J} \left(\frac{1}{2} p_{\mathrm{n}} \boldsymbol{i}^{\mathrm{T}} \frac{\partial \boldsymbol{L}}{\partial \theta} \boldsymbol{i} - \frac{R_{\Omega}}{p_{\mathrm{n}}} \omega - T_{\mathrm{L}} \right) \\ &\frac{\mathrm{d}\theta}{\mathrm{d}t} = \omega \end{aligned} \right\} \quad (10\text{-}25)$$

其矩阵形式为

$$\dot{\boldsymbol{x}} = \boldsymbol{A}\boldsymbol{x} + \boldsymbol{B}\boldsymbol{v} \quad (10\text{-}26)$$

式中，x 和 $\dot{x}$ 分别为状态向量及其对时间的导数；v 为输入向量；A 为系统矩阵；B 为控制矩阵

$$x = \begin{bmatrix} i \\ \omega \\ \theta \end{bmatrix}, \quad \dot{x} = \frac{\mathrm{d}x}{\mathrm{d}t}, \quad v = \begin{bmatrix} u \\ T_{\mathrm{L}} \end{bmatrix} \tag{10-27}$$

$$A = \begin{bmatrix} -L^{-1}\left(R + \dfrac{\partial L}{\partial \theta}\omega\right) & 0 & 0 \\ \dfrac{p_{\mathrm{n}}^2}{2J}i^{\mathrm{T}}\dfrac{\partial L}{\partial \theta} & -\dfrac{R_{\Omega}}{J} & 0 \\ 0 & 1 & 0 \end{bmatrix}, \quad B = \begin{bmatrix} L^{-1} & 0 \\ 0 & -\dfrac{p_{\mathrm{n}}}{J} \\ 0 & 0 \end{bmatrix} \tag{10-28}$$

10.2 坐标变换与空间矢量

上一节建立的感应电机动态数学模型，是一组含有时变系数的非线性微分方程，难以直接分析和求解，在实际应用中必须予以简化，简化的基本方法是坐标变换。

10.2.1 坐标变换基础

所谓坐标变换就是将方程中的一组变量用一组新的变量来代替，或者说用新的坐标系去替换原来的坐标系，以便使分析、计算得以简化。若新、旧变量之间为线性关系，则变换为线性变换，电机分析中用到的坐标变换都是线性变换。

以前述感应电机动态方程为例，在转速恒定的情况下，通过适当的坐标变换，可以将原来坐标系下含有时变系数的电感矩阵变成常数阵，相应的电压方程变成常系数微分方程，使解析求解得以实现。

1. 线性变换与功率不变约束

设有一线性电路，其电压方程的矩阵形式为

$$u = zi \tag{10-29}$$

式中，u、i 为电路的电压和电流向量；z 为阻抗矩阵。

现进行坐标变换，将原有的电压 u、电流 i 变换成新的电压 u' 和电流 i'，设电压变换矩阵为 C_{u}，电流变换矩阵为 C_{i}，理论上电压和电流可以采用不同的变换矩阵，即 C_{u} 和 C_{i} 可以不同，但在电机分析中，通常取 C_{u} 和 C_{i} 为同一矩阵 C，于是有

$$u = Cu' \tag{10-30}$$
$$i = Ci' \tag{10-31}$$

为使原变量与新变量之间存在单值对应关系，变换矩阵 C 必须是方阵，且其行列式的值必须不等于零，这样逆矩阵 C^{-1} 才能存在。

根据式（10-29）~式（10-31），用新变量表示时的电压方程为

$$u' = C^{-1}u = (C^{-1}zC)i' = z'i' \tag{10-32}$$

式中，z' 为变换后的阻抗矩阵

$$z' = C^{-1}zC \tag{10-33}$$

矩阵 $\boldsymbol{C}$、$\boldsymbol{u}$、$\boldsymbol{i}$ 中的元素可以是实数（实变量），也可以是复数（复变量），下面仅以它们为实数（实变量）为例来讨论坐标变换的功率不变约束。

变换前输入（或输出）电路的瞬时功率为

$$\boldsymbol{i}^{\mathrm{T}}\boldsymbol{u} = \sum_{i=1}^{n} u_i i_i \tag{10-34}$$

变换后的瞬时功率为

$$\boldsymbol{i'}^{\mathrm{T}}\boldsymbol{u'} = \sum_{i=1}^{n} u'_i i'_i \tag{10-35}$$

若要保证变换前后功率不变，则应有

$$\boldsymbol{i}^{\mathrm{T}}\boldsymbol{u} = \boldsymbol{i'}^{\mathrm{T}}\boldsymbol{u'} \tag{10-36}$$

将式（10-30）、式（10-31）代入式（10-34），可得

$$\boldsymbol{i}^{\mathrm{T}}\boldsymbol{u} = (\boldsymbol{C}\boldsymbol{i'})^{\mathrm{T}}(\boldsymbol{C}\boldsymbol{u'}) = \boldsymbol{i'}^{\mathrm{T}}(\boldsymbol{C}^{\mathrm{T}}\boldsymbol{C})\boldsymbol{u'} \tag{10-37}$$

欲满足式（10-36），必须使式（10-37）中

$$\boldsymbol{C}^{\mathrm{T}}\boldsymbol{C} = \boldsymbol{I} \tag{10-38}$$

式中，$\boldsymbol{I}$ 为单位矩阵，即应有

$$\boldsymbol{C}^{\mathrm{T}} = \boldsymbol{C}^{-1} \tag{10-39}$$

满足式（10-39）的变换称为正交变换。

需要说明的是，坐标变换不一定要满足功率不变约束。若变换前后功率不守恒，只需在计算功率和电磁转矩时引入相应的系数进行修正即可。目前广泛应用的派克（Park）变换就是功率不守恒的坐标变换。

2. 坐标变换与电机绕组等效

从物理意义上看，电机分析中的坐标变换可以看作电机绕组的等效变换。进行坐标变换的目的是使方程简化，三相坐标系中电机动态方程复杂的主要原因在于：由于三相绕组非正交，三相定子绕组之间及三相转子绕组之间存在复杂的耦合关系；同时由于定、转子绕组有相对运动，使定、转子绕组间的互感随着时间变化。为了简化方程，可以设想用两相正交绕组代替（或等效）三相定、转子绕组，这样就可以消除定子绕组之间及转子绕组之间的互感。如果进一步使定、转子绕组相对静止，例如，将旋转的转子绕组用静止绕组等效，则定、转子绕组间的互感将变为常数，从而使微分方程大为简化。那么，电机绕组等效变换的原则和依据是什么呢？

在感应电机中，最重要的就是旋转磁场的产生。以定子绕组为例，不管绕组的具体结构和参数如何，只要其产生磁场的大小、空间分布、转速、转向等相同，它与转子的相互作用情况就相同，即在转子中产生感应电动势、电流及电磁转矩的情况相同，也就是说从转子侧只能看到定子绕组产生的磁场，而看不到产生磁场的定子绕组本身。对转子绕组有同样的结论，从定子侧只能看到转子绕组产生的磁场，而看不到转子绕组的具体结构。因此，从产生磁场的角度看，不同结构形式或参数的绕组是可以相互等效的，在感应电机分析中通常将笼型转子等效成绕线转子进行分析、计算也正是基于这一点。

交流电机的绕组等效如图 10-2 所示。在三相感应电机中，定子是三相对称的静止绕组 A、B、C，通以三相对称正弦电流 i_A、i_B、i_C 时，所产生的合成磁动势是旋转磁动势 $\boldsymbol{F}$，它在空间正弦分布（忽略空间谐波），并以同步转速 ω_1（即电流的角频率）旋转，如图10-2a

所示。然而，要产生同样的旋转磁动势不一定要采用三相绕组，二相、四相等多相对称绕组通入多相对称电流都能产生旋转磁动势，其中以两相最为简单。图 10-2b 中给出了两相静止绕组 α 和 β，它们在空间上互差 90°电角度，通以时间上相差 90°电角度的两相对称电流 i_α 和 i_β 也能产生同样的旋转磁动势 $\boldsymbol{F}$。

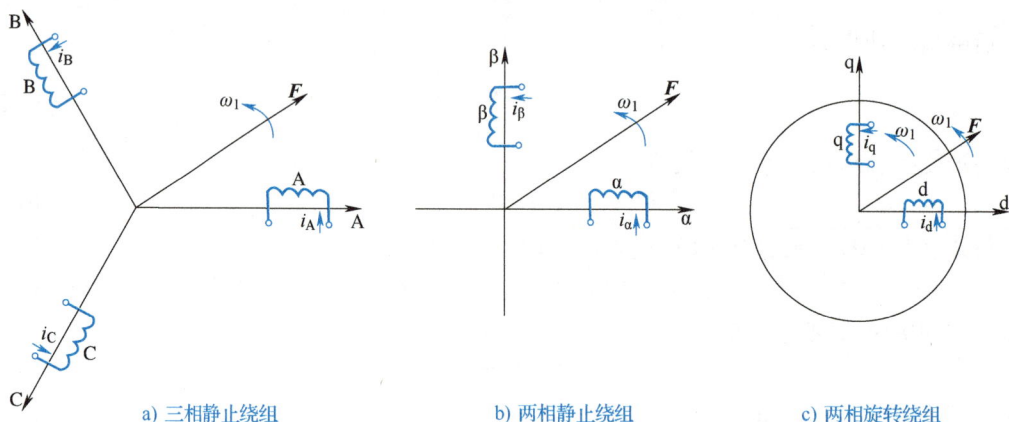

a) 三相静止绕组   b) 两相静止绕组   c) 两相旋转绕组

图 10-2　交流电机的绕组等效

再看图 10-2c 中的两个匝数相等、轴线相互垂直的旋转绕组 d 和 q，若分别通以直流电流 i_d 和 i_q，其产生的合成磁动势 $\boldsymbol{F}$ 相对于绕组来说是静止的，如果使绕组在空间以 ω_1 旋转，则磁动势 $\boldsymbol{F}$ 也成了在空间以 ω_1 旋转的旋转磁动势。由此可见，**以产生同样的旋转磁动势为准则，三相静止绕组、两相静止绕组和两相旋转绕组可以彼此等效**。从坐标变换的角度看，就是三相静止坐标系下的 i_A、i_B、i_C 和两相静止坐标系下的 i_α、i_β 以及两相旋转坐标系下的 i_d、i_q 可以相互等效，它们之间准确的等效关系，就是坐标变换关系。根据上述分析，变换矩阵 $\boldsymbol{C}$ 可以从变换前后磁动势相等出发进行推导。

10.2.2　空间矢量

空间矢量的概念在交流电机分析与控制中具有非常重要的作用。将各相的电压、电流、磁链等电磁量用空间矢量表示，可以使三相感应电机的动态方程表达更简洁，为电机的分析与控制带来方便，并有助于对交流电机的矢量控制、直接转矩控制、PWM 方法中电压空间矢量调制（SVPWM）等问题的理解，特别是利用空间矢量的概念可以方便地确定不同坐标系间的变换系数，即变换矩阵 $\boldsymbol{C}$，实现不同坐标系间的坐标变换。

已知，在空间按正弦规律分布的物理量可以用空间矢量表示，并按矢量运算法则进行运算。交流电机中，若某相绕组 x 通以电流 i_x，在忽略空间谐波的条件下，该相绕组产生的磁动势在空间按正弦分布，可用空间矢量 $\boldsymbol{F}_x$ 表示，矢量的长度表示基波磁动势的幅值 F_x，矢量所在的位置和方向表示磁动势正波幅所在的位置和方向。对单相绕组而言，由于其基波磁动势幅值位置固定在绕组轴线上，故相应的矢量 $\boldsymbol{F}_x$ 在矢量图中的位置固定不变，始终在绕组轴线上，只是当 i_x 为交变电流时，矢量 $\boldsymbol{F}_x$ 的长度会随时间变化，方向时而正，时而负。

在三相交流电机中，定子为三相对称绕组，其轴线分别为 A、B、C，在空间互差 120°，若绕组电流分别为 i_A、i_B、i_C，它们产生的基波磁动势用空间矢量表示分别为 $\boldsymbol{F}_A$、$\boldsymbol{F}_B$、$\boldsymbol{F}_C$，

如图 10-3 所示，将 3 个磁动势矢量按矢量运算法则相加，可以得到一个新矢量 $\boldsymbol{F}$，有

$$\boldsymbol{F}=\boldsymbol{F}_A+\boldsymbol{F}_B+\boldsymbol{F}_C=F_A\boldsymbol{a}+F_B\boldsymbol{b}+F_C\boldsymbol{c} \qquad (10\text{-}40)$$

式中，F_A、F_B、F_C 分别为 A、B、C 三相绕组磁动势的幅值；$\boldsymbol{a}$、$\boldsymbol{b}$、$\boldsymbol{c}$ 分别为三相绕组轴线上的单位矢量。

$\boldsymbol{F}$ 代表了三相绕组的基波合成磁动势，$\boldsymbol{F}$ 的长度对应于三相合成磁动势的幅值 F，$\boldsymbol{F}$ 的空间位置与三相基波合成磁动势幅值在空间的位置一致。考虑到交流绕组基波磁动势幅值 F_x 与电流 i_x 之间的关系为

$$F_x=\frac{4}{\pi}\frac{Nk_{w1}}{2p_n}i_x=k_Fi_x \qquad (10\text{-}41)$$

式中，$k_F=\dfrac{4}{\pi}\dfrac{Nk_{w1}}{2p_n}$。

则式（10-40）可以写成

图 10-3　三相坐标系中的综合矢量

$$\boldsymbol{F}=k_Fi_A\boldsymbol{a}+k_Fi_B\boldsymbol{b}+k_Fi_C\boldsymbol{c}=k_F(i_A\boldsymbol{a}+i_B\boldsymbol{b}+i_C\boldsymbol{c})=k_F\boldsymbol{i}_\Sigma \qquad (10\text{-}42)$$

式中

$$\boldsymbol{i}_\Sigma=\boldsymbol{F}/k_F=i_A\boldsymbol{a}+i_B\boldsymbol{b}+i_C\boldsymbol{c}=\boldsymbol{i}_A+\boldsymbol{i}_B+\boldsymbol{i}_C \qquad (10\text{-}43)$$

其中，$\boldsymbol{i}_A=i_A\boldsymbol{a}$、$\boldsymbol{i}_B=i_B\boldsymbol{b}$、$\boldsymbol{i}_C=i_C\boldsymbol{c}$ 分别是位于 A、B、C 轴线上，幅值为 i_A、i_B、i_C 的矢量。

式（10-43）表明，虽然三相电流 i_A、i_B、i_C 不是在空间按正弦规律分布的空间正弦量，而是时间变量，它们也可以用位于各相绕组轴线上长度等于该相电流瞬时值的空间矢量表示，并按矢量运算法则运算。从物理意义上看，电流矢量 $\boldsymbol{i}_A$、$\boldsymbol{i}_B$、$\boldsymbol{i}_C$ 分别代表了各相电流产生的磁动势矢量 $\boldsymbol{F}_A$、$\boldsymbol{F}_B$、$\boldsymbol{F}_C$，相应地其合成矢量 $\boldsymbol{i}_\Sigma$ 代表的是三相合成磁动势 $\boldsymbol{F}$，$\boldsymbol{i}_\Sigma$ 的空间位置对应于合成磁动势基波幅值的空间位置，$\boldsymbol{i}_\Sigma$ 的长度 i_Σ 与合成磁动势的幅值 F 成正比。为便于理解，可以设想有一个有效匝数为 Nk_{w1} 的虚拟绕组，其轴线与 $\boldsymbol{F}$ 的方向一致，则当绕组通入电流 i_Σ 时，其产生的磁动势即为 $\boldsymbol{F}$。

由于合成磁动势 $\boldsymbol{F}$ 综合反映了三相绕组的磁动势 $\boldsymbol{F}_A$、$\boldsymbol{F}_B$、$\boldsymbol{F}_C$，由此不难理解，电流合成矢量 $\boldsymbol{i}_\Sigma$ 可以综合反映三相电流 i_A、i_B、i_C 的瞬时值，因此，可以以合成矢量 $\boldsymbol{i}_\Sigma$ 为基础，通过引入系数 k，定义一个新的电流矢量 $\boldsymbol{i}=k\boldsymbol{i}_\Sigma$，称为**电流综合空间矢量**，简称**电流综合矢量**或**电流空间矢量**。系数 k 可以取不同的值，相应地综合矢量有不同的定义方法，下面来讨论这个问题。

首先看 $\boldsymbol{i}_\Sigma$ 在 A、B、C 轴线上的投影。按照矢量运算法则，$\boldsymbol{i}_\Sigma$ 在 A 相绕组轴线的投影 $i_{\Sigma A}$ 应为 $\boldsymbol{i}_A$、$\boldsymbol{i}_B$、$\boldsymbol{i}_C$ 三个矢量在 A 轴投影的代数和，即

$$i_{\Sigma A}=i_A+i_B\cos120°+i_C\cos240°=i_A-\frac{1}{2}i_B-\frac{1}{2}i_C=\frac{3}{2}\left[i_A-\frac{1}{3}(i_A+i_B+i_C)\right]=\frac{3}{2}(i_A-i_0) \qquad (10\text{-}44)$$

式中，i_0 称为零轴分量或零序分量

$$i_0=\frac{1}{3}(i_A+i_B+i_C) \qquad (10\text{-}45)$$

同理，可得 $\boldsymbol{i}_\Sigma$ 在 B、C 轴的投影分别为

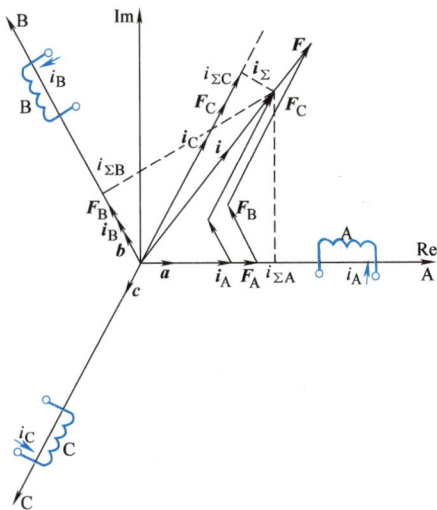

$$i_{\Sigma B} = \frac{3}{2}(i_B - i_0) \tag{10-46}$$

$$i_{\Sigma C} = \frac{3}{2}(i_C - i_0) \tag{10-47}$$

由式（10-44）~式（10-47）可知，若三相绕组为中性点隔离的星形联结，则 $i_A + i_B + i_C = 0$，$i_0 = 0$，i_{Σ} 在三相绕组轴线的投影分别为 $3i_A/2$、$3i_B/2$、$3i_C/2$，比各绕组的实际电流大了 3/2 倍，鉴于此，为了方便，**在三相系统中常将综合矢量定义中的系数 k 取为 2/3，** 即有

$$i = \frac{2}{3}i_{\Sigma} = \frac{2}{3}(i_A + i_B + i_C) \tag{10-48}$$

这样，在 $i_A + i_B + i_C = 0$ 的前提下，i 在三相绕组轴线的投影即为 i_A、i_B、i_C。若 $i_A + i_B + i_C \neq 0$，则 i 在三相绕组轴线的投影 i'_A、i'_B、i'_C 分别为扣除零轴分量后的三相电流瞬时值，即有

$$i'_A = i_A - i_0, \qquad i'_B = i_B - i_0, \qquad i'_C = i_C - i_0 \tag{10-49}$$

式（10-49）实际上意味着**综合矢量 i 及合成矢量 i_{Σ} 中不含有零轴分量的信息**。为什么要引入零轴分量？综合矢量中又为什么不含有零轴分量的信息呢？根源在于：三相系统中，三相电流 i_A、i_B、i_C 不能与 i_{Σ} 或 i 建立简单的一一对应关系，实际上，对于同一个合成矢量 i_{Σ}，可以有无穷多组三相电流值与之对应。假设使三相电流在原来 i_A、i_B、i_C 的基础上都减去一个相同的分量 i_{Δ}，即令

$$i''_A = i_A - i_{\Delta}, \quad i''_B = i_B - i_{\Delta}, \quad i''_C = i_C - i_{\Delta} \tag{10-50}$$

则由电流矢量 $\boldsymbol{i}''_A$、$\boldsymbol{i}''_B$、$\boldsymbol{i}''_C$ 得到的合成矢量 $\boldsymbol{i}''_{\Sigma}$ 为

$$\begin{aligned}\boldsymbol{i}''_{\Sigma} &= (i_A + i_{\Delta})\boldsymbol{a} + (i_B + i_{\Delta})\boldsymbol{b} + (i_C + i_{\Delta})\boldsymbol{c} = i_A\boldsymbol{a} + i_B\boldsymbol{b} + i_C\boldsymbol{c} + i_{\Delta}(\boldsymbol{a} + \boldsymbol{b} + \boldsymbol{c}) \\ &= \boldsymbol{i}_A + \boldsymbol{i}_B + \boldsymbol{i}_C = \boldsymbol{i}_{\Sigma}\end{aligned}$$

上式表明，不论 i_{Δ} 为何值，由于 3 个单位矢量 $\boldsymbol{a}$、$\boldsymbol{b}$、$\boldsymbol{c}$ 大小相等，相位互差 120°，其合成矢量为零，所以总有 $\boldsymbol{i}''_{\Sigma} = \boldsymbol{i}_{\Sigma}$。当 $i_{\Delta} = i_0$，则有

$$i' = \frac{2}{3}(i'_A + i'_B + i'_C) = \frac{2}{3}i'_{\Sigma} = \frac{2}{3}i_{\Sigma} = i \tag{10-51}$$

可见，零轴分量不产生综合矢量，当然综合矢量中也不含有零轴分量的信息。从物理概念上讲，零轴分量是三相电流中的零序分量，在三相对称系统中，零序电流不产生合成气隙磁动势。而从数学的角度看，确定综合矢量 i 只需要两个独立变量，故不可能与 3 个独立变量 i_A、i_B、i_C 建立一一对应的关系。但扣除零轴分量后的三相电流 i'_A、i'_B、i'_C 情况有所不同，由式（10-49）和式（10-45）可知

$$i'_A + i'_B + i'_C = i_A + i_B + i_C - 3i_0 = 0$$

因此，i'_A、i'_B、i'_C 中只有两个独立变量，可以与合成矢量 $\boldsymbol{i}_{\Sigma}$ 或综合矢量 i 建立一一对应的关系。

综合前述分析，可以得到如下结论：$i' = 2(i'_A + i'_B + i'_C)/3 = i$，而 i' 或 i 在三相轴线 A、B、C 的投影即为扣除零轴分量后的三相电流瞬时值 i'_A、i'_B、i'_C。

类似地可以在两相坐标系中定义综合矢量，如图 10-4 所示，有两相对称绕组 x、y，其轴线分别为 x 和 y，在空间互差 90° 电角度，绕组电流分别为 i_x、i_y，相应的空间矢量为 $\boldsymbol{i}_x$、$\boldsymbol{i}_y$，则 $\boldsymbol{i}_x$、$\boldsymbol{i}_y$ 的矢量和 i 为

$$i = i_x + i_y \tag{10-52}$$

即为**两相系统中的电流综合空间矢量**。从物理意义上看，i 代表了两相绕组产生的气隙合成磁动势。在两相系统中，由于坐标轴正交，矢量 i 与两相电流 i_x、i_y 之间存在简单的对应关系，不需进一步处理。

同理，其他时间变量，如电压 u、磁链 ψ 等均可以用空间矢量表示，其综合矢量的定义与式（10-48）或式（10-52）相同，只需将其中的变量"i"换成"u"或"ψ"即可。也就是说，**电机的定、转子的电压、电流、磁链、磁动势、电动势、磁通、磁通密度等电磁量均可以用空间矢量表示，这些矢量有些在空间上实际存在，如磁动势、磁通密度等；有些在空间上不存在，但代表着实际存在的矢量，如定、转子电流矢量代表着实际存在的定、转子磁动势矢量；还有一些矢量在空间不存在，也不代表实际存在的矢量，仅仅是一种数学处理，如电压、电动势、磁链等。**

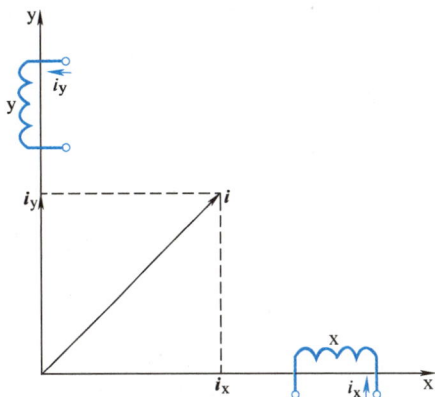

图 10-4　两相坐标系中的综合矢量

为了便于进行数学运算，空间矢量常用复数表示，在三相系统中常取 A 轴为实轴，虚轴领先实轴 90° 电角度，则 A、B、C 轴上的单位矢量 $a = e^{j0°}$，$b = e^{j120°}$，$c = e^{j240°}$，为了表示方便，常令 $a = e^{j120°}$，则 $a = a^0$，$b = a$，$c = a^2$，综合矢量 i 可以表示为

$$i = \frac{2}{3}(i_A + ai_B + a^2 i_C) \tag{10-53}$$

也可以表示为

$$i = \frac{2}{3}(i'_A + ai'_B + a^2 i'_C) \tag{10-54}$$

根据式（10-1）、式（10-2），若将三相坐标系中感应电机的定、转子绕组的电压、电流、磁链均用空间矢量表示，则其定、转子电压方程可以写成如下形式的矢量方程：

$$u_s = R_s i_s + \frac{d\psi_s}{dt} \tag{10-55}$$

$$u_r = R_r i_r + \frac{d\psi_r}{dt} \tag{10-56}$$

式中，u_s、u_r 分别为定、转子电压的综合矢量；i_s、i_r 分别为定、转子电流的综合矢量；ψ_s、ψ_r 分别为定、转子磁链的综合矢量。

需要注意的是，**电压、电流等时间量的空间矢量不同于电机稳态分析中的时间相量**，下面以电流为例来讨论空间矢量与时间相量的差别与联系。电流相量是随时间按正弦规律变化的量的一种矢量表示方法，例如，当 A 相绕组电流是角频率为 ω_1 的正弦量时，可以用一个长度等于电流有效值 I、角速度为 ω_1 的旋转矢量 $\dot{I}_A$ 来表示。其意义在于，任何时刻旋转矢量 $\sqrt{2}\dot{I}_A$ 在时间轴上的投影即为 A 相电流的瞬时值。而在同样情况下的电流空间矢量 i_A 代表的是在空间按正弦规律分布的磁动势矢量 F_A，是空间矢量，矢量位置固定在 A 相绕组轴线上，长度对应于电流的瞬时值，当电流 i_A 为正弦时，矢量长度按正弦规律变化。电流空间矢量表达的是在空间按正弦规律分布的量，其随时间的变化规律不必为正弦，可以是任意的时间波形。由于动态过程中电机绕组的电压、电流等通常是非正弦的，用于表示时间正弦量的时间相量不适合动态分析。但如果电机处于稳态运行，绕组中电流为三相对称正弦电流，则三相电流形成的电流综合空间矢量与时间相量之间存在对应关系。由于三相对称正弦电流形成的合成磁动势是一个转速为 ω_1 的旋转磁动势，其幅值为每相绕组磁动势的 3/2 倍，因此三相电流空间矢量的合成矢量 i_Σ 和综合矢量 i 都是转速为 ω_1 的旋转矢量，i_Σ 的幅值为相电流幅值 $\sqrt{2}I$ 的 3/2 倍。由于 $i=(2/3)i_\Sigma$，因此 i 的幅值 $i=\sqrt{2}I$，考虑到 i 的空间位置与合成磁动势 F 一致，而在交流电机时-空矢量图中，电流相量通常也取为与磁动势矢量同相位，可见，此时 i 与 $\dot{I}_A$ 在矢量图中的位置重合，只是 i 的幅值为 $\dot{I}_A$ 的 $\sqrt{2}$ 倍。因此，稳态时各时间量的综合空间矢量与它们的时间相量相对应，可以相互转换或代替。

10.2.3 坐标变换

下面讨论如何利用综合矢量进行坐标变换并导出不同坐标系之间的坐标变换关系。以电流为例讨论，所得变换关系（变换矩阵）同样适用于电压、磁链等。

1. 三相静止坐标系与两相任意旋转坐标系之间的坐标变换

图 10-5 所示为三相静止坐标系 A、B、C 和两相任意旋转坐标系 x、y 的坐标变换。在图示时刻，x 轴超前 A 轴 θ 角，这里的问题是如何确定两相坐标系中的电流 i_x、i_y 与三相坐标系中的 i_A、i_B、i_C 的变换（等效）关系。

利用综合矢量进行坐标变换的原则是：变换前后所产生的综合矢量保持不变。这样，对于电流变换来讲，从物理概念看可以使变换前后的合成磁动势保持确定的比例关系，通过适当选择两相系统与三相系统绕组的匝数比，可以使变换前后的合成磁动势保持不变。

按上述原则，两相系统中电流 i_x、i_y 形成的电流综合矢量 i 也就是三相系统中的等效电流 i_A、i_B、i_C 的综合矢量，而在三相系统中电流综合矢量 i 在 A、B、C 轴的投影是相应相电流扣除零轴分量后的瞬时值 i'_A、i'_B、i'_C，因为 $i=i_x+i_y$，根据矢量运算法则，i 在某相绕组轴线上的投影应等于其分矢量 i_x、i_y 在该轴上的投影的代数和，因此有

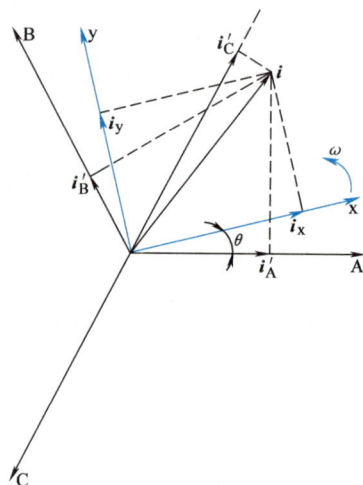

图 10-5 三相静止坐标系 A、B、C 和两相任意旋转坐标系的坐标变换

$$\left.\begin{array}{l} i'_A = i_x\cos\theta - i_y\sin\theta \\ i'_B = i_x\cos(\theta - 120°) - i_y\sin(\theta - 120°) \\ i'_C = i_x\cos(\theta + 120°) - i_y\sin(\theta + 120°) \end{array}\right\} \tag{10-57}$$

考虑零轴分量，并写成矩阵形式，两相任意旋转坐标系到三相静止坐标系的变换关系为

$$\begin{bmatrix} i_A \\ i_B \\ i_C \end{bmatrix} = \begin{bmatrix} \cos\theta & -\sin\theta & 1 \\ \cos(\theta - 120°) & -\sin(\theta - 120°) & 1 \\ \cos(\theta + 120°) & -\sin(\theta + 120°) & 1 \end{bmatrix} \begin{bmatrix} i_x \\ i_y \\ i_0 \end{bmatrix} = \boldsymbol{C}_{2r/3s} \begin{bmatrix} i_x \\ i_y \\ i_0 \end{bmatrix} \tag{10-58}$$

其逆变换为

$$\begin{bmatrix} i_x \\ i_y \\ i_0 \end{bmatrix} = \frac{2}{3} \begin{bmatrix} \cos\theta & \cos(\theta - 120°) & \cos(\theta + 120°) \\ -\sin\theta & -\sin(\theta - 120°) & -\sin(\theta + 120°) \\ \frac{1}{2} & \frac{1}{2} & \frac{1}{2} \end{bmatrix} \begin{bmatrix} i_A \\ i_B \\ i_C \end{bmatrix} = \boldsymbol{C}_{3s/2r} \begin{bmatrix} i_A \\ i_B \\ i_C \end{bmatrix} \quad (10\text{-}59)$$

上述三相系统与两相系统的坐标变换常称为**派克（Park）变换**。在 Park 变换中，$\boldsymbol{C}_{3s/2r} = \boldsymbol{C}_{2r/3s}^{-1} \neq \boldsymbol{C}_{2r/3s}^{T}$，因此不满足功率不变约束。

式（10-58）和式（10-59）的坐标变换关系不限于三相静止坐标系到两相旋转坐标系的变换，也可用于三相旋转坐标系到某两相坐标系的变换，只要 θ 为相应时刻 x 轴与 A 轴的夹角即可。这一点也适用于下面讨论的其他坐标变换关系。

2. 常用坐标系和坐标变换

（1）两相静止坐标系——αβ0 坐标系

若上述 x、y 坐标系在空间静止不动，且 x 轴与 A 轴重合，即 $\theta = 0$，如图 10-6 所示，则为两相静止坐标系，常称为 **αβ 坐标系**。考虑到零轴分量，也称为 **αβ0 坐标系**。从三相静止坐标系到两相静止坐标系的变换称为**三相-两相变换**，简称 **3/2 变换**。

由式（10-59），令 $\theta = 0$，并将两相任意旋转坐标系的变量 i_x、i_y 换成 i_α、i_β，可得

$$\begin{bmatrix} i_\alpha \\ i_\beta \\ i_0 \end{bmatrix} = \frac{2}{3} \begin{bmatrix} 1 & -\frac{1}{2} & -\frac{1}{2} \\ 0 & \frac{\sqrt{3}}{2} & -\frac{\sqrt{3}}{2} \\ \frac{1}{2} & \frac{1}{2} & \frac{1}{2} \end{bmatrix} \begin{bmatrix} i_A \\ i_B \\ i_C \end{bmatrix} \quad (10\text{-}60)$$

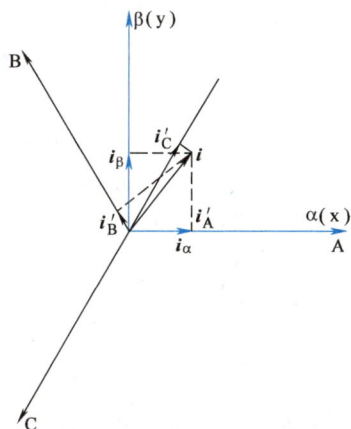

图 10-6 ABC 坐标系与 αβ 坐标系

令 $\boldsymbol{C}_{3/2}$ 表示从三相静止坐标系到两相静止坐标系的变换矩阵，则

$$\boldsymbol{C}_{3/2} = \frac{2}{3} \begin{bmatrix} 1 & -\frac{1}{2} & -\frac{1}{2} \\ 0 & \frac{\sqrt{3}}{2} & -\frac{\sqrt{3}}{2} \\ \frac{1}{2} & \frac{1}{2} & \frac{1}{2} \end{bmatrix} \quad (10\text{-}61)$$

相应地，从两相静止坐标系到三相静止坐标系的变换矩阵为

$$\boldsymbol{C}_{2/3} = \boldsymbol{C}_{3/2}^{-1} = \begin{bmatrix} 1 & 0 & 1 \\ -\frac{1}{2} & \frac{\sqrt{3}}{2} & 1 \\ -\frac{1}{2} & -\frac{\sqrt{3}}{2} & 1 \end{bmatrix} \quad (10\text{-}62)$$

在实际应用中，上述坐标变换关系常可进一步简化。例如，在交流调速系统中，交流电机通常为中性点隔离的三相星形联结，有 $i_A + i_B + i_C = 0$，则 $i_0 = 0$，因此可将零轴分量去掉。

同时，由于三相电流中只有两相独立，三相系统中的电流可以只用 i_A、i_B 表达，而将 C 相电流用 $i_C = -(i_A + i_B)$ 代入。相应的坐标变换关系简化为

$$\begin{bmatrix} i_\alpha \\ i_\beta \end{bmatrix} = \begin{bmatrix} 1 & 0 \\ \dfrac{1}{\sqrt{3}} & \dfrac{2}{\sqrt{3}} \end{bmatrix} \begin{bmatrix} i_A \\ i_B \end{bmatrix} \tag{10-63}$$

$$\begin{bmatrix} i_A \\ i_B \end{bmatrix} = \begin{bmatrix} 1 & 0 \\ -\dfrac{1}{2} & \dfrac{\sqrt{3}}{2} \end{bmatrix} \begin{bmatrix} i_\alpha \\ i_\beta \end{bmatrix} \tag{10-64}$$

（2）两相旋转坐标系——dq0 坐标系

若上述 x、y 坐标系在空间旋转，且其 x 轴为电机某转子绕组轴线，称为 **d 轴**，相应地 y 轴改称 **q 轴**，这样的两相坐标系称为 **dq 坐标系**，或 **dq0 坐标系**，其中"0"表示零轴分量。

由式（10-58）和式（10-59），dq0 坐标系与 ABC 坐标系之间的坐标变换关系为

$$\begin{bmatrix} i_A \\ i_B \\ i_C \end{bmatrix} = \begin{bmatrix} \cos\theta & -\sin\theta & 1 \\ \cos(\theta-120°) & -\sin(\theta-120°) & 1 \\ \cos(\theta+120°) & -\sin(\theta+120°) & 1 \end{bmatrix} \begin{bmatrix} i_d \\ i_q \\ i_0 \end{bmatrix} = \boldsymbol{C}_{2r/3s} \begin{bmatrix} i_d \\ i_q \\ i_0 \end{bmatrix} \tag{10-65}$$

$$\begin{bmatrix} i_d \\ i_q \\ i_0 \end{bmatrix} = \frac{2}{3}\begin{bmatrix} \cos\theta & \cos(\theta-120°) & \cos(\theta+120°) \\ -\sin\theta & -\sin(\theta-120°) & -\sin(\theta+120°) \\ \dfrac{1}{2} & \dfrac{1}{2} & \dfrac{1}{2} \end{bmatrix} \begin{bmatrix} i_A \\ i_B \\ i_C \end{bmatrix} = \boldsymbol{C}_{3s/2r} \begin{bmatrix} i_A \\ i_B \\ i_C \end{bmatrix} \tag{10-66}$$

式中，θ 为 t 时刻 d 轴超前 A 轴的电角度，$\theta = \int\omega dt + \theta_0$；$\omega$ 为转子的电角速度；θ_0 为 $t=0$ 时刻 d 轴领先 A 轴的电角度。

在交流电机分析与控制中，也常使 dq0 坐标系与电机的某旋转磁链（磁场）同步旋转或以电源基波角频率旋转，由于此时 dq0 坐标系的转速为同步转速，故称为**两相同步旋转坐标系**。

（3）αβ 坐标系与 dq 坐标系间的坐标变换

在交流电机控制中，常需在两相静止坐标系 αβ 和两相旋转坐标系 dq 之间进行变换。两相静止坐标系到两相旋转坐标系的变换，称为**两相-两相旋转变换**或**矢量旋转变换**，简称**旋转变换**（常用 VR 表示）或 **2s/2r 变换**。利用综合矢量的概念，由图 10-7 所示 αβ 坐标系与 dq 坐标系间的关系易得

$$\begin{bmatrix} i_d \\ i_q \end{bmatrix} = \begin{bmatrix} \cos\theta & \sin\theta \\ -\sin\theta & \cos\theta \end{bmatrix} \begin{bmatrix} i_\alpha \\ i_\beta \end{bmatrix} \tag{10-67}$$

两相静止坐标系到两相旋转坐标系的变换矩阵为

$$\boldsymbol{C}_{2s/2r} = \begin{bmatrix} \cos\theta & \sin\theta \\ -\sin\theta & \cos\theta \end{bmatrix} \tag{10-68}$$

两相旋转坐标系到两相静止坐标系的变换为

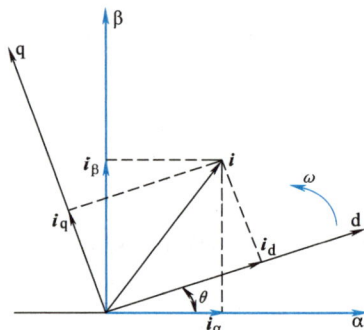

图 10-7 αβ 坐标系与 dq 坐标系间的坐标变换

$$\begin{bmatrix} i_\alpha \\ i_\beta \end{bmatrix} = \begin{bmatrix} \cos\theta & -\sin\theta \\ \sin\theta & \cos\theta \end{bmatrix} \begin{bmatrix} i_d \\ i_q \end{bmatrix} \tag{10-69}$$

相应的变换矩阵为

$$\boldsymbol{C}_{2r/2s} = \begin{bmatrix} \cos\theta & -\sin\theta \\ \sin\theta & \cos\theta \end{bmatrix} = \boldsymbol{C}_{2s/2r}^{-1} = \boldsymbol{C}_{2s/2r}^{\mathrm{T}} \tag{10-70}$$

3. 满足功率不变约束的坐标变换

前面讨论的三相坐标系与两相坐标系之间的坐标变换（Park 变换）不满足功率不变约束，变换前后功率不守恒。以 ABC 到 dq0 的变换为例，变换前的三相电压为 u_A、u_B、u_C，电流为 i_A、i_B、i_C，相应的三相瞬时功率为

$$p_{3\phi} = u_A i_A + u_B i_B + u_C i_C \tag{10-71}$$

变换后在 dq0 坐标系中的电压为 u_d、u_q、u_0，电流为 i_d、i_q、i_0，功率为

$$p_{2\phi} = u_d i_d + u_q i_q + u_0 i_0 \tag{10-72}$$

根据式（10-65）的坐标变换关系，将 ABC 系统中的电压、电流用 dq0 坐标系中的量表达，代入式（10-71）并整理，得

$$p_{3\phi} = \frac{3}{2} u_d i_d + \frac{3}{2} u_q i_q + 3 u_0 i_0 \tag{10-73}$$

显然，$p_{3\phi} \neq p_{2\phi}$。

为了使变换前后功率不变，可以进行如下变量代换，令

$$\left. \begin{aligned} u_d' = \sqrt{\frac{3}{2}}\, u_d, \quad u_q' = \sqrt{\frac{3}{2}}\, u_q, \quad u_0' = \sqrt{3}\, u_0 \\ i_d' = \sqrt{\frac{3}{2}}\, i_d, \quad i_q' = \sqrt{\frac{3}{2}}\, i_q, \quad i_0' = \sqrt{3}\, i_0 \end{aligned} \right\} \tag{10-74}$$

代入式（10-73），则

$$p_{3\phi} = u_d' i_d' + u_q' i_q' + u_0' i_0' \tag{10-75}$$

考虑到 ABC 到 dq0 的变换关系式（10-66），i_d'、i_q'、i_0' 与 i_A、i_B、i_C 的变换关系为

$$\left. \begin{aligned} i_d' &= \sqrt{\frac{2}{3}}\left[i_A\cos\theta + i_B\cos(\theta - 120°) + i_C\cos(\theta + 120°) \right] \\ i_q' &= \sqrt{\frac{2}{3}}\left[-i_A\sin\theta - i_B\sin(\theta - 120°) - i_C\sin(\theta + 120°) \right] \\ i_0' &= \frac{1}{\sqrt{3}}(i_A + i_B + i_C) \end{aligned} \right\} \tag{10-76}$$

电压 u_d'、u_q'、u_0' 与 u_A、u_B、u_C 的变换关系同上。

由式（10-75）可知，按式（10-76）进行变换，变换前后功率不变，该变换即为满足功率不变约束的坐标变换。将式（10-76）写成矩阵形式，并去掉上角标"'"，得

$$\begin{bmatrix} i_d \\ i_q \\ i_0 \end{bmatrix} = \sqrt{\frac{2}{3}} \begin{bmatrix} \cos\theta & \cos(\theta - 120°) & \cos(\theta + 120°) \\ -\sin\theta & -\sin(\theta - 120°) & -\sin(\theta + 120°) \\ \dfrac{1}{\sqrt{2}} & \dfrac{1}{\sqrt{2}} & \dfrac{1}{\sqrt{2}} \end{bmatrix} \begin{bmatrix} i_A \\ i_B \\ i_C \end{bmatrix} \tag{10-76a}$$

满足功率不变约束的三相静止坐标系到两相旋转坐标系的变换矩阵为

$$C_{3s/2r} = \sqrt{\frac{2}{3}} \begin{bmatrix} \cos\theta & \cos(\theta - 120°) & \cos(\theta + 120°) \\ -\sin\theta & -\sin(\theta - 120°) & -\sin(\theta + 120°) \\ \dfrac{1}{\sqrt{2}} & \dfrac{1}{\sqrt{2}} & \dfrac{1}{\sqrt{2}} \end{bmatrix} \tag{10-77}$$

其逆变换

$$\begin{bmatrix} i_A \\ i_B \\ i_C \end{bmatrix} = C_{2r/3s} \begin{bmatrix} i_d \\ i_q \\ i_0 \end{bmatrix} \tag{10-78}$$

式中，$C_{2r/3s}$ 为满足功率不变约束的两相旋转坐标系到三相静止坐标系的变换矩阵

$$C_{2r/3s} = C_{3s/2r}^{-1} = \sqrt{\frac{2}{3}} \begin{bmatrix} \cos\theta & -\sin\theta & \dfrac{1}{\sqrt{2}} \\ \cos(\theta - 120°) & -\sin(\theta - 120°) & \dfrac{1}{\sqrt{2}} \\ \cos(\theta + 120°) & -\sin(\theta + 120°) & \dfrac{1}{\sqrt{2}} \end{bmatrix} \tag{10-79}$$

由式（10-79）和式（10-77）可知，$C_{2r/3s} = C_{3s/2r}^{-1} = C_{3s/2r}^{T}$，是正交变换，满足功率不变约束条件。

令式（10-77）、式（10-79）中的 $\theta = 0$，可得满足功率不变约束的三相静止坐标系与两相静止坐标系之间的变换矩阵

$$C_{3/2} = \sqrt{\frac{2}{3}} \begin{bmatrix} 1 & -\dfrac{1}{2} & -\dfrac{1}{2} \\ 0 & \dfrac{\sqrt{3}}{2} & -\dfrac{\sqrt{3}}{2} \\ \dfrac{1}{\sqrt{2}} & \dfrac{1}{\sqrt{2}} & \dfrac{1}{\sqrt{2}} \end{bmatrix} \tag{10-80}$$

$$C_{2/3} = C_{3/2}^{-1} = C_{3/2}^{T} = \sqrt{\frac{2}{3}} \begin{bmatrix} 1 & 0 & \dfrac{1}{\sqrt{2}} \\ -\dfrac{1}{2} & \dfrac{\sqrt{3}}{2} & \dfrac{1}{\sqrt{2}} \\ -\dfrac{1}{2} & -\dfrac{\sqrt{3}}{2} & \dfrac{1}{\sqrt{2}} \end{bmatrix} \tag{10-81}$$

满足功率不变约束的正交变换的变换关系也可以由综合矢量导出，只是由式（10-74）可知，正交变换与 Park 变换相比，其 d、q 坐标轴中的两相电压、电流均增大了 $\sqrt{3/2}$ 倍，这意味着其综合矢量的长度应比 Park 变换中增大 $\sqrt{3/2}$ 倍。由式（10-48），与正交变换相对应的三相坐标系中综合矢量的系数应由 2/3 扩大 $\sqrt{3/2}$ 倍，变成 $\sqrt{2/3}$，即对应于正交变换，三相坐标系中电流综合矢量应定义为

$$i = \sqrt{\frac{2}{3}}(i_A + i_B + i_C) \tag{10-82}$$

Park 变换和满足功率不变约束的变换（正交变换）各有特色。Park 变换的最大特点是，在零轴分量为零的条件下，某物理量（如电流）综合矢量在三相绕组轴线上的投影即为该量的瞬时值，因此也称为幅值不变的变换。而在正交变换中，由于综合矢量的长度扩大了 $\sqrt{3/2}$ 倍，故其在三相绕组轴线上的投影不等于该量的瞬时值，而是放大了 $\sqrt{3/2}$ 倍。

目前，Park 变换（幅值不变变换）与正交变换（功率不变变换）应用都十分广泛，阅读有关文献时要注意区分，本书后面的讨论中将采用正交变换。

[例 10-1] 设有一台三相交流电机，定子绕组通入如下三相对称正弦电流：

$i_A = \sqrt{2}I\cos(\omega t + \varphi)$，$i_B = \sqrt{2}I\cos(\omega t + \varphi - 120°)$，$i_C = \sqrt{2}I\cos(\omega t + \varphi + 120°)$

若采用满足功率不变约束的坐标变换（正交变换），试求：

（1）αβ 坐标系中的电流 i_α、i_β；

（2）在以 ω 旋转的同步 dq 坐标系中的电流 i_d、i_q（设 $t=0$ 时 d 轴与 A 轴重合）；

（3）若 $0<\varphi<90°$，画出 $t=0$ 时刻定子电流的综合空间矢量 i，并分析随着时间的推移 i 的变化情况；

（4）t 时刻综合矢量 i 在三相绕组轴线上的投影 i_{jA}、i_{jB}、i_{jC}。

解：（1）由式（10-80），可得

$$\begin{bmatrix} i_\alpha \\ i_\beta \end{bmatrix} = \sqrt{\frac{2}{3}} \begin{bmatrix} 1 & -\frac{1}{2} & -\frac{1}{2} \\ 0 & \frac{\sqrt{3}}{2} & -\frac{\sqrt{3}}{2} \end{bmatrix} \begin{bmatrix} \sqrt{2}I\cos(\omega t + \varphi) \\ \sqrt{2}I\cos(\omega t + \varphi - 120°) \\ \sqrt{2}I\cos(\omega t + \varphi + 120°) \end{bmatrix} = \begin{bmatrix} \sqrt{3}I\cos(\omega t + \varphi) \\ \sqrt{3}I\sin(\omega t + \varphi) \end{bmatrix}$$

（2）t 时刻 d 轴与 A 轴的夹角为 $\theta=\omega t$，则由式（10-76a）得

$$\begin{bmatrix} i_d \\ i_q \end{bmatrix} = \sqrt{\frac{2}{3}} \begin{bmatrix} \cos\omega t & \cos(\omega t - 120°) & \cos(\omega t + 120°) \\ -\sin\omega t & -\sin(\omega t - 120°) & -\sin(\omega t + 120°) \end{bmatrix} \begin{bmatrix} \sqrt{2}I\cos(\omega t + \varphi) \\ \sqrt{2}I\cos(\omega t + \varphi - 120°) \\ \sqrt{2}I\cos(\omega t + \varphi + 120°) \end{bmatrix}$$

$$= \begin{bmatrix} \sqrt{3}I\cos\varphi \\ \sqrt{3}I\sin\varphi \end{bmatrix}$$

（3）$t=0$ 时刻的电流综合矢量 i 如图 10-8a 所示（图中以 $\varphi=30°$ 为例），矢量 i 的长度为 $\sqrt{3}I$，$t=0$ 时刻的空间位置角为 φ，随着时间的推移，由于电流在 d、q 轴的两个分量 i_d、i_q 保持常数，所以 i 的长度及与 d 轴的夹角均保持不变，由于 dq 坐标系在空间以 ω 旋转，所以 i 是一个长度为 $\sqrt{3}I$，在空间以 ω 旋转的圆形旋转矢量，如图 10-8b 所示。

（4）t 时刻 d 轴的空间位置角 $\theta=\omega t$，i 与 A 轴的夹角 $\theta_i=\theta+\varphi=\omega t+\varphi$，则 i 在 A、B、C 三轴的投影分别为

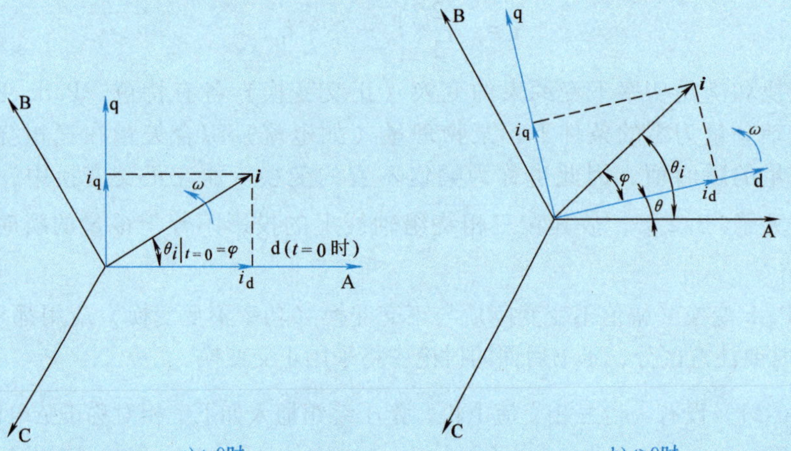

a) t=0时   b) t>0时

图 10-8   例 10-1 中的电流综合矢量

$$i_{jA} = \sqrt{3}I\cos(\omega t + \varphi)$$

$$i_{jB} = \sqrt{3}I\cos(\omega t + \varphi - 120°)$$

$$i_{jC} = \sqrt{3}I\cos(\omega t + \varphi + 120°)$$

10.3 两相坐标系中感应电机的动态数学模型

前面建立的三相坐标系上的感应电机动态数学模型十分复杂，其中一个主要原因是三相绕组之间存在互感，使电感矩阵比较复杂。如果通过坐标变换，将其变换到两相坐标系上，由于坐标轴互相垂直，意味着等效两相绕组正交，两绕组间的互感为零，从而可以使方程得以简化。两相坐标系可以是静止的，也可以是旋转的。在本节讨论中，首先建立以任意转速旋转的两相坐标系中的数学模型，进而导出两相静止坐标系和两相同步旋转坐标系中感应电机的动态数学模型。

10.3.1 两相任意旋转坐标系中的数学模型

在这里，两相任意旋转坐标系用 dq（或 dq0）表示。在前面建立的三相坐标系上的数学模型中，定子侧的量处于三相静止坐标系，而由于转子是三相旋转绕组，因此未加变换的三相转子变量是三相旋转坐标系中的量，为建立两相任意旋转坐标系上的数学模型，应把定子和转子的电压、电流、磁链都变换到 dq0 坐标系，变换后的定子各量用下角标"s"表示，转子各量用下角标"r"表示。

1. 电压方程

采用满足功率不变约束的坐标变换，由式（10-76）和式（10-77）可得，定子电压、电流和磁链的变换关系分别为

$$\begin{bmatrix} u_{sd} & u_{sq} & u_{s0} \end{bmatrix}^T = \boldsymbol{C}_{3s/2r} \begin{bmatrix} u_A & u_B & u_C \end{bmatrix}^T \tag{10-83}$$

$$\begin{bmatrix} i_{sd} & i_{sq} & i_{s0} \end{bmatrix}^T = \boldsymbol{C}_{3s/2r} \begin{bmatrix} i_A & i_B & i_C \end{bmatrix}^T \tag{10-84}$$

$$\begin{bmatrix} \psi_{sd} & \psi_{sq} & \psi_{s0} \end{bmatrix}^T = \boldsymbol{C}_{3s/2r} \begin{bmatrix} \psi_A & \psi_B & \psi_C \end{bmatrix}^T \tag{10-85}$$

将三相静止坐标系 ABC 上的电压方程式（10-1）写成矩阵形式为

$$\begin{bmatrix} u_{\text{A}} \\ u_{\text{B}} \\ u_{\text{C}} \end{bmatrix} = R_{\text{s}} \begin{bmatrix} i_{\text{A}} \\ i_{\text{B}} \\ i_{\text{C}} \end{bmatrix} + \frac{\mathrm{d}}{\mathrm{d}t} \begin{bmatrix} \psi_{\text{A}} \\ \psi_{\text{B}} \\ \psi_{\text{C}} \end{bmatrix} \tag{10-86}$$

将式（10-86）代入式（10-83），得

$$\begin{bmatrix} u_{\text{sd}} \\ u_{\text{sq}} \\ u_{\text{s0}} \end{bmatrix} = R_{\text{s}} \boldsymbol{C}_{3\text{s/2r}} \begin{bmatrix} i_{\text{A}} \\ i_{\text{B}} \\ i_{\text{C}} \end{bmatrix} + \boldsymbol{C}_{3\text{s/2r}} \frac{\mathrm{d}}{\mathrm{d}t} \begin{bmatrix} \psi_{\text{A}} \\ \psi_{\text{B}} \\ \psi_{\text{C}} \end{bmatrix} \tag{10-87}$$

由式（10-78）得

$$\begin{bmatrix} \psi_{\text{A}} \\ \psi_{\text{B}} \\ \psi_{\text{C}} \end{bmatrix} = \boldsymbol{C}_{3\text{s/2r}}^{-1} \begin{bmatrix} \psi_{\text{sd}} \\ \psi_{\text{sq}} \\ \psi_{\text{s0}} \end{bmatrix} = \boldsymbol{C}_{2\text{r/3s}} \begin{bmatrix} \psi_{\text{sd}} \\ \psi_{\text{sq}} \\ \psi_{\text{s0}} \end{bmatrix} \tag{10-88}$$

则

$$\frac{\mathrm{d}}{\mathrm{d}t} \begin{bmatrix} \psi_{\text{A}} \\ \psi_{\text{B}} \\ \psi_{\text{C}} \end{bmatrix} = \boldsymbol{C}_{2\text{r/3s}} \frac{\mathrm{d}}{\mathrm{d}t} \begin{bmatrix} \psi_{\text{sd}} \\ \psi_{\text{sq}} \\ \psi_{\text{s0}} \end{bmatrix} + \frac{\mathrm{d}}{\mathrm{d}t} \boldsymbol{C}_{2\text{r/3s}} \begin{bmatrix} \psi_{\text{sd}} \\ \psi_{\text{sq}} \\ \psi_{\text{s0}} \end{bmatrix} \tag{10-89}$$

由式（10-79），对 $\boldsymbol{C}_{2\text{r/3s}}$ 各元素求导得

$$\frac{\mathrm{d}}{\mathrm{d}t} \boldsymbol{C}_{2\text{r/3s}} = -\sqrt{\frac{2}{3}} \begin{bmatrix} \sin\theta & \cos\theta & 0 \\ \sin(\theta - 120°) & \cos(\theta - 120°) & 0 \\ \sin(\theta + 120°) & \cos(\theta + 120°) & 0 \end{bmatrix} \frac{\mathrm{d}\theta}{\mathrm{d}t} \tag{10-90}$$

将式（10-89）、式（10-90）代入式（10-87），整理得

$$\begin{bmatrix} u_{\text{sd}} \\ u_{\text{sq}} \\ u_{\text{s0}} \end{bmatrix} = R_{\text{s}} \begin{bmatrix} i_{\text{sd}} \\ i_{\text{sq}} \\ i_{\text{s0}} \end{bmatrix} + \frac{\mathrm{d}}{\mathrm{d}t} \begin{bmatrix} \psi_{\text{sd}} \\ \psi_{\text{sq}} \\ \psi_{\text{s0}} \end{bmatrix} + \begin{bmatrix} 0 & -1 & 0 \\ 1 & 0 & 0 \\ 0 & 0 & 0 \end{bmatrix} \begin{bmatrix} \psi_{\text{sd}} \\ \psi_{\text{sq}} \\ \psi_{\text{s0}} \end{bmatrix} \frac{\mathrm{d}\theta}{\mathrm{d}t} \tag{10-91}$$

令 $\mathrm{d}\theta/\mathrm{d}t = \omega_{\text{dqs}}$，为 dq0 坐标系相对于定子的角速度，由式（10-91）得

$$\left. \begin{aligned} u_{\text{sd}} &= R_{\text{s}} i_{\text{sd}} + p\psi_{\text{sd}} - \omega_{\text{dqs}}\psi_{\text{sq}} \\ u_{\text{sq}} &= R_{\text{s}} i_{\text{sq}} + p\psi_{\text{sq}} + \omega_{\text{dqs}}\psi_{\text{sd}} \\ u_{\text{s0}} &= R_{\text{s}} i_{\text{s0}} + p\psi_{\text{s0}} \end{aligned} \right\} \tag{10-92}$$

同理，变换后的转子电压方程为

$$\left. \begin{aligned} u_{\text{rd}} &= R_{\text{r}} i_{\text{rd}} + p\psi_{\text{rd}} - \omega_{\text{dqr}}\psi_{\text{rq}} \\ u_{\text{rq}} &= R_{\text{r}} i_{\text{rq}} + p\psi_{\text{rq}} + \omega_{\text{dqr}}\psi_{\text{rd}} \\ u_{\text{r0}} &= R_{\text{r}} i_{\text{r0}} + p\psi_{\text{r0}} \end{aligned} \right\} \tag{10-93}$$

式中，ω_{dqr} 为 dq0 坐标系相对于转子的角速度，设转子转速为 ω，则

$$\omega_{\text{dqr}} = \omega_{\text{dqs}} - \omega \tag{10-94}$$

2. 磁链方程

将三相定子磁链 ψ_{A}、ψ_{B}、ψ_{C} 变换到 dq0 坐标系是三相静止坐标系到两相旋转坐标系的变换，设某时刻 d 轴领先 A 轴 θ_{s} 角，则其变换关系如式（10-85）所示，其中

$$C_{3s/2r} = \sqrt{\frac{2}{3}} \begin{bmatrix} \cos\theta_s & \cos(\theta_s - 120°) & \cos(\theta_s + 120°) \\ -\sin\theta_s & -\sin(\theta_s - 120°) & -\sin(\theta_s + 120°) \\ \dfrac{1}{\sqrt{2}} & \dfrac{1}{\sqrt{2}} & \dfrac{1}{\sqrt{2}} \end{bmatrix} \tag{10-95}$$

将转子磁链 ψ_a、ψ_b、ψ_c 变换到 dq0 坐标系的 ψ_{rd}、ψ_{rq}、ψ_{r0} 是从旋转的三相坐标系 abc 到 dq0 的变换，变换矩阵可以写作 $C_{3r/2r}$，$C_{3r/2r}$ 在形式上与 $C_{3s/2r}$ 相同，只是 θ 角应为 d 轴与转子 a 轴的夹角 θ_r，即有

$$[\psi_{rd} \quad \psi_{rq} \quad \psi_{r0}]^T = C_{3r/2r}[\psi_a \quad \psi_b \quad \psi_c]^T \tag{10-96}$$

$$C_{3r/2r} = \sqrt{\frac{2}{3}} \begin{bmatrix} \cos\theta_r & \cos(\theta_r - 120°) & \cos(\theta_r + 120°) \\ -\sin\theta_r & -\sin(\theta_r - 120°) & -\sin(\theta_r + 120°) \\ \dfrac{1}{\sqrt{2}} & \dfrac{1}{\sqrt{2}} & \dfrac{1}{\sqrt{2}} \end{bmatrix} \tag{10-97}$$

则总的磁链变换式为

$$\begin{bmatrix} \psi_{sd} \\ \psi_{sq} \\ \psi_{s0} \\ \psi_{rd} \\ \psi_{rq} \\ \psi_{r0} \end{bmatrix} = \begin{bmatrix} C_{3s/2r} & 0 \\ 0 & C_{3r/2r} \end{bmatrix} \begin{bmatrix} \psi_A \\ \psi_B \\ \psi_C \\ \psi_a \\ \psi_b \\ \psi_c \end{bmatrix} \tag{10-98}$$

由式（10-15）知

$$\begin{bmatrix} \psi_A \\ \psi_B \\ \psi_C \\ \psi_a \\ \psi_b \\ \psi_c \end{bmatrix} = \begin{bmatrix} L_{ss} & L_{sr} \\ L_{rs} & L_{rr} \end{bmatrix} \begin{bmatrix} i_A \\ i_B \\ i_C \\ i_a \\ i_b \\ i_c \end{bmatrix} \tag{10-99}$$

注意，电感矩阵 L_{sr}、L_{rs} 中的 θ 角为转子 a 轴领先定子 A 轴的角度，因此有 $\theta = \theta_s - \theta_r$，而电流 i_A、i_B、i_C 与 i_{sd}、i_{sq}、i_{s0} 的变换关系为

$$[i_A \quad i_B \quad i_C]^T = C_{3s/2r}^{-1}[i_{sd} \quad i_{sq} \quad i_{s0}]^T \tag{10-100}$$

i_a、i_b、i_c 与 i_{rd}、i_{rq}、i_{r0} 的变换关系为

$$[i_a \quad i_b \quad i_c]^T = C_{3r/2r}^{-1}[i_{rd} \quad i_{rq} \quad i_{r0}]^T \tag{10-101}$$

将式（10-99）~式（10-101）代入式（10-98），得

$$\begin{bmatrix} \psi_{sd} \\ \psi_{sq} \\ \psi_{s0} \\ \psi_{rd} \\ \psi_{rq} \\ \psi_{r0} \end{bmatrix} = \begin{bmatrix} C_{3s/2r} & 0 \\ 0 & C_{3r/2r} \end{bmatrix} \begin{bmatrix} L_{ss} & L_{sr} \\ L_{rs} & L_{rr} \end{bmatrix} \begin{bmatrix} C_{3s/2r}^{-1} & 0 \\ 0 & C_{3r/2r}^{-1} \end{bmatrix} \begin{bmatrix} i_{sd} \\ i_{sq} \\ i_{s0} \\ i_{rd} \\ i_{rq} \\ i_{r0} \end{bmatrix} = \begin{bmatrix} C_{3s/2r}L_{ss}C_{3s/2r}^{-1} & C_{3s/2r}L_{sr}C_{3r/2r}^{-1} \\ C_{3r/2r}L_{rs}C_{3s/2r}^{-1} & C_{3r/2r}L_{rr}C_{3r/2r}^{-1} \end{bmatrix} \begin{bmatrix} i_{sd} \\ i_{sq} \\ i_{s0} \\ i_{rd} \\ i_{rq} \\ i_{r0} \end{bmatrix}$$

$$\tag{10-102}$$

分块矩阵中的元素

$$C_{3s/2r}L_{ss}C_{3s/2r}^{-1} = \sqrt{\frac{2}{3}} \begin{bmatrix} \cos\theta_s & \cos(\theta_s - 120°) & \cos(\theta_s + 120°) \\ -\sin\theta_s & -\sin(\theta_s - 120°) & -\sin(\theta_s + 120°) \\ \frac{1}{\sqrt{2}} & \frac{1}{\sqrt{2}} & \frac{1}{\sqrt{2}} \end{bmatrix} \times$$

$$\begin{bmatrix} L_{ms} + L_{ls} & -\frac{1}{2}L_{ms} & -\frac{1}{2}L_{ms} \\ -\frac{1}{2}L_{ms} & L_{ms} + L_{ls} & -\frac{1}{2}L_{ms} \\ -\frac{1}{2}L_{ms} & -\frac{1}{2}L_{ms} & L_{ms} + L_{ls} \end{bmatrix} \times \sqrt{\frac{2}{3}} \begin{bmatrix} \cos\theta_s & -\sin\theta_s & \frac{1}{\sqrt{2}} \\ \cos(\theta_s - 120°) & -\sin(\theta_s - 120°) & \frac{1}{\sqrt{2}} \\ \cos(\theta_s + 120°) & -\sin(\theta_s + 120°) & \frac{1}{\sqrt{2}} \end{bmatrix}$$

$$= \begin{bmatrix} \frac{3}{2}L_{ms} + L_{ls} & 0 & 0 \\ 0 & \frac{3}{2}L_{ms} + L_{ls} & 0 \\ 0 & 0 & L_{ls} \end{bmatrix}$$

同理

$$C_{3r/2r}L_{rr}C_{3r/2r}^{-1} = \begin{bmatrix} \frac{3}{2}L_{ms} + L_{lr} & 0 & 0 \\ 0 & \frac{3}{2}L_{ms} + L_{lr} & 0 \\ 0 & 0 & L_{lr} \end{bmatrix}$$

$$C_{3s/2r}L_{sr}C_{3r/2r}^{-1} = \begin{bmatrix} \frac{3}{2}L_{ms} & 0 & 0 \\ 0 & \frac{3}{2}L_{ms} & 0 \\ 0 & 0 & 0 \end{bmatrix}$$

$$C_{3r/2r}L_{rs}C_{3s/2r}^{-1} = \begin{bmatrix} \frac{3}{2}L_{ms} & 0 & 0 \\ 0 & \frac{3}{2}L_{ms} & 0 \\ 0 & 0 & 0 \end{bmatrix}$$

则 dq0 坐标系上的磁链方程为

$$\begin{bmatrix} \psi_{sd} \\ \psi_{sq} \\ \psi_{s0} \\ \psi_{rd} \\ \psi_{rd} \\ \psi_{r0} \end{bmatrix} = \begin{bmatrix} L_s & 0 & 0 & L_m & 0 & 0 \\ 0 & L_s & 0 & 0 & L_m & 0 \\ 0 & 0 & L_{ls} & 0 & 0 & 0 \\ L_m & 0 & 0 & L_r & 0 & 0 \\ 0 & L_m & 0 & 0 & L_r & 0 \\ 0 & 0 & 0 & 0 & 0 & L_{lr} \end{bmatrix} \begin{bmatrix} i_{sd} \\ i_{sq} \\ i_{s0} \\ i_{rd} \\ i_{rq} \\ i_{r0} \end{bmatrix} \tag{10-103}$$

式中，L_m 为 dq 坐标系中位于同一坐标轴上的定子与转子等效绕组间的互感，$L_m=\frac{3}{2}L_{ms}$；L_s 为 dq 坐标系定子等效两相绕组的自感，$L_s=\frac{3}{2}L_{ms}+L_{ls}=L_m+L_{ls}$；$L_r$ 为 dq 坐标系转子等效两相绕组的自感，$L_r=\frac{3}{2}L_{ms}+L_{lr}=L_m+L_{lr}$。

值得注意的是，互感 L_m 是原来三相坐标系中互感 L_{ms} 的 3/2 倍。

3. 转矩方程

根据式（10-22a），三相坐标系上的转矩方程为

$$T_e = -p_n L_{ms}\big[(i_A i_a + i_B i_b + i_C i_c)\sin\theta + (i_A i_b + i_B i_c + i_C i_a)\sin(\theta + 120°) + (i_A i_c + i_B i_a + i_C i_b)\sin(\theta - 120°)\big]$$

将式（10-100）和式（10-101）代入上式，并考虑到 $\theta=\theta_s-\theta_r$，经过化简，可得 dq0 坐标系上的转矩公式为

$$T_e = p_n L_m (i_{sq} i_{rd} - i_{sd} i_{rq}) \tag{10-104}$$

零轴分量在化简过程中完全抵消了，即零轴分量不产生电磁转矩。

由电压方程式（10-92）、式（10-93）和磁链方程式（10-103）可见，**零轴分量是独立的，与 dq 轴分量之间无相互影响，也不产生电磁转矩，即其不参与机电能量转换，因此在两相坐标系中通常不考虑零轴分量。**其实在许多应用中零轴分量为零，即使其不为零，由于它与 d、q 轴分量无相互影响，如果有必要可以单独列方程予以处理。

若采用 Park 变换，所得的电压方程、磁链方程均与前述相同，转矩方程中应有一个3/2的系数。

10.3.2 两相静止坐标系（αβ 坐标系）上的动态数学模型

两相静止坐标系（αβ 坐标系）上的数学模型是两相任意旋转坐标系的数学模型在转速为零时的特例。在两相任意旋转坐标系数学模型中，令 $\omega_{dqs}=0$，相应地 $\omega_{dqr}=-\omega$，将下角标 d、q 改成 α、β，并不计零轴分量，根据式（10-92）和式（10-93），可得 αβ 坐标系上的电压方程为

$$\left.\begin{array}{l} u_{s\alpha} = R_s i_{s\alpha} + p\psi_{s\alpha} \\ u_{s\beta} = R_s i_{s\beta} + p\psi_{s\beta} \\ u_{r\alpha} = R_r i_{r\alpha} + p\psi_{r\alpha} + \omega\psi_{r\beta} \\ u_{r\beta} = R_r i_{r\beta} + p\psi_{r\beta} - \omega\psi_{r\alpha} \end{array}\right\} \tag{10-105}$$

由式（10-103）得 αβ 坐标系上的磁链方程为

$$\begin{bmatrix} \psi_{s\alpha} \\ \psi_{s\beta} \\ \psi_{r\alpha} \\ \psi_{r\beta} \end{bmatrix} = \begin{bmatrix} L_s & 0 & L_m & 0 \\ 0 & L_s & 0 & L_m \\ L_m & 0 & L_r & 0 \\ 0 & L_m & 0 & L_r \end{bmatrix} \begin{bmatrix} i_{s\alpha} \\ i_{s\beta} \\ i_{r\alpha} \\ i_{r\beta} \end{bmatrix} \tag{10-106}$$

或写成

$$\left.\begin{aligned}
\psi_{s\alpha} &= L_s i_{s\alpha} + L_m i_{r\alpha} \\
\psi_{s\beta} &= L_s i_{s\beta} + L_m i_{r\beta} \\
\psi_{r\alpha} &= L_m i_{s\alpha} + L_r i_{r\alpha} \\
\psi_{r\beta} &= L_m i_{s\beta} + L_r i_{r\beta}
\end{aligned}\right\} \tag{10-106a}$$

把式（10-106）代入式（10-105），电压方程变为

$$\begin{bmatrix} u_{s\alpha} \\ u_{s\beta} \\ u_{r\alpha} \\ u_{r\beta} \end{bmatrix} = \begin{bmatrix} R_s + L_s p & 0 & L_m p & 0 \\ 0 & R_s + L_s p & 0 & L_m p \\ L_m p & \omega L_m & R_r + L_r p & \omega L_r \\ -\omega L_m & L_m p & -\omega L_r & R_r + L_r p \end{bmatrix} \begin{bmatrix} i_{s\alpha} \\ i_{s\beta} \\ i_{r\alpha} \\ i_{r\beta} \end{bmatrix} \tag{10-107}$$

由式（10-104），αβ 坐标系上的转矩公式为

$$T_e = p_n L_m (i_{s\beta} i_{r\alpha} - i_{s\alpha} i_{r\beta}) \tag{10-108}$$

上述方程加上机械运动方程式便是 **αβ 坐标系上感应电机的动态数学模型**。

图 10-9 为图 10-1 所示的三相感应电机变换到 αβ 坐标系后的物理模型，原本静止的三相定子绕组 A、B、C 可等效为两相静止绕组 α_s、β_s，原本旋转的三相转子绕组 a、b、c，从产生磁场的角度也可以等效为空间静止的两相绕组 α_r、β_r。值得注意的是，虽然从产生磁场的角度看旋转的转子绕组可以等效成两相静止绕组，但 α_r、β_r 绕组不同于真正的静止绕组，会产生速度电动势项（参见式（10-105）），故称为**伪静止绕组**。伪静止绕组具有以下两个特点：一方面绕组中的电流产生在空间静止的磁场（磁动势）；另一方面除了因磁场变化在绕组中产生变压器电动势外，还会由于绕组导体旋转而在绕组中产生速度电动势。仔细回顾一下直流电机电枢绕组的电动势和磁动势不难发现，直流电机的电枢绕组就是伪静止绕组，因此伪静止绕组是类似直流电机电枢绕组的带换向器的旋转绕组。

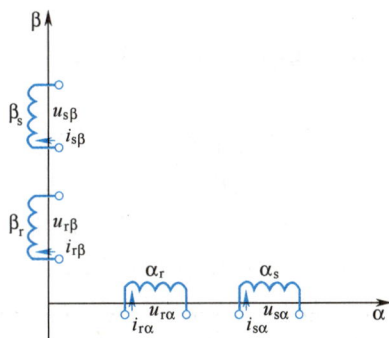

图 10-9　两相静止坐标系上
感应电机的物理模型

10.3.3　两相同步旋转坐标系上的动态数学模型

在两相任意旋转坐标系上的数学模型中，令坐标系的转速 ω_{dqs} 等于同步角速度 ω_1，相应地，dq 坐标系相对于转子的转速 $\omega_{dqr} = \omega_1 - \omega = \omega_s$，即转差角速度。在不考虑零轴分量的情况下，两相同步旋转坐标系上的动态方程如下：

电压方程为

$$\left.\begin{aligned}
u_{sd} &= R_s i_{sd} + p\psi_{sd} - \omega_1 \psi_{sq} \\
u_{sq} &= R_s i_{sq} + p\psi_{sq} + \omega_1 \psi_{sd} \\
u_{rd} &= R_r i_{rd} + p\psi_{rd} - \omega_s \psi_{rq} \\
u_{rq} &= R_r i_{rq} + p\psi_{rq} + \omega_s \psi_{rd}
\end{aligned}\right\} \tag{10-109}$$

磁链方程为

$$\begin{bmatrix} \psi_{sd} \\ \psi_{sq} \\ \psi_{rd} \\ \psi_{rq} \end{bmatrix} = \begin{bmatrix} L_s & 0 & L_m & 0 \\ 0 & L_s & 0 & L_m \\ L_m & 0 & L_r & 0 \\ 0 & L_m & 0 & L_r \end{bmatrix} \begin{bmatrix} i_{sd} \\ i_{sq} \\ i_{rd} \\ i_{rq} \end{bmatrix} \tag{10-110}$$

或写成

$$\left. \begin{aligned} \psi_{sd} &= L_s i_{sd} + L_m i_{rd} \\ \psi_{sq} &= L_s i_{sq} + L_m i_{rq} \\ \psi_{rd} &= L_m i_{sd} + L_r i_{rd} \\ \psi_{rq} &= L_m i_{sq} + L_r i_{rq} \end{aligned} \right\} \tag{10-110a}$$

将式（10-110）代入式（10-109），并写成矩阵形式，得到同步 dq 坐标系上用电感参数表示的电压方程式为

$$\begin{bmatrix} u_{sd} \\ u_{sq} \\ u_{rd} \\ u_{rq} \end{bmatrix} = \begin{bmatrix} R_s + L_s p & -\omega_1 L_s & L_m p & -\omega_1 L_m \\ \omega_1 L_s & R_s + L_s p & \omega_1 L_m & L_m p \\ L_m p & -\omega_s L_m & R_r + L_r p & -\omega_s L_r \\ \omega_s L_m & L_m p & \omega_s L_r & R_r + L_r p \end{bmatrix} \begin{bmatrix} i_{sd} \\ i_{sq} \\ i_{rd} \\ i_{rq} \end{bmatrix} \tag{10-111}$$

dq 坐标系上的转矩公式为

$$T_e = p_n L_m (i_{sq} i_{rd} - i_{sd} i_{rq}) \tag{10-112}$$

上述方程加上机械运动方程式便是**同步 dq 坐标系上感应电机的动态数学模型**。

注意，在两相同步旋转的 dq 坐标系中，等效的两相定、转子绕组轴线均固定在 d、q 轴上，与 dq 坐标系相对静止，是 dq 坐标系上的静止绕组。而实际电机的三相定、转子绕组相对于 dq 坐标系均有相对运动，即对于 dq 坐标系来讲都是旋转绕组，转速分别是 $-\omega_1$ 和 $-\omega_s$，故 dq 坐标系中的定、转子绕组均为伪静止绕组，电压方程中都含有速度电动势项。

由以上分析可见，感应电机的动态数学模型经坐标变换变换到两相坐标系 dq（或 αβ）后，原来是转角 θ 函数的绕组电感全部变成了常量，而且由于 dq 轴（或 αβ 轴）相互垂直，两轴线上的绕组间无互感，电感矩阵及相应的磁链方程大为简化，从而使电压方程和转矩公式得以简化。特别是在转速为恒值的情况下，电压方程变成了常系数线性微分方程，可以很方便地求解。

10.3.4 两相坐标系上的状态方程

三相感应电机在三相坐标系上的状态方程是八阶方程，其中六阶电压方程、一阶运动方程和一阶转角方程。由前述两相坐标系中的动态方程可见，如果不计零轴分量，两相坐标系上的电压方程为四阶，加上一阶运动方程，其状态方程降为五阶，由于电感矩阵与转角 θ 无关，转角方程可以不必列于联立求解的微分方程组。

感应电机的状态方程可以建立在不同的两相坐标系上，而且状态变量也有不同的选取方法，除了转速作为必选的状态变量外，其余 4 个状态变量可以在两相定子电流、两相转子电流、两相定子磁链、两相转子磁链这 4 组变量中任意选取两组，以下仅给出两个例子。

1. 两相静止坐标系上以定、转子电流和转速为状态变量的状态方程

将两相静止坐标系上的磁链方程式（10-106）代入式（10-105）的电压方程，并写成矩

阵形式，有

$$u = Ri + Lpi + \omega Gi \tag{10-113}$$

式中，u 和 i 为电机的电压和电流列向量；R 为电阻矩阵；L 为电感矩阵；G 称为旋转电感矩阵。

$$u = \begin{bmatrix} u_{s\alpha} & u_{s\beta} & u_{r\alpha} & u_{r\beta} \end{bmatrix}^T, \quad i = \begin{bmatrix} i_{s\alpha} & i_{s\beta} & i_{r\alpha} & i_{r\beta} \end{bmatrix}^T \tag{10-114}$$

$$R = \begin{bmatrix} R_s & 0 & 0 & 0 \\ 0 & R_s & 0 & 0 \\ 0 & 0 & R_r & 0 \\ 0 & 0 & 0 & R_r \end{bmatrix}, \quad L = \begin{bmatrix} L_s & 0 & L_m & 0 \\ 0 & L_s & 0 & L_m \\ L_m & 0 & L_r & 0 \\ 0 & L_m & 0 & L_r \end{bmatrix} \tag{10-115}$$

$$G = \begin{bmatrix} 0 & 0 & 0 & 0 \\ 0 & 0 & 0 & 0 \\ 0 & L_m & 0 & L_r \\ -L_m & 0 & -L_r & 0 \end{bmatrix} \tag{10-116}$$

不难证明，式（10-108）的转矩公式可以用电流向量 i 和旋转电感矩阵 G 表达，有

$$T_e = p_n i^T G i = p_n L_m (i_{s\beta} i_{r\alpha} - i_{s\alpha} i_{r\beta}) \tag{10-117}$$

则运动方程可以写为

$$p_n i^T G i = T_L + \frac{R_\Omega}{p_n} \omega + \frac{J}{p_n} \frac{d\omega}{dt} \tag{10-118}$$

由式（10-113）和式（10-118），得到以定、转子电流和转速为状态变量的状态方程为

$$\left. \begin{aligned} \frac{di}{dt} &= -L^{-1}(R + \omega G)i + L^{-1}u \\ \frac{d\omega}{dt} &= \frac{p_n}{J}\left(p_n i^T G i - \frac{R_\Omega}{p_n}\omega - T_L \right) \end{aligned} \right\} \tag{10-119}$$

或写成

$$\dot{x} = Ax + Bv \tag{10-120}$$

式中

$$x = \begin{bmatrix} i \\ \omega \end{bmatrix}, \quad \dot{x} = \frac{dx}{dt}, \quad v = \begin{bmatrix} u \\ T_L \end{bmatrix} \tag{10-121}$$

$$A = \begin{bmatrix} -L^{-1}(R + G\omega) & 0 \\ \dfrac{p_n^2}{J} i^T G & -\dfrac{R_\Omega}{J} \end{bmatrix}, \quad B = \begin{bmatrix} L^{-1} & 0 \\ 0 & -\dfrac{p_n}{J} \end{bmatrix} \tag{10-122}$$

2. 两相任意旋转坐标系上以定子电流、转子磁链和转速为状态变量的状态方程

不计零轴分量时，感应电机在两相任意旋转坐标系上的电压方程和磁链方程为

$$\left. \begin{aligned} u_{sd} &= R_s i_{sd} + p\psi_{sd} - \omega_{dqs}\psi_{sq} \\ u_{sq} &= R_s i_{sq} + p\psi_{sq} + \omega_{dqs}\psi_{sd} \\ u_{rd} &= 0 = R_r i_{rd} + p\psi_{rd} - (\omega_{dqs} - \omega)\psi_{rq} \\ u_{rq} &= 0 = R_r i_{rq} + p\psi_{rq} + (\omega_{dqs} - \omega)\psi_{rd} \end{aligned} \right\} \tag{10-123}$$

$$\left.\begin{array}{l} \psi_{sd} = L_s i_{sd} + L_m i_{rd} \\ \psi_{sq} = L_s i_{sq} + L_m i_{rq} \\ \psi_{rd} = L_m i_{sd} + L_r i_{rd} \\ \psi_{rq} = L_m i_{sq} + L_r i_{rq} \end{array}\right\} \tag{10-124}$$

为得到以定子电流 i_{sd}、i_{sq} 和转子磁链 ψ_{rd}、ψ_{rq} 表达的状态方程，需消去式（10-123）中的转子电流 i_{rd}、i_{rq} 和定子磁链 ψ_{sd}、ψ_{sq}。由式（10-124）第 3、4 行可得

$$\left.\begin{array}{l} i_{rd} = \dfrac{1}{L_r}(\psi_{rd} - L_m i_{sd}) \\[2mm] i_{rq} = \dfrac{1}{L_r}(\psi_{rq} - L_m i_{sq}) \end{array}\right\} \tag{10-125}$$

将式（10-125）代入式（10-124）第 1、2 行，可得

$$\left.\begin{array}{l} \psi_{sd} = \sigma L_s i_{sd} + \dfrac{L_m}{L_r}\psi_{rd} \\[3mm] \psi_{sq} = \sigma L_s i_{sq} + \dfrac{L_m}{L_r}\psi_{rq} \end{array}\right\} \tag{10-126}$$

式中，σ 为电机的漏磁系数，$\sigma = 1 - \dfrac{L_m^2}{L_s L_r}$。

将式（10-125）代入式（10-104），可得用定子电流和转子磁链表达的转矩公式为

$$T_e = \frac{p_n L_m}{L_r}(i_{sq}\psi_{rd} - L_m i_{sd} i_{sq} - i_{sd}\psi_{rq} + L_m i_{sd} i_{sq}) = \frac{p_n L_m}{L_r}(i_{sq}\psi_{rd} - i_{sd}\psi_{rq}) \tag{10-127}$$

将式（10-125）和式（10-126）代入式（10-123），再将式（10-127）代入运动方程式（10-23），经整理后的状态方程为

$$\left.\begin{array}{l} \dfrac{di_{sd}}{dt} = -\dfrac{R_s L_r^2 + R_r L_m^2}{\sigma L_s L_r^2} i_{sd} + \dfrac{L_m}{\sigma L_s L_r T_r}\psi_{rd} + \dfrac{L_m}{\sigma L_s L_r}\omega\psi_{rq} + \omega_{dqs} i_{sq} + \dfrac{u_{sd}}{\sigma L_s} \\[4mm] \dfrac{di_{sq}}{dt} = -\dfrac{R_s L_r^2 + R_r L_m^2}{\sigma L_s L_r^2} i_{sq} + \dfrac{L_m}{\sigma L_s L_r T_r}\psi_{rq} - \dfrac{L_m}{\sigma L_s L_r}\omega\psi_{rd} - \omega_{dqs} i_{sd} + \dfrac{u_{sq}}{\sigma L_s} \\[4mm] \dfrac{d\psi_{rd}}{dt} = \dfrac{L_m}{T_r} i_{sd} - \dfrac{1}{T_r}\psi_{rd} + (\omega_{dqs} - \omega)\psi_{rq} \\[4mm] \dfrac{d\psi_{rq}}{dt} = \dfrac{L_m}{T_r} i_{sq} - \dfrac{1}{T_r}\psi_{rq} - (\omega_{dqs} - \omega)\psi_{rd} \\[4mm] \dfrac{d\omega}{dt} = \dfrac{p_n^2 L_m}{J L_r}(i_{sq}\psi_{rd} - i_{sd}\psi_{rq}) - \dfrac{R_\Omega}{J}\omega - \dfrac{p_n}{J}T_L \end{array}\right\} \tag{10-128}$$

在式（10-128）中，若将 ω_{dqs} 换成两相同步旋转坐标系的转速 ω_1，则上述方程就成为两相同步坐标系中的状态方程。若令 $\omega_{dqs} = 0$，则两相任意旋转坐标系退化为两相静止坐标系，将各量的下标 d、q 换成 α、β，则两相静止坐标系中的状态方程为

$$
\left.
\begin{aligned}
\frac{\mathrm{d}i_{s\alpha}}{\mathrm{d}t} &= -\frac{R_s L_r^2 + R_r L_m^2}{\sigma L_s L_r^2} i_{s\alpha} + \frac{L_m}{\sigma L_s L_r T_r} \psi_{r\alpha} + \frac{L_m}{\sigma L_s L_r} \omega \psi_{r\beta} + \frac{u_{s\alpha}}{\sigma L_s} \\
\frac{\mathrm{d}i_{s\beta}}{\mathrm{d}t} &= -\frac{R_s L_r^2 + R_r L_m^2}{\sigma L_s L_r^2} i_{s\beta} + \frac{L_m}{\sigma L_s L_r T_r} \psi_{r\beta} - \frac{L_m}{\sigma L_s L_r} \omega \psi_{r\alpha} + \frac{u_{s\beta}}{\sigma L_s} \\
\frac{\mathrm{d}\psi_{r\alpha}}{\mathrm{d}t} &= \frac{L_m}{T_r} i_{s\alpha} - \frac{1}{T_r} \psi_{r\alpha} - \omega \psi_{r\beta} \\
\frac{\mathrm{d}\psi_{r\beta}}{\mathrm{d}t} &= \frac{L_m}{T_r} i_{s\beta} - \frac{1}{T_r} \psi_{r\beta} + \omega \psi_{r\alpha} \\
\frac{\mathrm{d}\omega}{\mathrm{d}t} &= \frac{p_n^2 L_m}{J L_r} (i_{s\beta} \psi_{r\alpha} - i_{s\alpha} \psi_{r\beta}) - \frac{R_\Omega}{J} \omega - \frac{p_n}{J} T_L
\end{aligned}
\right\}
\tag{10-129}
$$

10.4　三相感应电动机起动过程的动态分析

在起动过程中，三相感应电动机的转速在短时间内大范围变化，不论在三相坐标系还是两相坐标系中其动态方程都是非线性的，一般需用数值法和计算机求解。用数值法求解感应电动机的起动性能时，可以采用三相坐标系中的状态方程，也可以采用两相坐标系中的状态方程。在本节中，作为例子给出了一个用 MATLAB 语言编写的基于三相坐标系状态方程的感应电动机起动过程动态计算程序。

10.4.1　程序说明

计算程序由 IM_Start.m 和 IM.m 两个文件组成。IM_Start.m 为程序文件，程序中首先进行电机参数和仿真参数的设置，然后调用 MATLAB 提供的变步长龙格-库塔（Runge-Kutta）法函数 ode45 完成状态方程的求解，进而由状态变量计算起动过程中的电磁转矩，并绘制起动过程中定子电流 i_A、转速 n、电磁转矩 T_e 随时间变化的曲线 $i_A(t)$、$n(t)$、$T_e(t)$，以及起动过程中的动态转矩-转速曲线 $T_e = f(n)$。IM.m 文件是 ode45 调用的一个 MATLAB 函数文件，根据三相坐标系中的状态方程完成状态变量导数的计算。

程序中的主要数据及符号说明如下：状态变量的排列顺序为定子电流 iA、iB、iC，转子电流 ia、ib、ic，转子的电角速度 Omega，转子位置角 Theta。需输入的电机参数为：定子电阻 Rs，转子电阻 Rr，定子相绕组自感 LAA，转子相绕组自感 Laa，互感 Lms，极对数 pn，转动惯量 J，旋转阻力系数 Romega，负载转矩 TL，供电频率 f，相电压有效值 Un，其中转子各量为归算到定子侧的值。

程序中给出的计算实例为一台 2.2kW、4 极星形联结的三相感应电动机，电机参数为：$R_s = 2.68\Omega$，$R_r = 2.85\Omega$，$L_{AA} = L_{aa} = 0.265\mathrm{H}$，$L_{ms} = 0.253\mathrm{H}$，$p_n = 2$，$J = 0.02\mathrm{kg \cdot m^2}$，$R_{omega} = 0$，$T_L = 0$。电动机在零初始条件下突然接到 380V、50Hz 的三相对称电源上，由静止状态开始起动。

需要说明的是，为了便于不太熟悉 MATLAB 语言的读者对算法的理解，程序编写时着重考虑的是其易读性，而不是程序的执行效率，实用程序可以更加简洁和高效。

10.4.2 程序清单

MATLAB 程序文件 IM _ Start. m 如下:

```
% 本程序为三相感应电动机起动过程的仿真程序。
% 本仿真程序用变步长龙格-库塔法 ode45 求解三相坐标系中感应电动机的状态方程。
% 仿真过程中需要调用文件名为"IM.m"的 MATLAB 函数文件,以计算状态变量的导数。
% ------------------------
clc
clear
% 电机参数
f = 50;Un = 220;Rs = 2.68;Rr = 2.85;
LAA = 0.265;Laa = 0.265;Lms = 0.253;M12 = -Lms /2;
pn = 2;J = 0.02;Romega = 0;TL = 0;
% 设置仿真参数
y0 = zeros(8,1);                          % 设置初始状态
TF = 0.2;                                 % 设置仿真终止时间
options = odeset('RelTol',1e-3,'AbsTol',1e-4,'MaxStep',1e-3);
                                          % 设置最大步长等仿真选项

% -------------------------------
% 调用变步长龙格-库塔法 ode45 求解状态方程
[T,Y] = ode45(@ IM,[0,TF],y0,options,f,Un,Rs,Rr,LAA,Laa,Lms,M12,pn,
J,Romega,TL);
% ----------------------------
% 计算电磁转矩
ANG = 2 * pi /3;
Te = zeros(length(T),1);
for k = 1:1:length(T)
    Theta = Y(k,8);
    i = Y(k,1:6)';
    DL _ Theta = Lms * [0,0,0,-sin(Theta),-sin(Theta+ANG),-sin(Theta-ANG);
        0,0,0,-sin(Theta-ANG),-sin(Theta),-sin(Theta+ANG);
        0,0,0,-sin(Theta+ANG),-sin(Theta-ANG),-sin(Theta);
        -sin(Theta),-sin(Theta-ANG),-sin(Theta+ANG),0,0,0;
        -sin(Theta+ANG),-sin(Theta),-sin(Theta-ANG),0,0,0;
        -sin(Theta-ANG),-sin(Theta+ANG),-sin(Theta),0,0,0];
    Te(k) = 0.5 * pn * i' * DL _ Theta * i;
end
% 输出数据处理及起动过程中有关曲线的绘制
iA = Y(:,1);                              % 定子 A 相电流
```

```
Omega = Y(:,7);                    % 转子电角速度
n = Omega/pn*60/2/pi;              % 将电角速度转化成转速 n(r/min)
close all                          % 关闭所有打开的图形窗口
h = figure('Position',[5,380,500,300],'Name','Stator Current iA');
                                   % 设置图形窗口 1
plot(T,iA)                         % 在图形窗口 1 绘制 A 相电流波形
xlabel('Time t'),ylabel('Current iA');  % 为坐标轴添加坐标说明
h = figure('Position',[520,380,500,300],'Name','Speed n');
                                   % 打开图形窗口 2
plot(T,n)                          % 在图形窗口 2 绘制转速随时间变化的曲线
xlabel('Time t'),ylabel('Speed n');
h = figure('Position',[5,5,500,300],'Name','Torque Te');
                                   % 打开图形窗口 3
plot(T,Te)                         % 在图形窗口 3 绘制转矩随时间变化的曲线
xlabel('Time t'),ylabel('Torque Te');
h = figure('Position',[520,5,500,300],'Name','Torque vs Speed Te-n');
                                   % 打开图形窗口 4
plot(n,Te)                         % 在图形窗口 4 绘制起动过程中的转矩-转速曲线
xlabel('Speed n'),ylabel('Torque Te');
```

MATLAB 函数文件 IM. m 如下：

```
% 计算三相坐标系中感应电动机状态方程各状态变量导数的 MATLAB 函数。
% 状态变量 y 是列向量,其各元素依次为 iA,iB,iC,ia,ib,ic,Omega,Theta
function dy = IM(t,y,f,Un,Rs,Rr,LAA,Laa,Lms,M12,pn,J,Romega,TL)
i = y(1:6);                        % 电流列向量
Omega = y(7);                      % 转子电角速度
Theta = y(8);                      % 转子 a 轴与定子 A 轴的夹角(电角度)
dy = zeros(8,1);                   % 定义函数的输出变量
ANG = 2*pi/3;
% 计算定、转子绕组的输入电压向量
u = sqrt(2)*Un*[cos(2*pi*f*t),cos(2*pi*f*t-ANG),cos(2*pi*
f*t+ANG),0,0,0]';
% 计算电阻矩阵
R = [Rs,0,0,0,0,0;
     0,Rs,0,0,0,0;
     0,0,Rs,0,0,0;
     0,0,0,Rr,0,0;
     0,0,0,0,Rr,0;
     0,0,0,0,0,Rr];
% 计算电感矩阵 L
```

```
L = [LAA,M12,M12,Lms * cos(Theta),Lms * cos(Theta + ANG),Lms * cos
(Theta-ANG);
        M12,LAA,M12,Lms * cos(Theta - ANG),Lms * cos(Theta),Lms * cos
(Theta+ANG);
        M12,M12,LAA,Lms * cos(Theta+ANG),Lms * cos(Theta-ANG),Lms *
cos(Theta);
        Lms * cos(Theta),Lms * cos(Theta-ANG),Lms * cos(Theta+ANG),
Laa,M12,M12;
        Lms * cos(Theta+ANG),Lms * cos(Theta),Lms * cos(Theta-ANG),
M12,Laa,M12;
        Lms * cos(Theta-ANG),Lms * cos(Theta+ANG),Lms * cos(Theta),
M12,M12,Laa];
    % 计算电感矩阵 L 的逆矩阵
    L_INV = inv(L);
    % 计算电感矩阵 L 对转角 Theta 的导数
DL_Theta = Lms * [0,0,0,-sin(Theta),-sin(Theta+ANG),-sin(Theta-ANG);
        0,0,0,-sin(Theta-ANG),-sin(Theta),-sin(Theta+ANG);
        0,0,0,-sin(Theta+ANG),-sin(Theta-ANG),-sin(Theta);
        -sin(Theta),-sin(Theta-ANG),-sin(Theta+ANG),0,0,0;
        -sin(Theta+ANG),-sin(Theta),-sin(Theta-ANG),0,0,0;
        -sin(Theta-ANG),-sin(Theta+ANG),-sin(Theta),0,0,0];
    % 计算各绕组电流的导数
dy(1:6) = L_INV * (-(R+Omega * DL_Theta) * i+u);
    % 计算角速度的导数
dy(7) = pn/J * (0.5 * pn * i' * DL_Theta * i-Romega * Omega/pn-TL);
    % 计算转角的导数
dy(8) = y(7);
```

10.4.3　计算结果与分析

起动过程中 A 相定子电流 $i_A(t)$、转速 $n(t)$ 和转矩 $T_e(t)$ 随时间的变化曲线、起动过程中的转矩-转速曲线 $T_e = f(n)$ 如图 10-10 所示。

由图 10-10 可见，在电动机投入电网的最初阶段，转矩是振荡性的，相应地转速也随着波动，该振荡随着时间的推移逐步衰减。因此**起动过程中的动态转矩-转速曲线与稳态 $T-s$ 曲线存在明显不同。**

此外，通过进一步的仿真计算发现，对于大型感应电动机，在起动过程后期转子的转速可能会超过同步转速，经过一段衰减振荡才最后达到稳态运行点。对于实例中的 2.2kW 电动机，图 10-10 的仿真结果是在假定电动机为理想空载（负载转矩和旋转阻力系数都为零）的情况下得到的，因此在图 10-10b 和 d 中也出现了转速超过同步转速的情况，但振荡现象不明显。对于这种小型电动机，只要略加负载，起动过程一般就不会出现转速超过同步转速的振荡现象，读者可利用上述动态计算程序对此进行验证。

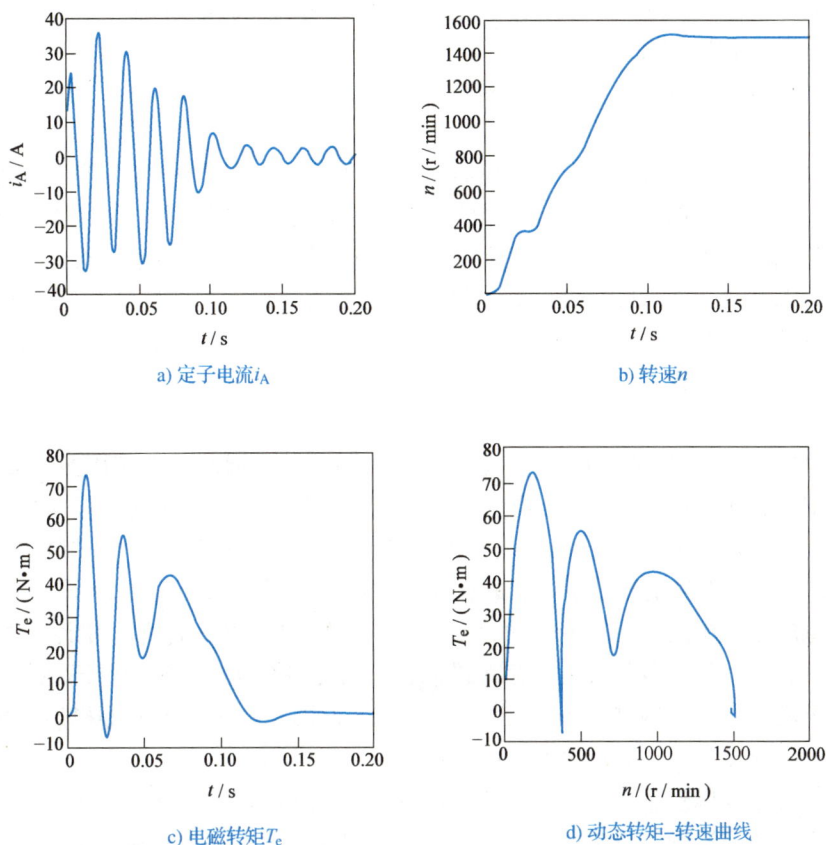

a) 定子电流i_A

b) 转速n

c) 电磁转矩T_e

d) 动态转矩–转速曲线

图 10-10　三相感应电动机起动过程中的电流、转速和转矩

10.5　感应电动机的矢量控制

　　感应电机的稳态分析中介绍过感应电动机的调速，感应电动机调速方法较多，变压、变极、变频以及绕线转子感应电动机转子回路串电阻或串入附加电动势（串级调速或双馈调速）都可以调节电机的转速。但多年来的研究和实践表明，变频调速是感应电动机最理想的调速方法。基于感应电动机稳态模型的恒压频比控制或电压–频率协调控制，虽能在一定转速范围内实现高效率的平滑调速，从而满足一般生产机械对调速系统的要求，但由于电机内在的耦合效应，系统动态响应缓慢，对于需要高动态性能的应用场合，则不能满足要求。要实现高动态性能的调速系统或伺服系统，必须依据感应电机的动态数学模型来设计控制系统。在各种基于动态数学模型的交流调速方法中，目前应用最广泛的是矢量控制。

10.5.1　矢量控制的基本概念

　　前面直流调速部分曾讲过，对动态过程中电磁转矩的控制是决定系统动态性能的关键，转矩控制是运动控制的根本问题。采用电压-频率协调控制的感应电动机变频调速系统，由于内部存在复杂的耦合关系，无法对感应电机的动态转矩进行有效控制，因此就动态性能而言与直流调速系统相比存在明显差距。

已知，在他励直流电动机中，电磁转矩

$$T_e = C_T \Phi i_a$$

式中，磁通 Φ 由励磁电流 i_f 产生，若电刷置于几何中性线上，则电枢电流 i_a 产生的电枢反应磁场与励磁电流产生的主磁场在空间相互垂直。当磁路为线性时，磁通 Φ 和电枢电流 i_a 可分别由励磁回路和电枢回路独立地进行控制，当保持磁通 Φ 恒定时，通过对电枢电流 i_a 的控制，就可以实现对动态转矩的控制，从而决定了他励直流电动机具有优良的动态性能。而感应电动机的情况却要复杂得多，感应电动机的电磁转矩可用气隙合成磁场的磁通 Φ_m 和转子电流的有功分量来表示

$$T_e = C_T \Phi_m I_2 \cos\varphi_2 \tag{10-130}$$

可见，电磁转矩 T_e 除了与 Φ_m、I_2 有关之外，还与转子回路的功率因数角 φ_2 有关，而且这几个量都与转子频率 f_2（$=sf_1$）有关，是相互影响的。此外，感应电动机的转子绕组通常是短路的，转子电流 I_2 不能直接控制，而且感应电动机没有独立的励磁绕组，其气隙磁通 Φ_m 是由定子电流中的励磁分量产生的，而定子电流中的负载分量与转子电流 I_2 相平衡，也就是说在感应电机中建立磁场的无功分量与产生转矩的有功分量都是由定子绕组提供的，两者纠缠在一起，且均与负载有关，存在强耦合，因此要在动态过程中准确地控制感应电动机的电磁转矩就显得十分困难。20 世纪 70 年代初，德国学者 Blaschke 等提出的矢量控制理论为解决这一问题提供了一套行之有效的方法。

矢量控制的基本思想是，借助于前述坐标变换，把实际的三相交流电机等效到两相旋转坐标系中，通过适当选择这一两相旋转坐标系，可以使感应电动机在该坐标系中具有与直流电机相似的转矩公式，而且两相定子电流可以实现解耦，一个用于产生有效磁场，相当于直流电机的励磁电流，称为定子电流的励磁分量；另一个相当于直流电机的电枢电流，用于产生（控制）转矩，称为定子电流的转矩分量。这样，如果观察者站在该两相坐标系上与坐标系一起旋转，他所看到的就是一台直流电动机，可以像直流电动机一样进行控制，从而使感应电动机调速系统具有直流调速系统相似的动态性能。

10.5.2 按转子磁场定向的感应电动机矢量控制原理

1. 按转子磁场定向的 MT 坐标系

前面讨论的同步 dq 坐标系只规定了 dq 轴随磁场同步旋转，并未对 d 轴与旋转磁场的相对位置进行任何限定，这种一般的同步 dq 坐标系并不能实现磁场控制与转矩控制的解耦，这一点从前述同步 dq 坐标系中的动态数学模型中不难看出。为了实现矢量控制，必须进一步对 d 轴的取向进行限定，称为定向。在交流电机矢量控制中，通常使 d 轴与电机某一旋转磁场的方向一致，称为磁场定向，所以矢量控制也称为磁场定向控制（Field Orientation Control，FOC）。

矢量控制可以按不同的磁场进行定向，如按转子磁场定向、气隙磁场定向、定子磁场定向等，在感应电动机矢量控制中最常用的是按转子磁场定向。所谓按转子磁场定向，是指使同步 dq 坐标系的 d 轴始终与转子磁链矢量 $\pmb{\psi}_r$ 的方向一致。为了与未定向的 dq 坐标系加以

区别，常将定向后的 d 轴改称 M（Magnetization）轴，相应地 q 轴改称 T（Torque）轴，定向后的坐标系称为**按转子磁场定向的 MT 坐标系**，如图 10-11 所示。

2. 按转子磁场定向的 MT 坐标系上感应电机的动态数学模型

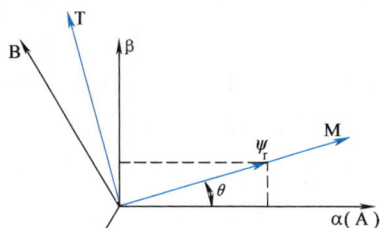

由图 10-11 可见，在按转子磁场定向的 MT 坐标系中，转子磁链 $\boldsymbol{\psi}_r$ 在 M 轴的分量 $\psi_{rM}=\psi_r$，在 T 轴的分量 $\psi_{rT}=0$，即有

$$\left.\begin{array}{l} \psi_{rM} = \psi_r \\ \psi_{rT} = 0 \end{array}\right\} \qquad (10\text{-}131)$$

由式（10-109）、式（10-110）、式（10-112），将 d 轴变量换成 M 轴变量，q 轴变量换成 T 轴变量，并将式（10-131）代入，可以得到 MT 坐标系上的电压方程和磁链方程为

$$\left.\begin{array}{l} u_{sM} = R_s i_{sM} + p\psi_{sM} - \omega_1\psi_{sT} \\ u_{sT} = R_s i_{sT} + p\psi_{sT} + \omega_1\psi_{sM} \\ u_{rM} = 0 = R_r i_{rM} + p\psi_r \\ u_{rT} = 0 = R_r i_{rT} + \omega_s\psi_r \end{array}\right\} \qquad (10\text{-}132)$$

$$\left.\begin{array}{l} \psi_{sM} = L_s i_{sM} + L_m i_{rM} \\ \psi_{sT} = L_s i_{sT} + L_m i_{rT} \\ \psi_{rM} = \psi_r = L_m i_{sM} + L_r i_{rM} \\ \psi_{rT} = 0 = L_m i_{sT} + L_r i_{rT} \end{array}\right\} \qquad (10\text{-}133)$$

图 10-11　按转子磁场定向的 MT 坐标系

电磁转矩公式为

$$T_e = p_n L_m (i_{sT} i_{rM} - i_{sM} i_{rT}) \qquad (10\text{-}134)$$

由式（10-133）第 3、4 个方程，将转子电流 i_{rM}、i_{rT} 用定子电流和转子磁链表示，然后代入式（10-134），整理得

$$T_e = p_n \frac{L_m}{L_r} (i_{sT}\psi_{rM} - i_{sM}\psi_{rT}) = \frac{p_n L_m}{L_r} i_{sT}\psi_r \qquad (10\text{-}135)$$

可见，转矩公式已与直流电机相似。

3. 按转子磁场定向的感应电动机矢量控制方程

在感应电动机矢量控制系统中，由于可直接测量和控制的只有定子侧的量，因此需从上述方程中找出定子电流的两个分量 i_{sM}、i_{sT} 与其他物理量的关系。首先看 ψ_r 与定子电流之间的关系。对于广泛应用的笼型感应电动机，转子为短路绕组，$u_{rM}=u_{rT}=0$，由式（10-132）的第 3 式可得

$$i_{rM} = -\frac{p\psi_r}{R_r} \qquad (10\text{-}136)$$

代入式（10-133）的第 3 式，整理得

$$i_{sM} = \frac{T_r p + 1}{L_m} \psi_r \qquad (10\text{-}137)$$

或

$$\psi_r = \frac{L_m}{T_r p + 1} i_{sM} \tag{10-138}$$

式中，T_r 为转子绕组时间常数，$T_r = L_r / R_r$。

式（10-137）或式（10-138）表明，**转子磁链 ψ_r 仅由 i_{sM} 产生，与 i_{sT} 无关，因此 i_{sM} 称为定子电流的励磁分量**；由转矩公式（10-135），**当转子磁链 ψ_r 一定时，电磁转矩 T_e 与 i_{sT} 成正比，因此 i_{sT} 称为定子电流的转矩分量**。由于 i_{sT} 不影响转子磁链 ψ_r，因此可以说**定子电流的转矩分量与励磁分量是解耦的**。由此可见，**在按转子磁场定向的 MT 坐标系中，i_{sM} 是产生有效磁场（转子磁链 ψ_r）的励磁分量，相当于直流电机中的 i_f，通过控制 i_{sM} 可以控制 ψ_r 的大小，而定子电流的 T 轴分量 i_{sT} 与 ψ_r 垂直，是产生电磁转矩的有效分量，相当于直流电动机的电枢电流，这两个相互解耦的变量分别对转矩产生影响**。这意味着，**在该 MT 坐标系上可以像在直流电动机中分别控制电枢电流和励磁电流一样，通过对 i_{sT} 和 i_{sM} 的控制实现对感应电动机电磁转矩和转子磁链的控制，因而有效地解决了三相系统中的强耦合问题**。在按转子磁场定向的 MT 坐标系中，感应电动机的等效直流电动机模型用框图表示如图 10-12 所示，图中未计及旋转阻力系数 R_Ω 的影响。

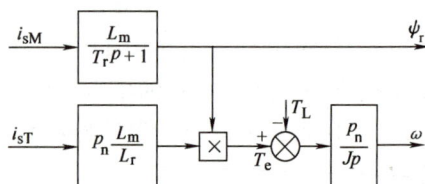

图 10-12　MT 坐标系中感应电动机的
等效直流电动机模型

感应电动机矢量控制中另一个非常重要的关系式是转差公式。由式（10-132）的第 4 式，可得

$$\omega_s = -\frac{R_r i_{rT}}{\psi_r} \tag{10-139}$$

由式（10-133）第 4 式得

$$i_{rT} = -\frac{L_m i_{sT}}{L_r} \tag{10-140}$$

将式（10-140）代入式（10-139），得

$$\omega_s = \frac{L_m i_{sT}}{T_r \psi_r} \tag{10-141}$$

式（10-141）称为**转差公式**，它反映了转差角频率与定子电流转矩分量 i_{sT} 和转子磁链 ψ_r 的关系，是转差型矢量控制的基础，并在磁链观测和无速度传感器矢量控制中起重要作用。

式（10-137）或式（10-138）、式（10-141）和转矩公式式（10-135）构成了感应电动机**按转子磁场定向的矢量控制基本方程式**。

4. 按转子磁场定向的感应电动机矢量控制系统的基本结构

由前述分析，三相感应电动机经坐标变换可以等效成 MT 坐标系中的直流电动机，从而模仿直流电动机的控制方式进行控制。按转子磁场定向的矢量控制系统的基本结构如图 10-13 所示。图中控制器根据给定信号和反馈信号产生 MT 坐标系中定子电流励磁分量和转矩分量的给定值 i_{sM}^* 和 i_{sT}^*。为了获得好的动态性能，在矢量控制系统中通常需对电流进行闭环控制，电流闭环控制既可以在 MT 坐标系中实现，也可以在三相静止坐标系中进行，这里采用的是后者。为此需将 i_{sM}^* 和 i_{sT}^* 经反旋转变换 VR^{-1} 得到 $i_{s\alpha}^*$ 和 $i_{s\beta}^*$，再经 2/3 变换得到三相

电流给定值 i_A^*、i_B^*、i_C^*，然后通过变频器进行电流闭环控制。例如，采用滞环电流控制的 PWM 逆变器，输出实现矢量控制所需的三相定子电流。

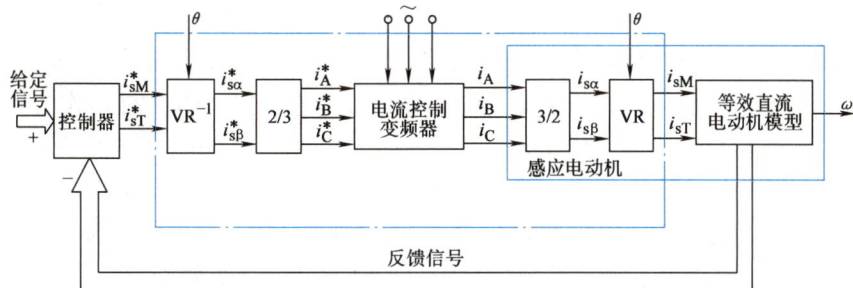

图 10-13　按转子磁场定向的矢量控制系统的基本结构

为了更好地理解矢量控制，图 10-13 中将感应电动机用其等效直流电动机模型和相应的坐标变换来表达。由图 10-13 可见，若忽略变频器可能产生的滞后，可以认为 i_A、i_B、i_C 分别与 i_A^*、i_B^*、i_C^* 相等，即可将变频器看作一个放大系数为 1 的放大器，从而将其从原理图中去掉。这样，2/3 变换与电机内部的 3/2 变换环节相抵消，反旋转变换 VR^{-1} 与电机内部的旋转变换环节 VR 相抵消，则图 10-13 中点画线框内的部分可以全部删去，剩下的部分就和直流调速系统非常相似了。不难想象，这样的矢量控制系统的静、动态性能应该能够与直流调速系统相媲美。

感应电动机矢量控制系统中的控制器，除了对转速进行控制外，通常还需对磁链进行控制，以使动态过程中转子磁链 ψ_r 也能被控制在期望值上，因此通常设有两个调节器——转速调节器 ASR 和磁链调节器 AΨR。典型结构如图 10-14 和图 10-15 所示。

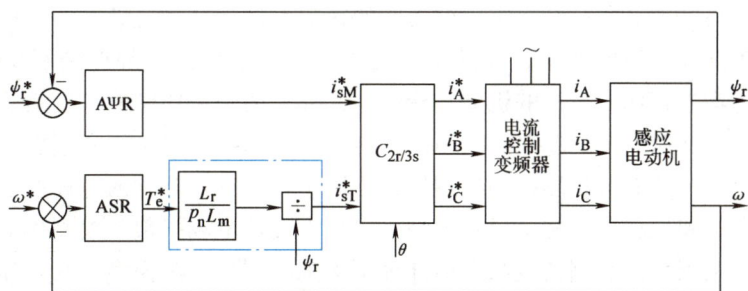

图 10-14　带除法环节的感应电动机矢量控制系统

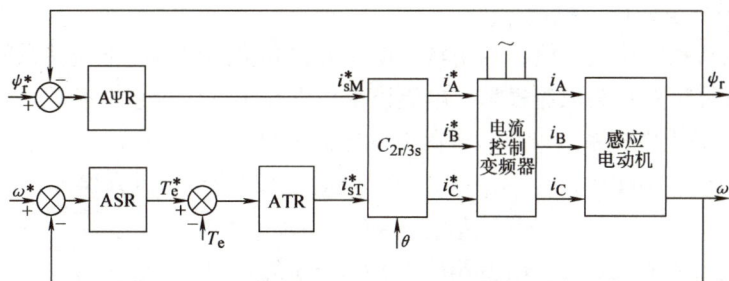

图 10-15　转矩闭环控制的感应电动机矢量控制系统

图 10-14 中，AΨR 的输出作为定子电流励磁分量的给定值 i_{sM}^*，ASR 的输出原则上可以作为定子电流转矩分量的给定值 i_{sT}^*（即去掉图 10-14 中点画线框内的部分），就像转速电流双闭环直流调速系统中 ASR 的输出作为电枢电流给定值 i_a^* 一样。但要注意的是，从根本上讲，ASR 的输出应该是电磁转矩给定值 T_e^*，在他励直流电动机中，由于 $T_e = C_T \Phi i_a$，通常只要励磁电流 i_f 为恒值，就可以使磁通 Φ 保持恒定，故可直接以 ASR 的输出作为 i_a^*。但在感应电动机中，虽然转矩公式式（10-135）与直流电动机类似，但由于其内部固有的复杂耦合关系，在动态过程中转子磁链 ψ_r 难免发生波动，因此若直接以 ASR 的输出作为 i_{sT}^*，可能由于磁链的偏差导致动态过程中产生的转矩 T_e 与给定值 T_e^* 不一致，从而影响系统的动态响应。为了改善动态性能，应设法消除或抑制转子磁链波动对转矩的影响。常用方法有两种：方法一是在 ASR 的输出增加除法环节，如图 10-14 中点画线框所示，ASR 输出为转矩给定值 T_e^*，按照式（10-135）除以转子磁链和相应的系数，得到定子电流转矩分量给定值 i_{sT}^*，这样当 ψ_r 减小（增大）时，通过除法环节使 i_{sT}^* 相应增大（减小），以抵消其对电磁转矩的影响；方法二是如图 10-15 所示，在 ASR 之后增设转矩调节器 ATR，当转子磁链发生波动时，通过 ATR 及时调整定子电流转矩分量给定值，以抵消磁链变化的影响。采用方法二时，由于电磁转矩的实测相对困难，转矩反馈值往往利用式（10-135）通过间接计算得到（参见图 10-20）。

10.5.3 转子磁链计算模型

实现按转子磁场定向的感应电动机矢量控制的关键是准确定向，这就需要获得转子磁链矢量 $\boldsymbol{\psi}_r$ 的空间位置角。除此之外，在构成转子磁链反馈及进行转矩控制时，磁链的幅值 ψ_r 也是不可缺少的信息。最初提出矢量控制时，曾尝试直接检测的方法，一种是在电动机槽内埋设探测线圈，另一种是利用贴在定子内表面的霍尔元件或其他磁敏元件。从理论上说，直接检测应该比较准确，但实际上，埋设探测线圈和敷设磁敏元件都遇到不少技术和工艺问题，而且一定程度上破坏了电机的机械鲁棒性。此外，由于齿槽影响，检测信号中含有较大的脉动分量，越到低速时影响越严重。因此，现在实际系统中多采用间接检测的方法，通过检测电压、电流和转速等容易测得的物理量，借助于转子磁链观测或计算模型，实时计算转子磁链的幅值和空间位置角。转子磁链模型可以是直接从电动机数学模型得出的转子磁链方程式，也可以是利用状态观测器或状态估计理论得到的闭环观测模型。在实际中，大多采用比较简单的计算模型。计算模型中根据采用的实测信号不同，又分为电流模型和电压模型两类。

1. 计算转子磁链的电流模型

根据定子电流和转速实测值，利用转子电压方程和描述磁链与电流关系的磁链方程来计算转子磁链的计算模型称为**电流模型**。电流模型可以在不同坐标系上实现。

（1）在两相静止坐标系上计算转子磁链的电流模型

由式（10-105），考虑到 $u_{r\alpha} = u_{r\beta} = 0$，αβ 坐标系上的转子电压方程为

$$u_{r\alpha} = R_r i_{r\alpha} + p\psi_{r\alpha} + \omega\psi_{r\beta} = 0 \tag{10-142}$$

$$u_{r\beta} = R_r i_{r\beta} + p\psi_{r\beta} - \omega\psi_{r\alpha} = 0 \tag{10-143}$$

由式（10-106），αβ 坐标系上的转子磁链方程为

$$\psi_{r\alpha} = L_m i_{s\alpha} + L_r i_{r\alpha} \tag{10-144}$$

$$\psi_{r\beta} = L_m i_{s\beta} + L_r i_{r\beta} \tag{10-145}$$

则

$$i_{r\alpha} = \frac{1}{L_r}(\psi_{r\alpha} - L_m i_{s\alpha}) \tag{10-146}$$

$$i_{r\beta} = \frac{1}{L_r}(\psi_{r\beta} - L_m i_{s\beta}) \tag{10-147}$$

将式（10-146）和式（10-147）代入式（10-142）和式（10-143），整理得

$$\psi_{r\alpha} = \frac{1}{T_r p + 1}(L_m i_{s\alpha} - \omega T_r \psi_{r\beta}) \tag{10-148}$$

$$\psi_{r\beta} = \frac{1}{T_r p + 1}(L_m i_{s\beta} + \omega T_r \psi_{r\alpha}) \tag{10-149}$$

由式（10-148）和式（10-149）可知，若已知电流 $i_{s\alpha}$、$i_{s\beta}$ 和转速 ω 的实测值，可由图 10-16所示的在两相静止坐标系上计算转子磁链的电流模型计算转子磁链在 α、β 轴的两个分量 $\psi_{r\alpha}$ 和 $\psi_{r\beta}$，$i_{s\alpha}$、$i_{s\beta}$ 可由实测三相定子电流 i_A、i_B、i_C 经 3/2 变换得到。

由 $\psi_{r\alpha}$ 和 $\psi_{r\beta}$ 可进一步计算转子磁链的幅值和空间位置角。在矢量控制中，常常遇到这种根据某空间矢量在直角坐标系中的两个分量计算其幅值和空间位置角的情况，这可以看作是由直角坐标到极坐标的一种坐标变换，称为**直角坐标-极坐标变换**，简称 **K/P 变换**，如图 10-17所示。

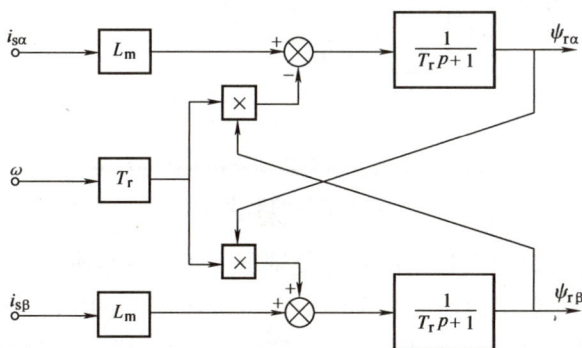

图 10-16　在两相静止坐标系上计算转子磁链的电流模型

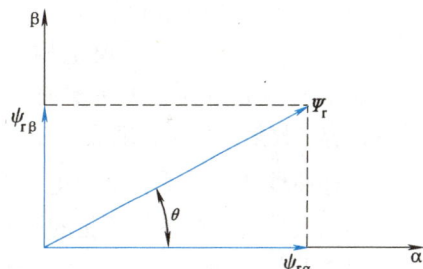

图 10-17　直角坐标-极坐标变换

由图 10-17，显然有

$$\psi_r = \sqrt{\psi_{r\alpha}^2 + \psi_{r\beta}^2} \tag{10-150}$$

$$\theta = \arctan \frac{\psi_{r\beta}}{\psi_{r\alpha}} \tag{10-151}$$

当 θ 在 $0° \sim 90°$ 之间变化时，$\tan\theta$ 的变换范围是 $0 \sim \infty$，幅度太大，在数字变换中容易溢出，因此常需改用下列方式来表示 θ 值：

$$\tan \frac{\theta}{2} = \frac{\sin \frac{\theta}{2}}{\cos \frac{\theta}{2}} = \frac{\sin \frac{\theta}{2}\left(2\cos \frac{\theta}{2}\right)}{\cos \frac{\theta}{2}\left(2\cos \frac{\theta}{2}\right)} = \frac{\sin\theta}{1 + \cos\theta} = \frac{\psi_{r\beta}}{\psi_r + \psi_{r\alpha}}$$

则

$$\theta = 2\arctan \frac{\psi_{r\beta}}{\psi_r + \psi_{r\alpha}} \tag{10-152}$$

考虑到矢量变换中实际使用的通常是 θ 角的正弦和余弦，故 θ 角也常用下面两式表示：

$$\sin\theta = \frac{\psi_{r\beta}}{\psi_r} \tag{10-153}$$

$$\cos\theta = \frac{\psi_{r\alpha}}{\psi_r} \tag{10-154}$$

图 10-16 的转子磁链模型适合于模拟实现，当采用微机数字控制时，由于 $\psi_{r\alpha}$ 和 $\psi_{r\beta}$ 之间有交叉反馈，在离散计算中有可能不收敛。

（2）在按转子磁场定向两相旋转坐标系上计算转子磁链的电流模型

图 10-18 所示为在按转子磁场定向两相旋转坐标系上计算转子磁链的电流模型。由实测三相定子电流经 3/2 变换得到两相静止坐标系中的电流 $i_{s\alpha}$、$i_{s\beta}$。再经按转子磁场定向的同步旋转变换，得到 MT 坐标系上的电流 i_{sM}、i_{sT}。利用矢量控制方程式（10-138）和式（10-141）可以得到 ψ_r 和 ω_s 信号，由 ω_s 与实测转速 ω 相加得到转子磁链矢量 ψ_r 的转速 ω_1，再经积分即为转子磁链的空间位置角 θ。它也是同步旋转变换器 VR 中用到的 M 轴的空间位置角。与第一种模型相比，这个模型更适合于微机实时计算，容易收敛，也比较准确。

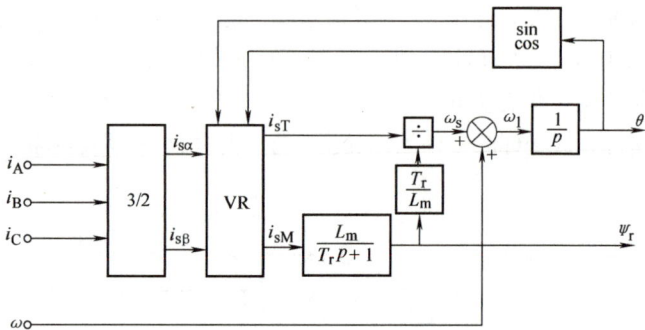

图 10-18 在按转子磁场定向两相旋转坐标系上计算转子磁链的电流模型

上述两种计算转子磁链的电流模型的主要优点是适用转速范围宽，即使在零速也能工作，但精度易受电机参数变化的影响，特别是转子绕组时间常数 T_r 中包含转子电阻 R_r，受温度和趋肤效应影响显著，变化可能超过 50%。如不采取措施，将导致磁链幅值和相位信号的失真，从而降低系统的性能。为此，常需对 T_r 或 R_r 进行实时辨识，以保证磁链观测的精度。

2. 计算转子磁链的电压模型

电压模型是一种根据定子电压和电流实测值，利用定子电压方程计算转子磁链的计算模型。

由式（10-105）第 1、2 行 $\alpha\beta$ 坐标系中的定子电压方程 $u_{s\alpha} = R_s i_{s\alpha} + \frac{d}{dt}\psi_{s\alpha}$ 和 $u_{s\beta} = R_s i_{s\beta} + \frac{d}{dt}\psi_{s\beta}$ 可知，若定子电压 $u_{s\alpha}$、$u_{s\beta}$ 和定子电流 $i_{s\alpha}$、$i_{s\beta}$ 已知，则定子磁链 $\psi_{s\alpha}$、$\psi_{s\beta}$ 为

$$\psi_{s\alpha} = \int (u_{s\alpha} - R_s i_{s\alpha})dt \tag{10-155}$$

$$\psi_{s\beta} = \int (u_{s\beta} - R_s i_{s\beta})dt \tag{10-156}$$

由 $\alpha\beta$ 坐标系中的磁链方程式（10-106a）第 1、2 行的定子磁链方程可得

380

$$i_{r\alpha} = \frac{1}{L_m}(\psi_{s\alpha} - L_s i_{s\alpha}) \tag{10-157}$$

$$i_{r\beta} = \frac{1}{L_m}(\psi_{s\beta} - L_s i_{s\beta}) \tag{10-158}$$

代入式（10-106a）第 3、4 行的转子磁链方程，整理得

$$\psi_{r\alpha} = \frac{L_r}{L_m}(\psi_{s\alpha} - \sigma L_s i_{s\alpha}) \tag{10-159}$$

$$\psi_{r\beta} = \frac{L_r}{L_m}(\psi_{s\beta} - \sigma L_s i_{s\beta}) \tag{10-160}$$

式中，σ 为漏磁系数，$\sigma = 1 - \dfrac{L_m^2}{L_s L_r}$。

结合式（10-155）与式（10-159）、式（10-156）与式（10-160），得到计算转子磁链的电压模型如图 10-19 所示。

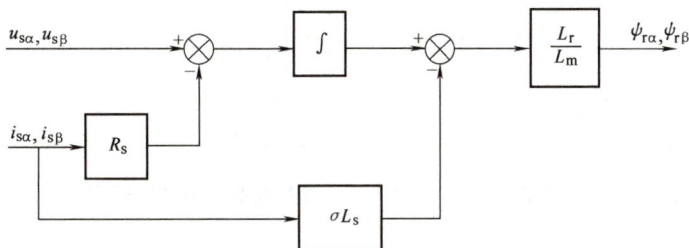

图 10-19　计算转子磁链的电压模型

电压模型算法简单，易于应用，由于只需实测定子电压和电流信号，不需转速信号，对无速度传感器系统颇具吸引力。由于算法中不含转子电阻 R_r，因此受电机参数变化影响小。虽然定子电阻及电感参数的变化也会影响精度，但与转子电阻相比，定子电阻本身变化小且易于测量，其补偿相对容易。但是，由于电压模型包含纯积分环节，积分的初始值和累积误差都会影响计算结果。另外，考虑到式（10-155）和式（10-156）中的定子磁链实际上是定子绕组感应电动势的积分，低速时由于感应电动势很小，定子电阻压降是定子电压的主要成分，电阻的偏差和定子电压、电流的测量误差会淹没电动势。因此电压模型在低速时往往无法使用。

比较起来，电压模型更适合于中、高速范围，而电流模型能适应低速，甚至可至零速，但高速时精度却不如电压模型。有时为了提高精度，可以把两种模型结合起来，低速（如 $n \leqslant 15\% n_N$）时采用电流模型，在中、高速时采用电压模型，当然这需要解决好两种模型之间的过渡问题。

10.5.4　感应电动机矢量控制系统

根据按转子磁场定向 MT 坐标系 M 轴空间位置角 θ 的确定方法，感应电动机矢量控制系统可分为**直接矢量控制**和**间接矢量控制**两大类。在直接矢量控制系统中，θ 角通过反馈的方式产生，即根据有关量的实测值通过前述的各种转子磁链模型获得，故也叫作**磁通检测型**或

磁通反馈型矢量控制。间接矢量控制系统中，θ 角以前馈的方式产生，由给定值利用转差公式获得，故也叫作前馈型或转差型矢量控制。下面分别举例介绍。

1. 直接矢量控制系统

图 10-20 所示为一个感应电动机直接矢量控制系统的原理图。这是一个典型的转速、磁链闭环控制的矢量控制系统，为了消除磁链 ψ_r 变化对转矩的影响，该系统在转速环中增加了转矩内环。

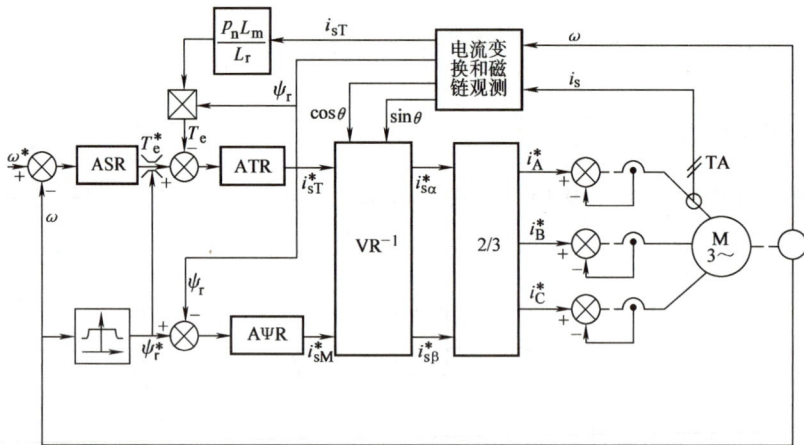

图 10-20　感应电动机直接矢量控制系统的原理图

在图 10-20 中，转速给定值 ω^* 与反馈值 ω 之差经速度调节器 ASR 产生转矩给定值 T_e^*，T_e^* 与转矩反馈值 T_e 之差经转矩调节器 ATR 产生定子电流转矩分量给定值 i_{sT}^*。在磁链控制部分，磁链给定值 ψ_r^* 由函数发生器根据转速 ω 产生，低速时使 ψ_r 为恒值，以实现恒转矩调速，高速时进行弱磁控制。ψ_r^* 与磁链反馈值 ψ_r 之差经磁链调节器 AΨR 产生定子电流励磁分量给定值 i_{sM}^*。i_{sM}^* 和 i_{sT}^* 经反旋转变换器 VR^{-1} 和 2/3 变换器产生变频器的三相电流给定值 i_A^*、i_B^*、i_C^*。这里作为一个例子，采用的是滞环电流控制 PWM 变频器，也可以采用其他电流控制型变频器。

转子磁链计算采用了电流模型，由定子电流和转速的实测值计算转子磁链 ψ_r 和 θ 角，进而由 $i_{s\alpha}$、$i_{s\beta}$ 和 θ 经 VR 变换可得 i_{sM}、i_{sT}，转矩反馈值 T_e 根据式（10-135）由 i_{sT} 和 ψ_r 计算得到。

系统中 ASR 的输出限幅值受 ψ_r^* 的控制，这是因为弱磁运行时电动机能产生的最大转矩随着 ψ_r^* 的减小而减小。

2. 转差型矢量控制系统

在转差型矢量控制系统中，转子磁场定向坐标系 M 轴的空间位置角 θ 是利用给定值通过转差公式获得的。原理如下：M 轴的空间位置角 θ 可以通过对 M 轴的角速度 ω_1 的积分求得，而 M 轴在空间的旋转角速度 ω_1 等于转子角速度 ω 和转差角速度 ω_s 之和，即

$$\theta = \int \omega_1 dt \tag{10-161}$$

$$\omega_1 = \omega + \omega_s \tag{10-162}$$

由矢量控制方程中的转差公式（10-141）知

$$\omega_{\mathrm{s}} = \frac{L_{\mathrm{m}} i_{\mathrm{sT}}}{T_{\mathrm{r}} \psi_{\mathrm{r}}} \tag{10-163}$$

若 ψ_{r} 和 i_{sT} 已知，即可由式（10-163）计算 ω_{s}，进而由 ω_1 经积分得到 θ 角。在转差型矢量控制系统中，转速 ω 采用实测值，而转差角速度由给定值 ψ_{r}^* 和 i_{sT}^* 按式（10-163）计算得到，即有

$$\omega_{\mathrm{s}}^* = \frac{L_{\mathrm{m}}}{T_{\mathrm{r}} \psi_{\mathrm{r}}^*} i_{\mathrm{sT}}^* \tag{10-164}$$

$$\omega_1^* = \omega + \omega_{\mathrm{s}}^* \tag{10-165}$$

则

$$\theta = \int \omega_1^* \mathrm{d}t = \int (\omega + \omega_{\mathrm{s}}^*) \mathrm{d}t \tag{10-166}$$

可见，在这里磁场定向是由磁链给定值和转矩（或定子电流的转矩分量）给定值确定的，并没有用磁链模型计算实际转子磁链及其空间位置角，即是前馈型的，或者说是间接磁场定向。

为了实现简单，转差型矢量控制系统常采用磁链开环控制，如图 10-21 所示。图 10-21 所示系统中，定子电流励磁分量 i_{sM}^* 根据式（10-137）直接由转子磁链给定值 ψ_{r}^* 产生；定子电流的转矩分量给定值 i_{sT}^* 则由 ASR 的输出 T_{e}^* 根据式（10-135）的转矩公式得到

$$i_{\mathrm{sT}}^* = \frac{T_{\mathrm{e}}^* L_{\mathrm{r}}}{\psi_{\mathrm{r}}^* p_{\mathrm{n}} L_{\mathrm{m}}}$$

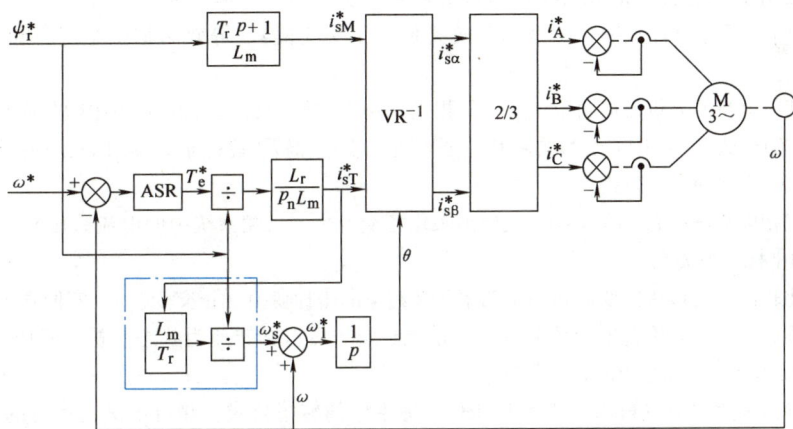

图 10-21　磁链开环转差型矢量控制系统

反旋转变换器 VR^{-1} 所需的 θ 角由式（10-164）~式（10-166）产生，在此不再赘述。

如果转子磁链给定值 ψ_{r}^* 为常数，则上述系统可进一步简化。此时 $i_{\mathrm{sM}}^* = \psi_{\mathrm{r}}^*/L_{\mathrm{m}} = $ 常值，可以直接给定；ASR 的输出可以直接作为 i_{sT}^*。

由于此时

$$\omega_s^* = \frac{L_m}{T_r \psi_r^*} i_{sT}^* = K_s i_{sT}^*$$

式中，K_s 称为**转差增益**，$K_s = \dfrac{L_m}{T_r \psi_r^*}$。

因此，图 10-21 中点画线框部分可以用一个放大系数为 K_s 的比例环节代替。

在磁链开环的转差型矢量控制系统中，磁场定向由给定信号确定，靠矢量控制方程保证，不需要计算实际转子磁链矢量的幅值及其空间位置角，省去了直接矢量控制系统中的转子磁链观测器，因此结构简单，易于实现。但是，由于矢量控制方程中仍包含电机参数，定向精度仍受电机参数变化的影响。除此之外，当转子磁链和定子电流转矩分量的给定值与实际值存在差异时，也会产生定向误差，从而影响系统的性能。

除了按转子磁场定向 MT 坐标系的确定方式不同之外，间接矢量控制和直接矢量控制本质上是相同的，无论直接矢量控制还是间接矢量控制，都具有动态性能好、调速范围宽的优点，并已在实践中获得普遍应用。矢量控制系统目前存在的主要问题是性能易受电机参数变化的影响，为解决这个问题，国内外学者在参数辨识、自适应控制及智能控制等方面已做了大量研究工作。

习 题

10-1 试用综合矢量的概念导出式（10-59）三相静止坐标系与两相任意旋转坐标系的坐标变换关系。

10-2 试证明：若电压、电流均按照式（10-76a）进行坐标变换，变换前后 ABC 坐标系和 dq0 坐标系中的瞬时功率保持不变。

10-3 直接由变换前后三相系统与两相系统合成磁动势相等并满足功率不变约束条件，导出三相静止坐标系与两相任意旋转坐标系的坐标变换关系（正交变换）。等效两相绕组与三相绕组的匝数比是多少？

10-4 在感应电机的分析与控制中，常将两相坐标系中的转矩公式用电流和磁链的乘积表示，试根据 dq0 坐标系的转矩公式（10-104）分别导出用定子电流 i_{sd}、i_{sq} 和转子磁链 ψ_{rd}、ψ_{rq} 以及用定子电流 i_{sd}、i_{sq} 和定子磁链 ψ_{sd}、ψ_{sq} 表达的转矩公式。

10-5 若三相电流满足 $i_A + i_B + i_C = 0$，试导出采用正交变换，三相系统中的电流只用 i_A、i_B 表达时，三相-两相变换的坐标变换关系。

10-6 试比较派克（Park）变换和满足功率不变约束的坐标变换（正交变换），它们各有何特点？

10-7 试推导两相任意旋转坐标系上以定子电流、定子磁链和转速为状态变量的感应电机状态方程，进而由此导出两相静止坐标系中的状态方程。

10-8 试导出采用派克（Park）变换时 dq0 坐标系中的转矩公式，并与正交变换时的转矩公式进行比较。

10-9 用 MATLAB 语言编写一个基于两相静止坐标系上的状态方程的三相感应电动机起动过程动态计算程序，并对第 10 章 10.4 节给出的 2.2kW 三相感应电动机起动过程进行仿真计算。

10-10 利用习题 10-9 的动态计算程序探讨负载转矩和转动惯量等对感应电动机起动过程的影响。

10-11 何谓按转子磁场定向的 MT 坐标系？试写出在按转子磁场定向的 MT 坐标系上感应电动机的基本方程，推导其矢量控制方程，并据此说明矢量控制原理及矢量控制系统的基本结构。

10-12 在感应电动机矢量控制系统中，转子磁链的计算模型有电流模型和电压模型两种，试说明这两种模型的基本原理，并比较各自的优缺点。

10-13　感应电动机矢量控制系统中，何谓直接矢量控制？何谓间接矢量控制？其 MT 坐标系各是如何确定的？间接矢量控制系统与直接矢量控制系统相比各有何优缺点？

10-14　在按转子磁场定向的 MT 坐标系中，为什么感应电动机定子电流有 T 轴分量（$i_{sT} \neq 0$）而转子磁链却无 T 轴分量（$\psi_{rT} = 0$）？

第 11 章　同步电机的动态分析与矢量控制

本章首先建立了同步电机的动态数学模型，讨论了同步电机的运算电抗和等效电路，并作为同步电机动态分析的例子，对同步发电机三相突然短路过程进行了分析；然后分别讨论了可控励磁同步电动机和正弦波永磁同步电动机的矢量控制原理。

知识图谱

11.1　同步电机的动态数学模型

11.1.1　在相坐标系上的同步电机动态数学模型

图 11-1 所示为一台有阻尼绕组的三相凸极同步电机的物理模型，定子上有三相对称绕组 A、B、C，凸极转子上有励磁绕组 f 和阻尼绕组，阻尼绕组用两相不对称的直轴阻尼绕组 D 和交轴阻尼绕组 Q 来表示，阻尼绕组是短路绕组。为便于分析，做如下假设：

1）磁路为线性。
2）气隙磁场在空间按正弦规律分布。
3）不计定、转子表面齿槽的影响。
4）定子三相绕组对称。
5）转子结构对直轴 d 和交轴 q 均对称。

各物理量的正方向采用电动机惯例，可以列出在相坐标系中同步电机的动态方程。这里的相坐标系是指以电机各相绕组轴线为坐标轴的坐标系（也称为自然坐标系），定子为三相静止 ABC 坐标系，转子为两相旋转 dq 坐标系。

图 11-1　三相凸极同步电机的物理模型

1. 电压方程

由电磁感应定律和基尔霍夫第二定律，按照所规定的正方向，定子三相绕组的电压方程为

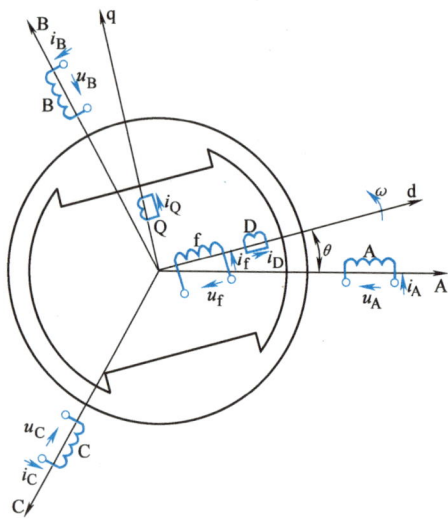

$$u_A = i_A R_s + \frac{d\psi_A}{dt}$$
$$u_B = i_B R_s + \frac{d\psi_B}{dt}$$
$$u_C = i_C R_s + \frac{d\psi_C}{dt} \qquad (11\text{-}1)$$

式中，u_A、u_B、u_C分别为定子各相绕组电压；i_A、i_B、i_C分别为定子各相绕组电流；ψ_A、ψ_B、ψ_C分别为定子各相绕组磁链；R_s为定子每相绕组的电阻。

励磁绕组和阻尼绕组的电压方程为

$$u_f = i_f R_f + \frac{d\psi_f}{dt}$$
$$u_D = 0 = i_D R_D + \frac{d\psi_D}{dt}$$
$$u_Q = 0 = i_Q R_Q + \frac{d\psi_Q}{dt} \qquad (11\text{-}2)$$

式中，u_f为励磁绕组的电压；u_D、u_Q分别为直轴和交轴阻尼绕组的电压，因绕组自身短路，故$u_D=u_Q=0$；i_f、i_D、i_Q分别为励磁绕组和直轴、交轴阻尼绕组的电流；R_f、R_D、R_Q分别为励磁绕组和直轴、交轴阻尼绕组的电阻。

将式（11-1）和式（11-2）写成矩阵形式，并以微分算子p代替d/dt，有

$$u_s = R_s i_s + p\psi_s$$
$$u_r = R_r i_r + p\psi_r \qquad (11\text{-}3)$$

或

$$u = Ri + p\psi \qquad (11\text{-}4)$$

式中，u_s和u_r分别为定、转子绕组的电压列向量；u为整个电机的电压列向量；i_s和i_r分别为定、转子绕组的电流列向量；i为整个电机的电流列向量；ψ_s和ψ_r分别为定、转子绕组的磁链列向量；ψ为整个电机的磁链列向量；R_s和R_r分别为定、转子绕组的电阻矩阵；R为整个电机的电阻矩阵

$$u_s = \begin{bmatrix} u_A & u_B & u_C \end{bmatrix}^T, \quad u_r = \begin{bmatrix} u_f & 0 & 0 \end{bmatrix}^T, \quad u = \begin{bmatrix} u_s \\ u_r \end{bmatrix}$$

$$i_s = \begin{bmatrix} i_A & i_B & i_C \end{bmatrix}^T, \quad i_r = \begin{bmatrix} i_f & i_D & i_Q \end{bmatrix}^T, \quad i = \begin{bmatrix} i_s \\ i_r \end{bmatrix}$$

$$\psi_s = \begin{bmatrix} \psi_A & \psi_B & \psi_C \end{bmatrix}^T, \quad \psi_r = \begin{bmatrix} \psi_f & \psi_D & \psi_Q \end{bmatrix}^T, \quad \psi = \begin{bmatrix} \psi_s \\ \psi_r \end{bmatrix}$$

$$R_s = \begin{bmatrix} R_s & 0 & 0 \\ 0 & R_s & 0 \\ 0 & 0 & R_s \end{bmatrix}, \quad R_r = \begin{bmatrix} R_f & 0 & 0 \\ 0 & R_D & 0 \\ 0 & 0 & R_Q \end{bmatrix}, \quad R = \begin{bmatrix} R_s & 0 \\ 0 & R_r \end{bmatrix}$$

2. 磁链方程

根据图 11-1 中各绕组之间的耦合关系和正方向规定，可列出定子三相绕组、转子励磁

绕组和直轴、交轴阻尼绕组的磁链方程，用矩阵形式表示如下：

$$\begin{bmatrix} \psi_A \\ \psi_B \\ \psi_C \\ \psi_f \\ \psi_D \\ \psi_Q \end{bmatrix} = \begin{bmatrix} L_{AA} & M_{AB} & M_{AC} & M_{Af} & M_{AD} & M_{AQ} \\ M_{BA} & L_{BB} & M_{BC} & M_{Bf} & M_{BD} & M_{BQ} \\ M_{CA} & M_{CB} & L_{CC} & M_{Cf} & M_{CD} & M_{CQ} \\ M_{fA} & M_{fB} & M_{fC} & L_{ff} & M_{fD} & M_{fQ} \\ M_{DA} & M_{DB} & M_{DC} & M_{Df} & L_{DD} & M_{DQ} \\ M_{QA} & M_{QB} & M_{QC} & M_{Qf} & M_{QD} & L_{QQ} \end{bmatrix} \begin{bmatrix} i_A \\ i_B \\ i_C \\ i_f \\ i_D \\ i_Q \end{bmatrix} \tag{11-5}$$

式中，L_{AA}、L_{BB}、L_{CC}分别为定子三相绕组的自感；M_{AB}、M_{BA}、M_{BC}、M_{CB}、M_{CA}、M_{AC}分别为定子三相绕组间的互感；L_{ff}、L_{DD}、L_{QQ}分别为转子励磁绕组和阻尼绕组的自感；M_{fD}、M_{Df}、M_{fQ}、M_{Qf}、M_{DQ}、M_{QD}为转子励磁绕组和阻尼绕组间的互感；M_{Af}、M_{fA}、M_{Bf}、M_{fB}、M_{Cf}、M_{fC}分别为定子三相绕组与转子励磁绕组间的互感；M_{AD}、M_{DA}、M_{BD}、M_{DB}、M_{CD}、M_{DC}分别为定子三相绕组与直轴阻尼绕组间的互感；M_{AQ}、M_{QA}、M_{BQ}、M_{QB}、M_{CQ}、M_{QC}分别为定子三相绕组与交轴阻尼绕组间的互感。

式（11-5）也可以写成

$$\begin{bmatrix} \boldsymbol{\Psi}_s \\ \boldsymbol{\Psi}_r \end{bmatrix} = \begin{bmatrix} \boldsymbol{L}_{ss} & \boldsymbol{M}_{sr} \\ \boldsymbol{M}_{rs} & \boldsymbol{L}_{rr} \end{bmatrix} \begin{bmatrix} \boldsymbol{i}_s \\ \boldsymbol{i}_r \end{bmatrix} \tag{11-6}$$

或

$$\boldsymbol{\Psi} = \boldsymbol{L}\boldsymbol{i} \tag{11-6a}$$

式中

$$\boldsymbol{L}_{ss} = \begin{bmatrix} L_{AA} & M_{AB} & M_{AC} \\ M_{BA} & L_{BB} & M_{BC} \\ M_{CA} & M_{CB} & L_{CC} \end{bmatrix} \tag{11-7}$$

$$\boldsymbol{L}_{rr} = \begin{bmatrix} L_{ff} & M_{fD} & M_{fQ} \\ M_{Df} & L_{DD} & M_{DQ} \\ M_{Qf} & M_{QD} & L_{QQ} \end{bmatrix} \tag{11-8}$$

$$\boldsymbol{M}_{sr} = \begin{bmatrix} M_{Af} & M_{AD} & M_{AQ} \\ M_{Bf} & M_{BD} & M_{BQ} \\ M_{Cf} & M_{CD} & M_{CQ} \end{bmatrix} \tag{11-9}$$

$$\boldsymbol{M}_{rs} = \begin{bmatrix} M_{fA} & M_{fB} & M_{fC} \\ M_{DA} & M_{DB} & M_{DC} \\ M_{QA} & M_{QB} & M_{QC} \end{bmatrix} \tag{11-10}$$

$$\boldsymbol{L} = \begin{bmatrix} \boldsymbol{L}_{ss} & \boldsymbol{M}_{sr} \\ \boldsymbol{M}_{rs} & \boldsymbol{L}_{rr} \end{bmatrix} \tag{11-11}$$

由于转子旋转和转子的凸极性，定子绕组和转子绕组之间的互感，定子各相绕组之间的互感，以及定子绕组本身的自感均随转子位置变化，只有转子各绕组的自感和转子各绕组间的互感与转子位置无关。

设转子 d 轴超前定子 A 相绕组轴线 θ 电角度，则定子三相绕组的自感分别为

$$
\left.
\begin{aligned}
L_{AA} &= L_{s0} + L_{s2}\cos2\theta \\
L_{BB} &= L_{s0} + L_{s2}\cos2(\theta - 120°) \\
L_{CC} &= L_{s0} + L_{s2}\cos2(\theta + 120°)
\end{aligned}
\right\}
\tag{11-12}
$$

式中，L_{s0} 为自感中的恒定部分（平均值），L_{s2} 为自感交变部分的幅值，并有

$$
L_{s0} = L_{s\sigma} + \frac{1}{2}(L_{\delta d} + L_{\delta q})
\tag{11-13}
$$

$$
L_{s2} = \frac{1}{2}(L_{\delta d} - L_{\delta q})
\tag{11-14}
$$

式中，$L_{s\sigma}$ 为定子相绕组的漏电感，与定子相绕组电流产生的漏磁通相对应；$L_{\delta d}$、$L_{\delta q}$ 分别为定子某相绕组轴线与转子直轴和交轴重合时，与气隙磁通产生的磁链（互感磁链）相对应的电感。

类似地，定子三相绕组间的互感为

$$
\left.
\begin{aligned}
M_{AB} &= M_{BA} = -M_{s0} + M_{s2}\cos2(\theta + 120°) \\
M_{BC} &= M_{CB} = -M_{s0} + M_{s2}\cos2\theta \\
M_{CA} &= M_{AC} = -M_{s0} + M_{s2}\cos2(\theta - 120°)
\end{aligned}
\right\}
\tag{11-15}
$$

式中

$$
M_{s2} = \frac{1}{2}(L_{\delta d} - L_{\delta q}) = L_{s2}
\tag{11-16}
$$

$$
M_{s0} = M_{s\sigma} + \frac{1}{4}(L_{\delta d} + L_{\delta q})
\tag{11-17}
$$

式中，$M_{s\sigma}$ 为定子两相绕组间的互漏感，通常可以忽略不计。

下面来看定、转子绕组间的互感。对于理想的凸极同步电机，气隙磁场为正弦分布，定子绕组与转子绕组间的互感系数随绕组轴线间的夹角按余弦规律变化，则转子励磁绕组 f 与定子三相绕组间的互感为

$$
\left.
\begin{aligned}
M_{Af} &= M_{fA} = M_{sf}\cos\theta \\
M_{Bf} &= M_{fB} = M_{sf}\cos(\theta - 120°) \\
M_{Cf} &= M_{fC} = M_{sf}\cos(\theta + 120°)
\end{aligned}
\right\}
\tag{11-18}
$$

式中，M_{sf} 为定子一相绕组轴线与转子励磁绕组轴线重合时的互感。

同理，转子直轴阻尼绕组 D 与定子三相绕组间的互感为

$$
\left.
\begin{aligned}
M_{AD} &= M_{DA} = M_{sD}\cos\theta \\
M_{BD} &= M_{DB} = M_{sD}\cos(\theta - 120°) \\
M_{CD} &= M_{DC} = M_{sD}\cos(\theta + 120°)
\end{aligned}
\right\}
\tag{11-19}
$$

式中，M_{sD} 为定子一相绕组轴线与直轴阻尼绕组轴线重合时的互感。

考虑到交轴阻尼绕组轴线超前直轴阻尼绕组 90° 电角度，所以定子绕组与交轴阻尼绕组的互感可表示为

$$
\left.
\begin{aligned}
M_{AQ} &= M_{QA} = -M_{sQ}\sin\theta \\
M_{BQ} &= M_{QB} = -M_{sQ}\sin(\theta - 120°) \\
M_{CQ} &= M_{QC} = -M_{sQ}\sin(\theta + 120°)
\end{aligned}
\right\}
\tag{11-20}
$$

式中，M_{sQ} 为定子一相绕组轴线与交轴阻尼绕组轴线重合时的互感。

至于转子励磁绕组和阻尼绕组的自感 L_{ff}、L_{DD}、L_{QQ}，虽然转子交、直轴磁路的磁阻不同，但磁阻本身并不随转子位置的变化而变化，故其值与 θ 无关，分别为不同的常数。同理，励磁绕组和直轴阻尼绕组间的互感 M_{fD}、M_{Df} 也是与 θ 无关的常数；由于转子直轴与交轴在空间位置上互差 90° 电角度，因此直轴上的 f 和 D 绕组与交轴上的 Q 绕组之间的互感为零，即

$$M_{fQ} = M_{Qf} = M_{DQ} = M_{QD} = 0 \tag{11-21}$$

将上述各电感表达式代入式（11-7）～式（11-10），则电感矩阵 $\boldsymbol{L}$ 的各分块矩阵为

$$\boldsymbol{L}_{ss} = \begin{bmatrix} L_{s0} + L_{s2}\cos2\theta & -M_{s0} + M_{s2}\cos2(\theta+120°) & -M_{s0} + M_{s2}\cos2(\theta-120°) \\ -M_{s0} + M_{s2}\cos2(\theta+120°) & L_{s0} + L_{s2}\cos2(\theta-120°) & -M_{s0} + M_{s2}\cos2\theta \\ -M_{s0} + M_{s2}\cos2(\theta-120°) & -M_{s0} + M_{s2}\cos2\theta & L_{s0} + L_{s2}\cos2(\theta+120°) \end{bmatrix} \tag{11-22}$$

$$\boldsymbol{M}_{sr} = \begin{bmatrix} M_{sf}\cos\theta & M_{sD}\cos\theta & -M_{sQ}\sin\theta \\ M_{sf}\cos(\theta-120°) & M_{sD}\cos(\theta-120°) & -M_{sQ}\sin(\theta-120°) \\ M_{sf}\cos(\theta+120°) & M_{sD}\cos(\theta+120°) & -M_{sQ}\sin(\theta+120°) \end{bmatrix} \tag{11-23}$$

$$\boldsymbol{M}_{rs} = \begin{bmatrix} M_{sf}\cos\theta & M_{sf}\cos(\theta-120°) & M_{sf}\cos(\theta+120°) \\ M_{sD}\cos\theta & M_{sD}\cos(\theta-120°) & M_{sD}\cos(\theta+120°) \\ -M_{sQ}\sin\theta & -M_{sQ}\sin(\theta-120°) & -M_{sQ}\sin(\theta+120°) \end{bmatrix} = \boldsymbol{M}_{sr}^{T} \tag{11-24}$$

$$\boldsymbol{L}_{rr} = \begin{bmatrix} L_{ff} & M_{fD} & 0 \\ M_{Df} & L_{DD} & 0 \\ 0 & 0 & L_{QQ} \end{bmatrix} \tag{11-25}$$

3. 转矩公式和运动方程

根据机电能量转换原理，电磁转矩

$$T_e = \left.\frac{\partial W_\phi'}{\partial \theta_m}\right|_{i=\text{const.}} = p_n \left.\frac{\partial W_\phi'}{\partial \theta}\right|_{i=\text{const.}} \tag{11-26}$$

式中，θ_m 为转子的机械角位移，$\theta_m = \theta/p_n$；W_ϕ' 为整个电机的磁共能，在磁路为线性的条件下，有

$$W_\phi' = \frac{1}{2}\boldsymbol{i}^T\boldsymbol{L}\boldsymbol{i} \tag{11-27}$$

则

$$T_e = \frac{1}{2}p_n\boldsymbol{i}^T\frac{\partial \boldsymbol{L}}{\partial \theta}\boldsymbol{i} = \frac{1}{2}p_n\begin{bmatrix} \boldsymbol{i}_s^T & \boldsymbol{i}_r^T \end{bmatrix}\begin{bmatrix} \dfrac{\partial \boldsymbol{L}_{ss}}{\partial \theta} & \dfrac{\partial \boldsymbol{M}_{sr}}{\partial \theta} \\ \dfrac{\partial \boldsymbol{M}_{rs}}{\partial \theta} & \dfrac{\partial \boldsymbol{L}_{rr}}{\partial \theta} \end{bmatrix}\begin{bmatrix} \boldsymbol{i}_s \\ \boldsymbol{i}_r \end{bmatrix} \tag{11-28}$$

考虑到 $\dfrac{\partial \boldsymbol{L}_{rr}}{\partial \theta} = 0$，则有

$$T_e = \frac{1}{2}p_n\left(\boldsymbol{i}_s^T\frac{\partial \boldsymbol{L}_{ss}}{\partial\theta}\boldsymbol{i}_s + \boldsymbol{i}_s^T\frac{\partial \boldsymbol{M}_{sr}}{\partial\theta}\boldsymbol{i}_r + \boldsymbol{i}_r^T\frac{\partial \boldsymbol{M}_{rs}}{\partial\theta}\boldsymbol{i}_s\right)$$

$$= \frac{1}{2}p_n\boldsymbol{i}_s^T\frac{\partial \boldsymbol{L}_{ss}}{\partial\theta}\boldsymbol{i}_s + p_n\boldsymbol{i}_s^T\frac{\partial \boldsymbol{M}_{sr}}{\partial\theta}\boldsymbol{i}_r \tag{11-29}$$

将式（11-22）和式（11-23）代入式（11-29），并展开得

$$T_e = -p_nL_{s2}[i_A^2\sin2\theta + i_B^2\sin(2\theta+120°) + i_C^2\sin(2\theta-120°) +$$
$$2i_Ai_B\sin(2\theta-120°) + 2i_Bi_C\sin2\theta + 2i_Ci_A\sin(2\theta+120°)] -$$
$$p_nM_{sf}i_f[i_A\sin\theta + i_B\sin(\theta-120°) + i_C\sin(\theta+120°)] - \tag{11-30}$$
$$p_nM_{sD}i_D[i_A\sin\theta + i_B\sin(\theta-120°) + i_C\sin(\theta+120°)] -$$
$$p_nM_{sQ}i_Q[i_A\cos\theta + i_B\cos(\theta-120°) + i_C\cos(\theta+120°)]$$

运动方程为

$$T_e = T_L + \frac{J}{p_n}\frac{d\omega}{dt} \tag{11-31}$$

式中，J 为机组的转动惯量；T_L 为包括摩擦阻转矩和弹性扭矩在内的总负载转矩。

11.1.2　转子 dq0 坐标系中同步电机的动态数学模型

相坐标系中同步电机的动态数学模型非常复杂，磁链方程中包含一系列与转子位置角 θ 有关的电感，因此电压方程是含有时变系数的微分方程。通过坐标变换，在转子 dq0 坐标系中，同步电机的动态数学模型将大为简化。

1. 电压方程

同步电机中，由相坐标系到转子 dq0 坐标系的变换只需对定子绕组进行，因为转子绕组本身就位于 dq 轴上，采用式（10-76）的坐标变换，变换后 dq0 坐标系中的电压、电流、磁链分别用 $\boldsymbol{u}_s'$、$\boldsymbol{i}_s'$、$\boldsymbol{\psi}_s'$ 表示，则有

$$\boldsymbol{u}_s' = [u_d \quad u_q \quad u_0]^T = \boldsymbol{C}_{3s/2r}\boldsymbol{u}_s \tag{11-32}$$
$$\boldsymbol{i}_s' = [i_d \quad i_q \quad i_0]^T = \boldsymbol{C}_{3s/2r}\boldsymbol{i}_s \tag{11-33}$$
$$\boldsymbol{\psi}_s' = [\psi_d \quad \psi_q \quad \psi_0]^T = \boldsymbol{C}_{3s/2r}\boldsymbol{\psi}_s \tag{11-34}$$

将式（11-3）第 1 式三相坐标系中的定子电压方程代入式（11-32），并结合式（11-33）和式（11-34），得

$$\boldsymbol{u}_s' = \boldsymbol{C}_{3s/2r}\boldsymbol{u}_s = \boldsymbol{C}_{3s/2r}(\boldsymbol{R}_s\boldsymbol{i}_s + p\boldsymbol{\psi}_s)$$
$$= \boldsymbol{C}_{3s/2r}\boldsymbol{R}_s\boldsymbol{C}_{3s/2r}^{-1}\boldsymbol{i}_s' + \boldsymbol{C}_{3s/2r}p(\boldsymbol{C}_{3s/2r}^{-1}\boldsymbol{\psi}_s')$$
$$= \boldsymbol{R}_s'\boldsymbol{i}_s' + p\boldsymbol{\psi}_s' + \boldsymbol{C}_{3s/2r}\frac{\partial \boldsymbol{C}_{3s/2r}^{-1}}{\partial\theta}\omega\boldsymbol{\psi}_s' \tag{11-35}$$
$$= \boldsymbol{R}_s\boldsymbol{i}_s' + p\boldsymbol{\psi}_s' + \boldsymbol{\gamma}_s\omega\boldsymbol{\psi}_s'$$

式中，ω 为用电角速度表示的转子转速，$\omega = d\theta/dt$；$\boldsymbol{R}_s'$ 为变换后的电阻矩阵，$\boldsymbol{R}_s' = \boldsymbol{C}_{3s/2r}\boldsymbol{R}_s\boldsymbol{C}_{3s/2r}^{-1} = \boldsymbol{R}_s$；

$$\boldsymbol{\gamma}_s = \boldsymbol{C}_{3s/2r}\frac{\partial \boldsymbol{C}_{3s/2r}^{-1}}{\partial\theta}$$

$$= \sqrt{\frac{2}{3}} \begin{bmatrix} \cos\theta & \cos(\theta - 120°) & \cos(\theta + 120°) \\ -\sin\theta & -\sin(\theta - 120°) & -\sin(\theta + 120°) \\ \dfrac{1}{\sqrt{2}} & \dfrac{1}{\sqrt{2}} & \dfrac{1}{\sqrt{2}} \end{bmatrix} \times$$

$$\sqrt{\frac{2}{3}} \begin{bmatrix} -\sin\theta & -\cos\theta & 0 \\ -\sin(\theta - 120°) & -\cos(\theta - 120°) & 0 \\ -\sin(\theta + 120°) & -\cos(\theta + 120°) & 0 \end{bmatrix} = \begin{bmatrix} 0 & -1 & 0 \\ 1 & 0 & 0 \\ 0 & 0 & 0 \end{bmatrix} \tag{11-36}$$

将式（11-35）展开，有

$$\left. \begin{array}{l} u_d = R_s i_d + p\psi_d - \omega\psi_q \\ u_q = R_s i_q + p\psi_q + \omega\psi_d \\ u_0 = R_s i_0 + p\psi_0 \end{array} \right\} \tag{11-37}$$

转子电压方程无须变换，故仍为

$$\boldsymbol{u}_r' = \boldsymbol{R}_r' \boldsymbol{i}_r' + p\boldsymbol{\psi}_r' \tag{11-38}$$

式中，$\boldsymbol{u}_r' = \boldsymbol{u}_r$；$\boldsymbol{i}_r' = \boldsymbol{i}_r$；$\boldsymbol{\psi}_r' = \boldsymbol{\psi}_r$；$\boldsymbol{R}_r' = \boldsymbol{R}_r$。

2. 磁链方程

根据式（11-33），考虑到转子电流不需进行变换，即 $\boldsymbol{i}_r' = \boldsymbol{i}_r$，所以对整个电机来说，其电流变换矩阵为

$$\boldsymbol{i}' = \begin{bmatrix} \boldsymbol{i}_s' \\ \boldsymbol{i}_r' \end{bmatrix} = \begin{bmatrix} \boldsymbol{C}_{3s/2r} & 0 \\ 0 & \boldsymbol{I} \end{bmatrix} \begin{bmatrix} \boldsymbol{i}_s \\ \boldsymbol{i}_r \end{bmatrix} = \boldsymbol{C}\boldsymbol{i} \tag{11-39}$$

式中，$\boldsymbol{C}$ 为整个电机的变换矩阵

$$\boldsymbol{C} = \begin{bmatrix} \boldsymbol{C}_{3s/2r} & 0 \\ 0 & \boldsymbol{I} \end{bmatrix}, \quad \boldsymbol{C}^{-1} = \begin{bmatrix} \boldsymbol{C}_{3s/2r}^{-1} & 0 \\ 0 & \boldsymbol{I} \end{bmatrix} \tag{11-40}$$

经 dq0 变换，电机的磁链方程为

$$\boldsymbol{\psi}' = \boldsymbol{C}\boldsymbol{\psi} = \boldsymbol{C}(\boldsymbol{Li}) = (\boldsymbol{CLC}^{-1})\boldsymbol{i}' = \boldsymbol{L}'\boldsymbol{i}' \tag{11-41}$$

式中，$\boldsymbol{\psi}'$ 和 $\boldsymbol{L}'$ 分别为变换到 dq0 坐标系后的磁链和电感矩阵，$\boldsymbol{L}' = \boldsymbol{CLC}^{-1}$。

把 $\boldsymbol{\psi}'$ 和 $\boldsymbol{L}'$ 写成分块矩阵，式（11-41）可以写成

$$\begin{bmatrix} \boldsymbol{\psi}_s' \\ \boldsymbol{\psi}_r' \end{bmatrix} = \left(\begin{bmatrix} \boldsymbol{C}_{3s/2r} & 0 \\ 0 & \boldsymbol{I} \end{bmatrix} \begin{bmatrix} \boldsymbol{L}_{ss} & \boldsymbol{M}_{sr} \\ \boldsymbol{M}_{rs} & \boldsymbol{L}_{rr} \end{bmatrix} \begin{bmatrix} \boldsymbol{C}_{3s/2r}^{-1} & 0 \\ 0 & \boldsymbol{I} \end{bmatrix} \right) \begin{bmatrix} \boldsymbol{i}_s' \\ \boldsymbol{i}_r' \end{bmatrix}$$

$$= \begin{bmatrix} \boldsymbol{C}_{3s/2r}\boldsymbol{L}_{ss}\boldsymbol{C}_{3s/2r}^{-1} & \boldsymbol{C}_{3s/2r}\boldsymbol{M}_{sr} \\ \boldsymbol{M}_{rs}\boldsymbol{C}_{3s/2r}^{-1} & \boldsymbol{L}_{rr} \end{bmatrix} \begin{bmatrix} \boldsymbol{i}_s' \\ \boldsymbol{i}_r' \end{bmatrix}$$

$$= \begin{bmatrix} \boldsymbol{L}_{ss}' & \boldsymbol{M}_{sr}' \\ \boldsymbol{M}_{rs}' & \boldsymbol{L}_{rr}' \end{bmatrix} \begin{bmatrix} \boldsymbol{i}_s' \\ \boldsymbol{i}_r' \end{bmatrix} \tag{11-42}$$

将式（11-7）~式（11-10）代入式（11-42），计算各分块矩阵可得

$$\boldsymbol{L}_{ss}' = \begin{bmatrix} L_d & 0 & 0 \\ 0 & L_q & 0 \\ 0 & 0 & L_0 \end{bmatrix} \tag{11-43}$$

$$\boldsymbol{M}'_{sr} = \begin{bmatrix} M_{df} & M_{dD} & 0 \\ 0 & 0 & M_{qQ} \\ 0 & 0 & 0 \end{bmatrix} \tag{11-44}$$

$$\boldsymbol{M}'_{rs} = \begin{bmatrix} M_{df} & 0 & 0 \\ M_{dD} & 0 & 0 \\ 0 & M_{qQ} & 0 \end{bmatrix} = \boldsymbol{M}'^{T}_{sr} \tag{11-45}$$

$$\boldsymbol{L}'_{rr} = \begin{bmatrix} L_{ff} & M_{fD} & 0 \\ M_{Df} & L_{DD} & 0 \\ 0 & 0 & L_{QQ} \end{bmatrix} \tag{11-46}$$

式中，L_d 和 L_q 分别为直轴同步电感和交轴同步电感

$$L_d = L_{s0} + M_{s0} + \frac{3}{2}L_{s2} = L_{s\sigma} + M_{s\sigma} + \frac{3}{2}L_{\delta d} = L_\sigma + L_{ad} \tag{11-47}$$

$$L_q = L_{s0} + M_{s0} - \frac{3}{2}L_{s2} = L_{s\sigma} + M_{s\sigma} + \frac{3}{2}L_{\delta q} = L_\sigma + L_{aq} \tag{11-48}$$

$$L_0 = L_{s0} - 2M_{s0} = L_{s\sigma} - 2M_{s\sigma} \tag{11-49}$$

$$M_{df} = \sqrt{\frac{3}{2}}M_{sf} \tag{11-50}$$

$$M_{dD} = \sqrt{\frac{3}{2}}M_{sD} \tag{11-51}$$

$$M_{qQ} = \sqrt{\frac{3}{2}}M_{sQ} \tag{11-52}$$

式中，L_σ 为定子 dq 轴绕组漏电感，$L_\sigma = L_{s\sigma} + M_{s\sigma} \approx L_{s\sigma}$；$L_{ad}$ 和 L_{aq} 分别为直轴电枢反应电感和交轴电枢反应电感，$L_{ad} = \frac{3}{2}L_{\delta d}$，$L_{aq} = \frac{3}{2}L_{\delta q}$。

将式（11-43）~式（11-46）代入式（11-42），有

$$\begin{bmatrix} \psi_d \\ \psi_q \\ \psi_0 \\ \psi_f \\ \psi_D \\ \psi_Q \end{bmatrix} = \begin{bmatrix} L_d & 0 & 0 & M_{df} & M_{dD} & 0 \\ 0 & L_q & 0 & 0 & 0 & M_{qQ} \\ 0 & 0 & L_0 & 0 & 0 & 0 \\ \hline M_{df} & 0 & 0 & L_{ff} & M_{fD} & 0 \\ M_{dD} & 0 & 0 & M_{Df} & L_{DD} & 0 \\ 0 & M_{qQ} & 0 & 0 & 0 & L_{QQ} \end{bmatrix} \begin{bmatrix} i_d \\ i_q \\ i_0 \\ i_f \\ i_D \\ i_Q \end{bmatrix} \tag{11-53}$$

由式（11-53）可见，**在 dq0 坐标系中，定、转子所有的自感、互感都成为固定的常数，不再与 θ 角有关；而且所有 d 轴绕组与 q 轴绕组间的互感都变成了 0，dq 轴因为相互垂直而解耦；零轴则是一个孤立系统，零轴电流不产生气隙磁场，而仅有漏磁，零轴绕组与 dq 轴绕组之间也没有互感。**

3. 转矩公式和运动方程

将式（11-30）中的三相定子电流 i_A、i_B、i_C 根据坐标变换关系式（11-33）用 i_d、i_q、i_0

表示，可得 dq0 坐标系中的转矩公式为

$$T_e = p_n \left[(L_d - L_q) i_d i_q - M_{qQ} i_Q i_d + M_{df} i_f i_q + M_{dD} i_D i_q \right] \tag{11-54}$$

在同步电机动态分析中，转矩公式常用磁链和电流来表示，将式（11-54）重新整理得

$$T_e = p_n \left[(L_d i_d + M_{df} i_f + M_{dD} i_D) i_q - (L_q i_q + M_{qQ} i_Q) i_d \right] = p_n (\psi_d i_q - \psi_q i_d) \tag{11-55}$$

运动方程保持不变，仍为

$$T_e = T_L + \frac{J}{p_n} \frac{d\omega}{dt} \tag{11-56}$$

11.1.3 转子绕组归算和标幺值

1. 绕组归算

采用正交变换后，在 dq0 坐标系上的磁链方程中定、转子绕组间的互感具有可逆性（若采用 Park 变换则部分互感是不可逆的），但由于各绕组匝数不同，故各互感数值不等，给使用带来不便，为此可以进行绕组归算。

设三相定子绕组每相有效匝数为 N_s，转子励磁绕组、直轴和交轴阻尼绕组的有效匝数分别为 N_f、N_D、N_Q，考虑到按照正交变换将匝数为 N_s 的三相绕组变换到 dq0 坐标系后，其 dq 轴等效绕组匝数应为 $\sqrt{3/2} N_s$，因此应该将转子各绕组匝数归算到 $\sqrt{3/2} N_s$，即在 dq0 坐标系中定子绕组与转子励磁绕组、直轴阻尼绕组、交轴阻尼绕组的有效匝数比分别为

$$k_f = \sqrt{3/2} N_s / N_f, \quad k_D = \sqrt{3/2} N_s / N_D, \quad k_Q = \sqrt{3/2} N_s / N_Q \tag{11-57}$$

因此，定子直轴绕组与转子励磁绕组和直轴阻尼绕组互感 M_{df}、M_{dD} 的归算值分别为

$$M'_{df} = k_f M_{df} = \frac{3}{2} \frac{N_s M_{sf}}{N_f} = \frac{3}{2} L_{\delta d} = L_{ad} \tag{11-58}$$

$$M'_{dD} = k_D M_{dD} = \frac{3}{2} \frac{N_s M_{sD}}{N_D} = \frac{3}{2} L_{\delta d} = L_{ad} \tag{11-59}$$

定子交轴绕组与转子交轴阻尼绕组互感 M_{qQ} 的归算值为

$$M'_{qQ} = k_Q M_{qQ} = \frac{3}{2} \frac{N_s M_{sQ}}{N_Q} = \frac{3}{2} L_{\delta q} = L_{aq} \tag{11-60}$$

转子励磁绕组与直轴阻尼绕组的互感归算值为（不计互漏磁时）

$$M'_{fD} = M'_{Df} = k_f k_D M_{Df} = \frac{3}{2} \frac{N_s^2 M_{Df}}{N_f N_D} = \frac{3}{2} L_{\delta d} = L_{ad} \tag{11-61}$$

考虑到转子各绕组自感均为漏电感和与气隙磁通对应的电感之和，即有

$$L_{ff} = L_{f\sigma} + L_{\delta f}, \quad L_{DD} = L_{D\sigma} + L_{\delta D}, \quad L_{QQ} = L_{Q\sigma} + L_{\delta Q} \tag{11-62}$$

式中，$L_{f\sigma}$、$L_{D\sigma}$、$L_{Q\sigma}$ 分别为转子励磁绕组、直轴阻尼绕组和交轴阻尼绕组的漏电感；$L_{\delta f}$、$L_{\delta D}$、$L_{\delta Q}$ 分别为转子励磁绕组、直轴阻尼绕组和交轴阻尼绕组与气隙磁通对应的电感。

归算后的自感分别为

$$L'_{ff} = k_f^2 L_{ff} = k_f^2 L_{f\sigma} + \frac{3}{2} \frac{N_s^2 L_{\delta f}}{N_f^2} = L'_{f\sigma} + L_{ad} \tag{11-63}$$

$$L'_{DD} = k_D^2 L_{DD} = k_D^2 L_{D\sigma} + \frac{3}{2} \frac{N_s^2 L_{\delta D}}{N_D^2} = L'_{D\sigma} + L_{ad} \tag{11-64}$$

$$L'_{QQ} = k_Q^2 L_{QQ} = k_Q^2 L_{Q\sigma} + \frac{3}{2} \frac{N_s^2 L_{\delta Q}}{N_Q^2} = L'_{Q\sigma} + L_{aq} \qquad (11\text{-}65)$$

式中，$L'_{f\sigma}$、$L'_{D\sigma}$、$L'_{Q\sigma}$ 分别为归算后转子励磁绕组、直轴和交轴阻尼绕组的漏电感，$L'_{f\sigma} = k_f^2 L_{f\sigma}$，$L'_{D\sigma} = k_D^2 L_{D\sigma}$，$L'_{Q\sigma} = k_Q^2 L_{Q\sigma}$。

归算后的磁链方程为

$$\begin{bmatrix} \psi_d \\ \psi_q \\ \psi_0 \\ \psi'_f \\ \psi'_D \\ \psi'_Q \end{bmatrix} = \begin{bmatrix} L_d & 0 & 0 & L_{ad} & L_{ad} & 0 \\ 0 & L_q & 0 & 0 & 0 & L_{aq} \\ 0 & 0 & L_0 & 0 & 0 & 0 \\ L_{ad} & 0 & 0 & L'_{ff} & L_{ad} & 0 \\ L_{ad} & 0 & 0 & L_{ad} & L'_{DD} & 0 \\ 0 & L_{aq} & 0 & 0 & 0 & L'_{QQ} \end{bmatrix} \begin{bmatrix} i_d \\ i_q \\ i_0 \\ i'_f \\ i'_D \\ i'_Q \end{bmatrix} \qquad (11\text{-}66)$$

式中，ψ'_f、ψ'_D、ψ'_Q 分别为转子励磁绕组、直轴和交轴阻尼绕组的磁链归算值，$\psi'_f = k_f \psi_f$，$\psi'_D = k_D \psi_D$，$\psi'_Q = k_Q \psi_Q$；i'_f、i'_D、i'_Q 分别为转子励磁绕组、直轴和交轴阻尼绕组的电流归算值，$i'_f = i_f / k_f$，$i'_D = i_D / k_D$，$i'_Q = i_Q / k_Q$。

归算后的转子电压方程为

$$\left. \begin{aligned} u'_f &= i'_f R'_f + \frac{d\psi'_f}{dt} \\ u'_D &= 0 = i'_D R'_D + \frac{d\psi'_D}{dt} \\ u'_Q &= 0 = i'_Q R'_Q + \frac{d\psi'_Q}{dt} \end{aligned} \right\} \qquad (11\text{-}67)$$

式中，u'_f、u'_D、u'_Q 分别为转子励磁绕组、直轴和交轴阻尼绕组的电压归算值，$u'_f = k_f u_f$，$u'_D = k_D u_D$，$u'_Q = k_Q u_Q$；R'_f、R'_D、R'_Q 分别为转子励磁绕组、直轴和交轴阻尼绕组的电阻归算值，$R'_f = k_f^2 R_f$，$R'_D = k_D^2 R_D$，$R'_Q = k_Q^2 R_Q$。

定子电压方程式（11-37）、转矩方程式（11-55）和运动方程式（11-56）保持不变。

2. 同步电机的标幺值

在同步电机分析中常采用标幺值。利用标幺值来分析、计算时，电机的参数和性能数据通常都在一定范围之内，故不易出错。

标幺值的确定，关键在于基值的选择。同步电机的定子各量通常选用额定值（或其幅值）作为基值，在定子各量中，电压、电流和时间（或角频率）是 3 个基本量，这 3 个量的基值选定后，其他各量的基值即可由一些基本关系式派生出来。

在研究动态问题时，定子基本量的基值如下：

定子相电流的基值 i_{sb}——选为定子额定相电流的幅值，即 $i_{sb} = \sqrt{2} I_{N\phi}$；

定子相电压的基值 u_{sb}——选为定子额定相电压的幅值，即 $u_{sb} = \sqrt{2} U_{N\phi}$；

定子角频率的基值 ω_b——选为定子额定角频率 ω_1，即 $\omega_b = \omega_1$；

时间的基值 t_b——选为基值角频率下，经过一个电弧度所需的时间，即 $t_b = 1/\omega_b$，单位用秒表示。

根据上述各基本量的基值，可得到定子各派生量的基值如下：

定子阻抗的基值 z_{sb} —— $z_{sb} = \dfrac{u_{sb}}{i_{sb}}$；

定子功率的基值 S_b ——电机的额定容量，对三相电机，$S_b = 3U_{N\phi}I_{N\phi} = \dfrac{3}{2}u_{sb}i_{sb}$；

定子磁链的基值 ψ_{sb} —— $\psi_{sb} = \dfrac{u_{sb}}{\omega_b}$；

定子电感的基值 L_{sb} —— $L_{sb} = \dfrac{\psi_{sb}}{i_{sb}} = \dfrac{z_{sb}}{\omega_b}$；

机械角速度的基值 Ω_b —— $\Omega_b = \dfrac{\omega_b}{p_n}$；

转矩的基值 T_b —— $T_b = \dfrac{S_b}{\Omega_b}$。

由此可得

$$\Omega^* = \frac{\Omega}{\Omega_b} = \frac{p_n\Omega}{\omega_b} = \omega^*$$

即机械角速度的标幺值与电角速度的标幺值相等。

转子量的基值如下：

转子的时间基值与定子相同。转子电流的基值有不同的选择方法，常用方法为"x_{ad} 基准"。所谓 x_{ad} 基准是指励磁绕组通入基值电流 i_{fb} 时所产生的定子互感磁链 $M_{df}i_{fb}$ 恰好与定子直轴绕组电流为基准电流 i_{sb} 时所产生的直轴电枢反应磁链相等，即

$$M_{df}i_{fb} = L_{ad}i_{sb}$$

或

$$i_{fb} = \frac{L_{ad}}{M_{df}}i_{sb} = \sqrt{\frac{2}{3}}\frac{L_{ad}}{M_{sf}}i_{sb}$$

类似地，可定义直轴和交轴阻尼绕组的基值电流 i_{Db} 和 i_{Qb}，即

$$i_{Db} = \frac{L_{ad}}{M_{dD}}i_{sb} = \sqrt{\frac{2}{3}}\frac{L_{ad}}{M_{sD}}i_{sb}$$

$$i_{Qb} = \frac{L_{aq}}{M_{qQ}}i_{sb} = \sqrt{\frac{2}{3}}\frac{L_{aq}}{M_{sQ}}i_{sb}$$

采用正交变换时，转子各绕组电压的基值可以按下述关系选取：

$$u_{fb}i_{fb} = u_{Db}i_{Db} = u_{Qb}i_{Qb} = u_{sb}i_{sb}$$

即

$$u_{fb} = \frac{i_{sb}}{i_{fb}}u_{sb}, \quad u_{Db} = \frac{i_{sb}}{i_{Db}}u_{sb}, \quad u_{Qb} = \frac{i_{sb}}{i_{Qb}}u_{sb}$$

转子其他各量的基值可以由相应的电压和电流基值导出。以转子励磁绕组为例：

磁链基值 ψ_{fb} —— $\psi_{fb} = \dfrac{u_{fb}}{\omega_b} = \dfrac{i_{sb}}{i_{fb}}\psi_{sb}$；

电感基值 L_{fb}——$L_{fb} = \dfrac{\psi_{fb}}{i_{fb}} = L_{sb}\left(\dfrac{i_{sb}}{i_{fb}}\right)^2$；

阻抗基值 z_{fb}——$z_{fb} = \dfrac{u_{fb}}{i_{fb}} = z_{sb}\left(\dfrac{i_{sb}}{i_{fb}}\right)^2$。

直轴和交轴阻尼绕组的磁链、电感和阻抗基值可同理导出，只需把上面各式中的下标由"fb"换成"Db"或"Qb"即可。

3. 用标幺值表示时 dq0 坐标系中同步电机的动态方程

(1) 电压方程

把 dq0 坐标系中定子电压方程式（11-37）除以定子电压基值 u_{sb}，并考虑到 $u_{sb} = \omega_b \psi_b = z_{sb}i_{sb}$，可得定子电压的标幺值方程

$$\left.\begin{aligned}
u_d^* &= R_s^* i_d^* + \frac{\mathrm{d}\psi_d^*}{\mathrm{d}t^*} - \omega^* \psi_q^* \\[2mm]
u_q^* &= R_s^* i_q^* + \frac{\mathrm{d}\psi_q^*}{\mathrm{d}t^*} + \omega^* \psi_d^* \\[2mm]
u_0^* &= R_s^* i_0^* + \frac{\mathrm{d}\psi_0^*}{\mathrm{d}t^*}
\end{aligned}\right\} \tag{11-68}$$

同理可得，转子电压的标幺值方程

$$\left.\begin{aligned}
u_f^* &= i_f^* R_f^* + \frac{\mathrm{d}\psi_f^*}{\mathrm{d}t^*} \\[2mm]
0 &= i_D^* R_D^* + \frac{\mathrm{d}\psi_D^*}{\mathrm{d}t^*} \\[2mm]
0 &= i_Q^* R_Q^* + \frac{\mathrm{d}\psi_Q^*}{\mathrm{d}t^*}
\end{aligned}\right\} \tag{11-69}$$

(2) 磁链方程

由式（11-53）取标幺值，可得

$$\begin{bmatrix} \psi_d^* \\ \psi_q^* \\ \psi_0^* \\ \psi_f^* \\ \psi_D^* \\ \psi_Q^* \end{bmatrix} = \left[\begin{array}{ccc:ccc} L_d^* & 0 & 0 & L_{ad}^* & L_{ad}^* & 0 \\ 0 & L_q^* & 0 & 0 & 0 & L_{aq}^* \\ 0 & 0 & L_0^* & 0 & 0 & 0 \\ \hdashline L_{ad}^* & 0 & 0 & L_{ff}^* & L_{ad}^* & 0 \\ L_{ad}^* & 0 & 0 & L_{ad}^* & L_{DD}^* & 0 \\ 0 & L_{aq}^* & 0 & 0 & 0 & L_{QQ}^* \end{array}\right] \begin{bmatrix} i_d^* \\ i_q^* \\ i_0^* \\ i_f^* \\ i_D^* \\ i_Q^* \end{bmatrix} \tag{11-70}$$

由于额定角频率的标幺值 $\omega_1^* = 1$，因此额定频率时的电抗标幺值与相应的电感标幺值相等，即有

$$X_{ad}^* = \omega_1^* L_{ad}^* = L_{ad}^*$$
$$X_d^* = \omega_1^* L_d^* = L_d^* = L_\sigma^* + L_{ad}^* = X_\sigma^* + X_{ad}^*$$
$$X_q^* = \omega_1^* L_q^* = L_q^* = L_\sigma^* + L_{aq}^* = X_\sigma^* + X_{aq}^*$$
$$X_0^* = \omega_1^* L_0^* = L_0^*$$

$$X_{\mathrm{ff}}^* = \omega_1^* L_{\mathrm{ff}}^* = L_{\mathrm{ff}}^* = L_{\mathrm{f\sigma}}^* + L_{\mathrm{ad}}^* = X_{\mathrm{f\sigma}}^* + X_{\mathrm{ad}}^*$$

$$X_{\mathrm{DD}}^* = \omega_1^* L_{\mathrm{DD}}^* = L_{\mathrm{DD}}^* = L_{\mathrm{D\sigma}}^* + L_{\mathrm{ad}}^* = X_{\mathrm{D\sigma}}^* + X_{\mathrm{ad}}^*$$

$$X_{\mathrm{QQ}}^* = \omega_1^* L_{\mathrm{QQ}}^* = L_{\mathrm{QQ}}^* = L_{\mathrm{Q\sigma}}^* + L_{\mathrm{aq}}^* = X_{\mathrm{Q\sigma}}^* + X_{\mathrm{aq}}^*$$

由式（11-70），用电抗标幺值表示的磁链方程为

$$
\begin{bmatrix} \psi_{\mathrm{d}}^* \\ \psi_{\mathrm{q}}^* \\ \psi_{0}^* \\ \psi_{\mathrm{f}}^* \\ \psi_{\mathrm{D}}^* \\ \psi_{\mathrm{Q}}^* \end{bmatrix}
=
\begin{bmatrix}
X_{\mathrm{d}}^* & 0 & 0 & X_{\mathrm{ad}}^* & X_{\mathrm{ad}}^* & 0 \\
0 & X_{\mathrm{q}}^* & 0 & 0 & 0 & X_{\mathrm{aq}}^* \\
0 & 0 & X_{0}^* & 0 & 0 & 0 \\
X_{\mathrm{ad}}^* & 0 & 0 & X_{\mathrm{ff}}^* & X_{\mathrm{ad}}^* & 0 \\
X_{\mathrm{ad}}^* & 0 & 0 & X_{\mathrm{ad}}^* & X_{\mathrm{DD}}^* & 0 \\
0 & X_{\mathrm{aq}}^* & 0 & 0 & 0 & X_{\mathrm{QQ}}^*
\end{bmatrix}
\begin{bmatrix} i_{\mathrm{d}}^* \\ i_{\mathrm{q}}^* \\ i_{0}^* \\ i_{\mathrm{f}}^* \\ i_{\mathrm{D}}^* \\ i_{\mathrm{Q}}^* \end{bmatrix}
\tag{11-71}
$$

（3）转矩公式和运动方程

对式（11-55）的转矩公式取标幺值，得

$$T_{\mathrm{e}}^* = \frac{T_{\mathrm{e}}}{T_{\mathrm{b}}} = \frac{2}{3}(\psi_{\mathrm{d}}^* i_{\mathrm{q}}^* - \psi_{\mathrm{q}}^* i_{\mathrm{d}}^*) \tag{11-72}$$

运动方程式（11-56）的标幺值形式为

$$T_{\mathrm{e}}^* = T_{\mathrm{L}}^* + J^* \frac{\mathrm{d}\omega^*}{\mathrm{d}t^*} \tag{11-73}$$

式中，J^* 为转动惯量的标幺值，$J^* = \dfrac{J\omega_{\mathrm{b}}^3}{p_{\mathrm{n}}^2 S_{\mathrm{b}}}$。

4. 混合形式的动态方程

为了直观，动态方程中的时间 t 常采用实际值（单位为 s），而其他所有的物理量采用标幺值，这样得到的是标幺值和实际值混合使用的动态方程。

混合形式的动态方程中，磁链方程和转矩方程不变，仍为式（11-70）或式（11-71）和式（11-72），而式（11-68）和式（11-69）的电压方程变为

$$
\left.
\begin{aligned}
u_{\mathrm{d}}^* &= \frac{1}{\omega_{\mathrm{b}}} \frac{\mathrm{d}\psi_{\mathrm{d}}^*}{\mathrm{d}t} - \omega^* \psi_{\mathrm{q}}^* + R_{\mathrm{s}}^* i_{\mathrm{d}}^* \\
u_{\mathrm{q}}^* &= \frac{1}{\omega_{\mathrm{b}}} \frac{\mathrm{d}\psi_{\mathrm{q}}^*}{\mathrm{d}t} + \omega^* \psi_{\mathrm{d}}^* + R_{\mathrm{s}}^* i_{\mathrm{q}}^* \\
u_{0}^* &= \frac{1}{\omega_{\mathrm{b}}} \frac{\mathrm{d}\psi_{0}^*}{\mathrm{d}t} + R_{\mathrm{s}}^* i_{0}^*
\end{aligned}
\right\}
\tag{11-74}
$$

$$
\left.
\begin{aligned}
u_{\mathrm{f}}^* &= \frac{1}{\omega_{\mathrm{b}}} \frac{\mathrm{d}\psi_{\mathrm{f}}^*}{\mathrm{d}t} + i_{\mathrm{f}}^* R_{\mathrm{f}}^* \\
0 &= \frac{1}{\omega_{\mathrm{b}}} \frac{\mathrm{d}\psi_{\mathrm{D}}^*}{\mathrm{d}t} + i_{\mathrm{D}}^* R_{\mathrm{D}}^* \\
0 &= \frac{1}{\omega_{\mathrm{b}}} \frac{\mathrm{d}\psi_{\mathrm{Q}}^*}{\mathrm{d}t} + i_{\mathrm{Q}}^* R_{\mathrm{Q}}^*
\end{aligned}
\right\}
\tag{11-75}
$$

式（11-73）的运动方程变为

$$T_e^* = T_L^* + \frac{J^*}{\omega_b}\frac{\mathrm{d}\omega^*}{\mathrm{d}t} = T_L^* + H\frac{\mathrm{d}\omega^*}{\mathrm{d}t} \tag{11-76}$$

式中，H 称为惯性常数（s），$H = \dfrac{J^*}{\omega_b} = \dfrac{J\Omega_b^2}{S_b}$。

11.2　同步电机的运算电抗和等效电路

运算电抗是计及瞬态过程中定、转子的电磁耦合关系，从定子端点看进去的等效输入电抗，反映的是瞬态过程中定子直轴、交轴电流与它们产生的磁链的关系。这种瞬态电磁关系也可以用相应的直轴、交轴等效电路来表达。运算电抗和相应等效电路在同步电机的动态分析中具有重要意义。下面分别讨论转子上只有励磁绕组没有阻尼绕组和转子上既有励磁绕组又有阻尼绕组时的运算电抗和等效电路。

本节讨论中采用标幺值，为了简明，省去了标幺值的"＊"号上标。

11.2.1　转子上只有励磁绕组时的运算电抗和等效电路

1. 直轴等效电路和直轴运算电抗

转子上只有励磁绕组时，用电抗标幺值表示的直轴各绕组磁链方程和励磁绕组电压方程为

$$\psi_d = X_d i_d + X_{ad} i_f \tag{11-77}$$

$$\psi_f = X_{ad} i_d + X_{ff} i_f \tag{11-78}$$

$$u_f = p\psi_f + R_f i_f \tag{11-79}$$

不计磁路饱和时，各电抗均为常值，式（11-77）～式（11-79）构成一组线性常系数微分方程组。对其进行拉普拉斯变换，有

$$\Psi_d(s) = X_d I_d(s) + X_{ad} I_f(s) \tag{11-80}$$

$$\Psi_f(s) = X_{ad} I_d(s) + X_{ff} I_f(s) \tag{11-81}$$

$$U_f(s) = s\Psi_f(s) - \psi_{f0} + R_f I_f(s) \tag{11-82}$$

式中，ψ_{f0} 为 $t = 0$ 时励磁绕组磁链的初值。

式（11-82）可以写成

$$\frac{U_f(s) + \psi_{f0}}{s} = \Psi_f(s) + \frac{R_f}{s} I_f(s) \tag{11-83}$$

将式（11-81）代入式（11-83），得

$$\frac{U_f(s) + \psi_{f0}}{s} = X_{ad} I_d(s) + \left(X_{ff} + \frac{R_f}{s} \right) I_f(s) \tag{11-84}$$

由式（11-80）和式（11-84），并考虑到 $X_d = X_\sigma + X_{ad}$ 和 $X_{ff} = X_{f\sigma} + X_{ad}$，可以画出图 11-2a 所示的等效电路，这个等效电路表达了瞬态过程中直轴磁链与电流之间的关系。

在很多情况下，人们只关心定子各量的大小和变化规律，因此希望把式（11-80）定子磁链方程中的转子电流消去。由式（11-84），励磁电流 $I_f(s)$ 为

$$I_f(s) = \frac{U_f(s) + \psi_{f0}}{s X_{ff} + R_f} - \frac{s X_{ad}}{s X_{ff} + R_f} I_d(s) \tag{11-85}$$

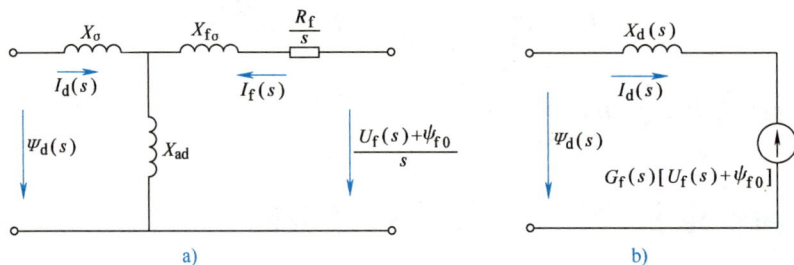

图 11-2 转子上只有励磁绕组时的直轴等效电路

代入式（11-80），可得

$$\Psi_d(s) = \left(X_d - \frac{sX_{ad}^2}{sX_{ff} + R_f} \right) I_d(s) + \frac{X_{ad}}{sX_{ff} + R_f} \left[U_f(s) + \psi_{f0} \right]$$
$$= X_d(s)I_d(s) + G_f(s)\left[U_f(s) + \psi_{f0} \right] \tag{11-86}$$

式中，$X_d(s)$ 称为直轴运算电抗；$G_f(s)$ 则是励磁电压对定子直轴磁链的传递函数。

$$X_d(s) = X_d - \frac{sX_{ad}^2}{sX_{ff} + R_f} = X_\sigma + \frac{X_{ad}\left(X_{f\sigma} + \dfrac{R_f}{s} \right)}{X_{ad} + \left(X_{f\sigma} + \dfrac{R_f}{s} \right)} \tag{11-87}$$

$$G_f(s) = \frac{X_{ad}}{sX_{ff} + R_f} \tag{11-88}$$

图 11-2b 为与式（11-86）相应的等效电路。由图 11-2 可见，把图 11-2a 化成图 11-2b 实质上是根据戴维南定理，把一个有源二端网络化成了一个等效电压源和输入电抗的串联。

由式（11-87），转子上只有励磁绕组时的直轴运算电抗如图 11-3 所示。比较图 11-2 和图 11-3 可以看出，直轴运算电抗 $X_d(s)$ 就是把图 11-2 中的所有内部源（包括 $U_f(s)$ 和 ψ_{f0}）都短路时从定子端点看进去的输入电抗。

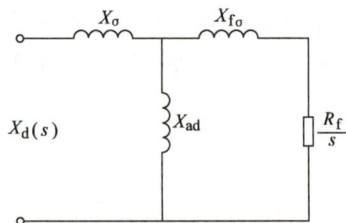

图 11-3 转子上只有励磁绕组时的直轴运算电抗

2. 直轴瞬态电抗和直轴同步电抗

根据拉普拉斯变换的初值定理，令 $X_d(s)$ 中的 $s = \infty$，可得 $t = 0$ 时 $X_d(s)$ 的初值，即瞬态初始瞬间从定子直轴看进去时同步电机所表现出的电抗，称为直轴瞬态电抗，用 X_d' 表示。由式（11-87），得

$$X_d' = \lim_{s \to \infty} X_d(s) = X_\sigma + \frac{X_{ad}X_{f\sigma}}{X_{ad} + X_{f\sigma}} = X_\sigma + \frac{1}{\dfrac{1}{X_{ad}} + \dfrac{1}{X_{f\sigma}}} \tag{11-89}$$

相应的等效电路如图 11-4a 所示。比较图 11-3 和图 11-4a 可知，X_d' 也就是不计励磁绕组电阻 R_f 时直轴运算电抗 $X_d(s)$ 的值，即

$$X_d' = X_d(s) \big|_{R_f = 0} \tag{11-90}$$

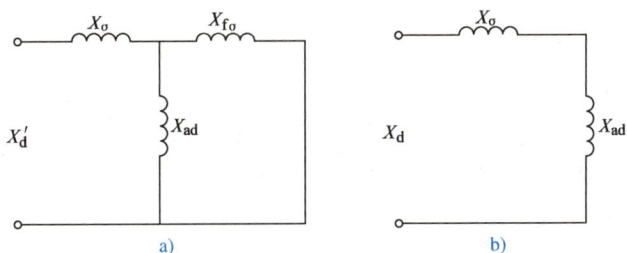

图 11-4　直轴瞬态电抗 X_d' 和直轴同步电抗 X_d

根据终值定理，令 $X_d(s)$ 中的 $s=0$，可得 $t=\infty$ 时 $X_d(s)$ 的终值，这是瞬态结束，进入稳态运行时定子直轴所表现的电抗，即直轴同步电抗 X_d，有

$$X_d = \lim_{s\to 0}X_d(s) = X_\sigma + X_{ad} \tag{11-91}$$

相应的等效电路如图 11-4b 所示。

3. 用时间常数表示的直轴运算电抗

直轴运算电抗 $X_d(s)$ 也可以用 X_d 和有关的时间常数表示。由式（11-87）可得

$$X_d(s) = X_d - \frac{sX_{ad}^2}{sX_{ff} + R_f} = X_d \frac{s\left(X_{ff} - \dfrac{X_{ad}^2}{X_d}\right) + R_f}{sX_{ff} + R_f}$$

$$= X_d \frac{sX_{ff}' + R_f}{sX_{ff} + R_f} \tag{11-92}$$

式中

$$X_{ff}' = X_{ff} - \frac{X_{ad}^2}{X_d} = X_{f\sigma} + \frac{X_{ad}X_\sigma}{X_{ad} + X_\sigma} \tag{11-93}$$

X_{ff}' 称为**励磁绕组的瞬态电抗**，是定子短路时从励磁绕组端点看进去时的瞬态电抗，其等效电路如图 11-5 所示。

把式（11-92）的分子分母同除以 R_f，可得

$$X_d(s) = X_d \frac{sT_f' + 1}{sT_f + 1} \tag{11-94}$$

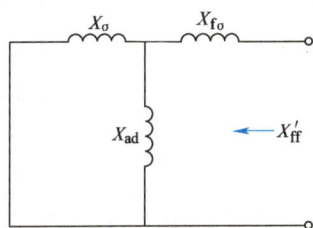

图 11-5　X_{ff}' 的等效电路

式中，T_f 为励磁绕组的时间常数，$T_f = X_{ff}/R_f$；T_f' 为励磁绕组的瞬态时间常数，即定子绕组短路时励磁绕组的等效时间常数，$T_f' = X_{ff}'/R_f$。

无阻尼绕组时，时间常数 T_f' 就是第 6 章 6.11 节同步发电机三相突然短路中的直轴瞬态时间常数 T_d'，而 T_f 则是定子开路时发电机的直轴时间常数 T_{d0}，故式（11-94）也可写成

$$X_d(s) = X_d \frac{sT_d' + 1}{sT_{d0} + 1} \tag{11-95}$$

由式（11-94）和式（11-95），根据初值定理可得用 X_d 和时间常数表示的直轴瞬态电抗 X_d' 为

$$X_d' = \lim_{s \to \infty} X_d(s) = X_d \frac{T_d'}{T_{d0}'} = X_d \frac{T_f'}{T_f} \qquad (11\text{-}96)$$

在研究同步发电机突然短路等瞬态问题时，常用到 $X_d(s)$ 的倒数，由式（11-95）可知

$$\frac{1}{X_d(s)} = \frac{1}{X_d} \frac{sT_{d0}' + 1}{sT_d' + 1} = \frac{1}{X_d} + \left(\frac{1}{X_d'} - \frac{1}{X_d} \right) \frac{sT_d'}{sT_d' + 1} \qquad (11\text{-}97)$$

4. 交轴等效电路和交轴运算电抗

同理，对定子交轴磁链方程作拉普拉斯变换，可得

$$\Psi_q(s) = X_q I_q(s) = X_q(s) I_q(s) \qquad (11\text{-}98)$$

式中，$X_q(s)$ 为交轴运算电抗，因交轴无励磁绕组和其他绕组，故

$$X_q(s) = X_q = X_\sigma + X_{aq} \qquad (11\text{-}99)$$

即此时 $X_q(s)$ 就等于交轴同步电抗 X_q，相应的等效电路如图 11-6 所示。

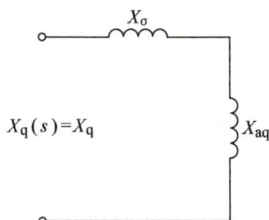

图 11-6 无阻尼绕组时的
交轴等效电路

11.2.2 转子上有阻尼绕组时的运算电抗和等效电路

当转子上除了励磁绕组外在直轴和交轴各有一个阻尼绕组时，同步电机直轴绕组的磁链方程及励磁绕组和直轴阻尼绕组的电压方程为

$$\left. \begin{aligned} \psi_d &= X_d i_d + X_{ad} i_f + X_{ad} i_D \\ \psi_f &= X_{ad} i_d + X_{ff} i_f + X_{ad} i_D \\ \psi_D &= X_{ad} i_d + X_{ad} i_f + X_{DD} i_D \end{aligned} \right\} \qquad (11\text{-}100)$$

$$\left. \begin{aligned} u_f &= p\psi_f + R_f i_f \\ u_D &= 0 = p\psi_D + R_D i_D \end{aligned} \right\} \qquad (11\text{-}101)$$

对式（11-100）和式（11-101）进行拉普拉斯变换，可得

$$\left. \begin{aligned} \Psi_d(s) &= X_d I_d(s) + X_{ad} I_f(s) + X_{ad} I_D(s) \\ \Psi_f(s) &= X_{ad} I_d(s) + X_{ff} I_f(s) + X_{ad} I_D(s) \\ \Psi_D(s) &= X_{ad} I_d(s) + X_{ad} I_f(s) + X_{DD} I_D(s) \end{aligned} \right\} \qquad (11\text{-}102)$$

$$\left. \begin{aligned} U_f(s) &= s\Psi_f(s) - \psi_{f0} + R_f I_f(s) \\ 0 &= s\Psi_D(s) - \psi_{D0} + R_D I_D(s) \end{aligned} \right\} \qquad (11\text{-}103)$$

将式（11-102）的第 2、3 行代入式（11-103），并与式（11-102）第 1 行结合，得

$$\left. \begin{aligned} \Psi_d(s) &= X_d I_d(s) + X_{ad} I_f(s) + X_{ad} I_D(s) \\ \frac{U_f(s) + \psi_{f0}}{s} &= X_{ad} I_d(s) + \left(X_{ff} + \frac{R_f}{s} \right) I_f(s) + X_{ad} I_D(s) \\ \frac{\psi_{D0}}{s} &= X_{ad} I_d(s) + X_{ad} I_f(s) + \left(X_{DD} + \frac{R_D}{s} \right) I_D(s) \end{aligned} \right\} \qquad (11\text{-}104)$$

由式（11-104），转子上有阻尼绕组时的直轴等效电路如图 11-7 所示。

由式（11-104）的第 2、3 行解出 $I_f(s)$ 和 $I_D(s)$，代入第 1 行，得

$$\Psi_d(s) = X_d(s) I_d(s) + G_f(s) [U_f(s) + \psi_{f0}] + G_D(s)\psi_{D0} \qquad (11\text{-}105)$$

式中，$X_d(s)$ 即为转子上有阻尼绕组时的直轴运算电抗；$G_f(s)$ 为励磁绕组的传递函数；$G_D(s)$

为直轴阻尼绕组的传递函数。

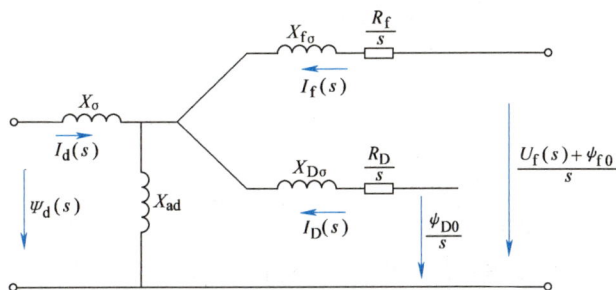

图 11-7　转子上有阻尼绕组时的直轴等效电路

$$X_{\mathrm{d}}(s) = X_{\mathrm{d}} - \frac{X_{\mathrm{ad}}^2\left[(X_{\mathrm{f\sigma}} + X_{\mathrm{D\sigma}})s^2 + (R_{\mathrm{f}} + R_{\mathrm{D}})s\right]}{(X_{\mathrm{ff}}X_{\mathrm{DD}} - X_{\mathrm{ad}}^2)s^2 + (X_{\mathrm{ff}}R_{\mathrm{D}} + X_{\mathrm{DD}}R_{\mathrm{f}})s + R_{\mathrm{f}}R_{\mathrm{D}}}$$

$$= X_{\sigma} + \frac{1}{\dfrac{1}{X_{\mathrm{ad}}} + \dfrac{1}{X_{\mathrm{f\sigma}} + \dfrac{R_{\mathrm{f}}}{s}} + \dfrac{1}{X_{\mathrm{D\sigma}} + \dfrac{R_{\mathrm{D}}}{s}}} \tag{11-106}$$

$$G_{\mathrm{f}}(s) = \frac{X_{\mathrm{ad}}(X_{\mathrm{D\sigma}}s + R_{\mathrm{D}})}{(X_{\mathrm{ff}}X_{\mathrm{DD}} - X_{\mathrm{ad}}^2)s^2 + (X_{\mathrm{ff}}R_{\mathrm{D}} + X_{\mathrm{DD}}R_{\mathrm{f}})s + R_{\mathrm{f}}R_{\mathrm{D}}} \tag{11-107}$$

$$G_{\mathrm{D}}(s) = \frac{X_{\mathrm{ad}}(X_{\mathrm{f\sigma}}s + R_{\mathrm{f}})}{(X_{\mathrm{ff}}X_{\mathrm{DD}} - X_{\mathrm{ad}}^2)s^2 + (X_{\mathrm{ff}}R_{\mathrm{D}} + X_{\mathrm{DD}}R_{\mathrm{f}})s + R_{\mathrm{f}}R_{\mathrm{D}}} \tag{11-108}$$

由式 (11-106)，有阻尼绕组时直轴运算电抗的等效电路如图 11-8 所示。

有阻尼绕组时，直轴运算电抗 $X_{\mathrm{d}}(s)$ 的初值称为直轴超瞬态电抗，用 X_{d}'' 表示。由拉普拉斯变换的初值定理，得

$$X_{\mathrm{d}}'' = \lim_{s \to \infty} X_{\mathrm{d}}(s) = X_{\sigma} + \frac{1}{\dfrac{1}{X_{\mathrm{ad}}} + \dfrac{1}{X_{\mathrm{f\sigma}}} + \dfrac{1}{X_{\mathrm{D\sigma}}}} \tag{11-109}$$

相应等效电路如图 11-9 所示。

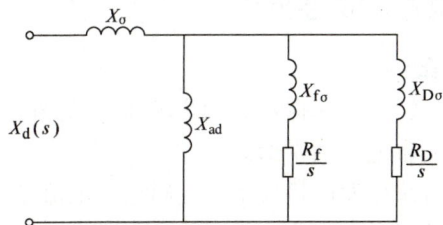

图 11-8　有阻尼绕组时直轴运算电抗的等效电路

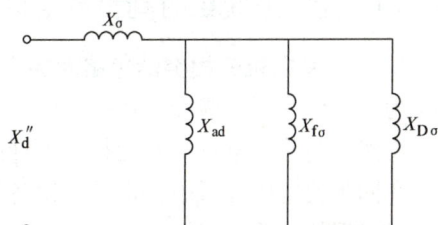

图 11-9　直轴超瞬态电抗的等效电路

同理可以导出有阻尼绕组时的交轴定子磁链为

$$\Psi_{\mathrm{q}}(s) = X_{\mathrm{q}}(s)I_{\mathrm{q}}(s) + G_{\mathrm{Q}}(s)\psi_{\mathrm{Q0}} \tag{11-110}$$

式中，$X_{\mathrm{q}}(s)$ 为有阻尼绕组时的交轴运算电抗；$G_{\mathrm{Q}}(s)$ 为交轴阻尼绕组的传递函数

$$X_q(s) = X_q - \frac{sX_{aq}^2}{sX_{QQ} + R_Q} = X_\sigma + \cfrac{1}{\cfrac{1}{X_{aq}} + \cfrac{1}{X_{Q\sigma} + \cfrac{R_Q}{s}}} \qquad (11\text{-}111)$$

$$G_Q(s) = \frac{X_{aq}}{sX_{QQ} + R_Q} \qquad (11\text{-}112)$$

有阻尼绕组时的交轴运算电抗如图 11-10 所示。

有阻尼绕组时，交轴运算电抗的初值称为交轴超瞬态电抗，用 X_q'' 表示，有

$$X_q'' = \lim_{s \to \infty} X_q(s) = X_\sigma + \frac{X_{aq}X_{Q\sigma}}{X_{aq} + X_{Q\sigma}} \qquad (11\text{-}113)$$

相应的等效电路如图 11-11 所示。

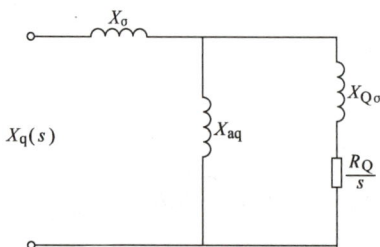

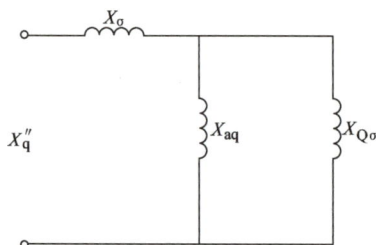

图 11-10　有阻尼绕组时的交轴运算电抗的等效电路　　图 11-11　交轴超瞬态电抗的等效电路

11.3　同步发电机三相突然短路的数学分析

第 6 章第 6.11 节从物理概念出发分析了同步发电机三相突然短路时发电机内的电磁过程。本节利用前面建立的同步电机动态数学模型和运算电抗，对同步发电机的三相突然短路进行数学分析，导出三相突然短路时各绕组电流的表达式。本节的全部表达式仍采用标幺值。

11.3.1　无阻尼绕组时同步发电机三相突然短路的数学分析

1. 同步发电机三相突然短路时的方程式与初始条件

为了简化分析，假设：在整个电磁瞬态过程中，转子转速保持为同步转速、励磁电压不变、突然短路前发电机空载运行。不计磁饱和，因而各电抗为常值。

在同步发电机分析中，定子绕组各量正方向通常采用发电机惯例，此时定子电流正方向与电动机惯例相反，以输出电流为正，其他定子量的正方向不变；转子绕组仍采用电动机惯例。因此，不计零轴分量、无阻尼绕组时转子 dq 坐标系上同步发电机的电压方程和磁链方程分别为

$$\left.\begin{array}{l} u_d = -R_s i_d + p\psi_d - \omega\psi_q \\ u_q = -R_s i_q + p\psi_q + \omega\psi_d \\ u_f = R_f i_f + p\psi_f \end{array}\right\} \qquad (11\text{-}114)$$

$$\left.\begin{aligned}\psi_d &= -X_d i_d + X_{ad} i_f \\ \psi_q &= -X_q i_q \\ \psi_f &= -X_{ad} i_d + X_{ff} i_f \end{aligned}\right\} \tag{11-115}$$

由于短路过程中转速设为不变，故运动方程可不予考虑。

与式（11-86）和式（11-98）相对应，由式（11-114）和式（11-115）导出的用运算电抗表示的定子直轴、交轴磁链因定子电流正方向的改变而相应变为

$$\Psi_d(s) = -X_d(s)I_d(s) + G_f(s)\left[U_f(s) + \psi_{f0}\right] \tag{11-116}$$

$$\Psi_q(s) = -X_q(s)I_q(s) \tag{11-117}$$

设短路前励磁绕组电流为 I_{f0}，由于发电机空载运行，定子电流 $i_d = i_q = 0$，由磁链方程式（11-115）可知，短路前瞬间定子 d、q 轴绕组磁链和励磁绕组磁链 ψ_{d0}、ψ_{q0} 和 ψ_{f0} 分别为

$$\psi_{d0} = X_{ad} I_{f0}, \quad \psi_{q0} = 0, \quad \psi_{f0} = X_{ff} I_{f0} \tag{11-118}$$

由式（11-114）的定子电压方程，考虑到 $\omega = 1$，短路前的定子 d、q 轴电压 u_{d0}、u_{q0} 分别为

$$u_{d0} = 0, \quad u_{q0} = \omega \psi_{d0} = X_{ad} I_{f0} \tag{11-119}$$

电压空间矢量的幅值 u_0 为

$$u_0 = \sqrt{u_{d0}^2 + u_{q0}^2} = X_{ad} I_{f0} \tag{11-120}$$

采用正交变换时，u_0 与相电压有效值 U_0 之间的关系为 $u_0 = \sqrt{3} U_0$，而空载时发电机的端电压 U_0 与励磁电动势有效值 E_0 相等，故有

$$X_{ad} I_{f0} = \sqrt{3} E_0 \tag{11-121}$$

三相短路后，定子各相的端电压为零，因此有

$$u_d = u_q = 0 \tag{11-122}$$

由于假定短路过程中励磁电压保持不变，故

$$u_f = R_f I_{f0} = 常值 \tag{11-123}$$

对式（11-123）进行拉普拉斯变换，得

$$u_f(s) = \frac{R_f I_{f0}}{s} \tag{11-124}$$

将式（11-124）、式（11-88）和式（11-118）中 ψ_{f0} 的表达式代入式（11-116），得

$$\begin{aligned}\Psi_d(s) &= -X_d(s)I_d(s) + \frac{X_{ad}}{sX_{ff} + R_f}\left(\frac{R_f I_{f0}}{s} + X_{ff} I_{f0}\right) \\ &= -X_d(s)I_d(s) + \frac{X_{ad} I_{f0}}{s}\end{aligned} \tag{11-125}$$

2. 定子短路电流

对式（11-114）的定子电压方程进行拉普拉斯变换，并考虑到假定短路过程中转子转速保持同步转速不变，即 $\omega = 1$，可得

$$\left.\begin{aligned}U_d(s) &= -R_s I_d(s) + s\Psi_d(s) - \Psi_{d0} - \Psi_q(s) \\ U_q(s) &= -R_s I_q(s) + s\Psi_q(s) - \Psi_{q0} + \Psi_d(s)\end{aligned}\right\} \tag{11-126}$$

将式（11-125）和式（11-117）代入式（11-126），并考虑到各项初始条件及无阻尼绕组时 $X_q(s) = X_q$，可得

$$0 = -\left[R_{\mathrm{s}} + sX_{\mathrm{d}}(s)\right]I_{\mathrm{d}}(s) + X_{\mathrm{q}}I_{\mathrm{q}}(s)$$
$$\left.\frac{X_{\mathrm{ad}}I_{\mathrm{f0}}}{s} = X_{\mathrm{d}}(s)I_{\mathrm{d}}(s) + (R_{\mathrm{s}} + sX_{\mathrm{q}})I_{\mathrm{q}}(s)\right\} \qquad (11\text{-}127)$$

由式（11-127），消去 q 轴电流 $I_{\mathrm{q}}(s)$，得

$$\frac{X_{\mathrm{ad}}I_{\mathrm{f0}}}{s} = \left[s^2 + sR_{\mathrm{s}}\left(\frac{1}{X_{\mathrm{d}}(s)} + \frac{1}{X_{\mathrm{q}}}\right) + 1 + \frac{R_{\mathrm{s}}^2}{X_{\mathrm{d}}(s)X_{\mathrm{q}}}\right]X_{\mathrm{d}}(s)I_{\mathrm{d}}(s) \qquad (11\text{-}128)$$

由于 $X_{\mathrm{d}}(s)$ 的表达式比较复杂，如果直接由式（11-128）解出 $I_{\mathrm{d}}(s)$，然后经拉普拉斯逆变换求定子电流的时域解比较困难，通常做如下近似处理：由于定子电阻 R_{s} 通常很小，$\dfrac{R_{\mathrm{s}}^2}{X_{\mathrm{d}}(s)X_{\mathrm{q}}} \ll 1$，故此项可忽略不计；而对于 $sR_{\mathrm{s}}\left(\dfrac{1}{X_{\mathrm{d}}(s)} + \dfrac{1}{X_{\mathrm{q}}}\right)$ 项，可以将其中的 $X_{\mathrm{d}}(s)$ 近似地用 X'_{d} 去代替，这实际上是在该项中忽略了励磁绕组电阻 R_{f} 对 $X_{\mathrm{d}}(s)$ 的影响。这样，式（11-128）就可以简化为

$$\frac{X_{\mathrm{ad}}I_{\mathrm{f0}}}{s} \approx (s^2 + 2\alpha_{\mathrm{a}}s + 1)X_{\mathrm{d}}(s)I_{\mathrm{d}}(s) \qquad (11\text{-}129)$$

式中

$$\alpha_{\mathrm{a}} = \frac{R_{\mathrm{s}}}{2}\left(\frac{1}{X'_{\mathrm{d}}} + \frac{1}{X_{\mathrm{q}}}\right) \qquad (11\text{-}130)$$

由式（11-129），并考虑到式（11-121），可得

$$I_{\mathrm{d}}(s) \approx \frac{\sqrt{3}\,E_0}{s(s^2 + 2\alpha_{\mathrm{a}}s + 1)}\frac{1}{X_{\mathrm{d}}(s)} \qquad (11\text{-}131)$$

将式（11-97）代入式（11-131），得

$$I_{\mathrm{d}}(s) \approx \frac{\sqrt{3}\,E_0}{s(s^2 + 2\alpha_{\mathrm{a}}s + 1)}\left[\frac{1}{X_{\mathrm{d}}} + \left(\frac{1}{X'_{\mathrm{d}}} - \frac{1}{X_{\mathrm{d}}}\right)\frac{sT'_{\mathrm{d}}}{sT'_{\mathrm{d}} + 1}\right] \qquad (11\text{-}132)$$

在 $\alpha_{\mathrm{a}} \ll 1$，$1/T'_{\mathrm{d}} \ll 1$ 的条件下，对式（11-132）进行拉普拉斯逆变换，得

$$i_{\mathrm{d}} = \frac{\sqrt{3}\,E_0}{X_{\mathrm{d}}}\left(1 - \mathrm{e}^{-\frac{t}{T_{\mathrm{a}}}}\cos t\right) + \sqrt{3}\,E_0\left(\frac{1}{X'_{\mathrm{d}}} - \frac{1}{X_{\mathrm{d}}}\right)\left(\mathrm{e}^{-\frac{t}{T'_{\mathrm{d}}}} - \mathrm{e}^{-\frac{t}{T_{\mathrm{a}}}}\cos t\right)$$
$$= \sqrt{3}\,E_0\left[\frac{1}{X_{\mathrm{d}}} + \left(\frac{1}{X'_{\mathrm{d}}} - \frac{1}{X_{\mathrm{d}}}\right)\mathrm{e}^{-\frac{t}{T'_{\mathrm{d}}}}\right] - \frac{\sqrt{3}\,E_0}{X'_{\mathrm{d}}}\mathrm{e}^{-\frac{t}{T_{\mathrm{a}}}}\cos t \qquad (11\text{-}133)$$

式中，T_{a} 为电枢时间常数，有

$$T_{\mathrm{a}} = \frac{1}{\alpha_{\mathrm{a}}} = \frac{X_-}{R_{\mathrm{s}}}, \quad X_- = \frac{2X'_{\mathrm{d}}X_{\mathrm{q}}}{X'_{\mathrm{d}} + X_{\mathrm{q}}} \qquad (11\text{-}134)$$

其中，X_- 为负序电抗，它等于 X'_{d} 和 X_{q} 的调和平均值。

同理，可以解出交轴电流 $I_{\mathrm{q}}(s)$ 为

$$I_{\mathrm{q}}(s) = \frac{\sqrt{3}\,E_0}{X_{\mathrm{q}}}\frac{1}{s^2 + 2\alpha_{\mathrm{a}}s + 1} \qquad (11\text{-}135)$$

其逆变换为

$$i_q \approx \frac{\sqrt{3} E_0}{X_q} e^{-\frac{t}{T_a}} \sin t \tag{11-136}$$

设 $t=0$ 时刻 d 轴领先 A 轴的电角度为 θ_0，则 t 时刻 d 轴的位置角 $\theta = t + \theta_0$，由正交变换的坐标变换关系，将 i_d、i_q 变换到 ABC 坐标系即可得到突然短路时的三相定子电流 i_A、i_B、i_C，其中 A 相电流 i_A 为

$$i_A = \sqrt{\frac{2}{3}} (i_d \cos\theta - i_q \sin\theta)$$

$$= \sqrt{2} E_0 \left[\frac{1}{X_d} + \left(\frac{1}{X_d'} - \frac{1}{X_d} \right) e^{-\frac{t}{T_d'}} \right] \cos(t + \theta_0) - \frac{\sqrt{2} E_0}{2} \left(\frac{1}{X_d'} + \frac{1}{X_q} \right) e^{-\frac{t}{T_a}} \cos\theta_0 - \tag{11-137}$$

$$\frac{\sqrt{2} E_0}{2} \left(\frac{1}{X_d'} - \frac{1}{X_q} \right) e^{-\frac{t}{T_a}} \cos(2t + \theta_0)$$

将式（11-137）中的 θ_0 换成 $(\theta_0 - 120°)$ 和 $(\theta_0 + 120°)$ 即可得到 i_B 和 i_C。

由式（11-137）可见，一般来说，无阻尼绕组突然短路时的定子电流由交流基波分量、非周期分量和交流 2 次谐波分量 3 部分组成。交流基波分量又包括幅值为 $\frac{\sqrt{2} E_0}{X_d}$ 的稳态分量和幅值为 $\sqrt{2} E_0 \left(\frac{1}{X_d'} - \frac{1}{X_d} \right)$、以瞬态时间常数 T_d' 衰减的瞬态分量两部分，在短路初瞬，这两部分之和为 $\frac{\sqrt{2} E_0}{X_d'}$；非周期分量的初始幅值为 $\frac{\sqrt{2} E_0}{2} \left(\frac{1}{X_d'} + \frac{1}{X_q} \right) \cos\theta_0$，它与发生短路时的转子位置角 θ_0 有关，$\theta_0 = 0$ 时幅值最大，$\theta_0 = \pm 90°$ 时的幅值为 0；2 次谐波分量的幅值为 $\frac{\sqrt{2} E_0}{2} \left(\frac{1}{X_d'} - \frac{1}{X_q} \right)$，它取决于瞬态凸极效应；非周期分量和 2 次谐波分量均以电枢时间常数 T_a 衰减。

对应于图 6-65 短路发生时转子 d 轴与定子 A 相绕组轴线垂直的情况，$\theta_0 = 90°$，此时式（11-137）变成

$$i_A = -\sqrt{2} E_0 \left[\frac{1}{X_d} + \left(\frac{1}{X_d'} - \frac{1}{X_d} \right) e^{-\frac{t}{T_d'}} \right] \sin t + \frac{\sqrt{2} E_0}{2} \left(\frac{1}{X_d'} - \frac{1}{X_q} \right) e^{\frac{t}{T_a}} \sin 2t \tag{11-138}$$

3. 转子励磁电流

将式（11-131）的 $I_d(s)$ 表达式代入式（11-85），可得（注意：由于改变了 i_d 正方向，$I_d(s)$ 项需改变符号）

$$I_f(s) = \frac{U_f(s) + \psi_{f0}}{s X_{ff} + R_f} + \frac{s X_{ad}}{s X_{ff} + R_f} \frac{X_{ad} I_{f0}}{s(s^2 + 2\alpha_a s + 1)} \frac{1}{X_d(s)}$$

$$= \frac{I_{f0}}{s} + I_{f0} \frac{X_{ad}^2}{R_f} \frac{1}{(s T_f + 1)(s^2 + 2\alpha_a s + 1)} \frac{1}{X_d(s)} \tag{11-139}$$

由用时间常数表示的直轴运算电抗式（11-94）和式（11-95）可知

$$(s T_f + 1) X_d(s) = X_d(s T_d' + 1)$$

代入式（11-139），得

$$I_f(s) = \frac{I_{f0}}{s} + I_{f0}\frac{X_{ad}^2}{R_f X_d}\frac{1}{s^2 + 2\alpha_a s + 1}\frac{1}{sT_d' + 1}$$

$$= \frac{I_{f0}}{s} + I_{f0}\frac{X_{ad}^2}{X_d X_{ff}'}\frac{1}{s^2 + 2\alpha_a s + 1}\frac{T_d'}{sT_d' + 1} \tag{11-140}$$

$$= \frac{I_{f0}}{s} + I_{f0}\frac{X_d - X_d'}{X_d'}\frac{1}{s^2 + 2\alpha_a s + 1}\frac{T_d'}{sT_d' + 1}$$

在 $\alpha_a \ll 1$，$1/T_d' \ll 1$ 的条件下，式（11-140）的拉普拉斯逆变换为

$$i_f \approx I_{f0} + I_{f0}\frac{X_d - X_d'}{X_d'}e^{-\frac{t}{T_d'}} - I_{f0}\frac{X_d - X_d'}{X_d'}e^{-\frac{t}{T_a}}\cos t \tag{11-141}$$

由式（11-141）可见，三相突然短路时，励磁电流包含 3 个分量：第一个分量是外加励磁电压 u_f 所产生的稳态直流分量 I_{f0}；第二个分量是幅值为 $I_{f0}(X_d - X_d')/X_d'$、以瞬态时间常数 T_d' 衰减的非周期瞬态分量，这两个分量分别与定子电流中的稳态和瞬态交流分量相对应；第三个分量是幅值与第二个分量大小相等但极性相反，并以电枢时间常数 T_a 衰减的交流分量，此分量与定子电流中的直流和 2 次谐波分量相对应。

11.3.2　有阻尼绕组时同步发电机三相突然短路的数学分析

当转子上有阻尼绕组时，同步发电机三相突然短路的数学分析十分复杂，这里略去推导过程，仅给出分析结果。经合理简化，有阻尼绕组时，同步发电机空载运行，当转子空间位置角为 θ_0 时发生三相突然短路，短路过程中定子电流 i_A 和转子励磁电流 i_f 分别为

$$i_A \approx \sqrt{2}E_0\left[\frac{1}{X_d} + \left(\frac{1}{X_d'} - \frac{1}{X_d}\right)e^{-\frac{t}{T_d'}} + \left(\frac{1}{X_d''} - \frac{1}{X_d'}\right)e^{-\frac{t}{T_d''}}\right]\cos(t + \theta_0) -$$

$$\frac{\sqrt{2}E_0}{2}\left(\frac{1}{X_d''} + \frac{1}{X_q''}\right)e^{-\frac{t}{T_a}}\cos\theta_0 - \frac{\sqrt{2}E_0}{2}\left(\frac{1}{X_d''} - \frac{1}{X_q''}\right)e^{-\frac{t}{T_a}}\cos(2t + \theta_0) \tag{11-142}$$

$$i_f \approx I_{f0} + I_{f0}\frac{X_d - X_d'}{X_d'}\left[e^{-\frac{t}{T_d'}} - \left(1 - \frac{T_{D\sigma}}{T_d''}\right)e^{-\frac{t}{T_d''}} - \frac{T_{D\sigma}}{T_d''}e^{-\frac{t}{T_a}}\cos t\right] \tag{11-143}$$

式中，T_d'' 为直轴超瞬态时间常数，是定子绕组和励磁绕组都短路，且 $R_s = R_f = 0$ 时，直轴阻尼绕组 D 的时间常数，有

$$T_d'' = \frac{1}{R_D}\left(X_{D\sigma} + \frac{1}{\frac{1}{X_{ad}} + \frac{1}{X_{f\sigma}} + \frac{1}{X_\sigma}}\right) \tag{11-144}$$

T_a 为电枢时间常数，对转子上有阻尼绕组的情况，有

$$T_a = \frac{1}{\alpha_a} = \frac{X_-}{R_s}, \quad X_- = \frac{2X_d''X_q''}{X_d'' + X_q''} \tag{11-145}$$

$T_{D\sigma}$ 为直轴阻尼绕组的漏磁时间常数

$$T_{D\sigma} = \frac{X_{D\sigma}}{R_D}$$

11.4　可控励磁同步电动机的矢量控制

电励磁同步电动机既可以是有刷励磁，也可以是无刷励磁。由于其励磁电流可以通过励磁绕组加以控制，采用电励磁同步电动机的调速系统常称为**可控励磁同步电动机调速系统**，主要用在大功率场合，而在中小功率（直至几百千瓦）的应用场合，一般使用永磁同步电动机。

当前，在大功率同步电动机调速领域应用的电力电子变换器主要有晶闸管交-交变频器、晶闸管负载换流交-直-交变频器、采用自关断器件（GTO、IGBT 或 IGCT）的交-直-交变频器 3 大类。采用晶闸管负载换流交-直-交变频器的同步电动机变频调速系统工作原理类似于直流电机，只是由转子磁极位置检测器和逆变器代替了直流电机的电刷和换向器的功能，故这种电机系统常被称为**无换向器电机**。它结构简单、输出频率高，但也存在着低频转矩脉动大、过载能力低（一般小于 150%）等缺点，主要用于过载能力不大并高速运转的场合，如高炉鼓风机、空气压缩机等。另一个重要应用是作为大型同步电动机的软起动器，如用于抽水蓄能电站同步电动机的软起动。

采用交-交变频器的同步电动机调速系统具有过载能力强、效率高、输出波形好等优点，存在的主要问题是输出频率低（最高频率小于 1/2 电网频率）、网侧功率因数低、输入电流谐波影响大等问题。交-交变频调速系统适合于低速运转（小于 600r/min）、大过载能力（$T_{max} = (2 \sim 3)T_N$）、负载剧烈变化、四象限可逆运转等场合，采用矢量控制技术可获得高动态性能，主要用于轧机主传动、矿井提升机及水泥球磨机传动等。近年来，随着各种高压大功率电力电子器件的研制成功，采用自关断器件的大功率高压变频器发展迅猛，采用自关断器件构成的交-直-交电压型变频器的同步电动机调速系统与交-交变频调速相比具有输出频率不受限制、电网谐波污染小、功率因数高等显著优点，已开始用来取代交-交变频调速。

同步电动机的矢量控制从本质上讲与感应电动机的矢量控制是相同的，因此第 10 章提出的感应电动机矢量控制原理与方法大多也适用于同步电动机，但由于转子励磁的存在，同步电动机矢量控制有一些独有的特性。在电励磁同步电动机矢量控制中，仿照感应电动机的磁场定向控制原理，可以在某一磁场定向的 MT 坐标系上把定子电流分解成励磁分量 i_{sM} 和转矩分量 i_{sT}，从而实现对磁场和转矩的解耦控制。但电励磁同步电动机中增加了转子励磁电流这样一个控制量，所以在对磁场和转矩进行控制的同时，还可以实现对电动机功率因数的控制，从减少功率变换器容量的角度出发，常使功率因数为 1，这是可控励磁同步电动机矢量控制与感应电动机矢量控制的重要区别。

同步电动机矢量控制系统也可以按不同的磁链矢量（磁场）进行定向，如按气隙磁链定向、按定子磁链定向、按转子磁链定向等。

下面以按气隙磁链（磁场）定向介绍可控励磁同步电动机矢量控制原理。为了突出主要问题，讨论中假设同步电动机为隐极式，并忽略阻尼绕组的作用，忽略磁路饱和等非线性因素。根据上述假设，并不计零轴分量，转子绕组归算后在转子 dq 坐标系上同步电动机的定、转子电压方程和磁链方程分别简化为

$$\left.\begin{array}{l} u_d = R_s i_d + p\psi_d - \omega\psi_q \\ u_q = R_s i_q + p\psi_q + \omega\psi_d \end{array}\right\} \tag{11-146}$$

$$u_f = i_f R_f + \frac{d\psi_f}{dt} \tag{11-147}$$

$$\left.\begin{aligned}\psi_d &= L_d i_d + L_{ad} i_f \\ \psi_q &= L_q i_q\end{aligned}\right\} \tag{11-148}$$

$$\psi_f = L_{ad} i_d + L_{ff} i_f \tag{11-149}$$

式（11-146）~式（11-149）中，为了简单，省掉了转子归算量的""。由于假设为隐极式，有 $L_q = L_d = L_\sigma + L_{ad}$。

已知，在交流电机稳态分析中相量图是一个重要工具，通过相量图可以直观、定性地分析各电磁量的相互关系和变化规律。同样，在交流电机的动态分析中也可以借助于空间矢量图。为此，首先将上述 dq 坐标系中的定子电压方程化为矢量方程。

为了便于空间矢量的表达和运算，常将其用复数形式表示。设 d 轴为复平面的实轴，q 轴为虚轴，则定子电压矢量 $\boldsymbol{u}_s$、电流矢量 $\boldsymbol{i}_s$、磁链矢量 $\boldsymbol{\psi}_s$ 分别为

$$\boldsymbol{u}_s = u_d + ju_q, \quad \boldsymbol{i}_s = i_d + ji_q, \quad \boldsymbol{\psi}_s = \psi_d + j\psi_q$$

由式（11-146）和式（11-148），定子电压方程和磁链方程的矢量形式分别为

$$\boldsymbol{u}_s = R_s \boldsymbol{i}_s + p\boldsymbol{\psi}_s + j\omega\boldsymbol{\psi}_s \tag{11-150}$$

$$\boldsymbol{\psi}_s = L_d \boldsymbol{i}_s + L_{ad} \boldsymbol{i}_f \tag{11-151}$$

在式（11-151）中，考虑到 $L_d = L_\sigma + L_{ad}$，有

$$\boldsymbol{\psi}_s = L_\sigma \boldsymbol{i}_s + (L_{ad}\boldsymbol{i}_s + L_{ad}\boldsymbol{i}_f) = L_\sigma \boldsymbol{i}_s + \boldsymbol{\psi}_\delta \tag{11-152}$$

式中，$\boldsymbol{\psi}_\delta$ 为气隙磁链

$$\boldsymbol{\psi}_\delta = L_{ad}\boldsymbol{i}_s + L_{ad}\boldsymbol{i}_f = \boldsymbol{\psi}_{ad} + \boldsymbol{\psi}_{af} \tag{11-153}$$

式中，$\boldsymbol{\psi}_{ad}$ 为定子绕组的电枢反应磁链，$\boldsymbol{\psi}_{ad} = L_{ad}\boldsymbol{i}_s$；$\boldsymbol{\psi}_{af}$ 是转子励磁电流产生的气隙磁链，称为励磁磁链，$\boldsymbol{\psi}_{af} = L_{ad}\boldsymbol{i}_f$。

由式（11-153），电机的磁化电流 $\boldsymbol{i}_\mu$ 为

$$\boldsymbol{i}_\mu = \frac{\boldsymbol{\psi}_\delta}{L_{ad}} = \boldsymbol{i}_s + \boldsymbol{i}_f \tag{11-154}$$

根据上述关系，同步电动机的空间矢量图如图 11-12 所示，为了说明功率因数控制，图 11-12 中同时画出了稳态运行时的定子电压矢量图。

将式（11-152）代入式（11-150），考虑到当电动机处于稳态时微分项 $p\boldsymbol{\psi}_s = 0$，则隐极同步电动机稳态时的电压方程为

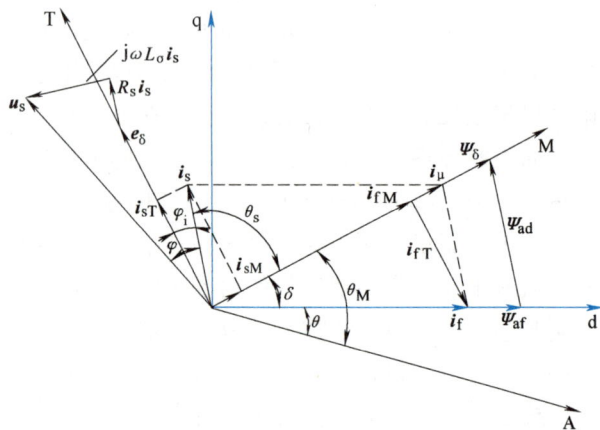

图 11-12　同步电动机的空间矢量图

$$\boldsymbol{u}_s = R_s \boldsymbol{i}_s + j\omega\boldsymbol{\psi}_s = R_s \boldsymbol{i}_s + j\omega L_\sigma \boldsymbol{i}_s + \boldsymbol{e}_\delta \tag{11-155}$$

式中，$\boldsymbol{e}_\delta$ 为气隙电动势，$\boldsymbol{e}_\delta = j\omega\boldsymbol{\psi}_\delta$。

相应的稳态电压矢量图如图 11-12 所示。需要说明的是：如前所述，稳态时电压、电流、电动势等时间量的综合空间矢量与时间相量对应，它们在矢量图中的空间相位关系对应于它们的时间相位关系，因此图中 $\boldsymbol{u}_s$ 与 $\boldsymbol{i}_s$ 的夹角 φ 即为功率因数角。

在图 11-12 中，按气隙磁场定向的 MT 坐标系的 M 轴与气隙磁链 $\boldsymbol{\psi}_\delta$ 重合，定子电流 $\boldsymbol{i}_s$ 在 M、T 轴的两个分量 i_{sM}、i_{sT} 分别为定子电流的励磁分量和转矩分量。由式（11-152），将 $\boldsymbol{\psi}_s$ 的 d、q 轴分量 ψ_d、ψ_q 用 $\boldsymbol{\psi}_\delta$ 的两个分量 $\psi_{\delta d}$、$\psi_{\delta q}$ 表达，代入转矩方程式（11-55），可得在 dq 坐标系用气隙磁链表示的转矩公式

$$T_e = p_n(\psi_{\delta d} i_q - \psi_{\delta q} i_d) \tag{11-156}$$

根据矢量旋转变换关系，MT 坐标系中气隙磁链 $\psi_{\delta M}$、$\psi_{\delta T}$ 与 dq 坐标系中的 $\psi_{\delta d}$、$\psi_{\delta q}$ 之间存在下述关系：

$$\begin{bmatrix} \psi_{\delta d} \\ \psi_{\delta q} \end{bmatrix} = \begin{bmatrix} \cos\delta & -\sin\delta \\ \sin\delta & \cos\delta \end{bmatrix} \begin{bmatrix} \psi_{\delta M} \\ \psi_{\delta T} \end{bmatrix} \tag{11-157}$$

相应的电流变换关系为

$$\begin{bmatrix} i_d \\ i_q \end{bmatrix} = \begin{bmatrix} \cos\delta & -\sin\delta \\ \sin\delta & \cos\delta \end{bmatrix} \begin{bmatrix} i_{sM} \\ i_{sT} \end{bmatrix} \tag{11-158}$$

将式（11-157）和式（11-158）代入式（11-156），并考虑在 MT 坐标系中，$\psi_{\delta M} = \psi_\delta$，$\psi_{\delta T} = 0$，则

$$T_e = p_n \psi_\delta i_{sT} \tag{11-159}$$

可见，按气隙磁场定向后，同步电动机的转矩公式与直流电动机转矩公式相同，若气隙磁链 ψ_δ 恒定，控制定子电流的转矩分量 i_{sT}，就可以方便地控制电动机的电磁转矩。

气隙磁链 ψ_δ 的大小可以由磁化电流 $\boldsymbol{i}_\mu$ 控制，由式（11-154），$\boldsymbol{i}_\mu = \boldsymbol{i}_f + \boldsymbol{i}_s$，$\boldsymbol{i}_\mu$ 在气隙磁场定向的 MT 坐标系中的两个分量分别为

$$i_{\mu M} = i_\mu = i_{sM} + i_{fM} \tag{11-160}$$

$$i_{\mu T} = 0 = i_{sT} + i_{fT} \tag{11-161}$$

式中

$$i_{fM} = i_f \cos\delta \tag{11-162}$$

$$i_{fT} = -i_f \sin\delta \tag{11-163}$$

式（11-161）也可以写成

$$i_{fT} = -i_{sT} \tag{11-164}$$

由式（11-160）可见，调节 i_{fM} 和 i_{sM} 都可控制 i_μ，考虑到 i_{sM} 除了影响 i_μ 外还影响电动机的功率因数 $\cos\varphi$，因此 i_{sM} 的给定值 i_{sM}^* 可由所需的功率因数决定。由图 11-12，若忽略定子电阻和漏感的影响，则 $\varphi \approx \varphi_i$，$i_{sM}^*$ 可以由下式决定：

$$i_{sM}^* = i_{sT}^* \tan\varphi_i \approx i_{sT}^* \tan\varphi \tag{11-165}$$

如果要求 $\cos\varphi = 1$，则 $i_{sM}^* = 0$。

i_{sM}^* 确定后，由图 11-12 的几何关系，结合式（11-160）和式（11-164）可得转子励磁电流给定值为

$$i_f^* = \sqrt{(i_{fM}^*)^2 + (i_{fT}^*)^2} = \sqrt{(i_\mu^* - i_{sM}^*)^2 + (i_{sT}^*)^2} \tag{11-166}$$

在按气隙磁场定向的可控励磁同步电动机矢量控制系统中，i_μ^* 由气隙磁链给定值 ψ_δ^* 确定；i_{sM}^* 由所需功率因数按式（11-165）求得；i_{sT}^* 则来自速度调节器的输出。已知 i_μ^*、i_{sM}^* 和 i_{sT}^* 就能按式（11-166）计算出转子励磁电流给定值 i_f^*。但是要实现对同步电动机定子电流的控制通常还需通过坐标变换把 i_{sM}^*、i_{sT}^* 变换到 ABC 三相坐标系中，得到定子三相电流给定

值 i_A^*、i_B^*、i_C^*，为此必须确定 M 轴的空间位置，即 M 轴与定子 A 轴的夹角 θ_M，磁链闭环控制时还需气隙磁链幅值 ψ_δ，这是实现同步电动机矢量控制的关键。气隙磁链矢量 $\boldsymbol{\psi}_\delta$ 的幅值和相位可以采用与感应电动机矢量控制中转子磁链 $\boldsymbol{\psi}_r$ 相似的计算或观测方法获得。下面仅介绍一种根据 MT 坐标系的电流给定值 i_{sM}^*、i_{sT}^*、i_μ^* 及实测转子空间位置角 θ 确定 M 轴空间位置角 θ_M 的方法。

由图 11-12 中的几何关系可得 M 轴与转子 d 轴的夹角 δ 为

$$\delta = \arctan \frac{-i_{fT}}{i_{fM}} = \arctan \frac{i_{sT}}{i_{fM}} \tag{11-167}$$

$$\theta_M = \theta + \delta \tag{11-168}$$

在同步电动机矢量控制系统中，转子 d 轴空间位置角 θ 可由装在电机轴上的位置传感器获得，δ 角可利用式（11-167）由电流给定值 i_{sT}^* 和 i_{fM}^* 计算，则

$$\theta_M^* = \theta + \delta^* = \theta + \arctan \frac{i_{sT}^*}{i_{fM}^*} \tag{11-169}$$

根据 θ_M^* 将定子电流给定值 i_{sM}^*、i_{sT}^* 经反旋转变换和两相—三相变换即可得到三相坐标系中的定子电流给定值 i_A^*、i_B^*、i_C^*。

按上述矢量控制原理构成的可控励磁同步电动机矢量控制系统如图 11-13 所示。转速给定值 ω^* 与来自转速反馈装置 FBS 的实际转速 ω 比较，其差值作为转速调节器 ASR 的输入，ASR 的输出是转矩给定值 T_e^*，按照式（11-159）除以 $p_n\psi_\delta$ 得到定子电流转矩分量给定值 i_{sT}^*。气隙磁链采用了开环控制，由函数发生器根据转速产生气隙磁链给定值 ψ_δ^*，ψ_δ^* 除以 L_{ad} 得到磁化电流给定值 i_μ^*，定子电流励磁分量给定值 i_{sM}^* 根据功率因数要求确定。由 i_{sM}^*、i_{sT}^*、i_μ^* 按照式（11-166）和式（11-167）分别产生转子励磁电流给定值 i_f^* 和功率角 δ^*。δ^* 和来自转子位置传感器 BQ 的转子 d 轴空间位置角 θ 相加得到 M 轴的空间位置角 θ_M^*，将 i_{sM}^*、i_{sT}^* 和 θ_M^* 送入坐标变换器，经反旋转变换 VR^{-1} 和 2/3 变换得到三相定子电流给定值 i_A^*、i_B^*、i_C^*，用于变频器的电流控制。同时，由 i_f^* 经励磁电流调节器 AFR 对转子励磁电流进行闭环控制。

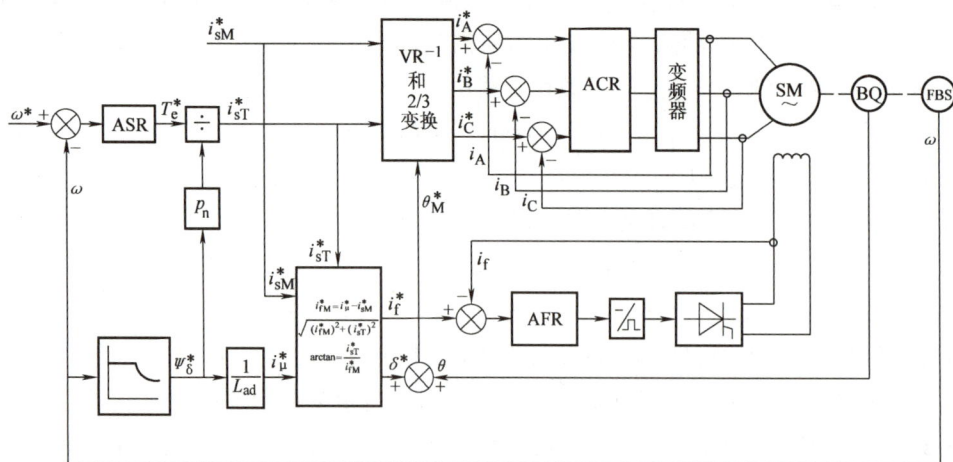

图 11-13　可控励磁同步电动机矢量控制系统

上述系统存在一个严重问题，由于转子励磁绕组时间常数很大，使励磁电流 i_f 响应缓慢，动态过程中的实际磁化电流 i_μ 会出现较大偏差，从而影响系统的动态性能。为了解决这个问题，在动态过程中可以使定子电流的励磁分量在前述 i_{sM}^* 的基础上再注入一个暂态电流 Δi_{sM}^*，以补充实际 i_f 响应缓慢造成的磁化电流 i_μ 的不足，稳态时 Δi_{sM}^* 将下降到零，系统按要求的功率因数运行。

最后需要说明的是，前面的同步电动机矢量控制系统是在一系列简化假定条件下得到的，实际上，同步电动机常常是凸极式，而且转子上有阻尼绕组，磁路也是非线性的，存在饱和现象。考虑这些因素以后，实际的矢量控制系统要比上述系统复杂得多。

11.5　正弦波永磁同步电动机的矢量控制

11.5.1　正弦波永磁同步电动机

调速用永磁同步电动机根据其感应电动势波形可分为两大类：**梯形波永磁同步电动机**和**正弦波永磁同步电动机**。梯形波永磁同步电动机的感应电动势为梯形波，为了产生平滑转矩，绕组电流应为120°的方波，通常采用自控变频方式，其工作原理和特性都与直流电动机非常相似，只是用转子位置传感器和逆变器代替了直流电动机中的电刷和机械换向器，常称为**无刷直流电动机（BLDCM）**或**电子换向电动机（ECM）**。正弦波永磁同步电动机常简称永磁同步电动机（Permanent Magnet Synchronous Motor，PMSM），其感应电动势和绕组电流波形均为正弦波。正弦波永磁同步电动机变频调速系统可以采用**自控变频**，也可以采用**他控变频**。采用他控变频时，由于存在振荡甚至失步等问题，主要用在需要多台小容量同步电动机协同调速的场合，由一台变频器同时给多台电动机供电。自控变频的正弦波永磁同步电动机常采用矢量控制，性能十分优越，在高性能伺服领域得到了广泛应用。

正弦波永磁同步电动机根据转子结构形式的不同又分为**表面式（SPM）**和**内置式（IPM）**两种，在控制策略和性能上均有所不同。表面式正弦波永磁同步电动机的转子结构与前面讲过的无刷直流电动机（梯形波永磁同步电动机）相似，永磁体常常通过环氧树脂黏合剂粘贴（或用其他方式固定）在转子铁心表面，如图 11-14a 所示。但为了使气隙磁通密度尽可能呈正弦分布，转子磁钢常呈抛物线形，而不是 BLDCM 中的弧形（瓦形），并且充磁方式也有所不同，常常用平行充磁代替 BLDCM 中的径向充磁；定子采用短距分布绕组，以最大限度地抑制谐波磁场的影响。由于永磁体的相对磁导率 μ_r 接近 1，所以这种电动机的有效气隙大而均匀，其交、直轴电感相等，即 $L_d=L_q$，没有凸极效应，并且电感值较小，即电枢反应作用较弱。

内置式正弦波永磁同步电动机与表面式不同，其永磁体位于转子铁心内部，具体结构形式很多，图 11-14b 给出了一个例子。这种转子结构的差异使内置式正弦波永磁同步电动机具有下列特性：

1）电动机更加坚固，允许更高的运行转速。

2）直轴（d 轴）的有效气隙大于交轴（q 轴），电动机具有明显的凸极效应，且 $L_d<L_q$（注意，在电励磁凸极同步电动机中 $L_d>L_q$）。这样由于磁阻转矩的存在，有助于提高电动机的功率密度和过载能力。

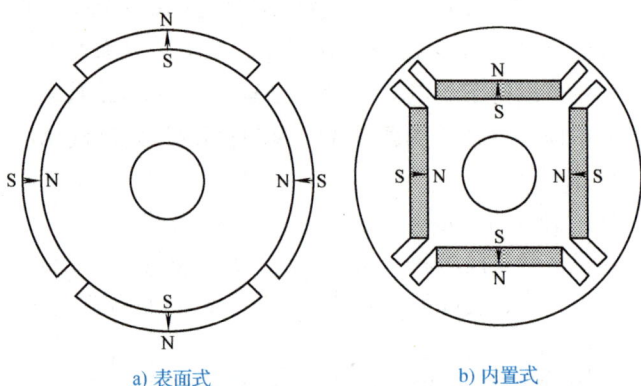

a) 表面式   b) 内置式

图 11-14   正弦波永磁同步电动机的转子结构形式

3）与表面式相比，有效气隙小，电枢反应作用强，易于实现弱磁运行，扩大调速范围。

另外，对于采用他控变频方式的永磁同步电动机，为了抑制可能产生的振荡和失步，转子上常配置有阻尼绕组，而采用自控变频的永磁同步电动机转子上一般无阻尼绕组。

11.5.2　正弦波永磁同步电动机的数学模型

前面所建立的 dq 坐标系上同步电动机的动态数学模型对正弦波永磁同步电动机同样适用。考虑到永磁同步电动机转子上虽无励磁绕组，但永磁体会在 d 轴产生励磁磁场，从而在定子 d 轴绕组产生磁链 ψ_{af}，ψ_{af} 称为永磁励磁磁链。为了方便，可以将永磁体用一个电流为 i_f 的虚拟转子励磁绕组等效，电流 i_f 应满足 $\psi_{af} = L_{ad}i_f$。这样，对于无阻尼绕组的永磁同步电动机，在转子 dq 坐标系上的电压方程为

$$u_d = R_s i_d + p\psi_d - \omega\psi_q \atop u_q = R_s i_q + p\psi_q + \omega\psi_d \Big\} \tag{11-170}$$

定子磁链方程为

$$\psi_d = L_d i_d + \psi_{af} = L_d i_d + L_{ad}i_f \atop \psi_q = L_q i_q \Big\} \tag{11-171}$$

转矩方程为

$$T_e = p_n(\psi_d i_q - \psi_q i_d) \tag{11-172}$$

运动方程不变，为

$$T_e = T_L + \frac{J}{p_n}\frac{d\omega}{dt} \tag{11-173}$$

将式（11-171）代入式（11-172），得

$$T_e = p_n[\psi_{af}i_q + (L_d - L_q)i_q i_d] \tag{11-174}$$

由式（11-174）可见，正弦波永磁同步电动机的电磁转矩包含两部分，第一项是由定子电流与永磁体励磁磁场相互作用产生的，称为永磁转矩或励磁转矩；第二项是由转子凸极效应引起的，称为磁阻转矩。磁阻转矩只有在交、直轴磁路磁阻不等，即 $L_d \neq L_q$ 时才会产生。对于表面式，由于 $L_d = L_q$，磁阻转矩为零；而对于内置式，由于 $L_d < L_q$，故可产生磁阻转矩，考虑到 $(L_d - L_q) < 0$，为使磁阻转矩与永磁转矩方向相同，应使 $i_d < 0$。

当电动机稳态运行时，考虑到 ψ_d、ψ_q 均为常数，由式（11-170）和式（11-171），可得

$$\left.\begin{aligned} u_d &= R_s i_d - \omega L_q i_q \\ u_q &= R_s i_q + \omega \psi_{af} + \omega L_d i_d \end{aligned}\right\} \tag{11-175}$$

11.5.3　正弦波永磁同步电动机的矢量控制

正弦波永磁同步电动机的矢量控制通常建立在转子 dq 坐标系上，由于永磁体在定子绕组中产生的磁链 ψ_{af} 保持恒定，由转矩公式可知，通过控制定子电流的两个分量 i_d、i_q，就可以有效地控制电动机的电磁转矩，从而得到优良的静、动态性能。更进一步，在基频以下的恒转矩工作区中，可以控制电流矢量使之落在 q 轴上，即令 $i_d = 0$，$i_q = i_s$，此时电动机的磁链方程、电压方程和转矩方程分别简化为

$$\left.\begin{aligned} \psi_d &= \psi_{af} \\ \psi_q &= L_q i_s \end{aligned}\right\} \tag{11-176}$$

$$\left.\begin{aligned} u_d &= -\omega L_q i_s \\ u_q &= R_s i_s + L_q p i_s + \omega \psi_{af} \end{aligned}\right\} \tag{11-177}$$

$$T_e = p_n \psi_{af} i_s \tag{11-178}$$

由转矩公式可见，由于 ψ_{af} 恒定，电磁转矩与定子电流的幅值成正比，控制定子电流的幅值就能很好地控制电磁转矩，和直流电动机完全相同。这种控制方式由于在控制过程中始终使定子电流的 d 轴分量 i_d 为零，而仅对电流的 q 轴分量进行控制，故称为 $i_d = 0$ 控制。矢量图如图 11-15a 所示，图中同时画出了电动机稳态运行并忽略电阻压降时的电压矢量图。

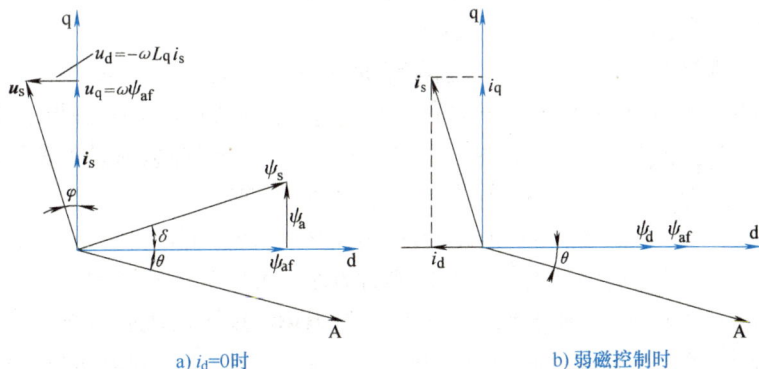

a) i_d=0时　　　　　　　　　　　b) 弱磁控制时

图 11-15　正弦波永磁同步电动机的矢量图

采用 $i_d = 0$ 控制的正弦波永磁同步电动机矢量控制系统如图 11-16 所示。转速调节器 ASR 的输出就是与电磁转矩成正比的定子电流 q 轴分量的给定值 i_q^*，i_q^* 与恒为零的 i_d^* 一起经坐标变换即可得到电动机三相电流给定值 i_A^*、i_B^*、i_C^*。根据需要，速度环外可以增加位置环等。

在上述永磁同步电动机矢量控制系统中，由于 dq 坐标系的 d 轴就是转子磁极轴线，其空间位置角 θ 通常是由位于电动机非负载轴伸端上的位置传感器（如光电编码器或旋转变压器等）直接检测，而不必像感应电动机矢量控制系统那样通过各种计算模型或观测器进行估算。从这一角度来讲，永磁同步电动机的矢量控制比感应电动机容易实现。

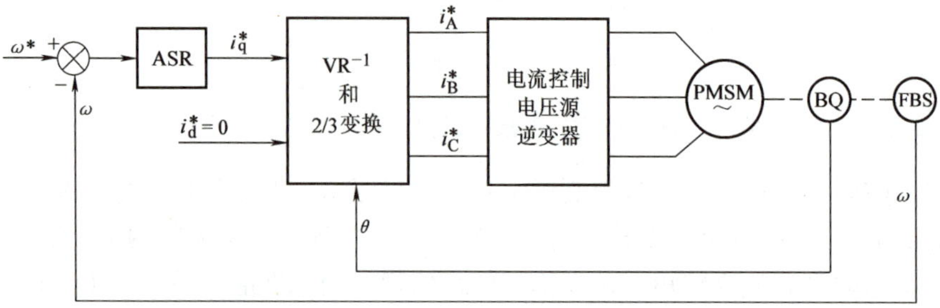

图 11-16　采用 $i_d=0$ 控制的正弦波永磁同步电动机矢量控制系统

图 11-16 所示的 $i_d=0$ 控制正弦波永磁同步电动机矢量控制系统仅在恒转矩工作区有效。由图 11-15a 可知，一定负载下，采用 $i_d=0$ 控制所需电压矢量 $\boldsymbol{u}_s$ 的幅值 u_s 随着转速升高成比例增加，当转速升高到一定值，$i_d=0$ 控制所需电压 u_s 将达到逆变器输出电压最大值 u_{smax}。如果转速继续升高，由于逆变器的输出电压限制，将无法产生矢量控制所需的电流，矢量控制失效。为了扩大转速范围，在此转速之上应该像直流电动机那样进行**弱磁控制**。但永磁同步电动机转子为永磁体励磁，无法通过调节励磁电流实现弱磁。永磁同步电动机的弱磁控制是通过增加定子直轴去磁电流分量来实现的，即利用负的定子直轴电流 i_d 产生去磁的直轴电枢反应磁链，部分地抵消永磁励磁磁链的作用，从而使直轴磁链 ψ_d 及由此产生的旋转电动势减少，以降低高速运行时所需的外加电压，提高极限电压下电动机的转速，矢量图如图 11-15b所示。不过对于表面式正弦波永磁同步电动机，由于电感 L_d 数值很小，电枢反应作用较弱，弱磁调速范围不大。

$i_d=0$ 控制实现简单，转矩与定子电流幅值成正比，而且对于表面式正弦波永磁同步电动机，由于 $L_d=L_q$，不产生磁阻转矩，i_d 的大小与电磁转矩无关，通过使 $i_d=0$ 可以使产生给定转矩所需的定子电流最小，从而减小损耗、提高效率。因此表面式正弦波永磁同步电动机通常采用 $i_d=0$ 控制。

$i_d=0$ 控制也存在一些不足。由图 11-15a 中的电压矢量图可见，采用 $i_d=0$ 控制，电动机运行时的功率因数总是滞后的，而且随着负载的增加，电压矢量与电流矢量夹角增大，功率因数降低；另外随负载增加，所需的定子电压幅值也相应增大，因此对变频器的容量要求较高。不过对于表面式正弦波永磁同步电动机，由于有效气隙大，电感 $L_d=L_q$ 的值很小，因此 φ 角始终很小，上述问题并不严重。

对于内置式正弦波永磁同步电动机，由于 q 轴电感 L_q 较大，随着负载增加会导致 φ 角显著增大，功率因数明显降低，而且同样情况下所需的电枢电压也较大。考虑逆变器输出电压限制时的恒转矩调速范围减小，可见内置式正弦波永磁同步电动机采用 $i_d=0$ 控制时性能不如表面式。

内置式正弦波永磁同步电动机常采用**最大转矩/电流控制**。内置式永磁同步电动机由于 $L_d<L_q$，有磁阻转矩产生，由转矩公式可知，对于每一个给定的转矩值 T_e^*，都有无数多对 i_d、i_q 值或者说定子电流矢量 $\boldsymbol{i}_s$ 与之对应，如果选择其中电流矢量幅值最小的一个用于控制，则产生给定转矩所需的定子电流最小，即转矩/电流最大，这就是所谓的最大转矩/电流控制。注意，对于表面式永磁同步电动机，$i_d=0$ 控制就是其最大转矩/电流控制。

内置式永磁同步电动机经适当设计可产生较大的弱磁调速范围。

11.5.4　正弦波永磁同步电动机矢量控制系统的 MATLAB 仿真

在用 MATLAB 进行电机及其系统动态性能的分析、研究时，除了直接用 MATLAB 语言编写 MATLAB 程序外，使用 MATLAB 提供的动态系统仿真工具 Simulink 会更加方便。在 Simulink 仿真环境中，控制系统模型是用框图来表达的，系统中的各种函数和元器件模型可以从 MATLAB 提供的模型库中提取，框图之间的连线表示信号流动的方向。因此，用 Simulink 进行仿真时，只需用鼠标从模型库中选择相应的元器件模型，设置好各模块的参数，并按照系统中的连接关系将各模块用线连接起来，就可以完成系统的建模；然后，设置好仿真算法、仿真时间等仿真参数，即可启动仿真；仿真结果既可以保存到工作空间以便进行后续处理，也可以通过示波器模块进行波形和曲线的显示与观察，就像在实验室中用示波器观察一样。特别是其中的 Simscape Electrical 组件库（其前身为 SimPowerSystems 和 Sim-Electronics），提供了各种电机、电力电子器件、电力系统设备的仿真模型，为电机及运动控制系统的仿真研究提供了极大的方便，已成为电机动态分析和运动控制系统仿真的重要工具。

关于 Simulink 的详细使用方法请参考有关书籍，本节仅介绍一个正弦波永磁同步电动机矢量控制系统的仿真模型。

1. 仿真模型

一个基于 MATLAB/Simulink，采用 $i_d = 0$ 控制的正弦波永磁同步电动机矢量控制系统仿真模型如图 11-17 所示。图中 PMSM 模块是永磁同步电动机的仿真模型，这里选择的是表面式三相正弦波永磁同步电动机，电机参数如下：定子相电阻 $R_s = 2.875\Omega$，定子电感 $L_d = L_q = 8.5\text{mH}$，永磁磁链 $\psi_{af} = 0.175\text{Wb}$，转子转动惯量 $J = 0.0008\text{kg} \cdot \text{m}^2$，旋转阻力系数为 0，电机极对数 $p_n = 4$。IGBT Inverter 模块为 IGBT 三相桥式逆变器，相关参数可采用默认值。直流电压源 Vdc 为逆变器的输入直流电源，电压值设为 310V。PMSM 模块的测量信号输出端 m 经两个 BusSelector 模块输出相关量的仿真结果，其中 is_abc 为定子三相电流 i_A、i_B、i_C，w_m 是转子机械角速度（rad/s），thetam 是转子空间位置角（rad），Te 是电磁转矩。

控制系统原理与图 11-16 相同，转速调节器 ASR 采用了 PI 调节器，其输出作为定子电流 q 轴分量给定值 i_q^*，定子电流 d 轴分量给定值 $i_d^* = 0$，若转子 d 轴领先定子 A 轴 θ 角（电角度），考虑到零轴分量 $i_0 = 0$，根据 Park 变换的坐标变换关系，三相静止坐标系 ABC 中的定子电流给定值分别为

$$\left.\begin{array}{l} i_A^* = i_d^* \cos\theta - i_q^* \sin\theta = -i_q^* \sin\theta \\ i_B^* = i_d^* \cos(\theta - 2\pi/3) - i_q^* \sin(\theta - 2\pi/3) = -i_q^* \sin(\theta - 2\pi/3) \\ i_C^* = i_d^* \cos(\theta + 2\pi/3) - i_q^* \sin(\theta + 2\pi/3) = -i_q^* \sin(\theta + 2\pi/3) \end{array}\right\} \tag{11-179}$$

值得注意的是：在上述模型中 PMSM 模块的 "Rotor flux position when theta = 0" 一项应该选择 "Aligned with phase A axis（original Park）"，此时 thetam 乘以极对数 4 即为转子 d 轴领先定子 A 轴的电角度 θ。若选择 "90 degrees behind phase A axis（modified Park）"，则 PMSM 模块输出的转子空间位置角 thetam 为 q 轴领先 A 轴的机械角度，这种情况下需首先

将其转化成电角度，再减去π/2，才是 d 轴领先定子 A 轴的电角度 θ。

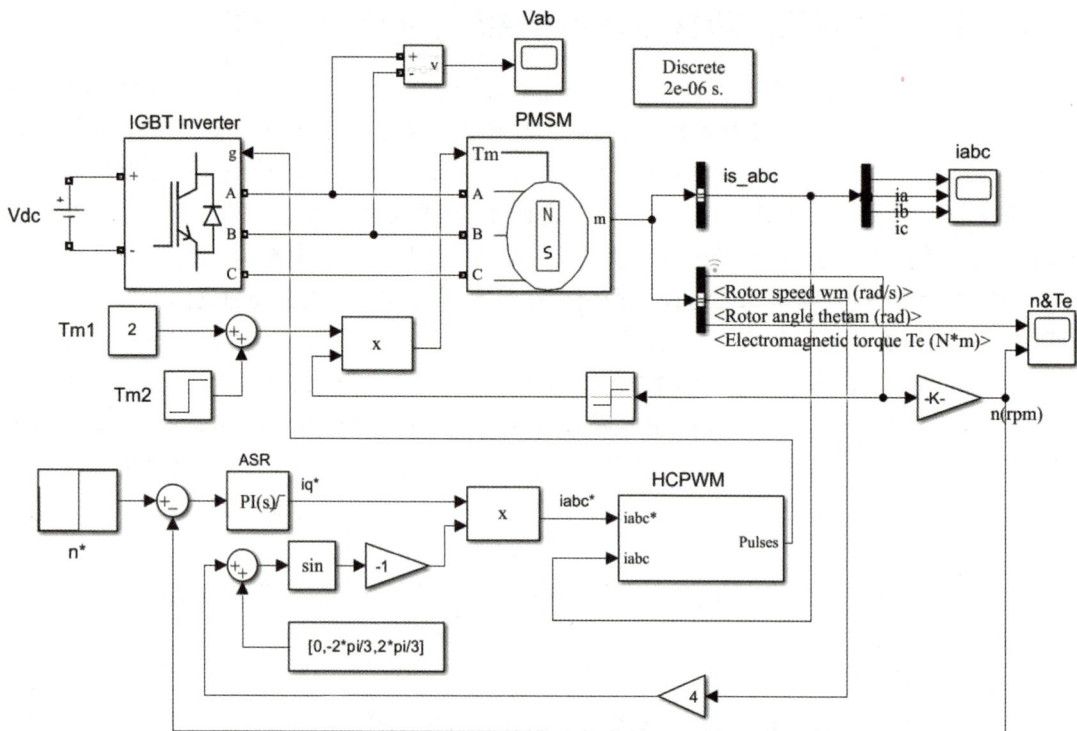

图 11-17　采用 $i_d=0$ 控制的正弦波永磁同步电动机矢量控制系统仿真模型

图 11-17 中的 HCPWM 模块是一个实现滞环电流控制 PWM 的子系统，根据实测三相电流 i_A、i_B、i_C 与定子电流给定值 i_A^*、i_B^*、i_C^* 的差值，通过滞环比较器，产生三相 PWM 逆变器中 6 个 IGBT 的通断信号，其具体模型如图 11-18 所示。注意，图 11-18 中对三相电流反馈信号加了一阶低通滤波器。

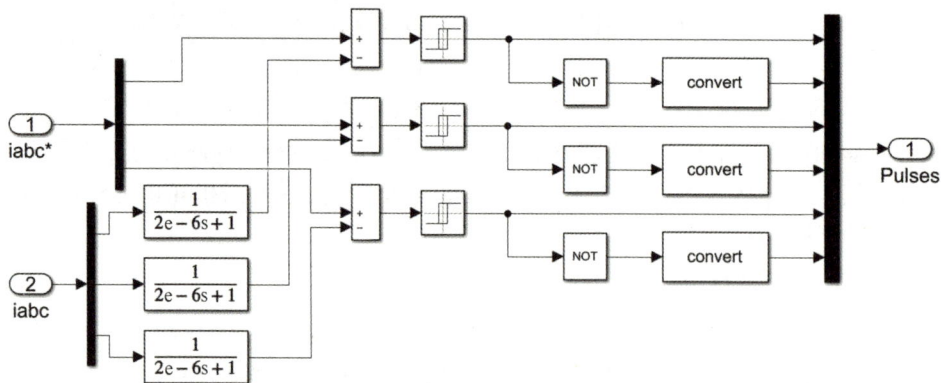

图 11-18　滞环电流 PWM 控制器的仿真模型

图 11-17 中的 iabc、n&Te 和 Vab 为示波器模块，分别用于显示三相定子电流、转速和转矩、逆变器输出电压 u_{AB} 的波形。

2. 仿真结果

仿真中 PI 调节器的参数设置如下：比例增益 $K_p = 0.5$，积分增益 $K_i = 400$，输出限幅值为 $\pm 15\text{A}$，"Anti-windup Method" 一项选用 "clamping"。HCPWM 模块中电流滞环比较器的滞环宽度设为 $\pm 0.1\text{A}$。

转速给定值 n^* 由 Stair Generator 模块提供，$t = 0$ 时刻的转速给定值为 350r/min，在 $t = 0.1\text{s}$ 时阶跃为 -750r/min，在 $t = 0.2\text{s}$ 时阶跃为 $+750$r/min，然后保持不变。

负载转矩由常数模块 Tm1 和阶跃函数模块 Tm2 的输出相加产生，其中 Tm1 = 2N·m；Tm2 开始为 0，在 $t = 0.3\text{s}$ 时阶跃为 4N·m。加入 Sign 模块，使负载转矩成为"反抗性转矩"，保证转矩方向始终与转向相反。

经仿真，在上述电机正、反向运转及突加负载的动态过程中，三相定子电流的波形如图 11-19 所示，转速和电磁转矩的变化情况如图 11-20 所示。由图 11-20 的转速波形可见，电机的转速响应很快，而且对负载转矩变化有很强的抗扰能力。由电磁转矩波形可见，在电机起动以及由正转到反转或由反转到正转的动态过程中，电磁转矩可达到正或负限幅值；稳态时，电磁转矩与负载转矩相等；当负载突然增大时，电磁转矩也相应快速增加，因此负载转矩扰动没有引起转速的明显变化。

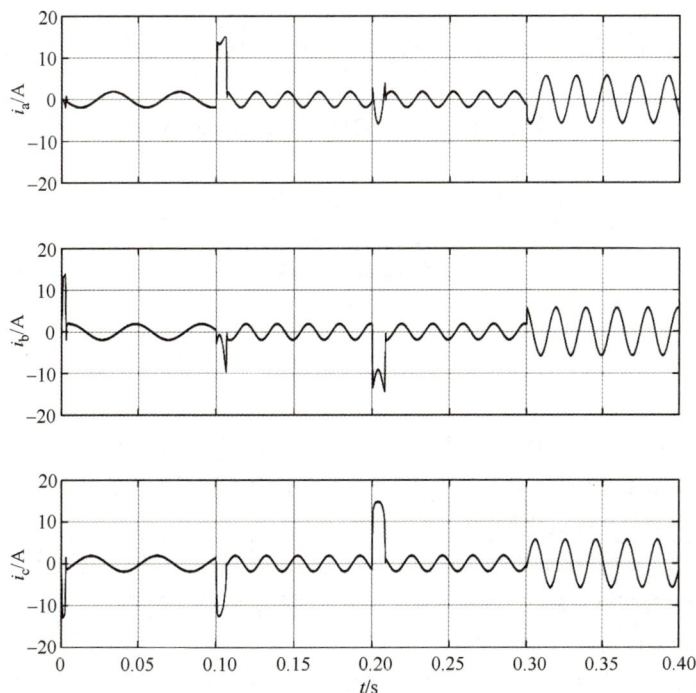

图 11-19　三相定子电流的仿真波形

正弦波永磁同步电动机由于转子有励磁，不需定子绕组提供励磁电流，因此效率和功率因数都比较高，而且体积比同容量的感应电动机小。正弦波永磁同步电动机矢量控制系统能够实现高精度、高动态性能、大范围的速度和位置控制，因此在数控机床和机器人等领域得到了日益广泛的应用。

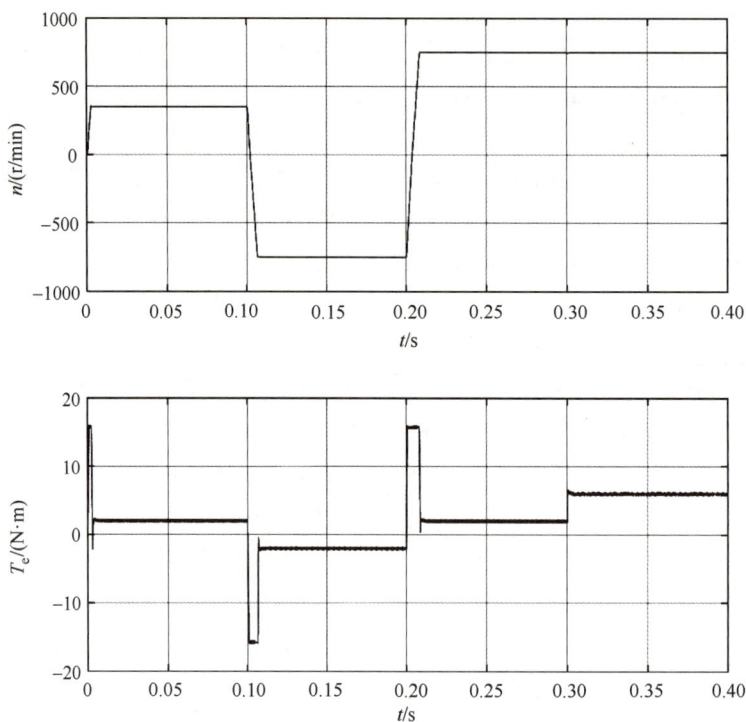

图 11-20　转速和电磁转矩的仿真波形

习　　题

思考题

11-1　试根据同步电机在转子 dq0 坐标系上的动态方程导出其状态方程。

11-2　试写出有阻尼绕组的凸极同步电机采用发电机惯例时在转子 dq0 坐标系上的动态方程（包括电压方程、磁链方程、转矩公式和运动方程）。

11-3　试导出采用派克（Park）变换时在转子 dq0 坐标系上同步电机的磁链方程，并与正交变换时的方程进行比较。采用正交变换和派克变换时 dq0 坐标系中的电感参数有何不同特点？

11-4　试导出同步电机在转子 dq0 坐标系上用定子电流和气隙磁链表达的转矩公式。

11-5　试根据同步电机的动态方程，导出有阻尼绕组时的交轴磁链表达式（11-110）及交轴运算电抗 $X_q(s)$，并画出有阻尼绕组时的交轴等效电路。

11-6　试比较可控励磁同步电动机与感应电动机矢量控制系统中定子电流给定值 i_{sM}^*、i_{sT}^* 确定方法的异同，并说明为什么会有这种差异。

11-7　试比较内置式与表面式正弦波永磁同步电动机的不同特点。

11-8　正弦波永磁同步电动机控制中何谓 $i_d = 0$ 控制？为什么表面式永磁同步电动机通常采用 $i_d = 0$ 控制？试说明 $i_d = 0$ 控制的主要优缺点。

11-9　正弦波永磁同步电动机调速系统中如何实现弱磁控制？为什么要进行弱磁控制？试根据其电压

方程说明弱磁控制的基本思想。

11-10　感应电动机矢量控制和正弦波永磁同步电动机矢量控制通常各建立在何种坐标系上？控制系统实现时其坐标系各如何确定？

计算题

11-1　有一台同步发电机，其电抗标幺值为 $X_d = 2.27$，$X_d' = 0.273$，$X_d'' \approx X_q'' = 0.204$；时间常数（实际值）$T_d' = 0.993\mathrm{s}$，$T_d'' = 0.0317\mathrm{s}$，$T_a = 0.246\mathrm{s}$；设该机在空载额定电压下发生三相突然短路，试求：

（1）在最不利情况下突然短路时，定子 A 相电流的表达式（不计 2 次谐波）；

（2）A 相的最大瞬时冲击电流。

11-2　用示波器录取一台同步发电机在空载额定电压下的三相突然短路电流时，得到的 A 相电流周期分量的包络线可用下式表示：

$$i_{A\sim} = \left(9000\mathrm{e}^{-\frac{t}{0.027}} + 6000\mathrm{e}^{-\frac{t}{0.745}} + 2000\right)\mathrm{A}$$

已知发电机的额定电流 I_N 为 1400A，试求 X_d''、X_d' 和 X_d 的标幺值。

参 考 文 献

[1] 汤蕴璆. 电机学 [M]. 5 版. 北京：机械工业出版社，2014.

[2] 周鹗. 电机学 [M]. 北京：中国水利水电出版社，1995.

[3] 辜承林，陈乔夫，熊永前. 电机学 [M]. 4 版. 武汉：华中科技大学出版社，2023.

[4] 许实章. 电机学 [M]. 北京：机械工业出版社，1981.

[5] 胡虔生，胡敏强，杜炎森. 电机学 [M]. 北京：中国电力出版社，2001.

[6] MATSCH L W, MORGAN L J D. Electromagnetic and electromechanical machines [M]. New York：John wiley & Sons Inc. , 1987.

[7] CHAPMAN S J. Electrical machinery fundamentals [M]. New York：McGraw-Hill Inc., 2005.

[8] FITZGERALD A E, KINGSLEY C, UMANS J S D. Electrical machinery [M]. New York：McGrawHill Inc., 1983.

[9] 星云仪表厂. 磁滞电动机理论与设计 [M]. 北京：国防工业出版社，1977.

[10] 刘宝廷. 步进电动机及其驱动控制系统 [M]. 哈尔滨：哈尔滨工业大学出版社，1997.

[11] 程明. 微特电机及系统 [M]. 北京：中国电力出版社，2004.

[12] 吴建华. 开关磁阻电机设计与应用 [M]. 北京：机械工业出版社，2000.

[13] 沈云宝. 超导电机 [M]. 杭州：浙江大学出版社，1992.

[14] 孟传富，钱庆镢. 机电能量转换 [M]. 北京：机械工业出版社，1993.

[15] 汤蕴璆，张亦黄，范瑜. 交流电机动态分析 [M]. 2 版. 北京：机械工业出版社，2015.

[16] 李崇坚. 交流同步电机调速系统 [M]. 北京：科学出版社，2006.

[17] 陈伯时. 电力拖动自动控制系统—运动控制系统 [M]. 4 版. 北京：机械工业出版社，2009.

[18] 王成元，周美文，郭庆鼎. 矢量控制交流伺服驱动电动机 [M]. 北京：机械工业出版社，1994.

[19] 阮毅，陈维钧. 运动控制系统 [M]. 北京：清华大学出版社，2006.

[20] 王成元，夏加宽，杨俊友，等. 电机现代控制技术 [M]. 北京：机械工业出版社，2006.

[21] 唐任远. 现代永磁电机 [M]. 北京：机械工业出版社，1997.

[22] 徐邦荃，李俊源，詹琼华. 直流调速系统与交流调速系统 [M]. 武汉：华中科技大学出版社，2000.

[23] 刘锦波，张承慧. 电机与拖动 [M]. 北京：清华大学出版社，2006.

[24] 郭庆鼎，孙宜标，王丽梅. 现代永磁电动机交流伺服系统 [M]. 北京：中国电力出版社，2006.

[25] 李宁，陈桂. 运动控制系统 [M]. 北京：高等教育出版社，2004.

[26] BOSE B K. 现代电力电子学与交流传动 [M]. 王聪，等译. 北京：机械工业出版社，2005.

[27] 张崇巍，李汉强. 运动控制系统 [M]. 武汉：武汉理工大学出版社，2002.

[28] 高景德，王祥珩，李发海. 交流电机及其系统的分析 [M]. 北京：清华大学出版社，1993.

[29] 王秀和. 永磁电机 [M]. 北京：中国电力出版社，2007.

[30] 郭庆鼎，王成元. 交流伺服系统 [M]. 北京：机械工业出版社，1994.

[31] 辜承林. 机电动力系统分析 [M]. 武汉：华中科技大学出版社，1998.

[32] 许大中，贺益康. 电机控制 [M]. 2 版. 杭州：浙江大学出版社，2002.

[33] 佟纯厚. 近代交流调速 [M]. 2 版. 北京：冶金工业出版社，1995.

[34] 李志民，张遇杰. 同步电动机调速系统 [M]. 北京：机械工业出版社，1996.

[35] 何建平，陆治国. 电气传动 [M]. 重庆：重庆大学出版社，2002.

[36] 李华德. 交流调速控制系统 [M]. 北京：电子工业出版社，2003.

[37] 洪乃刚. 电力电子和电力拖动控制系统的 MATLAB 仿真 [M]. 北京：机械工业出版社，2006.

[38] 马小亮. 大功率交-交变频调速及矢量控制技术 [M]. 3 版. 北京：机械工业出版社，2003.

[39] 胡崇岳. 现代交流调速技术 [M]. 北京：机械工业出版社，1998.

[40] 何耀三，唐卓尧，林景栋. 电气传动的微机控制 [M]. 重庆：重庆大学出版社，1997.

[41] 李仁定. 电机的微机控制 [M]. 北京：机械工业出版社，1999.

[42] 舒志兵. 交流伺服运动控制系统 [M]. 北京：清华大学出版社，2006.

[43] 李永东. 交流电机数字控制系统 [M]. 北京：机械工业出版社，2002.

[44] 孙建忠，白凤仙. 特种电机及其控制 [M]. 北京：中国水利水电出版社，2005.

[45] 唐任远. 特种电机 [M]. 北京：机械工业出版社，1998.

[46] 张琛. 直流无刷电动机原理及应用 [M]. 北京：机械工业出版社，1996.